核聚变科学出版工程

"十四五"国家重点出版物出版规划项目

核辐射探测与测量 上册

[美] Glenn F. Knoll 编著
袁国梁 译

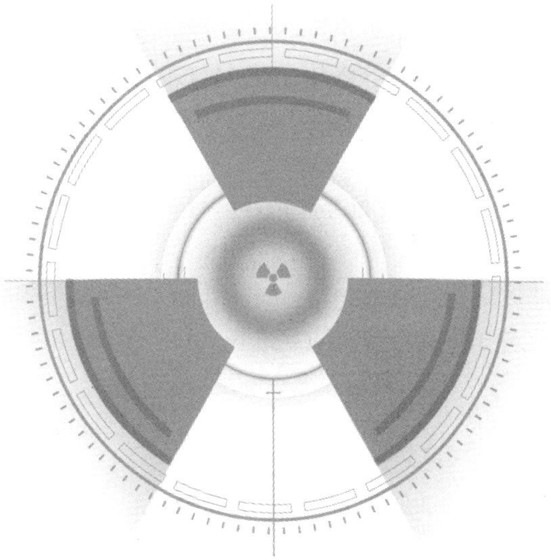

RADIATION DETECTION AND MEASUREMENT

中国科学技术大学出版社

内 容 简 介

本书由美国密歇根大学核工程与放射科学专业荣休教授格伦·诺尔精心撰写，适合作为本科高年级及研究生阶段的核仪器或辐射测量课程的教材。全书从辐射源及其与物质相互作用的基本原理出发，系统地介绍了各类辐射探测器的运行原理和基本特征，涵盖电离室、正比计数器、盖革-米勒计数器、闪烁探测器以及半导体探测器等主流探测器。内容不仅包括α粒子、β粒子、X/γ射线和中子的探测方法，还详细阐述了探测器输出信号的处理技术和相关电子学知识，帮助读者全面掌握辐射探测技术的各个方面。

安徽省版权局著作权合同登记号：第 12252190 号

图书在版编目（CIP）数据

核辐射探测与测量．上册 /（美）格伦 · 诺尔（Glenn F. Knoll）编著；袁国梁译．-- 合肥：中国科学技术大学出版社，2025. 5. -- ISBN 978-7-312-06254-4

Ⅰ. TL81

中国国家版本馆 CIP 数据核字第 2025TF0646 号

核辐射探测与测量（上册）

HEFUSHE TANCE YU CELIANG (SHANGCE)

出版 中国科学技术大学出版社
安徽省合肥市金寨路 96 号，230026
http://press.ustc.edu.cn
https://zgkxjsdxcbs.tmall.com

印刷 合肥华苑印刷包装有限公司

发行 中国科学技术大学出版社

开本 787 mm×1092 mm 1/16

印张 25.25

字数 564 千

版次 2025 年 5 月第 1 版

印次 2025 年 5 月第 1 次印刷

定价 148.00 元

作者简介

格伦·弗雷德里克·诺尔是美国密歇根大学(University of Michigan)核工程与放射科学专业荣誉退休教授。他在凯斯理工学院(Case Institute of Technology)完成本科教育后,又相继获得了斯坦福大学(Stanford University)的硕士学位和密歇根大学的核工程博士学位。他于1962年加入密歇根大学,1979—1990年担任核工程系主任,1995—1996年担任工程学院临时院长,其主要研究方向为辐射测量、核仪器和辐射成像。他是200多篇技术出版物、7项专利和2本教科书的作者或合著者。

格伦·弗雷德里克·诺尔被选为美国核学会(ANS)、电气与电子工程师学会(IEEE)和美国医学与生物工程学会的会员。他先后获得4项专业协会颁发的奖项:1979年美国工程教育学会的格伦墨菲奖(Glenn Murphy Award),1991年ANS的阿瑟霍利康普顿奖(Arthur Holly Compton Award),1996年IEEE的核与等离子体科学学会(NPSS)颁发的年度优秀奖(Annual Merit Award of the Nuclear and Plasma Sciences Society of IEEE)以及2007年IEEE所属辐射仪器奖委员会颁发的杰出成就奖(Outstanding Achievement Award from the Radiation Instrumentation Awards Committee)。1995—2006年,他担任《核仪器和物理研究方法A》的编辑,且是其编辑顾问委员会的成员。1999年,他当选美国国家工程院院士。2000年,他获得了密歇根大学工程学院的最高教师奖——Stephen E. Attwood奖。他曾担任辐射测量相关技术领域的35个工业和政府组织的顾问,是密歇根州的注册专业工程师。

序

自本书第3版出版以来的十年间，技术的进步在不断促进电离辐射探测和能谱分析的仪器与技术的发展。本书新增了两个比较重要的内容：一是在第8章和第10章中纳入了作为闪烁体出现的许多新材料，与传统材料相比，它们的能量分辨率可提高2倍；二是在第16、17和18章[①]中，探测器脉冲处理越来越多地使用了数字技术。其他改动还包括：第3章介绍了ROC曲线；第6章讨论了微图案气体探测器；第9章介绍了闪烁光的新传感器和过量噪声因子；第11、12和13章介绍了半导体探测器的新结构；第13章介绍了厚膜半导体层；第14章和第15章更新了有关中子探测器的信息；第16章修订了脉冲处理简介，并对专用集成电路进行了新的讨论；第19章修订了TLD和低温能谱仪的内容；第20章扩展了对辐射本底的讨论；附录A中增加了VME标准，以及上一版中许多其他主题的更新。一些过时的讨论被取消了。对引用的文献信息也进行了适当更新，以帮助指导在线搜索更详细的信息。就像以前的版本一样，使用本书作为大学课程教材的教师必须选择最适合特定课程目标的阅读作业。熟悉前一版的读者应该知晓，第16章和第17章中一些主题的顺序已经改变，并且这些章节末尾的一些问题已经在章节之间重新定位。

我要感谢许多为本版做出重要贡献的人士。特别要感谢约翰·瓦伦丁(John Valentine)和保罗·巴顿(Paul Barton)，因为没有他们的重要帮助，这个项目可能就无法开展。他们提供了若干领域新材料的重要草稿，并协助将其纳入现有文案。Robert Redus为新的脉冲处理技术的讨论贡献了几个章节。其他提供原创材料的人包括Gary Alley，Chuck Britton，Stephan Friedrich，Nolan Her-

① 因全书的英文原版篇幅较大，在引进翻译时拆分为上、下两册，其中上册包括原书的第1章至第10章，下册包括原书的第11章到第20章以及全部附录。

tel, Yigal Horowitz, Valentin Jordanov, Alfred Klett, Stephen McKeever, Don Miller, Paul Sellin和Chris Wahl。在提供新数据、更新表格或修改新章节方面提供帮助的包括John Engdahl, Walter Gilboy, Sonal Joshi, Ron Keyser, Doug McGregor, Bill Moses, David Ramsden, Bob Runkle, Fabio Sauli, Kanai Shah, Crystal Thrall和Maxim Titov。在此,还要感谢我的同事Zhong He和David Wehe,他们使用本书在我校授课,并提供了宝贵的经验反馈。最后,这一版本中的许多新材料由Ayman Hawari, Richard Lanza, Kanai Shah和Chris Wang进行了评审,感谢他们提出的有益的评论和建议,其中许多已纳入文案。

我从事辐射测量工作的最重要引路人,约翰·S.金教授,已于2007年8月30日去世。他担任过我的博士生导师、学术系主任和教员同事。本书显示了理解仪器运行所依据的基本物理原理的重要性,继承了他在整个职业生涯中所体现的价值观。希望本书能有助于纪念他对许多学生产生的积极影响。

本书的网址是www.wiley.com/college/knoll。以下资源可供教师使用:

“解答手册”提供教科书中家庭作业问题的解答。

“图片库”中的插图,适合用于准备授课幻灯片。

这些资源仅提供给采用本书作为课程教材的教师。

读者请访问本书网站www.wiley.com/college/knoll的教师部分,注册获取访问这些资源的密码。

Glenn F. Knoll

格伦·F.诺尔

目　录

第1章　辐射源

本章主要关注的辐射来源于原子或核过程。它们可分为以下4种类型：

带电粒子辐射，包括快电子、重带电粒子；

不带电辐射，包括电磁辐射、中子。

快电子，包括在核衰变中发射的β粒子（正电子或负电子）以及由任何其他过程产生的高能电子。重带电粒子，包括所有质量大于或等于一个原子质量单位的高能离子，如α粒子、质子、裂变产物或许多核反应的产物。关注的电磁辐射，包括原子电子壳层重新排列时发射的X射线以及源于原子核内部跃迁的伽马射线。各种核反应过程中产生的中子是最后一个主要类别，通常又分为慢中子和快中子等子类别（见《核辐射探测与测量（下册）》第14章）。

中子的能量范围超过6个数量级，从大约10 eV到20 MeV不等（慢中子在技术上是一个例外，但由于其技术重要性而被包括在内）。中子的能量下限由辐射或与其相互作用的二次产物在典型材料中产生电离所需的最小能量确定，能量大于这个最小值的辐射被归类为电离辐射。选定能量上限是为了将本章的主题限制在核科学与核技术的主要关注点上。

本章的主要重点将是实验室规模的辐射源，这些来源很可能在以下各章所述辐射探测器的校准和测试中或作为测量本身的对象而引起人们的兴趣。天然本底辐射是一个重要的额外来源，我们将在第20章中单独讨论它。

相关辐射的"硬度"即穿透材料厚度的能力各不相同。虽然第2章将对这一特性进行更详细的讨论，但在确定辐射源的物理形态时，这也是一个相当重要的问题。"软"辐射，如α粒子或低能X射线，只能穿透厚度很小的物质。因此，放射性同位素辐射源必须沉积在非常薄的层中，才能使大部分辐射从辐射源中逸出。物理厚度较大的放射源会受到"自吸收"的影响，这可能会影响从其表面发出的辐射的数量和能谱。因此，这类辐射源的典型厚度通常以微米为单位。β粒子的穿透力通常较强，辐射源厚度在十分之几毫米时也可接受。较"硬"的辐射，如伽马射线或中子，受自吸收的影响要小得多，辐射源的厚度几毫米甚至达到几厘米也不会严重影响辐射特性。

1.1 单位和定义

1.1.1 放射性

将放射性同位素源的放射性活度定义为其衰变速率，由放射性衰变基本定律给出：

$$\left.\frac{dN}{dt}\right|_{\text{衰变}} = -\lambda N \tag{1.1}$$

其中，N是放射性原子核的数量，λ被定义为衰变常数①。放射性活度的历史单位一直是居里(Ci)，定义为精确的3.7×10^{10}次衰变/秒($3.7\times10^{10}\ s^{-1}$)，其定义源于对1 g纯^{226}Ra活度的最佳估计；其子单位毫居里(mCi)或微居里(μCi)通常更适用于实验室规模的放射性同位素源。

虽然居里仍在文献中广泛使用，但它注定会逐渐被其等价物——贝克勒尔(Bq)——所取代。1975年的国际度量衡大会(CGPM)上通过了一项决议，宣布贝克勒尔(定义为每秒一次衰变)已成为标准放射性活度单位。因此，$1\ Bq=2.703\times10^{-11}\ Ci$。实验室规格的放射源最合理的计量单位是千贝克勒尔(kBq)或兆贝克勒尔(MBq)。

需要强调的是，放射性活度测量的是放射源的衰变率，并不等同于其衰变过程中产生的辐射发射率。通常情况下，特定的辐射只在所有衰变中的一小部分中释放出来，因此要从其放射性活度推断辐射发射率，就必须了解特定同位素的衰变纲图。此外，特定放射性同位素的衰变可能会产生一种子产物，其活度也会对辐射源的辐射量产生影响。放射性同位素衰变纲图的完整列表见参考文献[1]。

放射源的比活度定义为单位质量放射性同位素样品的活度。如果获得的是纯样品或"无载体"样品，且未混入任何其他核物质，则其比活度可通过下式计算得出：

$$\text{比活度} \equiv \frac{\text{活度}}{\text{质量}} = \frac{\lambda N}{\dfrac{NM}{A_v}} = \frac{\lambda A_v}{M} \tag{1.2}$$

其中，M是样品分子量；A_v是阿伏加德罗数(约为6.02×10^{23})；λ是放射性同位素衰变常数(等于ln 2除以半衰期)。

然而，放射性同位素很少是以无载体形式获得的，通常是被稀释在浓度大得多的同种

① 应该注意的是，式(1.1)仅代表衰变率，dN/dt的净值可能会因其他产生或消失机制而改变。例如，放射性同位素可能是由样品中也同样存在的母体衰变产生的子代产物。那么子代的产生项就是母体的衰变率乘以产生子代的衰变分数。如果母体的半衰期很长，子核的数量就会增加，直到子核的活度达到平衡值(经过许多子核半衰期后)，此时生成率和衰变率相等，子核的数量为$dN/dt=0$。

元素的稳定核中。此外,如果不是以纯元素形式制备,则可能会从与放射源元素发生化学结合的其他元素中引入额外的稳定核。对于存在自吸收问题的放射源,必须获得高比活度的样品,以最大限度地增加给定厚度内的放射核数量。根据式(1.2),使用λ值大(即半衰期小)的放射性核素最容易获得高比活度。

1.1.2 能量

测量辐射能量的传统单位是电子伏特(eV),定义为电子通过1伏特(V)电位差加速所获得的动能。千电子伏特(keV)和兆电子伏特(MeV)在电离辐射能量测量中更为常见。在测量粒子辐射时,电子伏特是一个非常方便的单位,因为将电势差乘以粒子携带的电子电荷数,就可以轻松获得电场产生的能量。例如,携带+2电子电荷的阿尔法粒子在1 000 V电位差的加速作用下将获得2 keV的能量。

能量的国际单位是焦耳(J)。在处理辐射能时,亚单位飞焦耳(fJ)更为方便,它与电子伏特之间的换算关系为

$$1\ \text{eV}=1.602\times10^{-19}\ \text{J}$$

或者

$$1\ \text{fJ}=1.602\times10^{-15}\ \text{J}=6.241\times10^{3}\ \text{eV}$$

电子伏特是不太可能在未来的使用中被淘汰的,它在物理基础和文献中的普遍使用强有力地证明了其在辐射测量中的继续应用。

X射线或伽马射线光子的能量与辐射频率的关系式为

$$E=h\nu \tag{1.3}$$

其中,h是普朗克常数(约为6.626×10^{-34} J·s或4.135×10^{-15} eV·s);ν是频率。

波长λ与光子能量的关系是

$$\lambda=\frac{1.240\times10^{-6}}{E}$$

其中,λ的单位是m;和E的单位是eV。

1.2 快电子源

1.2.1 β衰变

在辐射测量中,最常见的快电子源是以β^-发射衰变的放射性同位素,这一过程可表示如下:

$$ {}^{A}_{Z}X \longrightarrow {}^{A}_{Z+1}Y + \beta^- + \bar{\nu} \tag{1.4} $$

其中,X和Y分别是初始和最终核素,$\bar{\nu}$是反中微子。由于中微子和反中微子与物质的相互作用概率极小,因此它们在所有实际用途中都是不可探测的。反冲核Y出现时的反冲能量非常小,通常低于电离阈值,因此无法用常规方法探测到。所以,β衰变产生的唯一重要电离辐射就是快电子即β粒子本身。

由于稳定材料在中子轰击下产生的大多数放射性核素都具有β活度,因此通过在反应堆中子通量中生产,可以随时获得大量的β发射体。我们可以获得许多不同半衰期的放射性核素,从数千年到实际应用中最短的半衰期不等。大多数β衰变都会使产物原子核处于激发态,因此在许多常见的β源中,后续的去激发伽马射线与β粒子一起发射。表1.1举例说明了一些直接衰变到产物基态的核素,即是"纯β辐射体"。

表1.1 一些"纯"β源

核　素	半　衰　期	端点能量(MeV)
^{3}H	12.26 a	0.018 6
^{14}C	5 730 a	0.156
^{32}P	14.28 d	1.710
^{33}P	24.4 d	0.248
^{35}S	87.9 d	0.167
^{36}Cl	3.08×10^{5} a	0.714
^{45}Ca	165 d	0.252
^{63}Ni	92 a	0.067
$^{90}Sr/^{90}Y$	27.7 y/64 h	0.546/2.27
^{99}Tc	2.12×10^{5} a	0.292
^{147}Pm	2.62 a	0.224
^{204}Tl	3.81 a	0.766

数据来自Lederer和Shirley[1]。

每个特定的β衰变转变都有一个固定的衰变能量即Q值。由于反冲核的能量几乎为零,因此这一能量由β粒子和"看不见的"中微子共享。因此,β粒子出现时的能量随衰变的不同而变化,范围从零到"β端点能量",在数值上等于Q值。图1.1展示了一个具有代表性的β能谱。在引用某一衰变的Q值时,通常假定转变发生在母核和子核的基态之间。如果转变涉及母核或子核的激发态,则相应β谱的端点能量会因激发能量的不同而改变。由于在某些衰变方案中可能会出现多个激发态,因此测得的β粒子谱可能由端点能量不同的几个部分组成。

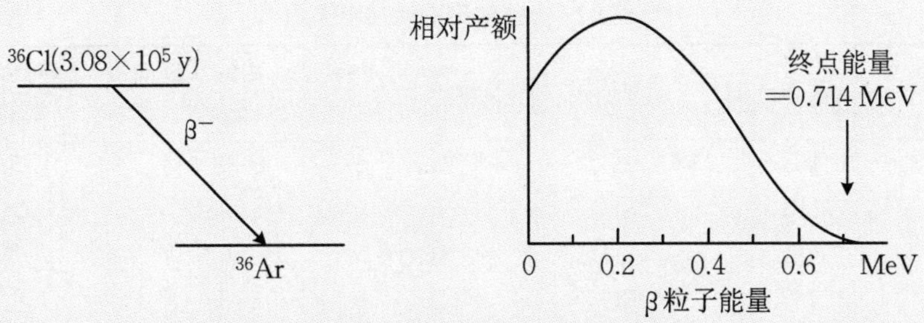

图1.1 ^{36}Cl的衰变纲图和产生的β粒子能量分布

1.2.2 内转换

任何β源产生的连续能量都不适合某些应用。例如,如果要对电子探测器进行能量校准,使用单能量电子源要方便得多。内转换的核过程可以作为转换电子的来源,在某些情况下,转换电子几乎是单能的。

内转换过程始于激发核状态,激发核状态可能是由前一过程——通常是母体的β衰变——形成的。常见的去激发方法是发射伽马射线光子。对于某些激发态,伽马射线的发射可能会受到一定程度的抑制,内转换的替代作用可能会变得很大。这里的核激发能量直接转移到原子的一个轨道电子上。该电子的能量为

$$E_{e^-}=E_{ex}-E_b \tag{1.5}$$

其中,E_b是其在原始电子壳层中的结合能。

图1.2显示了转换电子能谱的一个例子。由于转换电子可能来自原子内多个不同电子壳中的任何一个,因此一个核激发水平通常会产生几组能量不同的电子。如果原子核内有一个以上的激发态发生转换,能谱可能会变得更加复杂。此外,电子能谱还可能叠加在由导致激发态的母核β谱组成的连续谱上。尽管存在这些缺陷,转换电子仍是实验室规模的数千电子伏特至兆电子伏特能量范围内唯一实用的单能电子群源。表1.2列出了几种有用的放射性同位素转换电子源。

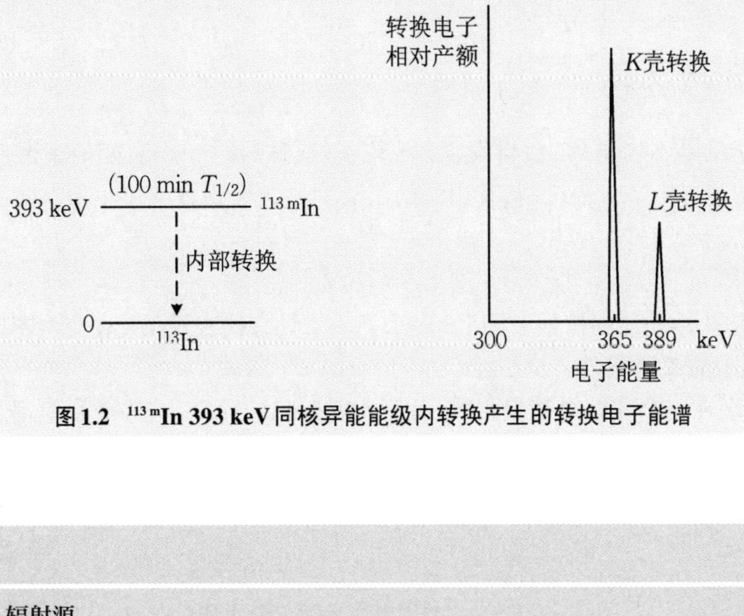

图1.2 ^{113m}In 393 keV同核异能能级内转换产生的转换电子能谱

表 1.2　一些常见的转换电子源

母 核	母核半衰期	衰变模式	衰变产物	衰变产物的跃迁能级(keV)	转换电子能量(keV)
^{109}Cd	453 d	EC	^{109m}Ag	88	62,84
^{113}Sn	115 d	EC	^{113m}In	393	365,389
^{137}Cs	30.2 a	β^-	^{137m}Ba	662	624,656
^{139}Ce	137d	EC	^{139m}La	166	126,159
^{207}Bi	38 a	EC	^{207m}Pb	570 1 064	482,554 976,1 048

数据来自 Lederer 和 Shirley[1]。

1.2.3　俄歇电子

当激发能量来自原子内部而非原子核时，俄歇电子大致相当于内转换电子。前一个过程(如电子俘获)可能会使原子在正常完整的电子壳中留下一个空位。这个空位通常由原子外壳中的一个电子填补，并发射出特征X射线光子。或者，原子的激发能量可能会直接转移到一个外层电子上，使其从原子中弹出。这种电子被称为俄歇电子，其能量由原始原子激发能与电子被弹出的外壳结合能之间的差值决定。因此，俄歇电子会产生离散的能谱，不同的能量组对应不同的初始和最终状态。在所有情况下，与β粒子或转换电子相比，它们的能量都相对较低，特别是因为只有在电子结合能较小的低Z元素中才有利于俄歇电子的发射。典型的俄歇电子具有几千伏的初始能量，在源内有明显的自吸收现象，很容易被很薄的源盖或探测器入口窗口挡住。

1.3　重带电粒子源

1.3.1　阿尔法衰变

重核的能量是不稳定的，会自发发射α粒子(或称He核)。衰变概率受制于大多数核物理文献中描述的势垒穿透机制，有用源的半衰期从数天到数千年不等。衰变过程的示意图如下

$$_{Z}^{A}X \longrightarrow {}_{Z-2}^{A-4}Y + {}_{2}^{4}\alpha$$

其中，X和Y是初始和最终核素。图1.3展示了一个具有代表性的α衰变纲图以及衰变中发射的相应α粒子的预期能谱。

α粒子出现在一个或多个能量组中，就所有实际目的而言，这些能量组都是单能的。对

于初始原子核和最终原子核之间的每一个不同转变(例如,基态和基态之间的转变),都有一个固定的能量差即Q值作为衰变的特征。α粒子和反冲核以特定的方式分享这种能量,因此每个α粒子出现时的能量相同,即$Q(A-4)/A$。在许多实际例子中,只涉及一个这样的转变,因此α粒子的发射能量是唯一的。其他例子,如图1.3所示,可能涉及不止一种转变能量,因此α粒子以不同的相对强度成组出现。

表1.3列出了比较常见的放射性同位素α粒子源的一些特性。大多数α粒子的能量被限制在4~6 MeV之间,这绝非偶然。α粒子的能量与母体同位素的半衰期之间有很强的相关性,能量最高的同位素半衰期也最短。

当能量超过大约6.5 MeV时,半衰期预计将少于几天,因此放射源的作用有限;另一方面,如果能量降到4 MeV以下,势垒穿透概率就会变小,同位素的半衰期就会非常长。如果半衰期过长,材料的实际样本所能达到的比活度就会变得非常小,由于其强度太低,放射源也就失去了意义。最常见的α粒子校准源是^{241}Am,其在硅固态探测器校准中的应用实例如《核辐射探测与测量(下册)》中图11.18所示。

由于α粒子在材料中会迅速失去能量,因此接近单能的α粒子源必须制备成非常薄的薄层。为了容纳放射性物质,典型的放射源都会覆盖一层金属箔或其他材料,如果要保持α发射的原始能量和单能性质,这些材料也必须保持极薄。

表1.3　常见的α放射性同位素源

源	半衰期	α粒子动能和不确定度(MeV)	比例
^{148}Gd	93 a	3.182 787±0.000 024	100%
^{232}Th	1.4×10^{10} a	4.012±0.005	77%
		3.953±0.008	23%
^{238}U	4.5×10^{9} a	4.196±0.004	77%
		4.149±0.005	23%
^{235}U	7.1×10^{8} a	4.598±0.002	4.6%
		4.401±0.002	56%
		4.374±0.002	6%
		4.365±0.002	12%
		4.219±0.002	6%
^{236}U	2.4×10^{7} a	4.494±0.003	74%
		4.445±0.005	26%
^{230}Th	7.7×10^{4} a	4.687 5±0.001 5	76.3%
		4.621 0±0.001 5	23.4%
^{234}U	2.5×10^{5} a	4.773 9±0.000 9	72%
		4.722 0±0.000 9	28%
^{231}Pa	3.2×10^{4} a	5.059 0±0.000 8	11%
		5.029 7±0.000 8	20%
		5.014 1±0.000 8	25.4%

续表

源	半衰期	α粒子动能和不确定度(MeV)	比例
		4.951 7±0.000 8	22.8%
^{239}Pu	2.4×10^4 a	5.155 4±0.000 7	73.3%
		5.142 9±0.000 8	15.1%
		5.104 6±0.000 8	11.5%
^{240}Pu	6.5×10^3 a	5.168 30±0.000 15	76%
		5.123 82±0.000 23	24%
^{243}Am	7.4×10^3 a	5.275 4±0.001 0	87.4%
		5.233 5±0.001 0	11%
^{210}Po	138 d	5.304 51±0.000 07	99%+
^{241}Am	433 a	5.485 74±0.000 12	85.2%
		5.442 98±0.000 13	12.8%
^{238}Pu	88 a	5.499 21±0.000 2	71.1%
		5.456 5±0.000 4	28.7%
^{244}Cm	18 a	5.804 96±0.000 05	76.4%
		5.762 835±0.000 03	23.6%
^{243}Cm	30 a	6.067±0.003	1.5%
		5.992±0.002	5.7%
		5.784 7±0.000 9	73.2%
		5.741 5±0.000 9	11.5%
^{242}Cm	163 d	6.112 92±0.000 08	74%
		6.069 63±0.000 12	26%
^{254m}Es	276 d	6.428 8±0.001 5	93%
^{253}Es	20.5 d	6.632 73±0.000 05	90%
		6.591 6±0.000 2	6.6%

数据来自Lederer和Shirley[1]。

1.3.2 自发裂变

核裂变是唯一能自发产生重于α粒子的高能带电粒子的过程。因此,裂变碎片被广泛用于校准和测试重离子探测器。

原则上,所有重核都是不稳定的,倾向于自发裂变为两个较轻的碎片。然而,除了极重核之外,其他所有重核的自发裂变过程都会受到巨大势垒的抑制,因为在原子核由原来的近似球形发生形变时,必须克服巨大的势垒。因此,除了一些质量数非常大的超铀同位素外,自发裂变并不是一个重要的过程。最广泛使用的例子是^{252}Cf,它发生自发裂变,半衰期(如果这是唯一的衰变过程)为85年。然而,大多数超铀元素也会发生阿尔法衰变,^{252}Cf的α发射概率远远高于自发裂变的概率。因此,这种同位素的实际半衰期为2.65年。1 μg

^{252}Cf样品每秒会发射1.92×10^7 α粒子，并发生6.14×10^5次自发裂变。

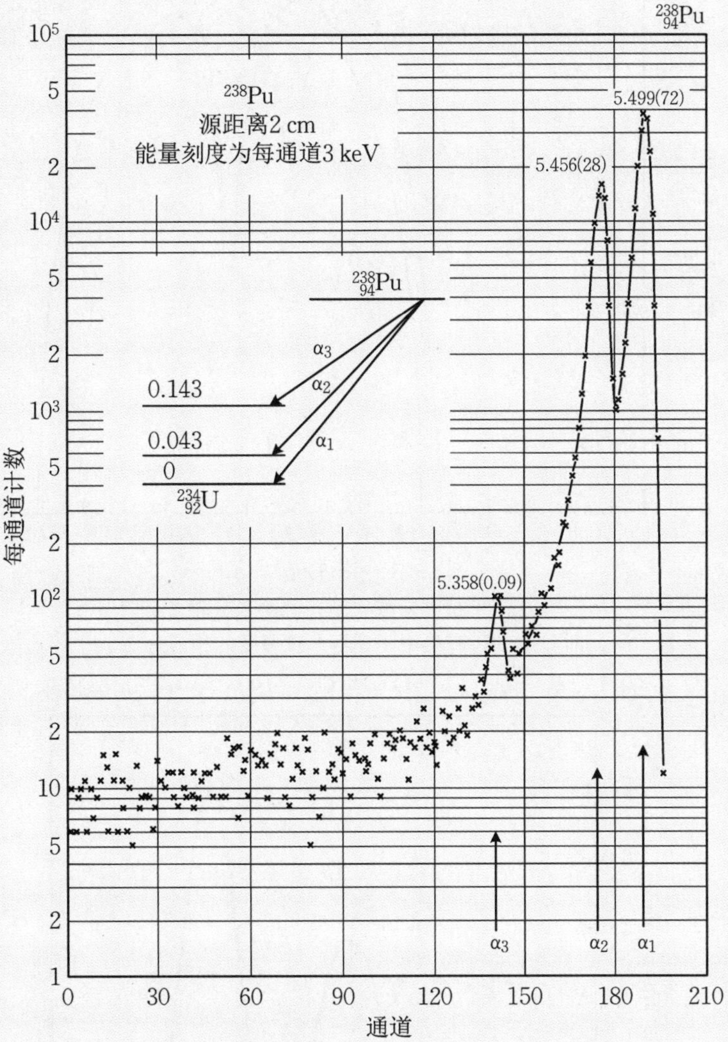

图1.3　^{238}Pu衰变过程中产生的阿尔法粒子群

脉冲高度谱显示了硅表面垒探测器测量到的3个粒子群；每个峰都以其能量(MeV)和丰度百分比(括号内)标明。插图显示了衰变纲图，产物核的能级以MeV为单位标注。(能谱来自Chanda和Deal[2])

每次裂变都会产生两个裂变碎片，根据动量守恒定律，这两个裂变碎片会向相反的方向发射。由于自发裂变源的正常物理形态是平面衬底上的薄层沉积物，因此每次裂变只能有一个碎片从表面逸出，而另一个碎片则会被衬底吸收而消失。如本章后面所述，每次^{252}Cf自发裂变还会释放出一些快中子和伽马射线。

裂变碎片是中等质量的正离子，其质量分布如图1.4(a)所示。裂变主要是不对称的，因此碎片分为“轻组”和“重组”，平均质量数分别为108和143。碎片最初以正离子形式出

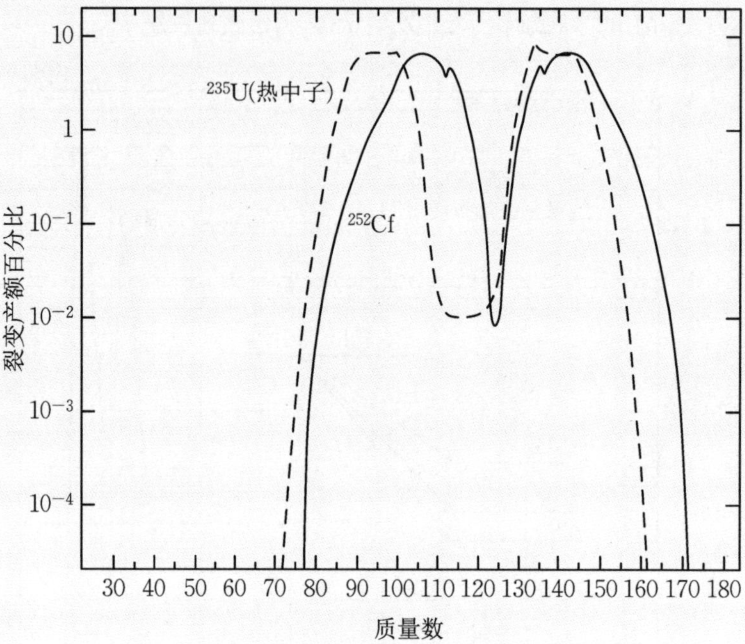

(a) ^{252}Cf自发裂变碎片的质量分布

同时显示的还有热中子诱导^{235}U裂变的相应分布。

(摘自Nervik[4])

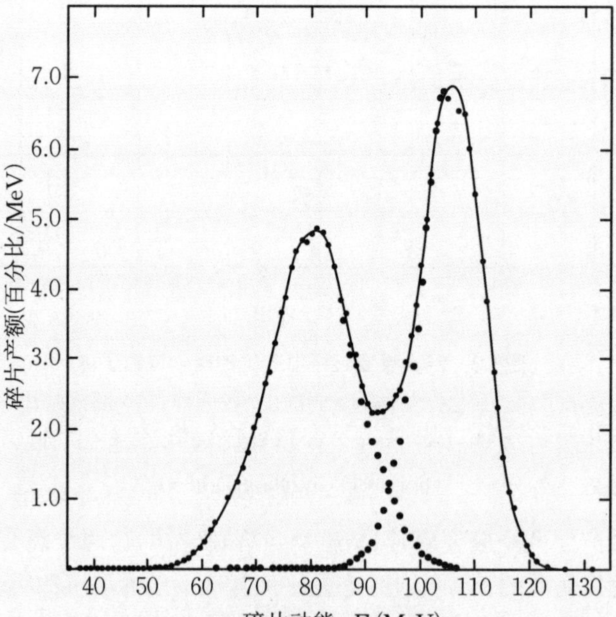

(b) ^{252}Cf自发裂变碎片的动能分布

左边的峰与重碎片相对应,右边的峰与轻碎片相对应。

(摘自Whetstone[5])

图1.4　^{252}Cf自发裂变碎片的质量和动能分布

现，其净电荷接近碎片的原子序数。当碎片与穿过的物质相互作用而减速时，离子会拾取额外的电子，从而减少其有效电荷。

两个碎片共享的能量平均约为185 MeV。这种能量的分布也是不对称的，轻碎片获得的能量更大。它们的初始能量分布见图1.4(b)。由于碎片在固体材料中也很容易损失能量，因此碎片的自吸收和能量损失是重要的考虑因素，除非源是在非常薄的层中制备的。从较厚的源中观察到的裂变碎片能谱的衰减类型（对于中子诱发的^{235}U裂变情况而言）如《核辐射探测与测量（下册）》图14.13所示。

1.4 电磁辐射源

1.4.1 β衰变后的伽马射线

伽马射线是由受激原子核在向低级核转变过程中发射的。在大多数实用的实验室辐射源中，激发态是在母体放射性核素衰变过程中产生的。图1.5所示的衰变纲图说明了广泛用作伽马射线校准源的4个例子：在每种情况下，都有一种β衰变形式导致子核中激发态的出现。在图中所示的例子中，β衰变是一个相对缓慢的过程，半衰期为数百天或更长，而子核中激发态的平均寿命要短得多（通常为皮秒或更短）。去激发是通过发射伽马射线光子来实现的，伽马射线光子的能量基本上等于初始核状态和最终核状态之间的能量差。因此，伽马射线的半衰期具有母β衰变的特征，但其能量反映了子核的能级结构。例如，虽然“^{60}Co伽马射线”的强度会随着^{60}Co的5.26 y半衰期而降低，但它们实际上是由^{60}Ni核的跃迁产生的。如图1.5所示的所有放射性核的衰变纲图都已汇总在文献[1]中。根据这些衰变纲图中给出的各种去激发转变的概率（即“分支比”），可以推算出母核每次解体所产生的伽马射线光子数。《核辐射探测与测量（下册）》表12.1和表12.2列出了一些对伽马射线探测器的精确能量校准和效率校准有用的特定放射性核素伽马射线源。

由于核状态具有非常明确的能量，在状态-状态转换中发射的伽马射线能量也非常特定。任何一次跃迁产生的伽马射线几乎都是单能的，与本文后面介绍的探测器的能量分辨率相比，光子能量分布的固有线宽几乎总是很小。因此，探测器响应的测量结果反映的是其自身的极限分辨率，而不是入射伽马射线能量的任何变化。①

① 如果发射核的速度很大，则可能出现罕见的例外情况。此时，多普勒效应可能会带来能量展宽，这在能量分辨率极高的探测器中可能非常明显。本章稍后将举例说明在核反应中形成后仍在运动的原子核发射伽马射线的情况。

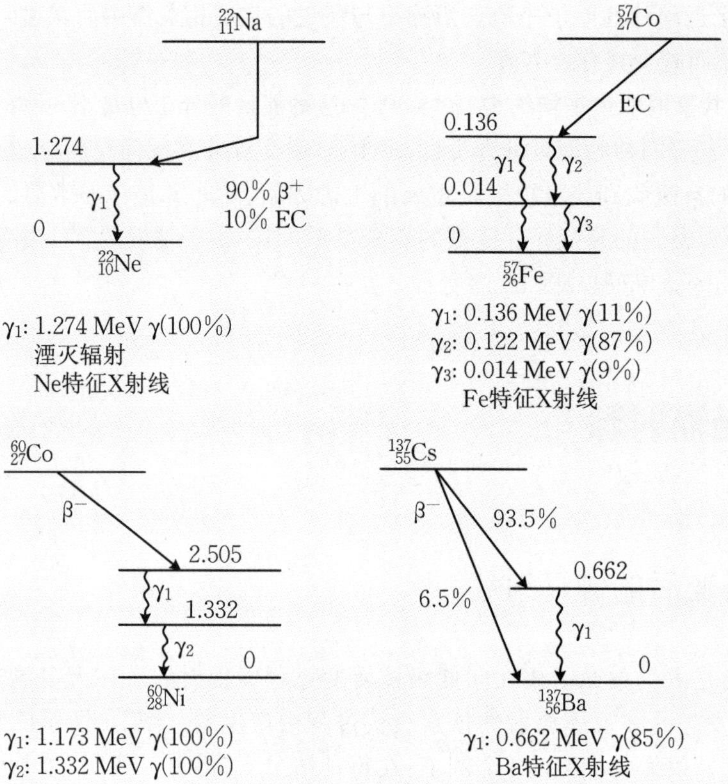

图1.5　一些常见伽马参考源的衰变纲图

图中只显示了主要的能级，图下列出了每次衰变释放出的X射线和伽马射线的能量和产额。

（数据来自Lederer和Shirley[1]）

以β衰变为基础的常见伽马射线源的能量一般限于2.8 MeV以下。有一种核素可以作为较高能量伽马射线的潜在来源，那就是^{56}Co。这种同位素的衰变纲图包括电子俘获和β^+衰变，可产生复杂的伽马射线频谱，其能量高达3.55 MeV。然而，^{56}Co的半衰期很短（77 d），这在很大程度上限制了它在一些设施中的应用，因为这些设施必须配备加速器，才能通过^{56}Fe(p,n)反应产生这种同位素。另一种可用于高能量校准的放射性同位素是^{16}N，它在β^-衰变为^{16}O的过程中发射出6.13 MeV和7.11 MeV的伽马射线；^{16}N的半衰期同样很短，只有7 s多一点，因此需要在反应堆或加速器中就地生产。

伽马射线参考源是任何辐射测量实验室进行伽马射线测量时必不可少的配件。伽马射线参考源通常由封装在塑料盘或塑料棒中的几微居里（1～10^5 Bq）的放射性同位素样品组成。封装的厚度通常足以阻止母核衰变产生的任何粒子辐射，从表面出现的唯一原生辐射是子核衰变产生的伽马辐射。不过，湮灭光子即韧致辐射等二次辐射有时也会很重要（见下文）。这类放射源的辐射危害很小，但伽马射线的发射率很高，足以随时对大多数类型的伽马射线探测器进行能量校准。

如果要利用伽马射线源进行精确的效率校准，还必须知道它们的绝对活度。在这种情况下，放射性同位素沉积物一般都是在较薄的基底上制备的，并尽量减少覆盖物，以减少源结构内的伽马射线衰减和散射。如果粒子辐射会影响应用，则必须使用外部吸收器来消除粒子辐射。

1.4.2 湮灭辐射

当母核发生β^+衰变时，会产生额外的电磁辐射，其根源在于初级衰变过程中发射的正电子的命运。由于正电子在失去动能之前一般只移动了几毫米(见第2章)，因此源周围固有的封装厚度通常足以完全阻止正电子。当正电子能量非常低，接近其射程的末端时，它们会在湮灭过程中与吸收材料中的普通负电子结合，原来的正电子和电子消失，取而代之的是两个方向相反的0.511 MeV光子，即湮灭辐射。这种辐射与子产物在随后的衰变过程中可能发射的伽马射线相叠加。例如，在图1.5所示的^{22}Na的衰变中，0.511 MeV和1.274 MeV的光子都是从封装源发射出来的。

1.4.3 核反应后的伽马射线

如果需要比β衰变同位素能量更高的伽马射线，就必须有其他过程来产生更高能级的激发态。核反应就是其中一种可能：

$$ {}_2^4\alpha + {}_4^9\mathrm{Be} \longrightarrow {}_6^{12}\mathrm{C}^* + {}_0^1\mathrm{n} $$

其中，产物核素^{12}C处于激发态，它的衰变产生了一个能量为4.44 MeV的伽马射线光子。不幸的是，这种状态的平均寿命很短(61 fs)，反冲碳原子来不及在伽马射线发射前静止下来。因此，产生的光子能量会因多普勒效应而变宽，这取决于反冲原子速度和光子方向的相对方向，伽马射线能量的固有展宽约为1%。这个线宽对于许多校准目的来说是足够的，但对于能量分辨率非常好的探测器(如第12章中的锗探测器)来说就太大了。在这一反应中也会发射中子，对于基于放射性同位素α粒子发射体与铍混合的典型源，测得每中子产生4.44 MeV伽马射线的数量约为0.59。

另一种可能的反应是

$$ {}_2^4\alpha + {}_6^{13}\mathrm{C} \longrightarrow {}_8^{16}\mathrm{O}^* + {}_0^1\mathrm{n} $$

这里的产物核素^{16}O可以在高于基态6.130 MeV的激发态中形成，其寿命约为2×10^{-11} s。这一寿命几乎足以消除全部的多普勒效应，所产生的6.130 MeV伽马射线光子基本上是单能的。

将阿尔法衰变的放射性同位素与适当的靶材料(^9Be或者^{13}C)结合起来，就可以利用上述两种反应。由于这类放射源更常用于产生中子，因此关于α发射体的选择以及放射源设计的其他方面的进一步讨论，将放在下一节关于中子源的内容中。由于大多数α粒子在靶材料中失去能量之前不会发生反应，因此必须使用大活度的α发射体才能产生有效强度的伽马射线源。例如，一个典型的伽马射线源[9]是由6×10^9 Bq的$^{238}PuO_2$和200 mg同位素分

离的 ^{13}C 产生6.130 MeV的伽马射线,其产额为770光子/s。

伽马射线通常也是在典型原子核吸收热中子后发射的。用于产生伽马射线的热中子源可以是来自核反应堆[10]或加速器设施的强束,也可以是来自慢化的放射性同位素中子源的较弱通量[11,12]。这些"中子俘获伽马射线"的能量范围通常高达9 MeV,关于每个中子俘获的发射概率数据可从各种来源获得,这些数据可用于探测器的校准(如参考文献[13])。

1.4.4 韧致辐射

当快电子在物质中相互作用时,其部分能量会转化为韧致辐射形式的电磁辐射(第2章将对这一过程进行更详细的讨论)。这一过程对传统X射线管产生X射线非常重要:电子能量中转化为韧致辐射的部分随着电子能量的增加而增加,对于高原子序数的吸收物质而言,转化为韧致辐射的部分最大。这一过程对常规X射线管中X射线的产生非常重要。

对于在给定材料中减速并停止的单能电子,其产生的韧致辐射能量谱是连续的,且光子能量可达到与电子本身能量一样高。单能电子产生的典型能谱形状如图1.6所示。低能量光子的发射占主导地位,平均光子能量仅为入射电子能量的一小部分。由于这些能谱是连续的,因此不能直接应用于辐射探测器的能量校准。

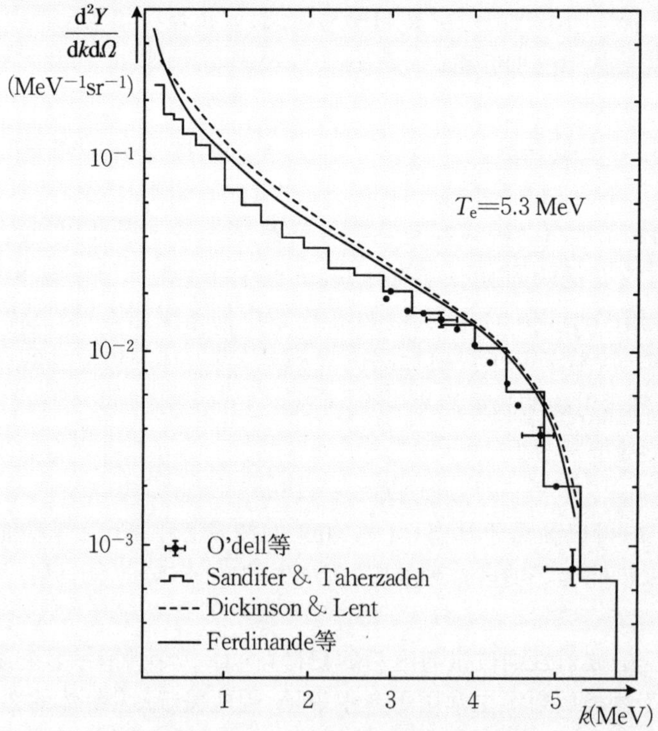

图1.6 5.3 MeV电子在Au-W靶上入射时向前发射的韧致辐射能谱

同时还有一个7.72 g/cm² 的铝滤波器。

(摘自Ferdinande等[14])

通过过滤或适当的吸收材料，可以有效地改变X射线管的能谱形状。通过使用优先去除低能量光子的吸收器，可以产生峰化的能谱，虽然远非单能量，但可用于响应仅随能量逐渐变化的探测器的能量校准。图1.7是X射线管滤波能谱的一些示例。在较低的能量下，滤光片在其K吸收边缘（见第2章）的透射率突变会在滤波能谱的相应能量处产生一个突出的峰值。[16]

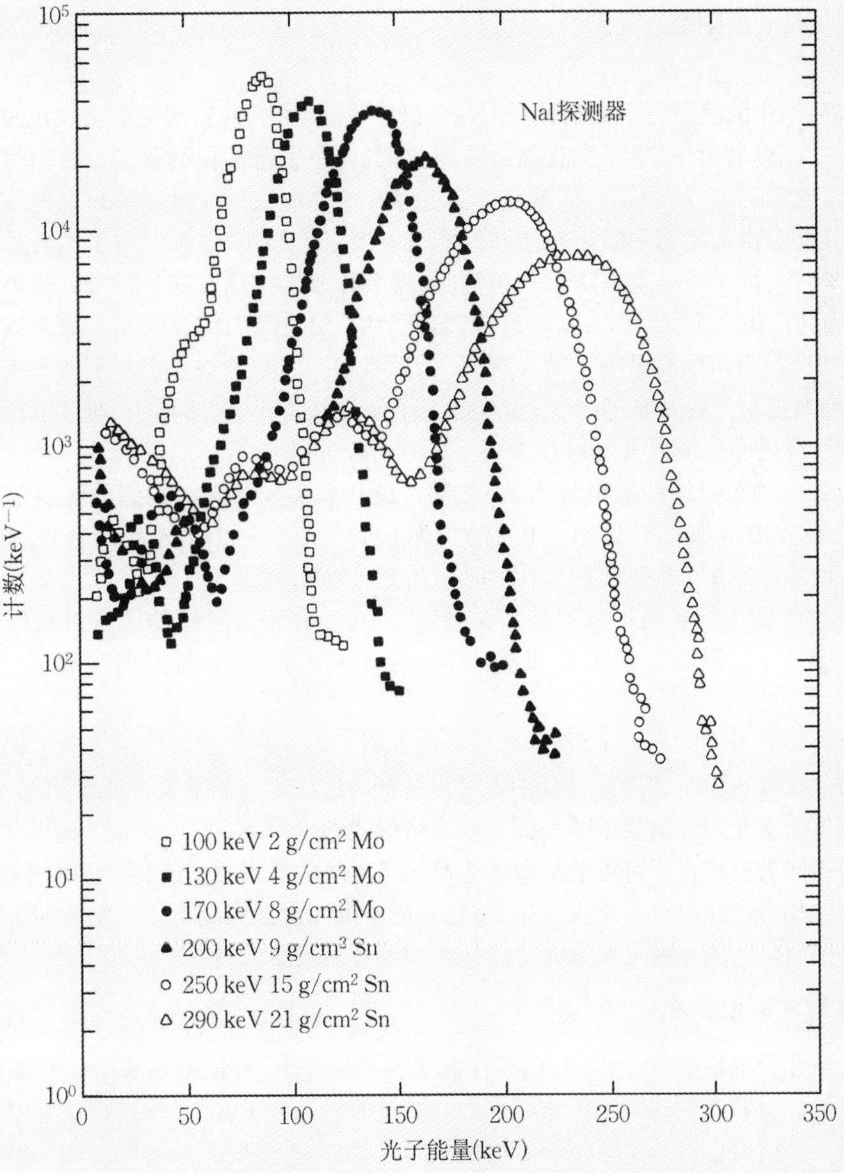

图1.7 不同管电压情况下，使用指定吸收器对X射线管输出进行过滤后，测得的脉冲高度能谱示例

使用NaI(Tl)闪烁体。

（数据来自Strom等[15]）

其他来源的快电子(包括β粒子)也会产生韧致辐射。因此,任何被封装以阻止β粒子的β活度同位素都会产生一些韧致辐射光子。图10.11中绘制了一些特定同位素的韧致辐射能谱示例。

除韧致辐射外,快电子通过吸收器时还会产生特征X射线(见下节)。因此,X射线管或其他韧致辐射源的能谱也会在连续的韧致辐射能谱上叠加出特征X射线发射线。

1.4.5 特征X射线

如果原子中的轨道电子被某种激发过程破坏了正常构型,原子可能会在短时间内处于激发态。在固体材料中,电子会自然地重新排列,使原子通常在纳秒或更短的时间内恢复到最低能量或基态。从激发态到基态的转变过程中释放出的能量以特征X射线光子的形式出现,其能量由初始态和最终态之间的能量差决定。例如,如果在原子的K层中暂时产生了一个空位,那么当该空位随后被填满时,就会释放出特征K层X射线。如果该电子来自L层,则会产生一个K_α光子,其能量等于K层和L层之间的结合能差。如果填充电子来自M层,则会产生一个能量稍大的K_β光子,依此类推。当空位被自由电子或非束缚电子填充时,就会产生最大的K系列光子,相应的光子能量就是K层束缚能。通过填充K层空位在外层中产生的空位随后会发射L、M……系列特征X射线。

由于K系列X射线的能量最大,因此通常最具有实际意义。它们的能量随元素的原子序数有规律地增加,例如,$Z=11$的钠约为1 keV,$Z=31$的镓约为10 keV,$Z=88$的镭约为100 keV。L系列X射线在$Z=28$时才达到1 keV,在$Z=74$时达到10 keV。有关精确特征X射线的详细表格可参阅参考文献[1]。由于特征X射线的能量对每种元素来说都是独一无二的,因此常用于未知样品的元素分析(见《核辐射探测与测量(下册)》图13.17)。

对于处于激发态的原子来说,俄歇电子的发射是发射特征X射线的竞争过程。荧光产额的定义是激发态原子去激发过程中发射出特征X射线光子的情况在所有情况中的占比。荧光产额值通常作为能谱数据的一部分以表格形式列出。

大量不同的物理过程都可能导致产生特征X射线的激发原子态群。一般来说,K、L和后续系列的相对产额取决于激发方法,但特征光子的能量是由基本原子结合能决定的。下面我们将列出对实验室特征X射线紧凑型源最重要的激发机制。

1. 放射性衰变激发

在电子俘获的核衰变过程中,由于俘获了一个轨道电子(通常是K电子),核电荷减少了一个单位。由此产生的原子仍然拥有适当数量的轨道电子,但俘获过程在其中一个内层中产生了一个空位。当这个空位随后被填满时,就会产生生成元素所特有的X射线。衰变可能会在生成原子核中产生基态或激发态,因此特征X射线还可能伴随着随后核去激发产生的伽马射线。①

内转换是另一种可产生特征X射线的核过程。正如本章前面所定义的，内转换会导致一个轨道电子从原子中射出，留下一个空位。同样，K电子最容易发生转换，因此K系列特征X射线也最为突出。由于伽马射线去激发过程总是与内转换过程相竞争，因此除了特征X射线外，这类放射性同位素源通常还会发射伽马射线。转换电子还可能产生可测量的韧致辐射连续谱，尤其是当其能量较高时。

《核辐射探测与测量（下册）》表13.2举例说明了一些涉及电子俘获或内转换的放射性同位素，它们可能是特征X射线的来源。在所有这些例子中，核转变产生的高能伽马射线与特征X射线同时发射。如果需要一个无伽马射线污染的纯净X射线源，必须选择通过电子俘获衰变且直接跃迁至子核基态的放射性同位素。表1.4给出了一些低能量范围的例子。其中^{55}Fe的半衰期短，比活度高，因此使用最为广泛。它几乎是约5.9 keV的锰K系列X射线的纯源，与电子俘获过程相关的内韧致辐射非常微弱。

表1.4 一些低能量X射线的放射性同位素源

核　素	半衰期	平均K_αX射线能量(keV)	荧光产额	其他辐射
^{37}Ar	35.1 d	2.957	0.086	IB[a]
^{41}Ca	8×10^4 y	3.310	0.129	无
^{44}Ti	48 y	4.508	0.174	γ射线，68 keV和78 keV
^{49}Sc	330 d	4.949	0.200	IB
^{55}Fe	2.60 y	5.895	0.282	弱IB

IB[a]代表内部韧致辐射。

数据来自Amlauer和Tuohy[17]。

自吸收是制备放射性同位素X射线源的一个重要技术问题。随着放射性同位素沉积厚度的增加，从其表面出现的X射线通量会接近极限值，因为只有表面附近的原子才能产生逃逸的光子。通过提高放射性同位素的比活度，可最大限度地增加沉积物表面一定距离内的发射原子数量，无载体的样品将显示出单位面积内可达到的最大源强度。

2. 外部辐射激发

图1.8所示的一般方案也可用于产生特征X射线。在这里，外部辐射源（X射线、电子、α粒子等）会撞击靶，通过第2章详述的过程在靶中产生激发或电离原子。由于靶中的许多激发原子或离子随后会通过发射特征X射线而去激发回到基态，因此靶可作为这些X射线的局部来源。

① 电子俘获可导致另一种形式的连续电磁辐射，即内韧致辐射。在衰变过程中，轨道电子被原子核俘获，因此必须经过一定的加速。根据经典理论，加速的电荷必然会发生电磁辐射。由于加速度可能在很大范围内变化，这取决于俘获过程的具体情况，因此产生的发射光谱是一个连续谱，其最大光子能量由电子俘获衰变的Q值（核转变中的最大能量）决定。因此，内韧致辐射在电子俘获衰变过程中，除了通常预期的辐射产物外，又增加了一个连续的电磁谱，尽管在许多情况下，该频谱的强度可能小得可以忽略不计。

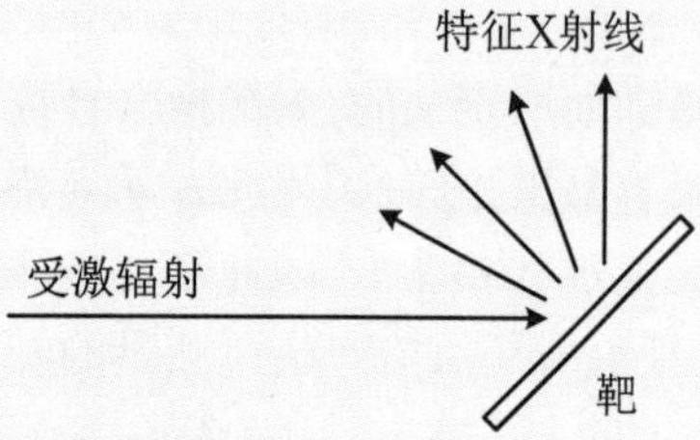

图1.8 从特定靶产生特征X射线的一般方法

激发辐射可以是X射线、电子、α粒子或任何其他电离辐射。

发射的X射线能量取决于靶材的选择。原子序数低的靶会产生软的特征X射线，而高Z值的靶则会产生较硬即较高能量的X射线。入射辐射必须具有比靶材预期的最大光子能量更高的能量，因为导致相应原子跃迁的激发态必须由入射辐射填充。

例如，入射辐射可能由传统X射线管中产生的X射线组成。然后，这些X射线可能会通过光电吸收与靶发生相互作用，随后靶离子的去激发产生了其特征X射线能谱。在这种情况下，这一过程被称为X射线荧光。虽然特征X射线能谱可能会被入射X射线束的散射光子污染，但通过适当选择靶材和几何形状，可以将这一成分控制在总光子产额的10%或20%以下。[15]

作为笨重的X射线管的替代品，发射低能量光子的放射性同位素也可用作激发源。例如^{241}Am，其36%的衰变释放出能量为60 keV的伽马射线。如图1.9所示，使用这种几何形状的同位素激发靶的特征X射线源，目前可使用高达10 mCi的^{241}Am活度。

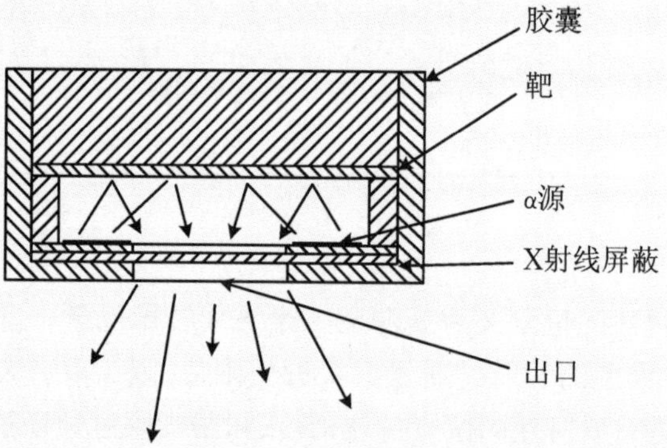

图1.9 利用α粒子激发靶材产生特征X射线的紧凑型源的剖面图

(摘自Amlauer和Tuohy[17])

另一种激发靶的方法是使用外部电子束。对于低原子序数的靶，只需要几千伏的加速势，因此可以设计出相对紧凑的电子源。在电子激发的情况下，来自靶的特征X射线能谱会被入射电子与靶相互作用产生的连续轫致辐射能谱所污染。不过，对于薄靶，轫致辐射光子优先向前发射，而特征X射线则是各向同性发射的。[18]因此，将出口窗口与入射电子方向成较大角度(120°～180°)，可以最大限度地减少轫致辐射污染。

图1.8中的入射辐射还可能包括重带电粒子。同样，这些粒子与靶的相互作用将产生发射特征X射线所需的激发原子。对于小型便携式辐射源来说，放射性同位素辐射源发射的α粒子是最方便的入射粒子源。在各种潜在的α发射源中，最有用的是^{210}Po和^{244}Cm，因为它们的半衰期较短，而且相对不受电磁辐射的污染(见表1.5)。α粒子激发避免了与电子

激发相关的韧致辐射的复杂性，因此能够产生相对“干净”的特征X射线能谱。图1.9显示了这种类型的典型源的截面图。每毫居里(37 MBq)^{244}Cm每立体角的X射线产额从铍靶的1.7×10^5光子/s，到高Z值靶的为10^4光子/s(参考文献[17])。

表1.5 用于激发特征X射线的α粒子源

	^{210}Po	^{244}Cm
半衰期	138 d	17.6 a
α发射	5.305 MeV(100%)	5.81 MeV，5.77 MeV
γ射线	803 keV(0.001 1%)	43 keV(0.02%) 100 keV(0.001 5%) 150 keV(0.001 3%) 262 keV(0.000 014%) 590 keV(0.000 025%) 820 keV(0.000 007%)
X射线	铅的特征L系和M系X射线(微量)	钚的特征L系和M系X射线

数据来自Amlauer和Tuohy[17]。

1.4.6 同步辐射

当一束高能电子弯曲成圆形轨道时，会产生另一种形式的辐射。根据电磁理论，在电子束的每个周期内，都会有一小部分能量被辐射掉。这种同步辐射最初被高能加速器的设计者认为是一种麻烦，但在过去的几十年里，它已被证明是一种非常有用的电磁辐射形式。当从加速器中以与束流轨道相切的方向提取时，这种辐射表现为一束能量跨度从可见光(几电子伏特)到X射线能量(大约万电子伏特)的、强度高且方向性好的光子束。单色器可用于产生强度极高的近乎单能光子束。后来，人们建造了许多专门用于产生同步辐射的高能加速器(通常产生500 MeV或更高能量的电子)。这种独特的电磁辐射形式虽然仅限于大型集中式设施，但由于其强度高、能量可调，已被证明非常有用。

1.5 中子源

尽管激发能量大于中子结合能的原子核可以通过中子发射来衰变，但这些高度激发的状态并不是由任何方便的放射性衰变过程产生的。因此，实用的中子同位素源不像通过β

衰变产生的γ射线源那样，可以从许多不同的核中获得。①放射性同位素中子源的可能选择要有限得多，要么基于自发裂变，要么基于入射粒子是常规衰变过程产物的核反应。

1.5.1 自发裂变

许多超铀重核素都有明显的自发裂变衰变概率。每次裂变都会迅速释放出几个快中子，因此，这种放射性核素的样品可以作为简单方便的同位素中子源。裂变过程的其他产物包括前面所述的重裂变产物、瞬发裂变伽马射线以及样品中积累的裂变产物的β和伽马活度。在用作中子源时，同位素通常被封装在足够厚的容器中，这样只有快中子和伽马射线才会从中子源中出现。

最常见的自发裂变源是^{252}Cf，它的半衰期为2.65 y，足够长，也足够方便，是所有超铀元素中生产最广泛的同位素之一。主要的衰变机制是阿尔法衰变，阿尔法发射率约为自发裂变的32倍。中子产额为0.116 n/(s·Bq)，其中放射性活度是阿尔法衰变和自发裂变衰变率的总和。按单位质量计算，每微克样品产生2.30×10^6 n/s。与下文介绍的其他同位素中子源相比，^{252}Cf中子源涉及的活性材料非常少（通常为微克量级），因此只需满足封装要求即可制成非常小的尺寸。

中子的能谱如图1.10所示。中子能谱在0.5 MeV和1 MeV之间达到峰值，但大量中子的能量可高达8 MeV或10 MeV。

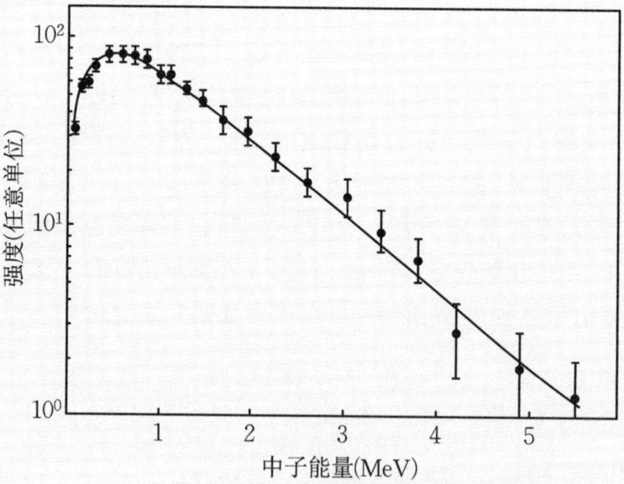

图1.10 测得的^{252}Cf自发裂变产生的中子能谱

（摘自Batenkov等[18]）

① 半衰期最长、导致激发态通过中子发射去激发的特定β衰变是

$$^{87}Br \longrightarrow {}^{87}Kr^* + \beta^-$$

$$^{87}Kr^* \longrightarrow {}^{86}Kr + n$$

由于这种β衰变的半衰期只有55 s，因此^{87}Br不适合作为实验室中子源。

典型裂变能谱的形状近似于以下表达式：

$$\frac{\mathrm{d}N}{\mathrm{d}E}=\sqrt{E}\,\mathrm{e}^{-\frac{E}{T}} \tag{1.6}$$

对于自发裂变的^{252}Cf，式(1.6)中常数T的值为1.3 MeV(参考文献[20])。除了平均约3.8个中子之外，在^{252}Cf的每一次裂变还会产生平均约8个伽马射线光子。[21]其中大部分(大于85%)是相对高能的瞬发伽马射线[22]，且是在裂变事件发生后的第一个纳秒内发射的。

1.5.2 放射性同位素(α,n)源

由于高能α粒子可以从一些方便的放射性核素的直接衰变中获得，因此可以通过将α发射同位素与合适的靶材混合来制造小型自给式中子源。几种不同的靶材料可以导致(α,n)反应。当选择铍作为靶时，可获得最大的中子产额，并通过以下反应产生中子：

$$^{4}_{2}\alpha+{}^{9}_{4}\mathrm{Be}\longrightarrow{}^{12}_{6}\mathrm{C}+{}^{1}_{0}\mathrm{n}$$

其中，Q值为+5.71 MeV。

当一束α粒子撞击一个与其射程相比很厚的靶时，该反应产生的中子产额如图1.11所示。大多数α粒子只是停留在靶中，大约每10^4个小粒子中只有1个与铍核发生反应。如果α发射体以较小的相对浓度均匀地分布在铍中，α粒子发射体和铍的紧密混合物几乎可以获得相同的产额。所有具有实际意义的α发射体都是锕系元素，研究表明，锕系元素和铍之间可以形成一种稳定的合金，其形式为MBe_{13}，其中M代表锕系元素金属。因此，下文所述的大多数放射源都是以这种合金形式冶金制备的，每个α粒子都有机会与铍核相互作用，而不会有任何中间能量损失。

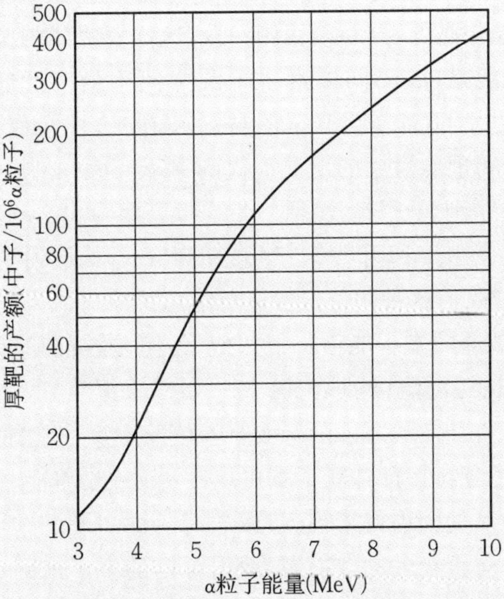

图1.11　α粒子源作用于铍厚靶情况下的中子产额

(摘自Anderson和Hertz[23])

表1.6列出了α发射体的一些常见选择和由此产生的中子源的特性，其中有几种同位素，特别是^{226}Ra和^{227}Ac，会产生较长的子产物链，虽然会增加α粒子的产额，但也会产生大量伽马射线本底。因此，这些放射源不适合于某些应用，因为在这些应用中，强烈的伽马射线本底会干扰测量。此外，由于伽马射线会增加生物危害，这些镭铍源和锕铍源需要更精细的处理程序。

表1.6 Be(α,n)型中子源的特性

源	半衰期	E_α(MeV)	中子产额(每10^6个α粒子)		比率(E_n<1.5 MeV)	
			计算	实验	计算	测量
^{239}Pu/Be	24 000 a	5.14	65	57	11	9~33
^{210}Po/Be	138 d	5.30	73	69	13	12
^{238}Pu/Be	87.4 a	5.48	79*	—	—	—
^{241}Am/Be	433 a	5.48	82	70	14	15~23
^{244}Cm/Be	18 a	5.79	100**	—	18	29
^{242}Cm/Be	162 d	6.10	118	106	22	26
^{226}Ra/Be+子体	1 602 a	多种能量	502	—	26	33~38
^{227}Ac/Be+子体	21.6 a	多种能量	702	—	28	38

* 不包括^{244}Cm自发裂变产生的4%；

** 主要数据来自Anderson和Hertz[23]，其他数据计算或者引用自Geiger和Van der Zwan[24]。

表1.6中的其他放射性同位素涉及的α衰变比较简单，伽马射线本底要低得多。在这些替代品中做出选择的主要依据是可用性、成本和半衰期。由于放射源的物理尺寸已不可忽略，人们希望半衰期越短越好，并与应用相一致，这样发射体的比活度就高。

^{239}Pu/Be中子源可能是(α,n)同位素中子源中使用最广泛的一种。然而，由于1 Ci (3.7×10^{10} Bq)的放射性活度需要约16 g的材料，因此这种几厘米大小的源只能达到约10^7 n/s。为了在不增加物理源尺寸的情况下提高中子产额，必须用比活度更高的α发射体来替代。因此，如果需要高中子产额，包括^{241}Am(半衰期为433 y)和^{238}Pu(半衰期为87.4 y)在内的放射源也被广泛使用。利用^{244}Cm(半衰期为18 y)的放射源是比活度与放射源寿命之间近乎理想的折中方案，但这种同位素并非总能广泛获得。

所有这类阿尔法/铍源的中子能谱都很相似，任何差异都只反映了初级阿尔法能量的微小变化。来自^{239}Pu/Be源的能谱图见图1.12。可以根据^{12}C产物核所处的激发态来分析该能量分布中的各种峰谷。[24-25]然而，在与铍原子核发生反应之前，α粒子会失去不同程度的能量，它们连续的能量分布特征冲淡了本可以在α粒子是单能时本可以观察到的许多结构。对于只包含几克物质的辐射源来说，自辐射源表面出现的中子谱与在(α,n)反应中产生的中子谱基本相同。对于较大的放射源，放射源内的中子散射、铍的(n,2n)反应以及钚或其他锕系元素中的(n,裂变)事件等次级过程会使能谱与放射源的大小产生一定的关系。[26]

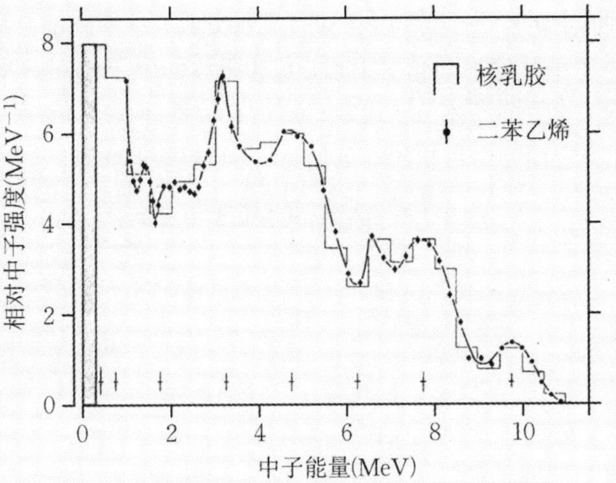

图 1.12　含有 80 g 同位素的 ^{239}Pu/Be 源的中子测量能谱

（摘自 Anderson 和 Neff[26]）

由于这些中子源涉及大量的锕系同位素活度，因此在制造过程中必须采取特别的预防措施以确保材料的安全封装。锕铍合金通常按照图 1.13 所示的布置密封在两个单独焊接的不锈钢圆筒内。内筒中必须留有一定的膨胀空间，以适应 α 粒子被阻止和中和后形成的氦气的缓慢演化。

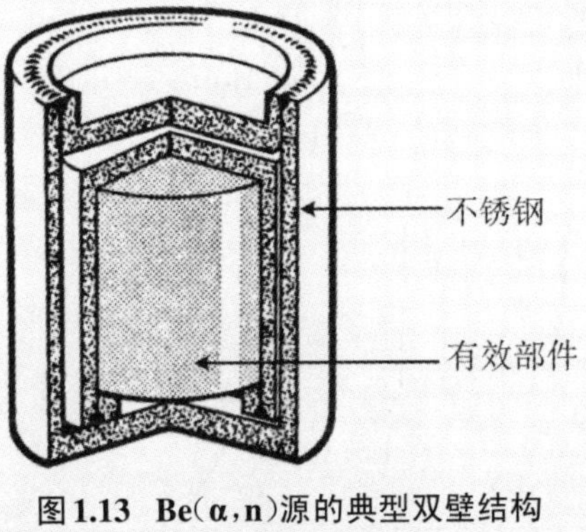

图 1.13　Be(α，n)源的典型双壁结构

（摘自 Lorch[20]）

在应用于探测器的效率校准时，必须谨慎假定这些源的中子产额与主要锕系元素 α 辐射体的半衰期完全一致。存在于原始放射性同位素样品中或通过前体衰变产生的少量 α 放射性活度污染物会影响中子的总产额。例如，许多 ^{239}Pu/Be 源都是由含有少量其他钚同位素的钚制备而成。同位素 ^{241}Pu 尤为重要，因为它的贝塔衰变半衰期为 13.2 y，可形成阿尔法发射体 ^{241}Am。因此，随着 ^{241}Am 在放射源中的积累，这些放射源的中子产额会随着时间的推移而逐渐增加。最初的 ^{241}Pu 同位素分数为 0.7%，则中子产额的初始增长率为每年 2%。[27]

其他一些阿尔法粒子诱发的反应偶尔也被用作中子源，但与铍反应相比，所有这些反应的单位阿尔法活度中子产额都低得多。表1.7列出了一些潜在的有用反应。由于所有这些反应的Q值都小于铍反应的Q值,因此图1.14所示的中子谱图的平均能量较低。特别是$^{7}Li(\alpha,n)$反应,其Q值为高负值,导致中子谱具有较低的0.5 MeV平均能量,这在某些应用中特别有用。有关这种频谱形状的详细信息,请参阅参考文献[29]。

表1.7　其他(α,n)同位素中子源

靶	反　应	Q值(MeV)	中子产额(每10^6个α粒子)
天然硼	$^{10}B(\alpha,n)$	+1.07	13(^{241}Am α粒子)
	$^{11}B(\alpha,n)$	+0.158	
氟	$^{19}F(\alpha,n)$	−1.93	4.1(^{241}Am α粒子)
同位素分离的^{13}C	$^{13}C(\alpha,n)$	+2.2	11(^{238}Pu α粒子)
天然锂	$^{7}Li(\alpha,n)$	−2.79	
铍(作为对比)	$^{9}Be(\alpha,n)$	+5.71	70(^{241}Am α粒子)

数据来自Lorch[20]和Geiger, Van der Zwan[28]。

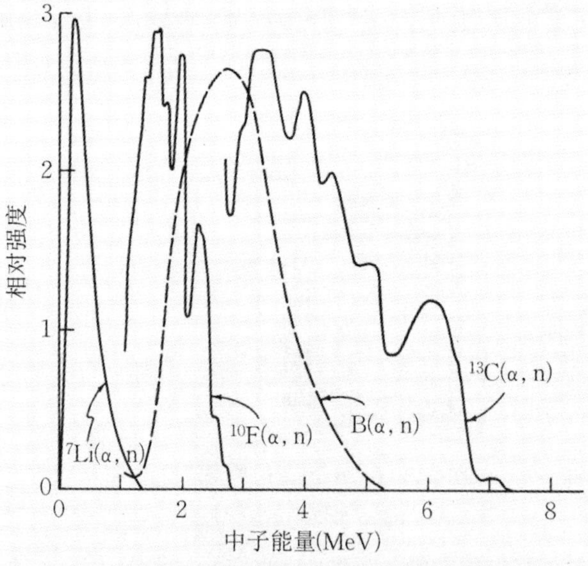

图1.14　来自其他(α,n)源的中子能谱

(^{7}Li数据来自Geiger和Van der Zwan[28],其余来自Lorch[20])

1.5.3　光中子源

一些放射性同位素伽马射线发射器与适当的靶材结合也可用于产生中子。光中子源的原理是通过吸收伽马射线光子向靶核提供足够的激发能量,从而发射自由中子。对

于放射性同位素光中子源来说,只有 ^{9}Be 和 ^{2}H 这两种靶核具有实际意义。相应的反应可以写成

$$^{9}_{4}\mathrm{Be} + h\nu \longrightarrow {}^{8}_{4}\mathrm{Be} + {}^{1}_{0}\mathrm{n} \qquad Q = -1.666\ \mathrm{MeV}$$

$$^{2}_{1}\mathrm{H} + h\nu \longrightarrow {}^{1}_{1}\mathrm{H} + {}^{1}_{0}\mathrm{n} \qquad Q = -2.226\ \mathrm{MeV}$$

伽马射线光子的能量至少要达到 Q 值的相反数才能使反应在能量上成为可能,因此只有相对高能的伽马射线才能被应用。对于超过这个最小值的伽马射线能量,相应的中子能量可以通过下式计算出来:

$$E_{\mathrm{n}}(\theta) \cong \frac{M\left(E_\gamma + Q\right)}{m+M} + \frac{E_\gamma \sqrt{(2mM)(m+M)\left(E_\gamma + Q\right)}}{(m+M)^2} \cos\theta \tag{1.7}$$

其中,θ 为伽马射线和中子之间的角度;E_γ 为伽马能量(假设 $\ll 931\ \mathrm{MeV}$);M 为反冲核质量 $\times c^2$;m 为中子质量 $\times c^2$。

光中子源的一个明显优势是,如果伽马射线是单能的,那么中子也几乎是单能的。通过调整角度 θ 在 0 和 π 之间变化,可以从方程中得到相对较小的运动扩散,这使得中子能谱只扩大了几个百分点。对于大型中子源,由于某些中子在逸出之前会在源内发生散射,因此能谱也会有所降低。

光中子源的主要缺点是必须使用非常大的伽马射线活度才能产生足够强度的中子源。对于图 1.15 所示的这种源,每 10^5 或 10^6 个伽马射线中只有约 1 个伽马射线相互作用产生一个中子,因此中子会出现在强度更高的伽马射线本底中。比较常见的伽马射线发射体有 ^{226}Ra,^{124}Sb,^{72}Ga,^{140}La 和 ^{24}Na。相应光中子源的一些特性和能谱见表 1.8 和图 1.16,其中许多光中子源的伽马射线半衰期都很短,因此需要在两次使用之间在核反应堆中重新活化。

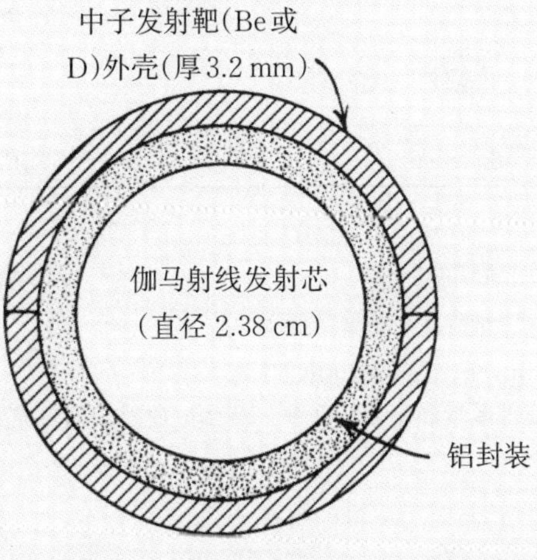

图 1.15　一个简单的球形光中子源的构造

表1.8 光中子源特性

伽马源	半衰期[a]	伽马能量*(MeV)	靶	中子能量**(keV)	中子产额(n/s)***(源活度10^{10} Bq)
^{24}Na	15.0 h	2.754 1	Be	967	340 000
		2.754 1	D	263	330 000
^{24}Al	2.24 min	1.778 7	Be	101	32 600
^{38}Cl	37.3 min	2.167 6	Be	446	43 100
^{56}Mn	2.58 h	1.810 7		129	
		2.113 1	Be	398	91 500
		2.959 8		1 149	
		2.959 8	D	365	162
^{72}Ga	14.1 h	1.861 1		174	
		2.201 6	Be	476	64 900
		2.507 7		748	
		2.507 7	D	140	25 100
^{76}As	26.3 h	1.787 7	Be	109	3 050
		2.096 3		383	
^{88}Y	107 d	1.836 1	Be	152	229 000
		2.734 0		949	
		2.734 0	D	253	160
^{116m}In	54.1 min	2.112 1	Be	397	15 600
^{124}Sb	60.2 d	1.691 0	Be	23	210 000
^{140}La	40.3 h	2.521 7	Be	760	10 200
			D	147	6 600
^{144}Pr	17.3 min	2.185 6	Be	462	690

* 数据来自文献[1]。

**为$\theta=\frac{\pi}{2}$处的计算值,近似为主能谱的中点。

*** 按照图1.15源尺寸进行蒙特卡罗计算的结果;外靶层为金属Be或氘化聚乙烯;芯部材料分别为NaF、Al、CCl_4、MnO_2、Ga_2O_3、As_2O_3、Y_2O_3、In、Sb、La_2O_3和Pr_2O_3。

资料来源:Knoll G. F. 的《基础物理学和应用中子源》第2章"放射性同位素中子源",纽约Pergamon出版社,1983年。

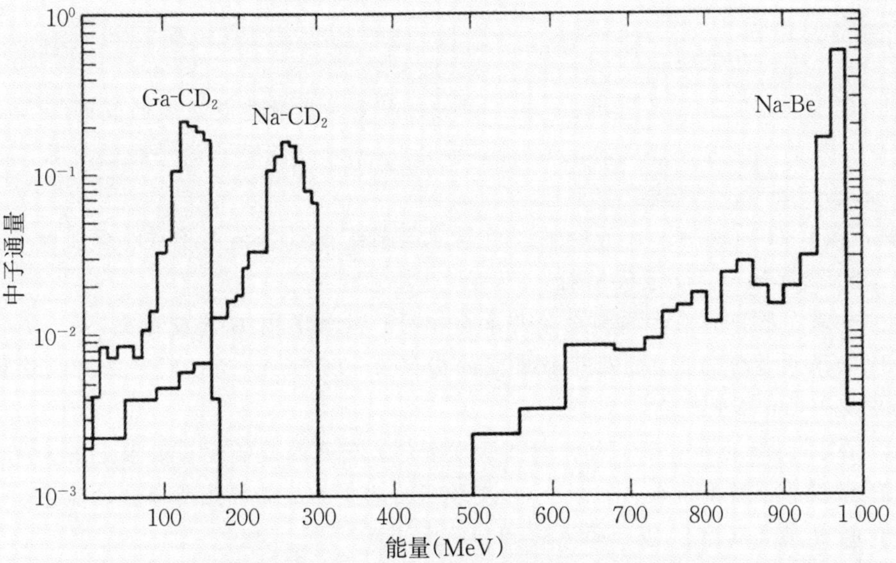

图 1.16　图 1.15 所示尺寸光中子源的中子谱图

伽马射线发射器为 ^{72}Ga 或 ^{24}Na，外壳为氘化聚乙烯(CD_2)或铍(Be)。

1.5.4　加速带电粒子的反应

由于α粒子是唯一可从放射性同位素中方便获得的低 Z 重带电粒子，因此涉及入射质子、氘核等的反应必须依赖人工加速粒子。用于产生中子的两种最常见的此类反应是 D-D 反应和 D-T 反应：

$$^2_1H + ^2_1H \longrightarrow ^3_2He + ^1_0n \qquad Q = +3.26\ MeV$$

$$^2_1H + ^3_1H \longrightarrow ^4_2He + ^1_0n \qquad Q = +17.6\ MeV$$

由于入射氘核和轻靶核之间的库仑势垒相对较小，因此氘核不需要加速到很高的能量就能产生大量中子。这些反应在“中子发生器”中被广泛利用，其中氘离子被 100～300 kV 的电势加速。由于入射粒子的能量与任一反应的 Q 值相比都很小，因此产生的所有中子都具有大致相同的能量(D-D 反应接近 3 MeV，D-T 反应接近 14 MeV)。1 mA 的氘核束将从厚氘靶产生约 10^9 n/s，从氚靶产生约 10^{11} n/s。一个装有离子源和靶的密封管以及一个便携式高压发生器组成的紧凑型中子发生器产生的中子量要少一些。

还有一些其他的由带电粒子引发的反应，它们或具有负的 Q 值，或使用原子序数更高的靶材，这些反应也被用于生成中子。常见的例子有 $^9Be(d,n)$、$^7Li(p,n)$ 和 $^3H(p,n)$。尽管在缩小加速器尺寸方面已经取得了进展[30]，但对于这些反应，仍需要更大的加速器产生更高能量带电粒子来生成有用的中子。

习题

1.1 辐射能谱可分为两大类:一类是由一种或多种离散能量组成的能谱(线能谱);另一类是由广泛的能量分布组成的能谱(连续能谱)。对于下面列出的每种辐射源,请指出是用"线"还是用"连续"来描述更好:

(a) α粒子;(b) β粒子;(c) γ射线;(d) 特征X射线;(e) 转换电子;(f) 俄歇电子;(g) 裂变碎片;(h) 轫致辐射;(i) 湮灭辐射。

1.2 如果L层和M层的转换电子都来自相同的核激发能,哪个能量更高?

1.3 如果质量数为210的原子核衰变的Q值为5.50 MeV,通过同时保持能量和动量,求衰变中发射的α粒子能量。

1.4 在195 kV的电位下工作的射线管发射的X射线的最低波长极限是多少?

1.5 根据原子质量值表,求出^{235}U自发裂变为两个等质量碎片所释放的能量。

1.6 计算半衰期为12.26 y的纯氚(^{3}H)的比活度。

1.7 在最大电压为3 MV的减速器中,双电离氦原子(α粒子)可加速到的最高能量是多少?

1.8 从痕量重水中产生光中子所需的最小伽马射线能量是多少?

1.9 通过同时保持能量和动量,计算在氚靶中进行D-T反应的150 keV氘核束向前发射的中子能量。

参考文献

[1] L. C. M. Lederer and V. S. Shirley, Table of Isotopes, 7th ed., Wiley Interscience, New York, 1978.

[2] R. N. Chanda and R. A. Deal, Catalog of Semiconductor Alpha Particle Spectra, IN-1261 (1970).

[3] A. Rytz, Atomic Data and Nuclear Data Tables 12, 479 (1973).

[4] W. E. Nervik, Phys. Rev. 119, 1685 (1960).

[5] S. L. Whetstone, Phys. Rev. 131, 1232 (1963).

[6] R. J. Gehrke, J. E. Cline, and R. L. Heath, Nucl. Instrum. Meth. 91, 349 (1971).

[7] E. L. Hull et al., Nucl. Instrum. Meth. A385, 489 (1997).

[8] S. Croft, Nucl. Instrum. Meth. A281, 103 (1989).

[9] J. P. Mason, Nucl. Instrum. Meth. Phys. Res. A241, 207 (1985).

[10] C. Coceva, A. Brusegan, and C. van der V orst, Nucl. Instrum. Meth. A378, 511 (1996).

[11] T. Ikuta et al., Nucl. Instrum. Meth. A323, 697 (1992).

[12] X-Ray and Gamma-Ray Standards for Detector Calibration, IAEA-TECDOC-619, IAEA, Vienna (1991).

[13] H. Ferdinande, G. Knuyt, R. Van De Vijver, and R. Jacobs, Nucl. Instrum. Meth. 91, 135 (1971).

[14] E. Storm, D. W. Lier, and H. I. Israel, Health Phys. 26, 179 (1974).

[15] J. L.-H. Chan and A. Macovski, IEEE Trans. Nucl. Sci. NS-24 (4), 1968 (1977).
[16] K. Amlauer and I. Tuohy, Proceedings, ERDA X- and Gamma Ray Symposium, Ann Arbor CONF-760539, p. 19 (1976).
[17] O. I. Batenkov et al., INDC (NDS)-146 (1983).
[18] R. C. Martin, J. B. Knauer, and P. A. Balo, Int. J. Appl. Radiat. Isotopes 53, 785 (2000).
[19] E. A. Lorch, Int. J. Appl. Radiat. Isotopes 24, 585 (1973).
[20] T. E. Valentine, Annals of Nuclear Energy 28, 191 (2001).
[21] H. Maier-Leibnitz et al., Proc. Symp. Phys. and Chem. of Fission 2, 113 (1965).
[22] M. E. Anderson and M. R. Hertz, Nucl. Sci. Eng. 44, 437 (1971).
[23] K. W. Geiger and L. Van der Zwan, Nucl. Instrum. Meth. 131, 315 (1975).
[24] A. Kumar and P. S. Nagarajan, Nucl. Instrum. Meth. 140, 175 (1977).
[25] M. E. Anderson and R. A. Neff, Nucl. Instrum. Meth. 99, 231 (1972).
[26] M. E. Anderson, Nucl. Appl. 4, 142 (1968).
[27] K. W. Geiger and L. Van der Zwan, Health Phys. 21, 120 (1971).
[28] D. R. Weaver, J. G. Owen, and J. Walker, Nucl. Instrum. Meth. 198, 599 (1982).
[29] V. N. Kononov et al., Nucl. Instrum. Meth. A564, 525 (2006).

第2章　辐射相互作用

任何辐射探测器的运行基本上都取决于被探测的辐射与探测器本身的材料相互作用的方式。因此,要了解特定类型探测器的响应,就必须熟悉辐射与物质相互作用并失去能量的基本机制。关于这个广泛的主题,有许多通用参考书;仅列举其中一本,即埃文斯的经典著作[1],几十年来它一直是标准参考书。为了便于组织接下来的讨论,我们可以将第1章中介绍的4大类辐射归纳为表2.1所示矩阵。

表2.1　粒子辐射的分类和特征

带电粒子辐射		不带电辐射
重带电粒子(特征距离约 10^{-5} m)	⇐	中子(特性长度约 10^{-1} m)
快电子(特征距离约 10^{-3} m)	⇐	X射线和伽马射线(特征长度约 10^{-1} m)

表2.1左栏中的条目代表带电粒子辐射,由于粒子带有电荷,因此会通过库仑力与它们通过的任何介质中的电子持续发生相互作用;右栏中的辐射不带电,因此不受库仑力的影响。相反,这些辐射必须首先经历一次"灾难性"的相互作用,这种相互作用在一次碰撞中就能根本性地改变入射辐射的性质。在所有具有实际意义的情况下,相互作用都会导致入射辐射的能量全部或部分转移到组成原子的电子或原子核上,或转移到核反应的带电粒子产物上。如果在探测器内没有发生相互作用,这些不带电的辐射(如中子或伽马射线)就会完全穿过探测器的体积,而不会显示出它们曾经存在过的丝毫迹象。

表2.1中的水平箭头说明了这种灾难性相互作用的结果。X射线或伽马射线通过本章所述的过程,可以将其全部或部分能量转移给介质中的电子。由此产生的次级电子与第1章中讨论的快电子辐射(如β粒子)非常相似。设计用于探测伽马射线的设备就是为了促进这种相互作用,并使产生的次级电子完全停止,从而使其全部能量都能用于输出信号。与此相反,中子的相互作用方式可能会产生次级重带电粒子,从而成为探测器信号的基础。

表中还列出了各类典型能量辐射在固体中的特征穿透距离或平均路径长度(射程或平均自由路径)的数量级。

2.1 重带电粒子的相互作用

2.1.1 相互作用的性质

重带电粒子(如α粒子)与物质的相互作用,主要是通过其正电荷与吸收体原子轨道电子的负电荷之间的库仑力与物质相互作用。虽然粒子与原子核之间也可能发生相互作用(如卢瑟福散射即阿尔法粒子诱发的反应),但这种情况很少发生,而且通常对辐射探测器的响应影响并不明显。相反,带电粒子探测器必须依靠与电子相互作用的结果来做出反应。

带电粒子进入任何吸收介质后,都会立即与许多电子同时发生相互作用。在任何一次这样的相互作用中,当粒子经过电子附近时,电子都会感受到来自吸引库仑力的脉冲。根据相遇的远近,这种冲力可能足以将电子提升到吸收体原子内较高的壳层(激发),或将电子完全从原子中移除(电离)。转移到电子上的能量必须以牺牲带电粒子为代价,因此其速度会因相遇而降低。在一次碰撞中,质量为m、动能为E的带电粒子传递给质量为m_0的电子的最大能量为$4Em_0/m$,即约1/500核子的粒子能量。由于这只是总能量的一小部分,因此原粒子在通过吸收器的过程中必定在许多这样的相互作用中损失能量。在任何给定的时间内,粒子都会与许多电子发生相互作用,因此净效应就是不断降低粒子的速度,直到粒子停止。

重带电粒子在减速过程中的代表性路径示意图如图2.1所示。除了最末端外,这些轨迹往往都很笔直,因为粒子在任何一次相遇时都不会发生大的偏转,而且相互作用会同时在所有方向上发生。因此,带电粒子在特定的吸收材料中具有一定的射程。这个射程将在下文中进行更精确的定义,它代表了粒子无法穿透的距离。

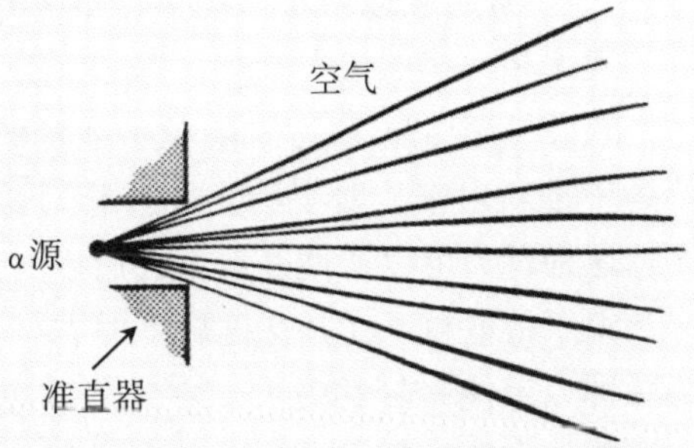

图2.1 重带电粒子在减速过程中的代表性路径

这些粒子在吸收体中相遇的产物是受激原子或离子对。每个离子对都由一个自由电子和吸收体原子的相应正离子组成,吸收体原子中的一个电子已被完全去除。离子对有自然重组形成中性原子的趋势,但在某些类型的探测器中,这种重组会被抑制,因此离子对可以作为探测器响应的基础。

在特别近距离的碰撞中,电子可能会受到足够大的冲力,以至于在离开母原子后,仍有足够的动能产生更多的离子。这些高能电子有时被称为德尔塔射线,是带电粒子能量传递到吸收介质的间接方式。在典型条件下,带电粒子的大部分能量损失都是通过这些德尔塔射线发生的。与入射高能粒子的射程相比，德尔塔射线的射程总是很小，因此电离仍然是在原轨道附近形成的。在微观尺度上，这一过程的影响之一是离子对通常不会以随机间隔的单个电离形式出现，而是倾向于形成许多沿粒子轨道分布的多离子对“簇”。

2.1.2 阻止本领

对于给定吸收体和带电粒子，线性阻止本领S简单地定义为粒子在该材料内的能量损失微分除以相应的路径长度微分：

$$S=-\frac{\mathrm{d}E}{\mathrm{d}x} \tag{2.1}$$

其中，$-\mathrm{d}E/\mathrm{d}x$也被称为粒子的比能量损失，或者更通俗地说，能量损失的“速率”。

对于具有给定电荷状态的粒子，S会随着粒子速度的减小而增大。描述比能量损失的经典表达式称为Bethe公式，可写为

$$-\frac{\mathrm{d}E}{\mathrm{d}x}=\frac{4\pi e^4 z^2}{m_0 v^2}NB \tag{2.2}$$

其中

$$B\equiv Z\left[\ln\frac{2m_0v^2}{I}-\ln\left(1-\frac{v^2}{c^2}\right)-\frac{v^2}{c^2}\right]$$

在这些表达式中，v和ze是原粒子的速度和电荷，N和Z是吸收体原子的数量密度和原子序数，m_0是电子静止质量，e是电子电荷；参数I代表吸收体的平均激发势和电离势，通常被视为每个元素的实验参数；对于非相对论带电粒子($v\ll c$)，只有B中的第一项是重要的。

式(2.2)通常适用于不同类型的带电粒子，前提是它们的速率与吸收原子中的轨道电子的速率相比仍然很大。

式(2.2)中的B表达式随粒子能量的变化而缓慢变化。因此$\mathrm{d}E/\mathrm{d}x$可以从乘法因子的行为中推断出来。对于给定的非相对论粒子来说，$\mathrm{d}E/\mathrm{d}x$随着$1/v^2$变化，与粒子能量成反比。这种行为可以通过以下方式启发式地解释：

由于带电粒子在其速度较低时在任何给定电子附近花费更长的时间，因此电子感受到的脉冲以及能量转移最大。在比较速度相同的不同带电粒子时，式(2.2)中对数项之外唯一可能发生变化的因素是表达式分子中的z^2。因此，电荷最大的粒子将有最大的比能量损失。例如，α粒子的能量损失率大于相同速度的质子，但小于电荷量更大的离子。在比较作为吸收体的不同材料时，$\mathrm{d}E/\mathrm{d}x$要取决于对数项之外的乘积NZ，而乘积NZ代表吸收体的电子密度。因此，高原子序数、高密度的材料将产生最大的线性阻止本领。

图2.2显示了多种不同带电粒子的比能量损失在较大能量范围内的变化情况。从图中可以看出对于许多不同类型的带电粒子来说，在能量超过几百兆电子伏特时，它们的速度接近光速，$\mathrm{d}E/\mathrm{d}x$的值从而接近一个近乎恒定的最小值。在轻质材料中，这种特定的能量损失相当于每g/cm²约2 MeV。由于类似的能量损失行为，这类相对论粒子有时被称为

"最小电离粒子"。快电子在能量低至约1 MeV时也属于这一类,因为它们的质量低得多,所以即使在如此微弱的能量下也能产生相对论速度。

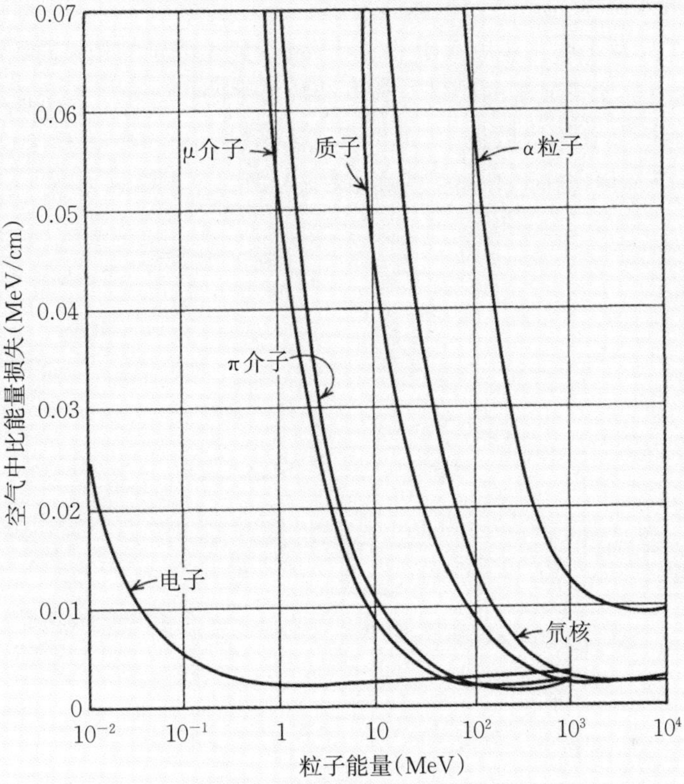

图2.2 空气中的比能量损失随带电粒子能量的变化

(摘自Beiser[2])

在粒子能量较低时,粒子与吸收体之间的电荷交换变得非常重要,此时Bethe公式开始失效。带正电荷的粒子会从吸收体中拾取电子,从而有效地减少了电荷,并因此造成线性能量损失。在其轨道的末端,粒子积累了z个电子,成为一个中性原子。

2.1.3 能量损失特性

1. 布拉格曲线

图2.3所示的带电粒子沿轨道的比能量损失曲线,被称为布拉格曲线。示例显示的是初始能量为儿兆电子伏特的阿尔法粒子。在大部分轨迹上,α粒子上的电荷是两个电子电荷,比能量损失的增加大致为$1/E$,正如式(2.2)所预测的一

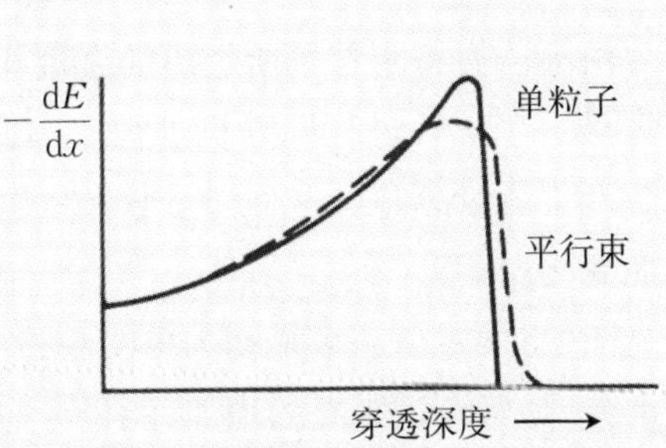

图2.3 阿尔法轨道上的比能量损失

样。在粒子轨迹的末端,电荷通过电子拾取而减少,曲线也随之下降。图2.3中显示的是单个α粒子轨道的曲线以及初始能量相同的平行α粒子束的平均行为曲线。由于杂散的影响,这两条曲线略有不同,下文将对此进行讨论。

图2.4给出了一些不同重带电粒子的$-dE/dx$与粒子能量的相关曲线图。这些示例说明了在离子捕获电荷变得显著的能量。核电荷数最多的带电粒子在减速过程的早期就开始拾取电子。请注意,在铝吸收器中,单电荷氢离子(质子)约在低于100 keV时显示出强烈的电荷拾取效应,但双电荷^{3}He离子约在400 keV时显示出同等效应。

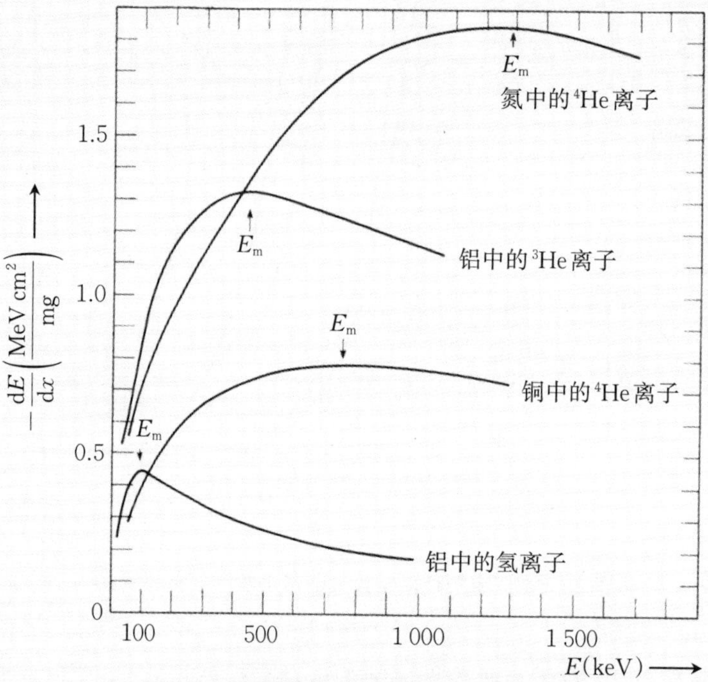

图2.4　氢离子和氦离子的比能量损失与能量的函数关系

E_m表示dE/dx达到最大值的能量

(摘自Wilken,Fritz[3])

2. 能量杂散

由于任何特定粒子所经历的微观相互作用的细节在某种程度上是随机变化的,其能量损失是一个统计过程即随机过程。因此,一束单能量带电粒子穿过一定厚度的吸收体后,总会产生能量分布。这种能量分布的宽度就是能量杂散的量度,它随着粒子轨道的距离变化而变化。

图2.5展示了一束最初为单能粒子的粒子束在其射程内各点的能量分布示意图。在第一部分,随着穿透距离的增加,能量分布变得更宽(更倾斜),显示出能量杂散的重要性在增加。在射程的末端,由于粒子的平均能量大大降低,分布再次变窄。

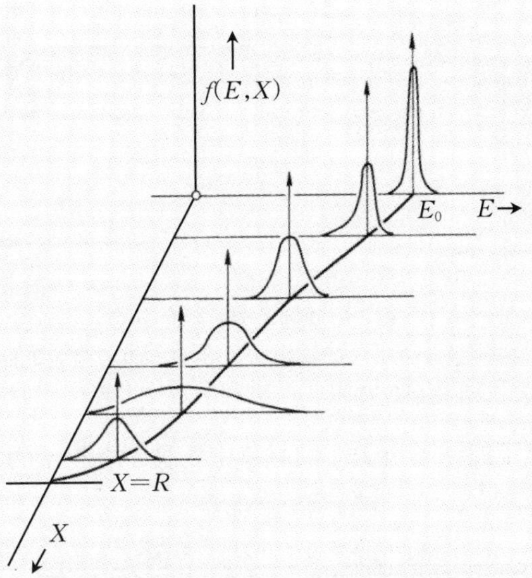

图 2.5　一束初始单能带电粒子在不同穿透距离上的能量分布图

E 是粒子能量，X 是沿轨道的距离。

（摘自 Wilken，Fritz[3]）

2.1.4　粒子射程

1. 射程的定义

为了量化粒子射程的定义，我们参考图 2.6 中的概念实验。在这里，一个准直的单能 α 粒子源在通过厚度可变的吸收器后被探测器计数。（稍后我们将对比在类似条件下观察其他类型辐射的行为）。图 2.6 中也绘制了 α 粒子的结果。对于较小的吸收体厚度值，唯一的影响就是导致 α 粒子在通过吸收体时会有能量损失。由于穿过吸收器的轨迹非常平直，因此到达探测器的总数保持不变。在吸收器的厚度接近吸收材料中最短轨道的长度之前，α 粒子的数量不会发生衰减。然后，增加厚度会阻止越来越多的 α 粒子，检测到的光束强度会迅速下降到零。

吸收材料中的 α 粒子射程可以通过几种方法从这条曲线中确定。平均射程被定义为这样的吸收体厚度，该厚度可将 α 粒子数量减少到没有吸收体时的二分之一。这一定义最常用于数值射程值表中。文献中出现的另一个版本是外推法量程，它是通过将传输曲线末端的线性部分外推为零而得到的。

因此，特定能量的带电粒子的射程在特定吸收材料中是一个相当独特的量。在早期的辐射测量中，图 2.6 所示的实验被广泛用于间接测量 α 粒子的能量，方法是确定相当于其平均射程的吸收体厚度。随着能够直接提供与 α 粒子能量相关输出信号的探测器的出现，这种间接测量方法变得不再必要。

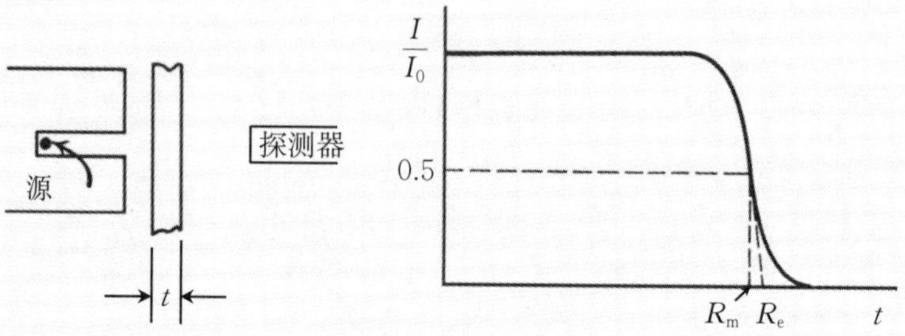

图 2.6 α粒子透射概念实验

I是通过厚度为t的吸收器检测到的α粒子数量，而I_0则是在没有吸收器的情况下检测到的数量。图中标出了平均射程R_m和外推射程R_e。

图2.7～图2.9给出了探测器所关注的材料中各种带电粒子的平均射程的一些曲线图。

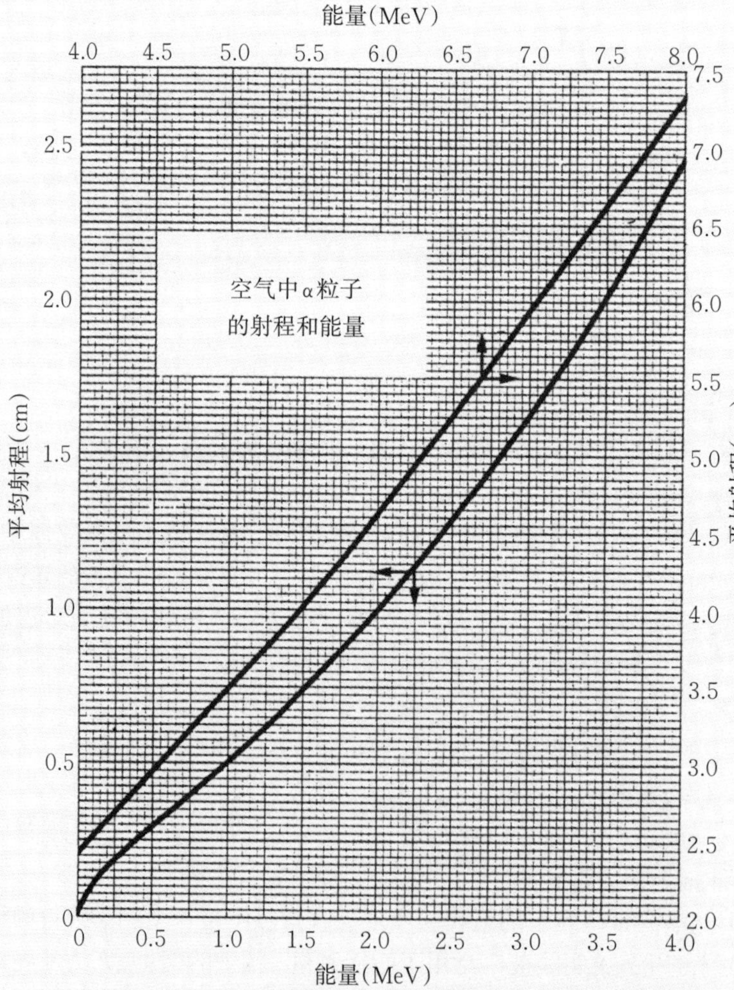

图 2.7 空气中α粒子在15 ℃和1个标准大气压下的射程-能量图

(摘自《辐射健康手册》，美国卫生、教育和福利部，华盛顿特区，1970年)

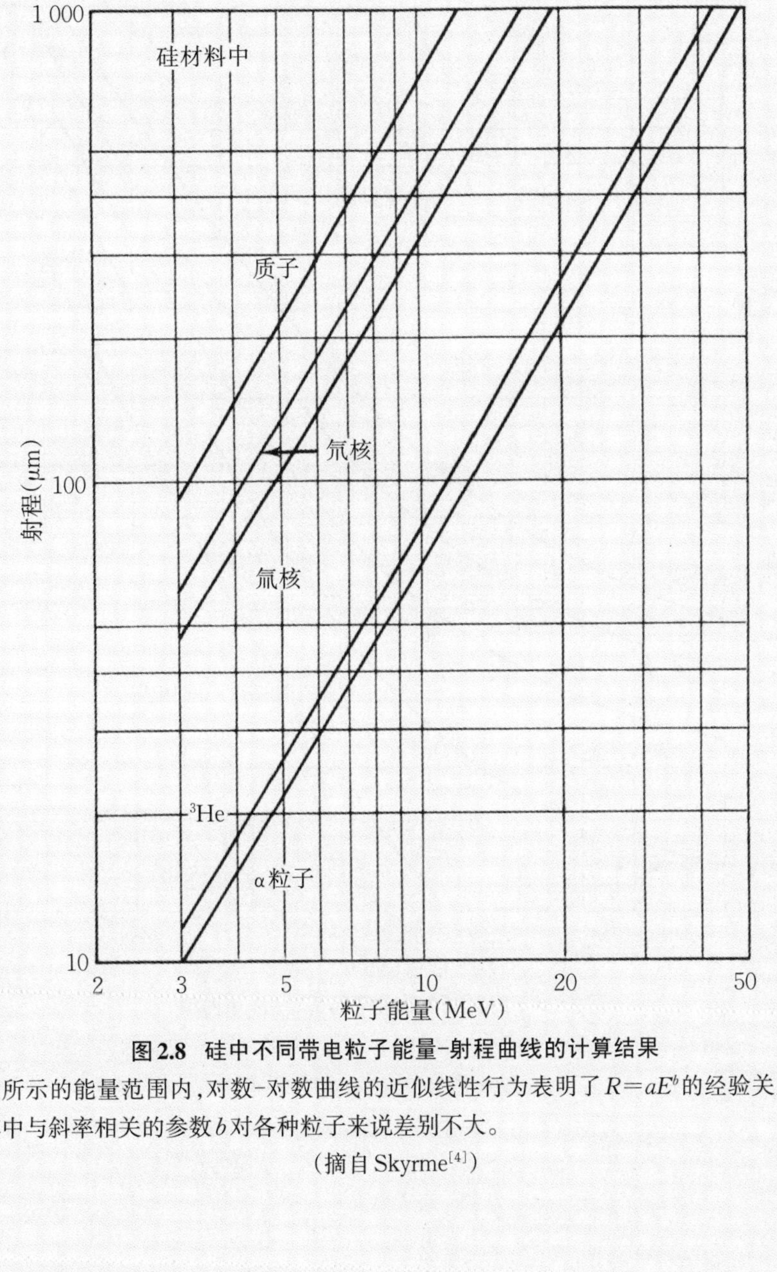

图 2.8　硅中不同带电粒子能量-射程曲线的计算结果

在所示的能量范围内，对数-对数曲线的近似线性行为表明了 $R=aE^b$ 的经验关系，其中与斜率相关的参数 b 对各种粒子来说差别不大。

(摘自 Skyrme[4])

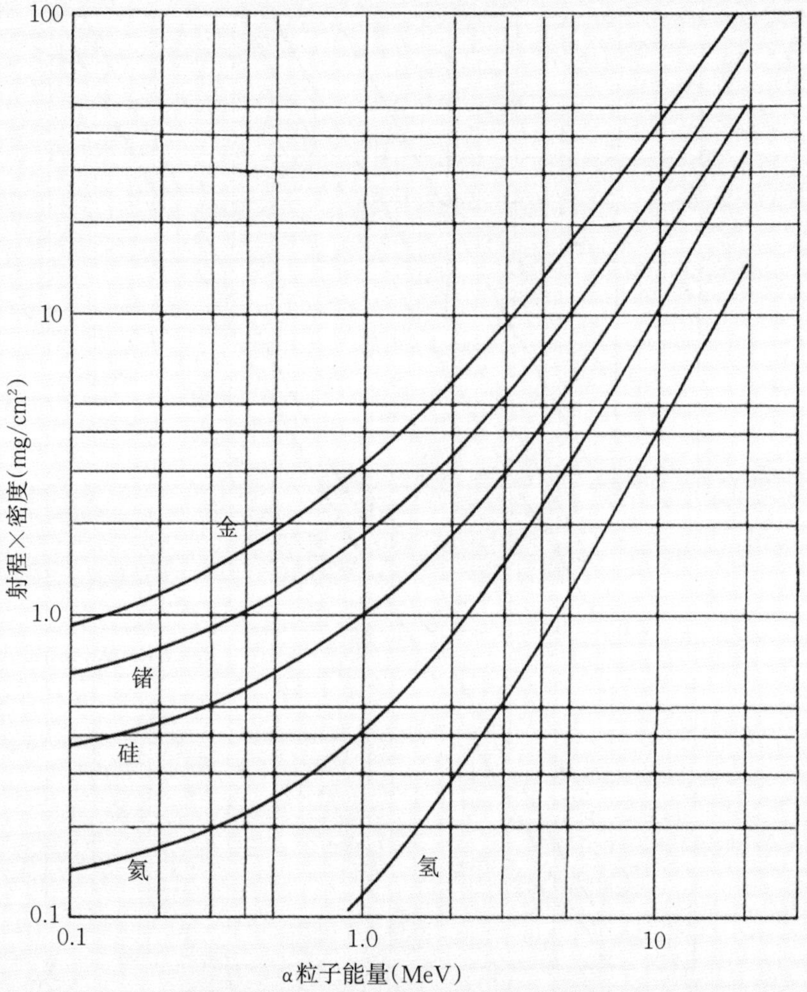

图 2.9 不同材料中α粒子的射程-能量曲线

射程单位用质量厚度表示(见第 2.3.2 节),以减少这些曲线的差异。

(数据来自 Williamson 等[5])

作为这些曲线的一个明显应用，任何要测量带电粒子全部入射能量的探测器，其有效厚度必须大于该粒子在探测器材料中的量程。

2. 射程杂散

带电粒子也会受到射程杂散的影响。射程杂散是指具有相同初始能量的单个粒子的路径长度波动。在给定的穿透距离内，导致能量杂散的随机因素也会导致每个粒子的总路径长度略有不同。对于质子或阿尔法等重带电粒子，杂散程度仅为平均射程的百分之几。图2.3中绘制的平均传输曲线末端截断点的尖锐程度证明了杂散的程度。微分该曲线可得到一个峰，峰的宽度通常可作为测量中使用的粒子和吸收器的射程杂散重要性的定量指标。

3. 停止时间

带电粒子在吸收器中停止所需的时间可以根据其射程和平均速度推算出来。对于质量为m、动能为E的非相对论粒子，其速度为

$$v=\sqrt{\frac{2E}{m}}=c\sqrt{\frac{2E}{mc^2}}=\left(3.00\times10^8\,\frac{\text{m}}{\text{s}}\right)\sqrt{\frac{2E}{\left(\frac{931\text{MeV}}{\text{amu}}\right)m_\text{A}}}$$

其中，m_A是以原子质量单位表示的粒子质量，E是以MeV表示的粒子能量。如果我们假设粒子减速时的平均速度为$\langle v\rangle=Kv$，其中v在初始能量时求值，则停止时间T可根据射程R计算如下

$$T=\frac{R}{\langle v\rangle}=\frac{R}{Kc}\sqrt{\frac{mc^2}{2E}}=\frac{R}{K\left(3.00\times\frac{10^8\text{m}}{\text{s}}\right)}\sqrt{\frac{\frac{931\text{MeV}}{\text{amu}}}{2}}\sqrt{\frac{m_\text{A}}{E}}$$

如果粒子是匀减速的，那么$\langle v\rangle$将是$v/2$，而K则为0.5。然而，带电粒子通常在接近其射程末端时会以更高的速度损失能量，因此K应该是更高一些。假设$K=0.60$，则停止时间可估算为

$$T\approx1.2\times10^{-7}R\sqrt{\frac{m_\text{A}}{E}} \tag{2.3}$$

其中，T的单位为s，R单位为m，m_A为原子量，E单位为MeV。对于重带电粒子（质子、α粒子等）来说，这一近似值在这里所关注的大部分能量范围内都是相当准确的。但是，它不能用于相对论粒子，如快电子。

使用典型的射程值，根据式(2.3)计算出的带电粒子停止时间在固体或液体中为几皮秒，在气体中为几纳秒。除了反应最快的辐射探测器外，这些时间一般都很小，可以忽略不计。

2.1.5 薄吸收体中的能量损耗

对于被给定带电粒子穿透的薄吸收体(或探测器),沉积在吸收体中的能量可通过以下等式计算得出

$$\Delta E = -\left(\frac{\mathrm{d}E}{\mathrm{d}x}\right)_{\text{avg}} t \tag{2.4}$$

其中,t为吸收器厚度,$\left(\mathrm{d}E/\mathrm{d}x\right)_{\text{avg}}$是粒子在吸收器中能量的平均线性阻挡本领。如果能量损失较小,则阻止本领不会有太大变化,可以用入射粒子能量时的数值来近似表示。参考文献[5]~[10]中给出了许多不同带电粒子在各种吸收介质中的$\mathrm{d}E/\mathrm{d}x$值。图2.11~图2.13显示了一些相关材料的曲线图。

对于能量损失不小的吸收层厚度,直接从这些数据中获得适当权重($-\mathrm{d}E/\mathrm{d}x$)的平均值并不容易。在这些情况下,更容易以利用图2.7~图2.9中所示类型的射程能量数据的方式获得所沉积的能量。这种方法如下:设R_1表示入射粒子在吸收材料中的能量为E_0的全射程。通过从R_1中减去吸收体的物理厚度t,获得值R_2,其表示从吸收体的相对表面出现的那些α粒子的射程。通过求出与R_2对应的能量,得到透射的带电粒子E_t的能量。沉积的能量ΔE然后简单地由E_0-E_t给出,具体步骤如图2.10所示,该步骤基于带电粒子轨迹在吸收器中完全线性的假设,因此这种方法不适用于粒子可能发生明显偏转的情况(如快电子)。

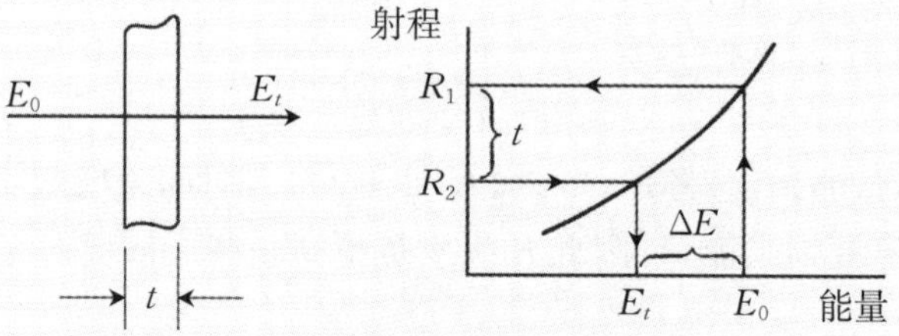

图2.10 图示法获得沉积能量的过程

粒子射程的综合影响以及$\mathrm{d}E/\mathrm{d}x$随能量增加的变化如图2.14所示。图中绘制了质子在薄探测器中的能量损失与入射质子能量的关系。对于低能量,质子射程小于探测器厚度。因此,随着能量的增加,沉积在探测器中的能量(刚好等于入射能量)呈线性增加。在质子能量为425 keV时,射程正好等于探测器厚度。对于更高的能量,只有部分入射能量沉积下来,而出射的质子会带走剩余的能量。在这些条件下,沉积在探测器中的能量由式(2.4)给出,或者简单地说是探测器厚度与平均线性阻止本领的乘积。由于在这一区域,阻止本领随着能量的增加而持续降低(见图2.4),因此沉积能量会随着入射质子能量的进一步增加而降低。图2.14中第二条曲线绘制的是第二个厚探测器记录的传输能量(图2.10中的E_t)。

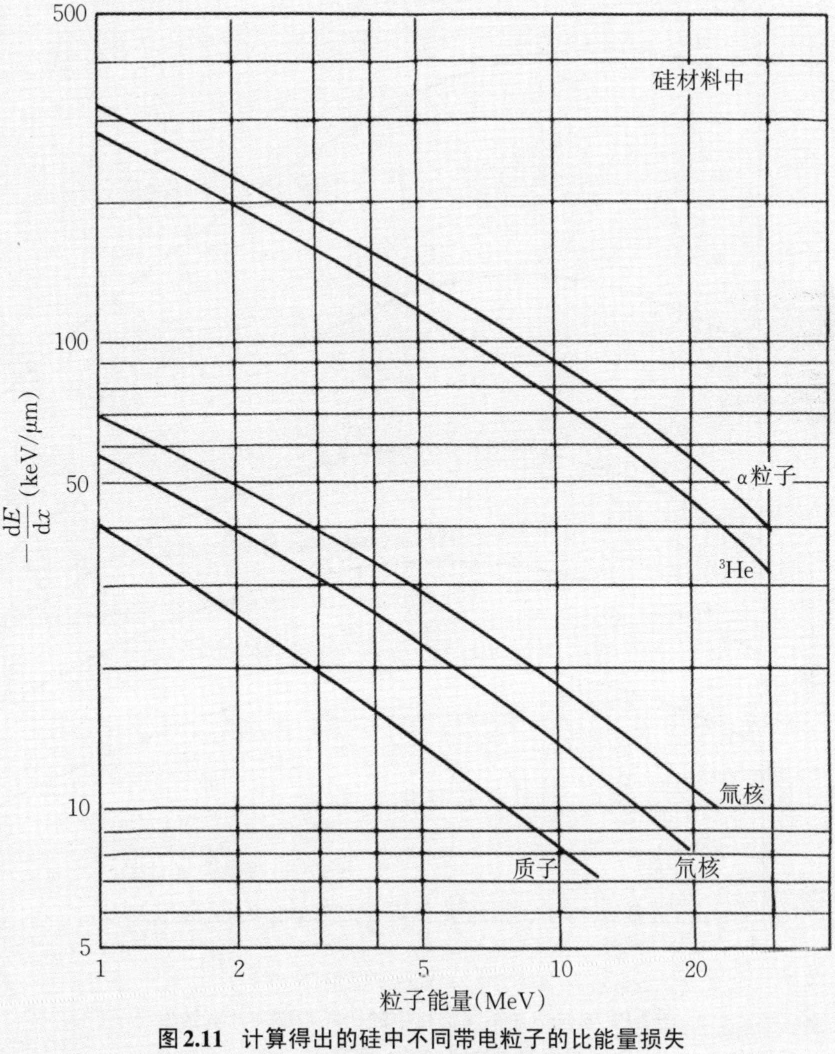

图2.11 计算得出的硅中不同带电粒子的比能量损失

(摘自 Skyrme[4])

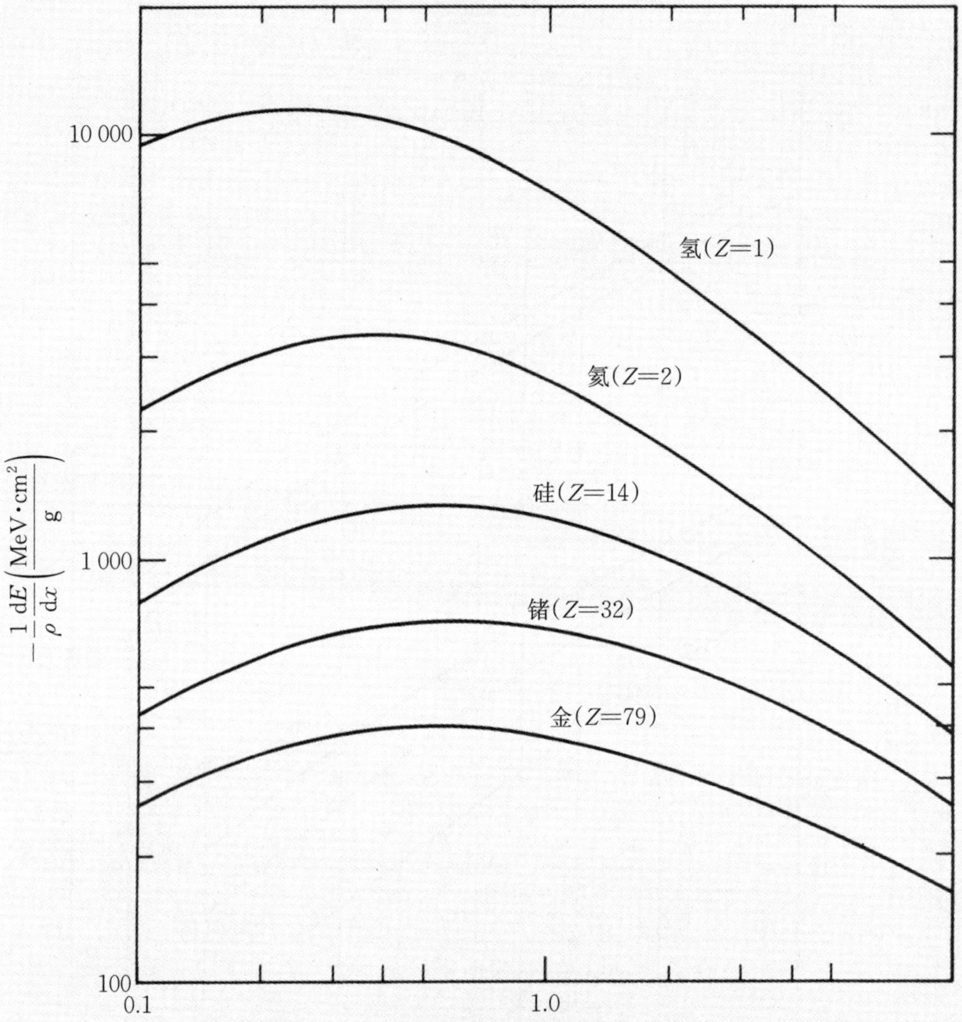

图2.12 α粒子在不同材料中的比能量损失计算结果

数值按吸收体材料的密度归一化。

(数据来自 Williamson 等[5])

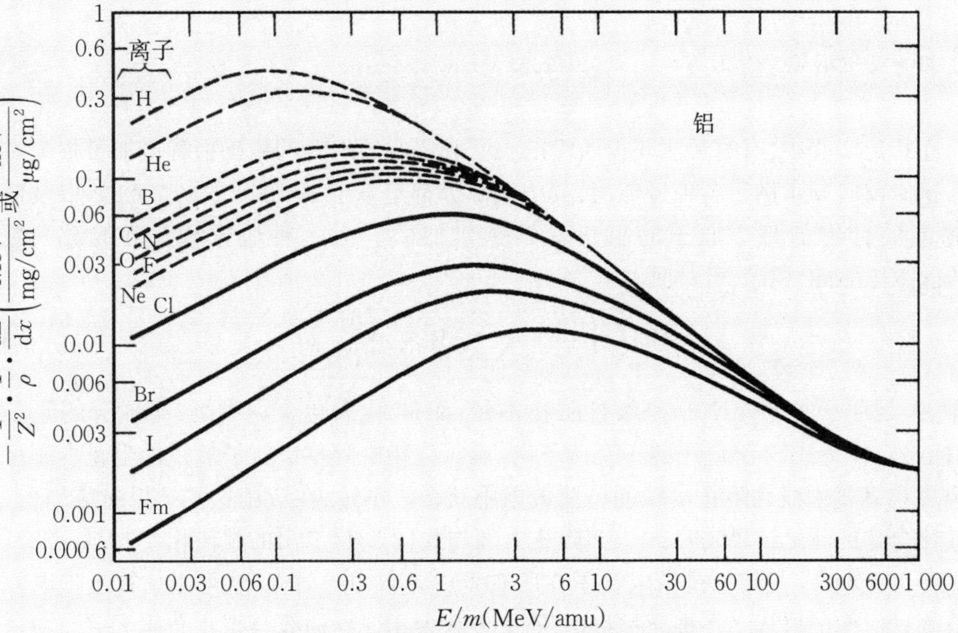

图 2.13 铝中各种重离子比能量损失的曲线图

横坐标是离子能量除以离子质量，纵坐标是 dE/dx 除以铝的密度和离子原子序数的平方。典型的裂变碎片（如碘）在从初始能量（约 1 MeV/amu）减慢的同时，dE/dx 呈现持续下降的趋势。

（摘自 Northcliffe，Schilling[8]）

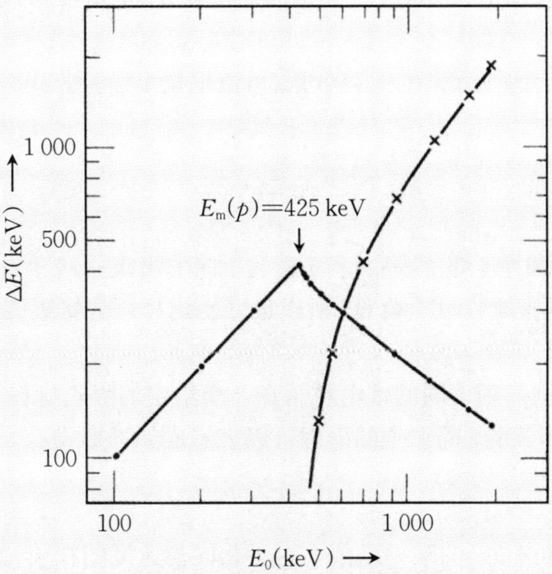

图 2.14 初始能量为 E_0 的质子在厚度为 4.6 μm 的硅探测器中的能量损耗

能量损耗如点所示，图中还显示了穿透质子的传输能量，如交叉标记线所示。

（摘自 Wilken 和 Fritz[3]）

2.1.6 定标率

在特定实验中,有时无法获得所需的粒子和吸收器组合的精确射程或能量损失特性数据。这时就必须求助于各种近似值,其中大部分都是基于Bethe公式(式(2.2))以及假设化合物或混合物的每个原子的阻止本领是累加的。后一种假设称为布拉格-克莱曼(Bragg-Kleeman)规则,可写成

$$\frac{1}{N_c}\left(\frac{dE}{dx}\right)_c = \sum_i W_i \frac{1}{N_i}\left(\frac{dE}{dx}\right)_i \tag{2.5}$$

其中,N是原子密度,dE/dx是线性阻止本领,而W_i代表化合物中第i个成分的原子分数(下标c)。作为式(2.5)应用的一个例子,金属氧化物中阿尔法粒子的线性阻止本领可以从纯金属和氧气中线性阻止本领的单独数据中获得。不过,在应用这些结果时应谨慎,因为一些化合物的测量结果表明[12-15],其阻止本领与式(2.5)计算出的数值相差10%~20%。

可以证明[11],只要知道带电粒子在所有组成元素中的射程,就可以估算出带电粒子在化合物材料中的射程。在推导过程中,有必要假定dE/dx曲线与阻止介质无关。在这些条件下,化合物中的射程由下式给出:

$$R_c = \frac{M_c}{\sum_i n_i\left(\frac{A_i}{R_i}\right)} \tag{2.6}$$

其中,R_i是元素i的射程,n_i是元素i在分子中的原子数,A_i是元素i的原子量,M_c是化合物的分子量。

如果不能获得所有组成元素的射程数据,可以根据半经验公式(通常也称为布拉格-克莱曼规则)进行估计:

$$\frac{R_1}{R_0} \approx \frac{\rho_0\sqrt{A_1}}{\rho_1\sqrt{A_0}} \tag{2.7}$$

其中,ρ和A表示密度和原子量,下标0和1表示不同的吸收材料。当两种材料的原子量相差很大时,这种估计的准确性就会降低,所以最好使用尽可能接近A中相关吸收体的材料的射程数据。

射程数据也可以推广到不同的带电粒子在一个给定的吸收材料中。通过式(2.2)积分可以表明,质量为m,电荷为z的粒子的射程可以表示成如下形式:

$$R(v) = \frac{m}{z^2}F(v) \tag{2.8}$$

其中,$F(v)$表示质点初速度v的唯一函数。对于相同初速度的粒子,这个因子将是相同的,因此我们可以写成

$$R_a(v) = \frac{m_a z_b^2}{m_b z_a^2}R_b(v) \tag{2.9}$$

其中，下标a和b表示不同的带电粒子。因此，对于没有数据的粒子，可以通过计算其初始速度，找到在同一材料中具有相同初始速度的任何其他粒子的射程，并应用式(2.9)来估计其射程。应当强调的是，这些估计只是近似值，因为没有考虑粒子在接近其路径终点时电荷状态的变化。Evans[1]提出了补偿这种影响且更准确地预测范围所需的修正因子。

2.1.7 裂变碎片的行为

由中子诱导的或自发的重核裂变产生的重碎片是高能带电粒子，其性质与到目前为止所讨论的有些不同。由于碎片开始时剥离了许多电子，它们的有效电荷导致非常大比能量损失，大于本文讨论的任何其他辐射所遇到的损失。然而，由于初始能量也非常高(见图1.4(b))，一个典型的裂变碎片的射程大约是一个5 MeV的α粒子的一半。裂变碎片轨迹的一个重要特征是，比能量损失($-\mathrm{d}E/\mathrm{d}x$)随着粒子在吸收器中的能量损失而减少。这种行为与较轻的粒子(如α粒子或质子)形成鲜明对比，是由于碎片所携带的有效电荷随着速度的降低而不断减少。电子的拾取在轨迹开始时立即开始，因此式(2.2)分子中的因子z不断下降。由此产生的$-\mathrm{d}E/\mathrm{d}x$的减少足以抵消通常伴随速度降低的增加。对于初始电荷状态低得多的粒子，如α粒子，电子拾取直到接近射程的末端才变得显著。

2.1.8 表面的次级电子发射

由于带电粒子在减速过程中失去了动能，许多来自吸收体的电子被给予足够的推动力，使它们能从粒子的原始轨道上移动一小段距离。这包括前面提到的德塔射线，它的能量高到足以电离其他吸收原子，还有电子，其动能只有几个电子伏特，低于进一步电离的最小能量。如果一个高能带电粒子入射到固体表面或从固体表面出现，其中一些电子可能迁移到表面并有足够的能量逃逸。“次级电子”一词通常用于描述这些逸出的低能电子(注：同样的术语经常被用来描述伽马射线相互作用中形成的能量更高的电子，这一章稍后将描述——非常不同类型的次级电子)。

一个像裂变碎片这样的重离子可以产生数百个这样的次级粒子，而较轻的α粒子通常每个粒子只能产生10个或更少的次级粒子[16]，像β粒子这样的快电子不太可能产生逃逸的次级辐射，只有百分之几的电子会导致次级辐射。初步估计，次级电子的产额将与带电粒子在接近表面层内失去的能量成正比，这一层的厚度代表了电子从其起点迁移的最大距离，且电子在此距离上仍保有足够的能量以逃逸出表面。因此，粒子的$\mathrm{d}E/\mathrm{d}x$值是对给定材料的次级电子产额的合理预测。功函数低、逸出距离大的材料产额最大。碱卤化物薄膜，特别是碘化铯薄膜，可以产生高产额的次级产物。碱卤化物中的电子传递模型[17]证实了它们作为次级电子的丰富来源的适宜性。

这些逸出的次级电子的能谱是一个连续体，其平均值与初级粒子的能量相比很低。例如，碳表面的次级电子，来自α粒子时平均能量为60～100 eV，来自裂变碎片时平均能量为

290 eV[16]。由较轻的粒子(如快电子)产生的次级电子的能量甚至更低。因此,通常很难或不可能观察到次级粒子,因为它们即使在空气中也很容易被再吸收。然而,如果它们被发射到真空或低压气体中,由于其初始速度低,它们可以被加速并很容易被电场引导。例如,对表面施加1 000 V的电场会对100 eV电子的轨迹产生强烈影响,但对1 MeV的快电子几乎没有影响。这一特性已经成功地将表面的次级电子发射作为探测α或β粒子从表面出现的位置的一种手段[18,19],并用于X射线和快电子的成像[20]。次级电子从箔片发射并定向到外部电子探测器,如微通道板,也作为重离子快速定时测量的基础[21,22]。次级电子发射过程的一个特殊应用将在第9章中详细介绍,在光电倍增管中,一个典型的电子在撞击固体表面之前被加速到几百电子伏特,在电荷倍增过程中产生5~10次级发射。

2.2 快电子的相互作用

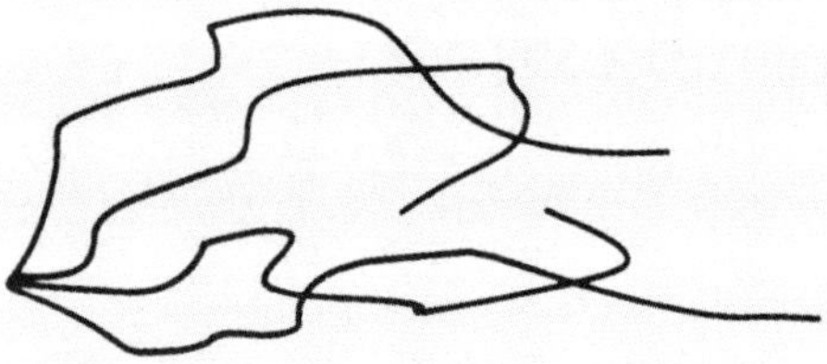

图2.15 单能电子源产生的一系列轨迹

与重带电粒子相比,快电子以较低的速率失去能量,并沿着更曲折的路径通过吸收材料。单能电子源产生的一系列轨迹可能如图2.15所示。电子路径的大偏差现在是可能的,因为它的质量等于与它相互作用的轨道电子的质量,而且在一次相遇中它的能量损失的比例要大得多。此外,电子—核相互作用有时会突然改变电子的方向。

2.2.1 比能量损失

Bethe还导出了一个类似于式(2.2)的表达式来描述快电子因电离和激发而造成的比能量损失("碰撞损失"):

$$-\left(\frac{\mathrm{d}E}{\mathrm{d}x}\right)_{\mathrm{c}}=\frac{2\pi e^4 NZ}{m_0 v^2}\cdot\left[\ln\frac{m_0 v^2 E}{2I^2\left(1-\beta^2\right)}-(\ln 2)\left(2\sqrt{1-\beta^2}-1+\beta^2\right)+\left(1-\beta^2\right)+\frac{1}{8}\left(1-\sqrt{1-\beta^2}\right)\right]^2 \tag{2.10}$$

其中,符号与式(2.2)的含义相同,$\beta=v/c$。

电子与重带电粒子的不同之处在于,能量可能会因辐射过程和库仑相互作用而损失。这些辐射损耗以韧致辐射或电磁辐射的形式出现,它可以从沿着电子轨道的任何位置发出。从经典理论来看,任何电荷在加速时都必须辐射能量,而电子在与吸收体相互作用时

的偏转对应于这种加速度，通过这一辐射过程的线性比能量损失为

$$-\left(\frac{\mathrm{d}E}{\mathrm{d}x}\right)_r=\frac{NEZ(Z+1)\mathrm{e}^4}{137m_0^2c^4}\left(4\ln\frac{2E}{m_0c^2}-\frac{4}{3}\right) \tag{2.11}$$

对于本文侧重的粒子类型和能量范围，只有快电子才能产生显著的韧致效应。如式(2.11)所示，乘法项的分母中存在m_0^2因子，故重带电粒子的产额可以忽略不计。式(2.11)分子中的E和Z^2因子表明，对于高电子能量和大原子序数的吸收材料，辐射损耗是最重要的。对于典型的电子能量，韧致辐射光子的平均能量相当低(见图1.6)，因此通常在相当接近其原点的地方被重吸收。然而，在某些情况下，韧致辐射的逃逸会影响小型探测器的响应。

电子的总线性阻止本领为碰撞损耗和辐射损耗之和：

$$\frac{\mathrm{d}E}{\mathrm{d}x}=\left(\frac{\mathrm{d}E}{\mathrm{d}x}\right)_c+\left(\frac{\mathrm{d}E}{\mathrm{d}x}\right)_r \tag{2.12}$$

比能量损失的比值近似为

$$\frac{\left(\frac{\mathrm{d}E}{\mathrm{d}x}\right)_r}{\left(\frac{\mathrm{d}E}{\mathrm{d}x}\right)_c}\approx\frac{EZ}{700} \tag{2.13}$$

其中，E的单位是MeV。对于本书侧重的电子(如β粒子或来自伽马射线相互作用的次级电子)，典型的能量小于几兆电子伏特。因此，辐射损失总是电离和激发的能量损失的一小部分，只有在高原子序数的吸收材料中才有意义。

2.2.2 电子射程和透射曲线

1. 单能电子的吸收

图2.16概述了前面讨论的α粒子的衰减实验，用于单能快电子源。即使吸收层厚度很小，也会导致被探测光束中一些电子的损失，因为电子的散射会有效地将其从撞击探测器的通量中移除。因此，当吸收体厚度较大时，检测到的电子数量与吸收体厚度的关系曲线立即开始下降并逐渐接近于零。在穿过过程中初始方向的变化最小的电子，能穿透最大的吸收层厚度。

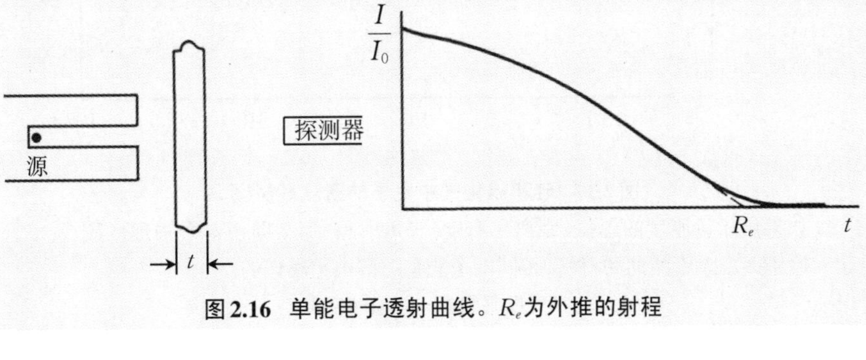

图2.16　单能电子透射曲线。R_e为外推的射程

射程的概念对于快电子比重带电粒子更不确定,因为电子的总路径长度比沿初始速度矢量的穿透距离大得多。通常,电子的射程是从透射曲线图中得到的,如图2.16所示,通过将曲线的线性部分外推至零点,这代表了吸收体需要达到的厚度,以确保几乎没有电子能够穿透整个厚度。

相等能量情况下,电子的比能量损失远低于重带电粒子,因此它们在典型吸收体中的路径长度要大上百倍。作为一个非常粗略的估计,在低密度材料中,电子射程倾向于约2 mm/MeV,在中等密度材料中,电子范围约为1 mm/MeV。

参考文献[23]和[24]给出了元素和化合物中电子和正电子的阻止本领和射程的表格数据,涵盖了很大的能量区域。近似地说,对于初始能量相等的电子,不同的材料,射程乘以吸收材料密度的乘积是一个常数。图2.17给出了两种常用探测器材料的电子射程图。

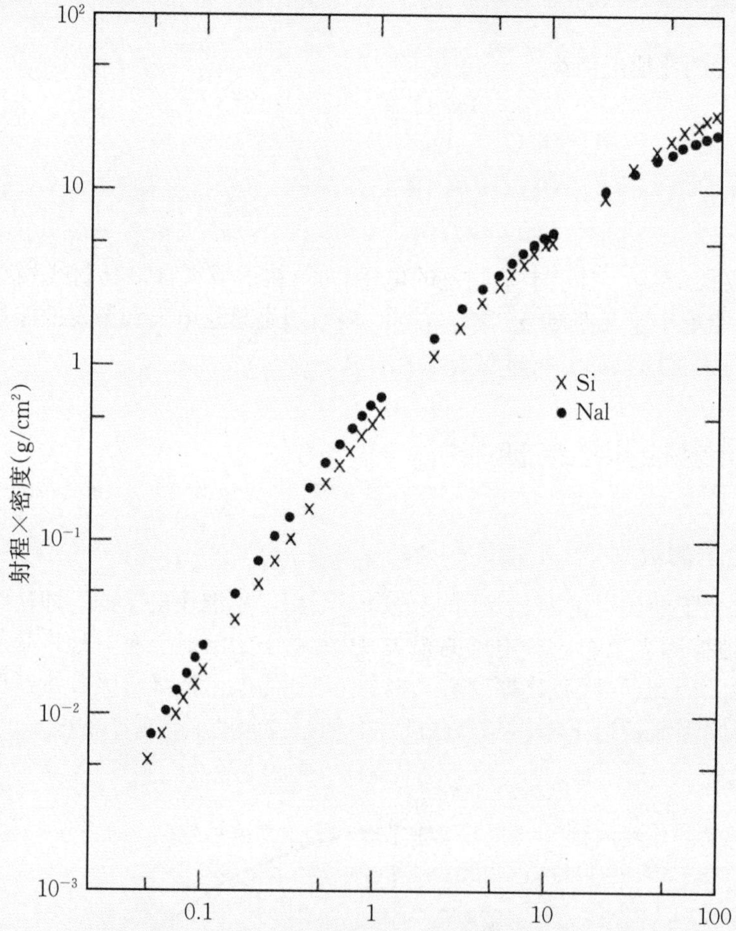

图2.17　硅和碘化钠中电子的射程能量图

如果用质量厚度的单位(距离×密度)表示射程,那么即使对于物理性质或原子序数大不相同的材料,相同电子能量的值也是相似的。

(数据来自Mukoyama[25])

2. β粒子的吸收

由放射性同位素源发射的β粒子的透射曲线，由于其能量的连续分布，与图2.16所示的单能电子有很大不同。“软”即低能β粒子即使在小厚度的吸收器中也被迅速吸收，因此衰减曲线上的初始斜率要大得多。对于大多数β能谱，曲线恰好具有近指数形状，因此在图2.18所示类型的半对数图上几乎是线性的。这种指数行为仅是一个经验上的近似，并不像伽马射线的指数衰减那样有一个基本的物理原理作为基础(见式(2.20))。吸收系数n有时定义为

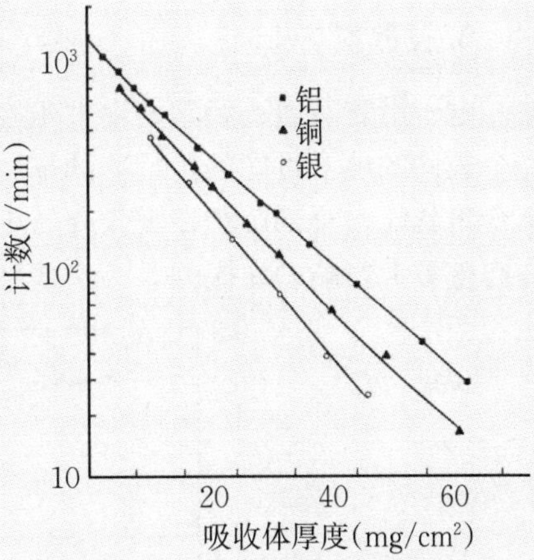

图2.18 ^{185}W(端点能量为0.43 MeV)下β粒子的透射曲线

(摘自Baltakmens[26])

$$\frac{I}{I_0}=e^{-nt} \tag{2.14}$$

其中，I_0为无吸收体的计数率；I为有吸收体计数率；t为吸收体厚度，单位为g/cm²。

对于特定的吸收材料，系数n与β发射体端点能量有很好的相关性。图2.19显示了铝的这种依赖性。通过使用这些数据，衰减测量可用于间接识别未知β发射体的端点能量，尽管直接能量测量更常见。

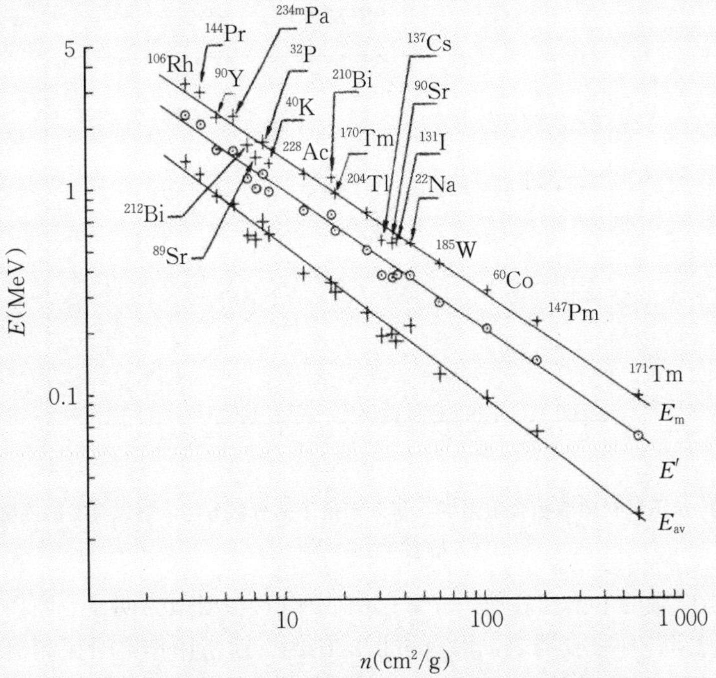

图2.19 铝中β粒子吸收系数n与不同β发射体端点能量E_m、平均能量E_{av}和$E'=0.5(E_m+E_{av})$的函数关系

(摘自Baltakmens[27])

3. 背散射

电子沿着其轨迹经常发生大角度的偏转，这一事实导致了背散射现象。进入吸收体的一个表面的电子可能经历足够的偏转，使它从进入的表面重新出现。这些背向散射的电子不会将其能量全部沉积在吸收介质中，因此会对用于测量外部入射电子能量的探测器的响应产生重大影响。在探测器"入口窗口"或死层中背散射的电子将完全逃脱探测。

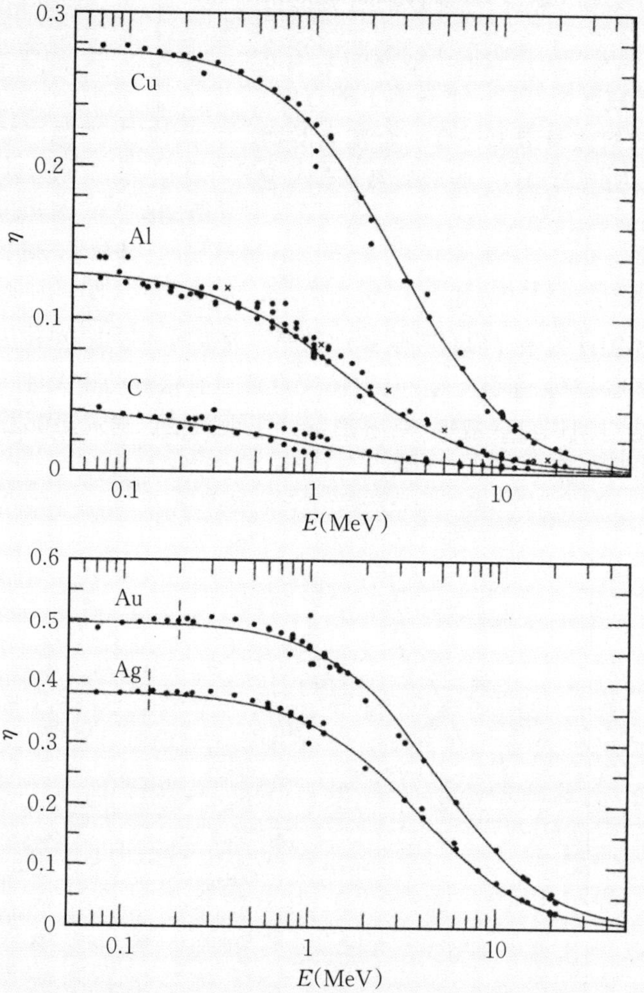

图 2.20 从不同材料厚板背散射的正常入射电子的分数 η 与入射能量 E 的函数关系

（摘自 Tabata 等[28]）

对于低入射能量的电子和高原子序数的吸收体，背散射最为明显。图 2.20 显示了单能电子在正常入射到各种吸收器表面时背散射的比例。通常用作电子探测器的材料的附加数据见表 10.1。

背散射也会影响放射性同位素源的β粒子或转换电子的表面产额。如果源沉积在厚衬底上，那么最初发射到衬底中的电子可能会反向散射并从源表面重新出现。

2.2.3 正电子的相互作用

库仑力是电子和重带电粒子能量损耗的主要机制,粒子上的正电荷或负电荷都会产生库仑力。无论入射粒子与轨道电子之间的相互作用是排斥力还是吸引力,质量相等的粒子的冲量和能量传递量大约相同。因此,吸收体中正电子的轨迹与正常负电子的轨迹相似,在初始能量相等的情况下,它们的比能量损失和射程大致相同。

然而,正电子有很大区别,因为在第一章中描述的湮灭辐射是在正电子轨道的末端产生的。由于这些0.511 MeV光子与正电子的范围相比具有很强的穿透性,它们可以导致远离原始正电子轨道的能量沉积。

2.3 伽马射线的相互作用

虽然已知物质中的伽马射线有许多可能的相互作用机制,但只有3种主要类型在辐射测量中起重要作用:光电吸收、康普顿散射和电子对产生。所有这些过程导致伽马射线光子能量部分或完全转移到电子能量。这些过程导致伽马射线光子的历史发生突然和剧烈的变化,即光子要么完全消失,要么被大幅度散射,这种行为与本章前面讨论的带电粒子形成鲜明对比,带电粒子通过与许多吸收原子的连续、同时的相互作用逐渐减速。这里介绍了伽马射线相互作用机制的基本原理,但在第10章的开头将再次回顾这些机制对伽马射线探测器响应的影响。

2.3.1 相互作用机制

1. 光电吸收

在光电吸收过程中,光子与吸收原子发生相互作用,光子完全消失。取而代之的是原子从其一个束缚层中射出的高能光电子。这种相互作用是与原子作为一个整体发生的,而不能与自由电子发生。对于能量足够的伽马射线,光电子最可能的起源是原子最紧密结合的K壳层。光电子出现时的能量为

$$E_{e^-} = h\nu - E_b \tag{2.15}$$

其中,E_b为光电子在原壳层中的结合能。对于超过几百千电子伏特的伽马能量,光电子带走了大部分的原始光子能量。

除了光电子之外,这种相互作用还产生了一个电离的吸收原子,在它的一个束缚壳层中有一个空位。通过从介质中捕获自由电子和/或原子其他壳层电子的重排,这个空位很快被填满。因此,也可以产生一个或多个特征X射线光子。虽然在大多数情况下,这些X

射线通过不太紧密结合的壳层的光电吸收在原始位置附近被重新吸收，但它们的迁移和可能从辐射探测器中逃逸会影响探测器的反应（见第10章）。在某些情况下，俄歇电子的发射可以代替特征X射线带走原子激发能。

作为这些相互作用复杂性的一个例子，考虑能量超过30 keV的入射光子在氙中进行光电吸收，约86%通过氙原子中K壳层相互作用吸收[29]，其中，87.5%产生K壳层特征（即"荧光"）X射线（K-α和K-β的混合物）；12.5%通过俄歇电子的发射而去激发；其余14%的入射光子没有经过K壳层相互作用，通过与L或M壳层的光电相互作用被吸收。这导致了能量低得多的特征X射线或俄歇电子，它们的射程很短，作为一级近似，是在非常接近原始相互作用的地方被重吸收的。这种"级联序列"的另一个例子在第10章中如图10.32所示。

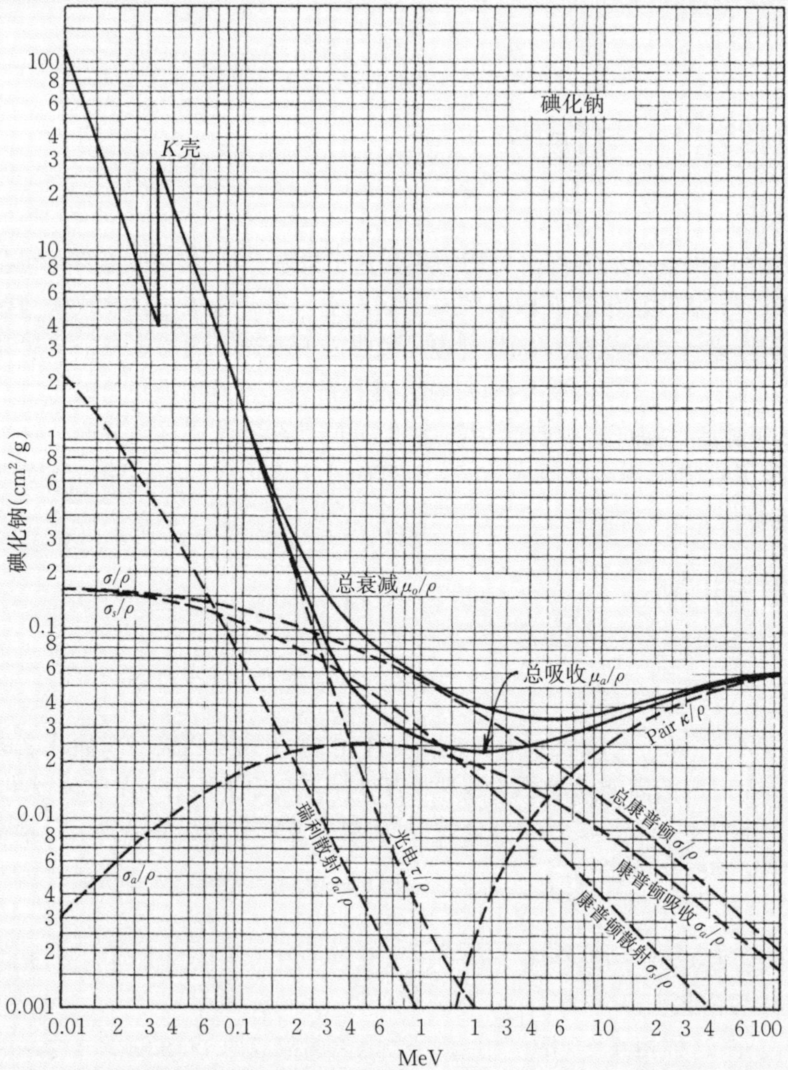

图2.21　碘化钠中各种伽马射线相互作用过程的能量依赖性

（摘自R. D. Evans的*The Atomic Nucleus*，1955年，版权归McGraw-Hill Book公司所有，经允许使用）

对于能量相对较低的伽马射线(或X射线),光电过程是主要的相互作用模式。对于高原子序数Z的吸收材料,这一过程也得到了加强。对于在E_γ和Z的所有范围内每个原子的光电吸收概率,并没有一个统一的解析表达式,但是有一个粗略的近似是有效的:

$$\tau \approx \text{constant} \times \frac{Z^n}{E_\gamma^{3.5}} \tag{2.16}$$

在感兴趣的伽马射线能量区域,式中指数n在4~5之间变化。[1]这种光电吸收概率对吸收剂原子序数的严重依赖是高Z材料(如铅)在伽马射线屏蔽中占主导地位的主要原因。正如第10章中进一步详述的那样,出于同样的原因,许多用于伽马射线能谱学的探测器都是从高Z成分中选择的。

一种常用的伽马射线探测材料碘化钠的光电吸收截面图如图2.21所示。在低能区,曲线中的不连续即"吸收边"出现在伽马射线能量,对应于吸收原子的各种壳层中电子的结合能位置。因此,能量最高的边对应于K壳层电子的结合能。对于略高于边缘的伽马射线能量,光子能量刚好足以经过光电相互作用,在这种相互作用中,一个K电子从原子中射出。对于略低于边缘的伽马射线能量,这一过程在能量上不再可能,因此相互作用的概率突然下降。类似的吸收边出现在较低能量区,对应于原子的L,M,…电子壳层。

2. 康普顿散射

康普顿散射的相互作用过程发生在入射的伽马射线光子和吸收材料中的电子之间。对于典型放射性同位素源产生的伽马射线能量,康普顿散射通常是最主要的相互作用机制。

在康普顿散射后,射入的伽马射线光子相对于其原始方向偏转了一个角度。光子将它的一部分能量传递给电子(假设最初是静止的),这种电子被称为反冲电子。因为所有的散射角度都是可能的,传递给电子的能量可以从零变化到伽马射线能量的很大一部分。

对于任何给定的相互作用,有关能量传递和散射角的表达式可以通过写出能量和动量守恒的联立方程来简单地推导出来。使用图2.22中定义的符号我们可以证明[1]:

$$h\nu' = \frac{h\nu}{1 + \frac{h\nu}{m_0c^2}(1 - \cos\theta)} \tag{2.17}$$

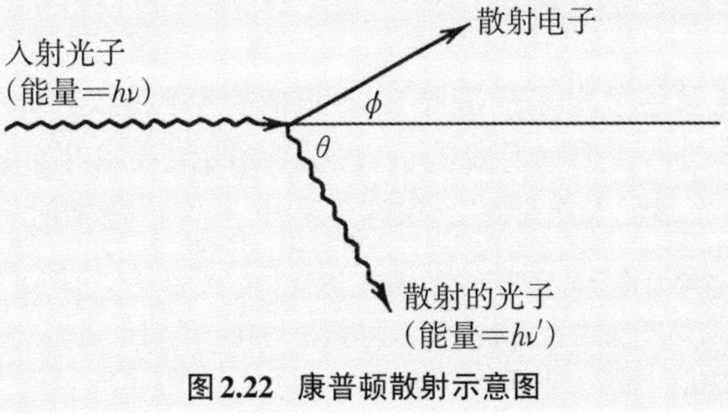

图2.22 康普顿散射示意图

其中，m_0c^2为电子的静止能量(0.511 MeV)。对于较小的散射角θ，传递的能量很少。入射光子总是保留一些原始能量，即使在$\theta=\pi$的极限情况下也是如此。式(10.3)至式(10.6)描述了极限情况下能量传递的一些性质。由式(2.17)预测的散射光子能量图也显示在图10.13中。①

吸收材中料每个原子的康普顿散射概率取决于可用作散射目标的电子数量，因此随Z线性增加。碘化钠对伽马射线能量的依赖如图2.21所示，通常随着能量的增加而逐渐下降。

散射伽马射线的角分布$\dfrac{d\sigma}{d\Omega}$由微分散射截面的Klein-Nishina公式预测：

$$\frac{d\sigma}{d\Omega}=Zr_0^2\left(\frac{1}{1+\alpha(1-\cos\theta)}\right)^2\left(\frac{1+\cos^2\theta}{2}\right)\left\{1+\frac{\alpha^2(1-\cos\theta)^2}{(1+\cos^2\theta)[1+\alpha(1-\cos\theta)]}\right\} \tag{2.18}$$

其中，$\alpha\equiv h\nu/m_0c^2$，r_0为经典电子半径。该分布如图2.23所示，并说明了在高伽马射线能量值处前向散射的强烈趋势。

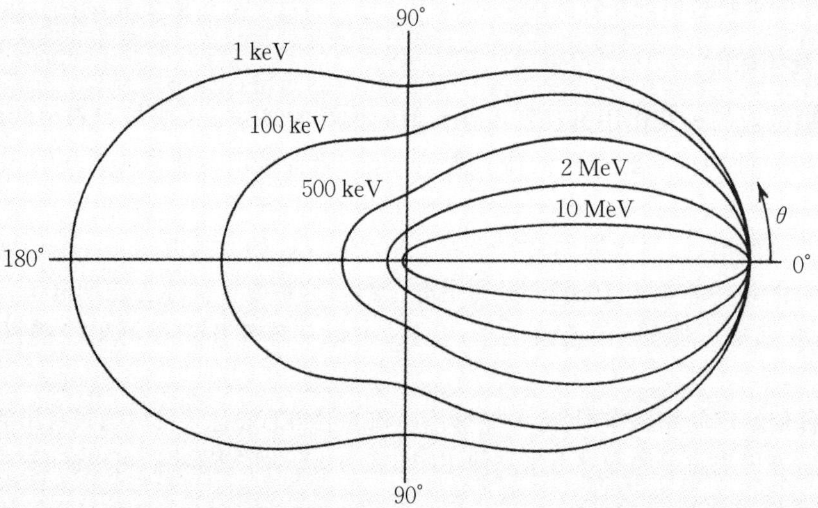

图2.23　在散射角θ处康普顿散射的光子数(单位立体角，入射光子在左边)的极坐标图

每条曲线上都标出了初始能量。

3. 电子对生成

如果伽马射线能量超过电子的静止质量能量的两倍(1.02 MeV)，则产生电子对的过程在能量上是可能的。在伽马射线能量仅比这个阈值高出几百keV的情况下，产生电子对的可能性很小。然而，当能量增加到许多兆电子伏特范围时，这种相互作用机制变

① 这里的简单分析忽略了电子的原子结合，并假设伽马射线光子与自由电子相互作用。如果考虑到较小的结合能，则由式(2.17)所预测的固定角度散射光子的唯一能量以该能量为中心展开成一个狭窄的分布(见《核辐射探测与测量(下册)》图13.9)。

成主导。在相互作用中(必须在原子核的库仑场中发生),伽马射线光子消失,被电子一正电子对所取代。光子携带的超过1.02 MeV的多余能量全部转化为正电子和电子共享的动能。由于正电子在吸收介质中减速后会湮灭,因此通常会产生两个湮灭光子作为相互作用的二次产物。这种湮灭辐射的后续命运对伽马射线探测器的响应有重要影响,详见第10章。

每个原子核产生电子对的概率不存在简单的表达式,但其大小近似地随吸收剂原子序数的平方而变化。如图2.24所示,电子对产生的重要性随着能量的增加而急剧上升。

图2.24方便地说明了上述三个过程对不同吸收材料和伽马射线能量的相对重要性;左边的线表示光电吸收和康普顿散射同样可能发生的能量,是吸收体原子序数的函数;右边的线表示康普顿散射和电子对生成的可能性相同时的能量。因此,在图上定义了三个区域,其中光电吸收、康普顿散射和电子对产生各占主导地位。

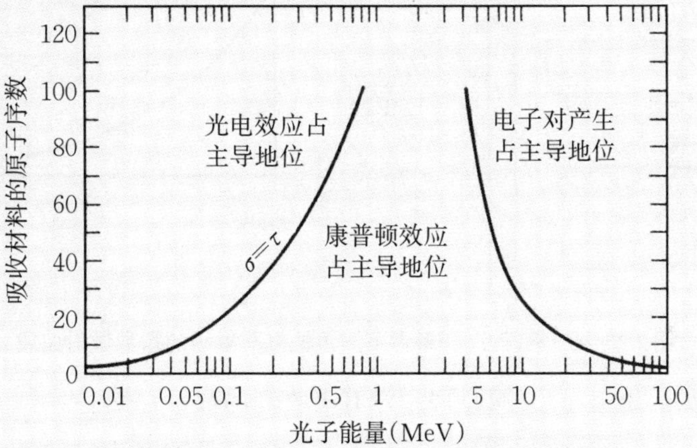

图2.24　三种主要伽马射线相互作用的相对重要性

线段表示两个相邻效应刚好相等的Z值和$h\nu$值。

(摘自R. D. Evans, *TheAtomicNucleus*,1955年出版,版权归McGraw-HillBook公司所有,经允许使用)

4. 相干散射

除了康普顿散射之外,还有另一种散射,即伽马射线光子与吸收原子的所有电子相干地相互作用。这种相干散射即瑞利散射过程既不激发也不电离原子,散射事件后伽马射线光子保持其原始能量。因为实际上没有能量转移,这个过程在伽马射线相互作用的基本讨论中经常被忽略,我们也将在接下来的讨论中忽略它。然而,相干散射中光子的方向发生了改变,完整的伽马射线输运模型必须考虑到这一点。相干散射的概率仅对低光子能量(通常低于几百keV的普通材料)是显著的,并且在高Z吸收体中最为突出。平均偏转角随着能量的增加而减小,这进一步限制了相干散射在低能量区域的实际重要性。

2.3.2 伽马射线衰减

1. 衰减系数

如图2.25所示，单能伽马射线被准直成一束窄光束，通过厚度可变的吸收器后射入探测器，结果应该是伽马射线简单的指数衰减，每个相互作用过程都通过吸收或散射将伽马射线光子从探测器方向移走。这些概率的总和就是伽马射线光子在单位路径长度上从光束中消失的概率：

$$\mu = \tau(\text{光电吸收}) + \sigma(\text{康普顿散射}) + \kappa(\text{电子对产生}) \tag{2.19}$$

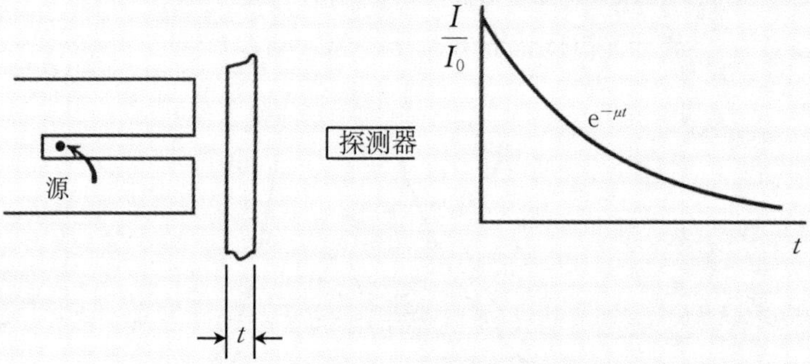

图2.25 在"良好几何"条件下测量的伽马射线的指数透射曲线

即为线性衰减系数。透射光子的数目I用没有吸收剂的数目I_0表示：

$$\frac{I}{I_0} = e^{-\mu t} \tag{2.20}$$

伽马射线光子也可以用它们的平均自由程λ来表征，它被定义为发生相互作用之前在吸收器中的平均移动距离。其值可从下式中获得

$$\lambda = \frac{\int_0^\infty x e^{-\mu x} dx}{\int_0^\infty e^{-\mu x} dx} = \frac{1}{\mu} \tag{2.21}$$

它是线性衰减系数的倒数。一般伽马射线能量在固体中的λ典型值范围从几毫米到几十厘米。

线性衰减系数的使用受到限制，因为它随吸收剂的密度而变化，即使吸收剂的材料是相同的。因此，质量衰减系数的应用更为广泛，定义为

$$\text{质量衰减系数} = \frac{\mu}{\rho} \tag{2.22}$$

其中，ρ表示介质的密度。对于给定的伽马射线能量，质量衰减系数不随给定吸收体的物理状态而改变。例如，水无论以液体还是蒸汽的形式存在都是一样的。化合物或元素混合物的质量衰减系数可这样计算：

$$\left(\frac{\mu}{\rho}\right)_c = \sum_i w_i \left(\frac{\mu}{\rho}\right)_i \tag{2.23}$$

其中，w_i因子表示化合物或混合物中i元素的质量分数。

2. 吸收体质量厚度

根据质量衰减系数，伽马射线的衰减规律现在采用如下形式

$$\frac{I}{I_0} = e^{-\left(\frac{\mu}{\rho}\right)\rho t} \tag{2.24}$$

其中，ρt乘积即吸收体的质量厚度，现在是决定其衰减程度的重要参数。质量厚度的单位历来是mg/cm²，这一惯例在本章中得到保留。因此，用于辐射测量的吸收器的厚度通常以质量厚度而不是物理厚度来测量，因为它是一个更基本的物理量。

在讨论带电粒子和快电子的能量损失时，质量厚度也是一个有用的概念。对于具有相似中子/质子比的吸收材料，一个粒子在通过相同质量厚度的吸收材料时将遇到大约相同数量的电子。因此，当以ρt为单位表示时，对于Z相差不大的材料，阻止本领和射程大致相同。

3. 累积

图2.25中的伽马射线衰减实验，其中伽马射线在撞击吸收体之前被准直成窄束，有时被描述为"窄束"或"良好几何"测量。其基本特征是，只有来自伽马射线源的伽马射线在吸收器中逃脱了相互作用，探测器才能对其进行计数。实际测量通常是在不同的情况下进行的（见图2.26），在这种情况下，伽马射线不会发生严重的准直。

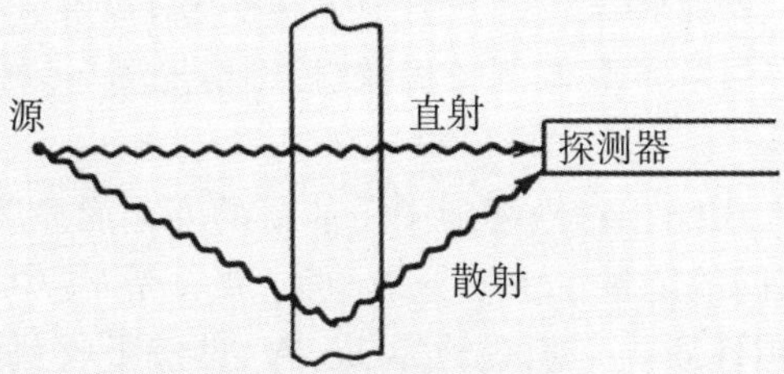

图2.26　伽马射线衰减实验

现在探测器既可以对直接来自辐射源的伽马射线作出反应，也可以对在吸收器中散射后到达探测器的伽马射线作出反应，还可以对其他类型的二次光子辐射作出反应。许多类型的探测器将无法区分这些可能性，因此测得的探测器信号将大于同等"良好几何"条件下记录的信号。因此，在这种"宽光束"或"几何形状不良"的测量中，由于次级伽马射线的额外贡献，式(2.20)中简单指数衰减的条件被违反了。处理这种情况的方法通常是将式(2.20)替换为下式：

$$\frac{I}{I_0} = B(t, E_\gamma)e^{-\mu t} \tag{2.25}$$

其中，$B(t,E_\gamma)$被称为累积因子。指数项保留下来用于描述伽马射线计数率随吸收体厚度变化的主要变化，而累积因子则作为简单的乘法修正引入。累积因子的大小取决于所使用的伽马射线探测器类型，因为这将影响对直接和次级伽马射线的相对权重（如果探测器只对直接伽马射线有响应，累积因子则为1）。累积效应还取决于实验的具体几何形状。粗略的经验法则是，对于厚的吸收体，累积因子往往大约等于用入射伽马射线的自由路径单位来测量的吸收体厚度，前提是探测器对宽能量范围的伽马射线都有响应。

2.4 中子的相互作用

2.4.1 一般特性

与伽马射线一样，中子不带电荷，因此不能通过库仑力与物质相互作用，而库仑力是带电粒子和电子的主要能量损失机制。中子还可以穿过许多厘米的物质而不发生任何类型的相互作用，因此普通大小的探测器完全看不到。当中子发生相互作用时，它是与吸收物质的原子核发生相互作用。相互作用的结果是，中子可能完全消失，被一种或多种次级辐射所取代，或者中子的能量或方向发生显著变化。

与伽马射线相反，中子相互作用产生的次级辐射几乎总是重带电粒子。这些粒子可能是中子诱导核反应产生的，也可能是吸收材料本身的原子核，它们在中子碰撞中获得了能量。大多数中子探测器利用某种方式将入射中子转换为次级带电粒子，然后可以直接对其进行探测。最有用的转换过程的具体例子将在《核辐射探测与测量（下册）》第14章和第15章中详细介绍。

不同类型中子相互作用的相对概率随中子能量的变化而显著变化。在有些过于简化的情况下，我们将根据它们的能量将中子分为两类，要么是“快中子”，要么是“慢中子”，并分别讨论它们的相互作用性质。分割线约为0.5 eV，即镉吸收截面突然下降的能量（镉截止能量）。

2.4.2 慢中子相互作用

对于慢中子，重要的相互作用包括吸收核的弹性散射和大量中子诱导的核反应。由于慢中子的动能很小，在弹性散射中能传递给原子核的能量很少。因此，这种相互作用不能作为慢中子探测器的基础。然而，弹性碰撞是很可能发生的，并且常常在发生不同类型的相互作用之前使慢中子与吸收介质达到热平衡。因此，在慢中子能量范围内的大部分中子群体将是热中子，它们在室温下的平均能量约为0.025 eV。

真正重要的慢中子相互作用是中子诱导的反应,它能产生足以直接探测到的次级辐射。由于入射中子的能量很低,所有这些反应必须具有正的Q值才能在能量上成为可能。在大多数材料中,辐射俘获反应(即(n,γ)反应)是最有可能发生的,在中子的衰减或屏蔽中起着重要作用。如《核辐射探测与测量(下册)》第19章所述,辐射俘获反应在使用激活箔间接探测中子时是有用的,但它们在主动中子探测器中没有得到广泛应用,因为次级辐射采用伽马射线的形式,这也很难探测到。相反,像(n,α)、(n,p)和中子诱发裂变这样的反应更有吸引力,因为次级辐射是带电粒子。《核辐射探测与测量(下册)》第14章详述了这类反应的一些具体情况。

2.4.3 快中子相互作用

随着中子能量的增加,大多数在探测器中潜在有用的中子诱导反应的概率迅速下降。然而,散射的重要性变得更大,因为中子可以在一次碰撞中转移相当数量的能量。在这种情况下,次级辐射是反冲核,它从中子碰撞中获得了可探测到的能量。在每一个散射点,中子都损失能量,因此被慢化,即减慢到较低的能量。最有效的慢化剂是氢,因为中子在与氢核的一次碰撞中就可能损失掉所有的能量。对于较重的原子核,只有部分能量转移是可能的(见《核辐射探测与测量(下册)》式(15.4)和相关讨论)。

如果快中子的能量足够高,就会发生与原子核的非弹性散射,在碰撞过程中,反冲核被提升到它的一个激发态。原子核迅速去激发,释放出伽马射线,中子损失的能量比在等效的弹性碰撞中损失的能量要大得多。非弹性散射及其随后产生的次级伽马射线在屏蔽高能中子方面发挥着重要作用,但在基于弹性散射的大多数快中子探测器中,它们却是一个需要排除的复杂因素。

2.4.4 中子截面

对于能量固定的中子,每单位路径长度的概率对于任何一种相互作用机制都是常数。对于每种类型的相互作用,通常用每个核的截面来表示这种概率。截面具有面积单位,传统上以巴恩为单位(10^{-28} m^2)进行测量。例如,每个核都有一个弹性散射截面,一个辐射俘获截面等,每一个都是中子能量的函数。《核辐射探测与测量(下册)》图14.2和图14.3给出了一些截面曲线的例子。

当乘以单位体积的原子核数N时,将截面σ转化为宏观截面Σ:

$$\Sigma = N\sigma \tag{2.26}$$

Σ的单位是长度的倒数。Σ的物理解释是“微观”截面σ所描述的特定过程的单位路径长度概率。当所有过程通过将每个单独相互作用的截面相加而组合在一起时

$$\Sigma_{\text{总}} = \Sigma_{\text{散射}} + \Sigma_{\text{辐射俘获}} + \cdots \tag{2.27}$$

得到的$\Sigma_{\text{总}}$是每单位路径长度发生所有类型的相互作用的概率。这个量对于中子和前面定

义的伽马射线的线性吸收系数具有同样的意义。如果对中子进行窄束衰减实验,就像前面对伽马射线所做的那样,将是相同的结果:探测到的中子数量将随着吸收体厚度呈指数下降。在这种情况下,衰减关系如下:

$$\frac{I}{I_0}=\mathrm{e}^{-\Sigma_{tot}t} \tag{2.28}$$

其中,中子的平均自由程λ与伽马射线的情况类似,由$1/\Sigma_{总}$给出。在固体材料中,慢中子的λ可能是1厘米或更小的数量级,而快中子的λ通常是几十厘米。

在大多数情况下,中子不是窄准直的,所以典型的屏蔽情况包括宽光束或“不良几何”条件。正如在伽马射线的情况下一样,式(2.28)的指数衰减不再是一个适当的描述,因为散射中子到达探测器的重要性增加。因此需要更复杂的中子输运计算来预测传输中子的数量和它们的能量分布。

在讨论中子引起的反应速率时,引入中子通量率的概念是方便的。如果我们首先考虑具有单一能量即固定速度v的中子,乘积$v\Sigma$给出了以Σ为宏观截面的过程的相互作用频率。反应速率密度(单位时间和单位体积的反应数)由$n(r)v\Sigma$给出,其中$n(r)$为矢量位置r处的中子数密度,$n(r)v$定义为中子通量率$\varphi(r)$,量程为长度的负二次方乘以时间的负一次方。因此,反应速率密度由中子通量率与所研究反应的宏观截面的乘积给出:

$$\text{反应速率密度}=\varphi(r)\Sigma \tag{2.29}$$

这一关系可以推广为包含与能量相关的中子通量率$\varphi(r,E)$和截面$\Sigma(E)$:

$$\text{反应速率密度}=\int_0^{\infty}\varphi(r,E)\Sigma(E)\mathrm{d}E \tag{2.30}$$

2.5 辐射照射和剂量

由于其在辐射产生设施的人员防护和辐射的医学应用中的重要性,辐射照射和剂量的概念在辐射测量中起着重要作用。本章接下来将介绍这个领域中重要的量和单位的基本概念。与辐射防护有关的量的精确定义在不断发展,读者可参考国际放射单位和测量委员会(ICRU)、国际放射防护委员会(ICRP)和美国国家辐射防护委员会(NCRP)的出版物以获取最新信息,例如,参考文献[30]、[31]和[32]是对辐射照射监测中出现的单位和详细问题的全面综述。

2.5.1 伽马射线照射

伽马射线照射的概念在放射性核素研究的早期就已提出。仅对X射线或伽马射线源定义,在固定强度源周围的空间中每个点都存在固定的照射率。照射是线性的,因为光源强度加倍，源周围的照射率也会加倍。

伽马射线照射的基本单位是根据在一定体积和质量(dm)内的空气产生的次级电子(负电子和正电子)在完全停止时引起的电离而产生的电荷(dQ)来定义的。照射值X则由dQ/dm给出。因此，伽马射线照射的国际单位是每千克库仑(C/kg)，它没有一个特有的名称，在历史上的单位是伦琴(R)，定义为照射导致每0.001 293 g(标况1 cm^3)空气产生一个静电电荷单位(约2.08×10^9离子对)。这两个单位的换算关系为

$$1\,\mathrm{R}=2.58\times10^{-4}\ \mathrm{C/kg}$$

因此，照射是根据给定的伽马射线通量对测试空气体积的影响来定义的，并且仅是源强度在测量时间上的积分、是源和测试体积之间的几何形状以及两者之间可能发生的伽马射线衰减的函数。它的测量本质上需要确定在特定条件下空气中产生的电离电荷。在上述定义中，我们有义务跟踪所考虑的测试体积内原生伽马射线相互作用产生的每一个次级电子，并将该次级电子形成的电离电荷累加起来，直到它到达其路径的终点。这一要求在实际操作中往往很难或不可能实现，因此设计用于测量伽马射线照射的仪器通常采用涉及第5章中介绍的补偿原理的近似方法。

射线照射在辐射防护剂量学中经常引起人们的兴趣。因此，有时可以计算与点放射性核素源已知距离的辐照率也是方便的。如果我们假设所研究的放射性同位素的X射线和伽马射线每次衰变的产额是精确已知的，则在已知距离处，源的每单位活度的照射率可以简单地用下列条件来表示：

① 源足够小，因此可以保持球面几何形状(即光子通量递减为$1/d^2$，其中d是到源的距离)。

② 在源和测量点之间的空气或其他物质中，X射线或伽马射线没有衰减。

③ 只有光子直接从源传递到测量点对照射有贡献，任何伽马射线散射在周围的材料可以忽略不计。

照射率$\dot{X}$是

$$\dot{X}=\Gamma_\delta\frac{\alpha}{d^2}\tag{2.31}$$

其中，α为源的活度；Γ_δ定义为所研究的特定放射性核素的照射率常数，下标δ表示假定能量高于δ的源发射的所有X射线和伽马射线都对剂量有贡献，而低于此能量的射线穿透性不够，因此没有实际意义。特定放射性核素的Γ_δ值可以通过其伽马射线产额和空气的能量依赖吸收特性来计算。表2.2列出了$\delta=0$的一些特定值。

表2.2　常见放射性同位素γ射线的照射率常数

核　素	Γ
^{124}Sb	9.8
^{137}Cs	3.3
^{57}Co	0.9
^{60}Co	13.2
^{125}I	~0.7
^{131}I	2.2
^{54}Mn	4.7
^{226}Ra	8.25
^{22}Na	12.0
^{24}Na	1.2
^{99m}Tc	1.2
^{65}Zn	2.7

辐照率常数Γ单位为$(\mathrm{R\cdot cm^2})/(\mathrm{hr\cdot mCi})$。

资料来自：健康物理学和放射学健康手册，Nucleon Lectern Associates，Olney，MD，1984。

2.5.2 吸收剂量

两种不同的材料，如果受到相同的伽马射线照射，通常会吸收不同量的能量。由于许多重要的现象，包括物理性质的变化或诱导的化学反应，都可以用每单位质量的材料吸收的能量来衡量，所以用来衡量这种量的单位是非常重要的。单位质量吸收材料从任何辐射中吸收的平均能量被定义为吸收剂量。吸收剂量的历史单位是拉德(rad)，定义为100尔格/克(ergs/g)。与其他历史上的辐射单位一样，拉德已被其等效的国际单位制戈瑞(Gy)所取代，定义为1 J/kg。因此，这两个单位的简单关系是：

$$1\ \text{Gy} = 100\ \text{Rad}$$

吸收剂量是对某一特定辐射照射在吸收材料中所产生的化学或物理效应的合理度量。仔细的测量表明，与1 C/kg的伽马射线照射相对应的空气吸收剂量为33.8 J/kg，即33.8 Gy。如果用水代替空气，由于水的平均原子序数与空气的原子序数接近，单位质量水的吸收性能不会有很大差异。然而，对于原子序数相差很大的吸收材料，相互作用机制的相对重要性不同，因此单位照射的吸收剂量会表现出更大的差异。

为了以一种基本的方式测量吸收剂量，必须进行某种类型的能量测量。一种可能性是量热法测量，用吸收剂样品的温度上升速率来计算每单位质量的能量沉积速率。由于测量困难，这些测量在日常应用中并不常见，因为即使大剂量的辐射产生的热效应也非常小。相反，吸收剂量的间接测定更为常见，其大小由在适当条件下进行的电离测量推断(见第5章)。

2.5.3 剂量当量

电离过程会改变原子和分子，从而可能损害细胞。在评估辐射对生物体的影响时，在不同的辐照条件下，即使每单位质量所吸收的能量相等，也不能保证产生相同的生物效应。事实上，影响的程度可以相差一个数量级，这取决于能量是以重带电粒子还是电子的形式沉积的。

电离辐射造成的生物损伤的严重性和持久性直接关系到沿粒子轨迹的局部能量沉积速率，即线性能量转移[①] L。即使每单位质量沉积的总能量是相同的，那些具有较大L值的辐射(如重带电粒子)往往能比那些具有较低L值的辐射(如电子)造成更大的生物损伤。

因此，引入了剂量当量的概念，以便更充分地量化给定辐射照射可能产生的生物效应。

剂量当量单位是指任何类型的辐射在被生物系统吸收后，产生的生物效应与以低L值辐射形式传递的一个吸收剂量单位相同。给定类型辐射的剂量当量H是组织中某一点的吸收剂量D与该点的质量因子Q的乘积：

---

① 线性能量传递几乎与前面定义的比能量损失($-\mathrm{d}E/\mathrm{d}x$)相同。唯一的区别是，当很大一部分辐射能量以轫致辐射的形式释放出来时，轫致辐射在储存能量之前可能会从粒子轨道传播相当远的距离。比能量损失包括作为粒子能量损失一部分的轫致辐射，但线性能量传递L只计算沿轨迹沉积的能量，因此不包括轫致辐射。

$$H = DQ \tag{2.32}$$

其中，质量因子随线性能量转移L的增大而增大，如表2.3所示。

表2.3 不同辐射的质量因子

水中L值(keV/μm)	Q
<10	1
10～100	$0.32L-2.2$
>100	$\frac{300}{\sqrt{L}}$

数据来自ICRP[30]。

对于本书中感兴趣的快电子辐射，L足够低，因此Q在所有应用中基本上是1。因此，剂量当量在数值上等于β粒子或其他快电子的吸收剂量。X射线和伽马射线也是如此，因为它们的能量也是以快次级电子的形式传递的。重带电粒子具有高得多的线性能量转移，剂量当量大于吸收剂量。例如，典型能量阿尔法粒子的Q约为20。由于中子以重带电粒子的形式传递其大部分能量，因此它们的有效质量因子也远大于1，并随中子能量的变化而显著变化。

剂量当量H的单位取决于式(2.32)中吸收剂量D的相应单位。如果D以rad的历史单位表示，则定义H以雷姆(rem)的单位表示。历史上，普遍使用rem(或mrem)来量化剂量当量。在SI惯例下，D用Gy表示，现在使用相应的剂量当量单位称为希沃特(Sv)。例如，Q为5的辐射所产生的2 Gy的吸收剂量将产生相当于10 Sv的剂量。因为1 Gy=100 rad，相关单位是1 Sv=100 rem。为了将不同类型和能量的辐射的危害放在一个共同的基础上，以剂量当量为单位引用了人员辐射照射限值指南。

2.5.4 辐射量与剂量的换算

对于中子和伽马射线等穿透性相对较强的辐射，能够估算出特性辐射通量对受照人员产生的等效剂量是很方便的。通量定义为$\Phi=\mathrm{d}N/\mathrm{d}a$，其中$\mathrm{d}N$表示入射到具有微分截面积$\mathrm{d}a$的球体上的伽马射线光子或中子的微分数。就本章前面定义的中子通量率而言，通量是通量率对照射持续时间的时间积分。对于单向光束，通量就是每单位面积上的光子或中子的数量，该面积垂直于光束的方向。典型辐射探测器记录的计数量最容易用探测器中辐射诱发的相互作用的数量来解释，因此与通量的关系比与剂量的关系更密切。因此，在解释用脉冲模式检测器测定剂量的测量结果时，通常进行通量和剂量之间的转换。

由于伽马射线或快中子在空气中的衰减在短距离内可以忽略不计，因此直接(或未散射)影响通常可以通过假设$\Phi = N/4\pi d^2$，其中N是源发射的光子或中子的数量，d是到源的距离。更复杂的几何形状需要使用辐射输运代码来预测给定位置的影响和能谱。

从通量到剂量的转换必须考虑到伽马射线和/或中子相互作用产生电离次级粒子的能量依赖概率，这些粒子沉积的动能以及将每单位质量沉积的能量转换为剂量当量时应该使用的质量因子Q。通过假设人体的物理模型，伽马射线和中子的输运代码可以应用于计算各种组织和器官系统的能量沉积和剂量。由于人体内的自屏蔽和衰减效应，这些计算对辐射入射方向很敏感。通过国际放射防护委员会建议的组织权重系数(见下节)，考虑到各器官和组织对辐射的敏感性不同，可将各剂量成分合并为有效剂量E(见参考文献[34])，以

表示对假定通量下均匀、全身照射的总体生物效应的估计。有效剂量记为

$$H_E = h_E \Phi \tag{2.33}$$

其中，h_E为通量-有效剂量换算系数。伽马射线和中子的h_E值与能量的函数关系如图2.27所示。将这些系数乘以入射到人体上的与能量有关的通量，并对能量进行积分，就得到了有效剂量。

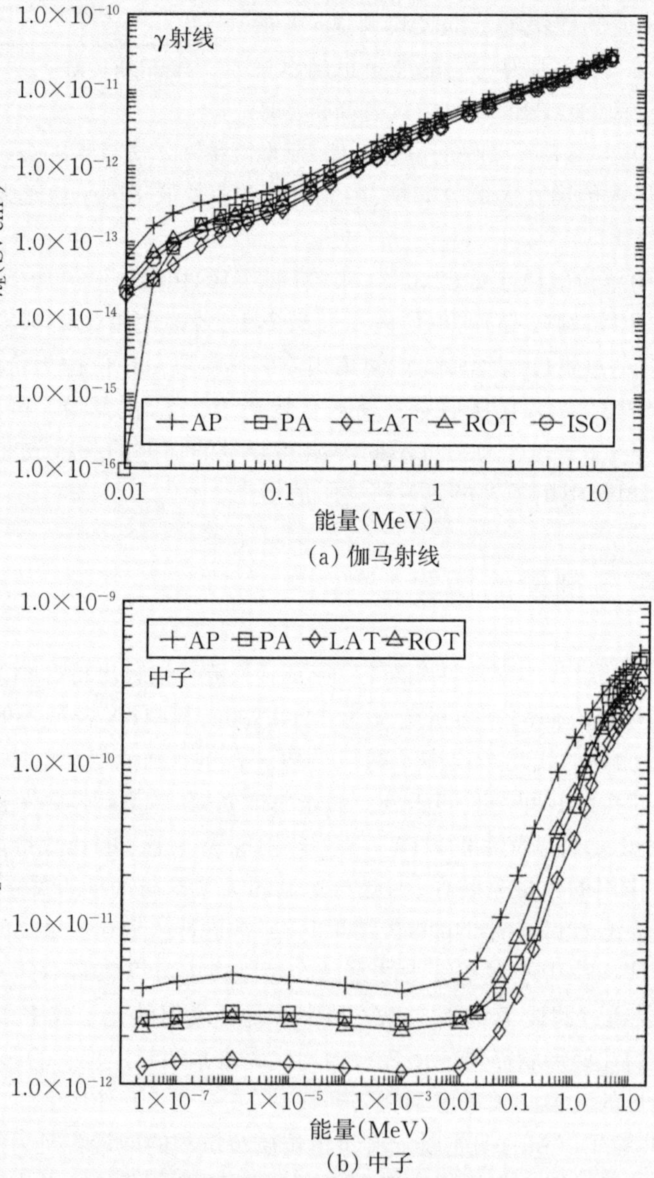

(a) 伽马射线

(b) 中子

图2.27　全身均匀照射的通量-剂量换算系数h_E

标签表示入射粒子通量的不同假设方向：AP表示身体正面照射，PA表示身体背面照射，LAT表示身体侧面照射，ROT表示身体绕其轴均匀旋转，垂直于定向通量，ISO表示各向同性入射通量。(数据和其他信息来自参考文献[34]，版权(1992)归美国核学会所有，伊利诺伊州，拉格朗日公园。)

2.5.5 ICRP剂量单位

国际辐射防护委员会在ICRP第60号出版物中建议了一套用作防护量的定义。[30]在该报告中,国际放射防护委员会引入了辐射R在器官或组织T中的当量剂量,用符号$H_{T,R}$表示。它是由组织或器官的吸收剂量$D_{T,R}$平均后乘以考虑各种辐射的不同生物效应的辐射权重因子w_R得来的:

$$H_{T,R} = w_R \cdot D_{T,R} \tag{2.34}$$

与式(2.32)中定义的剂量当量不同,当量剂量不是一个点量,而是一个组织或器官的平均值。w_R的值如表2.4所示,由入射辐射的能量决定。当吸收剂量以戈瑞表示时,当量剂量的单位为希沃特。如果存在混合辐射,则总等效剂量H_T为所有辐射类型的总和:

$$H_T = \sum_R H_{T,R} = \sum_R w_R \cdot D_{T,R} \tag{2.35}$$

有效剂量E定义为ICRP提供的所有组织或器官的组织权重因子W_T之和:

$$E = \sum_T w_T \cdot H_T \tag{2.36}$$

表2.4 辐射权重因子

类型和能量范围	辐射权重因子,w_R
光子,所有能量	1
电子和介子,所有能量	1
中子,能量<10 keV	5
10~100 keV(含)	10
100~2 MeV(含)	20
2~20 MeV(含)	10
>20 MeV	5
质子,反冲质子除外,能量>2 MeV	5
α粒子、裂变碎片、重核	20

数据来自ICRP[30]。

选择组织权重因子来表示全身均匀照射对器官或组织造成的相对损伤。它们之和为1,因此1 Sv的均匀等效剂量H_T将产生1 Sv的有效剂量E。在ICRP的框架内,有效剂量E是放射防护限制的基本量。然而,数量E不能通过实验来评估,因为组织权重因子是生物量而不是物理量。因此式(2.34)至式(2.36)不能作为测量的基础。

2.5.6 操作剂量

由于有效剂量E不是一个可测量的量,ICRU规定了在实际测量中使用的操作量。对于强穿透辐射和弱穿透辐射，分别定义了操作量。例如，弱穿透辐射是能量低于2 MeV的β辐射或能量低于15 keV的光子辐射。强穿透辐射是高能光子和各种能量的中子。操作量基于模型或人体中某一点的剂量当量。因此，它们取决于该点辐射的类型和能量，并且可以使用该点与能量相关的粒子通量来计算。

照射到人体的外部辐射可分为强穿透辐射或弱穿透辐射，这取决于哪些剂量限值是相关的：针对身体的剂量限值还是针对皮肤的剂量限值。通过确定人体或模型中深度d=10 mm或0.007 mm的ICRU软组织①的剂量当量，可获得有效剂量和皮肤剂量的适当估计值。强穿透辐射区域监测的剂量当量称为环境剂量当量$H^*(d)$，弱穿透辐射的称为定向剂量当量$H'(d,\Omega)$。

环境剂量当量$H^*(10)$是最常用于强穿透辐射区域监测的剂量当量。它是基于直径为30 cm的ICRU组织球沿面向辐射源的半径10 mm深的剂量当量。与图2.27类似的可以用作计算该剂量的通量—剂量转换因子图见参考文献[35]。

应该强调指出，对某一电离辐射照射的影响的估计就其本质而言是一门不精确的科学[36]，生物效应不是可以高精度测量的绝对物理量。有效剂量或有效剂量当量的概念仅旨在为估计某一特定辐射照射的潜在影响提供指导，不应被视为高度准确或完全可重复的数量。

习题

2.1　估计一个5 MeV的α粒子在硅中减速并停止所需的时间。对氢气中的同一粒子重复上述估计。

2.2　借助图2.8，估算5 MeV质子束穿过100 μm硅后的剩余能量。

2.3　利用图2.14，求1 MeV α粒子在厚度为5 μm的金中的大致能量损失。

2.4　借助图2.17估算铝中1 MeV电子的射程。

2.5　计算1 MeV伽马射线光子康普顿散射90°后的能量。

2.6　请粗略估计硅和锗中每个原子的光电吸收概率之比。

2.7　指出在下列情况下，三大相互作用过程（光电吸收、康普顿散射、电子对生成）中哪一个是主要的：

(a) 铝中的1 MeV伽马射线；

(b) 氢中的100 keV伽马射线；

(c) 铁中的100 keV伽马射线；

(d) 碳中的10 MeV伽马射线；

(e) 铅中的10 MeV伽马射线。

2.8　(a) 由图2.21计算1 MeV伽马射线在碘化钠（比重=3.67）中的平均自由程；

(b) 600 keV伽马射线在1 cm碘化钠中被光电吸收的概率是多少？

2.9　定义以下术语：

① ICRP组织的定义是：按质量计算，氧占76.2%，碳占11.1%，氢占10.1%，氮占2.6%。[30]

(a) 吸收体质量厚度;

(b) 累积;

(c) 中子非弹性散射;

(d) 宏观截面;

(e) 中子通量。

2.10 对于140 keV伽马射线,氢和氧的质量衰减系数分别为0.26 cm^2/g和0.14 cm^2/g。在这个能量下,水中的平均自由程是多少?

2.11 需要多少个5 MeV的α粒子才能沉积总能量为1 J?

2.12 1 MeV电子束撞击厚靶。对于100 μA的束流,求靶中耗散的功率。

2.13 根据表2.2中的数据,估算出^{60}Co的1 Ci源5 m处的照射率。

2.14 计算绝热照射于辐射中的液态水样品的温度上升率,吸收剂量率为10 mrad/h。

2.15 利用图2.27(b)中的数据,估算一个人在距离3 μg ^{252}Cf快中子源(见第1章中关于自发裂变源的讨论)平均5 m处工作8 h的有效剂量当量。

参考文献

[1] R. D. Evans, The Atomic Nucleus, Krieger, New York, 1982.

[2] A. Beiser, Revs. Mod. Phys. 24, 273 (1952).

[3] B. Wilken and T. A. Fritz, Nucl. Instrum. Meth. 138, 331 (1976).

[4] D. J. Skyrme, Nucl. Instrum. Meth. 57, 61 (1967).

[5] C. F. Williamson, J. P. Boujot, and J. Picard, CEA-R3042 (1966).

[6] C. Hanke and J. Laursen, Nucl. Instrum. Meth. 151, 253 (1978).

[7] W. H. Barkas and M. J. Berger, National Academy of Sciences, National Research Council, Publication 1133, 103 (1964).

[8] L. C. Northcliffe and R. F. Schilling, Nuclear Data Tables, A7, 233 (1970).

[9] J. F. Ziegler, The Stopping and Ranges of Ions in Matter, Pergamon Press, New York, 1977.

[10] "Stopping Powers and Ranges for Protons and Alpha Particles," ICRU Report 49, ICRU, Bethesda (1993).

[11] G. Cesini, G. Lucarini, and F. Rustichelli, Nucl. Instrum. Meth. U7, 579 (1975).

[12] P. D. Bourland and D. Powers, Phys. Rev. B 3, 3635 (1971).

[13] J. S.-Y. Feng, W. K. Chu, and M-A. Nicolet, Phys. Rev. B 10, 3781 (1974).

[14] S. Matteson, E. K. L. Chau, and D. Powers, Phys. Rev. A 14, 169 (1976).

[15] D. I. Thwaites, Nucl. Instrum. Meth. B69, 53 (1992).

[16] S. Saro et al., Nucl. Instrum. Meth. A381, 520 (1996).

[17] A. Akkerman et al., J. Appl. Phys. 76(8), 4656 (1994).

[18] L. Weissman et al., Nucl. Instrum. Meth. A452, 147 (2000).

[19] Y. K. Dewaraja, R. F. Fleming, M. A. Ludington, and R. H. Fleming, IEEE Trans. Nucl. Sci. 41

(4), 871 (1994).
[20] A. Breskin, Nucl. Phys. B. (Proc. Suppl.) 44, 351 (1995).
[21] T. Odenweller et al., Nucl. Instrum. Meth. 198, 263 (1982).
[22] W. Starzecki, A. M. Stefanini, S. Lunardi, and C. Signorini, Nucl. Instrum. Meth. 193, 499 (1982).
[23] M. J. Berger and S. M. Seltzer, National Bureau of Standards Publication NBSIR 82-2550-A (1982).
[24] L. Pages et al., Atomic Data 4, 1 (1972).
[25] T. Mukoyama, Nucl. Instrum. Meth. 134, 125 (1976).
[26] T. Baltakmens, Nucl. Instrum. Meth. 82, 264 (1970).
[27] T. Baltakmens, Nucl. Instrum. Meth. 142, 535 (1977).
[28] T. Tabata, R. Ito, and S. Okabe, Nucl. Instrum. Meth. 94, 509 (1971).
[29] G. Zavattini et al., Nucl. Instrum. Meth. A401, 206 (1997).
[30] "1990 Recommendations of the International Commission on Radiological Protection," The International Commission on Radiological Protection, ICRP Publication 60, Pergamon Press, Oxford, 1991.
[31] "Quantities and Units in Radiation Protection Dosimetry," The International Commission on Radiation Units and Measurements, ICRU Report 51, ICRU, Bethesda, 1993.
[32] "2007 Recommendations of the International Commission on Radiological Protection," ICRP Publication 103, Pergamon Press, Oxford, 2007.
[33] "Determination of Operational Dose Equivalent Quantities for Neutrons," The International Commission on Radiation Units and Measurements, ICRU Report 66, ICRU, Bethesda, 2001.
[34] "Neutron and Gamma-Ray Fluence-to-Dose Factors," American National Standard ANSI/ANS-6.1.1-1991.
[35] "Conversion Coefficients for Use in Radiological Protection against External Radiation," The International Commission on Radiological Protection, ICRP Publication 74, Annals of the ICRP, 26 (3-4), Pergamon Press, Oxford, 1996. Also issued as by the International Commission on Radiation Units and Measurements, ICRU Report 57, 1997.
[36] W. K. Sinclair, Health Phys. 70(6), 781 (1996).

第3章　计数统计和误差预测

放射性衰变是一个随机过程。因此，任何基于观测核衰变中发射辐射的测量都会受到一定程度统计波动的影响。这些固有的波动是所有核测量中不可避免的不确定性来源，而且往往是不精确或误差的主要来源。计数统计一词包括处理核计数实验结果所需的统计分析框架，以及预测测量量的预期精度。

计数统计的价值通常分为两类：第一类是检查核计数设备的正常功能。在这里，一组测量结果是在实验所有方面都尽可能保持不变的条件下记录的。由于统计波动的影响，这些测量结果并不完全相同，而是会出现一定程度的内部变化。这种波动的大小可以量化，并与统计模型的预测进行比较。如果观测到的波动量与预测值不一致，就可以得出结论，计数系统存在某种异常。第二类应用通常更有价值，它处理的是我们只有一个测量值的情况。我们可以使用计数统计来预测其固有的统计不确定性，从而估算出与该单一测量值相关的精度。

本章在编排上的区分是本专题的关键部分。学生在初次接触计数统计时经常会产生困惑，这主要是由于没有将第一节和第二节中介绍的概念区分开来。

在第一节中，我们谨慎地将讨论限制在用于描述或组织实验数据的方法上。我们并不特别关注这些数据的来源，而只对介绍我们可以用来描述数据所显示的波动量的正式方法感兴趣。

在第二节中，我们将讨论概率数学模型这一独立话题，它有时可以代表真实的测量系统。不过，在第二节的讨论中，我们只关注这些数学模型的结构和预测。

我们将在第三节中演示如何将统计模型与实验数据相匹配，从而产生上述两种常见的计数统计应用。

在第四节中，我们将研究预测的统计不确定性如何通过通常需要的计算来传播，从而产生由计数数据计算得出的最终结果。

本章最后三节将进一步举例说明统计原理在辐射测量中的应用。

3.1 数据特征

首先假设我们有一组N个对同一物理量的独立测量值：

$$x_1, x_2, x_3, \cdots, x_i, \cdots, x_N$$

我们进一步假设，这组数据中的单个典型值x_i只能取整数值，因此这些数据可能代表辐射计数器在相同长度的重复时间间隔内的连续读数。该数据集的两个基本特性是：

和：

$$\Sigma \equiv \sum_{i=1}^{N} x_i \tag{3.1}$$

实验平均值：

$$\bar{x}_e \equiv \frac{\Sigma}{N} \tag{3.2}$$

实验平均值用下标书写，以区别于后面将要介绍的特定统计模型的平均值。

用相应的频率分布函数$F(x)$表示数据集通常比较方便。$F(x)$的值是该数字在数据集合中出现的相对频率。通过定义

$$F(x) \equiv \frac{x\text{的出现次数}}{\text{测量次数}(=N)} \tag{3.3}$$

分布是自动归一化的，即

$$\sum_{x=0}^{\infty} F(x) = 1 \tag{3.4}$$

只要我们不关心数字的具体顺序，完整的数据分布函数$F(x)$就表示了原始数据集中包含的全部信息。

为了说明，表3.1给出了一组由20个条目组成的假设数据。因为这些项的取值范围为3～14，所以数据分布函数只有当参数x在这些极值之间才会有非零值。$F(x)$的对应值也如表3.1所示。

该示例的数据分布函数曲线如图3.1所示。图的正上方还显示出了从其推导出分布的原始20个数字的一个水平条形图。这些数据显示实验平均值为8.8，分布函数在某种意义上以该值为中心。此外，分布函数的相对形状定性地表示数据集中内部波动的数量。例如，图3.2显示了与两组极端数据相对应的分布函数的形状：一组数据相对均值离散很大，另一组数据相对均值离散小。一个显而易见的结论是，分布函数的宽度是特定数据集固有的均值波动或散度的相对度量。

表3.1 数据分布函数示例

数据		数据分布
8	14	$F(3)=1/20=0.05$
5	8	$F(4)=0.00$
12	8	$F(5)=0.05$
10	3	$F(6)=0.10$
13	9	$F(7)=0.10$
7	12	$F(8)=0.20$
9	6	$F(9)=0.10$
6	8	$F(10)=0.15$
11	7	$F(11)=0.05$
10	10	$F(12)=0.10$
6	8	$F(13)=0.05$
11	7	$F(14)=0.05$
		$\sum_{x=0}^{\infty}F(x)=1.00$

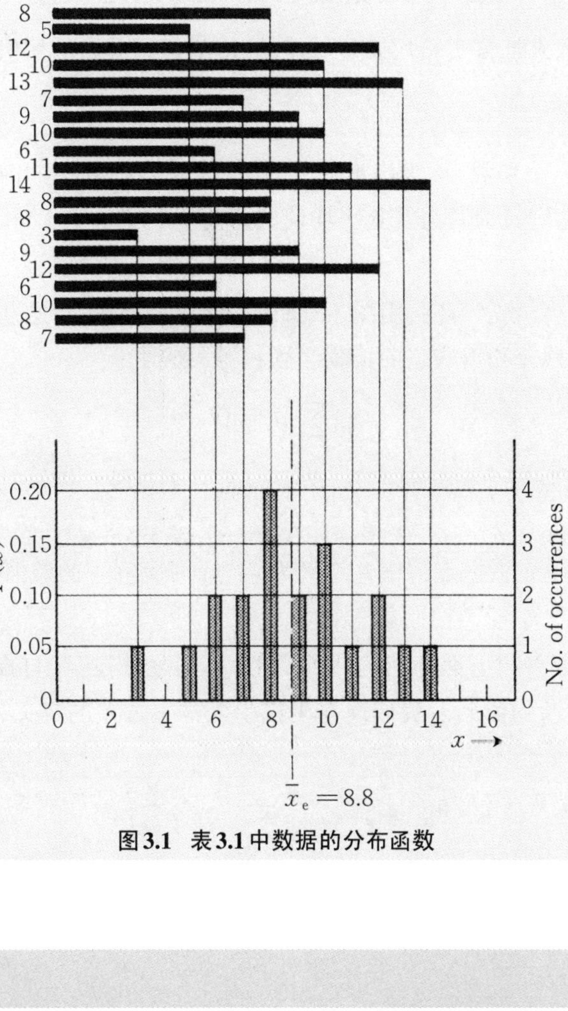

图3.1 表3.1中数据的分布函数

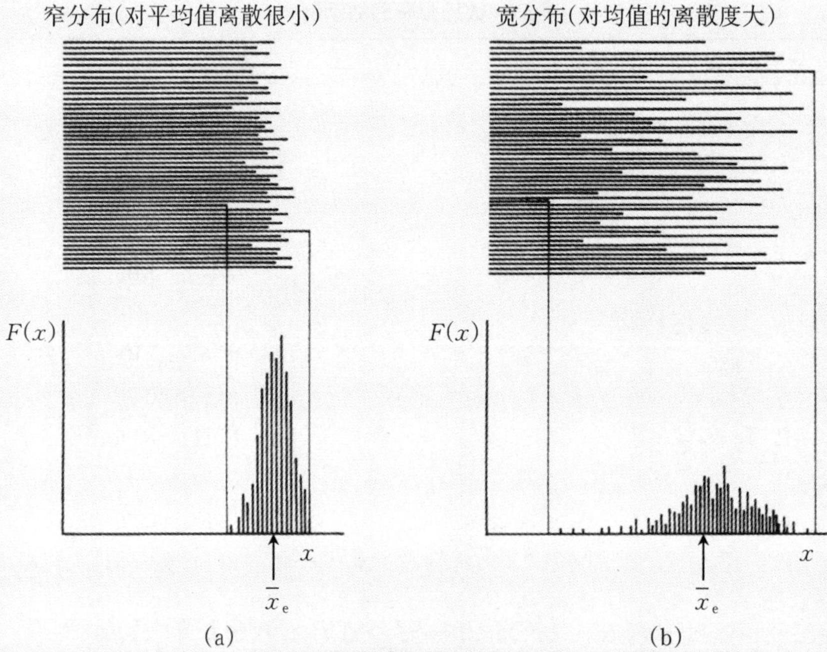

图3.2 内部波动程度不同的两组数据的分布函数

用数据分布函数来计算实验均值是可能的,因为任何分布的均值都只是它的一阶矩

$$\overline{x}_e=\sum_{x=0}^{\infty}xF(x) \tag{3.5}$$

还可以得出另一个参数,称为样本方差,用于量化数据集中的内部波动量。第一步是将任何数据点的残差定义为其与实验平均值的差值

$$d_i\equiv x_i-\overline{x}_e \tag{3.6}$$

以表3.1中的20个数字为例,用图3.3(a)的条形图来说明。这些值的残差已分别绘制在图的(b)部分。正残差和负残差的贡献必须相等,这样

$$\sum_{i=1}^{N}d_i=0$$

然而,如果我们取每个残差的平方,结果总是一个正数。图3.3(c)为示例绘制了这些参数。

接下来,我们将给定数据点的偏差定义为它与真实均值x的差值

$$\epsilon_i\equiv x_i-\overline{x} \tag{3.7}$$

以这种方式定义的偏差与上面介绍的残差类似,不同之处在于,与真实均值$\overline{x}$的距离出现在定义中,而不是实验均值$\overline{x}_e$。我们现在可以引入样本方差的定义,即这些偏差在平方后的平均值

$$s^2\equiv\overline{\epsilon^2}=\frac{1}{N}\sum_{i=1}^{N}(x_i-\overline{x})^2 \tag{3.8}$$

样本方差是数据内部分散程度的有用指标，或者是衡量一个典型数据集与另一个数据集的差异程度。

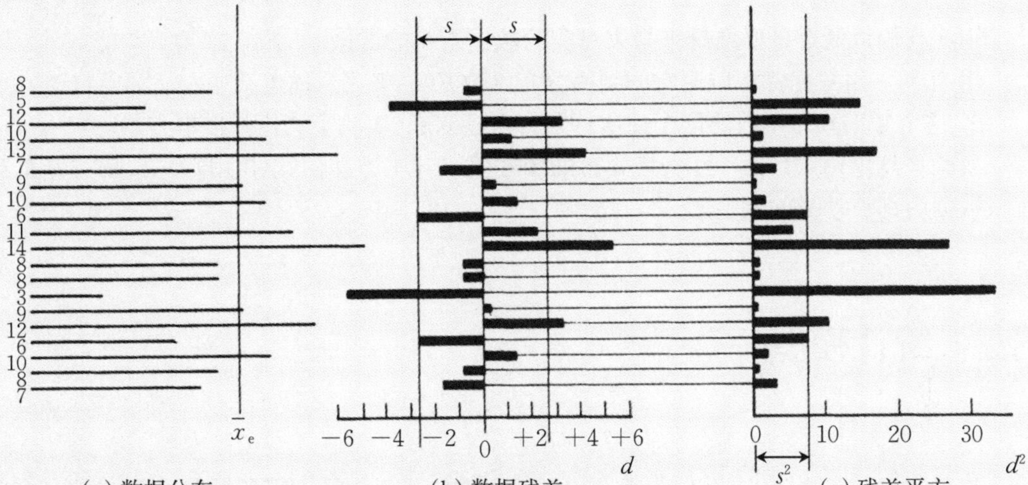

(a) 数据分布　　(b) 数据残差　　(c) 残差平方

图 3.3　表 3.1 数据图示

这个定义提出了一个实际的困难，因为如果不收集无限数量的数据点，我们永远不可能知道真正均值的确切值。我们能做到最好的是使用我们测量的实验平均值$\bar{x}_e$，因此使用残差而不是偏差。但是使用实验值而不是真实均值的过程会影响样本方差的计算值，我们不能简单地将$\bar{x}_e$代入式(3.8)。相反，附录B中给出的分析表明，另一种表达式

$$s^2 = \frac{1}{N-1}\sum_{i=1}^{N}(x_i - \bar{x}_e)^2 \tag{3.9}$$

在使用实验平均值时是有效的。式(3.9)中的残差平方和除以$N-1$，而不是像式(3.8)中那样除以N，这一区别只有在测量次数N很小时才有意义。因此，对于大型数据集，样本方差可以被认为是残差或偏差的均方值。

以20个数为例，样本方差s^2如图3.3(c)所示。因为s^2本质上是对每个点的平方偏差的平均值的度量，所以s^2是原始数据波动量的有效度量。具有窄分布的数据集与平均值的典型偏差较小，因此样本方差的值也较小。另一方面，波动量较大的数据分布较广，典型偏差值较大，相应的样本方差也较大。值得注意的是，样本方差是对数据内部分散程度的绝对测量，近似地不依赖于数据集中的数值数量。例如，如果将图3.3中显示的数据进行扩展，只需通过相同的过程额外收集20个数值，我们就不会预料到扩展收集的40个数字计算出的样本方差与图3.3中显示的方差有很大不同。

我们也可以直接从数据分布函数$F(x)$计算样本方差。因为式(3.8)表明s^2是$(x-\bar{x})^2$的平均值，我们可以把这个平均值写成

$$s^2 = \sum_{x=0}^{\infty}(x - \bar{x})^2 F(x) \tag{3.10}$$

引入式(3.10)并不是因为它在计算中的有用性，而是因为它提供了一个类似的表达

式，即式(3.17)，这将在后面关于统计模型的讨论中介绍。展开式(3.10)将得到众所周知的结果

$$s^2 = \overline{x^2} - (\overline{x})^2 \tag{3.11}$$

现在我们以两个重要结论来结束对实验数据组织的讨论：

① 任何一组数据都可以用它的频率分布函数$F(x)$来完全描述；

② 这个频率分布函数的两个性质特别令人感兴趣：实验平均值和样本方差。

实验平均值由式(3.5)得出，是分布的中心值。样本方差由式(3.10)给出，是对分布宽度或数据内部波动量的度量。

3.2 统计模型

在某些条件下，我们可以预测描述特定测量多次重复结果的分布函数。我们将测量定义为统计特定次数实验的成功次数。每次试验都被假设为一个二元过程，只有两种结果：要么试验成功，要么试验失败。接下来，我们还假设所有试验的成功概率都是一个常数。

为了说明这些条件如何适用于实际情况，表3.2给出了3个单独的例子。第三个例子展示了将下列理论框架应用于核辐射事件计算的基础。在这种情况下，一次试验包括在一段时间t内观察一个给定的放射性原子核，试验次数相当于被观察样本中原子核的数量，测量包括对发生衰变的原子核进行计数。我们将任何一次试验的成功概率确定为p。在放射性衰变的情况下，该概率等于$(1-e^{-\lambda t})$，其中λ是放射性样品的衰变常数。

接下来介绍三种具体的统计模型：

(1) 二项分布

这是最通用的模型，并广泛适用于所有常数p过程。不幸的是，在核数量总是很大的放射性衰变中，这种方法在计算上很麻烦，因此在核计数应用中很少使用。

(2) 泊松分布

该模型是在成功概率p很小且恒定的条件下对二项分布的直接数学简化。实际上，这个条件意味着我们选择的观测时间与源的半衰期相比很小。那么在观测过程中，放射性原子核的数量基本保持不变，从样本中某个原子核记录计数的概率很小。

(3) 高斯分布或正态分布

第三个重要的分布是高斯分布，如果成功的平均数量相对较大(比如大于25或30)，它将进一步简化。这一条件适用于在测量过程中积累的计数超过几个的任何情况。这种情况最常见，因此高斯模型广泛适用于计数统计中的许多问题。

需要强调的是，对于单个成功概率p较小，但试验次数足够多，从而预期平均成功次数较大的过程，上述所有模型都是相同的。

表 3.2　二项过程示例

试　　验	试验成功的定义	成功几率(p)
投掷硬币	正面向上	1/2
投掷骰子	6点	1/6
时间t内观察一个放射性原子核	观察期间原子核发生衰变	$1-e^{-\lambda t}$

3.2.1　二项分布

二项分布是所讨论的统计模型中最普遍的一种。如果n是每个试验的成功概率为p的试验次数,那么准确地计数到x次成功的预测概率可以表示为[1]

$$P(x)=\frac{n!}{(n-x)!x!}p^x(1-p)^{n-x} \tag{3.12}$$

其中,$P(x)$是由二项分布给出的预测概率分布函数,并且仅对整数的n和x有定义。

表 3.3　参数p=4/6即2/3,n=10的二项分布值

X	$P(x)$
0	0.000 02
1	0.000 34
2	0.003 05
3	0.016 26
4	0.056 90
5	0.136 56
6	0.227 61
7	0.260 12
8	0.195 09
9	0.086 71
10	0.017 34
	$\sum_{x=0}^{10}P(x)=1.0000$

我们给出二项分布应用的一个例子。假设我们有一个理想骰子,掷出1～6的概率相等。让我们把掷骰子成功定义为出现数字3、4、5、6中的任何一个。因为这是6种可能结果中的4种,所以单个实验成功的概率p等于4/6即0.667。我们现在总共掷10次骰子,并记录上述定义的成功次数。二项分布现在允许我们计算10次试验中x次成功的概率,其中x可以在0～10之间变化。表3.3给出了由式(3.12)对参数$p=2/3$和$n=10$的预测概率分布值。结果也绘制在图3.4中。我们看到7是掷10次骰子中最可能的成功数,其发生的概率略大于1/4。从$P(0)$的值我们可以看出,在10万次测试中,我们预计10次掷骰子没有成功的概率只有两次。

二项分布的一些性质很重要。首先,将分布归一化:

$$\sum_{x=0}^{n}P(x)=1 \tag{3.13}$$

我们还知道,分布的平均值由

$$\overline{x}=\sum_{x=0}^{n}xP(x) \tag{3.14}$$

现在将式(3.12)代入到$P(x)$求和,得到一个非常简单的结果:

$$\overline{x}=pn \tag{3.15}$$

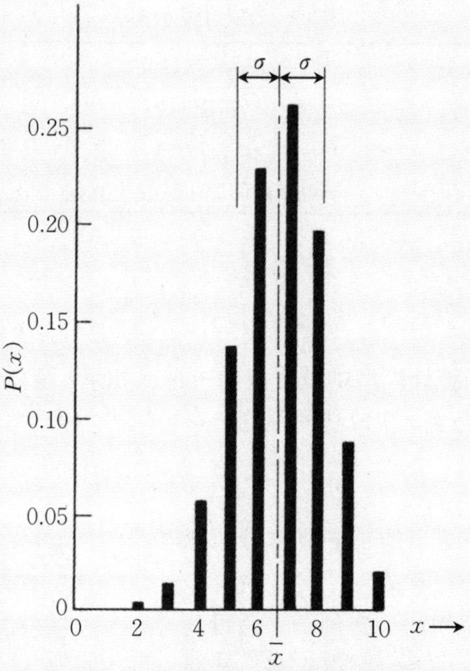

图3.4 $p=2/3$和$n=10$时二项分布图

因此,我们可以通过将试验次数n乘以任何一次试验成功的概率p来计算期望的平均成功次数。在刚才讨论的示例中,我们计算成功的平均次数为

$$\bar{x}=pn=\left(\frac{2}{3}\right)(10)=6.67 \tag{3.16}$$

平均值显然是任何预测分布的一个非常基本和重要的性质。

同样重要的是,要推导出一个能够描述特定分布所预测的波动量的单一参数。对于式(3.10)中定义的一组实验数据,我们已经定义了这样一个参数,称为样本方差。通过类比,我们现在定义一个预测方差σ^2,这是特定统计模型$P(x)$预测的偏离平均值离散程度的度量:

$$\sigma^2\equiv\sum_{x=0}^{n}(x-\bar{x})^2P(x) \tag{3.17}$$

通常,σ^2被称为方差,我们强调它与预测概率分布函数相关联,我们称其为预测方差。通常将标准差定义为σ^2的平方根。回想一下,方差在某种意义上是与均值偏差平方的典型值。因此,σ表示偏差本身的典型值,因此称为"标准差"。

现在对二项分布给出的$P(x)$的具体情况,进行式(3.17)所示的求和,得到如下结果:

$$\sigma^2=np(1-p) \tag{3.18}$$

因为$\bar{x}=np$,我们也可以写成

$$\sigma^2=\bar{x}(1-p) \tag{3.19}$$

$$\sigma=\sqrt{\bar{x}(1-p)} \tag{3.20}$$

现在我们有了一个表达式,它可以根据分布的基本参数n和p,直接预测给定二项分布中固

有的波动量，其中$\bar{x}=np$。

回到掷骰子的例子，我们定义成功的方式是$p=2/3$。我们还假设每次掷10次骰子，所以$n=10$。对于这个例子，预测的平均成功次数是6.67，我们可以继续计算预测的方差：

$$\sigma^2=np(1-p)=(10)(0.667)(0.333)=2.22 \tag{3.21}$$

通过取平方根，我们得到预测的标准差：

$$\sigma=\sqrt{\sigma^2}=\sqrt{2.22}=1.49 \tag{3.22}$$

标准差的重要性如图3.4所示。虚线表示分布的平均值，平均值两侧各表示一个标准偏差值。因为σ是给定测量值与真实平均值之间差值的典型值，宽分布将具有较大的σ值，窄分布将对应较小的值。图表说明了标准差与分布宽度的关联与图3.4中展示的例子是一致的。

3.2.2 泊松分布

许多二元过程的特点是，每次实验的成功概率恒定且很小，这包括了大多数核计数实验，在这些实验中，样品中的原子核数量较多，与放射性物质的半衰期相比，观测时间较短。同样，在粒子束实验中，每记录一个反应产物，就可能有许多粒子在加速器撞击目标。在这些条件下，近似认为成功概率很小且恒定，二项分布简化为如下所示的泊松形式。如果观测时间与源的半衰期相比并不短，则下面所示的简单泊松分布就不再适用，而应采用附录C中概述的修正泊松分布。

可以看出，对于成功概率恒定且较小的情况，二项分布可以简化为[2]

$$P(x)=\frac{(pn)^x\mathrm{e}^{-pn}}{x!} \tag{3.23}$$

因为$pn=\bar{x}$对于该分布以及原始二项分布都成立，

$$P(x)=\frac{(\bar{x})^x\mathrm{e}^{-\bar{x}}}{x!} \tag{3.24}$$

这就是我们熟悉的泊松分布形式。

回想一下，二项分布需要两个参数值：试验次数n和个体成功概率p。我们从式(3.24)中注意到，在推导泊松分布时，只需要一个参数，即n和p的乘积，这是个非常有用的简化，对于我们不知道个体概率或样本大小的时候能以某种方式测量或估计平均值大有帮助，在核测量中通常就是这种情况。

泊松分布的一些性质可以直接推导出来。首先，它也是一个归一化分布，即

$$\sum_{x=0}^{n}P(x)=1 \tag{3.25}$$

我们还可以计算分布的一阶矩或平均值：

$$\bar{x}=\sum_{x=0}^{n}xP(x)=pn \tag{3.26}$$

这也是二项分布的直观结果。然而，该分布的预测方差与二项分布的预测方差不同，可以根据我们先前的定义进行评估

$$\sigma^2 \equiv \sum_{x=0}^{n}(x-\bar{x})^2 P(x) = pn \tag{3.27}$$

或者注意式(3.26)的结果

$$\sigma^2 = \bar{x} \tag{3.28}$$

预测标准差是预测方差的平方根

$$\sigma = \sqrt{\bar{x}} \tag{3.29}$$

因此,我们看到,任何泊松分布的预测标准差都是表征该分布的平均值的平方根。请注意,前面针对二项分布得到的相应结果(式(3.20)),在$p \ll 1$的极限条件下,可以简化为上述已经纳入泊松假设的结果。

我们再举一个例子来说明。假设我们随机选择一组1 000人,并将我们的测量定义为计算该组所有成员中当前生日的数量。然后,测量由1 000次实验组成,只有当特定个体今天是他或她的生日时,这一次试验才算成功。如果我们假设生日是随机分布的,成功的概率p等于1/365。

在这个例子中,由于p远小于1,我们可以立即求助于泊松分布来评估概率分布函数,该函数将描述多次对1 000人进行此类抽样的预期结果。因此,对于我们的例子,

$$p = 1/365 = 0.002\,74 \qquad \bar{x} = pn = 2.74$$

$$n = 1\,000 \qquad \sigma = \sqrt{\bar{x}} = 1.66$$

$$P(x) = \frac{\bar{x}^x e^{-\bar{x}}}{x!} = \frac{(2.74)^x e^{-2.74}}{x!}$$

回想一下,$P(x)$给出了从随机抽样的1 000人中恰好观察到x个生日的预测概率。数值如图3.5所示,显示$x=2$是最可能的结果。图3.5中还显示了2.74的平均值以及平均值两侧1.66的标准差。该分布大致以平均值为中心,但在平均值较低的情况下,存在明显的不对称。同样,标准差的大小在一定程度上表明了分布的宽度或分布所预测的离散程度。

x	$P(x)$
0	0.065
1	0.177
2	0.242
3	0.221
4	0.152
5	0.083
6	0.038
7	0.015
⋮	⋮

(a)

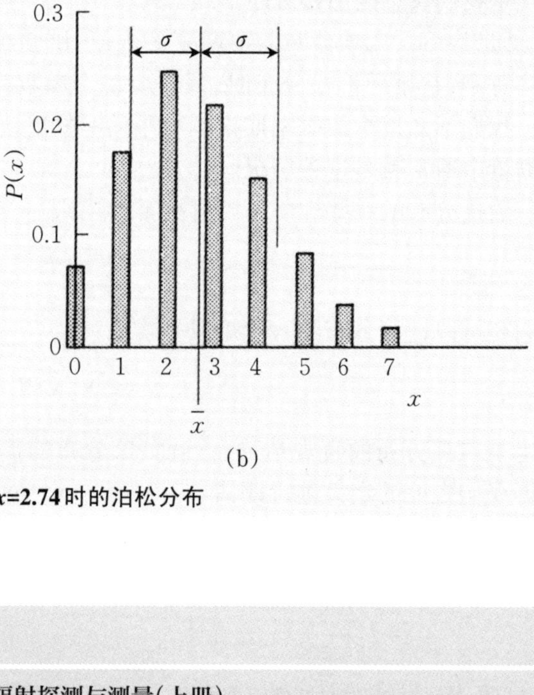

(b)

图3.5　均值x=2.74时的泊松分布

3.2.3 高斯分布或正态分布

泊松分布是在极限$p \ll 1$下二项分布的数学简化。此外,如果分布的平均值较大(例如大于25或30),一般还可以进行额外的简化[2],从而得到高斯分布:

$$P(x)=\frac{1}{\sqrt{2\pi\bar{x}}}\exp\left(-\frac{(x-\bar{x})^2}{2\bar{x}}\right) \tag{3.30}$$

这再次是一个仅对整数值x定义的逐点分布函数。它与泊松分布同样具有以下性质:

① 它是归一化的:

$$\sum_{x=0}^{\infty}P(x)=1$$

② 该分布的特征是单个参数$\bar{x}$,由乘积np给出。

③ 式(3.17)中定义的预测方差σ又等于平均值$\bar{x}$。

我们可以再次举例说明高斯分布适用的物理情形。回到之前的例子,从随机抽取的一群人中计算生日,但现在考虑的是一个更大的群体,即10 000人。在这个例子中,$p=1/365$,$n=10\ 000$,因此预测的分布均值$\bar{x}=np=27.4$。现在这个均值已经足够大,因此泊松分布的高斯近似值已经足够接近统计特性和不确定性的估计值。

具体来说,我们要预测多次测量结果的分布,每次测量都包括计算10 000人中独立群体的生日数。观测到特定计数x的预测概率为

$$P(x)=\frac{1}{\sqrt{2\pi\times 27.4}}\exp\left[-\frac{(x-27.4)^2}{2\times 27.4}\right] \tag{3.31}$$

这个例子的预测标准差是

$$\sigma=\sqrt{\bar{x}}=\sqrt{27.4}=5.23 \tag{3.32}$$

结果如图3.6(a)所示。

关于高斯分布,有两点很重要:

① 分布是关于平均值对称的。因此,$P(x)$只取决于任何值x偏离均值的绝对值,即

$$\epsilon\equiv|x-\bar{x}|$$

② 由于平均值x较大,相邻x值的$P(x)$值相差不大。换句话说,分布是缓慢变化的。

这两点建议将高斯分布重塑为偏差ϵ(而非x)的明确函数以及连续函数(而非点状离散函数)。这些变化可以通过将高斯分布重写为

$$G(\epsilon)=\sqrt{\frac{2}{\pi\bar{x}}}\,\mathrm{e}^{-\frac{\epsilon^2}{2\bar{x}}} \tag{3.33}$$

其中,$G(\epsilon)\mathrm{d}\epsilon$现在定义为$\epsilon$附近偏差$\mathrm{d}\epsilon$的微分概率。比较式(3.33)和式(3.30),我们注意到$G(\epsilon)$中有一个系数2,因为每个偏差值都有两个x值。

图3.6(b)显示高斯分布的连续形式,与离散情况的示例相同。比较图3.6(a)和图3.6

(b)，每个横坐标的比例因子相同，但图3.6(b)的原点发生了移动，以说明偏差ϵ的零值与图3.6(a)中平均值x的位置相对应。如果在图表中包含了一个相对纵坐标尺度的2倍差异，那么连续分布$G(\epsilon)$就表示图3.6(a)中绘制的逐点值连接的平滑曲线。

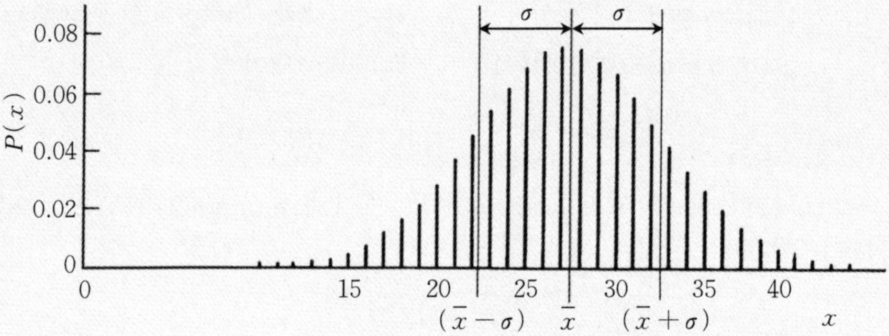

(a) 均值x=27.4时的离散高斯分布

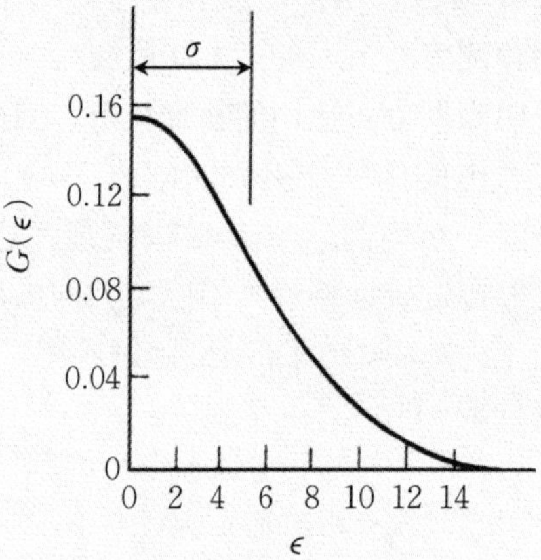

(b) 相应的高斯连续分布曲线

图3.6　高斯分布

由于我们现在处理的是连续函数，我们必须重新定义分布的某些性质，如图3.7所示。需要特别注意的是，与物理相关的量现在为设定限值之间的分布积分，或曲线下的面积，而不是离散值的总和。

式(3.33)可以结合一些观察结果，以更一般的形式重写。我们已经看到，高斯分布的标准差$\sigma=\sqrt{\bar{x}}$或$\bar{x}=\sigma^2$给出。将其代入式(3.33)，指数因子的值现在只取决于ϵ与σ的比率。将这一比率正式定义为

$$t \equiv \frac{\epsilon}{\sigma}$$

高斯分布可以用这个新变量t来表示

$$G(t)=G(\epsilon)\frac{\mathrm{d}\epsilon}{\mathrm{d}t}=G(\epsilon)\sigma$$

$$G(t)=\sqrt{\frac{2}{\pi}}\mathrm{e}^{-\frac{t^2}{2}} \tag{3.34}$$

离散分布	连续分布
归一化：$\sum_{x=0}^{\infty} P(x)=1$	$\int_{\epsilon=0}^{\infty} G(\epsilon)\mathrm{d}\epsilon=1$
$\sum_{x=x_1}^{x_2} P(x)$=观察到x值介于x_1和x_2之间的概率	$\int_{\epsilon_1}^{\epsilon_2} G(\epsilon)\mathrm{d}\epsilon$=观察到$\epsilon$值介于$\epsilon_1$和$\epsilon_2$之间的概率

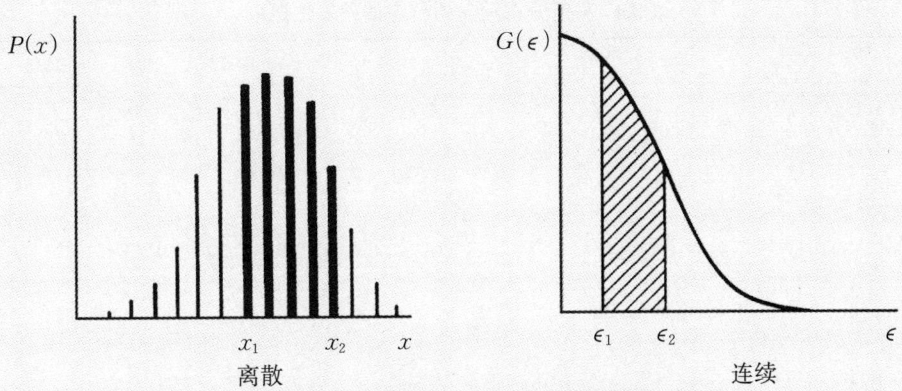

图 3.7　高斯分布的离散形式和连续形式的比较

其中，$0<t<\infty$。我们现在有了一个通用形式的高斯分布，如图3.8所示，它适用于所有平均值x的值。回想一下，t只是观察到的以标准差σ为单位归一化的偏差$\epsilon \equiv |x-\bar{x}|$。

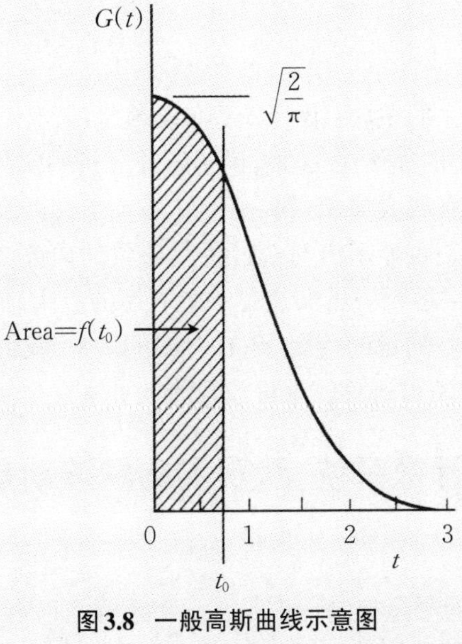

图 3.8　一般高斯曲线示意图

根据图3.7所示的定义，高斯分布预测的典型归一化偏差t小于特定值t_0的概率由以下积分给出

$$\int_0^{t_0} G(t)\mathrm{d}t \equiv f(t_0)$$

该函数的数值可在大多数统计表中找到。表3.4给出了一些选定值。$f(t_0)$的值表示高斯分布的随机样本显示的归一化偏差$t(\equiv \epsilon/\sigma)$小于假定值$t_0$的概率。例如,我们可以得出结论,大约68%的样本与真实平均值的偏差小于一倍标准偏差值。

表3.4 高斯分布预测的特定偏差发生概率

ϵ_0	t_0	$f(t_0)$
0	0	0
0.674σ	0.674	0.500
σ	1.00	0.683
1.64σ	1.64	0.900
1.96σ	1.96	0.950
2.58σ	2.58	0.99
3.00σ	3.00	0.997

3.3 统计模型的应用

本章的前两节涉及独立的主题:第一节是实验数据的组织;第二节是某些统计模型的结构。现在将这两个独立的主题结合起来,说明统计分析的实际用途。

计数统计在核测量中有两大应用:第一种是“应用A”,涉及使用统计分析来确定一组对同一物理量的多次测量是否显示出与统计预测一致的内部波动量。这种应用通常用于确定某个计数系统是否正常运行。虽然这是一个有用的应用,但计数统计的更有价值的贡献出现在我们只有单次实验测量的情况下;在“应用B”中,我们将研究可用来预测单次测量不确定性的方法,以考虑不可避免的统计波动影响。

3.3.1 应用A:检验计数系统,看观测到的波动是否与预期的统计波动一致

许多计数实验室常用的质量控制程序是在尽可能保持所有实验条件不变的情况下,定期(也许每月一次)从探测器系统中记录一系列20~50次的连续计数。通过应用本文将介绍的分析程序,可以确定如果统计波动是唯一的起因,则由这些多次测量显示的内部波动是否与预期的波动量一致。通过这种方法可以检测出异常波动量,这些异常波动量可能表明计数系统的某些部分出现了故障。

图3.9展示了计数统计应用的一系列事件。实验数据的属性仅限于图的左半部分，而右半部分则列出了适当统计模型的属性。我们从左上角开始，收集同一物理量的N个独立测量值。例如，这些数据可能是探测器连续1 min的计数。利用第1节概述的方法，我们可以用几种方法描述数据的特征。可以按照式(3.3)中定义的计算数据分布函数$F(x)$。根据这一分布，可以用式(3.5)和式(3.9)计算出平均值$\overline{x}_e$和样本方差s^2。回顾一下，均值$\overline{x}_e$给出了分布的中心值，而样本方差s^2则是对数据集合中波动量的定量测量。

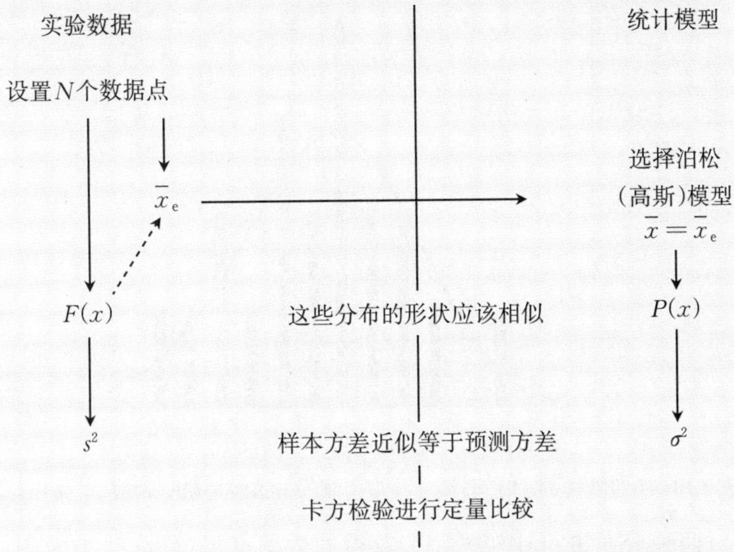

图3.9　计数统计应用A的说明：检查一组数据是否与统计模型一致

我们现在面临的任务是将这些实验数据与适当的统计模型相匹配。几乎在所有情况下，我们都希望将其匹配到泊松分布或高斯分布(取决于平均值有多大)，其中任何一种分布都完全由其自身的平均值$\overline{x}$指定。我们应该如何选择$\overline{x}$呢？如果我们选择$\overline{x}_e$以外的任何值，那就太愚蠢了，因为$\overline{x}_e$是我们对数据所处分布的均值的唯一估计。这样，设置$\overline{x}=\overline{x}_e$就提供了图中从左到右的桥梁，我们现在就有了一个完全指定的统计模型。如果让$P(x)$代表$\overline{x}=\overline{x}_e$的泊松或高斯分布，那么只要统计模型能准确描述数据的分布，测量数据的分布函数$F(x)$就应该是$P(x)$的近似值。在这一层面进行比较的一种方法是简单地绘制$F(x)$和$P(x)$的叠加图，然后比较两个分布的形状和幅度。

但是，这种对两个函数的比较还只是定性的。最好能从每种分布中提取一个参数，以便对它们进行定量比较。最基本的参数是平均值，但这两个参数已经匹配且相同。每个分布的第二个参数是方差，我们可以通过记录统计模型的预测方差σ^2，并与数据集合的实测样本方差s^2进行比较，从而进行所需的定量比较。如果数据的实际特征与统计模型相符，并显示出与统计预测一致的内部波动程度，那么这两个方差值应该大致相同。

为了说明数据分布函数与预测概率分布函数的直接比较，我们回到表3.1中的数据示例。在图3.10中，数据分布函数被重新绘制为垂直实线。经计算，这些数据的平均值为$\overline{x}_e$

$=8.8$,因此假定其平均值为$\bar{x}=8.8$,即可过渡到适当的统计模型。由于均值不大,我们不能使用高斯分布,因此使用泊松分布作为假定的统计模型。图3.10中的点是均值为8.8的泊松分布的预测分布函数值。因为泊松分布仅对x的离散值定义,所以绘制了连续曲线以提供更直观的参考。

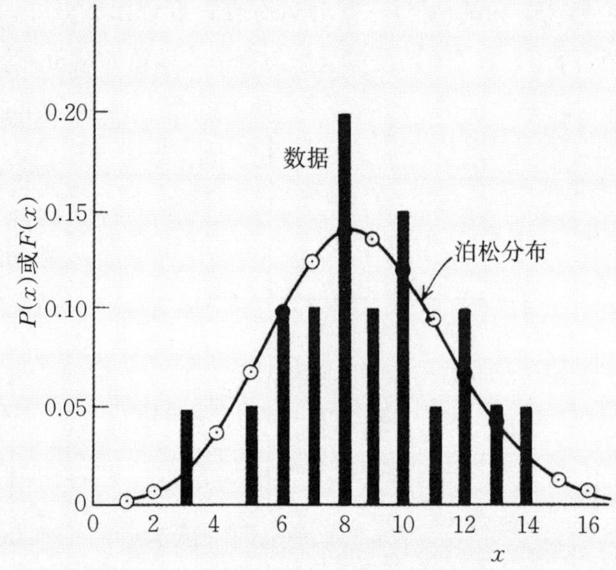

图3.10　实验数据(表3.1)与统计模型预测($\bar{x}$=8.8时泊松分布)的直接比较

此时很难对两种分布进行比较。因为获得的数据点相对较少(20次测量),每个点上的$F(x)$值都有相当大的波动。在数据确实是从预测的统计模型中提取的真实样本前提下,如果收集的数据越多,波动就会越小,数据分布函数$F(x)$就会越来越接近预测的概率分布函数$P(x)$。从图3.10可以看到,实验数据与预测数据并无太大差异。

为了进一步进行比较,我们现在要比较样本方差的值和统计模型的预测方差的值。由式(3.8)计算出的同一组数据的样本方差为

$$s^2=7.36$$

因为假设的统计模型是泊松分布,所以预测方差的值如下

$$\sigma^2=\bar{x}=8.80$$

这两个结果表明,如果数据是来自相同均值的泊松分布的完美样本,那么数据中的波动将比预测的要小。然而,在有限的样本量下,人们不会期望这两个参数完全相同,并且需要更定量的测试来确定观察到的差异是否真的显著。该函数由"卡方检验"提供。

卡方是实验数据分布的另一个参数,其定义为

$$\chi^2\equiv\frac{1}{\bar{x}_\mathrm{e}}\sum_{i=1}^{N}(x_i-\bar{x}_\mathrm{e})^2 \tag{3.35}$$

其中的求和是对每个数据点x_i的求和。卡方与样本方差密切相关,两者的关系是

$$\chi^2=\frac{(N-1)s^2}{\bar{x}_\mathrm{e}} \tag{3.36}$$

现在，如果数据中存在的波动量是泊松分布的近似模型，那么$\sigma^2 \approx s^2$。但我们知道，对于泊松分布，$\sigma^2 = \overline{x}_e$。此外，我们选择$\bar{x}$等于$\overline{x}_e$。因此，$s^2/\overline{x}_e$的比值偏离1的程度是观测样本方差与预测方差偏离程度的直接度量。现在参考式(3.36)，χ^2与$N-1$的差异程度可以相应地衡量数据与泊松分布预测的偏离程度。可以找到卡方分布表(如参考文献[3])，它一般采用表3.5所示的形式。左侧一栏表示系统中的统计自由度数。(由于$\overline{x}_e$是根据同一组数据计算得出的，因此比用于得出χ^2值的独立测量次数少一个)。表中的每一列都有一个特定的概率值p作为标题，p值为从真实的泊松分布中随机抽取的样本，其卡方值χ^2大于表中显示的特定值的概率。极低的概率(如小于0.02)表示数据波动异常大，而极高的概率(大于0.98)表示波动异常小。对于大样本，泊松分布的完美拟合将产生0.50的概率，而上面列出的有些随意的限制则表明，计数系统可能显示异常大的波动(这是常见的故障类型)，或者数据过于规则，显示异常小的波动。图3.11给出了更大范围参数的χ^2分布图。

表3.5　卡方分布表的部分

统计自由度	测量个数N	$p=0.8$	$p=0.7$	$p=0.6$	$p=0.5$
18	19	12.85	14.44	15.89	17.33
19	20	13.72	15.35	16.85	18.33
20	21	14.58	16.26	17.80	19.34

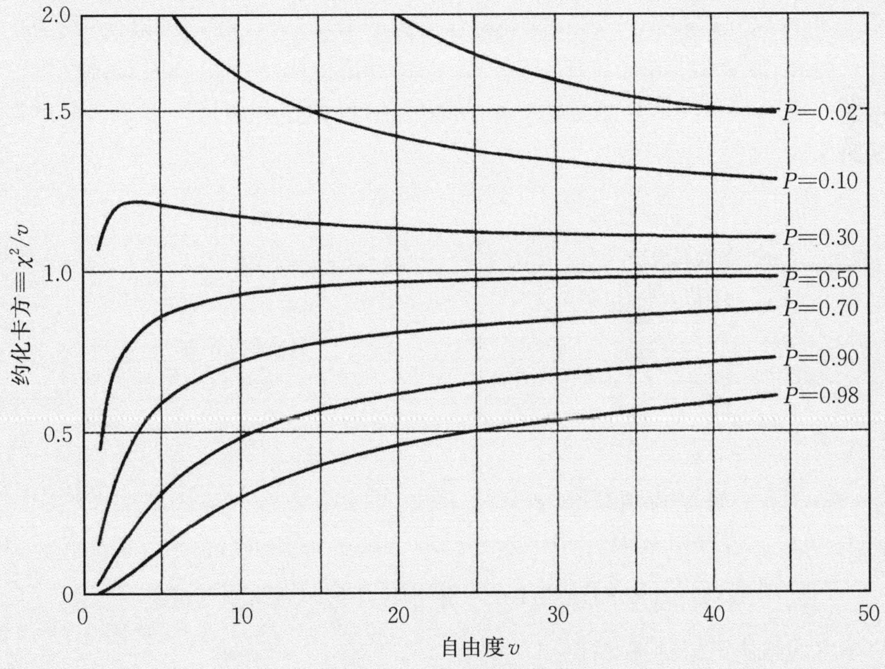

图3.11　卡方分布曲线图

对于每条曲线，p表示从真实的泊松分布中随机抽取N个数字的样本，其卡方统计量$\frac{\chi^2}{v}$值大于纵坐标值的概率。对于使用实验均值来计算χ^2的数据，自由度$v=N-1$。

在上述示例中，我们计算出χ^2值为15.89。从表3.5中，对于$N=20$，我们发现（通过内插法）$p=0.66$。由于这个概率既不是很大，也不是很小，我们可以得出结论，生成最初显示的这组数字的设备不会引起异常波动。

3.3.2 应用B：单次测量精度的估计

计数统计的一个更有价值的应用适用于这样一种情况，即我们对某一特定量只有一次测量，并希望将给定的不确定度与该测量联系起来。换一种说法，如果我们多次重复测量，我们希望对样本方差有一定的估计。样本方差的平方根应能衡量任何一次测量与真实平均值的典型偏差，因此可作为与该组典型测量相关的精确度的单一指标。不过，由于我们只有一个测量值，因此无法直接计算样本方差，而必须通过适当的统计模型进行类比估算。

该过程如图3.12所示。同样，图的左半部分只处理实验数据，而右半部分只处理统计模型。我们从左上角的一个测量值x开始。如果我们假设测量值是从一个总体中提取的，其理论分布函数是由泊松分布或高斯分布预测的，那么我们必须将适当的理论分布与可用数据相匹配。对于任何一个模型，我们都必须从分布的平均值$\bar{x}$开始。因为单次测量值x的值是理论分布的唯一信息，所以我们别无选择只能假设分布的均值等于单次测量值，或者说$x=\bar{x}$。现在已经获得了$\bar{x}$的假设值，为所有x的值定义了整个预测概率分布函数$P(x)$。我们也可以立即找到该分布的预测方差σ^2的值。然后，我们可以使用关联，如果数据来自同一分布，则该数据集合的样本方差s^2的估计值应由σ^2给出。因此，通过这一过程，我们获得了一组不存在的重复测量的样本方差的估计，但这些测量代表了多次重复单个测量的预期结果。

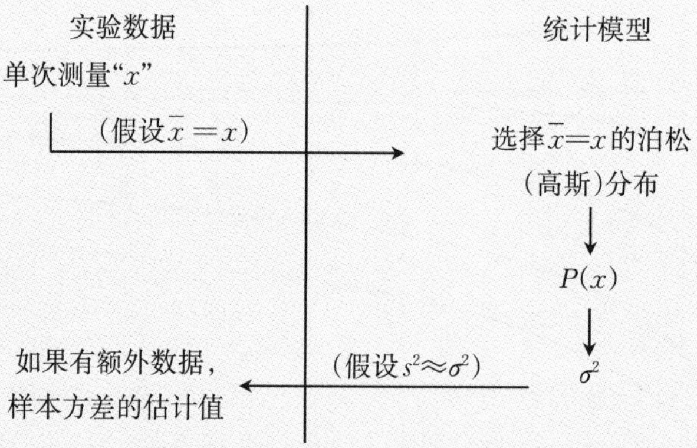

图3.12　计数统计应用B的示例：预测与单次测量相关的精度

我们得出的结论可以陈述如下：

期望的样本方差$s^2\approx\sigma^2$我们认为测量x所依据的统计模型的预测方差

$=\bar{x}$假设模型是泊松或者高斯的

$\approx x$因为x是我们对$\bar{x}$估计的唯一测量值

因此我们得出结论

$$\sqrt{s^2} \approx \sigma = \sqrt{x}$$

是我们对单次测量x与真实均值之间偏差的最佳估计。

只要假定概率分布函数是高斯分布函数(x较大),这一结论就可以更定量地表述出来。那么$x \pm \sigma$或$x \pm \sqrt{x}$的取值范围将以68%的概率包含真正的平均值$\bar{x}$。这个结论直接来自之前关于高斯曲线形状的讨论。[①]通常将单次测量的不确定性或“误差”简单地表示为一个标准差σ的值。如果我们引用一个更大的不确定性,那么在所引用的区间内包含真实均值的概率就会增加,反之亦然。

为了说明这一点,假设我们有一个单独的测量$x=100$。然后

$$\sigma = \sqrt{x} = \sqrt{100} = 10$$

因为我们对得出该测量值分布(测量值本身)的均值的最佳估计值很大,所以我们可以假设母分布是高斯分布。根据高斯曲线的形状(见表3.4),我们可以为具体的例子构造表3.6。

表3.6　例子:单次测量x=100的误差区间

区　间	数 值 区 间	包含真均值$\bar{x}$的概率
$x \pm 0.67\sigma$	93.3~106.7	50%
$x \pm \sigma$	90.0~110.0	68%
$x \pm 1.64\sigma$	83.6~116.4	90%
$x \pm 2.58\sigma$	74.2~125.8	99%

该表给出了在引用与我们的单次测量相关联的不确定度时可用的各种选择。传统的选择是引用测量值加或减一个标准偏差σ或100±10。预计该区间包含真实均值$\bar{x}$的概率为68%。如果我们希望增加包含真实均值的概率,我们只能通过扩大与测量相关的区间或误差来做到这一点。例如,要实现包含真实平均值的99%概率,区间必须扩展到2.58σ,即在我们的示例中扩展到100±25.8的范围。除非另有说明,特定核测量所引用的误差通常代表一个标准偏差。

简单计数测量的标准偏差比率,定义为σ/x,由$\sqrt{x}/x$即$1/\sqrt{x}$给出。因此,记录计数的总数x完全决定了与该测量相关联的相对误差。如果记录了100个计数,则标准偏差比率为10%,而只有将记录的总数增加到10 000次,才能将其减少到1%。对于以恒定速率发生的事件,这种关系意味着实现给定误差比率所需的时间将随着所需统计精度的平方反比而增加。

① 从技术上讲,我们只能说区间$\bar{x} \pm \sqrt{\bar{x}}$有68%的概率包含我们的单个测量值$x$。然而,由于平均值已经假设很大,我们不期望$\bar{x}$与任何典型测量值$x$之间有很大的差异。因此,我们可以在上述语句中交换$\bar{x}$和$x$,而不会严重影响一般结论。

当一组测量以图形表示时，与每个测量相关联的估计误差通常显示在同一图形上。图3.13给出了一个量x作为其他变量或参数z的函数的假设测量集。测量数据以点表示，而与每个点相关的不确定性由每个点周围绘制的“误差条”的长度表示。通常表示误差条的长度等于点两侧的一个σ值，或者误差条的总长度等于2σ。如果尝试对一个假定的函数行为$x=f(z)$进行拟合，那么拟合的函数最好应该通过与数据相关的所有误差条中的68%（或大约三分之二）。

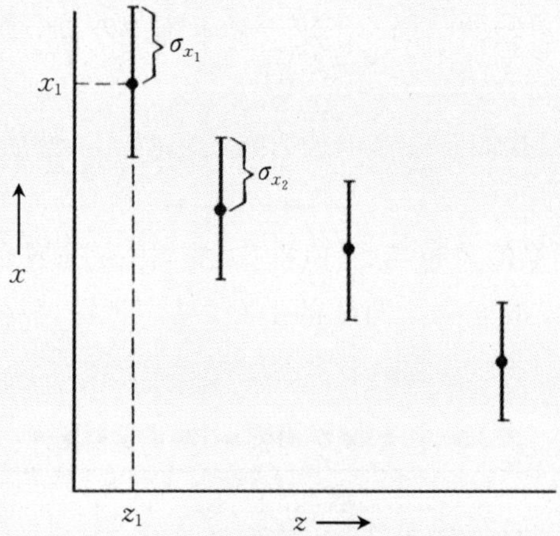

图3.13　实验数据相关误差条的图形显示

3.3.3　注意

我们得出的所有结论只适用于成功次数的测量(掷硬币掷中正面的次数，生日的次数等)。在放射性衰变或核计数中，只有当x表示已计数的成功次数时，即在给定的观察时间内从探测器记录的事件数时，我们才能直接应用$\sigma=\sqrt{x}$。在使用计数统计时所犯的绝大多数错误都是由于误用了上述关系。

人们不能将标准偏差(standard deviation)与任何非直接测量的计数值的平方根联系起来。例如，该关联不适用于

① 计数率；

② 计数的和或差；

③ 独立计数的平均值；

④ 任何导出量。

在所有这些情况下，数量都是作为给定实验中记录的计数值的函数来计算的。与该数量相关的误差必须根据下一节中概述的方法进行计算。

3.4 误差传播

到目前为止，我们所处理的分布都是计数实验的直接结果。在典型的应用程序中，人们很少对由特定时间间隔内的计数值组成的未处理数据感兴趣。更常见的情况是，通过乘法、加法或其他函数操作对数据进行处理，得出一个更直接相关的推导数值。这些处理步骤产生的数值分布方式将取决于原始分布和操作类型。

举例说明，假设测量是在预期"原始"计数遵循式(3.30)的高斯分布的条件下进行的。只需要一个参数，即均值，就可以充分说明分布，而标准差就是均值的平方根。现在假设这些计数是使用无本底探测器系统记录的，该系统只记录辐射源发射的一半量子，或者正如将在第4章正式介绍的那样，该系统的绝对检测效率为50%。然后，我们将计数值乘以因数2，以获得源发出的量子数。如果将相同的测量重复多次，乘法过程将产生计算出的发射数的分布，该分布将遵循新的分布。显然，它的均值是平均次数的两倍，但它的形状和标准差是什么呢?

这个问题的答案是，在这个例子中乘以一个常数将产生一个新的分布，它也具有高斯分布的形状，但其标准差不再由平均值的平方根给出。现在有必要用两个参数来表示分布，即均值和标准差。类似于式(3.30)的连续高斯分布的这种形式通常写成

$$G(x)\mathrm{d}x=\frac{1}{\sigma}\frac{1}{\sqrt{2\pi}}\exp\left[-\frac{(x-\bar{x})^2}{2\sigma^2}\right]\mathrm{d}x$$

其中，$G(x)\mathrm{d}x$是观察到x和$x+\mathrm{d}x$之间值的概率。分布的形状仍由式(3.34)描述：

$$G(t)\mathrm{d}t=\sqrt{\frac{2}{\pi}}\,\mathrm{e}^{-\frac{t^2}{2}}\mathrm{d}t$$

其中

$$t\equiv\frac{|x-\bar{x}|}{\sigma}$$

表3.4中列出的分布属性仍然有效。

事实证明，对原本呈高斯分布的计数数据进行许多常见处理后，得出的数值也会呈高斯分布。这些操作包括将数据乘以或除以一个常数，通过加法、减法或乘法将两个高斯分布变量组合起来，或计算一系列独立测量值的平均值。本节描述可用于预测这些标准差的过程。在所示的示例中，如果原始数据的分布也是高斯分布，则导出的分布将是高斯形状。可以证明[3]，如果每个误差都很小，并且围绕零对称，那么就可以得到与任何数量自变量的函数相关联的预期误差的一般结果。如果$x,y,z,\cdots$是直接测量的计数或相关变量，我们知道$\sigma_x,\sigma_y,\sigma_z,\cdots$，那么从这些计数中得出的任何数量$u$的标准差都可以如下计算：

$$\sigma_u^2 = \left(\frac{\partial u}{\partial x}\right)^2 \sigma_x^2 + \left(\frac{\partial u}{\partial y}\right)^2 \sigma_y^2 + \left(\frac{\partial u}{\partial z}\right)^2 \sigma_z^2 + \cdots \tag{3.37}$$

其中，$u=u(x,y,z,\cdots)$表示导出量。式(3.37)通常被称为误差传播公式，适用于核测量中的几乎所有情况。然而，必须选择变量$x,y,z,\cdots$，使它们真正独立，以避免相关性的影响。相同的特定计数不应该对多个此类变量的值起作用。式(3.37)的用法可以通过应用于一些简单的情况来说明。

3.4.1 计数的和或差

如果我们定义：

$$u = x + y$$

或

$$u = x - y$$

则

$$\frac{\partial u}{\partial x} = 1$$

或

$$\frac{\partial u}{\partial y} = \pm 1$$

应用式(3.37)得到

$$\sigma_u^2 = (1)^2 \sigma_x^2 + (\pm 1)^2 \sigma_y^2$$

或

$$\sigma_u = \sqrt{\sigma_x^2 + \sigma_y^2} \tag{3.38}$$

换句话说，以这种方式组合标准分布通常被称为“正交组合”或取它们的“正交和”。

当放射源产生的计数必须通过减去适当的本底计数来纠正时，就会出现这种情况的常见应用。如果我们假设计数时间相等，那么

净计数=总计数－本底计数

或者

$$u = x - y$$

由于x和y都是直接测量的计数(即成功数)，因此已知它们各自的预期标准差是其自身的平方根。目标是推导出净计数的预期标准偏差，这是一个导出的数值。因为涉及一个简单的微分，所以答案将由式(3.38)给出。

为了举例说明，假设我们记录了以下相等计数时间的数据

总计数$=x=1\,071$

本底计数$=y=521$

则

$$净计数=u=550$$

我们先验地知道

$$\sigma_x=\sqrt{x}=\sqrt{1071}$$

$$\sigma_y=\sqrt{y}=\sqrt{521}$$

因此

$$\sigma_u=\sqrt{\sigma_x^2+\sigma_y^2}=\sqrt{x+y}=\sqrt{1592}=39.9$$

然后我们将结果加上或减去一个标准差作为

$$净计数=550\pm39.9$$

3.4.2 乘以或除以常数

如果我们定义

$$u=Ax$$

其中,A是一个常数(没有相关的不确定性),那么

$$\frac{\partial u}{\partial x}=A$$

应用式(3.37)得出

$$\sigma_u=A\sigma_x \tag{3.39}$$

类似的,如果

$$v=\frac{x}{B}$$

B也是常数,那么

$$\sigma_u=\frac{\sigma_x}{B} \tag{3.40}$$

请注意,在这两种情况下,最终的"误差率"(σ_u/u或σ_v/v)与原始的比率(σ_x/x)相同。正如我们直观地期望的那样,用一个常数乘以或除以一个值不会改变它的相对误差。

上述情况的一个熟悉的例子是计数率的计算。如果在时间t上记录了x个计数,则

$$计数率\equiv r=\frac{x}{t}$$

通常的假设是,测量时间的不确定性很小,因此t可以被认为是一个常数。然后,可以利用式(3.40)计算与已知计数x的标准差相对应的r的预期标准差。

举例来说,假设

$$X=1\,120计数,t=5\text{ s}$$

那么

$$r=\frac{1\,120}{5\text{ s}}=224\text{ s}^{-1}$$

相关标准差为

$$\sigma_r = \frac{\sigma_x}{t} = \frac{\sqrt{1\,120}}{5\,\mathrm{s}} = 6.7\,\mathrm{s}^{-1}$$

因此,计数率为

$$r = 224 \pm 6.7\,\mathrm{s}^{-1}$$

3.4.3 计数的乘法或除法

对于这种情况

$$u = xy,\quad \frac{\partial u}{\partial x} = y,\quad \frac{\partial u}{\partial y} = x$$

$$\sigma_u^2 = y^2\sigma_x^2 + x^2\sigma_y^2$$

两边除以 $u^2 = x^2y^2$

$$\left(\frac{\sigma_u}{u}\right)^2 = \left(\frac{\sigma_x}{x}\right)^2 + \left(\frac{\sigma_y}{y}\right)^2 \tag{3.41}$$

类似的,如果

$$u = \frac{x}{y},\quad \frac{\partial u}{\partial x} = \frac{1}{y},\quad \frac{\partial u}{\partial y} = -\frac{x}{y^2}$$

$$\sigma_u^2 = \left(\frac{1}{y}\right)^2\sigma_x^2 + \left(-\frac{x}{y^2}\right)^2\sigma_y^2$$

再一次,两边除以 $u^2 = x^2/y^2$

$$\left(\frac{\sigma_u}{u}\right)^2 = \left(\frac{\sigma_x}{x}\right)^2 + \left(\frac{\sigma_y}{y}\right)^2 \tag{3.41$'$}$$

因此,对于 $u = xy$ 或 $u = x/y$,x 和 y 中的误差率(σ_x/x 和 σ_y/y)组合成正交和,给出 u 中的误差率。

作为一个例子,假设我们希望用相等计数时间内的独立计数计算两个源活动比率(忽略本底)。假设

源 1 的计数 $= N_1 = 16\,265$

源 2 的计数 $= N_2 = 8\,192$

活度比:$R \equiv \dfrac{N_1}{N_2} = \dfrac{16\,265}{8\,192} = 1.985$

由式(3.41′)可得

$$\left(\frac{\sigma_R}{R}\right)^2 = \left(\frac{\sigma_{N_1}}{N_1}\right)^2 + \left(\frac{\sigma_{N_2}}{N_2}\right)^2 = \frac{N_1}{N_1^2} + \frac{N_2}{N_2^2}$$

$$= 1.835 \times 10^{-4}$$

$$\frac{\sigma_R}{R} = 0.013\,5$$

乘以R的值

$$\sigma_R = 0.027$$

因此，报告的结果将是

$$R = 1.985 \pm 0.027$$

3.4.4 多个独立计数的平均值

假设我们从同一信号源记录了N次重复计数，计数时间相等。将这些多次计数的结果分别记为$x_1, x_2, \cdots, x_n$，它们的总和为Σ。则

$$\Sigma = x_1 + x_2 + \cdots + x_N$$

如果我们正式应用误差传播公式(式(3.37))来计算Σ的预期误差，我们会发现对于所有独立计数x_i，$\frac{\partial \Sigma}{\partial x_i} = 1$，因此

$$\sigma_\Sigma^2 = \sigma_{x_1}^2 + \sigma_{x_2}^2 + \cdots + \sigma_{x_N}^2$$

但因为$\sigma_{x_i} = \sqrt{x_i}$，每个独立计数都是如此

$$\sigma_\Sigma^2 = x_1 + x_2 + \cdots + x_N = \Sigma$$

$$\sigma_\Sigma = \sqrt{\Sigma} \tag{3.42}$$

这一结果表明，所有计数之和的预期标准偏差与通过对所有独立计数所代表的整个时间段进行单次计数实施测量时的标准偏差相同。

现在，如果我们继续从这N个独立测量值中计算出一个平均值

$$\bar{x} = \frac{\Sigma}{N} \tag{3.43}$$

式(3.43)是用误差相关量(Σ)除以常数(N)的例子。因此，式(3.40)适用，该平均值的预期标准偏差为

$$\sigma_{\bar{x}} = \frac{\sigma_\Sigma}{N} = \frac{\sqrt{\Sigma}}{N} = \frac{\sqrt{N\bar{x}}}{N}$$

$$\sigma_{\bar{x}} = \sqrt{\frac{\bar{x}}{N}} \tag{3.44}$$

注意到任何单一测量x_i的预期标准差为

$$\sigma_{x_i} = \sqrt{x_i}$$

由于任何典型的计数都不会与平均值相差太大，$x_i \approx \bar{x}$，因此我们得出结论，基于N个独立计数的平均值与其所基于的任何单个测量值相比，其预期误差将小$\sqrt{N}$倍。一个普遍的结论是，如果我们希望将给定测量的统计精度提高2倍，就必须投入4倍于初始计数的时间。

3.4.5 误差不等的独立测量组合

如果对同一量进行了N次独立测量，而这些测量的相关精度并不完全相同，那么简单的平均值（如3.4.4所述）就不再是计算单一“最佳值”的最优方法。相反，我们希望给σ_{x_i}（与x_i相关的标准偏差）值较小的测量值更多权重，而给估计误差较大的测量值较少权重。

让每个测量值x_i都有一个权重系数a_i，并通过线性组合计算出最佳值$\langle x\rangle$的线性组合

$$\langle x\rangle=\frac{\sum_{i=1}^{N}a_ix_i}{\sum_{i=1}^{N}a_i}\tag{3.45}$$

现在，我们要寻找一个标准，根据这个标准来选择权重系数a_i，以使$\langle x\rangle$中的预期误差最小。

为简洁起见，我们写成

$$\alpha\equiv\sum_{i=1}^{N}a_i$$

因此

$$\langle x\rangle=\frac{1}{\alpha}\sum_{i=1}^{N}a_ix_i$$

现在将误差传播公式（式(3.37)）应用于这种情况：

$$\sigma_{\langle x\rangle}^2=\sum_{i=1}^{N}\left(\frac{\partial\langle x\rangle}{\partial x_i}\right)^2\sigma_{x_i}^2=\sum_{i=1}^{N}\left(\frac{a_i}{\alpha}\right)^2\sigma_{x_i}^2=\frac{1}{\alpha^2}\sum_{i=1}^{N}a_i^2\sigma_{x_i}^2$$

$$\sigma_{\langle x\rangle}^2=\frac{\beta}{\alpha^2}\tag{3.46}$$

其中，

$$\beta\equiv\sum_{i=1}^{N}a_i^2\sigma_{x_i}^2$$

为了最小化$\sigma_{\langle x\rangle}$，我们必须针对一个典型的权重因子$a_j$来最小化式(3.46)中的$\sigma_{\langle x\rangle}^2$：

$$0=\frac{\partial\sigma_{\langle x\rangle}^2}{\partial a_j}=\frac{\alpha^2\frac{\partial\beta}{\partial a_j}-2\alpha\beta\frac{\partial\alpha}{\partial a_j}}{\alpha^4}\tag{3.47}$$

注意到

$$\frac{\partial\alpha}{\partial a_j}=1$$

$$\frac{\partial\beta}{\partial a_j}=2a_j\sigma_{x_j}^2$$

将这些结果代入式(3.47)，我们得到

$$\frac{1}{\alpha^4}(2\alpha^2a_j\sigma_{x_j}^2-2\alpha\beta)=0$$

求解 a_j，我们发现

$$a_j = \frac{\beta}{\alpha} \cdot \frac{1}{\sigma_{x_j}^2} \tag{3.48}$$

如果我们选择对加权系数进行归一化处理

$$\sum_{i=1}^{N} a_i \equiv \alpha = 1$$

$$a_j = \frac{\beta}{\sigma_{x_j}^2}$$

将其与β的定义结合，我们得到

$$\beta = \sum_{i=1}^{N} a_i^2 \sigma_{x_i}^2 = \sum_{i=1}^{N} \left(\frac{\beta}{\sigma_{x_i}^2}\right)^2 \sigma_{x_i}^2$$

或者

$$\beta = \left(\sum_{i=1}^{N} \frac{1}{\sigma_{x_i}^2}\right)^{-1} \tag{3.49}$$

因此，对x_j的归一化加权系数的合适选择是

$$a_j = \frac{1}{\sigma_{x_j}^2} \left(\sum_{i=1}^{N} \frac{1}{\sigma_{x_i}^2}\right)^{-1} \tag{3.50}$$

因此我们可以看出，每个数据点的权重应与其自身误差的平方成反比。

假设遵循了这一最佳权重，那么$\langle x \rangle$中的结果(最小)误差是多少？由于我们选择$a=1$进行归一化，则式(3.46)变为

$$\sigma_{\langle x \rangle}^2 = \beta$$

在最优加权的情况下，β由式(3.49)得出。因此

$$\frac{1}{\sigma_{\langle x \rangle}^2} = \sum_{i=1}^{N} \frac{1}{\sigma_{x_i}^2} \tag{3.51}$$

根据式(3.51)，可以从与每个单独测量相关的标准偏差σ_{x_i}计算出预期标准偏差$\sigma_{\langle x \rangle}$。

3.5 优化计数实验

误差传播原理可用于计数实验的设计，以尽量减少相关的统计不确定性。举个简单的例子，存在稳态本底的情况下，测量长寿命放射源的净计数率。定义如下：

$S \equiv$仅由源引起的计数率，不含本底

$B \equiv$本底的计数率

其中，S的测量通常是在T_{S+B}时间内对源和本底(平均速率为$S+B$)进行计数，然后在T_B时

间内单独对本底进行计数。这样,由源单独引起的净速率为

$$S=\frac{N_1}{T_{S+B}}-\frac{N_2}{T_B} \tag{3.52}$$

其中,N_1和N_2是每次测量的总计数。

将误差传播分析结果应用于式(3.52),我们得到

$$\sigma_S=\sqrt{\left(\frac{\sigma_{N_1}}{T_{S+B}}\right)^2+\left(\frac{\sigma_{N_2}}{T_B}\right)^2}$$

$$\sigma_S=\sqrt{\left(\frac{N_1}{T_{S+B}^2}\right)+\left(\frac{N_2}{T_B^2}\right)}$$

$$\sigma_S=\sqrt{\left(\frac{S+B}{T_{S+B}}\right)+\left(\frac{B}{T_B}\right)} \tag{3.53}$$

如果我们现在假设有固定的总时间$T=T_{S+B}+T_B$来进行这两项测量,那么可以通过优化选择分配给T中T_{S+B}(或T_S)的比例来最小化上述不确定性。我们将式(3.53)平方并微分

$$2\sigma_S\mathrm{d}\sigma_S=-\frac{S+B}{T_{S+B}^2}\mathrm{d}T_{S+B}-\frac{B}{T_B^2}\mathrm{d}T_B$$

并设置$\mathrm{d}\sigma_S=0$以找到最佳条件。同时,由于T是常数,所以$\mathrm{d}T_{S+B}+\mathrm{d}T_S=0$。满足以下条件即可获得最佳时间分配

$$\left.\frac{T_{S+B}}{T_B}\right|_{\text{opt}}=\sqrt{\frac{S+B}{B}} \tag{3.54}$$

可用于描述这类计数实验特征的一个品质因子是,在给定的统计精度范围内确定S所需的总时间的倒数,即$1/T$。如果实验的某些参数(如探测器尺寸和脉冲接受标准)可以改变,那么最佳选择应与最大化这一品质因子相对应。

在下面的分析中,我们假定选择式(3.54)所给出的最佳计数时间划分。然后,我们可以结合式(3.53)和式(3.54),用源速率的标准偏差比率来表示品质因子,定义为$\epsilon\equiv\frac{\sigma_S}{S}$

$$\frac{1}{T}=\epsilon^2\frac{S^2}{\left(\sqrt{S+B}+\sqrt{B}\right)^2} \tag{3.55}$$

式(3.55)是一个有用的结果,可用于分析大量辐射测量,其中信号率S需要在稳态本底率B存在的情况下进行测量。例如,它预测了当测量信号加本底和仅测量本底的总时间为T时可达到的统计精度(以标准偏差比率ϵ表示)。假设这段时间在两次计数之间进行了最佳分配。需要注意的是,与简单的计数测量一样,所需的时间随着净信号率精度所需的标准偏差比率的反平方而变化。将测量的预测统计误差减半需要将可用时间增加4倍。

研究式(3.55)应用中的两种极端情况很有启发。如果源诱导计数率远大于本底率,$S\gg B$,式(3.55)简化为

$$\frac{1}{T} \approx \epsilon^2 S \tag{3.56}$$

在这种极端情况下，本底的统计影响可以忽略不计。只需通过选择所有实验参数来最大化 S（即仅由源引起的速率），就能最大化 $1/T$ 的品质因子。

与之相反的极端情况是，在大得多的本底中存在较小的源速率（$S \ll B$），这是低水平放射性测量的典型情况。在这种情况下，式(3.55)简化为

$$\frac{1}{T} \approx \epsilon^2 \frac{S^2}{4B} \tag{3.57}$$

在此类应用中，通过选择实验条件，使比值 S^2/B 达到最大值，从而使优越性最大化。以式(3.57)的应用为例，假设在低水平计数实验中改变探测器的配置，仅源引起的速率就会增加1.5倍，但同时本底也会增加2.0倍。那么 S^2/B 的比值就是 $(1.5)^2/2.0=1.125$ 倍。由于这一比率超过了1，因此在总测量时间保持不变的情况下，这一变化将略微提高净源率测定的总体统计精度。

3.6 可检测性极限

在许多情况下，估算计数系统的性能指标（例如，能够可靠检测到的最小信号强度，以设定计数系统的"检测极限"）是非常方便的。在许多应用中，关键是要了解检测到微弱信号的概率（检测概率 P_D）以及系统因本底中的统计波动或预期的系统波动而错误显示检测到源的概率（误报概率 P_{FA}）。在许多情况下，这种系统性能是由接收者工作特性曲线（ROC）来描述的。此外，一些监管机构要求在监测可能存在的放射性污染物时，必须能测量到一定的最小可检测量（MDA）。这两个概念都是通过结果的分布，更具体地说是这些分布的平均值和标准偏差联系在一起的。因此，可以使用一个共同的框架来讨论这些概念。

对于这些指标，性能是基于二项（是或否）判定，即给定探测器的响应是否代表本底，或者该输出是否表明存在高于本底的源。在最简单的情况下，建立一个计数系统来检测所关注的辐射，并记录不同样本在相同时间段内的计数总数。假设 N_T 是已知会释放一定水平辐射的样本记录的计数次数，N_B 是替换空白样本以确定本底水平时记录的计数次数。在这种情况下，重复测量 N_T 和 N_B（即 $P(N_T)$ 和 $P(N_B)$）的频率图将具有图3.14(a)所示的特征。在最简单的情况下，这些分布只是来自探测器的计数，因此是泊松分布或高斯分布，它们完全由其平均值 $\overline{N}_T$ 和 $\overline{N}_B$ 描述（分别见式(3.24)和式(3.30)）。在这种情况下，ROC曲线和MDA将在下面两节中展开。

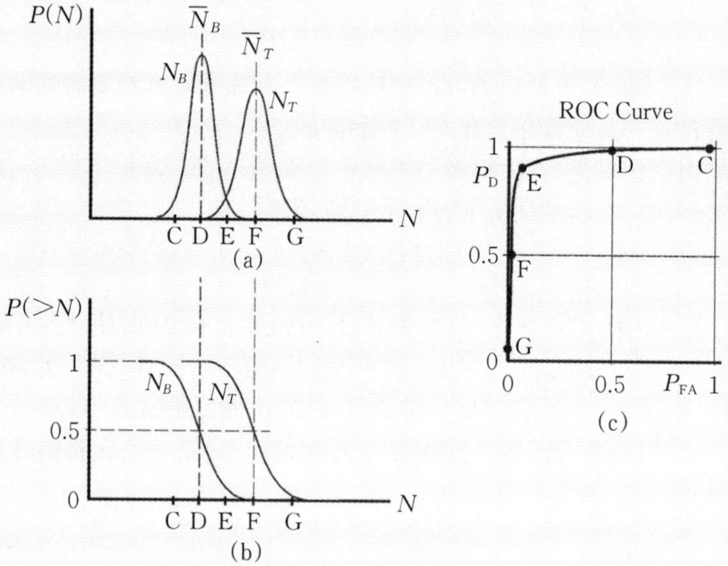

图3.14 本底计数(N_B)和总计数(N_T)的概率分布(a)、累积分布(b)和对应的ROC曲线(c)

(a) 当存在真实源时，观测到特定计数N的本底(N_B)和总计数(N_T)的概率分布示例图；(b) 在(a)部分所示的两个分布示例中，观测到大于N的计数的概率图；这些图表示在水平N刻度上任何一点右侧的(a)部分曲线下的面积；(c) (a)部分所示分布的相应接收者工作特征曲线(ROC)；横轴为P_{FA}，即出现假阳性的概率；纵轴为P_D，即检测到真源的概率；这5个点表示对L_C(即检测到源时所需的最小计数)做出不同选择时的结果；这些选择(C至G)沿横轴显示在(a)和(b)部分。

3.6.1 ROC曲线

在检测特征本底环境中的特定污染源时，ROC曲线将显示P_D与P_{FA}之间的关系。首先，我们引入临界水平L_C(也称为阈值或报警水平)，当进行新的测量时，如果计数值低于L_C，则可以断定其代表本底，但如果计数值超过L_C，则可以断定存在污染源。在没有统计波动和其他仪器变化的情况下，可以将L_C设置为$\overline{N}_B$或略高于$\overline{N}_B$，任何高于本底的净计数都可以被解释为真实活度的证据。然而，由于任何计数测量都不可避免地会出现统计波动，因此，即使样本中的活度没有超过本底，也会出现许多计数大于$\overline{N}_B$的情况。为了构建特定$P(N_T)$和$P(N_B)$分布所代表情况的ROC曲线，将L_C从低于N_B的几个标准差变为高于N_T的几个标准差，绘制P_D作为P_{FA}的函数。对于任意L_C，P_D是图3.14(a)中所示N_T分布在L_C之上的面积，

$$P_D = \int_{L_C}^{\infty} P(N_T)\,dN_T$$

而P_{FA}是N_B分布在L_C之上的面积，

$$P_{FA} = \int_{L_C}^{\infty} P(N_B)\mathrm{d}N_B$$

还应注意的是，N_T分布低于L_C的面积

$$P_{FN} = \int_{0}^{L_C} P(N_T)\mathrm{d}N_T$$

表示假阴性(即存在信号源时未发出报警)，在许多应用中是一个重要的系统性能指标，不过在报告P_D时报告该值是多余的，因为它只是$1-P_D$。

在图3.14(b)中，针对仅有本底N_B和总计数N_T的情况，随着水平轴N上L_C(检测阈值)的不同选择，绘制了这两个分布下的面积。图3.14(c)中绘制了P_D和P_{FA}的结果值，从而得出ROC曲线，该曲线与最初假设的有源情况下本底和总计数的分布相一致。现在，用户可以通过该曲线图选择最适合相关应用的真实检测概率和误报概率。

3.6.2 最低可检测量(MDA)

MDA的概念意味着对P_D和P_{FA}的具体选择。使用最广泛的MDA定义之一是由Currie[4]首次提出的，它是基于$P_D=0.95$和$P_{FA}=0.05$的选择。这个定义因此包含了这样的预测：按照下面概述的方式设定临界水平L_C(即报警水平)，当存在大于MDA的源时，在20个案例中将会有19个正确地被宣布为阳性，而只有本底存在时，在20个案例中将会有1个触发假阳性警报。

任何ROC曲线的形状都取决于图3.14(a)中勾画的N_B和N_T分布的形状和分离程度。对于任意分布，ROC曲线一般不会经过任何规定的点。例如，Currie MDA定义所要求的$P_D=0.95$和$P_{FA}=0.05$的组合所代表的点(离图3.14(c)中的E点不远)。然而，假设N_B和N_T的分布形状为高斯分布，则可通过下面的推导确定迫使ROC曲线通过规定点所需的两个分布之间的分离程度。然后，与ROC曲线上的该点相对应的L_C值就是报警点，它将导致上一段中规定的MDA水平下的本底和源响应。

在最简单的情况下，建立一个计数系统来探测所关注的辐射，并在相同的时间段内记录不同样本的计数总数(第3.5节的分析表明，当源与本底相比较弱时，将时间平均分配给样品和本底是将净计数的不确定性降至最低的正确选择)。根据上述N_T和N_B的定义，未知数产生的净计数计算式为

$$N_S = N_T - N_B \tag{3.58}$$

为了确定样品是否含有活度，将N_S与临界水平L_C进行比较，临界水平L_C将在随后的分析中确定。这需要遵循一个简单的程序：如果N_S小于L_C，则断定样品不含活度；如果N_S大于L_C，则假定存在某种真正的活度。如果我们假设计数时间足够长，以至于每次测量记录的计数总数很大(例如大于30)，那么N_T和N_B都应遵循高斯分布。将这两个变量相减以确定N_S时，净计数也应遵循高斯分布，其平均值即为真正的净计数，其标准偏差可通过式(3.38)预测：

$$\sigma_{N_S}^2 = \sigma_{N_T}^2 + \sigma_{N_B}^2 \tag{3.59}$$

1. 没有实际活度

如果样本中没有实际活度，则N_T和N_B的真实平均值相同，N_S的平均值为零。N_S值的预期分布如图3.15(a)所示。由于在这些条件下$\sigma_{N_T}=\sigma_{N_B}$，$N_S$的高斯分布标准偏差根据式(3.59)计算为

$$\sigma_{N_S}=\sqrt{2\sigma_{N_B}^2}=\sqrt{2}\,\sigma_{N_B} \tag{3.60}$$

如果进入测量的唯一重要波动来自计数统计，那么

$$\sigma_{N_B}=\sqrt{N_B} \quad 和 \quad \sigma_{N_S}=\sqrt{2N_B}$$

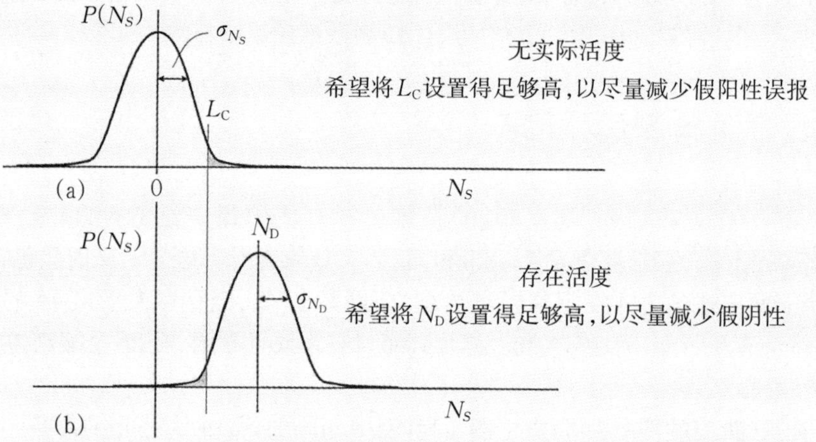

图3.15　在(a)无活度和(b)有实际活度的情况下净计数N_S的预期分布

L_C表示计数系统的临界值即"触发点"。

由于不存在真正的活度，任何阳性指标都将是假阳性。因此，我们希望将L_C设置得足够高，以确保在这些条件下，N_S的特定测量值超过L_C的概率小到可以接受的程度。从表3.4中我们可以看出，从高斯分布中随机取样，其值在均值$\pm1.64\sigma$范围内的概率为90%。由于我们只关注平均值的正偏差(N_S的负值总是被解释为不存在信号源)，随机样本位于平均值加1.64σ以下的概率为95%。因此设定

$$\begin{aligned} L_C &= 1.64\sigma_{N_S}=1.64\sqrt{2}\,\sigma_{N_B} \\ L_C &= 2.33\sigma_{N_B} \end{aligned} \tag{3.61}$$

确保假阳性概率不大于5%。这一选择是Currie对MDA定义的一部分，已成为设定L_C的通用基础。

2. 存在真实活度

我们现在假设N_S的真实平均值为正值，如图3.15(b)所示。任何认为没有活度的结论现在都是假否定。我们要解决的问题是这个平均值必须多大，才能使假阴性极不可能出现？显然，当N_S的平均值等于L_C时，假阴性率将为50%，因为高斯分布对其平均值是对称的。我们将把MDA定义为产生N_S平均值所需的源强度，该值必须足够高，才能将假阴性

率降低到可接受的水平。同样，在Currie定义中假定假阴性概率为5%。

让N_D代表符合这一标准的N_S的最小净值。因此，N_D将成为与MDA相对应的平均净计数的数值估计。为确保N_S分布下95%的区域位于L_C以上，我们要求

$$N_D = L_C + 1.64\sigma_{N_D} \tag{3.62}$$

其中，σ_{N_D}表示图3.15(b)中总计数高斯分布的标准偏差。如果该宽度仅由计数统计引起，并将式(3.58)中的N_S设为N_D，则式(3.59)预测相关的标准偏差为

$$\begin{aligned}\sigma_{N_D}^2 &= \sigma_{N_T}^2 + \sigma_{N_B}^2 = \left(\sqrt{N_T}\right)^2 + \left(\sqrt{N_B}\right)^2 \\ \sigma_{N_D}^2 &= N_D + 2N_B\end{aligned} \tag{3.63}$$

所以

$$\sigma_{N_D} = \sqrt{N_D + 2N_B} \tag{3.64}$$

回顾式(3.61)的推导过程

$$L_C = 1.64\sqrt{2}\,\sigma_{N_B} = 1.64\sqrt{2N_B} \tag{3.65}$$

将式(3.64)和式(3.65)代入式(3.62)即可得出

$$N_D = 1.64\left(\sqrt{2N_B} + \sqrt{N_D + 2N_B}\right) \tag{3.66}$$

求得N_D的结果是

$$N_D = 4.65\sqrt{N_B} + 2.71 \tag{3.67}$$

这就是经常被引用的"Currie方程"[4]。N_D如上定义，现在可以解释为当系统在临界水平(即"触发点")L_C下运行时，为确保假阴性率不大于5%，从源处所需的最小计数平均值，而临界水平又可确保假阳性率不大于5%。临界值先前已根据式(3.61)选定为$L_C = 2.33\sigma_{N_B}$，对于简单计数而言，等于N_B的平方根的2.33倍。

要将计数N_D换算成最小可探测放射性活度α，必须考虑到第4章中关于每次衰变的辐射产额(f)和绝对探测效率(ϵ)的附加因素：

$$\alpha = \frac{N_D}{f\epsilon T} \tag{3.68}$$

其中，T是每次样本的计数时间。

3.6.3 ROC曲线和MDA的实际局限性

以下讨论对ROC曲线尤为重要，但也与MDA相关。虽然ROC曲线为描述系统特性和考虑操作因素(例如，利用具体应用来选择适当的L_C)提供了有价值的手段，但必须认识到它的一些缺点。首先，在受控的实验室环境中(即本底稳定且源到探测器的几何形状可重复)，$P(N_B)$和$P(N_T)$分布通常可分别用式(3.24)和式(3.30)中定义的泊松($N<30$计数)或高斯($N>30$计数)分布来准确表示。但是，在现场环境中，本底可能会发生变化，其他因素也可能会影响这些分布的形状，因此，假设纯泊松或高斯本底分布以及源加本底分布并

不能准确地表示ROC曲线。同样,上文所述仅基于计数。同样的原则也可应用于识别同位素或检测其他辐射特征的系统。在这些情况下,频率分布$P(N_B)$和$P(N_T)$很少能通过分析确定。因此,需要使用实验数据对这些分布进行表征。生成确定ROC曲线所需的实验数据的典型方法是获取一组广泛的本底数据来描述$P(N_B)$以及一组更有限的数据来描述源响应。后者通常在本底已知且稳定的受控实验室环境中获取,或通过蒙特卡罗模拟获取。一旦有了这两组数据,就可以进行"注入研究",将源计数与本底随机取样相加,从而产生源加本底分布$P(N_T)$。一旦确定了这两个分布,就可以通过对P_D和P_{FA}的积分进行数值分析,生成ROC曲线。在这些条件下直接通过实验确定ROC曲线几乎总是不切实际的,因为这需要极其大量的实验测量。

在ROC曲线的某些应用中,重点是接近$P_D \sim 1$和$P_{FA} \sim 0$,N_B和N_T分布的尾部对ROC曲线的形状有很大影响。在这种情况下,对这些分布所做的假设必须谨慎。例如,虽然泊松分布随着平均值的增加而接近高斯分布的形状,但分布尾部的显著差异在平均值高达50或更高时仍然存在。因此,除非平均值高得多,否则使用泊松分布是最安全的。当尾部还包括特征不够明显的系统变化时,小概率可能会被低估或高估几个数量级。

3.7 时间间隔分布

在辐射测量中,随机事件之间的时间间隔往往具有实际意义。我们将介绍一些适用于单位时间内发生概率恒定的随机过程的结果。在统计语言中,任何此类事件系列都被称为泊松随机过程。这种过程的特点之一是系统没有记忆,无论过去的行为如何,单位时间内的概率保持不变。忽略"死时间"(见第4章),该模型通常足以描述辐射探测器在距离稳态辐射源或长寿命辐射源一段合理距离内的辐照行为。(距离的规定最大限度地减少了源自同一原子核的任何母体-子体相关事件可能造成的扰动)。没有任何已知的测量结果证明与核衰变是泊松随机过程这一基本假设相矛盾[5]。根据定义,在不同的时间间隔dt内发生事件的不同概率dp由$r dt$给出,其中r是平均发生率。对于有限的时间间隔T,事件发生的平均次数就是rT。

3.7.1 连续事件之间的时间间隔

为了推导出一个分布函数来描述相邻随机事件之间的时间间隔,首先假设在时间$t=0$时发生了一个事件,那么在长度为t的时间间隔之后,下一个事件在微分时间dt内发生的微分概率是多少?必须有两个独立的过程:从0到t的时间间隔内可能不会发生任何事件,但在下一个微分时间增量dt内一定会发生事件。那么,总概率将由表征这两个过程的概率的乘积给出,即延迟t后,下一个事件在dt中发生的概率等于从0到t的时间内没有事件发生的概率dt与期间发生事件的概率的积：

$$I_1(t)dt = P(0) \times rdt \tag{3.69}$$

右侧的第一个因子直接来自前面关于泊松分布的讨论。我们要计算的是在一个长度为t的区间内没有记录事件的概率，在这个区间内记录事件的平均次数应为rt，根据式(3.24)

$$P(0) = \frac{(rt)^0 e^{-rt}}{0!} \tag{3.70}$$
$$P(0) = e^{-rt}$$

将式(3.70)代入式(3.69)可得

$$I_1(t)dt = re^{-rt}dt \tag{3.71}$$

现在，$I_1(t)$是相邻随机事件之间时间间隔的分布函数。图3.16显示了这种分布的简单指数形状。

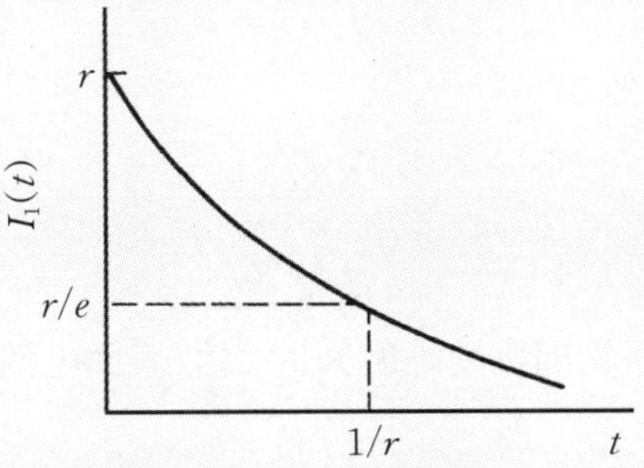

图3.16 相邻随机事件之间时间间隔的分布示意图

请注意，最可能的间隔长度为零。平均间隔长度的计算式为

$$\bar{t} = \frac{\int_0^\infty tI_1(t)dt}{\int_0^\infty I_1(t)dt} = \frac{\int_0^\infty tre^{-rt}dt}{1} = \frac{1}{r} \tag{3.72}$$

这是预期的结果。

在某些辐射应用中，计数率很低，因此在收集数据时可以目测每个计数。有经验的观察者很快就会知道真正的指数区间分布是什么样的，偶尔还能通过注意到与预期随机输入信号的偏差来发现探测器的故障。

3.7.2 下次事件的时间

在上文对时间间隔指数分布的推导中，我们首先声明："首先假设事件发生在时间$t=0$"。因此，结果适用于以真实事件开始和结束的时间间隔。但我们也可以从另一个初始假设开始："选择一个随机的时间点"，式(3.69)的逻辑也不会改变。因此，从随机时间点开始到下一个真实事件发生的时间将遵循与式(3.71)相同的指数分布，并具有相同的平均值$1/r$。第7.8节所述的"首次计数时间"测量r方法就是利用了这一事实。

乍一看，这两种时间间隔分布的等效性似乎令人费解。[6]一个随机的时间点必须总是位于已经开始的真实事件之间的时间间隔的某处，因此我们很容易想到，到下一个真实事件的平均时间长度必须短于以真实事件开始和结束的时间间隔的平均长度。直观上，这种差异可能被预计为2倍的关系，因为随机选择的起始时间平均来说会落在两个事件间隔的中点附近。这个错误的结论可能会被进一步支持，因为我们正确地指出了从之前发生的真实事件到同一随机时间点的平均时间同样是$1/r$，因为式(3.69)的逻辑也适用于这种情况。

要解决这个明显的难题，需要注意的是，随机选择一个时间点并不等同于从式(3.71)的分布中随机选择一个时间间隔。与短时间相比，随机选择的时间更有可能位于长时间间隔内，因此会偏向于选择较长的时间间隔。描述这些所选时间间隔的分布可以通过式(3.71)所描述的时间间隔的权重系数来获得，该权重系数与时间间隔的长度成正比，其值为$t/\bar{t}=rt$。因此，所选时间间隔分布$I_s(t)$为

$$I_s(t)=rtI_1(t)=r^2te^{-rt} \tag{3.73}$$

其平均值由该分布的一阶矩给出：

$$\bar{t}_s=\frac{\int_0^\infty tI_s(t)\mathrm{d}t}{\int_0^\infty I_s(t)\mathrm{d}t}=\frac{2}{r} \tag{3.74}$$

因此，平均选定间隔时间是平均随机间隔时间的2倍，表面上的难题也就迎刃而解了。

3.7.3 按比例事件之间的间隔

在某些情况下，可以使用数字“定标器”来降低探测器系统记录数据的速度。定标器的功能就像一个数据缓冲器，只有当N个输入脉冲累积到一定程度时才会产生一个输出脉冲。

使用与前面针对无缩放间隔的参数类似的参数，可以推导出描述定标间隔分布的一般形式。同样，必须发生两个独立的过程：必须观察到一个长度为t的时间间隔，在这个时间间隔内，刚好有$N-1$个事件出现在定标器上，并且在这个时间间隔之后的增量$\mathrm{d}t$中必须有一个额外的事件发生。在这些条件下，一个在时间d附近长度为$\mathrm{d}t$的定标间隔将会发生。式(3.69)的平行表达式为

$$I_N(t)\mathrm{d}t=P(N-1)r\mathrm{d}t \tag{3.75}$$

再次使用$P(N-1)$的泊松形式，式(3.75)变为

$$I_N(t)\mathrm{d}t=\frac{(rt)^{N-1}e^{-rt}}{(N-1)!}r\mathrm{d}t \tag{3.76}$$

$I_N(t)$是N定标间隔的区间分布。图3.17给出了各种定标因子的分布图，并显示了N值越大，间隔越均匀：

$$\bar{t}=\frac{\int_0^\infty tI_N(t)\mathrm{d}t}{\int_0^\infty I_N(t)\mathrm{d}t}=\frac{N}{r} \tag{3.77}$$

而最可能的间隔时间是通过设置

$$\frac{\mathrm{d}I_N(t)}{\mathrm{d}t}=0$$

并导出

$$t|_{\text{最可能}}=\frac{N-1}{r} \tag{3.78}$$

作为N刻度区间的最可能长度。

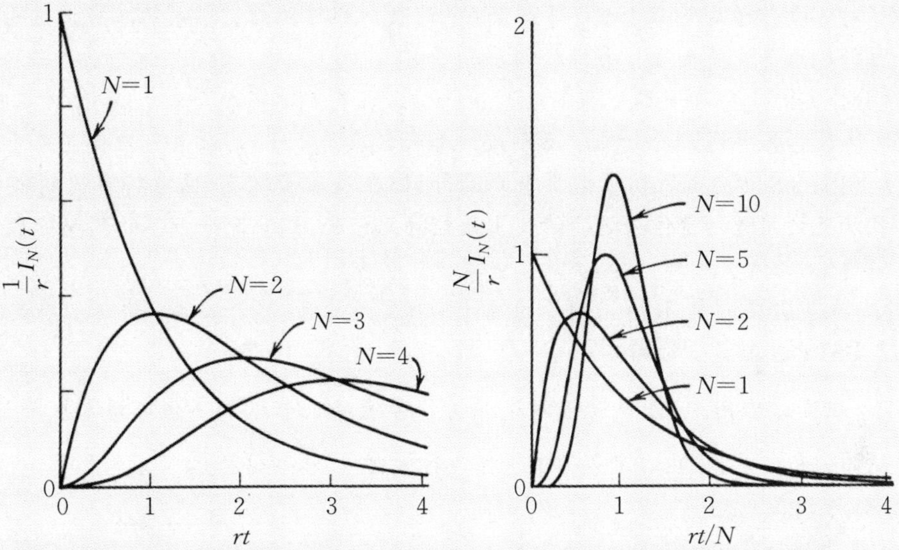

(a) 定标因子为1,2,3,4的4种分布

(b) $N=1$到$N=10$的区间分布,归一化为相同的平均区间N/r

图3.17 定标区间分布$I_N(t)$的图形表示

习题

3.1 对某物理量进行了100次系列测量,结果显示随机波动的特点是样本方差为平均值的2%。如果在相同条件下,将系列数据延长到1 000次测量,请估算更大数据集的样本方差。

3.2 求一枚硬币抛掷12次正好出现8次正面的概率。

3.3 某一大类人口中男性占75%。从该人群中随机抽取15人,并统计每个样本中的男性人数。求预期结果的预测平均数、方差和标准差。

3.4 求掷10次骰子没有出现6的概率。

3.5 某计算机程序员平均每60条程序语句出错一次,求:

(a) 求250条语句程序中预期错误数的平均值和标准偏差;

(b) 求100条语句程序无错误的概率。

3.6 从下列清单中选出典型测量值的平方根可以适当估计测量值分布的标准偏差的测量值:

(a) 探测器1 min的计数;

(b) 探测器5 min的计数;

(c) 扣除本底后探测器1 min内的净计数;

(d) 以每秒计数表示的计数率,基于100 s的测量;

(e) 5个连续1 min计数的平均值;

(f) 5个连续1 min计数的总和。

3.7 对一个信号源计数1min,得到561个计数。移除源后,1 min的本底计数为410个计数。源引起的净计数及其相关标准偏差是多少?

3.8 对一个信号源+本底进行10 min计数,共得到846个计数。单独对本底进行10 min的计数总共得到73个计数。源引起的净计数率是多少,其相关标准偏差是多少?

3.9 问题3.8中描述的测量需要重复进行,但在这种情况下,需要将可用的20 min在两次单独计数之间进行最佳分配。请找出最佳时间分配,使净源计数率的预期标准偏差最小。与问题3.8的情况相比,预期统计误差减少了多少?

3.10 在某次应用中,10 min测量的统计不确定度为2.8%。若要将统计不确定度降至1.0%,需要额外分配多少时间?

3.11 在具体应用中,设计者可以选择将信号源的信号增加一倍或将本底降低到$\frac{1}{2}$。从计数统计的角度看,应在以下条件下选择哪种方法:

(a) 信号比本底大;

(b) 信号与本底相比较小。

3.12 流量计显示平均本底率为2.87个计数/min。在给定的2 min计数中:

(a) 恰好有5个计数;

(b) 至少有1个计数的概率是多少?需要多长的计数时间才能确保>99%的概率至少记录一个计数?

3.13 表3.7所示数据来自同一同位素的源A和源B,源B与源A的活度比是多少?该比率的标准偏差百分比是多少?

表3.7 习题3.13的数据

类型	计数	计数周期(min)
源A+本底	251	5
源B+本底	717	2
本底	51	10

3.14 经测量,探测器在30 min内的本底计数为845。待测源使总计数率增至约80计

数/min。请估算该源的计数时间，以确定仅由源引起的计数率，并将其误差控制在3%的标准偏差范围内。

3.15 30名不同的学生用同一仪器测量了本底计数率。每个学生都使用了相同的程序，包括记录5个1 min间隔内的计数次数并取平均值。表3.8所示是该组典型学生的数据，问：

表3.8 习题3.15的数据

时　间(min)	计　数
0～1	25
1～2	35
2～3	30
3～4	23
4～5	27

总计数140

平均＝140/5＝28.0计数/min

(a) 假设所有波动都是统计上的，这些数据看起来合理吗？从数量上证明你的结论。

(b) 根据上述数据，平均值的预期标准差是多少？

(c) 估计30个数字的样本方差，这30个数字代表30个学生中每个人对平均本底率的类似计算。

(d) 再次假定只有统计差异，估计通过平均所有30个独立值得到的平均值的最终答案的标准偏差。

3.16 在相同的探测器条件和计数时间下，记录了表3.9所示的一组25个计数。应用卡方检验来确定观察到的波动是否符合泊松统计的预期。

表3.9 习题3.16的数据

3 626	3 711	3 677	3 678	3 465
3 731	3 617	3 630	3 624	3 574
3 572	3 572	3 615	3 652	3 601
3 689	3 578	3 605	3 595	3 540
3 625	3 569	3 591	3 636	3 629

3.17 实验室A组对一个恒定源进行5次连续2 min计数的平均值为2 162.4计数/min。然后，实验室B组在相同条件下使用相同的源和探测器，根据4次连续5 min的计数，得出的值为2 081.5计数/min。这两个结果之间的差异是否具有统计学意义？

3.18 你被要求通过与一个标准^{137}Cs参考源进行比较，来校准一个^{137}Cs伽马射线源的活度。标准源引用的活度为3.50±0.05 μCi(±一个标准差)，任何一个源单独使用在现有的计数器中引起的计数率大约是每秒1 000次。本底计数率可以忽略不计。假设每个源分别进行等时间的计数，计算出确定未知活动强度并且在2%预期标准差内的总时间。

3.19 某计数系统的平均本底率(长时间测量)稳定在50计数/min。引入衰变放射性同位素源后，10 min的计数共显示出1 683个计数。延迟24 h后，重复10 min的计数，这次的计数总数为914个，问：

(a) 辐射源的半衰期是多长？

(b) 由于计数统计，半衰期值的预期标准偏差是多少？

3.20 将进行一项发动机磨损试验，测定机油样本中活塞环放射性微粒的质量。使用过的机油样本在3 min内产生13 834个计数。使用100 μg相同放射性物质制备的标准物质在10 min内可得到91 396个计数。在很长的计数周期(约24 h)内测得探测器的本底为281计数/min。求样品中粒子的质量及其预期的标准偏差。

3.21 放射性同位素样品的衰变常数λ将通过在本底可忽略不计的探测器系统中进行计数来确定。λ'的近似值是已知的。方法是在$t=0$时计数很短的时间τ，等待Δt后再计数相同的时间τ。假定$\tau \ll 1/\lambda'$，那么等待时间Δt的什么值可以使这些测量得出的λ值的预期统计误差最小？

3.22 监测标称厚度为1 cm的铝板的厚度时，应注意伽马射线平行光束垂直穿过铝板时的衰减情况。伽马射线源和探测器都有良好的屏蔽，因此进入探测器的本底和散射可以忽略不计。任何给定的样品都将在光束中停留1 s。探测器在没有薄片的情况下的计数率平均值(长时间测量)为每秒10 000次，问：

(a) 使由于统计波动而得出的薄片厚度值的不确定性最小？线性衰减系数μ的最佳值是多少？相应的伽马射线能量是多少？

(b) 在这些条件下可达到的最低标准偏差比例是多少？

3.23 以平均每秒100次的速率计算，随机发生的事件之间的间隔有多少是短于10 ms的？

3.24 每天对空气过滤器上可能存在的^{137}Cs污染进行测量。测量过程包括将过滤器放置在计数系统中，该系统在662 keV的伽马射线上有15%的绝对计数效率，测量持续30 min。随后，将一个新的未受污染的过滤器放入计数系统中，再记录30 min的本底计数。本底计数平均每分钟100次，问：

(a) 按照MDA讨论中概述的标准，应将临界水平L_C设在何处(以每30 min测量的计数为单位)，以声明污染的肯定存在？

(b) 在这些条件下，找出同一讨论中定义的过滤器上^{137}Cs的最小可探测量(MDA)。

3.25 (a)某市的公共汽车系统在完全按时间表运行时，每隔30min就会在任何给定的公共汽车站提供一辆公共汽车。你在一个随机的时间到达一个公共汽车站，下一辆公交车到达前的平均等候时间是多少？

(b) 公交车变得杂乱无章，公交车之间的间隔变得随机(假设公交车的到达是泊松随机过程)。你再次在任意时间到达公交车站，在这种情况下，平均候车时间是多少？

参考文献

[1] L. A. Currie, Anal. Chem. 40(3), 586 (1968).

[2] R. D. Evans, The Atomic Nucleus, Krieger, New York, 1982, Chaps. 26-28.

[3] W. Feller, An Introduction to Probability Theory and Its Applications, 2nd ed., Wiley, New York, 1957.

[4] P. R. Bevington, Data Reduction and Error Analysis for the Physical Sciences, McGraw-Hill, New York, 1969.

[5] "Particle Counting in Radioactivity Measurements," ICRU Report 52, ICRU, Bethesda (1994).

[6] J. W. Müller, Nucl. Instrum. Meth. A309, 555 (1991).

第4章　辐射探测器的一般特性

在讨论不同类型的辐射探测器之前，我们先概述一些适用于所有类型探测器的一般特性，其中包括探测器特性的基本定义，如效率和能量分辨率以及有助于对探测器应用进行分类的一般工作模式和数据记录方法。

4.1　简化的探测器模型

我们从一个受到某种辐照的假想探测器开始。首先要关注的是探测器中单个粒子或辐射量子的相互作用。例如，可能是单个α粒子或单个伽马射线光子。为了使探测器有所响应，辐射必须通过第2章讨论的机制之一进行相互作用。如式(2.3)所示，相互作用或停止时间非常小(在气体中通常为几纳秒，在固体中通常为几皮秒)。在大多数实际情况下，这些时间都非常短，以至于可以认为辐射能量的沉积是瞬时的。

在各种探测器中，辐射相互作用的净结果是在探测器有效体积内出现一定量的电荷。[①]因此，我们简化探测器模型假定在$t=0$时探测器内会出现由单个粒子或辐射量子相互作用产生的电荷Q。然后，必须收集该电荷以形成基本电信号。通常情况下，电荷的收集是通过在探测器内施加电场来实现的，电场会使辐射产生的正负电荷向相反的方向流动。完全收集电荷所需的时间因探测器而异。例如，在电离室中，收集时间可长达几毫秒，而在半导体二极管探测器中，收集时间仅为几纳秒。这些时间既反映了电荷载流子在探测器有效体积内的流动性，也反映了电荷载流子在到达收集电极之前必须经过的平均距离。

因此，我们首先要建立一个原型探测器模型，它对单个粒子或辐射量子的响应将是一个电流，其流动时间等于电荷收集时间。图4.1举例说明了探测器电流与时间的关系，其中t_c代表电荷收集时间。电流持续时间的时间积分必须简单地等于Q，即在该特定相互作用中产生的电荷总量。

---

① 仅对于诸如离子室、正比管、G-M管或半导体二极管检测器之类的检测器是严格正确的。该讨论对于间接形成电荷的检测器类型也很有用。例如，与闪烁晶体一起使用的光电倍增管。

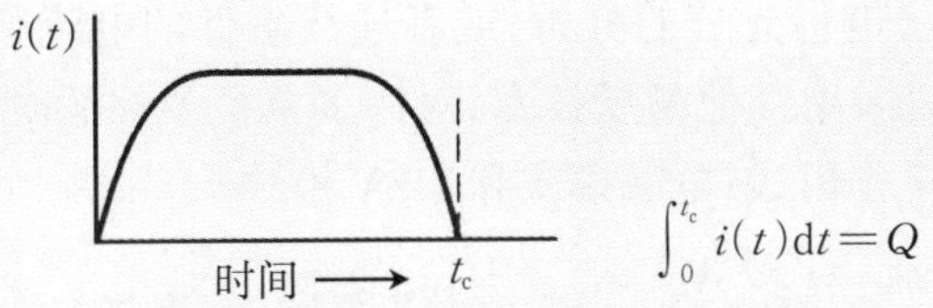

图4.1　单粒子入射探测器电流分布

在任何实际情况下,许多量子辐射都会在一段时间内发生相互作用。如果辐照率很高,就会出现这样的情况:在给定时间内,探测器中会有不止一次相互作用产生的电流。在本讨论中,我们假定辐照率足够低,因此每一次相互作用产生的电流都能与其他电流区分开来。每个电流脉冲的大小和持续时间可能因相互作用的类型而异,探测器中的瞬时电流可能如图4.2所示。重要的是要记住,由于辐射量子的到达是一种受泊松统计支配的随机现象,因此连续电流脉冲之间的时间间隔也是随机分布的。

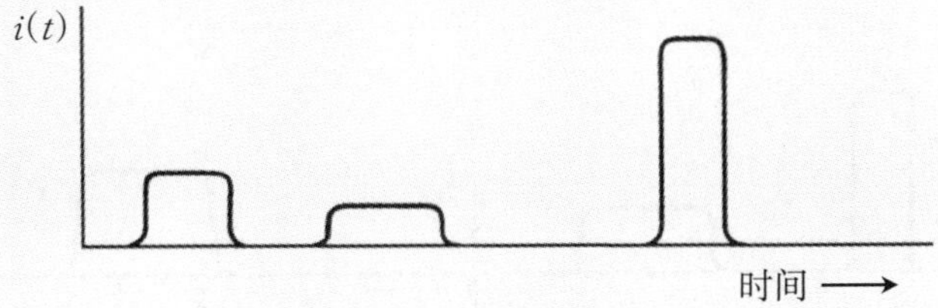

图4.2　探测器中的瞬时电流

4.2　探测器的工作模式

现在我们可以从根本上区分辐射探测器的3种一般工作模式。这3种模式分别称为脉冲模式、电流模式和均方电压模式(简称MSV模式,有时也称为坎贝尔模式)。其中脉冲模式最常用,电流模式也有很多应用,MSV模式仅限于一些利用其独特特性的专门应用。尽管这三种模式在操作上截然不同,但它们之间却相互关联,因为它们共同依赖于电流脉冲序列,而其正是我们简化探测器模型的输出。

在脉冲工作模式中,测量仪器的设计目的是记录在探测器中相互作用的每个辐射量子。在大多数常见的应用中,由于沉积在探测器中的能量与Q值直接相关,因此需要记录每次脉冲电流的时间积分即总电荷Q。这类应用被归类为辐射能谱学,是本书其余大部分内容的主题。

在其他情况下,更简单的方法可能更适合测量的需要:这种方法通常称为脉冲计数,我们将在本文后面的章节中举例说明。在许多应用中,人们只关心辐射强度,而不关心辐射的入射能量分布。

在事件发生率非常高的情况下,脉冲工作模式变得不切实际甚至不可能。相邻事件之间的时间可能太短，无法进行充分的分析，或者连续事件的电流脉冲可能在时间上重叠。在这种情况下，我们可以采用其他测量技术，对许多单个事件的时间平均值做出响应。这种方法导致了其余2种工作模式：电流模式和MSV模式。

4.2.1 电流模式

在图4.3中，我们看到一个电流测量装置(电流表或更实用的微安表)连接在辐射探测器的输出端上。

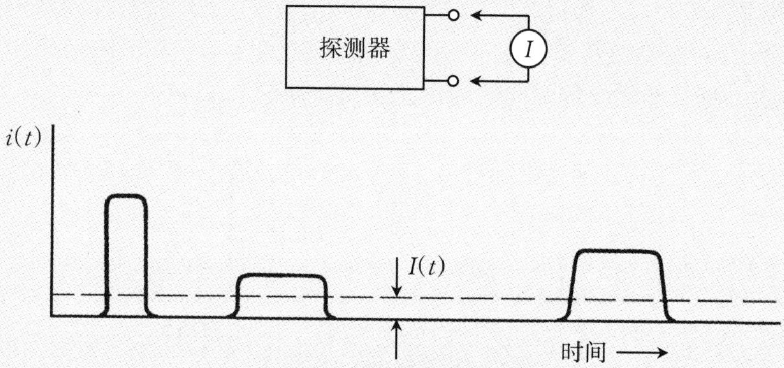

图4.3 电流模式的模型和电流分布

如果我们假设测量装置有一个固定的响应时间T，那么从一系列事件中记录下来的信号将是一个随时间变化的电流，其值为

$$I(t)=\frac{1}{T}\int_{t-T}^{t} i(t')\mathrm{d}t' \tag{4.1}$$

由于响应时间T与探测器发出的单个电流脉冲之间的平均时间相比通常较长，其效果是对各个辐射相互作用之间的间隔中的许多波动进行平均，并记录下取决于相互作用率与每次相互作用的平均电荷乘积的平均电流。在电流模式下，这些单独电流脉冲的时间平均值作为被记录的基本信号。

然而，在任何瞬间，由于事件到达时间的随机波动，该信号都存在统计不确定性。在许多方面，积分时间T类似于第3章统计分析中讨论的测量时间。因此，选择较大的积分时间将最大限度地减少信号的统计波动，但同时也会减慢对辐射相互作用速率或性质快速变化的响应。

平均电流由事件速率与每个事件产生的平均电荷的乘积给出：

$$I_0=rQ=r\frac{E}{W}q \tag{4.2}$$

其中，r为事件发生率；$Q=Eq/W$为每次事件产生的电荷量；E为每个事件沉积的平均能量；W为产生单位电荷对(如电子-离子对)所需的平均能量；$q=1.6\times10^{-19}$ C。

对于探测器的稳态辐照，这一平均电流也可以改写为恒定电流I_0加上随时间变化的波动分量$\sigma_i(t)$的总和，如图4.4所示。

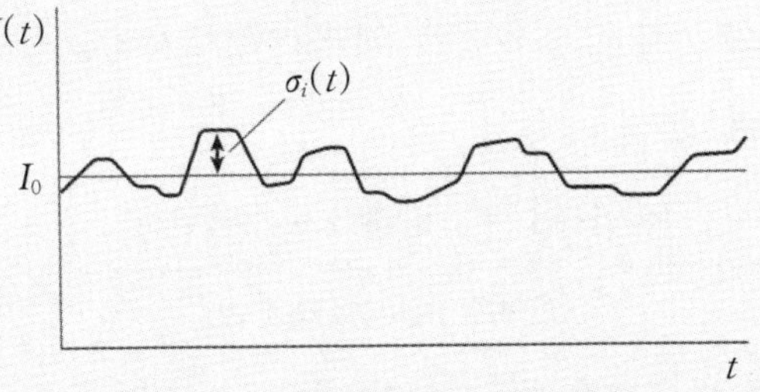

图4.4　探测器稳态辐照恒定电流随时间变化

这里，$\sigma_i(t)$是一个随时间变化的随机变量，它是探测器内相互作用的辐射事件的随机性质的结果。

这种随机成分的统计量是方差或均方值，定义为波动电流$I(t)$与平均电流I_0之差平方的时间平均值。该均方值的计算式为

$$\overline{\sigma_I^2(t)}=\frac{1}{T}\int_{t-T}^{t}\left[I(t')-I_0\right]^2\mathrm{d}t'=\frac{1}{T}\int_{t-T}^{t}\sigma_i^2(t')\mathrm{d}t' \tag{4.3}$$

标准偏差为

$$\overline{\sigma_I(t)}=\sqrt{\overline{\sigma_I^2(t)}} \tag{4.4}$$

回顾泊松统计，在给定的观测周期内，记录事件数n的标准差预计为

$$\sigma_n=\sqrt{n} \tag{4.5}$$

因此，在有效测量时间T内，以速率r发生的事件数的标准偏差为

$$\sigma_n=\sqrt{rT} \tag{4.6}$$

如果每个脉冲产生的电荷量相同，则脉冲到达时间的随机波动导致的测量信号的分数标准偏差为

$$\frac{\overline{\sigma_I(t)}}{I_0}=\frac{\sigma_n}{n}=\frac{1}{\sqrt{rT}} \tag{4.7}$$

这里，$\overline{\sigma_I(t)}$是测量电流标准偏差的时间平均值，T是皮安表的响应时间，I_0是仪表上读取的平均电流。这一结果有助于估算与给定电流模式测量相关的不确定性。

需要注意的是，在式(4.7)的推导过程中，假设每个事件中产生的电荷(Q)是恒定的。因此，结果只考虑了脉冲到达时间的随机波动，而没有考虑脉冲幅度的波动。不过，在某些应用中，脉冲信号中的第二项方差与第一项方差相比很小，因此所给出结果的一般特性仍然适用。[1]

4.2.2　均方电压模式

通过对电流模式下信号统计特性的讨论，我们可以引申出下一种一般工作模式：均方

电压模式(MSV)。假设我们通过一个电路元件发送电流信号,该元件阻断平均电流I_0,只通过波动分量$\sigma_i(t)$。通过提供额外的信号处理元件,我们现在可以计算出$\sigma_i(t)$幅度平方的时间平均值(这些电路的细节在此并不重要,更多讨论见参考文献[2])。处理步骤如图4.5所示。

图4.5 MSV处理步骤

结果与之前在式(4.3)中定义的量$\overline{\sigma_I(t)}$相对应。结合式(4.2)和式(4.7),我们可以预测通过这种方法得出的信号幅度为

$$\overline{\sigma_I^2(t)} = \frac{rQ^2}{T} \tag{4.8}$$

我们可以看到,该均方差信号与事件发生率r成正比,更重要的是,与每次事件中产生的电荷Q的平方成正比。坎贝尔[3]首次对这种工作模式进行了分析,因此在某些用法中坎贝尔模式取代MSV模式。

在混合辐射环境中进行测量时,当一种辐射产生的电荷与第二种辐射产生的电荷相差很大时,MSV工作模式最为有用。如果选择简单电流工作模式,测得的电流将线性反映每种辐射产生的电荷。但在MSV模式下,得出的信号与每个事件的电荷平方成正比。因此,这种运行模式将进一步强化探测器的加权响应,使其更倾向于每次事件产生较大电荷的辐射类型。作为一个MSV模式有用的应用例子,在《核辐射探测与测量(下册)》第14章中我们描述了它在反应堆仪器中与中子探测器一起使用,以增强与小幅度伽马射线事件相比的中子信号。

4.2.3 脉冲模式

在回顾辐射探测器的各种应用时,我们发现当事件发生率非常高时,许多探测器都会采用电流工作模式。用于辐射剂量测定的探测器通常也采用电流模式,原因将在第5章讨论。MSV模式有助于增强对大幅度事件的相对响应,在反应堆仪器中得到广泛应用。然而,大多数应用都需要保留单个事件的幅度和时间信息,而只有脉冲模式才能提供这些信息。因此,本章其余部分将讨论脉冲工作模式的各个方面。

单个事件产生的信号脉冲的性质取决于探测器所连接电路(通常是前置放大器)的输入特性。等效电路通常如图4.6所示。

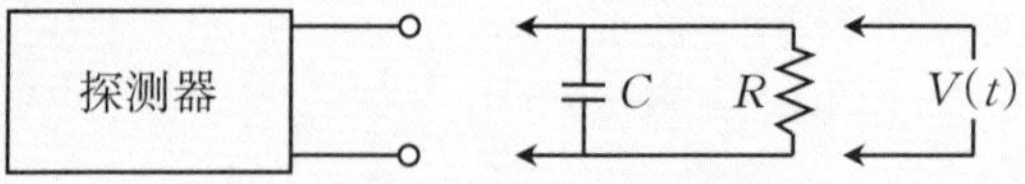

图4.6 脉冲模式等效连接电路

这里R代表电路的输入电阻,C代表探测器本身和测量电路的等效电容。例如,如果探测器上连接了前置放大器,那么R就是它的输入电阻,C就是探测器、连接探测器和前置

放大器的电缆以及前置放大器本身的输入电容的总和。在大多数情况下，负载电阻上随时间变化的电压 $V(t)$ 是脉冲模式运行所依据的基本信号电压。根据测量电路时间常数的相对值，可以确定两种不同的工作极端。通过简单的电路分析，该时间常数由 R 和 C 的乘积给出，即

$$\tau = RC$$

1. 小 RC（$\tau \ll t_c$）

在这种极端情况下，外电路的时间常数与电荷收集时间相比保持较小，因此流过负载电阻 R 的电流基本上等于探测器中电流的瞬时值。如图 4.7(b)所示，在这些条件下产生的信号电压 $V(t)$ 的形状与探测器内产生的电流的时间相关性几乎相同。当高事件发生率或时间信息比精确的能量信息更重要时，辐射探测器有时会在这种条件下运行。

2. 大 RC（$\tau \gg t_c$）

通常情况下，探测器在相反的极端条件下工作更为常见，即外部电路的时间常数远大于探测器的电荷收集时间。在这种情况下，在电荷收集时间内，负载电阻中流动的电流会非常小，探测器电流会在电容上瞬间积分。如果我们假设脉冲间隔时间足够长，电容就会通过电阻放电，使负载电阻上的电压归零。相应的信号电压 $V(t)$ 如图 4.7(c)所示。

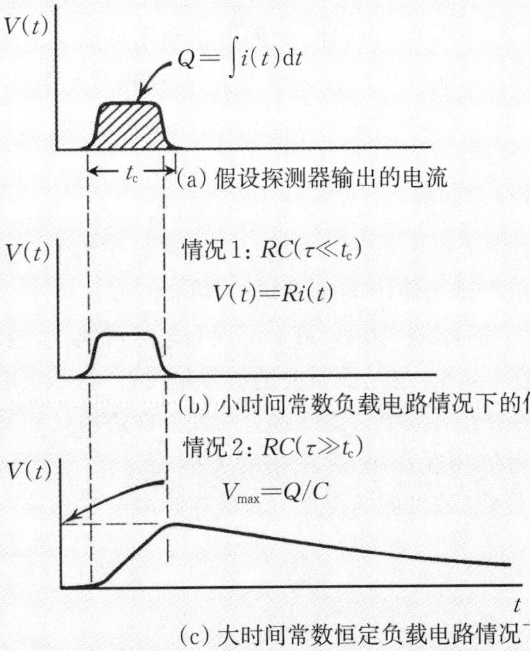

图 4.7　信号电压与探测器输出电流

由于后一种情况是迄今为止探测器脉冲式工作的最常见手段，因此有必要得出一些一般性结论。首先，信号脉冲达到最大值所需的时间由探测器本身的电荷收集时间决定。外

部电路或负载电路的特性不会影响脉冲的上升时间。另一方面，脉冲的衰减时间即信号电压恢复到零所需的时间仅由负载电路的时间常数决定。前沿取决于探测器，后沿取决于电路，这一结论具有普遍性，对于在$RC \gg t_c$的条件下工作的各种辐射探测器都是成立的；其次，图4.7(c)中显示为V_{max}的信号脉冲的幅度是由探测器在一次辐射作用中产生的总电荷Q除以等效负载电路的电容C的比值决定的。由于该电容通常是固定的，因此信号脉冲的幅度与探测器内产生的相应电荷成正比，并由简单的表达式给出

$$V_{max} = Q/C \tag{4.9}$$

因此，以脉冲模式运行的探测器的输出通常由一连串单独的信号脉冲组成，每个信号脉冲代表探测器内单个辐射量子相互作用的结果。测量这些脉冲发生的速率，就能得出探测器内辐射相互作用的相应速率。此外，每个脉冲的幅度还反映了每个相互作用产生的电荷量。我们将看到，一种很常用的分析方法来记录这些幅度的分布，从中往往可以推断出入射辐射的一些信息。例如，在一定条件下，电荷Q与入射辐射量子的能量成正比。那么，记录的脉冲幅度分布将反映入射辐射能量的相应分布。

如式(4.9)所示，V_{max}和Q之间的比例关系只有在电容C保持不变的情况下才成立。在大多数探测器中，固有电容是由其尺寸和形状决定的，因此完全有理由假设其恒定不变。在其他类型的探测器中(尤其是半导体二极管探测器)，电容可能会随着正常工作参数的变化而变化。在这种情况下，具有相同Q值的事件可能会产生幅度不同的电压脉冲。为了保留Q值大小所携带的基本信息，一种被称为电荷灵敏配置的前置放大器电路得到了广泛应用。如《核辐射探测与测量(下册)》第17章所述，这种电路利用反馈在很大程度上消除了输出幅度对C值的依赖，即使在C可能发生变化的情况下，也能恢复与电荷Q的比例关系。对于这种前置放大器配置，图4.6中所示的简单RC表示法已不再准确，但在通过电阻放电的电容上收集电流脉冲的原理仍然有效。

脉冲工作模式是大多数辐射探测器应用中更常见的选择，因为与电流模式相比，脉冲模式有几个固有的优势。首先，由于每个单独的辐射量子都可以作为一个独立的脉冲进行检测，因此所能达到的灵敏度通常要比使用电流或MSV模式时高出许多倍。可探测性的下限通常由本底辐射水平设定。在电流模式下，最小可探测电流可能代表探测器中的平均相互作用率，而这要高出许多倍。其次，也是更重要的优势是，每个脉冲幅度都会携带一些信息，这些信息通常是特定应用中有用甚至必要的部分。而在电流模式和MSV模式下，单个脉冲幅度的信息会丢失，所有的相互作用，无论幅度大小，都会对平均测量电流产生影响。由于脉冲模式的这些固有优势，核仪器的重点主要放在脉冲电路和脉冲处理技术上。

4.3 脉冲高度谱

当在脉冲模式下操作辐射探测器时，每个单独的脉冲幅度都携带着有关该特定辐射相

互作用在探测器中产生的电荷的重要信息。如果我们检查大量这样的脉冲，它们的幅度并不都是相同的。产生差异的原因可能是辐射能量的差异，也可能是探测器对单能量辐射的固有响应波动。脉冲幅度分布是探测器输出的基本属性，通常用于推断入射辐射或探测器本身运行的相关信息。

显示脉冲幅度信息的最常用方法是微分脉冲高度分布。图4.8(a)给出了一个假设的分布示例。横坐标是一个线性脉冲幅度刻度，它从零延伸到比源的任何脉冲幅度都要大的值。纵坐标是观测到的幅度在微分幅度增量dH范围内的脉冲微分dN，除以该增量，即dN/dH。横坐标的单位是脉冲幅度(V)，纵坐标的单位是幅度倒数(V^{-1})。幅度介于两个特定值H_1和H_2之间的脉冲数，可以通过对这两个极限之间的分布面积进行积分来获得，如图4.8(a)中的横线区域所示：

$$\text{幅度在}H_1\text{和}H_2\text{之间的脉冲数} = \int_{H_1}^{H_2} \frac{\mathrm{d}N}{\mathrm{d}H}\mathrm{d}H \tag{4.10}$$

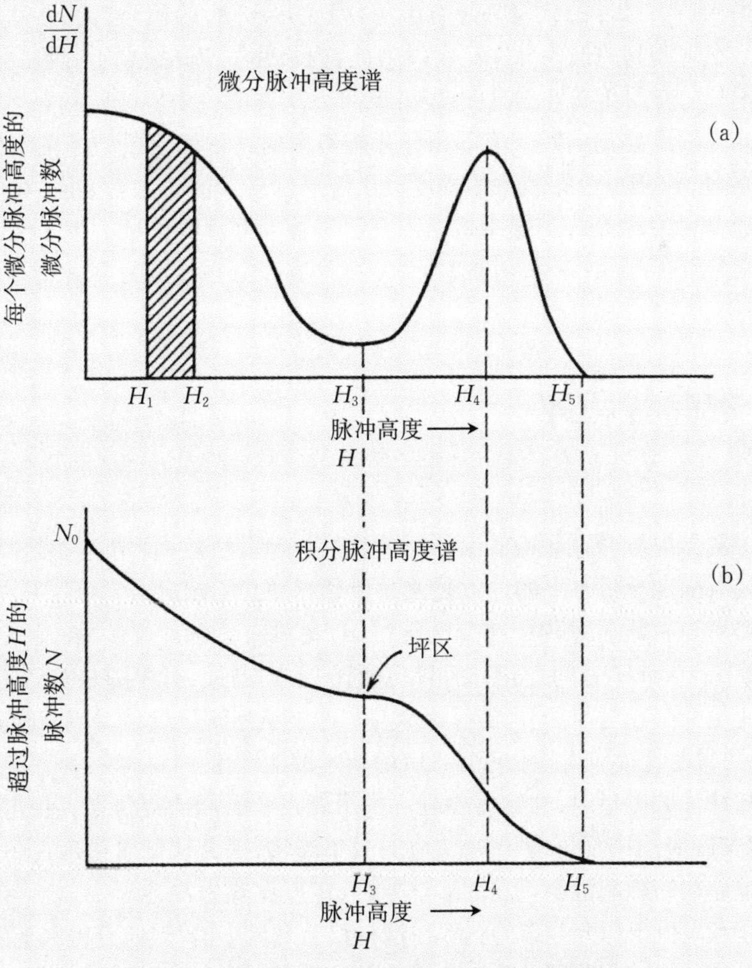

图4.8 假设脉冲源的微分和积分脉冲高度谱示例

通过对整个频谱下的面积进行积分，可以得到该分布所代表的脉冲总数N_0：

$$N_0 = \int_0^{\infty} \frac{dN}{dH} dH \tag{4.11}$$

大多数辐射仪器用户习惯于通过观察微分脉冲高度分布的形状来显示脉冲源的重要特征。所观测到的最大脉冲高度(H_5)只是分布归零时沿横坐标的一点。分布中的峰值(如H_4处)表示在其附近可能会发现大量脉冲的脉冲幅度值。另一方面，频谱中的低谷或低点(如脉冲高度H_3处)表示在其附近出现的脉冲相对较少的脉冲幅度值。微分脉冲高度频谱的物理解释总是涉及两个给定的脉冲高度之间的频谱下的面积。纵坐标本身的值(dN/dH)在乘以横坐标H的增量之前没有物理意义。

显示脉冲幅度分布信息的另一种不太常见的方法是脉冲高度积分分布。图4.8(b)显示了图4.8(a)中显示为微分频谱的同一脉冲源的积分分布。积分情况下的横坐标与微分分布图中的脉冲高度刻度相同。现在的纵坐标表示幅度超过给定横坐标H值的脉冲数。序数N必须始终是H的单调递减函数，因为在允许从零开始增加的幅度H上的脉冲数会越来越少。由于所有脉冲的幅度都是有限的，因此$H=0$时的积分谱值必须是观测到的脉冲总数(N_0)。在观测到的最大脉冲高度(H_5)处，积分分布值必须减小为零。

微分和积分分布所传递的信息完全相同，可以从其中一个得出另一个。任何脉冲高度H下的微分分布幅度都是由同一值下积分分布斜率的绝对值给出的。在微分分布中出现峰值(如H_4)的地方，积分分布斜率的幅度会出现局部最大值。另一方面，在微分能谱中出现最小值的地方，如H_3，积分分布中也会出现斜率幅度最小的区域。由于使用微分分布更容易显示细微差别，因此微分分布已成为显示脉冲高度分布信息的主要方法。

4.4 计数曲线和坪

当辐射探测器以脉冲计数模式运行时，经常会出现这样一种情况：探测器发出的脉冲被送入一个具有固定分辨水平的计数装置。信号脉冲必须超过给定电压H_d才能被计数电路记录。有时可以在测量过程中改变电压H_d，以提供有关脉冲幅度分布的信息。假设H_d可以在图4.8中的0和H_5之间变化，则可以进行一系列测量，其中随着H_d在0和H_5之间的一系列数值变化，测量单位时间内的脉冲数N。这一系列测量只是对积分脉冲高度分布的实验测定，所测得的计数应直接位于图4.8(b)所示的曲线上。

在设置脉冲计数测量时，通常需要确定一个能在长时间内提供最大稳定性的工作点。例如，在任何实际应用中都可能出现H_d值的微小漂移，因此我们希望确定一个条件，使这些漂移对测量计数的影响最小。在图4.8中将分辨点设置为H_3水平时，就可以达到这样一个稳定的工作点。由于积分分布的斜率在这一点上是最小的，因此分辨水平的微小变化对所记录脉冲总数的影响也是最小的。一般来说，积分分布上斜率最小的区域称为计数坪，代表对分辨水平偏移敏感度最小的工作区域。应该注意的是，积分频谱中的坪与微分分布中的低谷相对应。

使用不同的程序也可以观察到计数数据的坪。对于特定的辐射探测器，通常可以改变为辐射相互作用中产生的电荷提供的增益或放大倍数。这种变化可以通过改变探测器和计数电路之间线性放大器的放大系数来实现，或者在许多情况下更直接地通过改变探测器本身的外加电压来实现。图4.9显示了应用于相同脉冲源的3种不同电压增益值对应的微分脉冲高度分布。这里的增益值可以定义为探测器中某一事件的电压幅度与某些参数(如放大或探测器电压)改变前相同幅度的比值。最高的电压增益将导致最大的脉冲高度，但在任何情况下，微分分布下的面积都将是一个常数。在图4.9所示的示例中，增益$G=1$时不会记录任何计数，因为在这种情况下，所有脉冲都小于H_d。在增益$G=1$和$G=2$之间的某处将开始记录脉冲。在实验中，可以测量记录的脉冲数与增益的函数关系，有时也称为计数曲线。这样的曲线图也如图4.9所示，在很多方面与积分脉冲高度分布相似。不过，我们现在看到的是积分分布的镜像，因为小的增益值不会记录任何脉冲，而大的增益值则会记录几乎所有的脉冲。同样，对于增益值，如果有效分辨脉冲高度H_d经过微分脉冲高度分布的最小值，则计数曲线会出现坪现象。在图4.9所示的示例中，计数曲线的最小斜率应与增益约为3相对应，在这种情况下，分辨点靠近微分脉冲高度分布中山谷的最小值。

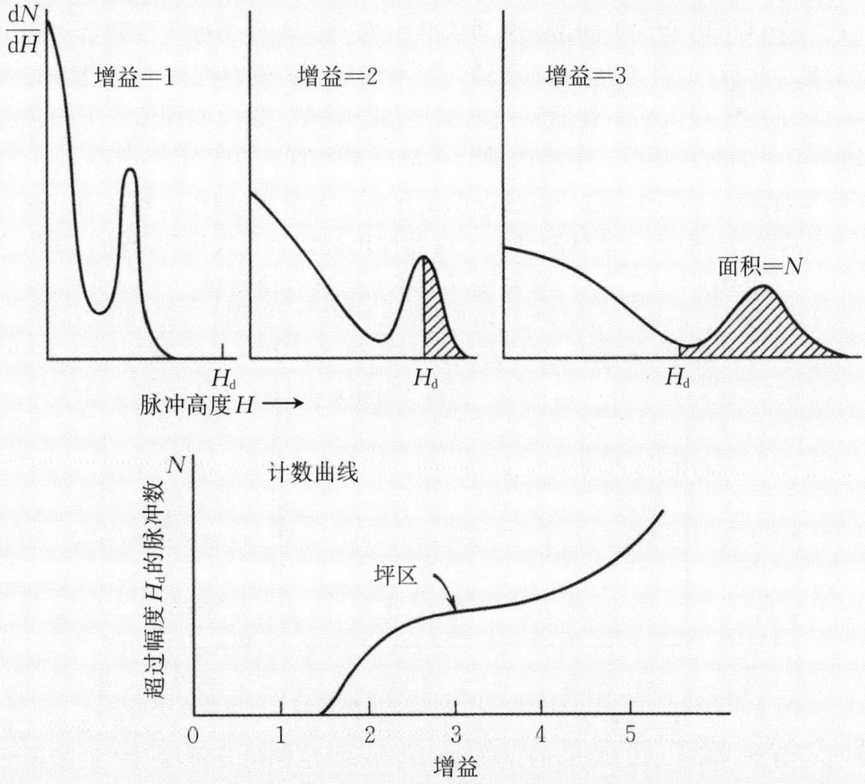

图4.9　在恒定源条件下通过改变增益生成的计数曲线示例

顶部的三幅图给出了相应的微分脉冲高度谱。

在某些类型的辐射探测器(如盖革-穆勒管或闪烁计数器)中,可以通过改变施加到探测器上的电压来方便地改变增益。虽然增益可能不会随电压的变化而线性变化,但通过简单测量探测器的计数率与电压的函数关系,可以追踪计数曲线的定性特征。为了选择一个最稳定的工作点,我们还需要在所得到的计数曲线上寻找坪点,而电压通常被选择在这条计数曲线上的一个最小斜率点上。我们将在第6章和第7章中结合正比计数器和盖革-穆勒探测器更具体地讨论这些坪测量。

4.5 能量分辨率

在辐射探测器的许多应用中,目标都是测量入射辐射的能量分布。这些工作被归类为辐射能谱学的总称,后面的章节将举例说明特定探测器在涉及α粒子、伽马射线和其他类型核辐射的能谱学中的应用。在此,我们将讨论探测器应用于辐射能谱学时的一些一般特性,并介绍一些在这些讨论中有用的定义。

在辐射能谱学中,探测器的一个重要特性是它对单能量辐射源的响应。图4.10展示了探测器在这些条件下可能产生的微分脉冲高度分布。这种分布称为探测器对测定所用能量的响应函数。标有“分辨率高”的曲线说明了平均脉冲高度H_0的一种可能分布。第二条标有“分辨率低”的曲线说明了性能较差的探测器的响应。如果两种情况下记录的脉冲数相同,则每个峰下的面积相等。虽然两种分布都以相同的平均值H_0为中心,但分辨率较差情况下的分布宽度要大得多。这一宽度反映了这样一个事实,即尽管每次事件都有相同的能量沉积在探测器中,但从一个脉冲到另一个脉冲还是记录了大量的波动。如果这些波动量变小,相应分布的宽度也会变小,峰将接近尖峰或数学三角函数。

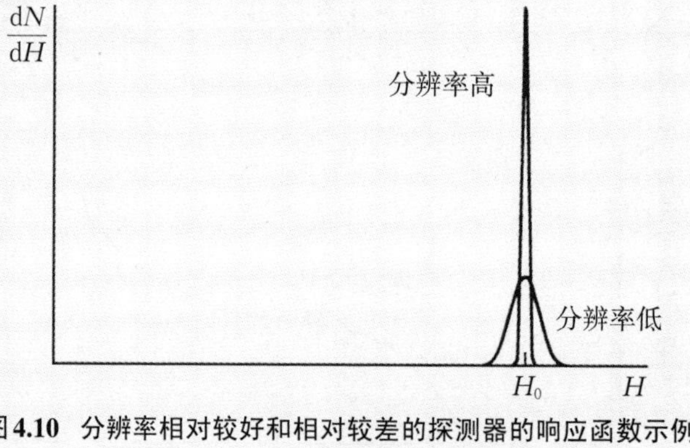

图4.10 分辨率相对较好和相对较差的探测器的响应函数示例

随着响应函数(如图4.10所示)的宽度越来越小,特定测量分辨辐射入射能量细节的能力明显提高。探测器能量分辨率的正式定义如图4.11所示。图中显示了一个假定探测器的微分脉冲高度分布,同样假设只记录单一能量的辐射。图中显示的是半高全宽

(FWHM),其定义是峰值最大纵坐标一半处的分布宽度。该定义假定峰值叠加的任何背景或连续体都可以忽略不计或已被减去。探测器的能量分辨率通常被定义为FWHM除以峰值中心点H_0的位置。因此,能量分辨率R是一个无量纲分数,通常用百分比表示。用于阿尔法能谱分析的半导体二极管探测器的能量分辨率可能小于1%,而用于伽马射线能谱分析的闪烁探测器的能量分辨率通常在3%~10%之间。显然,能量分辨率的数字越小,探测器就越能区分能量接近的两种辐射。一个近似的经验法则是,应该能够分辨出相差一个探测器FWHM值以上的两种能量。

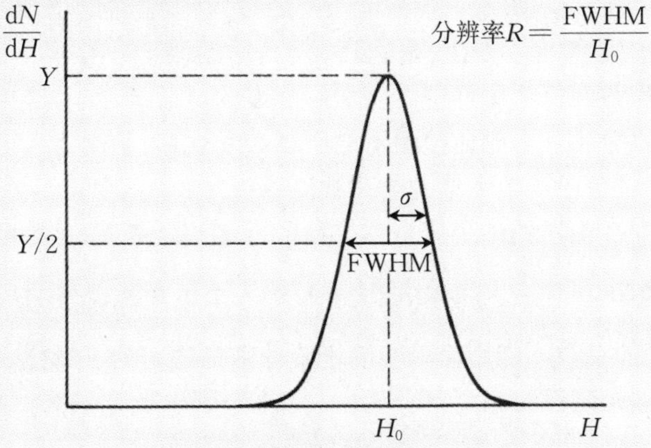

图4.11　探测器分辨率的定义

对于形状为高斯且标准偏差为σ的峰,FWHM为2.35σ。

在特定探测器的响应中,有许多潜在的波动源会导致能量分辨不完美。其中包括测量过程中探测器工作特性的任何漂移、探测器和仪器系统内的随机噪声源以及测量信号本身的离散性所产生的统计噪声。从某种意义上说,第三种来源是最重要的,因为它代表了一种不可还原的最小波动量,无论系统的其余部分做得多么完美,探测器信号中总会存在这种波动量。在众多探测器应用中,统计噪声是信号波动的主要来源,因此对探测器的性能设定了重要的限制。

统计噪声产生的原因是,量子辐射在探测器内产生的电荷Q并不是连续的变量,而是电荷载流子的离散数。例如,在电离室中,电荷载体是带电粒子通过电离室时产生的离子对,而在闪烁计数器中,电荷载体则是从光电倍增管的光电阴极收集的电子数。在所有情况下,载流子的数量都是离散的,即使沉积在探测器中的能量完全相同,也会出现随机波动。

假设每个电荷载流子的形成都是一个泊松过程,就可以估算出固有波动的大小。在此假设下,如果平均产生的电荷载流子总数为N,则标准偏差为$\sqrt{N}$,以表征该数量的固有统计波动(见式(3.29))。如果这是信号波动的唯一来源,则响应函数(如图4.11所示)应具有高斯形状,因为N通常是一个大数。在这种情况下,第3章介绍的高斯函数最方便的写法是

$$G(H)=\frac{A}{\sigma\sqrt{2\pi}}\exp\left[-\frac{(H-H_0)^2}{2\sigma^2}\right] \tag{4.12}$$

宽度参数σ通过FWHM=2.35σ的关系决定任何高斯的FWHM(其余两个参数H_0和A分别代表中心点和面积)。

许多探测器的响应近似线性,因此平均脉冲幅度$H_0=KN$,其中K为比例常数。脉冲高度谱中峰值的标准偏差$\sigma=K\sqrt{N}$,其FWHM为$2.35K\sqrt{N}$。因此,我们可以计算出仅由电荷载流子数量的统计波动引起的极限分辨率R,即

$$R|_{\text{泊松极限}} \equiv \frac{\text{FWHM}}{H_0} = \frac{2.35K\sqrt{N}}{KN} = \frac{2.35}{\sqrt{N}} \tag{4.13}$$

请注意,R的极限值只取决于电荷载流子的数量N,随着N的增加,分辨率会提高(R会降低)。从式(4.13)中我们可以看出,要达到优于1%的能量分辨率,N必须大于55 000个。一个理想的探测器应该在每个事件中产生尽可能多的电荷载流子,这样这个极限分辨率就能达到尽可能小的百分比。半导体探测器之所以大受欢迎,是因为入射辐射每损失一个单位能量,就会在这些设备中产生大量的电荷载流子。

对某些类型辐射探测器的能量分辨率进行的仔细测量表明,R的可实现值可能是上述统计论证预测最小值的$\frac{1}{4}\sim\frac{1}{3}$。这些结果表明,每一个电荷载流子的形成过程都不是独立的,因此电荷载流子的总数不能用简单的泊松统计来描述。为了量化观测到的电荷载流子数量统计波动与纯泊松统计的偏离,我们引入了法诺因子,其定义为

$$F \equiv \frac{N\text{的方差观测值}}{\text{泊松分布预测的方差}(=N)} \tag{4.14}$$

由于方差由σ^2给出,式(4.13)的等效表达式现在为

$$R|_{\text{统计极限}} = \frac{2.35K\sqrt{N}\sqrt{F}}{KN} = 2.35\sqrt{\frac{F}{N}} \tag{4.15}$$

虽然半导体二极管探测器和倍增因子计数器的法诺因子远小于1,但其他类型的探测器,如许多闪烁探测器,似乎显示出与泊松统计一致的极限分辨率,在这些情况下,法诺因子将是1。

某些探测器的法诺因子小于1,这可以看作是入射粒子所携带的原始能量的分配过程结果。一个简单的论证[4]就足以说明,在一般性质的取样实验中,如果对取样的总量有限制,就会出现法诺因子小于1的结果。在电离粒子失去能量于探测器材料中的情况下,一个"样本"代表了产生电荷载流子的能量,并假定这种能量会随着样本的不同而变化。这种变化反映了在粒子轨道上形成单个电荷载流子时,热过程损失的不同能量。加上所有能量损失的总和必须等于粒子的初始能量,因此预测产生的电荷载流子数量的波动方差将小于泊松分布的方差。

信号链中的任何其他波动源都会与探测器固有的统计波动相结合,从而得出测量系统的整体能量分辨率。有时,可以单独测量单个组件对整体FWHM的贡献。例如,如果探测器被一个稳定的脉冲发生器取代,系统其余部分的测量响应将显示出主要由电子噪声引起的波动。如果存在多个波动源,且每个波动源都是对称和独立的,那么根据统计理论的预测,即使各个波动源的分布形状不同,整体响应函数也将始终趋向于高斯形状。因此,式

(4.12)中给出的高斯函数被广泛用于表示探测器系统的响应函数，在这种系统中，许多不同的因素都可能对整体能量分辨率产生影响。那么，总FWHM将是每个单独波动源的FWHM值的正交和：

$$(\mathrm{FWHM})^2_{\text{总和}} = (\mathrm{FWHM})^2_{\text{统计}} + (\mathrm{FWHM})^2_{\text{噪声}} + (\mathrm{FWHM})^2_{\text{漂移}} + \cdots$$

右边的每个项都是在所有其他波动源为零的情况下观测到的FWHM的平方。

4.6 探测效率

原则上，所有辐射探测器都会为在其有效体积内发生作用的每个辐射量子提供输出脉冲。对于α或β粒子等本身带电辐射，粒子进入有效体积后会立即发生电离或激发形式的相互作用。一个典型的粒子在飞行一小段距离后，会沿其路径形成足够多的离子对，以确保所产生的脉冲足够大，可以被记录下来。因此，通常很容易安排一种情况，让探测器看到进入其有效体积的每一个α或β粒子。在这种情况下，探测器的计数效率可达100%。

另一方面，伽马射线或中子等不带电的辐射必须首先在探测器中发生显著的相互作用，才有可能被探测到。由于这些辐射在相互作用之间可以移动很远的距离，探测器的效率往往低于100%。因此，有必要精确计算探测器的效率，以便将计数脉冲数与入射到探测器上的中子或光子数量联系起来。

为了方便起见，可以将计数效率分为两类：绝对效率和本征效率。绝对效率的定义为

$$\epsilon_{\text{abs}} = \frac{\text{记录的脉冲数量}}{\text{源发射的辐射量子数}} \tag{4.16}$$

绝对效率不仅取决于探测器的特性，还取决于计数几何的细节（主要是源到探测器的距离）。本征效率定义为

$$\epsilon_{\text{int}} = \frac{\text{记录的脉冲数量}}{\text{入射探测器的辐射量子数}} \tag{4.17}$$

不再将探测器所处的立体角作为隐含因素。对于各向同性辐射源，这两个效率的简单关系是

$$\epsilon_{\text{int}} = \epsilon_{\text{abs}} \cdot \left(\frac{4\pi}{\Omega}\right)$$

其中Ω是探测器从实际辐射源位置看到的立体角。列出本征效率值比绝对效率值更方便，因为前者的几何依赖性要小得多。探测器的本征效率通常主要取决于探测器材料、辐射能量以及入射辐射方向上探测器的物理厚度。不过，辐射源与探测器之间的距离仍有轻微的相关性，因为辐射通过探测器的平均路径长度会随这一间距发生一些变化。

计数效率也根据所记录事件的性质进行分类。如果我们接受探测器发出的所有脉冲，那么使用总效率是合适的。在这种情况下，所有的相互作用，无论能量有多低，都会被计

数。就图4.12所示的假定微分脉冲高度分布而言,频谱下的整个区域是所有被记录脉冲(无论幅度大小)的数量,在定义总效率时将被计算在内。在实践中,任何测量系统都要求脉冲必须大于某个有限的阈值水平,以区分来自电子噪声源的极小脉冲。因此,只有将阈值设置得尽可能低,才能接近理论上的总效率。然而,峰效率假定只有那些沉积了入射辐射全部能量的相互作用才会被计算在内。在微分脉冲高度分布中,这些全能量事件通常表现为出现在能谱最高端的峰。而仅沉积部分入射辐射能量的事件则会出现在频谱左侧较远的位置。只需对峰下的总面积进行积分,就可以得到全能量事件的数量,如图4.12中的横线区域所示。总效率和峰效率之间的关系是峰与总效率之比r

$$r=\frac{\epsilon_{\mathrm{peak}}}{\epsilon_{\mathrm{total}}} \tag{4.18}$$

有时会单独列出。从实验角度来看,只使用峰效率通常更为可取,因为全能量事件的数量对某些扰动效应(如周围物体的散射或杂散噪声)并不敏感。因此,峰值效率值可以汇总整理并普遍应用于各种实验室条件,而总效率值可能会受到各种条件的影响。

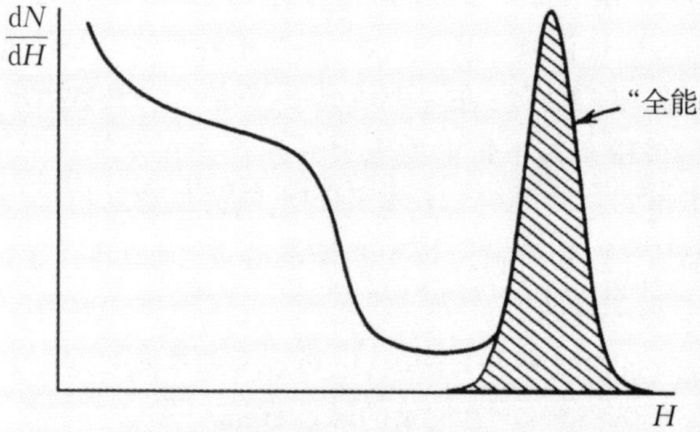

图4.12 微分脉冲高度谱中的全能量峰示例

要做到完整,应根据上述两个标准来指定探测器的效率。例如,伽马射线探测器最常见的效率类型是本征峰效率。

已知效率的探测器可用来测量放射源的绝对活度。在下面的讨论中,我们假定一个具有本征峰效率ϵ_{ip}的探测器已经用来记录探测器能谱中全能量峰下的N个事件。为简单起见,我们还假设辐射源是各向同性发射辐射,辐射源和探测器之间没有衰减。根据本征峰效率的定义,源在测量期间发射的辐射量子S的数量为

$$S=N\frac{4\pi}{\epsilon_{\mathrm{ip}}\Omega} \tag{4.19}$$

其中,Ω代表探测器在源位置处的立体角(以球面度为单位)。立体角由探测器面向源的表面上的积分来定义,其形式为

$$\Omega=\int_A \frac{\cos\alpha}{r^2}\mathrm{d}A \tag{4.20}$$

其中,r代表源与表面元素$\mathrm{d}A$之间的距离,α是表面法线与源方向的夹角。如果源的体积不可忽略,则必须对源的所有体积元素进行第二次积分。对于位于直圆柱形探测器轴线上

的点源这种常见情况，Ω的计算式为

$$\Omega = 2\pi\left(1 - \frac{d}{\sqrt{d^2 + a^2}}\right) \tag{4.21}$$

其中，源-探测器距离d和探测器半径a如图4.13所示。

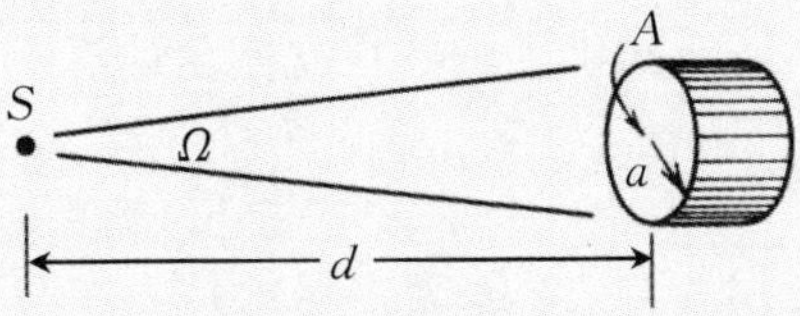

图4.13　点源-探测器的效率计算模型

对于$d \gg a$的情况，立体角减小为源处可见的探测器平面正面面积A与距离平方的比值：

$$\Omega \approx \frac{A}{d^2} = \frac{\pi a^2}{d^2} \tag{4.22}$$

另一种常见的情况是，发射各向同性辐射的均匀圆盘源与圆盘探测器对齐，两者的位置都垂直于穿过其中心的共同轴线：

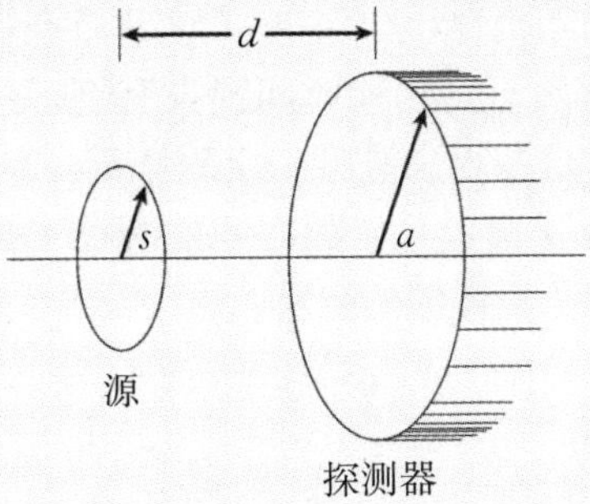

图4.14　圆盘源-探测器的效率计算模型

根据图4.14所示的尺寸，可以求出辐射源表面平均有效实体角的积分为

$$\Omega = \frac{4\pi a}{s}\int_0^\infty \frac{\exp(-dk)J_1(sk)J_1(ak)}{k}\mathrm{d}k$$

其中，$J_1(x)$是x的贝塞尔函数。这个积分没有解析解，因此只能用数值技术求解。一个有用的近似解是

$$\Omega \approx 2\pi\left[1 - \frac{1}{(1+\beta)^{1/2}} - \frac{3}{8}\cdot\frac{\alpha\beta}{(1+\beta)^{5/2}} + \alpha^2[F_1] - \alpha^3[F_2]\right]$$

$$F_1 = \frac{5}{16}\cdot\frac{\beta}{(1+\beta)^{7/2}} - \frac{35}{64}\cdot\frac{\beta^2}{(1+\beta)^{9/2}}$$

$$F_2 = \frac{35}{128}\cdot\frac{\beta}{(1+\beta)^{9/2}} - \frac{315}{256}\cdot\frac{\beta^2}{(1+\beta)^{11/2}} + \frac{1155}{1024}\cdot\frac{\beta^3}{(1+\beta)^{13/2}}$$

其中

$$\alpha=\left(\frac{s}{d}\right)^2,\ \beta=\left(\frac{a}{d}\right)^2$$

当源或探测器的直径与它们的间距相比变得太大时,这个近似值就会变得不准确,但事实证明,在很大的尺寸范围内,它都能给出非常准确的结果。

对于涉及离轴或体积源的更复杂几何排列,或形状更复杂的探测器,有时可以找到已公布的Ω值。参考文献[7]~[20]提供了一些在立体角计算中有用的数据或算法描述的具体例子。

4.7 死时间

在几乎所有探测器系统中,两个事件之间必须有一个最短的间隔时间,才能将其记录为两个独立的脉冲。在某些情况下,极限时间可能是由探测器本身的过程设定的,而在其他情况下,极限时间可能是由相关电子设备设定的。这种最小时间间隔通常称为计数系统的死时间。由于放射性衰变的随机性,总有一些真实事件会因为在前一个事件之后发生得太快而丢失。当遇到高计数率时,这些"死时间损失"会变得相当严重,在这种条件下进行的任何精确计数测量都必须对这些损失进行一定的修正。在本节中,我们将讨论计数系统死时间行为的一些简单模型以及确定系统死时间的两种实验方法。参考文献[21]对超出本节讨论范围的相关主题进行了更详细的分析。

4.7.1 死时间行为模型

计数系统死时间行为有两种常用模型:可瘫痪模型和非可瘫痪模型。这些模型象征了理想化的行为,通常能够很好地模拟真实计数系统的反应。这些模型的基本假设如图4.15所示。图中央是一个时间刻度,标出了探测器中随机间隔的6个事件。图的底部是假定非瘫痪模型的探测器的相应死时间行为。假定探测器"活跃期"内发生的每个真实事件之后都有一个固定的时间τ。在死时间发生的真实事件会丢失,并假定不会对探测器的行为产生任何影响。在所示示例中,非瘫痪模型的探测器将记录6次真实交互中的4次计数。相比之下,瘫痪模型探测器的行为则沿着图4.15的顶部显示。假定在探测器的活时间段内发生的每一次真实交互之后都有相同的死时间τ。然而,在死时间内发生的真实事件虽然仍未记录为计数,但假定会在丢失事件之后将死时间再延长一段时间τ。在所示示例中,6个真实事件只记录了3个计数。

这两个模型预测的一阶损失相同,只有在真实事件发生率较高时才会有所不同。从某种意义上说,它们是理想化系统行为的两个极端,而实际计数系统的行为往往介于这两个极端之间。特定计数系统的具体行为可能取决于探测器本身的物理过程,或脉冲处理和记录电子设备引入的延迟。

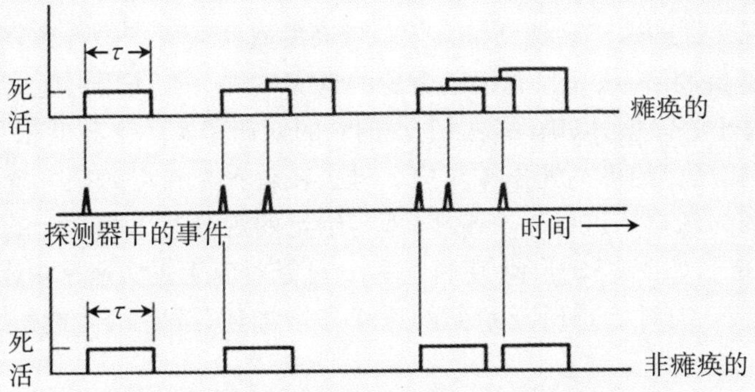

图4.15　辐射探测器死时间行为的两种假定模型示意图

在接下来的讨论中，我们将研究探测器系统对稳态辐射源的响应，并采用以下定义：

n=真实相互作用率

m=记录的计数率

τ=系统死时间

我们假设计数时间较长，因此n和m都可视为平均速率。一般来说，我们希望得到真实相互作用率n与测量速率m和系统死时间τ的函数表达式，以便对测量数据进行适当修正，以考虑死时间损失。

在非瘫痪模型的情况下，探测器死时间在所有时间中所占的比例由乘积$m\tau$简单给出。因此，真实事件的损失率就是$nm\tau$。但是，由于$n-m$是损失率的另一个表达式，因此

$$n-m=nm\tau \tag{4.23}$$

求解n，我们得到

$$n=\frac{m}{1-m\tau}\quad（非瘫痪模型） \tag{4.24}$$

在可瘫痪情况下，死时间并不总是固定长度的，因此我们不能应用相同的论证。取而代之的是，我们注意到速率m与真实事件之间的时间间隔超过τ的发生率是相同的。随机事件之间的时间间隔以平均速率n发生的分布（式(3.71)）先前已被证明为

$$P_1(T)\mathrm{d}T=n\mathrm{e}^{-nT}\mathrm{d}T \tag{4.25}$$

其中，$P_1(T)\mathrm{d}T$是观察到T上长度为$\mathrm{d}T$时间间隔的概率。

通过对τ和∞之间的分布进行积分，可以得到大于τ的区间概率。

$$P_2(\tau)=\int_\tau^\infty P_1(T)dT=\mathrm{e}^{-n\tau} \tag{4.26}$$

将上述表达式简单地乘以真实比率n，就能得到这种区间的发生率

$$m=n\mathrm{e}^{-n\tau}\quad（可瘫痪模型） \tag{4.27}$$

可瘫痪模型的结果更为烦琐，因为我们无法明确求解真实速率n。相反，如果要根据m的测量值和τ的情况计算n，则必须迭代求解式(4.27)。

图4.16给出了两种模型的观测速率m与真实速率n的关系图。当速率较低时，两种模

型的结果几乎相同，但速率较高时，两种模型的行为明显不同。非瘫痪系统的观测速率将接近$1/\tau$的渐近值，这表示计数器几乎没有间隙，一个死时间结束后立即开始另一个。对于可瘫痪行为，观察到的速率会达到最大值。极高的真实交互率会导致在最初记录的计数之后，死区时间延长数倍，从而只能记录极少的真实事件。在使用可能会瘫痪的计数系统时，我们必须始终小心谨慎，以确保表面上观测到的低速率实际上与低相互作用率相对应，而不是与最大值相反侧的极高速率相对应。过去在解释来自可瘫痪系统的核计数测量时曾出现过错误，因为忽略了这样一个事实，即与给定的观测速率相对应的总有两个可能的真实相互作用速率。如图4.16所示，观测速率m_1可能对应于真实速率n_1或n_2。只有沿已知方向改变真实速率，同时检查所观察到的速率是增加还是减少，才能解决这种不确定性问题。

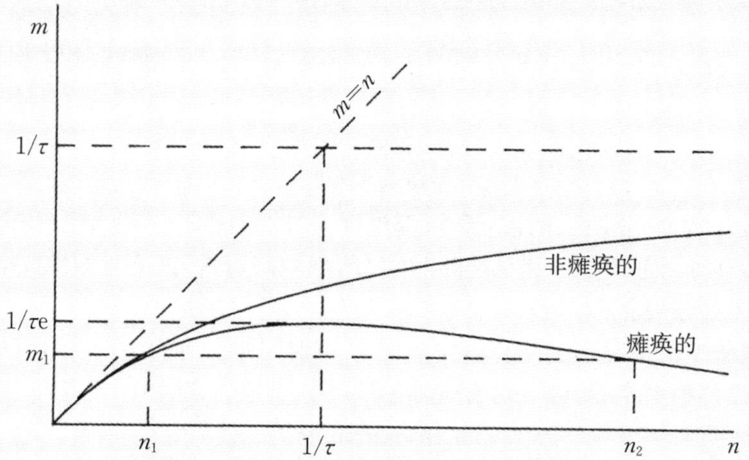

图4.16　在两种死时间损失模型中，观测速率m与真实速率n的函数关系变化

对于低速率($n \ll 1/\tau$)，可以写出以下近似值：

非瘫痪：

$$m = \frac{n}{1+n\tau} \approx n(1-n\tau) \tag{4.28}$$

可瘫痪：

$$m = n\mathrm{e}^{-n\tau} \approx n(1-n\tau) \tag{4.29}$$

因此，在死时间损失较小的情况下，这两种模型得出的结果完全相同。

如果可能，应避免死时间损耗较高的测量条件，因为在对损耗进行修正时不可避免地会出现误差。τ的值可能不确定或会发生变化，而且系统行为可能并不完全遵循上述任一模型。当损耗超过30%或40%时，计算出的真实速率对测量速率和假定系统行为的微小变化非常敏感。相反，用户应通过改变测量条件或选择死时间较短的计数系统来减少损耗。

4.7.2 死时间测量方法

为了使用这两种模型进行死时间修正,需要事先了解死时间τ。有时,死时间可以与计数系统的已知极限特性相关联(例如,电子电路的固定解析时间)。更常见的情况是,死时间不可知,或可能随工作条件而变化,因此必须直接测量。常见的测量技术基于这样一个事实,即观测到的速率与真实速率呈非线性变化。因此,只要假设其中一个特定模型适用,并测量至少两个不同真实速率的观测速率,而这两个速率相差一个已知比率,就可以计算出死时间。

常见的例子是双源法。这种方法的基础是观测两个源单独和组合的计数率。由于计数损耗是非线性的,因此观测到的组合源速率将小于单独计数的两个源速率之和,死时间可根据差异计算得出。为说明该方法,设n_1,n_2和n_{12}分别为源1、源2和组合源的真实计数率(样本加本底)。让m_1、m_2和m_{12}代表相应的观测速率。另外,让n_b和m_b分别代表去除两个源后的真实和测量的本底速率。那么

$$\begin{gathered} n_{12}-n_b=(n_1-n_b)+(n_2-n_b) \\ n_{12}+n_b=n_1+n_2 \end{gathered} \tag{4.30}$$

现在假设非瘫痪模型(式(4.24))并代入,我们得到

$$\frac{m_{12}}{1-m_{12}\tau}+\frac{m_b}{1-m_b\tau}=\frac{m_1}{1-m_1\tau}+\frac{m_2}{1-m_2\tau} \tag{4.31}$$

明确求解这个方程的τ值,可以得到以下结果:

$$\tau=\frac{X\left(1-\sqrt{1-Z}\right)}{Y} \tag{4.32}$$

其中

$$\begin{aligned} X &\equiv m_1m_2-m_bm_{12} \\ Y &\equiv m_1m_2(m_{12}+m_b)-m_bm_{12}(m_1+m_2) \\ Z &\equiv \frac{Y(m_1+m_2-m_{12}-m_b)}{X^2} \end{aligned}$$

由于该方法本质上是基于观察两个几乎相等的大数之间的差值,因此需要仔细测量才能得到可靠的死时间值。通常的测量方法是:对辐射源1进行计数,将辐射源2放在附近并测量组合速率,然后移除辐射源1以测量由辐射源2单独引起的速率。在进行此操作时,切勿移动已定位的辐射源。同时,要意识到如果有第二个辐射源,它可能会向探测器散射一些辐射,这些辐射在只有第一个源的情况下通常不会被记录。为了使散射保持不变,在对辐射源进行单独计数时,通常会放置一个没有活度的假第二辐射源。使用足够活度的辐射源,使分段死时间$m_{12}\tau$至少达到20%,可获得最佳效果。

如果有短寿命放射性同位素源,还可以采用第二种方法①。在这种情况下,可以利用观测到的计数率与已知的源指数衰变的偏离来计算死时间。这种技术被称为衰变源法,是基于真实速率n的已知行为:

$$n = n_0 e^{-\lambda t} + n_b \tag{4.33}$$

其中,n_0是测量开始时的真实速率,λ是用于测量的特定同位素的衰变常数。

在本底可忽略不计的情况下,可采用简单的图解程序来分析得到的数据。然后式(4.33)变为

$$n \approx n_0 e^{-\lambda t} \tag{4.34}$$

将式(4.34)插入式(4.24),并进行一些代数运算,我们可以得到非瘫痪模型的如下关系式:

$$m e^{\lambda t} = -n_0 \tau m + n_0 \tag{4.35}$$

如图4.17(a)所示,如果我们将横坐标定为m,纵坐标定为乘积$me^{\lambda t}$,那么式(4.35)就是一条直线。实验过程包括测量观测到的速率m与时间t的函数关系,从而确定随着源的衰减,位于该直线上从右开始向左移动的点。通过对数据进行最佳直线拟合,截距为n_0,即测量开始时的真实速率,负斜率为$n_0\tau$的乘积。

对于可瘫痪模型,将式(4.34)插入式(4.27)得到以下结果:

$$\lambda t + \ln m = -n_0 \tau e^{-\lambda t} + \ln n_0 \tag{4.36}$$

同样,如图4.17(b)所示,通过选择横坐标和纵坐标,可以得出直线方程。在这种情况下,截距为$\ln(n_0)$,而斜率则为$n_0\tau$乘积的负值。衰减源法的优势在于不仅可以测量死时间的值,还可以测试假定模型的有效性。如果一个非瘫痪模型能够最好地描述计数系统,那么数据将最接近图4.17(a)所示格式的直线。另一方面,如果可瘫痪模型更合适,图4.17(b)所示的格式将使数据更接近直线。为使测量有效,测量时间至少应等于衰变放射性同位素的半衰期,初始损耗分数$m\tau$至少应为20%。

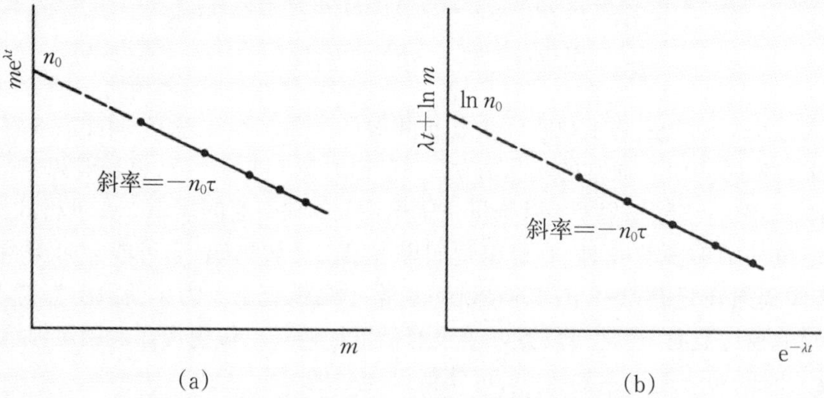

图4.17 应用衰减源法确定死时间

① 对于拥有中子辐照设施的实验室来说,一种方便的同位素是^{116m}In(半衰期为54.3 min),它很容易通过铟箔的中子吸收而产生。

如果本底超过最小测量速率的百分之几，则图解法会导致重大误差。虽然从所有测得的m值中减去观测到的背景速率会有一些改进，但这种修正并不严格，只有回到式(4.33)才能进行精确分析。因此，有必要使用数值计算技术来推导出n_0和r的值，并将其插入假定的死时间行为模型中，从而得到与测量数据的最佳拟合。

上述方法适用于确定简单计数系统的死时间，在这种系统中，所有超过阈值幅度的脉冲都会被记录下来。对于从探测器记录脉冲高度谱的能谱系统，可采用其他方法来处理计数损失，这些方法基于将脉冲发生器中的人造脉冲混合到信号处理链中。第17章将讨论这些基于脉冲发生器的技术。

4.7.3 死时间损耗统计

在测量稳态源的辐射时，我们通常假定探测器中发生的真实事件遵循泊松统计，即单位时间内发生事件的概率是一个常数。系统死时间的作用是在记录为计数之前有选择性地去除部分事件。具体来说，在前一个事件之后的短时间间隔内发生的事件会被优先剔除，间隔分布(式(3.71))会从其正常的指数形状发生改变。因此，死时间损失扭曲了记录计数的统计数据，使其偏离了真正的泊松行为。不过，如果损失很小($n\tau$小于10%或20%)，这种扭曲对第3章中制定的计数不确定性统计预测等式的有效性几乎没有实际影响。

如果死时间损失不小，与泊松统计的偏差就会变得更加显著。剔除短时间间隔后发生的事件会使记录的计数序列变得更有规律，重复测量中的预期方差也会减小。关于死时间扭曲的计数统计的详细分析不在本文讨论范围之内，可参阅参考文献[22]～[25]。

无论是可瘫痪行为还是非瘫痪行为，每个死区时间段都有可能丢失一个以上的真实事件。因此，记录的计数可以对应任何数量的真实事件，从一个到多个不等。当真实事件发生率越高时，典型死时间中包含多个真实事件的相对概率也就越高。由于真实事件仍然服从泊松统计，因此可以通过相对简单的分析来预测一个典型的记录计数由x个真实事件组合而成的概率。这些将在第17.3.5节中分析，与脉冲堆积密切相关。

4.7.4 脉冲源造成的死时间损失

前面几节对探测器死时间造成的计数损失进行分析时，假定探测器是由恒定强度的稳态源照射的。在许多应用中，辐射源并不是连续的，而是由以恒定频率重复的短脉冲组成。例如，用于产生高能X射线的电子直线加速器可以产生宽度为几微秒、重复频率为几千赫兹的脉冲。在这种情况下，以前给出的结果可能无法正确修正死时间损耗的影响。现在必须使用第3章中介绍的一些统计原理来替代分析方法。

我们的分析仅限于辐射源，它可以用下面的随时间变化的强度草图(图4.18)来表示。

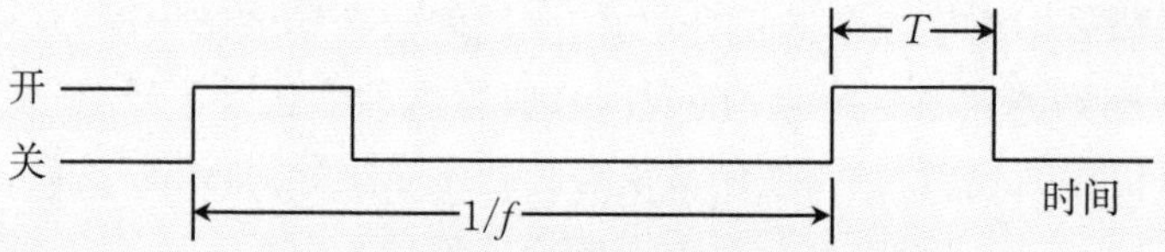

图4.18 辐射源强度随时间变化图

假设辐射强度在每个脉冲的整个持续时间T内都是恒定的，脉冲以恒定的频率f发生。根据探测器死时间τ的相对值，可能会出现几种情况：

(1) 如果τ远远小于T，则脉冲源这一事实影响不大，本节前面给出的稳态源结果可以合理准确地应用。

(2) 如果τ小于T但差距不是很大，探测器在单脉冲期间可能只记录少量计数。这是最复杂的情况，不在本文讨论范围之内。关于这种情况的详细分析，请参阅参考文献[26]和[27]。

(3) 如果τ大于T，但小于脉冲之间的"关闭"时间（以$1/f-T$表示），则适用以下分析。请注意，在这些条件下，每个源脉冲最多只能有一个探测器计数。而且，探测器将在每个脉冲开始时完全恢复。

在接下来的分析中，不再需要辐射在脉冲长度T上保持恒定，但要求每个辐射脉冲的强度相同。我们采用以下定义：

τ为探测器系统的死时间；

m为观测计数率；

n为真实计数率（如果τ为0）；

T为源脉冲长度；

f为源脉冲频率。

由于每个脉冲最多只能有一个计数，因此每个源脉冲观测到计数的概率为m/f。

根据定义，每个源脉冲的平均真实事件数等于n/f（注意，平均值可以大于1）。我们可以应用泊松分布（式(3.24)）来预测每个源脉冲至少发生一个真实事件的概率：

$$\begin{aligned} P(>0) &= 1 - P(0) \\ &= 1 - \mathrm{e}^{-\bar{x}} \\ &= 1 - \mathrm{e}^{-n/f} \end{aligned} \tag{4.37}$$

由于探测器在每个脉冲开始时是"活"的，因此如果在脉冲期间至少发生了一个真事件，就会记录一个计数。这样的计数只能记录一个，因此上述表达式也是每个源脉冲记录一个计数的概率。将这两个概率表达式相等，我们可以得到

$$\frac{m}{f} = 1 - \mathrm{e}^{-n/f}$$

即

$$m = f(1 - \mathrm{e}^{-n/f}) \tag{4.38}$$

这种行为的曲线图如图4.19所示。

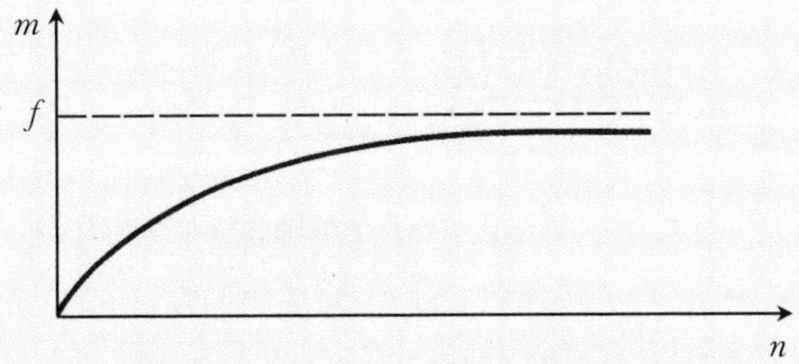

图4.19　观测计数与真实计数的关系

在这些条件下，可观测到的最大计数率仅为脉冲重复频率，因为每个脉冲只能记录一个计数。另外，死时间的具体长度和系统的详细死时间行为（是可瘫痪还是非可瘫痪）都不会对损耗产生任何影响。

在正常情况下，我们更感兴趣的是根据测量速率和系统死时间预测真实速率的修正公式。对n求解式(4.38)，我们得出

$$n=f\ln\left(\frac{f}{f-m}\right) \tag{4.39}$$

请注意，只有在$T\ll\tau<(1/f-T)$的条件下，这一修正才有效。

在这种情况下，死时间损耗在$m\ll f$的条件下很小。将上面的对数项展开为这一极限，我们会发现一阶修正的结果如下

$$n\approx\frac{m}{1-\dfrac{m}{2f}} \tag{4.40}$$

由于这一结果与式(4.24)相似，因此可将其视为预测了在此低损耗极限下的有效死时间值为$1/2f$。由于这个值现在是源脉冲周期的二分之一，它可能比探测器系统的实际物理死时间大很多倍。

习题

4.1　计算在100 pF的电容上收集相当于10^6个电子携带的电荷所产生的电压脉冲的幅度($e=1.602\times10^{-19}$ C)。

4.2　比较脉冲、MSV和电流工作模式在辐射测量系统中的应用，请用表格列出每种模式的优缺点。

4.3　推导式(4.8)。

4.4　电荷收集时间为150 ns的探测器与前置放大器一起使用，前置放大器的输入电路可以用300 pF和10 000 Ω的并联组合来表示。这种情况属于收集电路时间常数小还是大？

4.5　在给定电压下运行的闪烁计数器产生的微分脉冲高度谱如图4.20所示，要求：

(a) 画出相应的积分脉冲高度谱；

(b) 画出在高于固定阈值计数时，通过改变探测器的电压所得到的预期计数曲线。

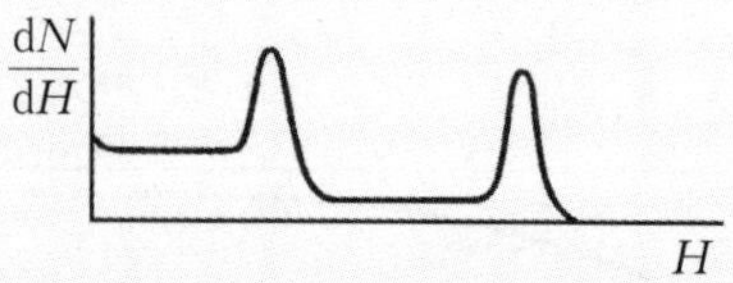

图4.20 某闪烁计数器产生的微分脉冲高度谱

4.6 为以下情况绘制微分和积分脉冲高度谱(使用相同的水平刻度):

(a) 单幅度为1 V的脉冲;

(b) 幅度在0~1 V之间均匀分布的脉冲;

(c) 围绕平均幅度1.5 V分布的脉冲,脉冲高度分辨率为8%。

4.7 伽马射线能谱仪记录的峰对应于的伽马射线能量分别为435 keV和490 keV,为了区分这两个峰,系统的能量分辨率必须是多少(以百分比表示)?

4.8 在法诺因子为0.1的探测器中,要达到0.5%的统计能量分辨率限制,每个脉冲最少要有多少个电荷载流子?

4.9 长期运行的脉冲处理系统会出现典型的漂移,这种漂移会将正弦幅度脉冲拓宽成脉冲高度分辨率为2%的分布。如果将该系统与本征脉冲高度分辨率为4%的探测器一起使用,预计总体脉冲高度分辨率会是多少?

4.10 求一个圆柱形探测器(直径10 cm)的圆端面沿圆柱轴向距离表面20 cm的点源的立体角。

4.11 从地球上看月球的直径约为0.5°,求从地球表面随机方向发射的激光束击中月球的概率。

4.12 问题4.10中的探测器在1 MeV时的本征峰值效率为12%。点源在80%的衰变中发射出1 MeV的伽马射线,其放射性活度为20 kBq。在不考虑源和探测器之间的衰减的情况下,计算探测器在100 s计数期间脉冲高度谱中1 MeV全能量峰下出现的计数数目。

4.13 使用G-M管对^{116m}In(半衰期=54.3 min)源进行计数。连续1 min的观测结果表明,中午12:00时有131 340个计数,12:40时有93 384个计数。忽略本底并使用一个合理的死时间损失模型,计算12:00时G-M管中的真实相互作用率。

4.14 计数器A和B是非瘫痪系统,死时间分别为30 μs和100 μs。在什么真实事件率下,计数器B的死时间损失是计数器A的两倍?

4.15 当一个标准源放置在原位时,一个本底可以忽略不计的计数器在1 s内正好记录了10 000个计数。问:

(a) 计数器的死时间是多少?

(b) 在第一个计数器旁边放置一个相同的计数源,计数器在1 s内记录了19 000次计数。计数器的死时间是多少?

4.16 某可瘫痪探测器系统的死时间为1.5 μs。如果记录的计数率为每秒10^5,请找出真实相互作用率的两个可能值。

4.17 当源逐渐靠近可瘫痪探测器时,测得的计数率会上升到最大值,然后下降。如果达到每秒50 000次的最大计数率,求探测器的死时间。

参考文献

[1] L. Purghel and N. Valcov, Nucl. Instrum. Meth. B95, 7(1995).
[2] J. M. Harrer and J. G. Beckerley, Nuclear Power Reactor Instrumentation Systems Handbook, Vol. 1, Chap.5, TID25952−PI (1973).
[3] N. R. Campbell and V. J. Francis, IEEE 93, Part Ⅲ (1946).
[4] D. V. Jordan et al., Nucl. Instrum. Meth. A585, 146 (2008).
[5] L. Ruby, Nucl. Instrum. Meth. A337, 531 (1994).
[6] H. R. V. Carrillo, Nucl. Instrum. Meth. A371, 535 (1996). See also erratum published by the author as Nucl. Instr. and Meth. A538, 814 (2005).
[7] H. Gotoh and H. Yagi, Nucl. Instrum. Meth. 96, 485 (1971).
[8] P. Oblozinsky and I. Ribansky, Nucl. Instrum. Meth. 94, 187 (1971).
[9] K. Verghese, R. P. Gardner, and R. M. Felder, Nucl. Instrum. Meth. 101, 391 (1972).
[10] M. Belluscio, R. De Leo, A. Pantaleo, and A. Vox, Nucl. Instrum. Meth. 114, 145 (1974).
[11] M. V. Green, R. L. Aamodt, and G. S. Johnston, Nucl. Instrum. Meth. 117, 409 (1974).
[12] R. Carchon et al., Nucl. Instrum. Meth. 128, 195 (1975).
[13] L. Wielopolski, Nucl. Instrum. Meth. 143, 577 (1977).
[14] J. Cook, Nucl. Instrum. Meth. 178, 561 (1980).
[15] L. Wielopolski, Nucl. Instrum. Meth. 226, 436 (1984).
[16] R. A. Rizk, A. M. Hathout, and A.−R. Z. Hussein, Nucl. Instrum. Meth. A245, 162 (1986).
[17] S. Pomme et al., Nucl. Instrum. Meth. A505, 286 (2003).
[18] J. T. Conway, Nucl. Instrum. Meth. A562, 146 (2006).
[19] S. J. Cipolla, Nucl. Instrum. Meth. A579, 268 (2007).
[20] S. Pomme and J. Paepen, Nucl. Instrum. Meth. A579, 272 (2007).
[21] "Particle Counting in Radioactivity Measurements," ICRU Report 52, ICRU, Bethesda (1994).
[22] J. W. Muller, Nucl. Instrum. Meth. 112, 47 (1973).
[23] J. W. Muller, Nucl. Instrum. Meth. 117, 401 (1974).
[24] J. Libert, Nucl. Instrum. Meth. 151, 555 (1978).
[25] G. Faraci and A. R. Pennisi, Nucl. Instrum. Meth. 212, 307 (1983).
[26] A. M. Cormack, Nucl. Instrum. Meth. 15, 268 (1962).
[27] C. H. Westcott, Proc. R. Soc. London Ser. A194, 508 (1948).

第5章 电 离 室

几种历史最悠久、应用最广泛的辐射探测器都是基于带电粒子穿过气体时产生的效应。主要的相互作用模式包括粒子轨道上气体分子的电离和激发。虽然有时可以利用激发的分子来获得适当的信号(如第8章中讨论的气体闪烁体),但大多数充气探测器都是基于感应辐射通过时产生的直接电离。以下3章所讨论的探测器(电离室、正比计数器、盖革管)都以不同的方式产生电子输出信号,这些信号来自充入探测器的气体中形成的离子对。

离子室是所有充气探测器中最简单的一种,其正常工作原理是通过施加电场,收集气体中直接电离产生的所有电荷。与其他探测器一样,离子室可以电流或脉冲模式运行。在常见应用中,离子室是以电流模式作为直流设备使用的,但本章末尾将举例说明脉冲模式的一些应用。相比之下,正比计数器或盖革管几乎总是在脉冲模式下使用。

电离室一词通常专门用于从气体中收集离子对的探测器。固体中的相应过程见第11～13章所述的半导体探测器中收集电子-空穴对。液体中很少使用直接电离技术,不过第19章介绍了这类技术的一些发展情况。

以下讨论中省略的许多细节可在Rossi和Staub[1]以及Wilkinson[2]所著的电离室经典书籍中找到。关于电离室设计和建造的更多具体说明,可参阅其他书籍,参考文献[3]～[5]就是其中的代表。

5.1 气体中的电离过程

当快速带电粒子穿过气体时,第2章中详述的各类相互作用会沿其路径激发分子和电离分子。中性分子电离后产生的正离子和自由电子称为离子对,是离子室产生的电信号的基本成分。离子对既可以通过与入射粒子的直接相互作用形成,也可以通过一个次级过程形成,在这个过程中,粒子的部分能量首先转移到高能电子即“德尔塔射线”上(见第2章)。不论涉及的具体机制如何复杂,我们真正关心的实用数量是沿着辐射路径产生的离子对的总数。

5.1.1 形成的离子对数量

粒子传递的能量至少必须与气体分子的电离能相等,才能使电离过程发生。在辐射探测器所关注的大多数气体中,结合最不紧密的电子层的电离能在10~25 eV之间。不过,入射粒子也有可能在气体中失去能量,但不会产生离子。例如,在激发过程中,电子可能会被提升到分子中更高的结合态,但不会被完全逃逸。因此,每个离子对形成时入射粒子损失的平均能量(定义为W值)总是大大高于电离能。W值原则上是所涉及的气体种类、辐射类型及其能量的函数。然而,经验观察表明,它并不是这些变量中任何一个的强函数,对于许多气体和不同类型的辐射来说,它是一个非常恒定的参数。(气体的这一特性与稍后讨论的闪烁和半导体探测器介质的行为形成鲜明对比,后两者都显示出相同能量的不同类型粒子所产生的信号量存在巨大差异)。表5.1列出了一些具体数据,典型值为25~35 eV/离子对。因此,一个入射的1 MeV粒子如果在气体中完全停止,将产生约30 000个离子对。假设W对于特定类型的辐射是常数,则沉积能量将与形成的离子对数量成正比,如果对离子对数量进行相应的测量,就可以确定沉积能量。

表5.1 不同气体中每个离子对的能量耗散值(*W*值)*

气体	第一电离势(eV)	*W*值(eV/离子对)	
		快电子	阿尔法粒子
Ar	15.7	26.4	26.3
He	24.5	41.3	42.7
H_2	15.6	36.5	36.4
N_2	15.5	34.8	36.4
空气		33.8	35.1
O_2	12.5	30.8	32.2
CH_4	14.5	27.3	29.1

* *W*的数值来自ICRU第31号报告,"产生一个离子对所需的平均能量",国际辐射单位和测量委员会,华盛顿特区,1979年。

5.1.2 法诺因子

除了每个入射粒子形成的离子对的平均数量外,能量相同的入射粒子在离子对数量上的波动也很重要。这些波动将从根本上限制对任何基于离子收集的探测器所能达到的能量分辨率。在最简单的模型中,每个离子对的形成将被视为一个泊松过程。因此,形成的离子对总数会出现波动,其标准偏差等于形成的平均数量的平方根。正如第4章所讨论的，许多辐射探测器显示出的固有波动小于这个简化模型的预测值。法诺因子是作为一个经验常数引入的，预测的方差必须乘以该常数才能得到实验观察到的方差(见式(4.14))。

法诺因子在一定程度上反映了入射粒子能量转换为探测器内信息载体的比例。如果入射辐射的全部能量都转化为离子对，且形成每个离子对所需的能量相同，那么产生的离子对数量总是完全相同，就不会有统计上的波动。在这些条件下，法诺因子将是零。在第4章早期讨论中引入法诺因子也指出了当一些粒子能量丢失到不产生离子对的过程中时，分割统计数据的重要性。然而，如果只有很小一部分入射辐射被转换，那么离子对会以相对较低的概率在较远的地方形成，我们有很好的理由预期它们的数量分布应该遵循泊松分布。在气体中，法诺因子的经验观察值小于1，因此波动比仅基于泊松统计预测的要小。

法诺因子只有在探测器以脉冲模式运行时才有意义。因此，我们将其在气体中的大小推迟到下一章正比计数器中进一步讨论，在该章中，脉冲模式操作和良好的能量分辨率是更重要的考虑因素。

5.1.3 扩散、电荷转移和重组

气体中的中性原子或分子不断进行热运动，在标准条件下，典型气体的平均自由路径约为 10^{-6}～10^{-8} m。气体中产生的正离子或自由电子也参与了随机热运动，因此有从高密度区域扩散的趋势。自由电子的这种扩散过程比离子明显得多，因为它们的平均热速度要大得多。自由电子的点状集合会围绕原电离点扩散成高斯空间分布，其宽度会随着时间的推移而增加。如果我们把σ设为投影到任意正交轴(x，y或z)上的该分布的标准偏差，t设为经过的时间，那么可以证明

$$\sigma=\sqrt{2Dt} \tag{5.1}$$

简单情况下的扩散系数D值可通过气体动力学理论预测，但一般情况下，需要更复杂的传输模型才能准确模拟实验观测结果。[6]

自由电子、离子和中性气体分子之间通常会发生多种碰撞，其中有几种碰撞对了解充气探测器的行为非常重要，如图5.1所示。当正离子遇到另一个中性气体分子时会发生电荷转移碰撞。在这种碰撞中，一个电子从中性分子转移到离子上，从而颠倒了各自的角色。这种电荷转移在含有多种不同分子的混合气体中尤为明显。由于在碰撞中会释放出能量，从而使气体中的正电荷净转移到电离能最低的气体中，使其成为正离子。

原始离子对中的自由电子在正常扩散过程中也会发生多次碰撞。在某些种类的气体中，自由电子附着在中性气体分子上可能会形成负离子。这种负离子与电离过程中形成的原始正离子具有许多共同特性，但电荷相反。氧气就是一种容易附着电子的气体，因此在空气中扩散的自由电子会迅速转化为负离子。相比之下，氮气、氢气、烃类气体和惰性气体的电子附着系数都相对较低，因此在正常情况下，电子会作为自由电子继续在这些气体中迁移。

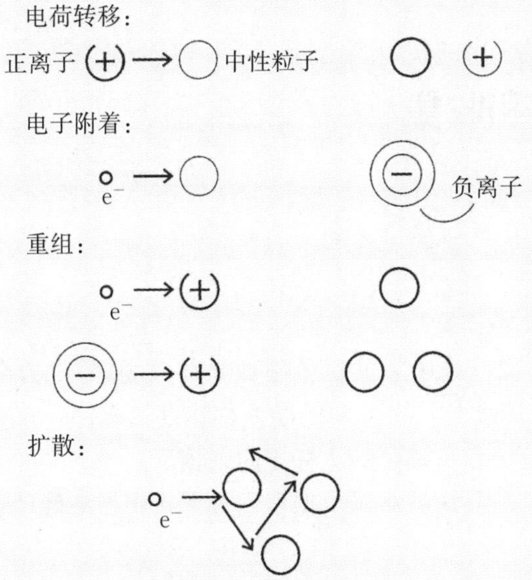

图5.1 气体中带电物种的一些相互作用类型

它们会影响充气探测器的行为，左边是相互作用的物质，右边是相互作用的产物。

中性原子或分子以简单的圆圈表示。

正离子和自由电子之间的碰撞可能会导致重组，在重组过程中，电子被正离子捕获，使其恢复到电荷中性状态。或者，正离子可能会与负离子发生碰撞，在碰撞过程中，多余的电子被转移到正离子上，两个离子被中和。无论在哪种情况下，原始电荷对所代表的电荷都会丢失，无法在基于电离电荷收集的探测器中进一步产生信号。

由于碰撞频率与所涉及的两种物质浓度的乘积成正比，因此重组率可以写成

$$\frac{\mathrm{d}n^+}{\mathrm{d}t}=\frac{\mathrm{d}n^-}{\mathrm{d}t}=-\alpha n^+ n^- \tag{5.2}$$

其中，n^+为正电荷粒子密度；n^-为负电荷粒子密度；α为重组系数。

正离子和负离子之间的重组系数通常要比正离子和自由电子之间的重组系数大几个数量级。在容易电子附着形成负离子的气体中，几乎所有的重组都发生在正离子和负离子之间。

有两种主要的离子对损失方式：柱状重组和体积重组。柱状重组，也就是最初形成的离子对会沿着粒子轨迹形成一条柱子，所以叫柱状。这些离子对在形成的地方密度很高，直到它们慢慢飘走即扩散开来。对于那些像α粒子或重离子这样能在短时间内释放很多能量的粒子，柱状重组特别严重。但是，这种损失只跟粒子自己的轨迹有关，和探测器里轨迹形成的快慢没关系；体积重组则不同，它是在离子或电子离开它们最初形成的地方之后，可能会遇到的。因为离子要漂移很长时间才能到达电极，这期间如果有很多粒子轨迹形成，来自不同轨迹的离子或电子就可能撞在一起，然后重组。所以，辐射强度越大，体积重组就越重要。因此，需要有强电场尽可能快地把电荷分开收集起来，以减少重组的发生。

5.2 电荷迁移和收集

5.2.1 电荷移动

如果在气体中存在离子或电子的区域施加外部电场，静电力会使电荷偏离其原电离点。净运动包括随机热速度与特定方向的净漂移速度的叠加。正离子的漂移速度与常规电场方向一致，而自由电子和负离子的漂移方向则相反。

对于气体中的离子，漂移速度可以根据以下关系式相当准确地预测出来

$$v=\frac{\mu\varepsilon}{p} \tag{5.3}$$

其中，v为漂移速度；ε为电场强度；p为气压。

在很宽的电场和气体压力范围内，迁移率μ趋于保持相当恒定，在同一种气体中，正离子和负离子的迁移率差别不大。各种气体中离子迁移率的值可在参考文献[2]中找到。对于中等原子序数的探测器气体，典型值1.0×10^{-4}～1.5×10^{-4} $m^2\cdot atm/(V\cdot s)$之间。因此，在1 atm的压力下，1.0×10^4 V/m的典型电场将导致1 m/s的漂移速度。因此，在1 cm的典型探测器尺寸上，离子传输时间约为10 ms。按照大多数标准，这是一个非常长的时间。

自由电子的表现截然不同。它们的质量小得多，因此在与中性气体分子相遇时加速度更大，式(5.3)中的迁移率值通常是离子的1 000倍。因此，电子的典型收集时间为微秒级，而不是毫秒级。在某些气体中，例如，碳氢化合物和氩烃混合物，电漂移速度存在饱和效应(见图5.2)。在电场值较高时，其值接近最大值，如果电场进一步增大，其值甚至会略有下降。在许多其他气体中(见图6.17)，电子漂移速度在充气计数器可能使用的最大ε/p值以内持续增加。

当电子在电场的作用下在气体中移动时，它们基本上会沿着通过它们起点的电场线的方向移动(但是与电场矢量的方向相反)。然而，电子的随机扩散仍然在发生，这导致每个电子都会沿着稍微不同的路径移动。在强电场中，由于电子在电场方向上获得的平均能量增加，平行于电场与垂直于电场方向的扩散系数D(见式(5.1))有不同的值。在电子到达收集电极所需的几微秒时间内，无论是哪个方向的扩散，都可能在毫米级别或更小。虽然在大多数标准探测器中，这种电荷扩散对实际效果影响不大，但在“位置敏感”的气体探测器中，它确实在限制可达到的位置分辨率方面发挥了潜在作用。位置敏感的气体探测器通过电子到达阳极的位置，或者通过测量电子漂移时间来推断电离事件的位置。

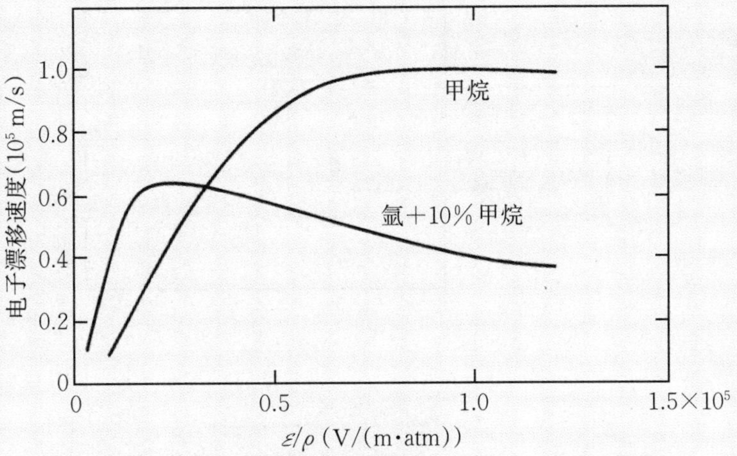

图5.2 电子漂移速度与电场ε除以气体压力p的函数关系

(摘自Bortner等[8])

5.2.2 电离电流

在电场存在的情况下,离子和电子所代表的正负电荷的漂移构成电流。如果给定体积的气体正在接受稳态辐照,离子对的形成速率是恒定的。对于任何小体积的测试气体而言,离子对的形成速率与离子对通过重组、扩散以及迁移而从体积中消失的速率完全平衡。在重组可以忽略不计和所有电荷都被有效收集的条件下,产生的稳态电流可以准确测量体积内离子对的形成速率。测量这种电离电流是直流离子室的基本原理。

图5.3展示了初级离子室的基本要素。一定体积气体被封闭在一个区域内,通过施加外部电压可以在该区域内产生电场。在平衡状态下,外电路中流动的电流将等于电极上收集的电离电流,因此,放置在外电路中的灵敏电流计可以测量电离电流。

图5.3也勾画出了这种腔室的电流-电压特性。如果忽略与离子和电子扩散特性差异有关的一些微妙影响,在没有外加电压的情况下,应该不会有净电流流过,因为气体中不会存在电场。产生的离子和电子最终会通过重新结合或扩散离开有效体积而消失。随着电压的增加,所产生的电场开始更快地分离离子对,柱状重组也随之减少。正电荷和负电荷也会随着漂移速度的增加被扫向各自的电极,降低气体中离子的平衡浓度,从而进一步抑制原电离点和收集电极之间的体积重组。由于这些效应减少了原始电荷的损耗量,因此测量到的电流会随着施加电压的增加而增大。在足够高的外加电压下,电场大到足以有效抑制重组到可忽略不计的水平,电离过程中产生的所有原始电荷都会对离子电流产生影响。进一步提高电压也无法增加电流,因为所有电荷都已聚集,其形成速度恒定不变。这就是离子室常规运行的离子饱和区域。在这些条件下,外电路中测得的电流是离子室有效体积内电离产生的所有电荷形成率的真实反映。

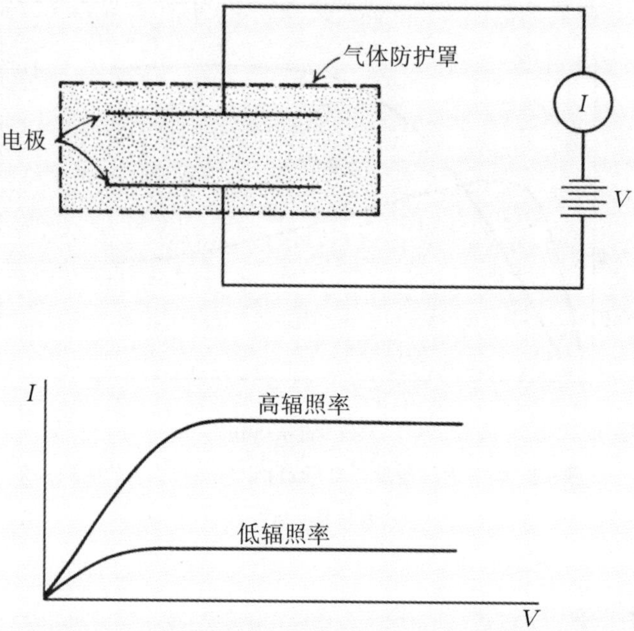

图 5.3　离子室的基本组件和相应的电流-电压特性

如果重组可以忽略不计,需要注意的是,如果电离电子在漂移过程中保持自由电子状态,或者附着在气体分子上形成负离子,饱和电流不会发生变化。如果发生附着,漂移速度将减慢数千倍,但负电荷的平衡浓度将以相同的系数升高。由于电流取决于电荷密度和漂移速度的乘积,因此电流与自由电子漂移时的电流相同。

5.2.3　影响饱和电流的因素

在离子室中达到饱和电流会受到多种因素的影响,其中最重要的因素是重组。而要最大限度地减少重组,就要确保离子室体积内各处都存在较大的电场。与电子或伽马射线辐照相比,重带电粒子(如阿尔法粒子或裂变碎片)沿轨道的柱状重组尤为显著,因此在这些情况下需要更大的外加电压值才能达到饱和。此外,如图 5.4 所示,辐照强度越高(离子电流越大),体积重组的影响就越大。从图 5.4 中可以看出,测量电流低于真正饱和的百分比随着测量离子电流的增加而增加。在较低的辐照水平下,离子和电子(或负离子)的密度相应较低,根据式(5.2),重组率没有高辐照时那么显著。因此,在高辐照速率下需要更高的电压才能接近真正的饱和离子电流。这种依赖性在图 5.3 所示的电流-电压特性中很明显,在《核辐射探测与测量(下册)》图 14.20 所示的用于中子监测的电离室示例中也很明显。在以环境空气作为填充气体的电离室中,湿度的增加也会提高体积重组率。[10]

如果离子对的产生在整个离子室的体积内都是均匀的,那么正电荷向阴极漂移和负电荷向阳极漂移将导致两种电荷载体的稳态浓度不平衡。正离子的浓度在阴极附近最大,负电荷则相反。只要自由迁移的物种存在梯度,就一定会向浓度降低的方向进行净扩散。因此，扩散方向与电场导致的电荷载流子流动方向相反，其效果可能是减小测得的离子电流。根据Rossi和Staub[1]的分析，测量离子电流的扰动值为

$$-\frac{\Delta I}{I}=\frac{\epsilon kT}{eV} \tag{5.4}$$

其中，假定了平行平面电极；ϵ为存在电场的电荷载流子的平均能量与不存在电场的电荷载流子的平均能量之比；k为玻尔兹曼常数；T为绝对温度；e为电子电荷；V为电极间的外加电压。

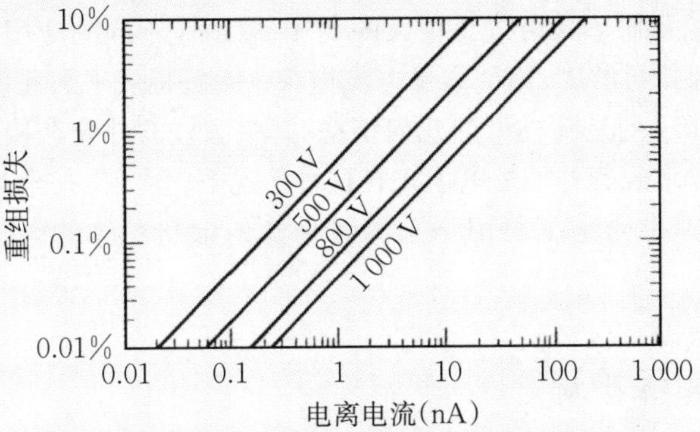

图5.4　在充满1 atm氩气的离子室中由于重组而造成的损耗

如图中所示，当施加电压值较高时，这些损耗最小。

（摘自Colmenares[9]）

饱和电流损耗的大小主要取决于外加电压和上文定义的量ϵ的大小。在室温下，系数kT/e约为2.5×10^{-2} V。因此，根据式(5.4)预测，即使外加电压值较低，扩散造成的损耗也可以忽略不计。然而，当负电荷由自由电子携带时，ϵ可能达到几百的数量级，电子扩散可能会导致饱和电流的显著损耗。由于当电压升高到高值时，ϵ会趋向于极限饱和值，因此在高电压下操作腔室可将损耗降至最低。

在许多情况下，由于扩散和体积重组造成的损耗可以在合理的外加电压值下降低到微不足道的水平。柱状重组则很难完全消除，即使在最高电压下也可能会持续存在微小的损耗。因此，为了确定真正的饱和电流，最好对电离电流与电压的函数关系进行多次测量。研究表明[11]，在这些条件下，可以利用$1/I$与$1/V$的关系图，将测量值推断到$1/V$轴上的零点（无限电场），从而准确预测电流的饱和值。

5.3　直流离子室的设计和运行

5.3.1　一般考虑因素

在直流模式下使用离子室时，可以以自由电子或负离子的形式收集负电荷。因此，离

子室几乎可以使用任何填充气体,包括电子附着系数较高的气体。虽然在形成负离子时重新结合的作用更大,但扩散损失的作用较小。使用不超过几百伏的外加电压,通常可以在几厘米的范围内达到饱和状态。空气是最常见的填充气体,也是容易形成负离子的气体。为测量伽马射线暴露而设计的腔室需要空气(见第5.4节)。在其他应用中有时会选择氩气等密度较高的气体,以提高给定体积内的电离密度。填充气体的压力通常为1个大气压,但有时也会使用更高的压力来提高灵敏度。

为离子室选择的几何形状可以有很大的变化,以适应不同的应用,但前提是整个有效体积内的电场必须保持足够高,以使离子电流饱和。平行板或平面几何形状可在板间形成均匀的电场。同样常见的是圆柱形的几何结构,其中圆柱的外壳在接地电位下工作,而内部一根轴向的导电棒承载着外加的电压。在这种情况下,会产生一个与半径成反比变化的电场。参考文献[12]中介绍了可用于预测各种几何形状腔体的电流-电压特性的分析方法。

5.3.2 绝缘子和保护环

任何设计都必须在两个电极之间提供某种支撑绝缘体。由于大多数应用中的典型电离电流极小(10^{-12}A或更小),因此通过这些绝缘体的漏电流必须非常小。在图5.3的简单方案中,通过绝缘体的任何泄漏都会增加测量到的电离电流,并导致信号中出现不需要的分量。为了将这一分量控制在100 V电压下10^{-12} A电离的电流的1%以下,绝缘体的电阻必须大于10^{16} Ω。虽然可以找到体积电阻率足够高的材料来满足这一标准,但由于吸收了水分或其他污染物,绝缘体表面的泄漏路径几乎总是代表较低的电阻。因此,在离子室的低电流应用中,通常会采用不同的设计,即采用保护环来减少绝缘体泄漏的影响。

图5.5显示了使用保护环的示意图。绝缘体现在被分成两部分,一部分将导电保护环与负极隔开,另一部分将其与正极隔开。大部分压降发生在外段上,由此产生的漏电流不会通过测量仪器。内段上的压降只是电流表端子上的电压差,可能非常小。因此,与不带保护环的情况相比,加入信号中的漏电流成分大大减少。

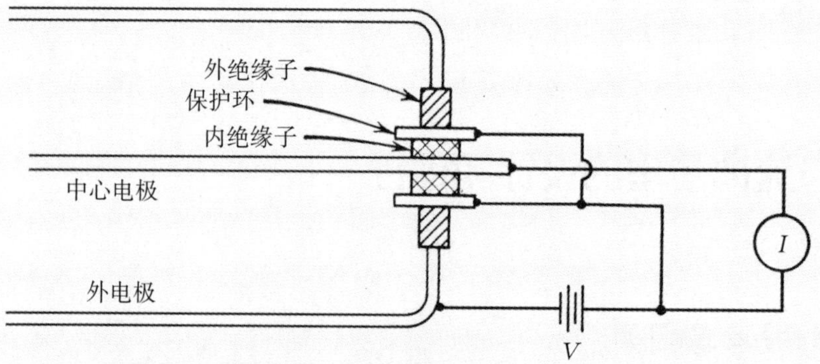

图5.5 采用保护环结构的圆柱形离子室一端的横截面图

大部分外加电压V通过外绝缘体,由此产生的漏电流不会对测量电流I产生影响。

用于不涉及高辐射场的绝缘体通常采用高电阻率合成塑料制造。要注意保持表面光滑，尽可能没有缺陷以尽量减少吸湿量。在高辐射应用(如反应堆仪器)中，这些材料的辐射损伤会导致绝缘性能迅速下降，在这种情况下，无机材料(如陶瓷)更受青睐，因为它们具有更强的抗辐射损坏能力。

5.3.3 测量离子电流

在典型条件下，电离电流的大小太小，无法使用标准电流计技术进行测量。因此，必须主动放大电流，以便进行间接测量。电度计通过感应放置在测量电路中的串联电阻上的压降来间接测量电流(图5.6)。电阻(通常值为10^9～10^{12} Ω)上产生的电压可以放大，并作为测量信号的基础。标准验电器电路的一个弱点是必须始终去耦合。元件值的任何微小漂移或渐变都会因而导致测量输出电流的相应变化。因此，这类电路必须经常通过短路输入和将刻度重置为零来进行平衡。

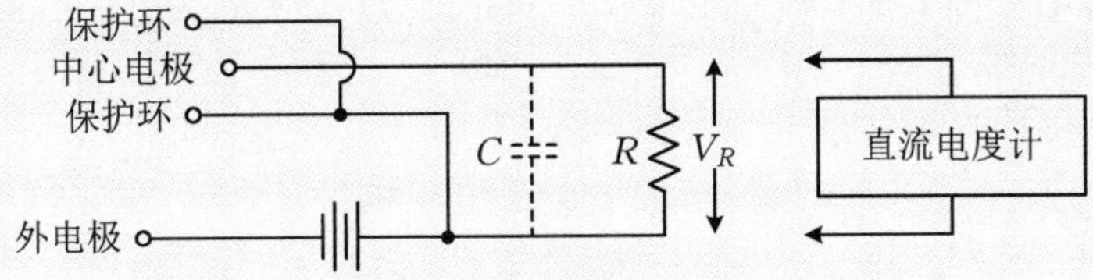

图5.6 通过使用串联电阻*R*测量小离子电流

并用电度表记录所产生的直流电压V_R腔室电容加上任何并联杂散电容用C表示；如果离子电流在测量时间常数RC的几倍之间没有变化，则其稳态值为$I=V_R/R$。

另一种方法是在早期阶段将信号从直流转换为交流，从而在后续阶段对交流信号进行更稳定的放大。如图5.7所示，在动态电容器或振动簧片电度计中，通过一个具有长时间常数的RC电路收集离子电流来完成这种转换。在平衡状态下，该电路上会产生一个恒定电压，其值为

$$V=IR \tag{5.5}$$

其中，I为稳态电离电流。电荷Q储存在电容上，其值为

$$Q=CV \tag{5.6}$$

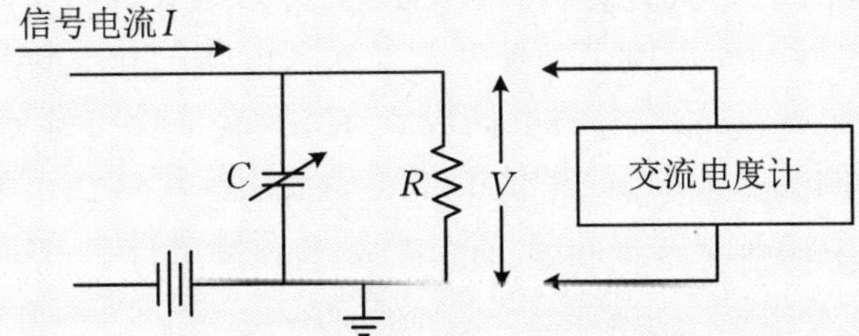

图5.7 震簧电度计的原理图

电容的振动会产生交流电压，该电压与稳态信号电流I成正比(见式(5.7))。

与电路的时间常数相比,如果现在使电容快速变化,那么C两端的电压也会发生相应的变化,其变化量为

$$\Delta V=\frac{Q}{C^2}\Delta C$$

$$\Delta V=I\frac{R}{C}\Delta C \tag{5.7}$$

如果电容值围绕平均值C正弦变化,则感应出的交流电压幅度与电离电流成正比。

平均电离电流也可以通过积分法在有限时间内进行测量。如果将图5.6中的R值设为无限大,则腔室中的任何电离电流都可以通过电容C进行积分。如果电容上的自然泄漏量很小,这种积分技术就有可能测量出比直接测量直流电流小得多的电离电流。

为了说明这一点,假设图5.8中的离子室最初充电到电压V_0。如果离子室绝缘体和外部电容器之间的泄漏可以忽略不计,那么在没有电离辐射的情况下,该电压将无限期地保持在原始值。如果存在辐射,离子会对电容进行部分放电,使电压从原始值降低。如果辐射产生了电荷ΔQ(定义为正离子的正电荷或电子的负电荷),那么电容上存储的总电荷将减少ΔQ。因此,电压将从原来的V_0值下降一个量ΔV,其计算式为

$$\Delta V=\frac{\Delta Q}{C} \tag{5.8}$$

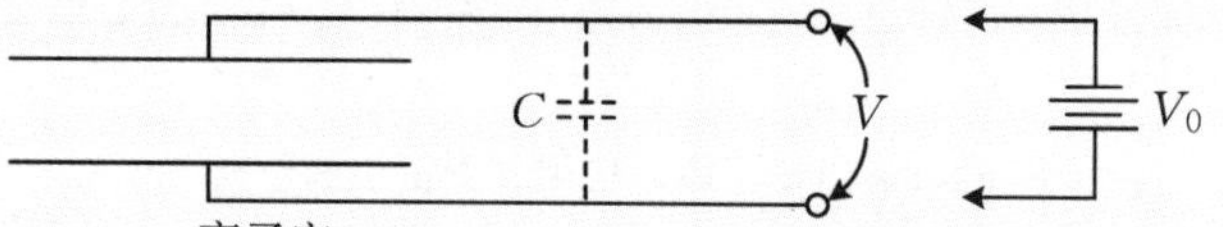

图5.8　通过在一定时间内电流积分测量电离的总电荷ΔQ

电离室两端电压初始设定为V_0,电压源断开。通过稍后测量V,电离电荷由$\Delta Q=C\Delta V$,其中$\Delta V=V_0-V$,C是腔室的电容加上任何并联电容。

因此,通过测量ΔV可以得到总电离电荷即测量期间的电离电流积分。

5.3.4　驻极体

上一节介绍了通过在初始充电到已知电压后,测量电容器两端电压下降来积分一段时间内电离电流的方法。类似的测量还可以通过记录放置在离子室内部的驻极体[13-15]上表面电压的下降来进行。驻极体是一种携带准永久电荷的介电材料(通常为聚四氟乙烯)。通过在电场中加热,然后冷却将电偶极子"冻结"在原位,可以制作出直径约1 cm、厚度约1 mm的材料圆盘。此时,驻极体的相对表面之间可能会产生高达1 000 V的电压。如果封装得当,即使在湿度很高的情况下,这种存储电荷也可以稳定地保存一年或更长时间。

一个驻极体的一个表面与离子室的导电壁接触,由于其相对表面上的电压差,会在整个离子室中产生一个电场。腔体内辐射产生的任何离子对都会被电场分离和收集,从而部

分中和驻极体携带的电荷。测量照射前后驻极体电压就可以校准到电离室内产生的总电离电荷。驻极体是驻极体被动环境氡监测仪(E-PERM)的基础，该监测仪广泛用于测量扩散到室内的氡衰变过程中产生的阿尔法粒子所产生的电离。

5.4 使用离子室测量辐射剂量

5.4.1 伽马射线照射

离子室最重要的应用之一是测量伽马射线照射。充满空气的离子室特别适合这种应用，因为照射是根据空气中产生的电离电荷量来定义的。①在适当的条件下，测定充满空气的离子室中的电离电荷量就可以准确地测量照射量，而测量电离电流则可以显示照射率。

测量照射量的工作比乍看起来要复杂得多，因为它是根据剂量测量点产生的所有次级电子所产生的电离来定义的。严格来说，我们需要跟踪每个次级电子的整个轨迹，并测量沿其轨迹产生的所有电离。由于典型的伽马射线能量在空气中产生的次级电子的射程可达数米，因此设计一种仪器来直接进行这样的测量是不切实际的。取而代之的是补偿原理。

如果空气测试体积周围是无穷无尽的等效空气，并且在测量过程中也受到相同的照射，那么就会产生精确的补偿。也就是说，测试体积内形成的次级电子在体积外产生的所有电离电荷，会被周围空气中形成的次级电子在测试体积内产生的电荷所完全抵消，这种情况如图5.9所示。

图5.10是基于这种补偿的一种流行设计，称为自由空气电离室。通过将图中所示的保护电极接地，电离室的两端都变得不敏感。平行板的几何结构会在板之间的空间形成垂直于板的电场线，但只有中央电极所界定的空间才会收集由外部电路记录的电离电流。入射的伽马射线束经过准直处理，被限制在远离腔室电极的区域内，因此在敏感区域内产生的次级电子无法到达任何一个电极。因此，只要入射辐射光束在通过电离室时强度没有明显减弱，就不需要在垂直方向上进行补偿，但会在水平方向上进行补偿。自由空气电离室被广泛用于精确测量能量低于约150 keV伽马射线的照射量。

在较高能量时，由于次级电子的射程较大，因此会产生一些困难。为了防止次级电子到达电极造成电离损耗，腔室的尺寸必须变得非常大。[16]因此，高能量的伽马射线照射测量通常是在空腔室中进行的，在空腔室中，一小部分空气被一种固体材料包围(选择这种材料是因为它的性质与空气尽可能相似)。

① X射线或伽马射线照射量的基本国际单位，相当于在标准条件下每千克干燥空气中产生1 C电离电荷的相关次级电子(见第2章)。

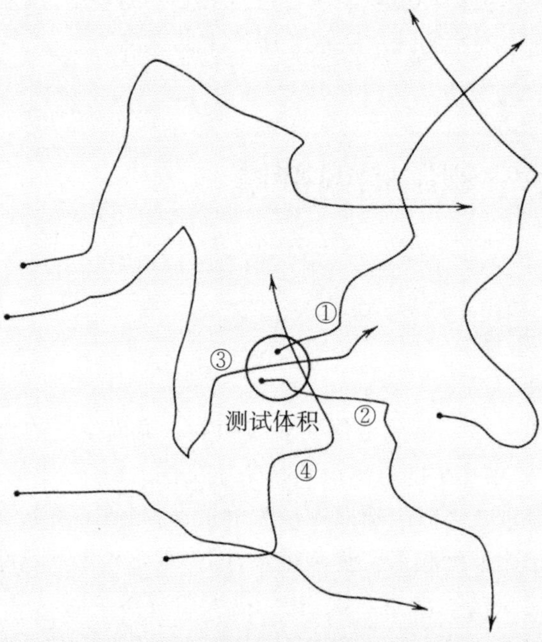

图 5.9　测量伽马射线照射的补偿原理

如果伽马射线相互作用的密度是均匀的，则测试体积记录的电离量将与测试体积内所有次级电子(如轨道①和②)的延伸轨道产生的电离量相等。这些电子在体积外产生的电离量由体积内由其他地方的轨道(如轨道③和④)产生的电离量来补偿。

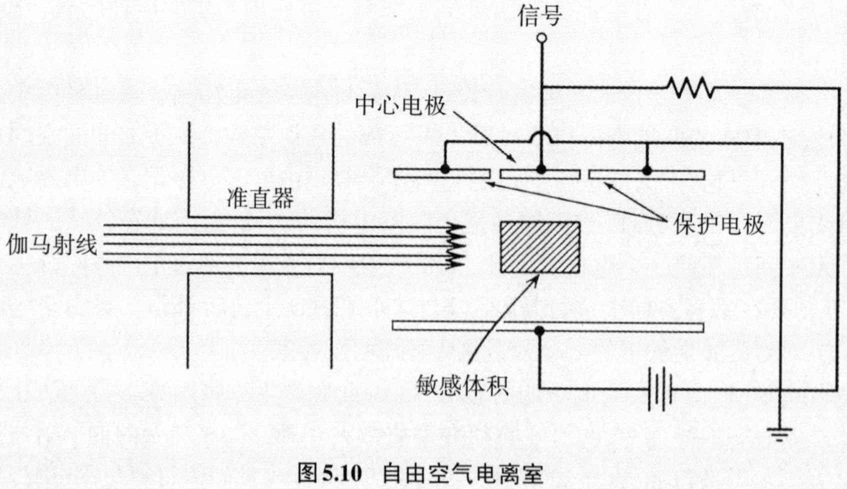

图 5.10　自由空气电离室

由于在敏感体积内产生的次级电子在停止之前无法到达电极，因此只需要在与入射辐射平行的维度上进行补偿。

为了解在这种情况下如何进行补偿，首先考虑图5.11所示的假想安排，即由对伽马射线和电子都是透明的理想电极来确定一个小的空气体积。如果这个测试体积位于受到相同照射大体积空气的中心，就会发生前面所述的补偿。然而，对于伽马射线能量超过几百电子伏特的情况，由于次级电子的射程扩大，所需的周围空气体积就太大了。测试体积必须位于一个房间大小的空气体积的中心，整个房间的辐射量与测试体积本身的辐射量相同。在实际情况中，如此大的体积内很少存在均匀的照射条件。

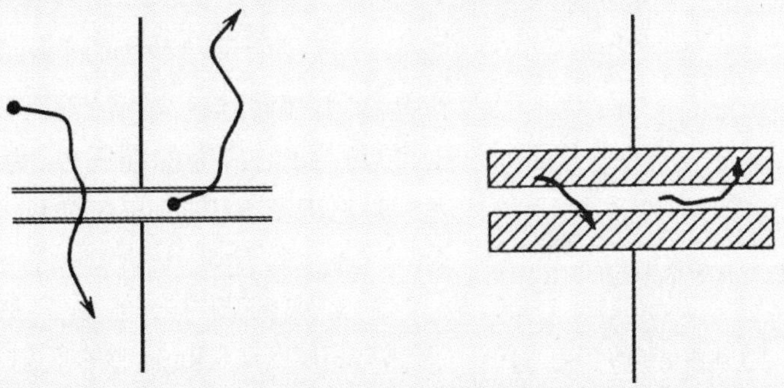
(a)　　(b)

图5.11　自由空气电离室

在图(a)中带有全透明电极的理想离子室中，可以通过在室外产生的次级电子来实现补偿。然而，在所需的大量周围空气条件中很少存在均匀的辐照条件。图(b)中的离子室具有与空气等效的实心壁，其厚度大于次级电子的最大射程。现在，可以通过在壁内形成的小得多的次级电子进行补偿。

可以通过将测试体积周围的空气压缩成一个壳体来改善这种情况，壳体的厚度可以不仅为一两厘米。由于空气分子的数量仍然相同，因此补偿特性不会发生任何变化，测试体积仍然可以准确测量伽马射线照射量。现在，对均匀性的要求可以大大放宽，只要求在压缩空气外壳限定的更小的体积内照射均匀即可。在这些条件下，测试体积中损失的所有电离都将由压缩空气外壳中产生的次级电子所补偿。

现在只需进一步将假设的压缩空气壳体换成更实用的固体材料壁(图5.11)。如果壁的补偿特性与空气层的补偿特性相似，则称其为空气等效壁。如果单位质量的次级电子产额和电子能量损耗率与空气相似，则符合这一条件。由于这两种现象在很大程度上都取决于原子序数，因此几乎任何原子序数接近空气的材料(如铝或塑料)都可以合理地与空气等效。

如果腔壁的厚度与次级电子的射程相比足够大，就会形成电子平衡的条件，在这种条件下，离开腔壁内表面的次级电子通量与腔壁厚度无关。在不考虑入射伽马射线束在壁内的衰减的情况下，从空气容积恒定的腔室中测得的离子电流将是相同的，与壁厚无关。表5.2列出了建立电子平衡所需的最小空气等效壁厚。对于普通伽马射线能量，这个厚度为1 cm或更小。

表 5.2 建立电子平衡所需的电离室壁厚度*

光子能量(MeV)	厚度**(g/cm^2)
0.02	0.000 8
0.05	0.004 2
0.1	0.014
0.2	0.044
0.5	0.17
1	0.43
2	0.96
5	2.5
10	4.9

* 摘自国际辐射单位与测量委员会报告ICRU# 20(1971年)。

** 所引用的厚度是基于水中电子的射程。对于组织等效电离室壁和空气,这些数值基本正确。上述厚度的一半将使电离电流与其平衡值误差在百分之几以内。

对于空气等效离子室来说,以C/(kg·s)为单位的照射率R是由饱和离子电流I_S(A)与有效容积所含质量M(kg)之比简单得出的:

$$R = \frac{I_s}{M} \tag{5.9}$$

空气质量M通常是通过测量气室容积和标准状态时的密度计算得出

$$M = 1.293 \cdot V \cdot \frac{P}{P_0} \cdot \frac{T_0}{T} \tag{5.10}$$

其中,V为气室容积,单位为m^3;P为实验室内的气压,单位为Pa;P_0为标准压力,为1.013×10^5 Pa;T为实验室内空气温度,单位为K;T_0为标准温度,为273.15 K。

在常规监测中,通常需要10^{-3}伦琴/小时(7.167×10^{-11} C/(kg·s))的照射率。对于容积为1 000 cm^3的离子室,根据式(5.9)和式(5.10)计算出的标准温度和压力下的饱和离子电流为9.27×10^{-14} A。由于该信号电流非常低,因此需要灵敏的静电计和精心的腔室设计,以尽量减少漏电流。

5.4.2 吸收剂量

充气电离室也可间接用于测量任意材料的吸收剂量(单位质量吸收的能量)。该技术基于Bragg-Gray原理的应用,即特定材料中的吸收剂量D_m可以从该材料内部一个充满气体的小空腔中产生的电离中推导出来,如下所示:

$$D_m = WS_mP \tag{5.11}$$

其中,W为气体中形成的每个离子对的平均能量损失;S_m为材料与气体的相对质量阻止本领(单位密度的能量损失);P为单位质量气体中形成的离子对数。

为了以戈瑞(J/kg)来测量剂量D_m,W必须以J/离子对来表示,P必须以离子对/kg来表示。只要满足几个几何条件,式(5.11)就能很好地近似用于不同类型的辐射。与辐射相关的初级或次级带电粒子的射程相比,空腔应该很小,这样空腔的存在才不会对粒子通量产生很大影响。在伽马射线的情况下,固体介质也应该比次级电子的射程大,以便在腔体内壁建立电子平衡。

对于离子室来说,固体介质就是腔壁材料,而空腔就是其内部充满气体的容积。如果气体是空气,腔壁是空气等效材料,则式(5.11)中的系数S_m为1。这些都是测量空气中吸收剂量的必要条件,相当于测量上一节讨论的伽马射线照射量。如果使用了其他壁材料或气体,则可通过在式(5.11)中插入适当的W和S_m来计算壁中的吸收剂量。生物组织中的剂量在辐射防护中尤为重要，因此“组织等效”离子室被广泛应用，其中的壁由元素组成类似于组织的材料制成。

在某些应用中，如何保持腔体足够小，以便适用Bragg-Gray原理是个难题。例如，如果要测量的伽马射线频谱延伸到很低的光子能量，那么相应的次级电子射程就会很短。与这些射程相比，内部尺寸较小的离子室产生的离子电流非常小，从而导致测量困难。在这些应用中，可以使用“外推法离子室”，它由一对由相关材料制成的电极组成，电极之间的间距可变。可以用不同的电极间距进行一系列测量，并将测得的单位体积离子电流外推至零间距的情况。在空腔极小的情况下，Bragg-Gray原理再次适用，根据外推的离子电流可以计算出吸收剂量率。

5.5 直流离子室的应用

5.5.1 辐射监测仪器

各种设计的便携式离子室通常用作辐射监测的测量仪器。这些仪器通常由一个几百立方厘米的封闭空气容积组成，使用电池供电的仪表电路测量其中的饱和离子电流。仪器壁大致相当于空气，可以用塑料或铝制造。这些仪器对于伽马射线的能量足够高以避免在室壁或入口窗口发生显著衰减，但又足够低以便在壁内建立电子平衡的情况下，提供了相对准确的辐射量测量。图5.12显示了两台此类仪器的校准曲线，并说明了在伽马射线能量小于50～100 keV，由于窗口的衰减，灵敏度会下降。

用于剂量测量的其他类型便携式离子室基于电荷积分原理。如前所述，离子室初始充好电后，在辐射场中放置一段时间，由此产生的离子室电压下降值被用来测量电离电荷的总积分。“Condenser”辐射计由一个充电-读取机制和几个不同尺寸和壁厚的可互换电离室组成。每个电离室都被设计来覆盖不同的伽马射线能量范围和最大剂量。当在适当的范围内使用时，这些设备可以提供准确度在几个百分点以内的结果。另一种相关仪器是被称为“袖珍室”的小型离子室。这种仪器通常配有一个内置的石英纤维电镜，将袖珍离子室对着射线，就可以读取内部刻度。初次充电时，可将电镜的刻度归零。然后在监测期间佩戴袖珍箱。只需注意电镜上显示的腔室放电程度，即可定期检查总的积分剂量。此类装置的最终灵敏度通常会受到漏电流的限制，而长时间的漏电流不可避免地会穿过绝缘体表面。

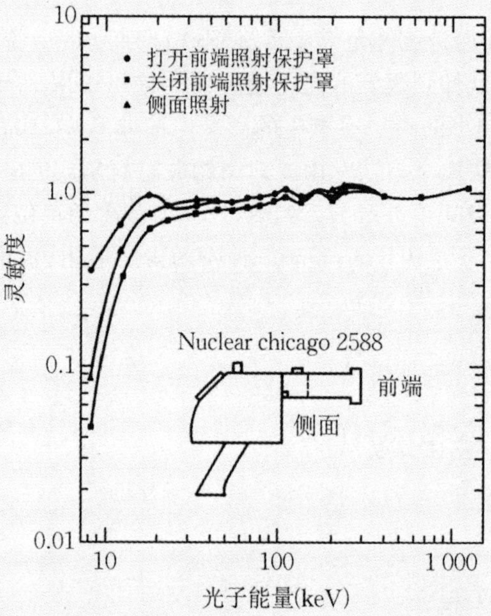

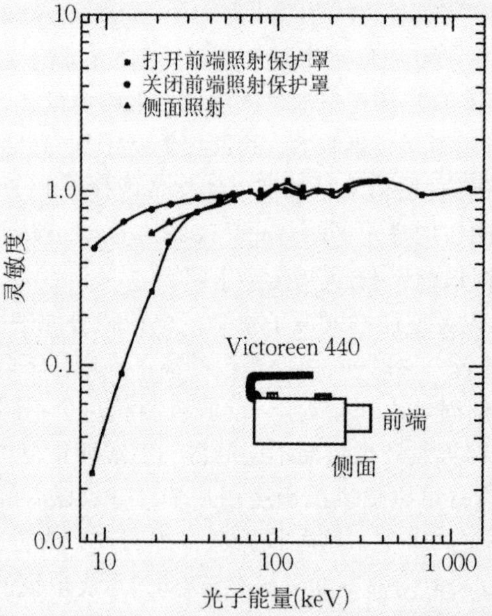

图 5.12　两种不同伽马射线监测仪的能量校准曲线

(摘自 Storm 等[17])

5.5.2 辐射源校准器

离子室的许多常见应用都利用了其出色的长期稳定性。在饱和区域运行时，离子电流只取决于源和探测器的几何形状，可以在很长一段时间内保持稳定。例如，伽马射线发射器的标准化通常是通过比较未知源的离子电流和标准源在相同几何条件下产生的离子电流来实现。典型的工作特性可在数年内保持稳定，稳定度在±0.1%以内[18]，因此无须经常重新校准。

图5.13显示了这种腔室的一种具体设计。典型的腔体容积为几千立方厘米，腔壁通常由黄铜或钢制成。内部集电极由薄铝箔或铜箔制成，以避免不必要的辐射衰减。选择几何形状是为了避开低电场区域，因为低电场区域可能会导致有效活性体积随施加电压而发生变化。在这样一个有效容积为10^4 cm^3的离子室中，1 μCi(3.7×10^4 Bq)^{60}Co产生的饱和电流约为10^{-13} A，约为本底电流的5倍。如果需要更高的灵敏度，可以对离子室中的气体进行加压[20]。将压力提高到20 atm会使离子电流增加20倍，但本底所有来源产生的电流增加的倍数较小。原因是对于大型腔室，只要α粒子已经完全停止在气体中，腔室壁的α活度所产生的本底电流部分应该与压力无关。不过，对腔室加压需要使用相对较厚的入口窗，虽然这对伽马射线通常不是问题，但会影响将应用扩展到纯β发射同位素。

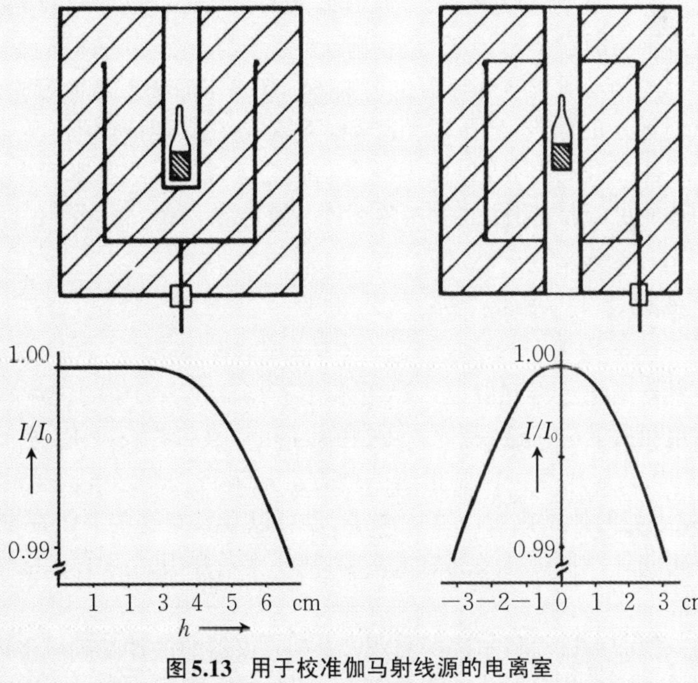

图5.13 用于校准伽马射线源的电离室

每个仪器下方的曲线显示了源位置微小位移时电离电流的行为。

(摘自Weiss[19])

5.5.3 测量放射性气体

将放射性气体作为电离室填充气体的一种成分,可以方便地对其进行测量。在电离室内部提供了进出口,以便在连续流动的基础上引入待采样的气体。参考文献[9]、[20]和[21]举例说明了此类离子室的具体设计。

离子室中一定量的放射性气体所产生的电离电流为

$$I=\frac{\overline{E}\alpha e}{W} \tag{5.12}$$

其中,I为电离电流,单位为A;$\overline{E}$为每次分解沉积在气体中的平均能量,单位为eV;α为总放射性活度,单位为Bq;e为电子电荷,单位为C;W为气体中每对离子沉积的平均能量,单位eV。

只有在辐射能非常小的情况下,才可以简单地预测$\bar{E}$量,因为这些辐射能几乎总是会被腔室气体完全吸收。例如,氚衰变过程中发射的软β粒子的平均能量为5.65 keV,对于与气体中相应的β粒子射程相比较大的腔室来说,$\overline{E}$可以等于该值。式(5.12)预测灵敏度约为1 pA/μCi即2.7×10^{-17} A/Bq。一旦β粒子的能量足够大,使典型射程与腔室尺寸相当,就需要采用更复杂的程序来估算沉积的平均能量(见参考文献[22])。

一种常见的应用是连续监测含有痕量放射性气体的空气样本。当流经腔室的气体受到大气变化的影响时,可能会对监测产生一些干扰。这些干扰影响可能包括采样空气中可能存在的湿气、气溶胶、离子和烟雾。①事先对进入的空气进行过滤或静电沉淀处理,有助于控制其中的许多影响因素。[23]

电离室对周围的伽马射线本底辐射也很敏感。如果本底辐射是恒定的,只需减去腔体内充满纯净空气时记录的信号,就可以消除本底辐射。在其他情况下,伽马射线本底可能会在测量过程中发生变化,这时可以使用一个充满纯空气的双腔室来产生补偿信号,该信号与样品气体循环通过的腔室所产生的信号相减。[20]

5.5.4 电离遥感

电离室的一种新应用已得到验证[24-26],它利用了在空气中形成的正负离子可存活数秒或数分钟才因重组而失去电荷这一事实。这些离子可以夹带在空气中,如果远离会增强重组的表面,就可以从其形成点传输到很远的地方。如果将含有这些离子的气流引入离子室,即使在离子室本身的体积内没有产生离子,也可以观察到这些离子在电场中运动产生的电流。不需要将放射性物质输送到离子室中,离子本身在引入离子室的气流中的存在就足以产生信号。

这种原理是一种称为远程阿尔法探测器(LRAD)仪器的设计基础。将可能受到α粒子发射体污染的材料或设备样品放入一个容器中,让空气流通。由于α粒子在空气中的射程

① 烟雾粒子导致内部α粒子源的电离电流下降,这就是我们熟悉的电离型家用烟雾探测器的工作原理。

只有几厘米，直接探测它们需要将合适的探测器带到非常靠近表面的地方，而这种操作可能因为表面无法接近而不切实际。相反，流过这些表面的气流会带走一些正负离子，并可通过一个传统的离子室将它们传送到下游。离子在离子室电场中的漂移需要几毫秒的时间，因此气流的慢速运动不会对检测到的信号产生重要影响。这一应用说明，离子电流是离子在离子室电场中运动产生的，与这些离子最初在何处形成无关。

5.6 脉冲模式操作

5.6.1 一般考虑因素

电离室的大多数应用都是在电流模式下进行的，即测量腔室内离子形成的平均速率。与许多其他辐射探测器一样，离子室也可以在脉冲模式下运行，在这种模式下，每个独立的辐射量子都会产生一个可区分的信号脉冲。如第4章所述，脉冲模式运行在灵敏度或测量入射辐射能量的能力方面具有显著优势。脉冲模式离子室在一定程度上用于辐射能谱学，不过在许多此类应用中，脉冲模式离子室基本上已被半导体二极管探测器（见第11章）所取代。不过，在某些特殊应用中，如大面积阿尔法能谱仪或《核辐射探测与测量（下册）》第14章所述类型的中子探测器中，脉冲离子室仍然是重要的仪器。

以脉冲模式运行的离子室等效电路如图5.14所示。负载电阻R上的电压是基本电信号。在离子室内部没有任何电离电荷的情况下，该信号电压为零，所有外加电压V_0都出现在电离室本身两端。当电离粒子穿过电离室时，产生的离子对开始在电场的影响下漂移。如下文分析所示，这些漂移电荷会在离子室电极上产生感应电荷，使离子室电压从平衡值V_0降低。这时负载电阻上会出现一个电压，该电压等于离子室电压下降的幅度。当离子室中的所有电荷都收集到对应电极时，该电压达到最大值。然后缓慢恢复到平衡状态，其

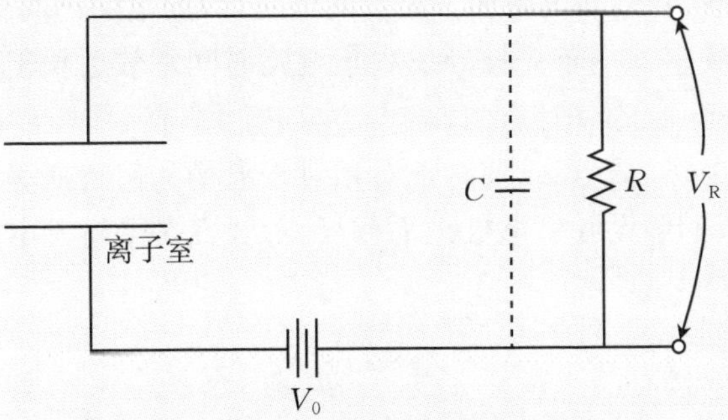

图5.14 以脉冲模式运行的离子室等效电路

此处C代表离子室的电容加上任何并联电容。V_R是输出脉冲波形。

时间尺度由外电路的时间常数RC决定。在此期间，负载电阻上的电压逐渐下降到零，腔体电压恢复到初始值V_0。如果外电路的时间常数与收集腔内电荷所需的时间相比较长，则会产生一个信号脉冲，其幅度表示离子腔内产生的原始电荷的大小。

正如前面关于气体中电子和离子迁移率的讨论所述，收集几厘米范围内的自由电子通常需要几微秒的时间。另一方面，离子（无论是正离子还是负离子）的漂移速度要慢得多，通常需要几毫秒的收集时间。因此，如果要产生能准确反映离子和电子总贡献的信号，收集电路时间常数和随后的脉冲成形时间常数必须长于毫秒。在这些条件下，离子室必须限制在非常低的脉冲速率，以避免脉冲堆积过多。此外，成形电路输出对低频的敏感性使系统容易受到离子室内部机械振动产生的微音信号的干扰。

由于这些原因，脉冲式离子室通常以电子灵敏模式运行。这里选择的时间常数介于电子收集时间和离子收集时间之间。这样产生的脉冲幅度只能反映电子的漂移，其上升和下降时间也会快得多。因此，可以容许更短的成形时间常数和更高的速率。不过，这也是一种重大的牺牲，因为输出脉冲的幅度现在对腔室内原始辐射相互作用的位置变得非常敏感，而不再仅仅反映所形成的离子对的总数。使用更复杂的栅格腔体（将在后面章节中介绍）可以在很大程度上克服这一缺点。当然，任何电子灵敏离子室的填充气体都必须从电子保持为自由电子而不会形成负离子的气体中选择。

5.6.2 脉冲形状的推导

对于任意几何形状探测器内电荷流动产生的脉冲形状，最好使用附录D中概述的肖克利-拉莫（Shockley-Ramo）定理。不过，在离子室的简单情况下，平行板电极之间的间距比板的长度和宽度都要小，因此可以忽略边缘效应，而且可以假定分析只涉及一个变量：电荷在垂直于板的维度上的位置。然后，我们可以根据能量守恒的观点对脉冲形状进行简化推导。这种推导给出了正确的结果，并避免了数学上的复杂性，因为这种复杂性可能会掩盖某些物理行为，而这些物理行为对于确定这些条件下预期输出脉冲的特性非常重要。

在接下来的推导中，我们假设施加了足够的电场，因此电子—离子重组微不足道，同时负电荷保持为自由电子。我们首先推导出收集电路时间常数远长于离子和电子收集时间的脉冲形状表达式。

脉冲形状取决于电场的配置以及离子对相对于电场几何特征等势面形成的位置。为了简化下面的分析，我们假设腔室电极是平行板，等势面是平行于电极表面的均匀间隔平面，恒定电场强度为

$$\varepsilon = \frac{V}{d} \tag{5.13}$$

此处V为腔室电极两端的电压，d为电极间距。为了进一步简化，我们假设所有离子对都是在距离正电极x相等的距离处形成的，此时的电动势等于εx。这种情况如图5.15所示。

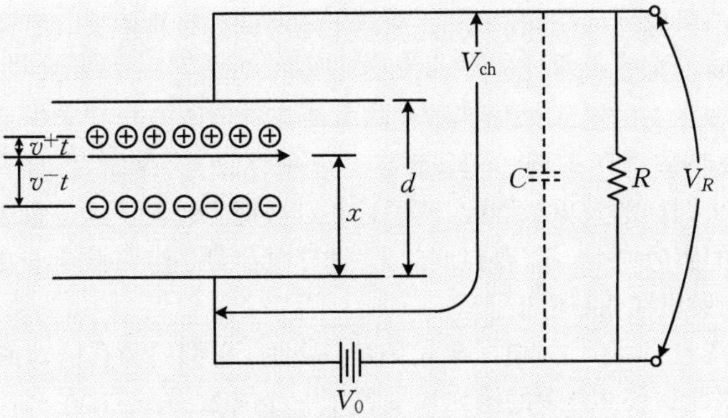

图 5.15　离子室信号脉冲形状 *VR*(*t*)的推导图

请参见正文中的标识。

根据能量守恒的论证，最容易得出脉冲形状。由于假定外电路的时间常数很大，因此在离子室内收集电荷所需的较短时间内不会有明显的电流流动。因此，将电荷从起始位置移出所需的能量必须来自电容C（由离子室和相关杂散电容表示）上原本存储的能量。该能量为$CV_0^2/2$，其中V_0为外加电压。

经过t时间后，离子向阴极漂移了v^+t的距离，其中v^+是离子漂移速度。同样，电子将向阳极移动v-t的距离。这两种运动都表示电荷向电势较低的区域移动，电势差能量通过电荷载流子在运动过程中与气体分子的多次碰撞被气体吸收。对于离子和电子来说，这种能量等于$Q\Delta\varphi$，其中Q是总电荷，$\Delta\varphi$是电势变化。电荷$Q=n_0e$，其中n_0是原始离子对的数目，e是电子电荷。电势差$\Delta\varphi$是电场ε和向电极移动的距离的乘积。因此，能量守恒可以写成

原始储能	=	离子吸收的能量	+	电子吸收的能量	+	剩余储能
$\frac{1}{2}CV_0^2$	=	$n_0e\varepsilon v^+t$	+	$n_0e\varepsilon v^-t$	+	$\frac{1}{2}CV_{ch}^2$

$$\frac{1}{2}C(V_0^2-V_{ch}^2)=n_0e\varepsilon(v^++v^-)t$$

$$\frac{1}{2}C(V_0+V_{ch})(V_0-V_{ch})=n_0e\left(\frac{V_{ch}}{d}\right)(v^++v^-)t \tag{5.14}$$

在图 5.15 中，信号电压是在R两端测得的，记为V_R。其幅度与V_0相比几乎总是很小，由V_0-V_{ch}得出。因此，我们可以得出以下近似值

$$V_0+V_{ch}\approx 2V_0,\quad \frac{V_{ch}}{d}\approx\frac{V_0}{d}$$

将这些代入式(5.14)，我们得到

$$\frac{1}{2}C(2V_0)V_R=n_0e\left(\frac{V_0}{d}\right)(v^++v^-)t$$

$$V_R=\frac{n_0e}{dC}(v^++v^-)t \tag{5.15}$$

这一结果描述了信号脉冲的初始部分，并预测了随时间的线性上升。它仅对离子和电子在腔体内漂移的时间段有效。

诱导电荷的概念有时被用来描述漂移的电荷载流子所引起的变化。离子漂移一段距离 v^+t 后，会导致腔室电压下降，下降量等于 n_0ev^+t/dC。存储在电容 C 上的电荷减少 n_0ev^+t/d 也会产生同样的效果。因此，离子运动可被视为诱发了这一量级的电荷。电子运动也会产生类似的感应电荷。需要强调的是，诱导电荷只是电荷载流子在腔体内运动的结果，并不要求它们聚集在任一电极上。

经过一段时间 $t^- \equiv x/v^-$，电子到达阳极。此时，它们的漂移已对信号电压产生了最大可能的影响，因此式(5.15)中的第二项变成了一个常数，等于其在 t^- 时的值。该常数为 $n_0ev^-t^-/dC$ 即 n_0ex/dC。在接下来的一段时间内，只有离子仍在漂移，式(5.15)的形式为

$$V_R = \frac{n_0e}{dC}(v^+t + x) \tag{5.16}$$

离子经过 $t^+ \equiv (d-x)/v^+$ 到达阴极。此时，信号电压不再增加，式(5.15)变为

$$V_R = \frac{n_0e}{dC}[(d-x)+x]$$

或者写为

$$V_R = \frac{n_0e}{C} \tag{5.17}$$

式(5.15)、(5.16)和(5.17)预测的信号脉冲形状如图5.16所示。当收集电路的时间常数非常大，即 $RC \gg t^+$ 时，信号脉冲的最大幅度为

$$V_{max} = \frac{n_0e}{C} \tag{5.18}$$

与离子对在腔体内形成的位置无关。在这些条件下，脉冲幅度 V_{max} 的测量值可以直接显示对脉冲有贡献的离子对的原始数量 n_0。

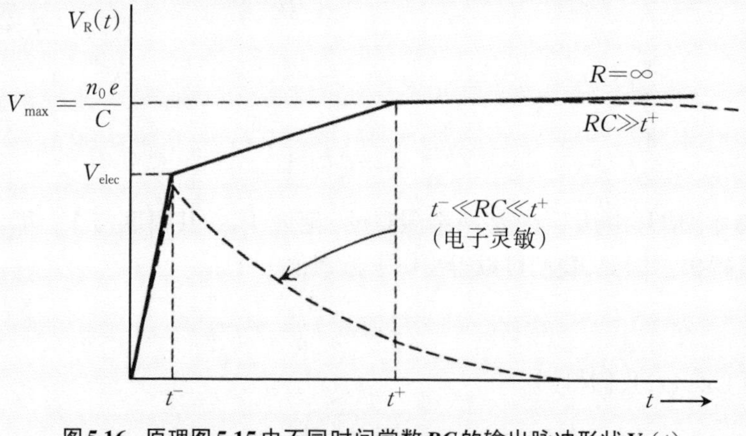

图5.16 原理图5.15中不同时间常数 RC 的输出脉冲形状 $V_R(t)$

然而，在电子灵敏运行模式中，由于选择的收集时间常数比离子收集时间短得多，上述脉冲中与离子漂移相对应的部分几乎完全丢失。剩下的脉冲只反映电子的漂移，其幅度由

式(5.16)得出(忽略离子漂移)。

$$V|_{电子} = \frac{n_0 e}{C} \cdot \frac{x}{d} \tag{5.19}$$

图5.16也描绘了这一脉冲的形状。只保留了脉冲的快速上升部分,而幅度则取决于电子最初在腔体内形成的位置x。

实际情况下,辐射在电离室内会在不同的地方形成离子对。所以,像图5.16所示的尖锐变化在实际的脉冲形状中会变得不那么明显。电子敏感运行模式还会导致单能量入射辐射产生一系列脉冲幅度,这通常是一个明显的缺点。

5.6.3 栅格离子室

通过使用图5.17所示的排列方式,可以消除电子敏感离子室中脉冲幅度对相互作用位置的依赖性。在图5.17中,离子室的容积被以设计者名字命名的Frisch栅格分成两部分。[27]通过外部准直或选择辐射源的最佳位置,所有的辐射相互作用都被限制在栅格和离

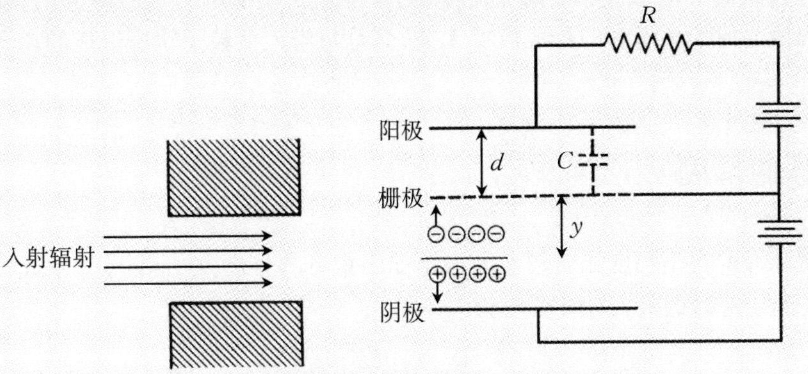

(a) 栅格离子室的工作原理

所有离子对必须在阴极和栅极之间的腔室下部区域形成。

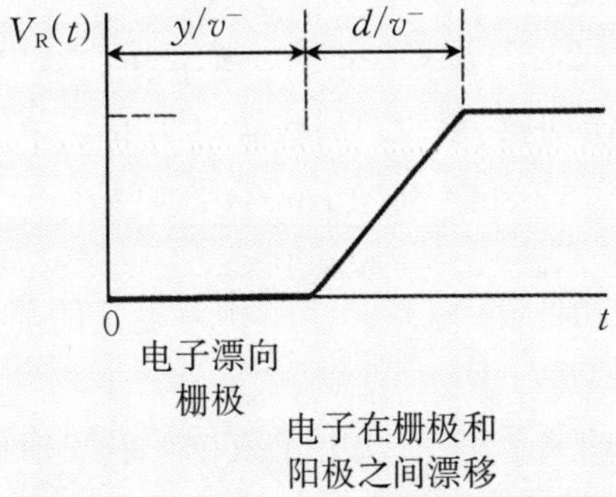

(b) n_0离子对在距离栅极y处形成的脉冲形状

其中,d为栅极-阳极间距[见(a)部分]。脉冲的上升源于电子在栅极-阳极区域的漂移。脉冲将以RC给出的时间常数衰减回零。

图5.17 栅格离子室示意图

子室阴极之间的空间内。正离子只需从这个空间漂移到阴极即可。栅格保持在两个电极之间的电位,并尽可能对电子透明。因此,电子一开始就会从相互作用的体积内被吸引到栅极。由于负载电阻在电路中的位置,离子向下漂移或电子向上漂移至栅极时都不会产生任何测量信号电压。然而,一旦电子通过栅极到达阳极,栅极-阳极电压就会开始下降,电阻器上就会产生信号电压。根据式(5.15)的同类论证可知,当电路时间常数大于电子收集时间时,电阻器上随时间变化的信号电压为

$$V_R = \frac{n_0 e}{dC} v^- t \tag{5.20}$$

其中,d是栅极-阳极间距,这种线性上升一直持续到电子到达阳极(见图5.17(b))。因此,最大信号电压为

$$V_{\max} = \frac{n_0 e}{C} \tag{5.21}$$

与式(5.18)相同。不过,现在的信号仅来自电子的漂移,而不是电子和正离子的运动。与离子漂移相对应的缓慢上升被消除了,因此电路时间常数可以设置为上一节所述的典型电子敏感工作模式的更短值。由于每个电子通过的电位差相同,对信号脉冲的贡献也相同,因此脉冲幅度与原始离子对的形成位置无关,而是与沿入射粒子轨道形成的离子对总数成正比。

5.6.4 脉冲幅度

离子室脉冲的典型幅度相对较小。根据前面章节的分析,在标准离子室或栅格离子室中产生n_0个离子对时的最大脉冲幅度为

$$V_{\max} = \frac{n_0 e}{C} \tag{5.22}$$

如果一个1 MeV的带电粒子在腔体内失去了所有能量,那么n_0可以估算为

$$n_0 = \frac{E_0}{W} \approx \frac{10^6\ \mathrm{eV}}{35\ \mathrm{eV}/\text{离子对}} = 2.86 \times 10^4$$

对于典型的离子室和相关线路,电容C的数量级为10^{-10} F。然后我们计算出脉冲幅度为

$$V_{\max} = \frac{(2.86 \times 10^4)(1.60 \times 10^{-19}\ \mathrm{C})}{10^{-10}\ \mathrm{F}} = 4.58 \times 10^{-5}\ \mathrm{V}$$

这种大小的信号可以成功处理,但需要使用相对复杂的前置放大器和脉冲处理电子设备,以避免损失其固有的分辨率。

在普通尺寸和压力的离子室中,快电子或伽马射线相互作用产生的脉冲要小得多。在上例中,由于穿过气体的初级或次级电子轨道的$\mathrm{d}E/\mathrm{d}x$较低,n_0的值会小100倍之多。这样一来,要想成功放大这些极小的脉冲而不出现信号链中各种噪声源导致的严重衰减,就变得非常困难或不可能。由于这些原因,在下两章中介绍利用了气体内部的电荷倍增的探测器通常是首选,因为它们能产生较大的信号脉冲。第19章给出了脉冲模式离子室可用于

伽马射线测量的例外情况，其中液体或高压填充气体的密度足以完全阻止次级电子，从而使n_0值恢复到接近示例中给出的值。

5.6.5 能量分辨率的统计极限

根据第4章中的讨论，我们可以预测离子室中电荷载流子生成的统计特性所设定的能量分辨率的理论极限。例如，假设能量为5.5 MeV的α粒子在W值为30 eV/离子对，法诺因子为0.15的气体中完全停止。第一步，我们可以计算出气体中产生的离子对n_0的预期平均数量为

$$n_0=\frac{E_d}{W}=\frac{5.5\times10^6\ \text{eV}}{30\ \text{eV/离子对}}=1.83\times10^5\ \text{离子对}$$

该值的方差由下式得出

$$\sigma_{n_0}^2=Fn_0=0.15(1.83\times10^5)=2.75\times10^4$$

标准差即方差的平方根为

$$\sigma_{n_0}=\sqrt{Fn_0}=\sqrt{2.75\times10^4}=166$$

对于描述n_0的预期高斯分布，最大半宽(FWHM)只是形状因子2.35乘以σ的结果，即

$$\text{FMHM}(n_0)=2.35\sigma_{n_0}=390$$

最后，由于需要W单位的能量来创建一个离子对，因此以粒子能量为单位的FWHM为

$$\text{FWHM}(E)=2.35\sigma_{n_0}\cdot W=390(30\ \text{eV})=11.7\ \text{keV}$$

对于离子室，这一数字通常被称为能量分辨率。或者，也可以用上述数字除以沉积能量，以百分比表示能量分辨率

$$R=\frac{2.35\sigma_{n_0}W}{E_d}=\frac{11.7\times10^3\ \text{eV}}{5.5\times10^6\ \text{eV}}=0.213\%$$

这种出色的能量分辨率在实践中几乎永远无法实现(见下一节)，因为电子噪声的影响比统计贡献要大得多。

5.6.6 带电粒子能谱

在某些应用中，脉冲型离子室可以很好地用于测量带电粒子的能量。虽然半导体探测器在这方面的应用更为普遍(见第11章)，但离子室在某些情况下仍具有吸引力。离子室几乎可以按照任意尺寸和几何形状建造，而且可以选择气体压力来调整有效容积的阻止本领或有效厚度。与半导体探测器相比，离子室受辐射损伤的影响也要小得多。离子室的设计通常非常简单，许多用户可以利用标准车间设施制造离子室。

脉冲型离子室在许多情况下都得到了应用，其不受限制的尺寸和其他特性[27]都得到了利用。在低水平α粒子测量[29-30]中，脉冲型离子室的横截面积可达500 cm^2。使用圆柱形几何结构可以方便地建造更大的腔室。为了获得良好的能量分辨率，通常会在腔室设计中加

入Frisch栅格。由于典型脉冲的幅度较小，因此必须特别注意选择低噪声前置放大器，并尽量减少机械振动，因为机械振动会调节探测器电容，从而产生干扰性微音噪声。[31]使用标准技术，这种腔室可将5 MeV的α粒子的能量分辨率提高到35～45 keV。通过使用冷却前置放大器来降低电子噪声、抑制振动并在严格控制的实验室条件下运行，α粒子的能量分辨率已被证明[32]为11.5 keV。这一能量分辨率基本上达到了电荷载流子统计所设定的极限，与目前使用硅半导体探测器所能达到的最佳分辨率不相上下。

如图5.17(a)所示，在传统配置中，腔室有一个入口，使带电粒子垂直于电场线运动。在这种情况下，沿着给定轨迹形成的所有电子与网格的距离大致相等，每个电子的漂移时间大致相同。因此，电压脉冲具有图5.17(b)所示的一般特征，所有粒子轨迹产生的信号脉冲形状相似。实践证明[33]，在设计腔室时，使粒子轨道平行于而不是垂直于场线会有一些好处。这样，在粒子轨迹起始处形成的电子和在粒子轨迹末端形成的电子到网格的漂移时间就会不同。因此，输出脉冲上升的详细形状将反映离子对的空间分布，因为它们是沿着入射粒子的轨道形成的。由于这种空间分布通常被称为布拉格(Bragg)曲线(见第2.1.3节)，因此分析脉冲形状以获得这种空间分布的信息通常被称为布拉格曲线能谱学。事实证明，这种方法非常有用，可以将从栅格离子室获得的信息扩展到粒子能量的简单测量之外。对脉冲形状的适当分析[34-37]可以通过Bragg曲线形状的不同来区分不同类型(原子序数和/或电荷状态)的粒子。

习题

5.1 计算5.5 MeV的α粒子在氦气中停止时产生的正离子(或自由电子)所代表的电荷。如果每秒有300个α粒子进入充满氦气的离子室，求出相应的饱和电流。

5.2 表5.3所示数据来自恒定辐照条件下的离子室，使用第5.2.3节概述的外推法，求饱和电离电流；要达到0.5%以内的饱和电流，必须施加的最小电压是多少？

表5.3 习题5.2数据

电 压(V)	电 流(pA)
10	18.72
20	19.41
50	19.93
100	20.12

5.3 一个电容为75 pF的空气等效袖珍室，初始充电电压为25 V。如果在标况时有效容积为50 cm^{3}的空气，那么伽马射线照射的值是多少时，会使室电压降低到20 V？

5.4 使用间距为5.0 cm的平行板电极建造一个离子室。在1 atm的压力下充入纯甲烷气体，工作电压为1 000 V。根据图5.2中给出的数据，计算最大电子收集时间。

5.5 图5.8所示离子室的相关电容为250 pF。它最初的充电电压为1 000 V，暴露在伽马射线通量下30 min，此时第二次电压测量显示值为850 V。请计算在此条件下，在整个照射时间内测得的平均电流。

5.6 借助图2.17，估算初始能量为0.5 MeV的电子在大气中的最大穿透距离或“射程”。

5.7 图5.10所示的自由空气电离室的敏感体积非常小。如果要在最大伽马射线能量为5 MeV时保持真正的补偿，请估算最小电极间距。

5.8 ^{14}C释放出的β粒子平均能量为49 keV。如果将150 kBq以CO_2气体形式存在的该同位素引入充满加压氩气的大容量离子室，请计算饱和离子电流。

5.9 计算如果要将1 L离子室用作剂量率为0.5 mR/h(35.8 pC/(kg·s))的伽马射线测量仪，必须测量的最小电流。

5.10 一个电容为150 pF的平行板离子室在电子敏感模式下工作。如果两板之间的总间距为5 cm，请计算在距阳极2 cm处形成的1 000个离子对预期产生的脉冲幅度。

5.11 一个内部尺寸固定的小型充气电离室距离1 MeV伽马射线源10 m。假设电离室的壁由铝制成，厚度可变。在不考虑本底辐射的情况下，绘制以下两种条件下电离室的相对电离电流与壁厚的函数关系图：

(a) 实验在正常充满空气的实验室中进行；

(b) 实验在地球卫星上进行，周围空间基本上是真空。

5.12 一个空气等效离子室是用铝壁建造的。如果要在最大伽马射线能量为10 MeV时保持补偿，这些壁的最小厚度是多少？

5.13 一个充满空气的离子室在3 atm的压力和100 ℃的温度下运行。如果其有效容积为2 500 cm^3，求伽马射线照射速率为100 pC/(kg·s)时的饱和离子电流。

5.14 袖珍室的内部容积为10 cm^3，电容为20 pF。如果能感应到的最小电压变化是50 mV，请计算袖珍室对伽马射线照射的最小敏感度。

5.15 利用离子和电子在空气中的迁移率估计图5.16所示脉冲上升的两段斜率之比。

参考文献

[1] Rossi L B B, Staub H H, Ionization Chambers and Counters, McGraw-Hill, New York, 1949.

[2] D. H. Wilkinson, Ionization Chambers and Counters, Cambridge University Press, Cambridge, 1950.

[3] J. Sharpe, Nuclear Radiation Detectors, 2nd ed., Methuen and Co., London, 1964.

[4] W. J. Price, Nuclear Radiation Detection, 2nd ed., McGraw-Hill, New York, 1964.

[5] J. W. Boag, "Ionization Chambers," in Radiation Dosimetry, Vol. Ⅱ (F. H. Attix and W. C. Roesch, eds.), Academic Press, New York, 1966.

[6] V. Palladino and B. Sadoulet, Nucl. Instrum. Meth. 128, 323 (1975).

[7] T. D. M. Weijers et al., Nucl. Instrum. Meth. A483, 676 (2002).

[8] T. E. Bortner, G. S. Hurst, and W. G. Stone, Rev. Sci. Instrum. 28, 103 (1957).

[9] C. A. Colmenares, Nucl. Instrum. Meth. 114, 269 (1974).

[10] N. Takata, Z. Yin, and A. Li, IEEE Trans. Nucl. Sci. NS-46(3), 326 (1999).
[11] S. M. Mustafa and K. Mahesh, Nucl. Instrum. Meth. 150, 549 (1978).
[12] F. Hajnal and J. Pane, IEEE Trans. Nucl. Sci. NS-25(1), 550 (1978).
[13] G. Pretzsch, Nucl. Instrum. Meth. A251, 386 (1986).
[14] P. Kotrappa et al., Health Phys. 54(1), 47 (1988).
[15] P. E. Cruvinel, S. Mascarenhas, and J. Cameron, Nucl. Instrum. Meth. A287, 580 (1990).
[16] N. Nariyama, N. Kishi, and S. Ohnishi, Nucl. Instrum. Meth. A524, 324 (2004).
[17] E. Storm, D. W. Lier, and H. I. Israel, Health Phys. 26, 179 (1974).
[18] G. C. Lowenthal, Int. J. Appl. Radiat. Isotopes 20, 559 (1969).
[19] H. M. Weiss, Nucl. Instrum. Meth. 112, 291 (1973).
[20] R. A. Jalbert and R. D. Hiebert, Nucl. Instrum. Meth. 96, 61 (1971).
[21] M. J. Wood et al., Health Phys. 72(3), 423 (1997).
[22] T. Torii, Nucl. Instrum. Meth. A356, 255 (1995).
[23] J. R. Waters, Nucl. Instrum. Meth. 117, 39 (1974).
[24] M. A. Wolf, J. L. McAtee, and W. P. Unruh, IEEE Trans. Nucl. Sci. 37(2), 883 (1990).
[25] D. W. MacArthur et al., Nucl. Tech. 102, 270 (1993).
[26] D. W. MacArthur et al., IEEE Trans. Nucl. Sci. 40(4), 840 (1993).
[27] O. Frisch, British Atomic Energy Report BR-49 (1944).
[28] H. W. Fulbright, Nucl. Instru. Meth. 162, 21 (1979).
[29] H. Hoetzl and R. Winkler, Nucl. Instrum. Meth. 223, 290 (1984).
[30] C. W. Sill, Health Phys. 69(1), 21 (1995).
[31] G. F. Nowack, Nucl. Instrum. Meth. A255, 217 (1987).
[32] G. Bertolini, Nucl. Instrum. Meth. 223, 285 (1984).
[33] C. R. Gruhn et al., Nucl. Instrum. Meth. 196, 33 (1982).
[34.] N. J. Shenhav and H. Stelzer, Nucl. Instrum. Meth. 228, 359 (1985).
[35] R. Kotte et al., Nucl. Instrum. Meth. A257, 244 (1987).
[36] A. D. Frawley et al., Nucl. Instrum. Meth. A306, 512 (1991).
[37] M. Hagiwara et al., Nucl. Instrum. Meth. A592, 73 (2008).

第6章　正比计数器

正比计数器是20世纪40年代末推出的一种充气探测器。与第7章中介绍的盖革-米勒管一样，正比管几乎总是以脉冲模式运行，并依靠气体倍增现象来放大气体中产生的原始离子对所代表的电荷。因此，脉冲比在相同条件下使用的离子室产生的脉冲要大得多，而且正比计数器可用于因辐射产生的离子对数量太少而无法在脉冲型离子室中令人满意地运行的情况。因此，正比计数器的一个重要应用是低能量X射线的探测和能谱分析(其主要竞争对手是《核辐射探测与测量(下册)》第13章中介绍的硅探测器)。正比计数器还广泛应用于中子探测，具体实例见《核辐射探测与测量(下册)》第14章和第15章。

第5章开头列出的一些参考文献也详细讨论了有关正比计数器设计和运行的许多主题。本章末尾的参考文献[1]和[2]是期刊文章，其中包含对早期文献的大量评论。

6.1　气体倍增

6.1.1　"雪崩"形成

气体倍增是将气体内的电场增加到足够高值的结果。在电场值较低时，入射辐射产生的电子和离子会漂移到各自的收集电极上。在这些电荷的迁移过程中，通常会与中性气体分子发生多次碰撞。由于正离子或负离子的迁移率低，它们在碰撞之间获得的平均能量非常小。而自由电子则很容易被外加电场加速，在发生碰撞时可能会产生巨大的动能。如果该能量大于中性气体分子的电离能，就有可能在碰撞中产生额外的离子对。由于碰撞之间电子的平均能量会随着电场的增加而增加，因此存在一个电场阈值，超过该值就会发生二次电离。在大气压下的典型气体中，阈值电场的量级为10^6 V/m。

二次电离过程中产生的电子也会被电场加速。在随后的漂移过程中，它会与其他中性气体分子发生碰撞，从而产生额外的电离。因此，气体倍增过程以级联的形式出现，即"汤森雪崩”，在这种碰撞中产生的每个自由电子都有可能通过同样的过程产生更多的自由电子。每单位路径长度上电子数增加的分数由汤森方程决定：

$$\frac{dn}{n}=\alpha dx \tag{6.1}$$

这里的α称为气体的第一汤森系数。当电场值低于临界值时，它的值为零，当电场强度超过这个最小值时，它的值一般会随着电场强度的增加而增加(图6.1)。对于空间恒定的电场(如平行板几何)，α是汤森方程中的一个常数。根据汤森方程的求解，电子密度会随着“雪崩”的发生以指数形式随距离增长：

$$n(x)=n(0)e^{\alpha x} \tag{6.2}$$

对于大多数正比计数器中使用的圆柱形几何结构，电场会沿着“雪崩”发生的方向增加，而且随距离增加的幅度更大。在正比计数器中，当所有自由电子都被收集到阳极时，“雪崩”就会终止。在适当的条件下，二次电离事件的数量可以保持与所形成的原离子对数量成正比，但离子总数可以成倍增加。探测器本身的这种电荷放大减少了对外部放大器的要求，与脉冲型离子室相比，可显著改善信噪比特性。“雪崩”的形成涉及许多高能电子原子碰撞，其中可能形成各种激发原子或分子状态。因此，与离子室相比，正比计数器的性能对填充气体中的痕量杂质成分更为敏感。

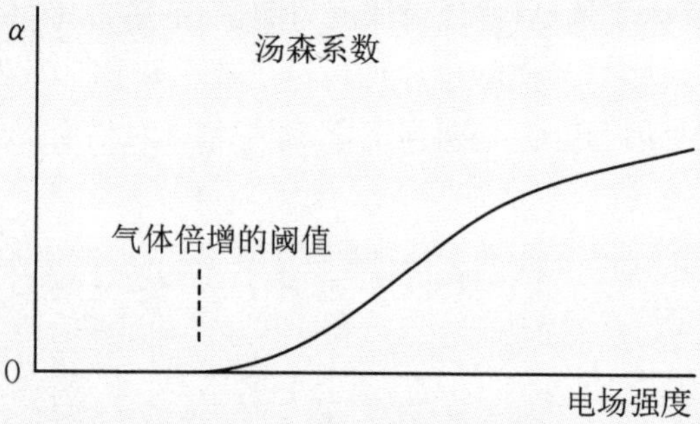

图6.1　典型气体的汤森系数与电场的函数关系图

6.1.2　探测器工作区域

图6.2显示了以脉冲模式运行的各类气体计数器之间的差异以及探测器观测到的脉冲幅度与探测器内的外加电压或电场的关系。在电压值很低时，电场不足以阻止原始离子对的重组，收集到的电荷少于原始离子对所代表的电荷。随着电压的升高，重组受到抑制，从而达到第5章中讨论的离子饱和区域。这是电离室的正常工作模式。当电压进一步升高时，就会达到开始气体倍增的阈值场。此时收集到的电荷开始倍增，观测到的脉冲幅度将增大。在电场的某些区域，气体倍增将是线性的，收集到的电荷将与入射辐射产生的原始离子对数量成正比。这是真正的正比区域，代表了传统正比计数器的工作模式，也是本章的主题。在恒定的工作条件下，观察到的脉冲幅度仍然显示计数器内产生的离子对数量，

尽管它们的电荷已被极大地放大。

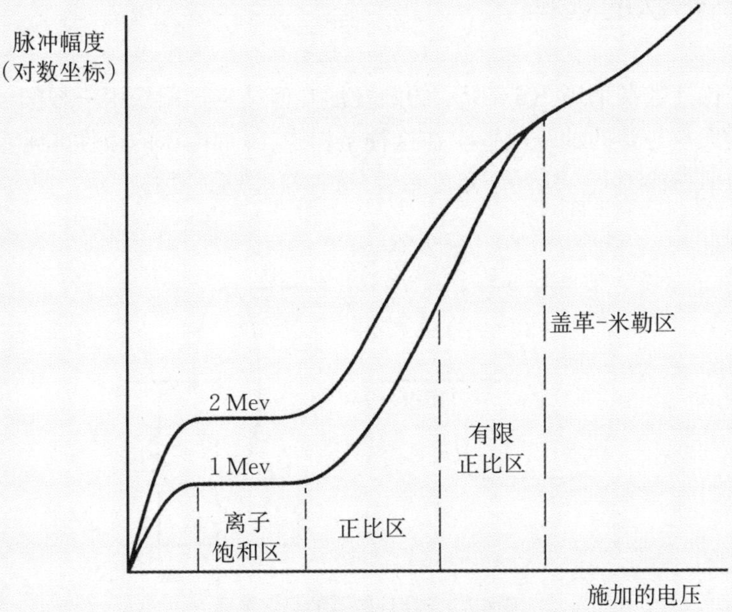

图6.2　充气探测器的不同工作区域

图中绘出了在气体中沉积两种不同能量的事件所观测到的脉冲幅度。

进一步增加外加电压或电场会引入非线性效应，其中最重要的效应与正离子有关。正离子也是在二次电离过程中产生的。虽然自由电子很快就会被收集起来，但正离子的移动速度要慢得多，在收集电子的时间内，它们几乎不会移动。因此，计数器内的每个脉冲都会产生一团正离子，在向阴极漂移的过程中，正离子的分散速度很慢。如果这些离子的浓度足够高，它们就代表了一种空间电荷，可以显著改变探测器内电场的形状。由于气体的进一步倍增取决于电场的大小，因此将开始观察到一些非线性现象。这些效应标志着有限正比区域的开始，在该区域内，脉冲幅度仍会随着初始离子对数量的增加而增加，但不是以线性方式增加。

如果施加的电压足够高，正离子产生的空间电荷就会完全主导脉冲的后续历史。在这种情况下，"雪崩"会一直持续到产生了足够数量的正离子，使电场降低到可以进行额外气体倍增的阈值以下。这一过程具有自我限制性，无论入射辐射产生了多少个初始离子对，当形成的正离子总数相同时，这一过程就会终止，这时探测器输出的每个脉冲都具有相同的幅度，不再反映入射辐射的任何特性，这就是盖革-米勒(Geiger-Mueller)工作区，第7章将讨论在这种条件下工作的探测器。在位置敏感探测器中，还有一种相关的工作模式，即自淬流线模式，将在《核辐射探测与测量(下册)》第19章中进行探讨。

6.1.3 几何形状的选择

典型的正比计数器采用图6.3所示的圆柱形几何结构。阳极由一根细线组成，细线沿着作为阴极的大空心管的轴线放置。在这种结构中，外加电压的极性非常重要，因为电子必须被吸引到中心轴线上。从两个角度来看，这种极性是必要的：

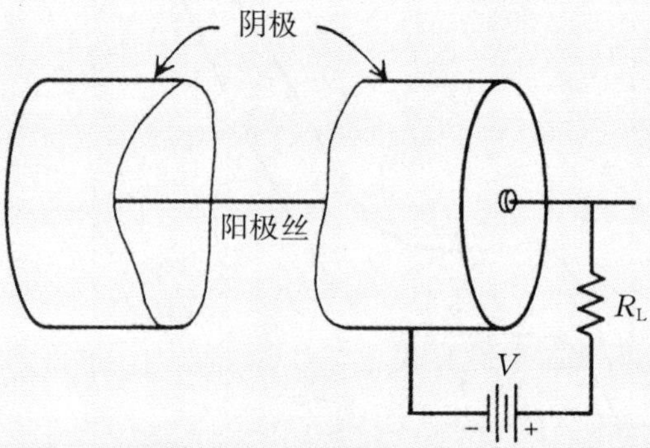

图6.3 正比计数器的基本要素

外阴极还必须为填充气体提供一个真空密封外壳。输出脉冲通过负载电阻R_L产生。

(1) 气体倍增需要较大的电场值。在圆柱形几何中，半径r处的电场值为

$$\varepsilon(r)=\frac{V}{r\ln\dfrac{b}{a}} \tag{6.3}$$

其中，V为阳极和阴极之间的电压；a为阳极金属丝半径；b为阴极内半径。

因此，在r较小的阳极线附近会出现较大的电场值。由于电子被吸引到阳极，因此它们会被吸引到高电场区域。

举例说明，假设在$a=0.008$ cm和$b=1.0$ cm的圆柱形计数器上施加2 000 V的电压V；阳极表面的电场为5.18×10^6 V/m；在平行板几何结构中，平面电极之间的电场是均匀的。在间距为1.0 cm的情况下，要获得相同的电场，需要施加51 800 V的电压。这样高的电压实际上是不可行的，因此标准正比计数器使用小直径阳极线来产生所需的高电场。

(2) 如果要实现由原始辐射相互作用形成的所有离子对的均匀倍增，则气体倍增区域必须限制在与气体总体积相比非常小的体积内。在这些条件下，几乎所有的初级离子对都在倍增区域之外形成，并且初级电子在发生倍增之前简单地漂移到该区域。因此，每个电子经历相同的倍增过程，而不管其形成的原始位置，并且倍增因子对于所有原始离子对将是相同的。

电场与阳极线中心距离的函数关系如图6.4所示。只有当电场大于支持“雪崩”形成所需的最小值并延伸至阳极表面时，倍增区域才会开始。在前面的例子中，假设填充气体中

的倍增阈值电场为10^6 V/m，根据式(6.3)，只有在半径小于0.041 cm即约为阳极半径的5倍时，电场才会超过这个值。在这个半径范围内的体积仅占计数器气体总体积的0.17%。

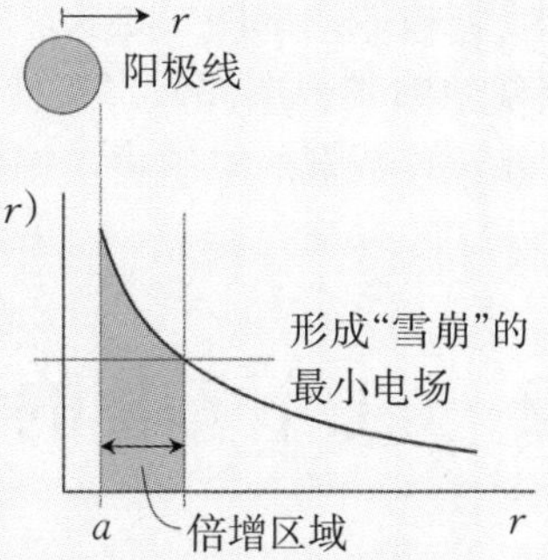

图6.4 电场强度随距离阳极线中心变化示意图

理论上，电离产生的电子向倍增区域的内漂移会产生一个小信号，脉冲模式电离室中电子的漂移也是如此。然而，与随后"雪崩"中形成的大量电荷的运动相比，这一贡献通常可以忽略不计。因此，从电离事件发生到其对输出脉冲的贡献开始之间存在一个延迟时间。

根据式(5.3)和式(6.3)，电子漂移速度是其径向位置的函数：

$$v=\mu\frac{\varepsilon}{p}=\frac{\mu V}{p\ln\frac{b}{a}}\cdot\frac{1}{r} \tag{6.4}$$

假设电子的迁移率μ为常数(一般适用于适中的电场值)，当电子被引向导线周围的倍增区时，其漂移速度会不断增加。与发生电离的半径r相比，导线的半径a和倍增区的厚度都很小，根据这一近似值，电子漂移所需的时间为

$$t=\int_a^r\frac{\mathrm{d}v}{v}=\frac{p\ln\frac{b}{a}}{2\mu V}\cdot r^2 \tag{6.5}$$

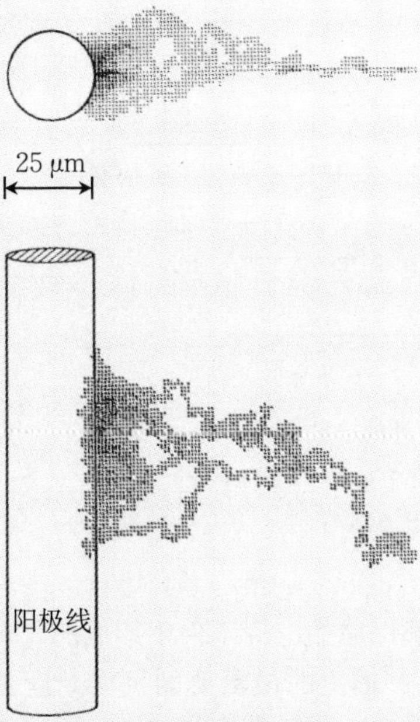

图6.5 蒙特卡罗计算模拟的单个电子引发"雪崩"的正交视图

阴影的密度表示"雪崩"中形成的电子浓度。

(摘自Matoba等[3])

根据尺寸和迁移率的典型值，漂移时间可达10 μs或更长。在所有其他因素相同的情况下，r^2依赖性导致最大直径的管子漂移时间最长。由于在气体中，粒子穿过时会在其路径上连续产生电离，因此来自同一轨迹的每个电子的漂移时间都会存在一定的差异。然而，各个"雪崩"并不是完全同步的，这种效应会导致观察到的输出脉冲上升时间。

图6.5显示了对典型"雪崩"中重要的电子倍增和扩散过程进行蒙特卡罗建模所得到的结果，以帮助直观地了解导线表面附近的"雪崩"形成过程。假设单个自由电子漂移到金属丝附近。由此产生的"雪崩"被限制在沿导线长度方向的一小段距离内，仅相当于导线直径的几倍。因此，沿导线感应其位置的方法(本章稍后讨论)可以精确测量入射电子的轴向位置。"雪崩"也只覆盖导线圆周上有限的范围，一般是朝向入射电子的方向。由于"雪崩"

仅限于阳极线周围的一小块区域,因此计数器能够在离子从第一个事件中清除之前对沿阳极线发生的其他事件做出反应。因为这个原因,第7章中讨论的盖革-米勒管的死时间效应对正比计数器的限制要小得多。

6.2 正比计数器的设计特点

6.2.1 密封管

图6.6显示了一个包含许多常见设计特征的正比计数器简图。细轴线阳极的两端由绝缘体支撑,绝缘体提供真空密封的电气馈通,以便与高压连接。外阴极传统上是接地的,因此必须施加正高压以确保电子被吸引到阳极线附近的高场区。对于涉及中子或高能伽马射线的应用,阴极壁可以有几毫米厚,以提供足够的结构刚度。对于低能伽马射线、X射线或粒子辐射,可在电子管的一端或阴极壁的某一点上设置一个薄薄的入射“窗口”。

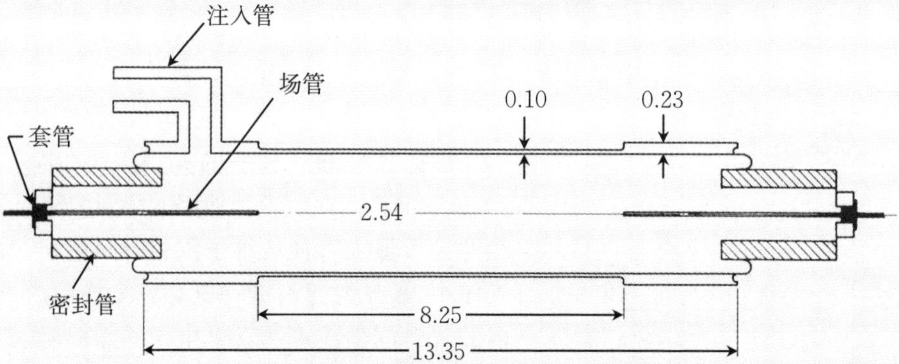

图6.6 用于快中子探测的特定正比管设计的横截面图

阳极是一根直径为0.025 mm的不锈钢丝;场管由直径为0.25 mm的皮下注射针组成,安装在管两端的阳极周围。

(摘自Bennett和Yule[4])

正比计数器是否具有良好的能量分辨率,关键在于确保原始电离事件中形成的每个电子在气体倍增过程中都倍增相同的系数。可能破坏这一正比的最重要的机械效应是式(6.3)预测的轴向均匀电场的扭曲。阳极丝直径沿其长度方向的任何变化都是一个潜在的来源。那么式(6.3)中的a值将不再是沿管子长度方向处恒定,气体倍增的程度将因点而异。由于要使大直径金属丝的均匀度在给定的公差范围内较为容易,因此可以通过避免使用极细的阳极丝来尽量减少这种影响。不过,一些实验证据[5]表明,即使直径小到12.5

μm,常用镀金钨丝的表面粗糙度也不会明显影响能量分辨率。在表面质量允许的范围内使用直径尽可能小的阳极丝,可以最大限度地降低特定气体倍增值所需的高电压,还可以通过最大限度地减少"雪崩"波动来提高能量分辨率(见第6.3.3节)。

造成电场畸变的其他常见原因是发生在电子管两端附近的效应。由于管子端壁或附近的其他导电结构的存在,阳极线进入绝缘体的点附近的电场会变得极度扭曲。除非采取预防措施避免这些困难,否则在这些端部区域产生的离子对所经历的气体倍增程度将不同于在整个管子体积内产生的离子对。

解决末端效应问题的最常用方法是设计计数器,使靠近末端的事件不发生任何气体倍增,并使这些"死"区域与正比管有效容积的其余部分之间发生突然过渡。实现这一条件的方法之一是使用场管。如图6.6所示,场管由短的导电管(直径比阳极的直径大很多倍)组成,这些导电管围绕阳极线放置在计数器的两端。场管上的电压可以保持在阳极电压,但由于其直径较大,因此在场管和阴极之间的区域不会发生气体倍增。这样,场管的末端就标志着正比计数器有效容积的开始,它可以离整个计数器的任何一端都有一定的距离。另外,场管也可以在阳极和阴极之间的电位运行。通过将该电位设定为相同径向位置上没有场管时的电位,计数器有效容积内的电场受到场管存在的干扰较小,式(6.3)将非常近似地描述有效容积内各处电场的径向相关性。有关场管附近电场的详细分析,请参阅参考文献[4]和[6]。端部效应问题的其他解决方案包括通过使用半导体端板[7]或绝缘端板上的导电环来校正电场,这些导电环保持在适当的电位,以避免管端附近的电场发生畸变。[8]

在高能物理中,一种被称为吸管的独特正比计数器被广泛用于粒子跟踪。如图6.7所示,长度可达数米的小直径吸管的外阴极是由金属箔通过缠绕工艺制成的,其自支撑管类似于苏打水吸管。传统的阳极线仍位于管子的中心,管内充满适当正比的气体。在许多跟踪应用中,阴极管壁薄是一个优势,可以最大限度地减少管壁中的粒子能量损失。由于大量的这种管子通常被用来组成跟踪应用的阵列,因此制造工艺成本相对较低也是一个优势。

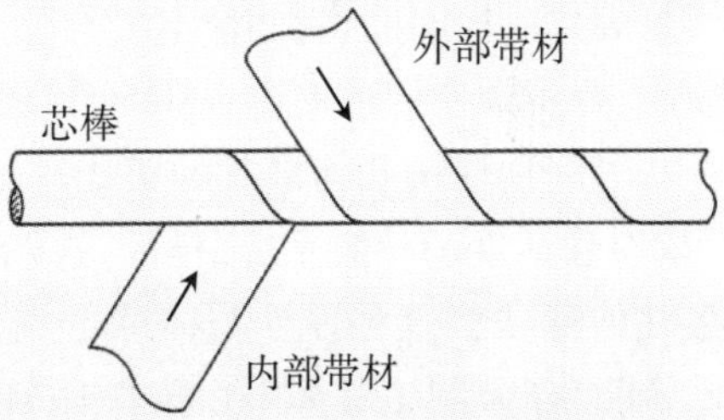

图6.7 用两条铝箔条制作吸管
使用黏合剂将铝箔条黏合成一个硬管。
(摘自Marzec等[9])

6.2.2 无窗流量计

图6.8所示为正比计数器的另一种常见结构示意图。图中假定辐射源是一小块放射性同位素样品,然后将其直接导入探测器的半球形计数容积中。对辐射源进行内部计数的最大优点是,辐射源和计数器的有效容积之间不需要入口窗口。由于窗口材料会严重衰减X射线或阿尔法粒子等软辐射,因此内部辐射源配置在这些应用中使用最为广泛。

计数几何形状对这类探测器也非常有利。在图6.8所示的系统中，几乎所有从源表面出现的量子都能进入计数器的有效容积，并产生输出脉冲。因此，有效立体角非常接近2π，探测器的效率可以接近辐射只从一个表面出现的辐射源可能达到的最大值。

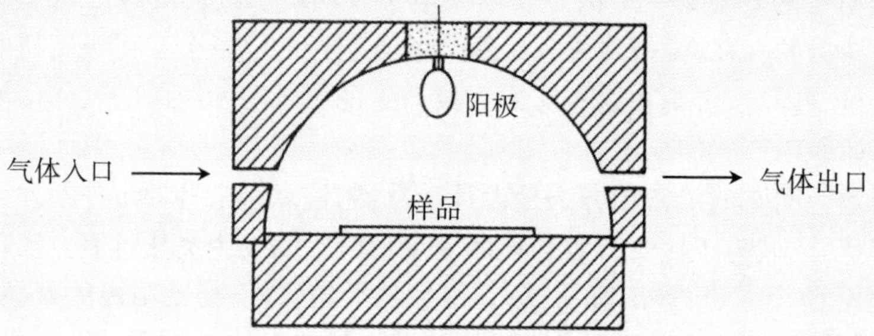

图6.8　带有环形阳极线和半球形体积的2π气体流量正比计数器示意图

通常可以通过滑动托盘将样品放入腔体中，以尽量减少引入的空气量。

必须提供某种方法将辐射源引入内部辐射源计数器的有效容积。在某些设计中，计数器的底座由一个旋转台组成，在旋转台上以固定的角度间隔设置了几个凹陷或源井。旋转台可以旋转，以便每次将一个源孔直接置于导管有效容积的中心下方。与此同时，至少还有一个孔可以从腔室外部进入，并可以装入新的待计数源。通过旋转工作台，可将新源带入计数位置，并移除先前的样品。在其他设计中，只需打开腔室，即可将源插入。无论哪种情况，都会有一些空气进入腔室，必须将其排出。因此，要对计数器进行吹扫，让正比气体流经腔体一段时间，将残留空气扫除。大多数这种类型的正比计数器也可作为流量计数器使用，在正常使用过程中，气体会以较慢的速度持续流过腔体。

另一种使用几何形状的正比计数器是“薄饼”探测器，如图6.9所示。它通常用于α和β放射性活度的计数系统，样品被放置在探测器的一个扇形表面附近，以提供接近2π的计数几何形状。这种设计与半球形相比有一些优势，因为它的体积通常较小，因此本底较低，而且还限制了气体中β粒子轨道的长度，使其脉冲幅度最小，从而最大限度地与α粒子的幅度分离。薄饼探测器也适用于安装多管同时对多个样品进行计数的系统。薄饼探测器可以使用传统的薄型入口窗口作为密封管，也可以作为气体流量计数器使用，其中窗口被移除，样品盛放盘被密封在腔室底部。实践证明，在这种正比计数器设计中加入第三个电极会产生有益的效果。在阳极线的周围有一根很像弹簧的螺旋线，其工作电压介于阳极和阴极电压之间，如图6.9所示，它的作用是使阳极线周围的电场在所有方位角方向上更加均匀。如果没有这个元件，电场强度将随方位角的变化而变化，从而影响腔室的能量分辨率。螺旋元件所具有的更高能量分辨率也有助于区分α和β诱发事件（见第6.4.3节的后续讨论）。

如果制备放射源的衬底比相关辐射射程比较小，则粒子（或光子）可能会从任一表面出现。在这种情况下，图6.10中绘制的4π几何结构可以利用这类源可能带来的更高计数效率。腔体的两半可以独立运行，也可以同时运行，以便只优先选择某些类型的事件。

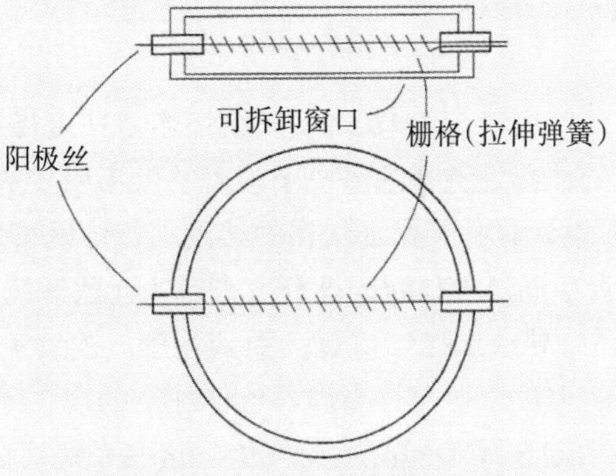

(a) 部分显示了“薄饼”正比管的形状

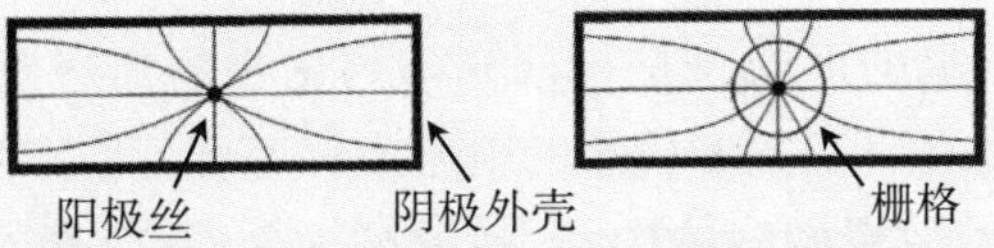

(b) 部分显示了栅格对改善阳极线周围电场均匀性的影响

图6.9 “薄饼”正比管的结构(a)及其栅格对阳极丝周围电场均匀性的改善(b)

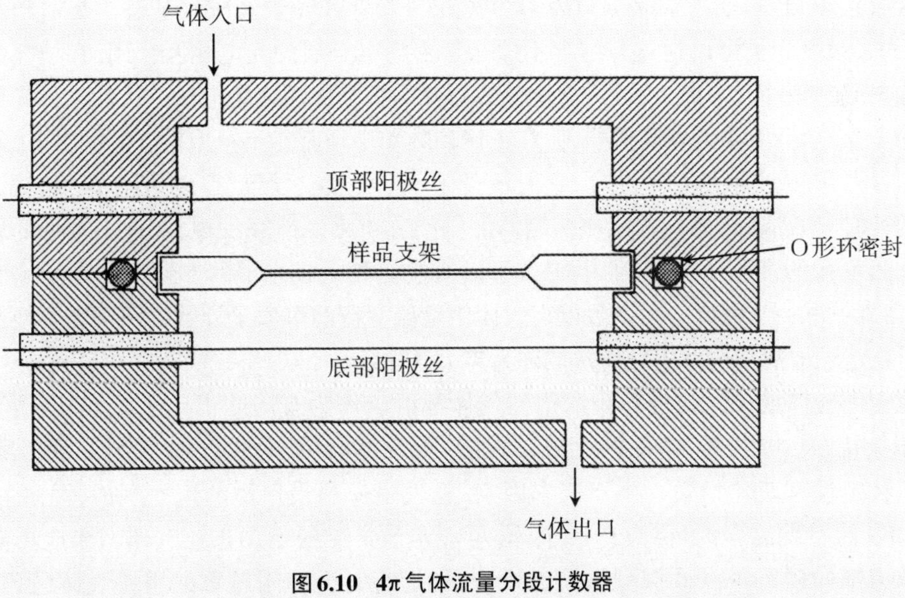

图6.10 4π气体流量分段计数器

用于检测从样品两个表面发出的辐射。上半部和下半部配有独立的阳极线,可以分开以引入安装在它们之间的样品。

6.2.3 填充气体

由于气体倍增主要取决于自由电子的迁移,而不是速度慢得多的负离子的迁移,因此正比计数器中的填充气体必须选择那些电子附着系数不明显的气体。由于空气不属于此类气体,正比计数器在设计时必须保证气体的纯度。气体既可以永久密封在计数器内,也可以在连续流动型设计中通过腔体缓慢循环。密封式计数器使用更方便,但其使用寿命有时受到微小泄漏的限制,导致填充气体逐渐受到污染。连续流动式计数器需要气体供应系统,这可能比较麻烦,但可以避免许多涉及气体纯度的潜在问题。连续流动设计还允许在需要时灵活地为计数器选择不同的填充气体。这些系统可以是"一次通过"型,即出口气体排入大气,也可以是气体通过净化器后循环使用。净化器必须去除微量的氧气或其他负电性杂质,其最常见的形式[10]是一根充满钙化物的加热瓷管,温度保持在350 ℃左右。负电性杂质对大体积计数器和较小的电子漂移速度值的影响最为明显。在二氧化碳这种电子漂移速度相对较慢的气体中[11],氧浓度为0.1%会导致每厘米漂移损失约10%的自由电子。

正比计数器中的气体倍增是基于电子与中性气体分子碰撞时产生的二次电离。除了电离之外,这些碰撞还可能产生气体分子的简单激发,而不会产生次级电子。这些受激分子不会直接参与"雪崩",而是通过发射可见光或紫外线光子衰减到基态。在适当的情况下,这些去激发光子可以通过与结合不那么紧密的电子层的光电相互作用,在填充气体的其他地方产生额外的电离,也可以通过计数器壁的相互作用产生电子。虽然这种光子诱发事件在盖革-米勒工作区域很重要,但在正比计数器中通常是不可取的,因为它们可能导致正比的损失和/或虚假脉冲。此外,它们还会在一定程度上导致"雪崩"沿阳极线扩散,增加可能的死时间效应,降低位置感应探测器的空间分辨率。研究发现,在许多常见的填充气体中加入少量的多原子气体(如甲烷),可以通过优先吸收光子的方式抑制光子诱发的效应,从而避免进一步电离。大多数以高气体倍增值运行的单原子计数气体都需要使用这种多原子稳定添加剂。这种成分通常被称为淬灭气体。

纯惰性气体或二元混合物中的惰性气体都可以作为有用的正比气体,前提是气体倍增因子保持在100以下。[12]除此之外,添加淬灭气体有助于[13-14]减少紫外线光子传播引起的不稳定性和正比损失。由于成本因素,氩气是使用最广泛的惰性气体,而90%的氩气和10%的甲烷混合物(称为P-10气体)可能是最常见的通用正比气体。当应用需要通过气体内部的吸收来高效探测伽马射线光子时,有时会使用较重的惰性气体(氪气或氙气)来替代。许多烃类气体,如甲烷、乙烯等也是合适的正比气体,并广泛应用于阻止本领不是主要考虑因素的场合。在将信号用于符合或快速定时的应用中,最好使用电子漂移速度高的气体(见本章图6.17)。用于热中子探测的正比计数器使用BF_3或^3He作为正比气体(见《核辐射探测与测量(下册)》第14章),而用于快中子能谱分析的正比计数器则充入氢、甲烷、氦或其他低Z气体(见《核辐射探测与测量(下册)》第15章)。在剂量测定研究中,选择与生物组织成分近似的填充气体通常比较方便。为此,建议使用由64.4%的甲烷、32.4%的二氧化碳和3.2%的氮气组成的混合物。[15]

尽管氧气是负电性气体,但事实证明[16-17],在特殊情况下,空气可以作为可接受的正比气体。如果电子必须漂移的距离只有1~2 mm,并且漂移区域的电场保持在较高水平,那么就会有足够多的电子摆脱附着,形成小规模但可检测到的"雪崩"。或者,电子可能会附着在空气中的氧分子上,并缓慢漂移到阳极附近,在那里,一些电子通过碰撞脱落,并通过在导线附近引发"雪崩"而成倍增加。[18-19]为了稳定运行,在将环境空气引入计数器之前,通常必须清除水蒸气和有机蒸汽。[20]少量空气(最多10%)也可引入用于连续监测氡或其他空气放射性的传统正比气体中。如果计数器的设计能够最大限度地减少电子漂移距离,那么就可以获得可用的性能[21],不过需要更高的外加电压来补偿电子因附着在氧气上而造成的损耗。这些损失主要发生在电子能量较低的漂移阶段,而在距离更小、电子能量更高的"雪崩"阶段损失较少。

填充气体的基本性质会因第二种气体的小浓度而发生显著变化,第二种气体的电离势小于主气体的电离势。其中一种机制被称为潘宁效应(Penning effect),它与主气体中存在的长寿命激发态或亚稳态有关。如果激发能量大于添加成分的电离能,那么亚稳态原子和中性添加原子之间的碰撞就会使添加成分电离。因此入射辐射每损失一个单位能量,就会形成更多的离子对,而如果没有添加剂,激发能量就会损失。例如,通过添加少量的乙烯,氩气的W值可从26.2 eV降至20.3 eV。[22]此外,由于更多的入射辐射能量被转化为离子,离子总数的相对波动降低了50%之多。[23-28]本章后面的表6.2列出了一些常见正比气体的W值和法诺尔因子F值。参考文献[29]~[32]综述并报告了惰性气体及其混合物的其他测量值。需要强调的是,这些参数不应被视为通用常数,但从实验中可以观察到W和F与粒子类型和/或能量有一定的相关性。在填充气体的原子层吸收边缘(见第2.3.1节)附近的能量区域,X射线和伽马射线的能量依赖性通常最为明显。

电子的扩散和漂移特性会因填充气体的具体选择而有很大不同。本章后面的图6.17举例说明了不同气体在电子迁移率方面的差异。[33]选择填充气体时需要考虑的一些因素包括:如果需要在气体中检测伽马射线或X射线,则需要考虑原子序数和密度;如果需要快速上升的输出脉冲,则需要考虑高漂移速度;对于需要记录主要相互作用位置的气体填充设备,则需要考虑较小的电子扩散系数值,以尽量减少电荷扩散。这些参数中的许多参数都可以计算出合理的精确度[34],并且基于描述气体中电子运动的传输方程的数值解已经开发出了许多计算机程序。[35]

6.3 正比计数器的性能

6.3.1 气体倍增因子

对气体倍增过程的研究通常分为两个部分。计数器的单电子响应是指如果“雪崩”是由来自气体倍增区域外的单电子引发的，则为气体倍增产生的总电荷量。这一过程可以通过实验进行研究，具体方法是创造辐照条件，使每次相互作用只释放一个电子（例如，通过入射紫外线光子的光电相互作用）。10^5数量级的倍增因子足以直接检测到所产生的脉冲，其幅度分布可以提供有关计数器内气体倍增机制的信息。参考文献[36-39]介绍了这类研究。这些实验结果将在本章后面关于正比计数器能量分辨率的讨论中使用。

如果知道了单电子响应，就可以推断出许多原始离子对产生的脉冲的振幅特性。如果空间电荷效应（本章稍后讨论）没有大到足以扭曲电场的程度，则每个“雪崩”都是独立的，由n_0个原始离子对产生的总电荷Q为

$$Q = n_0 \mathrm{e} M \tag{6.6}$$

其中，M是平均气体倍增因子，是计数器运行的特征。

已经进行的分析[40-44]试图根据管子参数和外加电压推导出预期系数M的一般表达式。为了简化计算，通常会做出以下物理假设：唯一的倍增过程是通过电子碰撞完成的（任何光电效应都可忽略不计），负离子形成过程中不会损失电子，空间电荷效应可忽略不计。在圆柱几何中求解汤森方程（式(6.1)）时，必须考虑到电场强度径向变化引起的汤森系数α的径向依赖性。一般来说，平均气体放大系数M可以写成

$$\ln M = \int_a^{r_c} \alpha(r)\mathrm{d}r \tag{6.7}$$

其中，r代表从阳极线中心算起的半径；积分是在可以进行气体倍增的整个半径范围内进行的，或者说是从阳极半径a到临界半径r_c的范围内进行的；系数α是气体类型和电场大小$\mathscr{E}(r)$的函数，有关其行为的数据可参阅参考文献[45]。式(6.7)通常可根据电场明确改写为

$$\ln M = \int_{\mathscr{E}(a)}^{\mathscr{E}(r_c)} \alpha(\mathscr{E}) \frac{\partial r}{\partial \mathscr{E}} \mathrm{d} \tag{6.8}$$

现在，通过引入式(6.3)来计算圆柱正比管中的电场形状，我们可以写出

$$\ln M = \frac{V}{\ln \dfrac{b}{a}} \int_{\mathscr{E}(a)}^{\mathscr{E}(r_c)} \frac{\alpha(\mathscr{E})}{\mathscr{E}} \cdot \frac{\mathrm{d}\mathscr{E}}{\mathscr{E}} \tag{6.9}$$

文献中出现的将气体倍增因子与实验参数联系起来的各种分析表达式，在$\alpha(\mathscr{E})$的表达式形式上各不相同。参考文献[46-49]综述了各种可能的选择。

通过假定α和$\mathscr{E}$之间的线性关系，Diethorn[50]得出了广泛使用的M的表达式：

$$\ln M = \frac{V}{\ln \frac{b}{a}} \cdot \frac{\ln 2}{\Delta V}\left(\ln \frac{V}{pa\ln \frac{b}{a}} - \ln K\right) \tag{6.10}$$

其中，M为气体倍增因子；V为外加电压；a为阳极半径；b为阴极半径；p为气体压力。

根据推导过程中使用的模型，ΔV相当于电子在连续电离事件之间移动所经过的电位差，而K则代表$\mathscr{E}/p$的最小值，低于该值就不会发生倍增。对于任何给定的填充气体，ΔV和K都应是常数。

已对该表达式在各种不同计数器中的适用性进行了研究[51]，其中填充气体是氙-甲烷或氙-二氧化碳混合物。图6.11显示了增益与电压的关系，图6.12显示了相同数据的

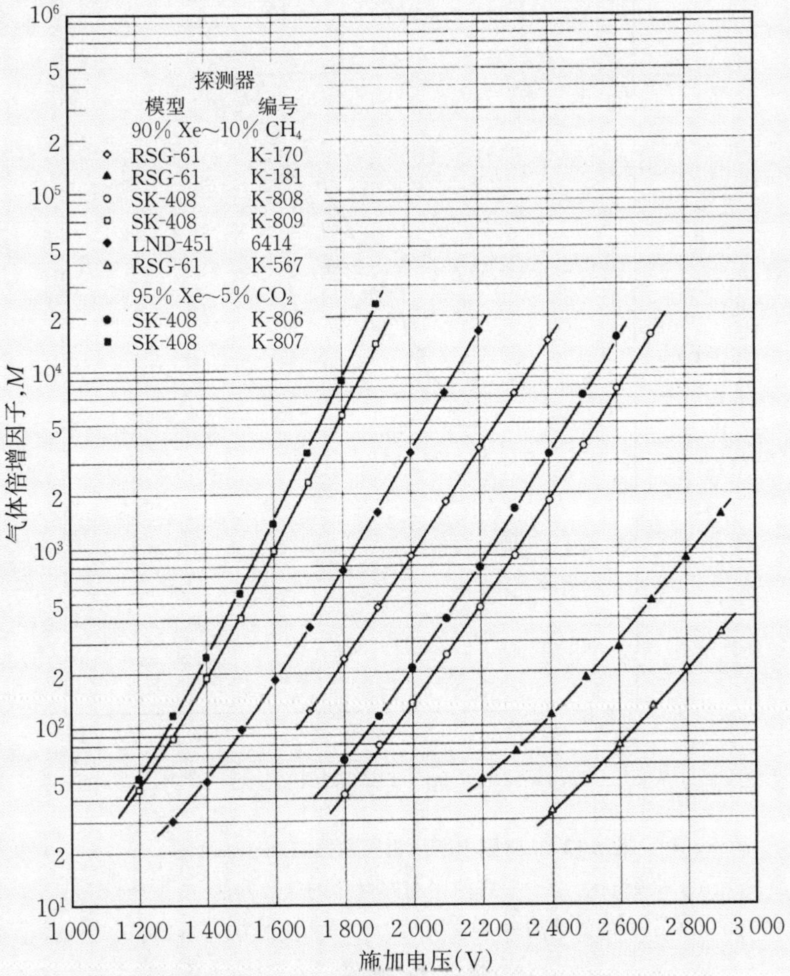

图6.11 气体倍增因子M随施加在不同正比计数器上的电压而变化

管子的物理特性各不相同，但只使用了两种指定的气体。

（摘自Hendricks[51]）

Diethorn图。有研究还表明式(6.10)非常适用于表6.1所列的其他一些填充气体[52]，表中显示了ΔV和K的相应值。Diethorn方法将ΔV和K这两个常数视为经验拟合参数。这种方法通常足以代表电压、压力和计数器尺寸有限范围内的实验数据。在理论上有理由增加第三个拟合参数[46-47]，这样做可以形成一个更通用的模型，能够代表正比计数器在更广泛的运行范围内的行为。

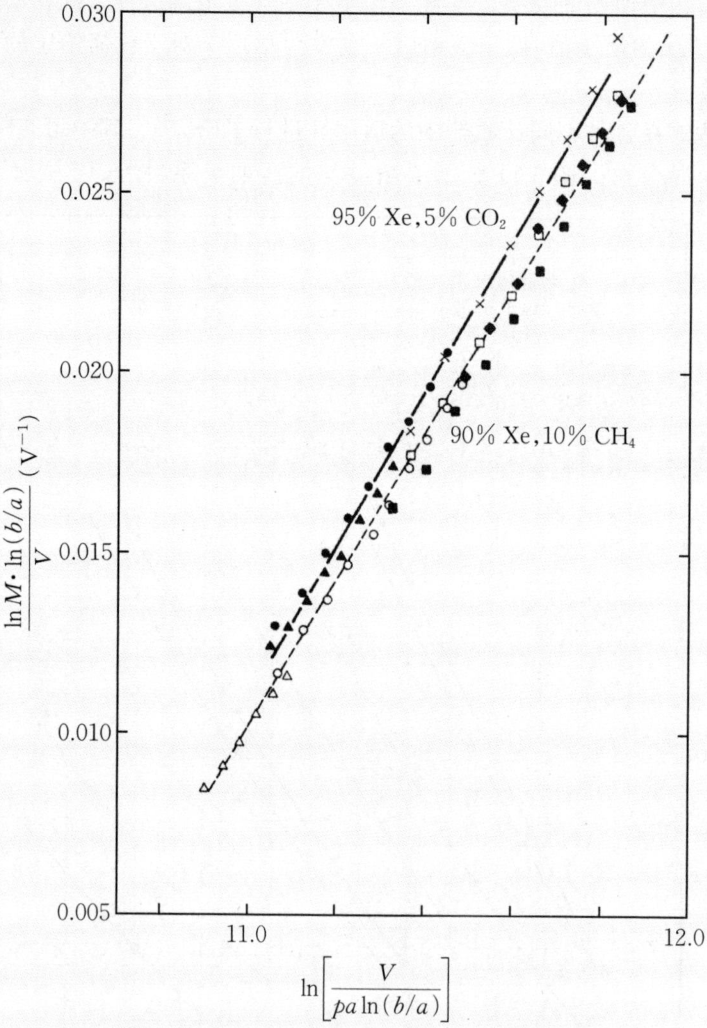

图6.12　6.11图中所示相同数据的Diethorn图

正如式(6.10)所预测的，对于所有使用相同气体的计数器的$[\ln M \cdot \ln(b/a)/V]$与$\ln[V/(pa\ln(b/a))]$的关系图与斜率为$(\ln 2/\Delta V)$和截距为$(-\ln 2)(\ln K)/\Delta V$。

(摘自Hendricks[51])

对于恒定气体压力下的给定正比管，式(6.10)显示气体倍增随着施加电压V的增加而迅速增加。忽略缓慢变化的对数项，倍增因子M主要作为V的指数函数变化。

表6.1 正比气体的Diethorn参数*

混合气体	$K(10^4\ V/(cm\cdot atm))$	$\Delta V(V)$	参考文献
90% Ar,10% CH_4(P-10)	4.8	23.6	[52]
95% Ar,5% CO_2(P-5)	4.5	21.8	[52]
100% CH_4(甲烷)	6.9	36.5	[52]
100% C_3H_8(丙烷)	10.0	29.5	[52]
96% He, 4%异丁烷	1.48	27.6	[52]
75% Ar,15% Xe,10% CO_2	5.1	20.2	[52]
69.4% Ar,19.9% Xe,10.7% CH_4	5.45	20.3	[52]
64.6% Ar,24.7% Xe,10.7% CO_2	6.0	18.3	[52]
90% Xe,10% CH_4	3.62	33.9	[51]
95% Xe,5% CO_2	3.66	31.4	[51]

* 见式(6.10)

6.3.2 空间电荷效应

在正比计数器所依赖的"雪崩"过程中,会产生电子和正离子。电子相对较快(几纳秒内)被收集到阳极,留下的正离子则移动缓慢得多,并逐渐向外漂移,扩散到管子阴极壁上。在某些情况下,这些净正电荷所代表的空间电荷会明显扭曲电场,使其与没有空间电荷时的电场值相差甚远。由于离子优先在阳极线附近形成,而大部分气体倍增都在阳极线附近进行,因此空间电荷的作用会使小半径处的电场降低到正常值以下。如果这种影响的幅度足够大,就会产生可测量的效果,使输出脉冲的幅度减小到低于人们通常预期的幅度。此外,由于减弱的程度可能因每个原始电离事件的详细几何形状而异,正比计数器的能量分辨率也可能受到空间电荷非线性的不利影响。

空间电荷效应有两种不同的类型。当气体增益足够高,以至于在特定"雪崩"过程中形成的正离子可以改变电场并减少同一"雪崩"后续阶段产生的电子数量时,就会产生自导效应。这种效应取决于气体倍增的大小和管子的几何形状[53],但与脉冲速率无关。一般空间电荷效应包括许多不同"雪崩"产生的正离子的累积效应。在气体倍增值较低时,这种效应可能很重要,但随着管内事件发生率的增加,这种效应会变得更加严重。参考文献[54]中对正比管中空间电荷的一般问题进行了综述,并提出了一种分析方法,可以估计在各种条件下产生的非线性效应。一般来说,大多数作者都主张在符合信噪比要求的情况下,使用尽可能低的气体倍增因子,以避免管内空间电荷效应可能造成的能量分辨率损失。这一建议对于涉及高计数率的应用尤为重要。

如果气体倍增是完全线性的,那么降低计数器电压并提高后续电子设备中放大器的增益来抵消气体倍增的相应下降,就可以从探测器记录到完全相同的脉冲高度谱。如果空间电荷引起的非线性非常明显，那么在较高的电压下，大脉冲幅度会受到更严重的限制，记录的频谱形状也会发生变化。这个过程可以作为一个简单的检查，以检测在所选的正比管工作电压下是否存在非线性。

6.3.3 能量分辨率

1. 统计方面的考虑

在没有非线性效应的情况下，正比计数器脉冲产生的电荷Q可以假定为每个“雪崩”产生的电荷之和。将有n_0个这样的“雪崩”，每个“雪崩”由入射辐射产生的n_0个离子对中的一个独立电子触发。在下面的讨论中，我们用A表示由单个电子引发的任何一次“雪崩”的电子倍增因子，用M表示对给定脉冲有影响的所有“雪崩”的平均倍增因子：

$$M=\frac{1}{n_0}\sum_{i=1}^{n_0}A_i\equiv\overline{A} \tag{6.11}$$

此外，eA_i是第i个“雪崩”产生的电荷，

$$M=\frac{Q}{en_0}$$

或者

$$Q=n_0eM \tag{6.12}$$

根据第4章的讨论，探测器的脉冲幅度通常与Q值成正比。即使在入射辐射的能量沉积相等的情况下，由于式(6.12)中的n_0和M都会显示出一些固有的变化，因此该幅度在不同脉冲之间也会出现波动。由于假定这些因素是独立的，我们可以使用误差传播公式(式(3.41))来预测Q的预期相对方差。

$$\left(\frac{\sigma_Q}{Q}\right)^2=\left(\frac{\sigma_{n_0}}{n_0}\right)^2+\left(\frac{\sigma_M}{M}\right)^2 \tag{6.13}$$

根据单电子倍增因子A的方差，可以方便地重写上述和中的第二项。同样，由于假定每个“雪崩”都是独立的，我们可以将误差传播公式应用于式(6.11)，从而得到

$$\sigma_M^2=\left(\frac{1}{n_0}\right)^2\sum_{i=1}^{n_0}\sigma_A^2$$

$$\sigma_M^2=\frac{1}{n_0}\sigma_A^2 \tag{6.14}$$

其中，A代表典型的“雪崩”幅度。结合式(6.13)和式(6.14)，我们可以得出

$$\left(\frac{\sigma_Q}{Q}\right)^2=\left(\frac{\sigma_{n_0}}{n_0}\right)^2+\frac{1}{n_0}\left(\frac{\sigma_A}{\overline{A}}\right)^2 \tag{6.15}$$

根据这一表达式，我们就可以从离子对波动$(\sigma_{n_0}/n_0)^2$和单电子倍增变化$(\sigma_A/\overline{A})^2$的不同贡献来分析脉冲幅度$(\sigma_Q/Q)^2$的预期相对方差。

(1) 离子对数量的变化

式(6.15)中的第一项表示离子对原始数量n_0的相对变化。这些波动在第5章开头讨论过,可以用法诺因子F表示

$$\sigma_{n_0}^2=Fn_0$$

或

$$\left(\frac{\sigma_{n_0}}{n_0}\right)^2=\frac{F}{n_0} \tag{6.16}$$

正比气体的法诺因子大小估计为0.05~0.20,表6.2将给出一些具体数值。在潘宁效应非常重要的二元气体混合物中,法诺因子的值通常最低(见前面关于填充气体特性的讨论)。

表6.2　正比气体的分辨率相关常数

气体	W (eV/离子对)	法诺因子 F		倍增因子方差 b	5.9 keV能量分辨率	
		计算*	测量		计算**	测量
Ne	36.2	0.17		0.45	14.5%	
Ar	26.2	0.17		0.50	12.8	
Xe	21.5		≤0.17			
Ne+0.5%Ar	25.3	0.05		0.38	10.1%	11.6%
Ar+0.5%C_2H_2	20.3	0.075	≤0.09	0.43	9.8%	12.2%
Ar+0.8CH_4	26.0	0.17	≤0.19			
Ar+10%CH_4	26***			0.50	12.8%	13.2%

* 数据来自Alkhazov等[22];

** 由$2.35[W(F+b)/5\,900\ \text{eV}]^{1/2}$求得(见式(6.24));

*** 数据来自Wolff[52]。

改编自Sipila[59]。

(2) 单电子"雪崩"的变化

式(6.15)中的第二项表示单电子"雪崩"幅度波动的贡献,这是一个已经进行了大量实验和理论研究的课题。一些实例可参见参考文献[39]和[55-57]。参考文献[39]还相当完整地引用了有关这一主题的早期文献。

可以对单电子"雪崩"分布进行简单的理论预测,假设电子的电离概率仅取决于电场强度,而与其先前的历史无关。然后可以证明,在给定"雪崩"中产生的电子数的预期分布应由Furry分布来预测:

$$P(A)=\frac{\left(1-\dfrac{1}{\overline{A}}\right)^{A-1}}{\overline{A}} \tag{6.17}$$

其中,A为"雪崩"倍增,即"雪崩"中的电子数;$\overline{A}$为A的平均值($=M$)。

如果$\overline{A}$相当大,例如,大于50或100(几乎总是这种情况),那么Furry分布就会简化为

简单的指数形式

$$P(A) \approx \frac{e^{-A/\overline{A}}}{\overline{A}} \tag{6.18}$$

预测相对方差

$$\left(\frac{\sigma_A}{\overline{A}}\right)^2 = 1$$

在低电场值下进行的实验往往证实了“雪崩”分布的指数形状。然而，在更高的电场下，也就是更典型的正比计数器工作时，必须使用更为复杂的模型才能充分代表实验结果。

在强电场中，电子的电离概率不能再被认为完全独立于其过去的历史，导致单电子指数分布的条件被违反。在这些条件下测量的单电子能谱往往会呈现峰分布，其中低幅度事件的数量被抑制在指数分布所预测的数量以下。在Byrne提出的模型[58]中，式(6.18)中的简单指数分布被Polya分布所取代

$$P(A) = \left[\frac{A(1+\theta)}{\overline{A}}\right]^{\theta} \exp\left[\frac{-A(1+\theta)}{\overline{A}}\right] \tag{6.19}$$

其中，θ是一个参数，与能量超过电离阈值[55]的电子比例有关，范围为$0<\theta<1$。可以证明Polya分布预测的相对方差为

$$\left(\frac{\sigma_A}{\overline{A}}\right)^2 = \frac{1}{\overline{A}} + b \tag{6.20}$$

其中，$b \equiv (1+\theta)^{-1}$，其观测值约为0.5。对于倍增因子$\overline{A}$的较大值，则

$$\left(\frac{\sigma_A}{\overline{A}}\right)^2 \approx b \tag{6.21}$$

(3) 总体统计极限

无论假定单电子“雪崩”分布的形式如何，大n_0值(例如大于20)时的脉冲幅度Q分布在形状上接近高斯分布。由于这在大多数应用中都是真实的，因此n_0和A的波动应该会在单能量辐射的脉冲幅度分布中产生一个对称的高斯分布峰。

为了预测该分布的相对方差，我们回到式(6.15)：

$$\left(\frac{\sigma_Q}{Q}\right)^2 = \left(\frac{\sigma_{n_0}}{n_0}\right)^2 + \frac{1}{n_0}\left(\frac{\sigma_A}{\overline{A}}\right)^2$$

对式(6.16)中的$\left(\sigma_{n_0}/n_0\right)^2$和式(6.21)中的$\left(\sigma_A/\overline{A}\right)^2$进行求值，可得

$$\left(\frac{\sigma_Q}{Q}\right)^2 = \frac{F}{n_0} + \frac{b}{n_0}$$

$$\left(\frac{\sigma_Q}{Q}\right)^2 = \frac{1}{n_0}(F+b) \tag{6.22}$$

其中，F是法诺因子(典型值为0.05～0.20)；b是Polya分布中描述“雪崩”统计数据的参数(典型值为0.4～0.7)。从F和b的相对大小可以看出，脉冲幅度方差主要受“雪崩”大小波

动的影响，而离子对原始数量的波动通常影响较小。

脉冲幅度分布的相对标准偏差由式(6.22)的平方根求得：

$$\frac{\sigma_Q}{Q}=\sqrt{\frac{F+b}{n_0}} \tag{6.23}$$

因为$n_0=E/W$，其中E是入射辐射沉积的能量，W是形成一个离子对所需的能量

$$\frac{\sigma_Q}{Q}=\sqrt{\frac{W(F+b)}{E}} \tag{6.24}$$

$$\frac{\sigma_Q}{Q}=\sqrt{\frac{C}{E}} \tag{6.25}$$

其中，$C=W(F+b)$，对于给定的填充气体是常数。因此，正比计数器能量分辨率的统计极限与入射辐射沉积能量的平方根成反比。使用W=35 eV/离子对、F=0.20和b=0.61(Byrne估计的下限)的值，我们可以计算出式(6.25)中常数的值为0.028 3 keV。由于能量分辨率的传统定义(图4.11)是相对标准偏差的2.35倍，因此10 keV时的预期能量分辨率应为12.5%，100 keV时为3.9%。

各种正比气体的W,F和b值会有所不同，表6.2列出了一些具体例子。极限分辨率与$\sqrt{W(F+b)}$成正比，因此在比较不同气体的潜在分辨率时，该参数可作为指南。后来的测量结果[59]表明，参数b可能比Byrne最初估计的值要小一些，表中也包括了这些值。

有迹象表明[56,59]，气体倍增的相对方差在倍增因子值较低时最小。这意味着参数b可能轻度依赖于电场，这并不是一个不合理的假设。因此，一些学者主张，如果要达到正比计数器能量分辨率的极致，则应使用尽可能小的电压和气体倍增系数，同时将电子噪声控制在可忽略的水平。低倍增因子还能将空间电荷效应引起的非线性可能产生的有害影响降至最低(见前面的讨论)。使用普通正比计数器气体进行的测量证实[5,60]，使用较低的外加电压值以及选择良好的表面质量和均匀性一致的最小直径阳极线，可以观察到最佳的能量分辨率。小阳极丝会导致电场值的梯度非常陡峭，分析模型和实验证据[60]都表明，在这些条件下“雪崩”波动会降到最低。

2.影响能源分辨率的其他因素

在控制良好的情况下，正比计数器实际观测到的能量分辨率非常接近式(6.24)预测的统计极限。图6.13显示了正比计数器观测到的低能光子能量分辨率的一些数据。式(6.25)所给出的平方根能量依赖性很好地描述了这些数据点。其他数据[62]也证实了在1 atm或更低气体压力下的这种能量相关性，但观察到在更高压力下分辨率会有所下降。

为了获得接近这一统计极限的能量分辨率，必须注意尽量减少电子噪声、管子中的几何不均匀性以及探测器工作参数变化的潜在有害影响。现代的半导体前置放大器的噪声水平通常很低，因此即使在涉及低能量辐射的应用中，电子噪声对能量分辨率的影响也可以忽略不计。

几何因素中最关键的是正比计数器所用阳极线的均匀性和光滑度。阳极线直径的变化

小到0.5%，都会造成很大影响。[40]其他因素包括阳极丝可能存在的偏心或圆柱形阴极的不均匀性，但这些因素的关键性要小得多。正如前面关于设计的章节所讨论的，管子两端存在特殊问题。除非通过使用场管或其他方法小心塑造电场，否则一些相互作用可能会在电场减弱的区域发生。随后产生的"雪崩"将小于正常值，并可能增加观测到的脉冲幅度分布宽度。

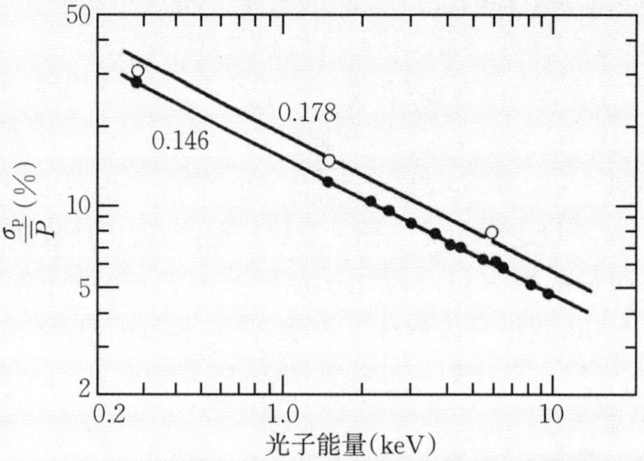

图6.13　充入1 atm P-10气体的正比计数器的峰相对标准偏差(FWHM能量分辨率/2.35)

图中显示了两组测量结果，一组是对直径为0.05 mm的"标准"钨阳极丝(o)的测量结果，另一组是对均匀性得到改善的类似阳极丝(•)的测量结果。图中标出式(6.25)中$\sqrt{C}$的相应值(单位：$keV^{1/2}$)。

(摘自Charles和Cooke[61])

影响能量分辨率的重要运行参数包括气体纯度、气体压力和腔室高压的稳定性。微量的负电性气体会显著降低气体倍增因子，并在脉冲幅度中引入额外的波动。气体压力即使发生百分之零点几的微小变化，也可能产生很大的影响[40,63]，这在气体放大倍数的相应变化中得到体现。这对于密封管来说很少成为问题(气压变化引起的窗口弯曲除外)，但对于气体压力调节不佳的气体流量正比计数器来说，则可能成为分辨率损失的重要原因。最后，式(6.10)显示了气体倍增对外加电压的极端依赖性。在典型条件下，0.1%或0.2%的外加电压变化都会显著改变气体倍增因子，因此，如果要保持正比计数器的最终能量分辨率，电压供应必须调节良好且无长期漂移。增益与这些参数的关系可以使用气体倍增过程的物理模型之一来预测，如式(6.10)。表6.3列出了一些典型的结果。

表6.3　正比计数器中的增益(脉冲高度)变化

Diethorn模型对P-10填充正比管的预测(a=0.03 cm，b=1 cm，V=1 793 V，M=1 000)	
1%的增长	M的变化
加载的电压V	+17.4%
气体压力p	−8.6%
阳极半径a	−6.1%
阴极半径b	−2.7%

通常还观察到[64]，正比计数器的计数率变化会影响气体倍增系数。如果辐照率在测量过程中发生变化，则相关的增益变化会对能量分辨率产生不利影响。虽然不能总是确定速率相关效应的完整物理解释，但一些潜在因素[65]包括：因缓慢移动的正离子而在倍增区域中积累的空间电荷增强了阳极附近的体积复合，阳极线上积累的一层松散的可极化分子以及由于平均脉冲上升时间的差异可能导致弹道亏损的变化（见《核辐射探测与测量（下册）》17.3.2节）。无论具体原因是什么，在正比计数器的许多应用中，计数率效应已被证明是分辨率损失的重要来源。

长期使用正比计数器会产生“老化”效应[66-69]，导致倍增因子下降和能量分辨率降低。密封管漏气是一个可能的原因，但即使是气体流量计数器也会发生这种变化。一个潜在的原因是阳极线上逐渐形成固体沉积物或“晶须”。在含有甲烷的气体中，“雪崩”产生的条件会导致形成聚合物，聚集在金属丝表面。在氩气-甲烷和氙气-甲烷混合物中，当积累足够多的“雪崩”，代表收集到的总电荷为$10^{-6}\sim10^{-5}$C/mm线长时，就会出现明显的性能下降。[70]填充气体中的微量污染物也会导致导线上出现腐蚀产物，从而引起计数器产生虚假脉冲。[71]

6.3.4 信号脉冲的时间特性

第5章中对脉冲式离子室进行的同类分析也可用于推导正比计数器的输出脉冲形状[72]。不过，由于以下物理因素而产生的几个大差异会极大地改变输出脉冲的特性。

首先，实际上，正比管内产生的所有电荷都来自“雪崩”区域，与最初离子对的形成位置无关。因此，输出脉冲的时间历程可方便地分为两个阶段：由辐射产生的自由电子从其原始位置到达阳极线附近可进行倍增的区域所需的漂移时间，以及从“雪崩”开始到“雪崩”结束所需的倍增时间。

对于任何给定的原始离子对，漂移时间对输出脉冲的贡献与随后“雪崩”中形成的数量大得多的电荷载流子的贡献相比，可以忽略不计。因此，漂移时间的作用是在离子对的形成时间和相应输出脉冲的开始时间之间引入一个延迟。漂移时间（可能为几微秒或更多）通常远大于倍增时间，并根据管内原始离子对的径向位置而变化（见式(6.5)）。

其次，由于大部分离子和电子都是在非常靠近阳极线的地方产生的，因此输出脉冲的大部分是正离子的漂移，而不是电子的移动。起初，正离子处于高磁场区域并快速移动，导致脉冲的初始成分快速上升。然而，离子最终会到达管子半径较大、场较小的区域，漂移速度随之降低。因此，脉冲的后半部分上升非常缓慢，由于后续电子电路的成形时间有限，在实践中往往无法观察到。

图6.14显示了单个带电粒子触发脉冲的发展步骤。以下是对电子和正离子在“雪崩”中聚集所形成的脉冲形状的简化分析，使用的论据是第5.6.2节的平行板离子室推导的扩展，其中一个主要区别是，现在必须使用圆柱几何来表示阳极线周围电场的形状。一般来说，正电荷Q通过电势差$\mathrm{d}\varphi$运动所吸收的能量$\mathrm{d}E$由以下等式给出

$$dE = -Q\mathrm{d}\varphi \tag{6.26}$$

电场以$\varepsilon(r) = -\mathrm{d}\varphi(r)/\mathrm{d}r$表示

$$\frac{\mathrm{d}E}{\mathrm{d}r} = Q\mathscr{E}(r) = Q\frac{V_0}{r\ln\dfrac{b}{a}} \tag{6.27}$$

其中，$\varepsilon(r)$的值使用了式(6.3)。

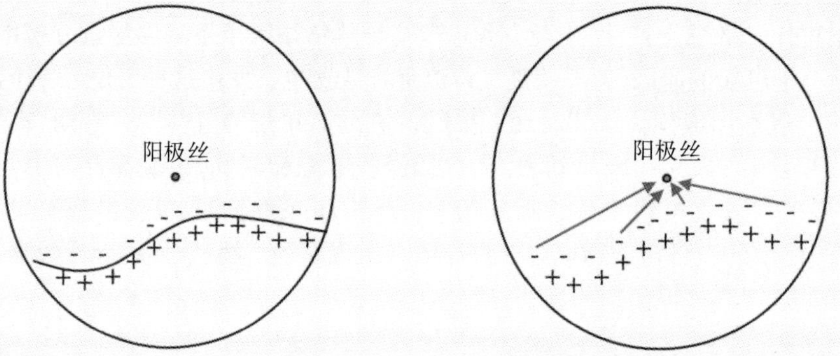

(a) 高能电子或带电粒子通过计数器气体时产生离子对(纳秒级时间尺度)

(b) 电离电子沿半径向阳极丝内漂移(几微秒时间尺度)

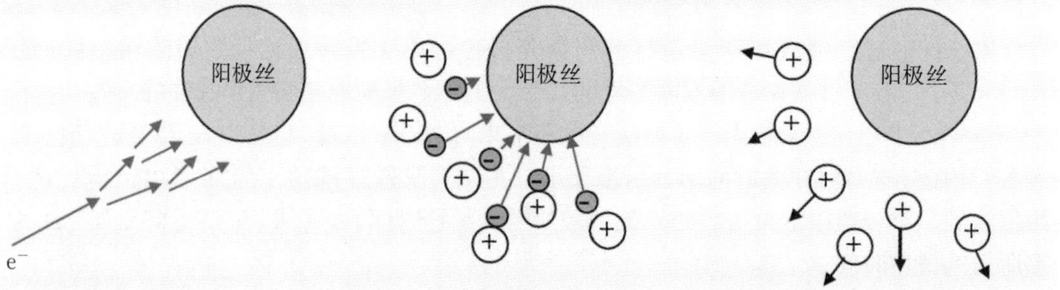

(c) 到达倍增区的每个电子都会引发自己的“雪崩”(亚微秒时间尺度)

(d) 在每个“雪崩”中形成的成百上千个电子被迅速吸引到导线表面(亚微秒时间尺度)

(e) “雪崩”中速度慢得多的正离子通过导线附近的高场区向外移动，产生大部分输出脉冲幅度(几微秒时间尺度)

图6.14　正比计数器产生脉冲的事件顺序

我们首先假设在距离阳极线表面固定距离ρ的地方“雪崩”形成了n_0个电子和正离子(图6.15)。设$Q = n_0\mathrm{e}$，则正离子运动到阴极所吸收的能量为

$$E^+ = \int_{a+\rho}^{b}\frac{\mathrm{d}E}{\mathrm{d}r}\mathrm{d}r = \frac{QV_0}{\ln\dfrac{b}{a}}\int_{a+\rho}^{b}\frac{\mathrm{d}r}{r}$$

$$= \frac{QV_0}{\ln\dfrac{b}{a}}\ln\frac{b}{a+\rho} \tag{6.28}$$

带负电的电子向阳极运动所吸收的能量为

$$E^- = -\frac{QV_0}{\ln\frac{b}{a}}\int_{a+\rho}^{a}\frac{\mathrm{d}r}{r} = \frac{QV_0}{\ln\frac{b}{a}}\ln\frac{a+\rho}{a} \tag{6.29}$$

根据式(6.28)和式(6.29)，两种物质被收集后吸收的能量之和为

$$\begin{aligned}\Delta E = E^+ + E^- &= \frac{QV_0}{\ln\frac{b}{a}}\ln\left(\frac{b}{a+\rho}\cdot\frac{a+\rho}{a}\right)\\ &= QV_0\end{aligned} \tag{6.30}$$

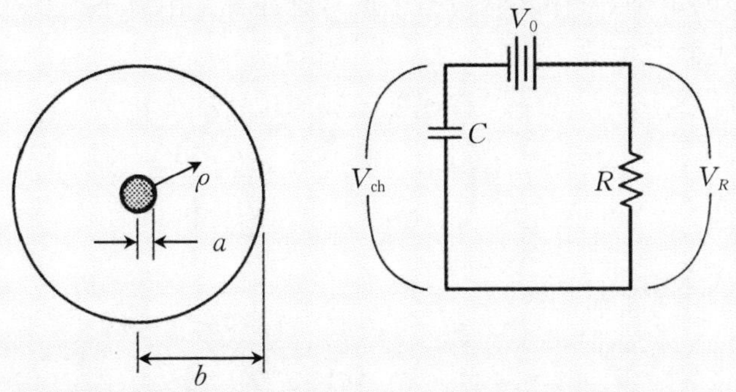

(a) 用于推导单“雪崩”诱导脉冲形状的圆柱形几何截面图　　(b) 信号产生的等效电路

图6.15　圆柱形正比计数管几何截面图(a)和产生信号的等效电路图(b)

其中C代表探测器和相关线路的电容，V_R是负载电阻R上产生的信号电压，V_{ch}是探测器上的剩余电压。

与平行板几何形状的情况一样，这种能量必须消耗探测器电容上存储的能量：

$$\frac{1}{2}CV_{ch}^2 = \frac{1}{2}CV_0^2 - \Delta E$$

$$\frac{1}{2}C(V_{ch}+V_0)(V_{ch}-V_0) = -\Delta E$$

假设$V_{ch}+V_0\approx 2V_0$，并将$V_R=V_0-V_{ch}$代入，可得

$$V_R = \frac{\Delta E}{CV_0} = \frac{QV_0}{CV_0} = \frac{Q}{C} \tag{6.31}$$

这与平行板几何形状的结果相同。如果时间常数RC与离子收集时间相比较长，则该值为产生的最大脉冲幅度。实际上，对于正比计数器来说，这一条件几乎从不成立。因此，最大脉冲幅度取决于电压-时间曲线的形状。

“雪崩”中产生的大部分电子和离子都是在靠近阳极线表面的地方形成的。根据式(6.2)预测的指数增长特征，一半的电子和离子将在阳极的一个平均自由路径内形成，通常距离表面只有几微米。根据式(6.28)和式(6.29)，电子漂移与离子漂移产生的最大信号幅度之比为

$$\frac{E^-}{E^+}=\frac{\ln\dfrac{a+\rho}{a}}{\ln\dfrac{b}{a+\rho}} \tag{6.32}$$

选择$a=25\ \mu\text{m}$和$b=1\ \text{cm}$作为管道尺寸，并假定$\rho=3\ \mu\text{m}$，我们可以发现

$$\frac{E^-}{E^+}=0.019$$

在这个例子中，电子运动只占最大信号的不到2%，正离子漂移才是脉冲形成的主要原因。因此，我们可以忽略电子的贡献，假设整个信号脉冲都是由离子漂移产生的，而离子漂移基本上是在阳极线表面产生的。

根据式(5.3)和式(6.3)，离子漂移速度随径向位置的变化为

$$v^+(r)=\frac{\mu\mathscr{E}(r)}{p}=\frac{\mu}{p}\cdot\frac{V_0}{\ln\dfrac{b}{a}}\cdot\frac{1}{r} \tag{6.33}$$

将这一表达式放入运动定律中

$$\int_a^{r(t)}\frac{\mathrm{d}r}{v^+(r)}=\int_0^t\mathrm{d}t$$

并进行积分，我们可以得到以下随时间变化的离子位置表达式：

$$r(t)=\left(2\frac{\mu}{p}\frac{V_0}{\ln\dfrac{b}{a}}t+a^2\right)^{1/2} \tag{6.34}$$

将$r(t)=b$代入上式，即可求出收集离子所需的时间

$$t^+=\frac{(b^2-a^2)p\ln\dfrac{b}{a}}{2\mu V_0} \tag{6.35}$$

根据参数的典型值，收集时间非常长，代表性值为几百微秒。不过，大部分信号都是在离子漂移的早期阶段产生的。离子运动吸收的能量与时间的函数关系为

$$E^+(t)=\frac{QV_0}{\ln\dfrac{b}{a}}\int_a^{r(t)}\frac{\mathrm{d}r}{r}=\frac{QV_0}{\ln\dfrac{b}{a}}\ln\frac{r(t)}{a} \tag{6.36}$$

用式(6.34)表示上式中的$r(t)$，并设定$V_R(t)=E^+(t)/CV_0$，我们可以得出信号脉冲的时间曲线为

$$V_R(t)=\frac{Q}{C}\cdot\frac{1}{\ln\dfrac{b}{a}}\ln\left(\frac{2\mu V_0}{a^2p\ln\dfrac{b}{a}}t+1\right)^{1/2} \tag{6.37}$$

根据该方程，脉冲将在一定时间内达到其最大幅度的一半，具体时间为

$$t|_{\text{半幅}}=\frac{a}{a+b}t^+ \tag{6.38}$$

其中，t^+是式(6.35)中给出的全部离子收集时间。此时，离子的径向位置由$\sqrt{ab}$给出，电场值已下降到阳极线表面电场值的$\sqrt{a/b}$部分。

在a=25 μm和b=1 cm的情况下，根据式(6.38)预测，只需经过整个离子漂移时间的0.25%(通常为一微秒)，即可达到半幅点。此时，离子已经从金属丝表面移动了475 μm，电场下降到其表面值的5%。在这一快速脉冲前沿之后是一个缓慢得多的上升沿，这与离子漂移穿过径向距离较大的低电场区域相对应。

如果所有原始离子对都在固定半径处形成，那么电子漂移时间都将相同，所有“雪崩”都将同步，那么式(6.37)也将描述这些事件的输出脉冲形状。然而，大多数情况下，离子对都是沿着入射辐射的轨迹形成的，因此覆盖了一定的半径范围。电子漂移时间的差异会给输出脉冲的上升时间带来额外的差异。图6.16显示了两种情况下输出脉冲前沿的预期形状：在恒定半径上形成离子，以及离子对均匀分布在计数器的整个体积中。在后一种情况下，输出脉冲的上升时间要长得多。为了尽量缩短上升时间和相关的时间不确定性，缩短电子漂移时间是有帮助的。在漂移区域保持尽可能高的电场值，并选择电子漂移速度高的气体，就可以达到这一目的。[74]图6.17显示了一些“慢”和“快”填充气体的例子。

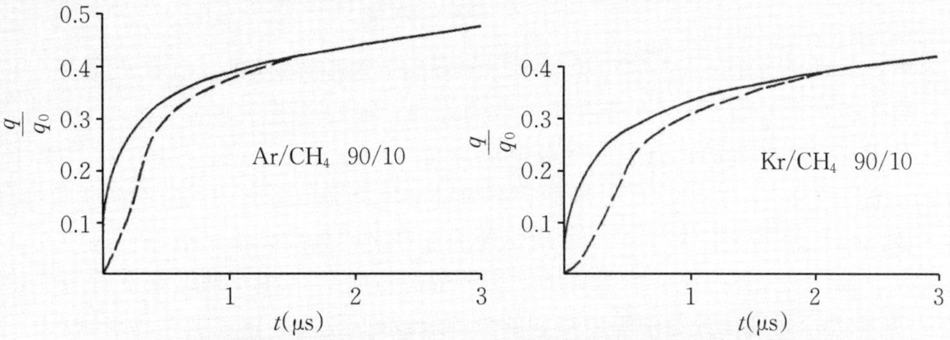

图6.16 计算得出的典型计数管两种不同正比计数器气体的输出脉冲前沿形状

在每种情况下，实线表示在同一半径处形成的初始电离(漂移时间恒定)，而虚线假定沿直径方向均匀电离。(摘自Gott和Charles[73])

当使用几微秒的时间常数对正比计数器产生的脉冲进行成形时，离子漂移的慢分量不再对脉冲幅度产生影响。因此，成形脉冲的幅度小于无限时间常数对应的幅度，其差值称为弹道亏损。如果所有离子对都以恒定的半径形成，那么脉冲的形状和弹道亏损将始终保持相同，其净效应只是将所有脉冲幅度降低一个恒定系数。当相互作用在不同半径范围内随机分布时，脉冲形状将根据原始离子对的径向分布而变化。除非使用许多微秒的成形时间，否则弹道亏损也将根据这种径向分布而变化，探测器的能量分辨率可能因此受到影响。针对正比计数器脉冲的各种脉冲成形网络所造成的弹道亏损已进行了大量研究[73,76-78]，并对其大小进行了估算。一般来说，应使用与脉冲上升时间变化相比较大的成形时间(通常为几微秒)，以尽量减少弹道亏损变化对能量分辨率的影响。

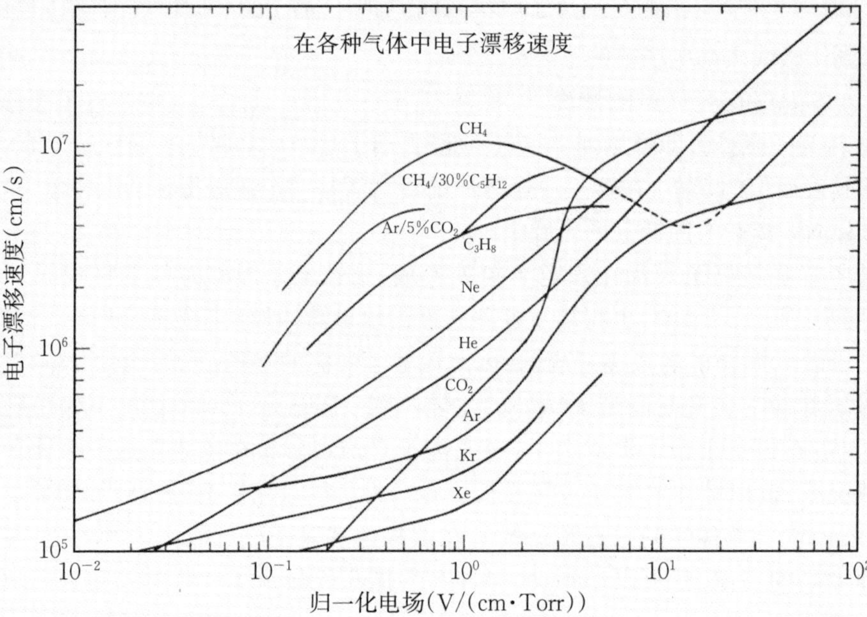

图6.17 各种气体中的电子漂移速度

(由Jeavons等汇编[75])

脉冲上升时间的变化有时可以得到很好的利用。短程辐射(重带电粒子或中子相互作用产生的次级粒子)通常会在管子内产生半径范围有限的离子。本底辐射或不良事件(如伽马射线相互作用产生的快电子或次级电子)的射程可能要长得多,因此往往会产生初始半径分布更广的离子。这些本底脉冲的上升时间会比所需信号脉冲的上升时间长,可以使用《核辐射探测与测量(下册)》第17章中概述的上升时间甄别方法来消除。这种方法可以很好地用于减少软X射线或低能量贝塔粒子计数的本底[79-82],用于加强本章后面所述用于阿尔法/贝塔混合活度计数器中辐射类型的分离以及用于抑制《核辐射探测与测量(下册)》第14章和第15章所述中子探测器的伽马射线诱导脉冲。

6.3.5 杂散脉冲

在某些情况下,在正比计数器的主脉冲之后可能会产生卫星脉冲。这些次级脉冲与入射辐射无关,而是由初级"雪崩"内部效应产生的次级过程产生的。这些杂散脉冲会导致对一个脉冲的多重计数,是造成计数器不稳定的潜在原因。

杂散后脉冲通常非常小,相当于单个电子触发"雪崩"的幅度。在许多情况下,可以通过简单的幅度甄别来消除它们。在电场值适中的情况下,它们的发生率可能不会超过普通计数器气体中主要发生率的几百分之一。在对这些卫星脉冲敏感的情况下,应避免过高的气体倍增值,因为它们产生的概率会随着倍增因子的增加而迅速增加。

参考文献[15]讨论了导致产生杂散脉冲的各种物理机制。其中一个重要机制源自"雪崩”中产生的激发原子所发射的光学光子。这些光子几乎没有时间延迟地到达阴极壁，并可能通过光电效应在阴极表面产生一个低能电子。然后，这个单个电子将漂向阳极并产生另一个“雪崩”，这个“雪崩”与主脉冲的延迟时间为电子从阴极漂向阳极所需的时间。在普通尺寸的计数器中，这个时间约为几微秒。在圆柱形计数器中，阴极和阳极之间的所有漂移时间都是相同的，因此，如果产生一个以上的光电子，所产生的杂散脉冲的幅度可能会大大超过单个原生电子所产生的脉冲。

其他机制尚不完全清楚，可能导致从主脉冲延迟多达几百微秒的杂散脉冲。[83]可能的原因包括正离子在阴极收集时的相互作用、电子在阴极壁上的场发射、逆气体的逸散态或电子因之前“雪崩”产生的空间电荷效应而延迟。延迟时间如此之长的杂散脉冲几乎总是具有与单个原生电子相对应的幅度，因此只有在气体倍增因子相当大时才能被检测到。

在某些情况下，当施加的电压足够高以允许对这些后脉冲进行计数时，就会达到第4节讨论的计数坪末端。这时表观计数率会突然上升，超过计数器内发生真正相互作用的速率。有人提出了一种确定坪结束的灵敏方法[84]，即在计数器发出主脉冲后的一段固定时间内(几十微秒)，对发生的脉冲数进行监测。在正常情况下，这些脉冲的数量非常少，可以根据观察到的计数率从计数统计数据中准确预测。但是，如果开始检测到杂散脉冲，则后脉冲的速率会突然增加，这显然是计数坪结束的信号。

6.4 探测效率和计数曲线

6.4.1 工作电压的选择

对于α或β粒子等带电辐射，每一个在填充气体中沉积大量能量的粒子都会产生一个信号脉冲。在气体倍增值较高的情况下，单个离子对就会触发“雪崩”，并产生足够的二次电离，因此可以使用具有合理噪声特性的前置放大器进行检测。除非应用需要，否则正比计数器很少以对单个“雪崩”敏感的模式运行，因为这样一来，由于空间电荷效应，较大脉冲的测量容易出现非线性。此外，许多本底脉冲和杂散脉冲也可能被计数，而这些脉冲通常只对应极少的原始离子对。

相反，通常会使用较低的气体倍增系数，这就要求脉冲必须来自有限数量的离子对，以获得足够大的幅度，从而超过计数系统的分辨水平。由于气体倍增值随施加到探测器上的电压而变化(图6.11)，因此可以记录第4章所述类型的“计数曲线”，以选择适合特定应用的工作电压。在这种测量中，当探测器电压变化时，在恒定源条件下记录计数率。然后选择一个工作点，该点通常与所得到的速率与电压曲线上的平坦区域即“坪”相对应。

6.4.2 阿尔法计数

如果探测器发出的几乎所有脉冲大小相同,那么微分脉冲高度谱就会出现一个孤立的峰,如图6.18(a)所示。

图6.18(b)所示相应的计数曲线是一条简单的坪曲线。计数坪上的一个工作点可确保探测器发出的所有相关脉冲都被计数。这种简单的行为是第7章讨论的G-M计数器的特征,但只有在特殊情况下才能在正比计数器中观察到。其中一种情况是单能带电粒子,其在计数气体中的射程小于腔体的尺寸。α粒子源通常属于这一类,因此正比计数器可以轻松记录进入有效容积的每个粒子,效率几乎达到100%。为了避免密封管入口窗口的能量损失,无窗流量计数器通常用于α计数。因此,α源活动的绝对测量相对简单,只需评估计数器有效容积所占的有效立体角(内部源流量计数器的有效容积可能接近2π),并对源本身或源衬里中的α自吸收和散射进行少量修正即可。

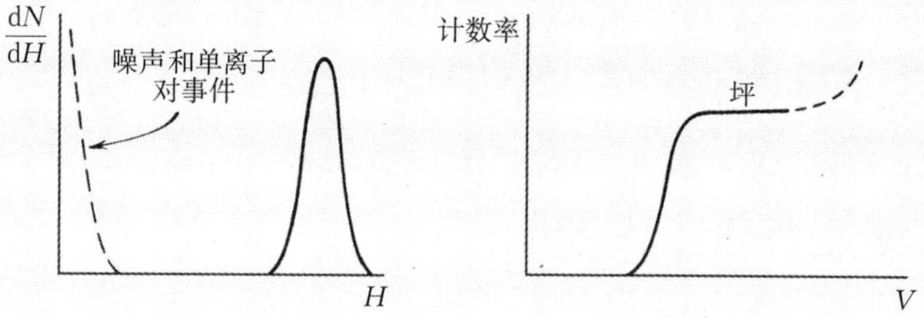

(a) 微分脉冲高度谱　　(b) 相应的计数曲线

图6.18　阿尔法计数的脉冲高度谱和计数曲线

6.4.3 贝塔计数

对于典型能量的贝塔粒子,粒子射程大大超过了腔室的尺寸。因此,在气体中形成的离子对数量只与到达另一面壁之前在气体中损失的那一小部分粒子能量成正比。因此,β粒子脉冲通常比具有同等动能的α粒子诱导的脉冲要小得多,而且由于β粒子能量的分布和穿过气体的可能路径的变化,其幅度范围也会更大。图6.19(a)部分描绘了一个微分脉冲高度谱,它可能代表一个典型的混合β和α源;相应的计数曲线在图(b)部分现在显示出两个坪:第一个坪位于只计数到α粒子的位置,第二个坪则同时计数到α和β粒子。由于贝塔粒子脉冲高度分布更广,与低幅度噪声的分离程度更低,因此"贝塔坪"通常比"阿尔法坪"更短,斜率更大。

绝对贝塔活度测量通常在图6.10所示的4π流动计数器中进行。贝塔粒子的射程更大,因此可以在足够薄的衬底上制备源,使大部分粒子都能从衬底的任一侧出现,只需对未到达腔室有效容积的粒子进行少量修正即可。

6.4.4 混合来源

在许多应用中，目的是对可能混杂在共同样本中的α和β活度进行分别计数。如图6.19(a)所示，α和β活度的预期幅度之间的固有分离可用于提供两个独立的读出通道，一个对应于α计数，另一个对应于β计数。这种选择是通过在电子计数电路的并行分支中以电子方式设置脉冲高度窗口来实现的，其中一个窗口设置为包含阿尔法峰，另一个窗口设置为包含贝塔粒子。如果正比室的增益均匀性和能量分辨率足够好，并且其几何形状使两种辐射产生的脉冲在幅度上相差甚远，那么就会产生干净的分离，两个计数通道之间的"串扰"也会很小。如果几何形状不佳，导致贝塔粒子在气体中长距离移动，或导致阿尔法轨道长度的变化，则会降低事件分离度，并且如果幅度重叠，可能会引起一些明显的串扰。这种串扰可以通过缩小脉冲高度接受窗口来减少或消除，但代价是降低计数效率。

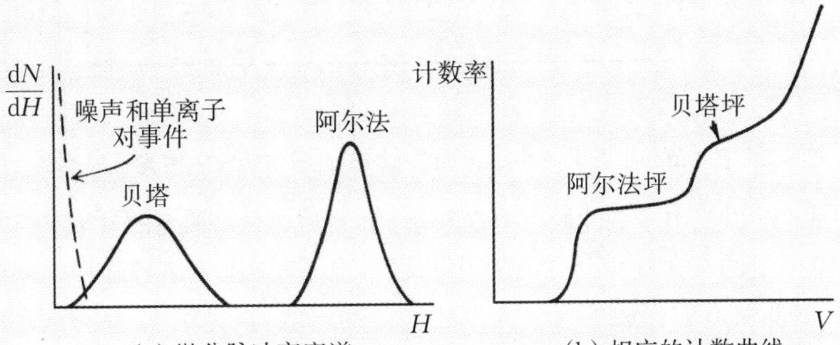

(a) 微分脉冲高度谱　　(b) 相应的计数曲线

图6.19　混合源的脉冲高度谱和计数曲线

正比计数器的一个优点是α/β粒子在幅度上的固有分离使得α通道的本底计数率非常低。大多数本底源(见第20章)，如宇宙射线或环境伽马射线，都会产生典型的β粒子低密度电离，因此幅度太低，无法进入α通道。残余本底主要是由于计数器结构材料的天然阿尔法活度造成的，可低至每小时1～2个计数。

6.4.5 X射线和伽马射线源

正比计数器可用于软X射线或伽马射线的探测和能谱分析，这些射线的能量很低，足以在计数器气体中以合理的效率发生相互作用。图6.20显示了在标况条件下，厚度为5.08 cm的常见高Z正比气体中的相互作用概率。气体吸收边缘造成的不连续性(在第2章中讨论过)非常明显。对于氙气，有用的响应可以明显扩展到100 keV光子能量以上。低能X射线能谱学是正比计数器最重要的应用之一，其基础是完全吸收气体中光子相互作用形成的光电子。由于光电子能量与X射线能量直接相关(见第2章)，因此可以通过测量脉冲高度能谱中相应"全能量"峰的位置来确定光子能量。

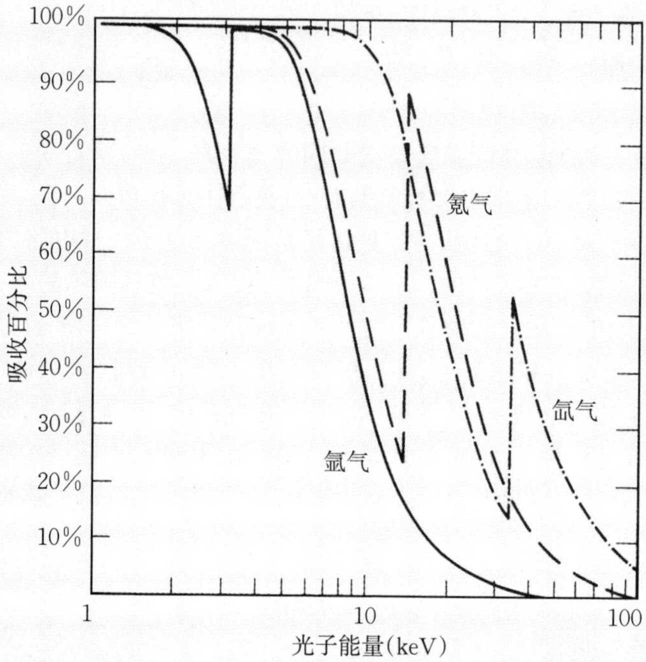

图6.20 在1 atm压力下,5.08 cm厚的几种正比气体吸收入射光子的比例

低能X射线产生的光电子的能量仅为几万电子伏特或更低。典型的W值为25～35 eV/离子对,沿着典型电子的轨迹在气体中只产生几百个离子对,作为信号脉冲的基础。相应的电荷并不比典型低噪声前置放大器输入端的等效噪声电荷(见第17章)大多少。因此,通过正比计数器固有的气体放大过程获得额外的"内部"增益,对于提高测量脉冲的信噪比至关重要。

低能X射线的响应函数可能会因探测器内原生辐射相互作用产生的特征X射线的若干效应而变得复杂。其中最重要的是特征K层X射线,它通常跟随填充气体中主辐射的光电吸收而产生。由于相应的能量可能相对较大(氩、氪和氙中的K_αX射线能量分别为2.97 keV、12.6 keV和29.7 keV),这种X射线可能会从气体中逸出,而不会进一步发生相互作用。如图6.21所示,响应函数中将出现一个相应的"逸出峰",该峰位于全能量峰的下方,其大小等于特征X射线能量①。响应函数中的其他峰也可能是由计数器入口窗口或壁上的一次辐射相互作用产生的特征X射线吸收引起的。通常选择低Z窗口材料(如铍)来减少这种吸收。

由于入口窗口无论做得多薄都会吸收一些进入的辐射,因此它在决定弱穿透辐射的探测效率方面起着重要作用。同时,窗口必须是气密的,通常需要支持管内气体与外部环境

① 原则上,结合较不紧密的L或M壳层的光电吸收后逸出的特征X射线也会产生逸出峰,但由于几个原因,这些逸出峰很少被观测到。这些壳层的X射线能量较低,穿透力较弱,因此不太可能从气体体积中逸出。另外,预测的逸出峰的能量更接近全能量峰,而许多普通探测器的有限能量分辨率不足以将它们分开。

之间相当大的压力差。窗口可能还需要具有光学不透性，以防止气体中的自由电子被入射的可见光或紫外线释放出来。用于X射线应用的商用正比管有铍窗和铝窗两种，厚度从50 μm到250 μm不等。最薄的铍窗可将入射X射线的有效响应时间降低到约2 keV。对于更低的衰减，可以使用由金属网格支撑的薄膜组成的专用窗口。[85,86]

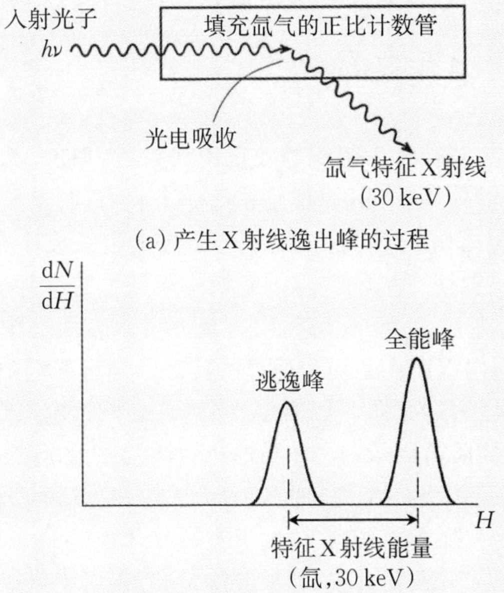

(a) 产生X射线逸出峰的过程

(b) 对应的能谱图

图6.21 特征X射线的产生模型和对应的能谱图

一种被称为荧光门控[87,88]的技术已经问世，它实际上是利用了光电吸收后特征X射线的发射。该技术适用于正比计数器，其结构为一系列独立的单元或位置敏感室[89]，入射光子的光电吸收和由此产生的特征X射线的吸收可以通过电子方式分离。由于特征X射线会在气体中传播一段距离，因此很可能会在与原始光吸收不同的单元中被吸收。如果这两个事件可以作为时间重合的脉冲(X射线的飞行时间通常可以忽略不计)被单独感应，那么测量就可以仅限于记录管内所有可能相互作用的子集。这样，通过将两个脉冲相加，接受的事件将是荧光X射线被重新吸收的全能量吸收，上一段中提到的逃逸峰将从记录的脉冲高度谱中消除。这种选择还能减少康普顿散射或本底事件的影响，因为这些事件仅限于在单个单元中进行能量沉积。

对于更典型的伽马射线的高光子能量，正比计数器作为探测器就不再有吸引力了。由于光子在气体中的直接相互作用概率随能量的增加而迅速下降，因此计数效率变得非常低(图6.20)。剩下的伽马灵敏度来自光子在计数器壁上的相互作用，由此产生的次级电子到达计数器气体。这一过程的本征效率仅为百分之一左右(图7.10)，由于电子能量在到达气体之前的损耗是可变的，因此不能作为能量测量的基础。当气体计数器应用于伽马射线探测时，它们通常被用于盖革-米勒区域，以利用由此产生的操作简单的优势。

6.5 正比计数器设计的变体

6.5.1 组织等效正比计数器

一种专门的正比计数器被称为组织等效正比计数器(TEPC),它在伽马射线和中子的剂量测定中发挥着有益的作用。[90]其原理是建造一个腔室,腔室壁和填充气体混合物模拟生物组织的元素组成(见第6.2.3节)。当受到外部伽马射线或中子辐照时,壁内会产生次级带电粒子(主要是伽马射线产生的快电子和快中子产生的反冲质子)。对于与次级粒子射程相比较厚的壁来说,存在一种平衡条件,即离开壁内表面的次级粒子通量不再取决于壁的厚度,而是壁体材料内部产生的粒子通量的特征。剂量测定中最重要的参数之一是次级粒子的线性能量传递(LET)分布。如第2章所述,LET值决定了将吸收剂量测量值转换为剂量当量时必须应用的质量因子Q。如果填充气体的压力足够低,以至于进入气体的粒子在穿过气体到达壁时只损失一小部分能量,那么TEPC就可以直接测量LET分布。由此产生的脉冲幅度取决于粒子的LET与粒子穿过气体的路径长度的乘积。在低压气体中,可以近似认为这些路径大致是直线,如果腔体是球形的,则可以分析计算弦长分布。有了这种分布和测得的脉冲高度分布的知识,就可以展开粒子的LET分布。这一过程在分析能量分布未知的中子通量或中子/伽马射线混合场时特别有用。[91,92]

6.5.2 平行板"雪崩"计数器

传统正比计数器的一种变体,在需要快速定时信息比良好能量分辨率更重要的应用中获得了一些关注。[93-96]在涉及重带电粒子的应用中,平行板"雪崩"探测器尤其有用,因为在这些应用中,固态探测器的相关辐射损伤可能会使其无法使用。计数器由两个平行板电极组成,中间有间隙,为了获得最佳的时间信息,间隙通常要尽可能小。另外,也可以使用细网格代替实心板作为电极[97],以减小其厚度。电极被封闭在一个容器中,容器中通入正比气体,电极板之间产生恒定电场,在气体压力相对较低的条件下,电场值可高达4×10^6 V/(m·atm)。[94]带电粒子穿过极板之间的间隙时,会留下离子和电子的痕迹,这些离子和电子通过常规的气体倍增过程进行倍增。在阴极附近形成的电子显然要比阳极附近形成的电子受到更多的倍增,最大气体增益可达10^4量级。

由于典型的应用涉及完全穿过电极间隙的粒子,因此形成的离子数量反映了粒子在穿过过程中损失的能量。这种探测器通常称为ΔE探测器,本文后面还将举出其他例子。由于任何典型的输出脉冲都包含混合气体放大因子,因此能量分辨率很少超过20%。尽管如此，这种性能通常足以分离比能量损失相差很大的不同类型粒子。

输出形状由电子收集产生的快速上升分量和正离子运动产生的慢速分量组成。出于计时目的，只使用快速分量，而慢速部分则通过较短的收集电路时间常数来消除。对于1 mm量级的间隙，在高电场条件下，快速元件的上升时间约为2 ns。[84]如果入射粒子沉积的能量相对均匀，时间分辨率(定义见第17章)可短至160 ps。[94,98]通过使用适当图案化的电极，平行板"雪崩"探测器还可以产生二维位置信息。[99-100]

6.5.3 位置敏感正比计数器

由于正比计数器中"雪崩"的位置仅限于阳极导线长度的一小部分，因此已经开发出一些能够感应管内发生事件位置的方案。在常见的圆柱形几何结构中，电子从其形成地沿径向场线向内漂移，因此"雪崩"的位置可以很好地指示原始离子对形成的轴向位置。如果入射辐射的轨迹沿着管子的长度延伸一段距离，那么许多"雪崩"也会沿着阳极分布，只能推算出平均位置。

正比管中最常见的位置感应方法是基于电荷分配原则，如图6.22所示。阳极导线的单位长度电阻很大，因此收集到的电荷会在导线两端的放大器之间按照与相互作用位置简单相关的比例进行分配。将两个放大器的输出相加，就会产生一个传统的输出脉冲，其振幅与总电荷成正比。通过将单个放大器的输出除以相加信号，产生位置信号，从而产生一个脉冲，指示沿阳极线长度方向的相对位置。这种除法可采用模拟技术[101]或数字技术[102]执行。

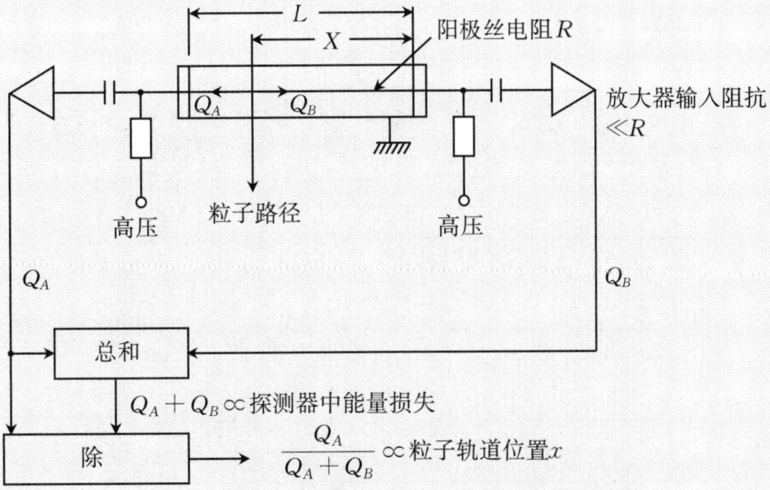

图6.22 采用电荷分配法在正比计数器中进行定位

(摘自Fischer[102])

电荷划分法的另一种方法是观察放置在电阻阳极线两端的前置放大器的相对上升时间，这种方法具有出色的空间分辨率。[103]距离其中一个前置放大器较远的事件比靠近该前置放大器的事件的上升时间更长。然后，可以根据两个前置放大器产生的脉冲之间的上升时间差得出位置信号。据报道，这种探测器对准直良好的阿尔法粒子的空间分辨率为0.15 mm(FWHM)[104]，其探测器总长度为200 mm。

有关位置敏感正比计数器的大量综述已汇编成册，介绍了它们在X射线和中子探测器[105]以及带电粒子磁谱学焦平面探测器中的应用。[106]

6.5.4 多线正比计数器

在某些情况下，在正比计数器内提供一根以上的阳极线是有利的。例如，在计数器两侧充当阴极的两个大平板之间放置阳极线网格，就可以经济地制造出表面积非常大的探测器。图6.23显示了这种布置的简图以及由此产生的电场结构。由气体电离形成的电子向阳极线平面内漂移，最初处于近乎均匀的电场中。当它们接近时，会被加速向最近的导线飞去，进入其周围的高场区，在那里形成“雪崩”。“雪崩”聚集的阳极线上会出现较大的负极性诱导脉冲，而邻近的阳极则会出现较小的正幅度脉冲。因此，连接到每根导线上的前置

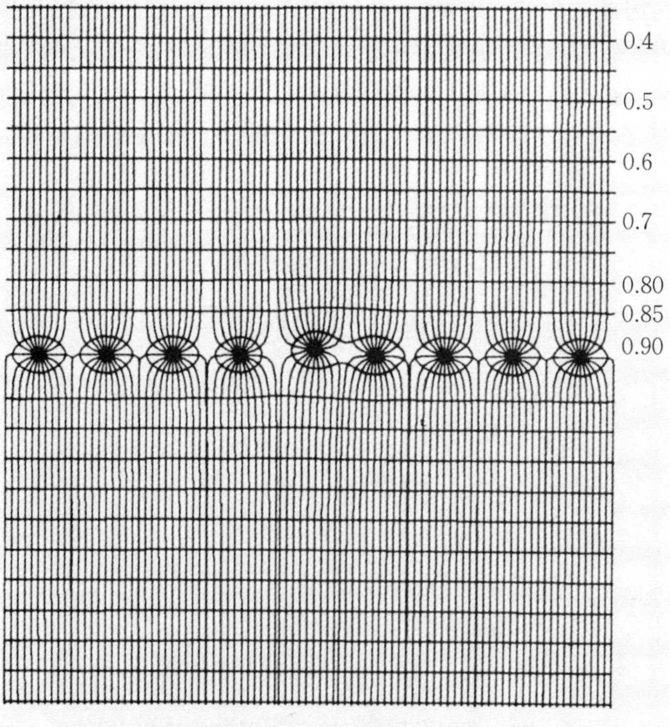

图6.23 阳极导线网格(垂直于页面)所产生的电场线图

网格等距放置在图中顶部和底部的两个平行阴极板之间。在远离网格的大部分区域，场几乎是均匀的。每个栅线附近都会形成一个高场区。

(摘自Charpak和Sauli[107])

放大器发出的信号可用于将事件定位到最近的导线上，最细的导线间距限制在1~2 mm。为了减少前置放大器的数量，可以使用电阻器将阳极相互连接起来，形成电荷分离链，然后按照图6.22所示的同类方案处理来自两端前置放大器的信号，以确定电荷沿链的中心点。阴极平面也可以制成孤立的条状或线状，如图6.24所示。正信号由阴极条上的“雪崩”诱发，但由于它们距离较远，诱发电荷会扩散到更大的范围。通过使用电子重心技术，可以合理精确地定位放电的中心点。一个阴极平面上的条带可以在x方向上，而另一个阴极上的条带通常是正交的，以获得独立的y坐标。类似设计的设备通常横截面积达数平方米，是高能粒子研究中非常常用的位置感应探测器（见参考文献[109]）。

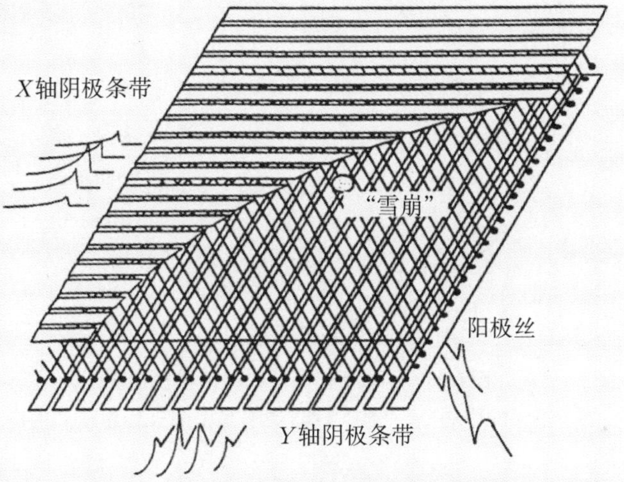

图6.24　二维位置传感多线正比计数器简图

（摘自Sauli[108]）

虽然许多多线室都是在正比模式下运行的，但相对较低的信号幅度可能会成为位置感应应用中的一个限制因素。实验证明，自淬灭流线工作模式（见《核辐射探测与测量（下册）》第19.2节）是正比模式和盖革模式的混合模式，在某些应用中可能更为理想，因为它能产生更大的信号。

使用多条阳极线也有助于设计快速响应的正比计数器。由于响应速度在很大程度上与初始电子到倍增区的漂移时间有关，因此可以通过在探测器的整个体积中提供许多倍增区来尽量缩短响应时间。例如，参考文献[110]描述了一个40 mm×40 mm的平面探测器，其中阳极线的间距为1 mm。当在5托（666 Pa）压力下使用乙烯填充气体时，在5.5 MeV的α粒子辐照下的时间分辨率为0.8 ns（FWHM）。

也可以在单个气体罩中将多根导线定向，形成作为独立正比计数器的层或单元。例如，图6.25展示了一种圆柱形布置，其中一个中心单元被一个环形单元包围，每个环形单元都由位于六角形导线阵列中心的阳极导线组成，而六角形导线阵列则充当单元阴极。

每个阳极产生独立的信号。这种设计提供了多个探测器单元，它们直接接触，没有间隔墙或死层。通过对涉及一个以上单元的事件进行符合或反符合选择，可以优先接受特定类型的事件。例如,在对软β粒子进行计数时,可通过剔除在一个外单元中产生重合信号的长程粒子来减少内单元的本底。[111]在另一种应用中,仅选择在中心单元发生的事件,从而消除因粒子撞击充气探测器壁而所产生的复杂影响。

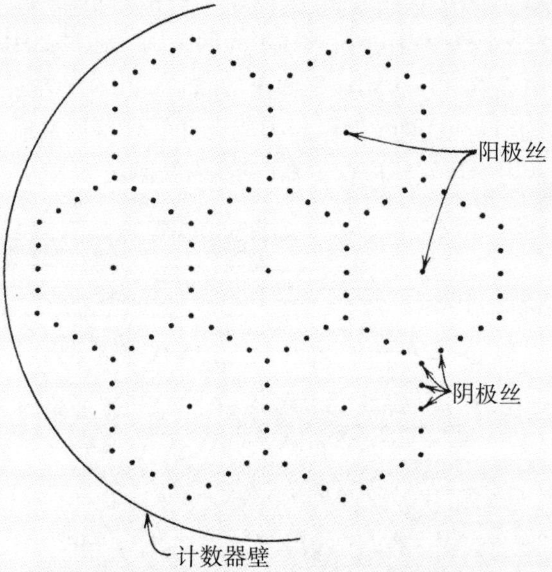

图6.25 多单元正比计数器的横截面图

每个单元的中心是一根阳极线,周围是由阴极线组成的网格。

6.5.5 气体正比闪烁计数器

现已开发出一种有用的混合探测器,它将正比计数器的某些特性与第8章讨论的闪烁探测器的特性结合在一起。气体正比闪烁(GPS)计数器(文献中也称为气体闪烁正比计数器或气体闪烁漂移室)的原理是利用激发气体原子或分子发射的可见光和紫外线光子产生信号脉冲。在传统的气体闪烁体中,这些受激气体分子是在入射辐射穿过气体时通过直接相互作用产生的。激发态的寿命通常很短,因此在入射粒子通过后的几纳秒内就会出现光。

如果对气体施加电场,沿粒子轨道产生的离子对中的自由电子就会像在电离室或正比计数器中那样漂移。如果电场足够强,这些电子与中性气体分子之间的非弹性碰撞会使一些分子进入激发态,然后通过发射光子来去激发。这一过程也发生在正比计数器中,但光子被视为一种干扰,因为它们随后在计数器其他部分的相互作用会导致虚假脉冲。然而,在气体正比闪烁计数器中,受激气体分子发射的光子由光电倍增管检测,光电倍增管产生的电脉冲与入射到光电倍增管上的光子数成正比。参考文献[127]对气体中产生这种"二次闪烁"光的机制进行了综述,其中还引用了大量与开发气体正比闪烁计数器有关的早期工作。参考文献[128]和[129]综述了其他设计及其性能。

气体正比闪烁计数器的光输出由快反应和延迟反应组成。快反应光成分相对较弱,由沿入射辐射轨道产生的传统闪烁光组成。电子从粒子轨道漂移到阳极线附近的高场区通常需要一微秒数量级的延迟。在这一漂移过程中不会产生光。然后,电子进入高场区,在这里,激发的分子会在一微秒的时间内产生,从而产生相对缓慢但强烈的次级信号。虽然在典型气体中的快速闪烁强度仅为标准闪烁体NaI(Tl)等效光输出的百分之几,但次级光产额却可以高出几个数量级。如果高场区无限延伸,原则上单个原生电子可以产生无限数量的次级光子。对于基于阳极线的设计,高电场是在阳极线附近产生的,因此产光区域在阳极线表面结束。另外,图6.26所示的设计通过在两层对电子运动基本透明的网格之间施加足够高的电压来产生均匀的高电场区域。[130-132]通过这一过程,一个电子在网格层之间通过时可以产生数百个光子。记录这种光的最常用方法是使用第9章所述的光电倍增管,不过也有一些使用硅雪崩光电二极管(也见第9章)的例子。[133]

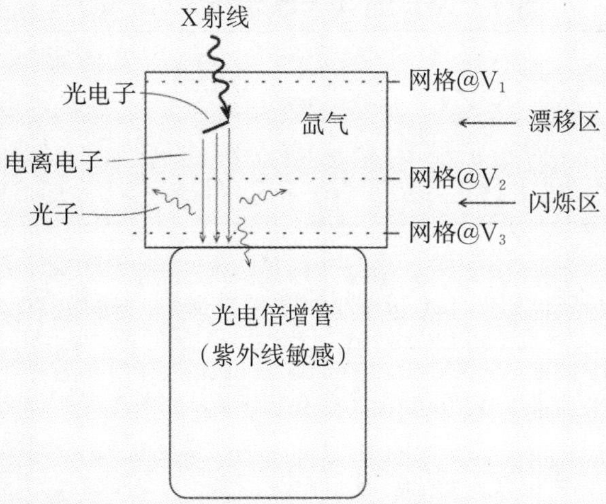

图6.26 具有低场漂移区和高场闪烁区的气体正比闪烁计数器示意图

所有的光都在闪烁区产生。

这种几何形状的气体正比闪烁计数器还可以通过使用第9章所述的位置敏感光电倍增管来提供粒子在气体中相互作用的位置信息。由于气体正比闪烁计数器具有光产额大得多的特点,因此与使用传统闪烁计数器达到同样目的相比,这种方法具有明显的优势。

另一种版本的气体正比闪烁计数器消除了图6.26所示的漂移区,整个气体体积中存在均匀的高电场。[134-135]这种设计避免了在低电场漂移区因电荷重组而可能造成的损失,也避免了因吸收未通过栅格的电子而造成的任何损失。在这种情况下,光从原始离子对形成时开始产生,并一直持续到离子对被收集为止,因此对持续时间的测量可用于测量相互作用的深度,以进行位置传感。将测得的总光产额除以持续时间,就得到了一个与深度相关性被抵消的比率,该比率与沉积在气体中的粒子能量成正比。

据估计[136-137],在纯惰性气体中,电子从电场中获得的能量有75%~97%转化为光。惰性气体没有振动或旋转状态,因此激发需要将原子提升到10 eV左右的最低电子激发态。电子通常要经过数千次非辐射弹性散射碰撞,才能从电场中获得足够的动能,形成受激原子。因此，存在低振动态或旋转态的分子杂质会严重抑制这一激发过程，而气体的纯度对于获得良好的二次闪烁产额至关重要。激发原子R^*的去激发过程一般分为两步：首先与中性原子碰撞产生分子稀有气体激元R_2^*。然后，它通过分解成两个基态原子和一个发射光子($R_2^* \longrightarrow 2R + h\nu$)来去激发。这种光位于常用惰性气体光谱的真空紫外区(表6.4)。可以直接使用特制的紫外敏感光电倍增管来检测，或者使用标准的光电倍增管，通过出射窗上的有机光学层的吸收和再发射，将波长转移到可见光范围(第8.3.4节对光学波长偏移进行了更全面的讨论)。另一种方法是使用光电二极管[139-140]和光离子化装置(见第9.10节)，它们可以检测到紫外区的光。特别是，位置敏感的光离子化探测器已被证明在记录大面积气体正比闪烁计数器设备中二次闪烁光的强度和空间位置方面极为有用，这些设备被应用于辐射成像[141-142]

表6.4　气体正比闪烁计数器发射光的光谱特性

气　　体	发射光谱峰波长(nm)	发射光谱的FWHM(nm)
氩气	128	10
氪气	147	12
氙气	173	14

数组来自Suzuki和Kubota[138]。

典型气体正比闪烁计数器的电压特性如图6.27所示。增加腔体电压可以提高次级信

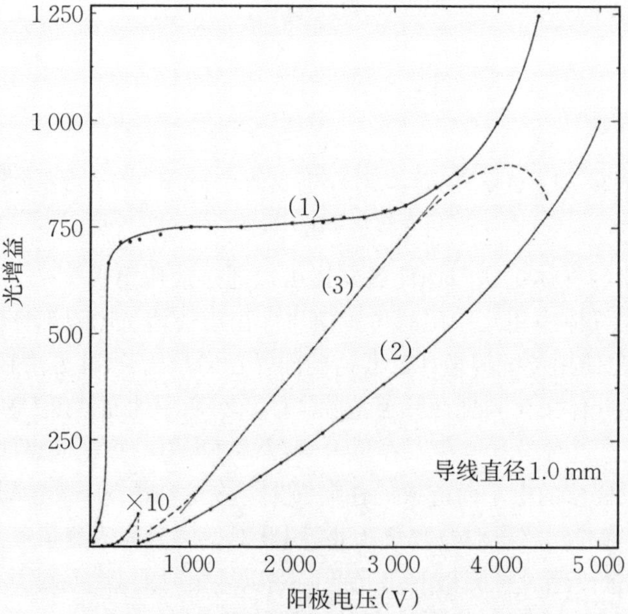

图6.27　气体正比闪烁计数器的相对电荷增益

(1) 相对电荷增益；(2) 光增益；(3) 每收集一个电子的二次光线。仅曲线(2)显示了数字刻度。电荷倍增开始于3 kV左右，但在更低的阳极电压下也能观察到二次光的产生。

(摘自Policarpo等[143])

号的幅度，但从能量分辨率的角度考虑，工作点最好在气体倍增区附近。由于避免了"雪崩"的形成，限制正比计数器分辨率的电子倍增波动就不会成为影响因素，而且二次闪烁产额的波动通常也会小一些。低能量辐射的能量分辨率可比正比计数器高出2倍多[143-144]，这一主要优势是气体正比闪烁探测器成功应用的基础。

与传统的正比计数器相比，气体正比闪烁计数器的一个缺点是更容易受到气体杂质的有害影响。因此，大多数此类探测器都使用连续气体净化系统来控制杂质。不过，已发表的研究[145]表明，使用超高真空技术并密切关注气体纯度，可使密封探测器的使用时间至少长达6个月。

6.6 微模式气体探测器

从20世纪90年代开始，最初在半导体工业中引入的一些涉及光刻、选择性蚀刻和激光加工的技术开始被应用于设计一种新的充气装置，这种装置一般被归类为微图案气体探测器。[123-126]它们的特点是结构和/或读出极精细，空间分辨率接近微米，在粒子跟踪或辐射成像应用中非常有用。大多数还具有出色的定时特性，可在单位面积上以较高的速率运行。这些特性不仅在高能粒子跟踪方面极具吸引力，而且在物理学研究领域以外的越来越多的应用中也得到了利用。我们已经研究了多个设计变体，下面给出了已得到广泛应用的四种具体配置。这是一个快速发展的领域，应查阅现有文献，了解更多最新进展。

6.6.1 微带气室

为了解决多丝正比计数器的一些局限性，Oed于1988年首次提出了一种新型多阳极气体填充探测器。[112]它以绝缘基板为基础，通过蚀刻技术在基板上形成金属电极。图6.28举例说明了由此产生的阳极条图案。其主要特点是阳极结构非常窄(通常为10 μm)，这样在阳极条表面附近也能实现与导线周围相同的电场集中。因此，当电子被吸入阳极条表面时，就会形成"雪崩"，这与标准正比计数器中导线周围产生"雪崩"的方式基本相同。

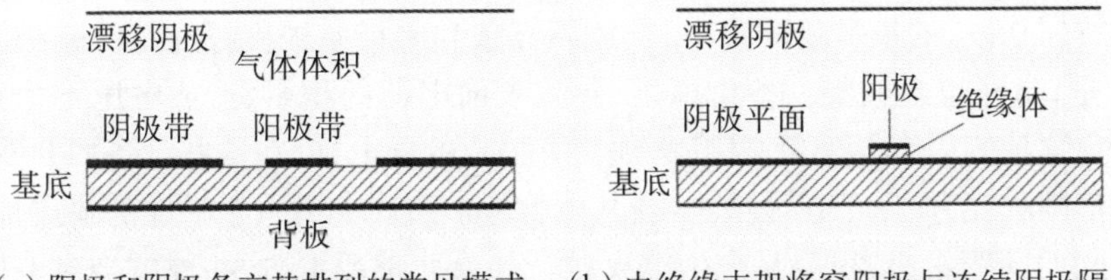

(a) 阳极和阴极条交替排列的常见模式　(b) 由绝缘支架将窄阳极与连续阴极隔开的模式(通常称为微隙配置)

图6.28　两种微带气室结构的电极模式截面图

图6.29所示为一个完整的微带气室(MSGC)。由于需要使用窄阳极条,图中所示的小尺寸是这些设备的典型尺寸。漂移面和阳极之间的区域包含填充气体,入射辐射产生的原始电离就是在这一区域形成的。这些离子对中的电子被阳极和漂移面之间形成的电场吸引到阳极上。一旦它们到达阳极表面附近,就会产生“雪崩”,几乎所有的电荷都是在这里产生的。与传统的正比计数器一样,在“雪崩”中形成的正离子远离阳极表面的运动产生了大部分观测信号。

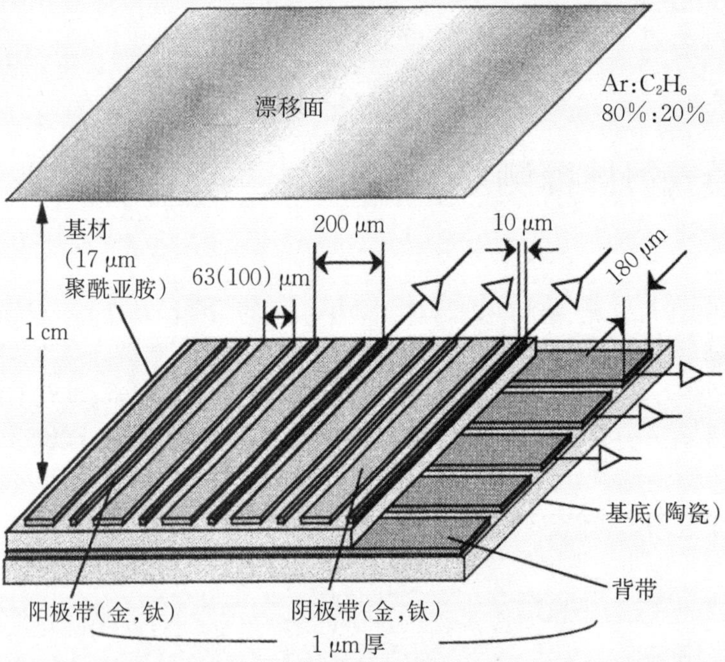

图6.29 二维位置传感微带气室的结构

(摘自 Tanimori 等[113])

在基板上用蚀刻金属带取代导线具有一些明显的优势。通过光刻工艺,金属带的间距可以非常窄,因此空间分辨率可以比多丝正比计数器精细得多。另一个优点是,“雪崩”中形成的大部分正离子会迅速被吸引到附近的阴极,而不是从导线漂移到更远的阴极表面。因此,相应的正空间电荷会更快地被清除,从而使微带气室的运行速率[114]远高于使用传统正比计数管。

在图6.28(a)所示的最常见配置中,交替阳极条和阴极条被支撑在绝缘基板上。一个潜在的问题是,基底也会收集一些正离子,导致表面电荷的积累,造成电压不稳和电场扭曲。为了避免这种表面带电现象,基底必须具有一定的导电性,在这些设备的开发过程中,出现了许多不同的配方,用于在玻璃和/或其他材料上镀膜。另一个潜在的缺点是,由于阳极和阴极之间的间距很小,很容易产生电火花。如果非常严重,这些放电会对电极的结构造成物理损坏[115],并最终对探测器造成永久性损坏。相比之下,金属丝相当坚固,可以承受轻微的火花而不会造成严重损坏。

微带气室通常采用缓慢连续的气体流过腔体的方式进行运行，与本章前面介绍的无窗流量计的操作方式相同。这种方法可以防止任何微小的空气泄漏或元件释放的蒸汽污染气体，从而影响“雪崩”的形成和长期稳定性。不过，事实证明[116]，通过仔细注意高真空技术、选择低放气特性的材料以及腔室内表面的准备工作，大面积的微带气室可以作为无气体流动的密封腔室长时间成功运行。用于带电粒子探测的气体通常选用惰性气体、碳氢化合物和/或二甲醚(DME)的各种混合物，但出于安全考虑，后者并不受欢迎。含有^{3}He的气体可以提供对慢中子的有效灵敏度。[117]

图6.28(b)中还显示了另一种称为微隙室[118-119]的结构。在这种结构中，阴极是一个连续的导体，阳极由中间绝缘带支撑在其表面之上。尽可能少地暴露绝缘区域有助于减少电荷的积累。这种结构也曾成功运行过，火花损坏问题很小。

这类探测器自然适用于二维位置传感。发生“雪崩”的单个阳极条将显示最大的感应信号，可以通过电子方式识别。第二个坐标通常来自基板底面的导电表面，即背板。当事件发生在阳极附近时，如果基板顶面的导电结构之间有合理的间隙，则会在背板上感应出信号。背板可以制作成与阳极正交的条状，以便从感应电荷的中心点获得第二坐标测量值。

尽管微带气室主要用作粒子跟踪的位置敏感探测器，但它也能提供能谱测量所需的能量信息。其能量分辨率至少与正比计数器相当[120-121]，这是由于阳极表面附近的电场强度梯度很大，“雪崩”波动最小。[122]

6.6.2 气体电子倍增器

上一节介绍的气体微带探测器的局限性之一是其增益(每个入射电子产生的电荷)受所能施加的最大电压的限制。正如传统的正比计数器一样，随着“雪崩”产生更多的二次电离，输出脉冲的大小会随着电压的增加而增大。在高电压下工作时，由于阳极和阴极之间偶尔会沿着最初由密集电离粒子形成的轨道产生火花，因此存在损坏结构的风险。事实证明，一种被称为气体电子倍增器(GEM)的结构非常有用，它可以在气体中提供一个前置放大阶段，从而使微带读出器能够在较低的应用电压下工作，因为在这种电压下产生火花的风险较低。它可以在保留初始电离的二维位置空间信息的同时，在两个维度上都具有约100 μm的空间分辨率，因此可以应用于电离模式成像非常重要的场合。在使用适当的微模式读出[146]时，它们的速率可达每平方毫米一百万个事件，远远高于多线正比时可持续的速率。这一优势对于高能物理实验中的粒子跟踪尤为重要。

图6.30显示了典型的气体电子倍增板或“箔”。它由一薄片(通常为50 μm)绝缘材料(通常为聚酰亚胺薄膜)组成，两面都覆盖有导电金属包层。然后通过化学蚀刻或其他微细加工工艺，在箔片上打出细小的孔洞。典型的孔密度约为每平方毫米50个。单张气体电子倍增箔的边长可达数厘米，有些箔的面积可达1 000 cm^2。虽然气体电子倍增箔通常用作平面，但它足够薄，可以弯曲以满足其他几何设计要求。某些版本可通过商业途径获得。[148]

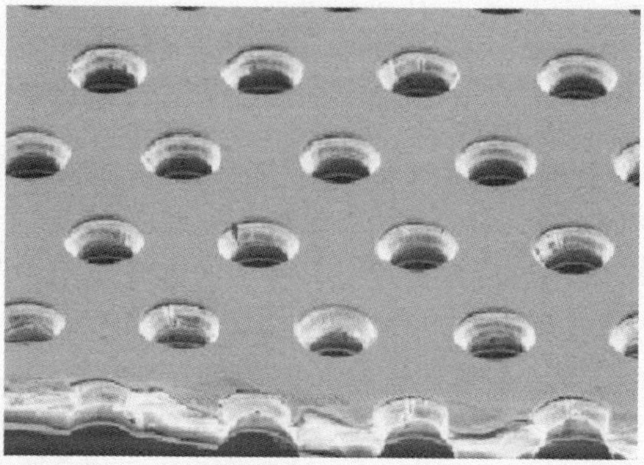

图 6.30　气体电子倍增箔一小部分的电子显微镜图像

孔距为 140 μm，直径为 70 μm。

（摘自 F. Sauli[147]）

气体电子倍增箔被放置在探测器气体中，介于入射辐射相互作用区和读出级之间。通过入口窗口和气体电子倍增箔之间的电压差产生的漂移电场，电离电子从相互作用区被吸引到气体电子倍增箔上。如图 6.31 所示，还在箔的两个金属表面之间施加电压，在每个孔内产生电场。如果在两个表面之间施加 500 V 的电压，则电场可高达 10^7 V/m，足以导致电子“雪崩”。被吸入空穴的电离电子会进入这个高电场区域，并发生气体倍增。因此，每一个进入空穴的电离电子可能会有几百个电子从空穴中出来。通常情况下，气体电子倍增箔本身不会产生任何信号。相反，在最简单的情况下，这些被放大的电子漂移到读出级，在那里进行额外的倍增以产生输出脉冲。由于漂移电子在气体电子倍增阶段前后一般都会沿

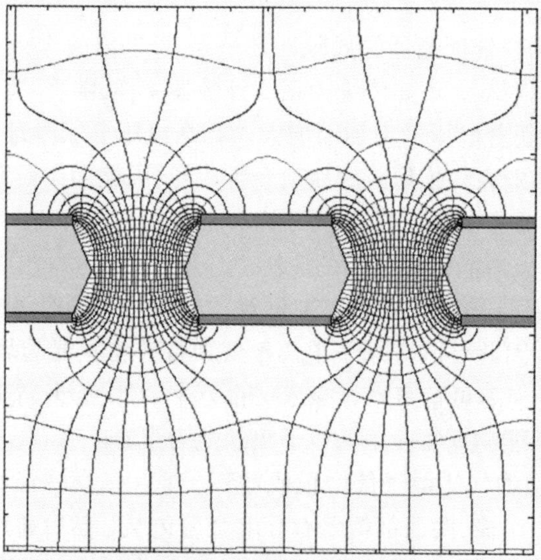

图 6.31　气体电子倍增箔上两个孔附近的电场线和等势线草图

电场线的集中导致了孔内的高场强。

（摘自 F. Sauli[149]）

着电场线(忽略扩散)移动,而且气体电子倍增箔具有精细的孔型,因此可以保持良好的空间分辨率。

如果需要更大的增益,可将多个气体电子倍增箔级联排列。图6.32显示了3个气体电子倍增箔的排列方式,可实现10^4~10^5的增益。在适当的条件下,信号大小可以大到足以探测到进入级联的单个电子。[151]人们对将光阴极与多级气体电子倍增结合使用以提供等效于充气光电倍增管的方法颇感兴趣。[152]在这种情况下,气体中的多个气体电子倍增箔复制了传统真空光电倍增管中多个倍增极的功能。此外,精细的空间分辨率允许对入射到光电阴极上的光线模式进行位置感应。

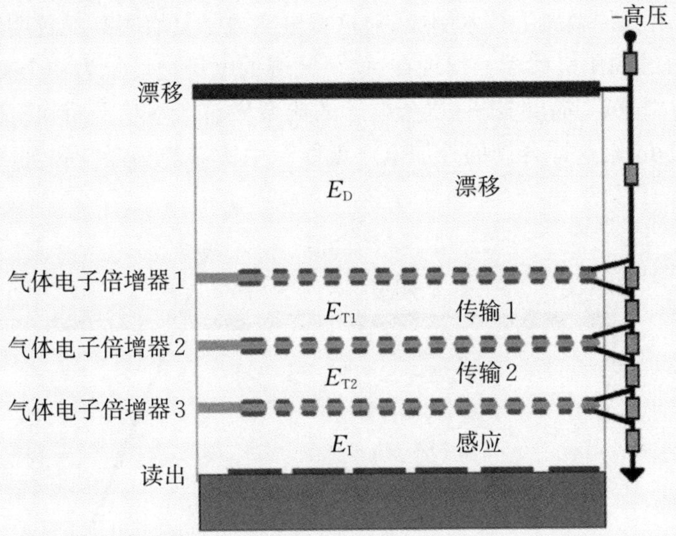

图6.32 3个气体电子倍增箔的级联排列

原始电离发生在标有漂移的区域,电离电子被向下吸引到第一个气体电子倍增箔。从GEM1出来的放大电子漂移到GEM2,在那里再次倍增。还有一个气体电子倍增级提供进一步的放大,其输出被收集到读出平面,读出平面可以是气体微带结构或其他读出模式。右侧的电阻链可从单个高压电源为各元件提供适当的电压差。

(摘自F. Sauli[150])

与正比计数器一样,在典型填充气体情况下,气体电子倍增器孔内形成的“雪崩”会发出可见光或紫外光范围内的光。利用这一特性[153],可通过CCD等光学输出设备来观察气体电子倍增器,从而读出粒子轨迹图案或射线图像。在上一段提到的光电倍增管应用中,如果这种光到达光电阴极,就会引起不必要的反馈。因此,光电阴极材料通常沉积在级联中第一个气体电子倍增器的上表面,以屏蔽“雪崩”光子。然后,光电阴极在反射模式下工作,光电子从暴露在光线下的同一表面出现。由于能量较低,光电子很容易被吸引回气体电子倍增器表面,其中一部分进入孔,开始倍增过程。

6.6.3 微网气室

1996年，一种被称为微网气态结构(micromegas, micro-mesh gaseous structure)的两级式平行板“雪崩”室问世[154]，在高能粒子物理应用中大受欢迎[155]。如图6.33所示，平行阴极平面和阳极平面之间的充气区被多孔微网分成两个部分。入射辐射主要在阴极和微网之间的区域产生离子对，而电离电子则通过低于气体倍增阈值的微弱电场漂向微网。该电离区域的气体厚度通常为几毫米，足以产生足够的离子对，使穿透力最小的电离粒子也能被探测到。微网由各种微加工技术制成，对这些电离电子具有很高的透明度。大部分电离电子穿过网孔，继续向阳极移动。但现在，这一区域的电场被设定为一个高得多的值，支持每一个电子形成“雪崩”，提供10^3～10^4个电子的典型增益。网状平面和阳极平面之间的间距很小(大约100 μm)，这样合理的外加电压就能产生所需的场强，同时也有利于形成快速(纳秒级)脉冲。

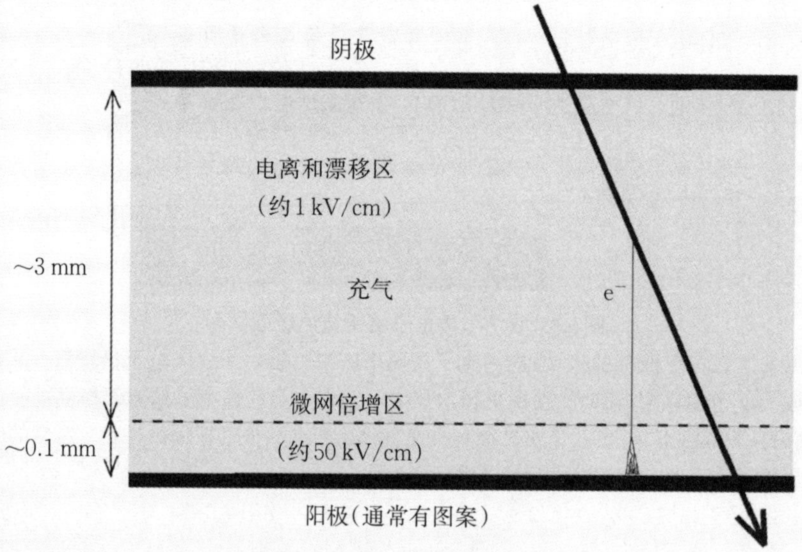

图6.33 微网气室的基本原理

在充满气体的腔体上部形成的电离电子在中等电场中向下漂移，并穿过微网进入倍增区。该区域电场强度更高，会形成“雪崩”。

选择适当的施加电压，“雪崩”中产生的大部分正离子都会被微网收集起来。最大限度地减少离子漂移的距离，可促进空间电荷效应的快速恢复，并允许以较高的速率运行。这种小间隙通常是通过在栅网和阳极平面之间使用绝缘支柱或其他支撑物来实现的。间隙厚度不可避免的微小尺寸变化不会对“雪崩”大小产生很大影响，因为较小的气体厚度会被该局部区域较高的电场所补偿。如果阳极由条带或像素等位置敏感配置组成，则可以在空间上记录形成“雪崩”的中心点。在有利的情况下，空间分辨率可高达10～15 μm。

由于每个“雪崩”的大小大致相同，因此阳极产生的脉冲幅度与腔室电离区形成的离子对数量成正比。对于低能X射线等软辐射，几毫米厚度的典型填充气体就足以完全吸收至少部分入射能量。因此可以记录X射线能谱，并且已经测得5.9 keV X射线的能量分辨率值约为12% FWHM[157-158]，几乎与传统正比管观察到的相同(表6.2)。

虽然大多数应用都是在高能粒子跟踪方面，但通过结合《核辐射探测与测量(下册)》第14章中概述的中子转换反应之一，对中子灵敏的微网气室探测器也有了一些进展。[159-161]在这种应用中，可以利用这种设计所固有的快速定时和良好的空间分辨率。在适当的条件下，这些探测器对伽马射线的灵敏度也很低[160]，而伽马射线往往是中子测量中本底的重要组成部分。

6.6.4 电阻板室

本章前面介绍的平行板“雪崩”计数器的一种变体是将薄气体体积置于电木(酚醛树脂)、塑料或玻璃等材料制成的电极之间，这些材料具有很大的电阻率(通常为10^9～10^{13} Ω·cm)。与使用金属电极相比，其优势在于其每单位面积的有限电阻能够抑制“雪崩”的增长，并防止触发可能造成损坏或使读出电子设备过载的大幅度火花。这些装置被称为电阻板室(RPC)，自20世纪90年代初以来已成功应用于高能物理应用中的粒子轨道测量。它们具有计时快的优势，因为“雪崩”在气体中形成离子对后立即开始，而且收集电子的距离很短。大量事实证明，具有较小间隙尺寸的电阻板室可以实现优于100 ps的定时分辨率。[162]它们还可以在平方米或更大的面积上经济地制造。

在最简单的形式中，电阻板室由一对电阻电极组成，运行时会产生一个很小的充气间隙，厚度从1毫米到几毫米不等。导电触点位于两片电极板的外表面，施加的高压几乎完全跨过间隙(图6.34(a))。为了提供收集到的电荷中心点的二维坐标，电极通常在两个表面上呈正交的条状。空间分辨率可达到50 μm。[163]根据填充气体和外加电压的不同，电阻板室既可以在简单“雪崩”模式下运行，也可以在有限的流束模式下运行(见第19章)。流束模式产生的信号大约是“雪崩”模式的100倍，但恢复时间较长，因此单位面积计数率受到限制。电荷沉积在板上的一小块区域，充电速度受到电极材料电阻的限制。许多研究小组还设计了多层电阻板室。通过设置一系列堆叠的气体间隙，当电离粒子穿过这些间隙时，可以重建其穿透方向(图6.34(b))。

人们对将电阻板室应用于伽马射线也很感兴趣[163-164]，与盖革管或正比计数器等其他充满气体的设备在伽马射线照射下的情况一样，气体中几乎所有的电离事件都来自从周围固体材料中逸散到气体中的次级快电子(光电电子、康普顿电子或电子对)。在任何固体-气体界面上，典型能量的伽马射线产生电子并逸散到气体中的概率都不会超过百分之一或二。因此，单层电阻板室的伽马射线探测效率总是非常低。因此，此类应用的大多数设计都是使用多层腔体。虽然这些提出的应用在快速计时和精细成像性能方面具有潜在的优势，但由于多种原因，电阻板室无法提供可用的伽马射线能量分辨率。次级电子在逃离到固体层之前会损失不确定的能量，而在薄气体层中，几乎没有次级电子，不会损失大部分能量，只损失一小部分能量且比例不固定。因此，原始伽马射线的能量与气体中产生的电离之间几乎没有关联。

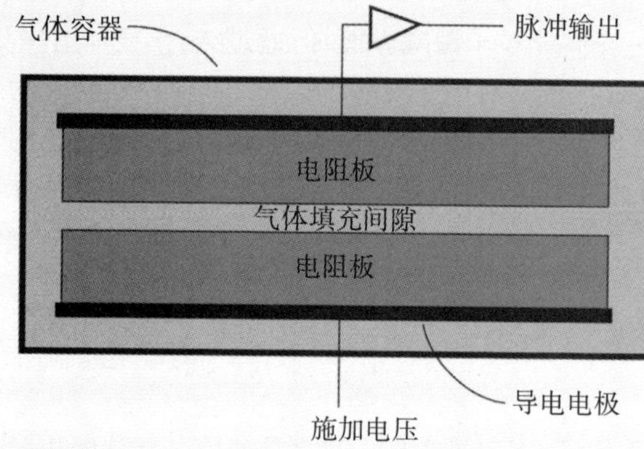

(a) 电阻板室(RPC)模拟图

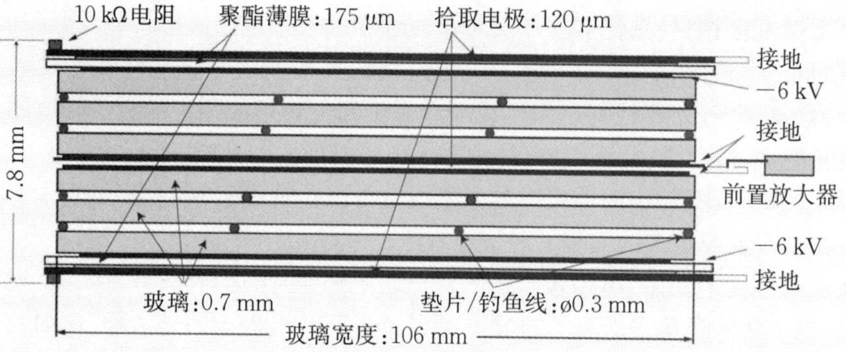

(b) 多间隙RPC

图 6.34 电阻板室(a)和多间隙电阻板室(b)结构简图

(摘自 G. Belli 等[164])

此外，还发表了一些关于将电阻板室应用于慢中子的研究成果。[165,166]其电阻板的内表面衬有含有适当转换器元素(如钆或锂)的材料(见《核辐射探测与测量(下册)》第14章关于中子转换器的讨论)。其目的同样是利用电阻板室的有利特性，提供大面积的中子成像能力和非常快的定时特性。

习题

6.1 假定氩的 $W=26.2$ eV/离子对，法诺因子 $F=0.17$，求吸收 1 MeV 辐射能形成的离子对数量的平均值和预期标准偏差。

6.2 解释为什么空气被广泛用作电离室的填充气体，却很少用于正比计数器。

6.3 (a) 在一个阳极半径为 0.003 cm、阴极半径为 1.0 cm 的正比计数器中，充入 1 atm

的P-10气体。利用表6.1中的Diethorn参数，求出气体倍增因子达到1 000时所需的电压。

(b) 在相同的电压下，如果阳极大一倍，倍增因子会有什么变化？

(c) 在阳极半径不变的情况下，如果阴极半径增加一倍，乘数会有什么变化？

6.4 无窗流量正比计数器用于检测完全停止在填充气体中的5 MeV α粒子。计数管的阳极半径为0.005 cm，阴极半径为5.0 cm，管内充有1 atm的P-10气体。利用表6.1中的数据，估算在外加电压为2 000 V和收集电容为500 pF的情况下，计数器发出的电压脉冲的放大倍数。

6.5 描述能确定正比管是否在真正比区工作的测量方法。明确指出测量了哪些量以及如何使用这些数据进行判定。假设您有任何必要的放射性同位素源。

6.6 解释以下说法：在无窗计数器中，α粒子源的输出脉冲高度会随着α能量的增加而增加，而β粒子的情况通常相反。

6.7 某电压敏感前置放大器要求最小输入脉冲幅度为10 mV，以获得良好的信号/噪声性能。如果要测量50 keV的X射线，在一个充有氩气、电容为200 pF的正比计数器中需要什么气体倍增器？

6.8 圆柱形正比管的阳极线半径为0.003 cm，阴极半径为2.0 cm，其工作电压为2 000 V。如果需要1.0 MV/m的最小电场来启动气体倍增，那么倍增区占管子内部体积的多大比例？

6.9 解释某些正比管设计中的"场管"的功能。

6.10 解释图6.20所示各种气体吸收特性曲线中突然出现的不连续性。

6.11 为什么气体闪烁正比探测器的工作电压通常低于电荷倍增所需的电压？

参考文献

[1] J. Campion, Int. J. Appl. Radiat. Isotopes 19, 219 (1968).

[2] Bambynek, Nucl. Instrum. Meth. 112, 103 (1973).

[3] Matoba et al., IEEE Trans. Nucl. Sci. NS-32(1), 541 (1985).

[4] F. Bennett and T. J. Yule, ANL-7763, (1971).

[5] Sakurai and B. D. Ramsey, Nucl. Instrum. Meth. A313, 155 (1992).

[6] Spernol and B. Denecke, Int. J. Appl. Radiat. Isotopes 15, 195 (1963).

[7] B. Riggs, Jr., Rev. Sci. Instrum. 34, 392 (1963).

[8] M. Horstman, G. Ventura, and G. R. Vespignani, Nucl. Instrum. Meth. 112, 619 (1973).

[9] Marzec et al., IEEE Trans. on Nucl. Sci. NS-49(2), 548 (2002).

[10] Byrne and F. Shaikh, Nucl. Instrum. Meth. 79, 286 (1970).

[11] Povinec, Nucl. Instrum. Meth. 163, 363 (1979).

[12] Sipila, Nucl. Instrum. Meth. 140, 389 (1977).

[13] D. Ramsey and P. C. Agrawal, Nucl. Instrum. Meth. A273, 326 (1988).

[14] C. Agrawal and B. D. Ramsey, Nucl. Instrum. Meth. A273, 331 (1988).

[15] J. Campion, Nucl. Instrum. Meth. 112, 75 (1973).
[16] Aoyama, H. Miyai, and T. Watanabe, Nucl. Instrum. Meth. 221, 644 (1984).
[17] Aoyama and T. Watanabe, Health Phys. 48, 773 (1985).
[18] Aoyama et al., Nucl. Instrum. Meth. A322, 170 (1992).
[19] Noguchi, S. Nagashima, and M. Uda, Nucl. Instrum. Meth. A342, 521 (1994).
[20] Aoyama, M. Totogawa, and T. Watanabe, Nucl. Instrum. Meth. A255, 524 (1987).
[21] Curzio et al., Nucl. Instrum. Meth. A537, 672 (2005).
[22] D. Alkhazov, A. P. Komar, and A. A. Vorob′ev, Nucl. Instrum. Meth. 48, 1 (1967).
[23] -L. Jarvinen and H. Sipila, IEEE Trans. Nucl. Sci. NS-31(1), 356 (1984).
[24] Z. Kowalski and J. Zajac, Nucl. Instrum. Meth. A249, 426 (1986).
[25] P. Sephton, M. J. L. Turner, and J. W. Leake, Nucl. Instrum. Meth. A256, 561 (1987).
[26] C. Agrawal, B. D. Ramsey, and M. C. Weisskopf, Nucl. Instrum. Meth. A277, 557 (1989).
[27] D. Ramsey and P. C. Agrawal, Nucl. Instrum. Meth. A278, 576 (1989).
[28] K. Bronic and B. Grosswendt, Nucl. Instrum. Meth. B117, 5 (1996).
[29] F. P. Santos, T. H. V. T. Dias et al., Nucl. Instrum. Meth. A307, 347 (1991).
[30] T. H. V. T. Dias et al., Nucl. Instrum. Meth. A307, 341 (1991).
[31] T. Doke et al., Nucl. Instrum. Meth. B63, 373 (1992).
[32] I. K. Bronic et al., Nucl. Instrum. Meth. B71, 366 (1992).
[33] A. Peisert and F. Sauli, CERN 84-08, (1984).
[34] J. Va′vra, Nucl. Instrum. Meth. A323, 34 (1992).
[35] R. E. Robson, M. Hildebrandt, and B. Schmidt, Nucl. Instrum. Meth. A394, 74 (1997).
[36] S. C. Curran, A. L. Cockroft, and J. Angus, Philos. Mag. 40, 929 (1949).
[37] H. Schlumbohm, Z. Phys. 182, 306 (1965).
[38] R. Gold and E. F. Bennett, Phys. Rev. 147(1), 201 (1966).
[39] H. Genz, Nucl. Instrum. Meth. 112, 83 (1973).
[40] A. Williams and R. I. Sara, Int. J. Appl. Radiat. Isotopes 13, 229 (1962).
[41] A. Zastawny, J. Sci. Instrum. 43, 179 (1966).
[42] G. D. Alkhazov, Nucl. Instrum. Meth. 75, 161 (1969).
[43] P. J. Campion, Phys. Med. Biol. 16, 611 (1971).
[44] P. Hopstone and S. Shalev, Trans. Am. Nuc. Soc. 21, 132 (1975).
[45] A.V. Engel, in Handbuch der Physik, Vol. 21, S. Flugge (ed.), Springer-Verlag, Berlin, 1956, p. 504.
[46] T. Aoyama, Nucl. Instrum. Meth. A234, 125 (1985).
[47] T. Z. Kowalski, Nucl. Instrum. Meth. A243, 501 (1986).
[48] Y. Uozumi et al., Nucl. Instrum. Meth. A324, 558 (1993).
[49] A. Zastawny, Nucl. Instrum. Meth. A385, 239 (1997).
[50] W. Diethorn, NYO-6628 (1956).

[51] R. W. Hendricks, Nucl. Instrum. Meth. 102, 309 (1972).
[52] R. S. Wolff, Nucl. Instrum. Meth. 115, 461 (1974).
[53] C. Mori, M. Uno, and T. Watanabe, Nucl. Instrum. Meth. 196, 49 (1982).
[54] R. W. Hendricks, Rev. Sci. Instrum. 40(9), 1216 (1969).
[55] J. Byrne, Nucl. Instrum. Meth. 74, 291 (1969).
[56] G. D. Alkhazov, Nucl. Instrum. Meth. 89, 155 (1970).
[57] B. Breyer, Nucl. Instrum. Meth. 112, 91 (1973).
[58] J. Byrne, Proc. R. Soc. Edinburg Sect. A66, 33 (1962).
[59] H. Sipila, Nucl. Instrum. Meth. 133, 251 (1976).
[60] F. Tokanai et al., IEEE Trans. Nucl. Sci. 41(4), 1042 (1994).
[61] M. W. Charles and B. A. Cooke, Nucl. Instrum. Meth. 61, 31 (1968).
[62] F. Shaikh, J. Byrne, and J. Kyles, Nucl. Instrum. Meth. 88, 317 (1970).
[63] W. Hink, A. N. Scheit, and A. Ziegler, Nucl. Instrum. Meth. 87, 137 (1970).
[64] B. Bednarek, Nucl. Instrum. Meth. 175, 431 (1980).
[65] T. Z. Kowalski, Nucl. Instrum. Meth. A239, 551 (1985).
[66] J. A. Kadyk, Nucl. Instrum. Meth. A300, 436 (1991).
[67] M. Titov et al., IEEE Trans. Nucl. Sci. 49(4), 1609 (2002).
[68] H. Andersson et al., IEEE Trans. Nucl. Sci. 51(5), 2110 (2004).
[69] C. Niebuhr, Nucl. Instrum. Meth. A566, 118 (2006).
[70] A. Smith and M. J. L. Turner, Nucl. Instrum. Meth. 192, 475 (1982).
[71] D. J. Grady and J. C. Robertson, Nucl. Instrum. Meth. 179, 317 (1981).
[72] D. H. Wilkinson, Ionization Chambers and Counters, Cambridge University Press, Cambridge, 1950.
[73] R. Gott and M. W. Charles, Nucl. Instrum. Meth. 72, 157 (1969).
[74] L. G. Christophorov, D. L. McCorkle, D. V. Maxey, and J. G. Carter, Nucl. Instrum. Meth. 163, 141 (1979).
[75] A. Jeavons et al., Nucl. Instrum. Meth. 176, 89 (1980).
[76] E. Mathieson and M. W. Charles, Nucl. Instrum. Meth. 72, 155 (1969).
[77] E. Mathieson, Nucl. Instrum. Meth. 72, 355 (1969).
[78] B. Breyer and M. Cimerman, Nucl. Instrum. Meth. 92, 19 (1971).
[79] P. Gorenstein and S. Mickiewicz, Rev. Sci. Instrum. 39(6), 816 (1968).
[80] S. Sudar, L. Vas, and T. Biro, Nucl. Instrum. Meth. 112, 399 (1973).
[81] R. C. Rochel and D. W. Hayes, Nucl. Instrum. Meth. 130, 183 (1975).
[82] L. Pandola, C. Cattadori, and N. Ferrari, Nucl. Instrum. Meth. A522, 521 (2004).
[83] H. Genz, D. S. Harmer, and R. W. Fink, Nucl. Instrum. Meth. 60, 195 (1968).
[84] P. J. Campion, J. Phys. E. 3, 920 (1970).
[85] R. Mutikainen, V.-P. Vittanen, and S. Nenonen, J. X-ray Sci. and Tech. 4, 82 (1994).

[86] M. Bavdaz et al., Nucl. Instrum. Meth. A345, 549 (1994).
[87] G. Manzo et al., Nucl. Instrum. Meth. 177, 595 (1980).
[88] G. Bibbo and P. W. Sanford, Nucl. Instrum. Meth. 179, 189 (1981).
[89] B. D. Ramsey et al., Nucl. Instrum. Meth. A383, 424 (1996).
[90] H. H. Rossi and W. Rosenwieg, Radiology 64, 404 (1955).
[91] L. Brackenbush, G. W. R. Endres, and D. E. Hadlock, IEEE Trans. Nucl. Sci. 33(1), 610 (1986).
[92] P. Colautti et al., Nucl. Instrum. Meth. A321, 392 (1992).
[93] G. Hempel, F. Hopkins, and G. Schatz, Nucl. Instrum. Meth. 131, 445 (1975).
[94] H. Stelzer, Nucl. Instrum. Meth. 133, 409 (1976).
[95] G. Charpak et al., Nucl. Instrum. Meth. A274, 275 (1989).
[96] A. Arefiev et al., Nucl. Instrum. Meth. A348, 318 (1994).
[97] D. Fabris et al., Nucl. Instrum. Meth. 216, 167 (1983).
[98] A. Breskin and N. Zwang, Nucl. Instrum. Meth. 144, 609 (1977).
[99] S. Beghini, L. Corradi, J. H. He, and A. Dal Bellow, Nucl. Instrum. Meth. A362, 526 (1995).
[100] K. D. Joensen et al., Nucl. Instrum. Meth. A356, 234 (1995).
[101] G. P. Westphal, Nucl. Instrum. Meth. 134, 387 (1976).
[102] B. E. Fischer, Nucl. Instrum. Meth. 141, 173 (1977).
[103] C. J. Borkowski and M. K. Kopp, Rev. Sci. Instrum. 39, 1515 (1968).
[104] C. J. Borkowski and M. K. Kopp, IEEE Trans. Nucl. Sci. NS-17 (3), 340 (1970).
[105] R. W. Hendricks, Trans. Am. Crystallogr. Assoc. 12, 103 (1976).
[106] J. L. C. Ford, Jr., Nucl. Instrum. Meth. 162, 277 (1979).
[107] G. Charpak and F. Sauli, Nucl. Instrum. Meth. 162, 405 (1979).
[108] F. Sauli, CERN-PPE/94-195 (1994).
[109] R. Fourme, Nucl. Instrum. Meth. A392, 1 (1997).
[110] A. Breskin, Nucl. Instrum. Meth. 141, 505 (1977).
[111] P. Povinec, J. Szarka, and S. Usacev, Nucl. Instrum. Meth. 163, 369 (1979).
[112] A. Oed, Nucl. Instrum. Meth. A263, 351 (1988).
[113] T. Tanimori, A. Ochi, S. Minami, and T. Nagae, Nucl. Instrum. Meth. A381, 280 (1996).
[114] R. Bouclier et al., Nucl. Instrum. Meth. A367, 168 (1995).
[115] H. S. Cho et al., IEEE Trans. Nucl. Sci. 44(3), 635 (1997).
[116] J. F. Clergeau et al., Nucl. Instrum. Meth. A471, 60 (2001).
[117] K. Fujita, Nucl. Instrum. Meth. A580, 1027 (2007).
[118] F. Angelini et al., Nucl. Instrum. Meth. A335, 69 (1993).
[119] R. Bellazzini and G. Spandre, Nucl. Instrum. Meth. A368, 259 (1995).
[120] J. van der Marel et al., Nucl. Instrum. Meth. A367, 181 (1995).
[121] J. E. Bateman et al., Nucl. Instrum. Meth. A484, 384 (2002).
[122] J. Miyamoto and G. F. Knoll, Nucl. Instrum. Meth. A399, 85 (1997).

[123] A. Oed, Nucl. Instrum. Meth. A471, 109 (2001).

[124] F. Sauli, Nucl. Instrum. Meth. A477, 1 (2002).

[125] L. Shekhtman, Nucl. Instrum. Meth. A494, 128 (2002).

[126] M. Hoch, Nucl. Instrum. Meth. A535, 1 (2004).

[127] P. E. Thiess and G. H. Miley, IEEE Trans. Nucl. Sci. NS-21(1), 125 (1974).

[128] A. J. P. L. Policarpo, Space Sci. Instrum. 3, 77 (1977).

[129] C. A. N. Conde, "Gas Proportional Scintillation Counters for X-Ray Spectrometry" in X-ray Spectrometry: Recent Technological Advances, K. Tsuji, J. Injuk, and R. Van Grieken (eds.), John Wiley & Sons, 2004.

[130] C. A. N. Conde, J. M. F. Dos Santos, and A. C. S. S. M. Bento, IEEE Trans. Nucl. Sci. 40(4), 452 (1993).

[131] D. A. Goganov and A. A. Schultz, Nucl. Instrum. Meth. A394, 151 (1997).

[132] J. M. F. dos Santos et al., IEEE Trans. Nucl. Sci. 45(3), 229 (1998).

[133] L. C. C. Coelho et al., Nucl. Instrum. Meth. A575, 444 (2007).

[134] D. G. Simons, P. A. J. de Korte, A. Peacock, and J. A. M. Bleeker, SPIE 597, 190 (1985).

[135] D. S. Covita et al., Nucl. Instrum. Meth. A516, 134 (2004).

[136] R. D. Anderson, E. A. Leimann, and A. Peacock, Nucl. Instrum. Meth. 140, 371 (1977).

[137] M. Alegria Feio et al., Nucl. Instrum. Meth. 176, 473 (1980).

[138] M. Suzuki and S. Kubota, Nucl. Instrum. Meth. 164, 197 (1979).

[139] J. C. Van Staden et al., Nucl. Instrum. Meth. 157, 301 (1978).

[140] A. J. de Campos, IEEE Trans. Nucl. Sci. NS-31(1), 133 (1984).

[141] A. J. P. L. Policarpo, Nucl. Instrum. Meth. 196, 53 (1982).

[142] D. F. Anderson, IEEE Trans. Nucl. Sci. NS-32(1), 495 (1985).

[143] A. J. P. L. Policarpo et al., Nucl. Instrum. Meth. 102, 337 (1972).

[144] M. Alice, F. Alves, A. J. P. L. Policarpo, and M. Salete, IEEE Trans. Nucl. Sci. NS-22, 109 (1975).

[145] R. D. Andresen, L. Karlsson, and B. G. Taylor, IEEE Trans. Nucl. Sci. NS-23(1), 473 (1976).

[146] F. Sauli and A. Sharma, Ann. Rev. Nucl. Part. Sci. 49, 341 (1999).

[147] F. Sauli, Nucl. Instrum. Meth. A505, 195 (2003).

[148] F. Simon et al., Nucl. Instrum. Meth. A598, 432 (2009).

[149] F. Sauli, Nucl. Instrum. Meth. A522, 93 (2004).

[150] A. Sharma, Nucl. Instrum. Meth. A462, 603 (2001).

[151] D. Mormann et al., Nucl. Instrum. Meth. A530, 258 (2004).

[152] D. Y. Kazakov et al., Nucl. Instrum. Meth. A540, 143 (2005).

[153] F. A. F. Fraga et al., Nucl. Instrum. Meth. A513, 379 (2003).

[154] Y. Giomataris et al., Nucl. Instr. and Meth. A376, 29 (1996).

[155] M. Titov, Nucl. Instr. and Meth. A581, 25 (2007).

[156] J. Derre et al., Nucl. Instr. and Meth. A459, 523 (2001).
[157] A. Delbart et al., Nucl. Instr. and Meth. A461, 84 (2001).
[158] M. Chefdeville et al., Nucl. Instr. and Meth. A591, 147 (2008).
[159] S. Andriamonje et al., Nucl. Instr. and Meth. A525, 74 (2004).
[160] J. Pancin et al., Nucl. Instr. and Meth. A572, 859 (2007).
[161] J. Pancin et al., Nucl. Instr. and Meth. A592, 104 (2008).
[162] R. Santonico, Nucl. Instr. and Meth. A508, 1 (2003).
[163] M. Couceiro et al., Nucl. Instr. and Meth. A580, 915 (2007).
[164] G. Belli et al., Nuclear Physics B, 158, 166 (2006).
[165] M. Abbrescia et al., Nucl. Instr. and Meth. A518, 440 (2004).
[166] B. Hong et al., Nuclear Physics B, 158, 161 (2006).

第7章　盖革-米勒计数器

盖革-米勒计数器(通常称为G-M计数器,或简称盖革管)是现存最古老的辐射探测器类型,由盖革和米勒于1928年推出。然而,这些探测器的简单、低成本和易于运行的特点使其一直沿用至今。G-M计数器领域的一般教科书参考资料包括Wilkinson[1],Price[2],Sharpe[3]和Emery[4]的评论。下文讨论之外的结构细节和具体的计数管设计可在所有这些参考文献中找到。威尔金森在他的3篇系列文章[5-7]中对盖革放电所涉及的物理过程进行了详细分析。

作为对前两章讨论的离子室和正比计数器的补充,G-M计数器是第三类基于电离的充气探测器。与正比计数器一样,它们也利用气体倍增来大大增加沿辐射轨道形成的原始离子对所代表的电荷量,但采用的方式根本不同。在正比计数器中,每个原始电子导致的"雪崩"基本上独立于与原始电离事件相关的其他电子形成的所有其他"雪崩"。由于所有"雪崩"几乎相同,因此收集到的电荷与原始电子的数量成正比。

在G-M管道中,会产生更高的电场,从而增强每次"雪崩"的强度。在适当的条件下,一个"雪崩"会在管内的不同位置引发第二个"雪崩"。在电场达到临界值时,平均每一次"雪崩"都能引发至少另一次"雪崩",从而产生自传播链式反应。当电场值更大时,这一过程会迅速发散,原则上,在很短的时间内,"雪崩"的数量会呈指数级增长。然而,一旦盖革放电达到一定规模,所有单个"雪崩"的集体效应就会发挥作用,并最终终止链式反应。由于这一极限点总是在产生相同数量的"雪崩"后达到,因此,无论启动这一过程的原始离子对数量多少,盖革管发出的所有脉冲都具有相同的幅度。因此,盖革管只能作为辐射诱发事件的简单计数器,不能用于直接辐射能谱分析,因为入射辐射沉积能量的所有信息都会丢失。

盖革管发出的典型脉冲代表了异常大量的收集电荷,在放电过程中形成了1.0×10^{9}～1.0×10^{10}个离子对。因此,输出脉冲的幅度也很大(通常为伏特量级)。这种高电平信号可以大大简化相关的电子设备,通常完全不需要外部放大。由于探测器本身相对便宜,因此,当需要一个简单经济的计数系统时,G-M计数器往往是最佳选择。

除了缺乏能量信息外,G-M计数器的一个主要缺点是死时间特别长,大大超过了其他常用辐射探测器的死时间。因此,这些探测器仅限于相对较低的计数率,在计数率本来被视为中等(每秒几百个脉冲)的情况下,必须应用死时间校正。某些类型的盖革管的使用寿命也是有限的,在记录了一定数量的总脉冲后就会失效(见下面关于淬灭气体的讨论)。

7.1 盖革放电

在一个由单个原始电子产生的典型汤森"雪崩"中,除了二次离子外,电子碰撞还会形成许多受激气体分子。在通常不超过几纳秒的时间内,这些受激分子通过发射波长可能在可见光或紫外线区域的光子返回基态。这些光子是构成盖革放电的链式反应传播的关键因素。在填补电子内层空位时发射的高能光子,可能会被气体中其他地方的一个结合不那么紧密的电子通过光电吸收重新吸收,从而产生一个新的自由电子;或者,光子可能到达阴极壁,在被吸收后释放出自由电子。无论哪种情况,新产生的自由电子都会向阳极迁移,并引发另一场"雪崩"(图7.1)。如果第6章中所定义的气体倍增因子M相对较低(如10^2~10^4),那么在正比计数管中,一个典型的"雪崩"过程中形成的激发分子(n_0')的数量并不大。此外,由于大多数气体在可见光和紫外线波长区域相对透明,因此任何给定光子的光电吸收概率p也相对较低。在这些条件下,$n_0' p \ll 1$,这种情况属于"亚临界",即除了原始自由电子产生的"雪崩"外,形成的其他"雪崩"相对较少。许多正比气体还含有一种添加剂,可优先吸收光子,而不会产生自由电子,从而进一步抑制了产生新"雪崩"的可能性。

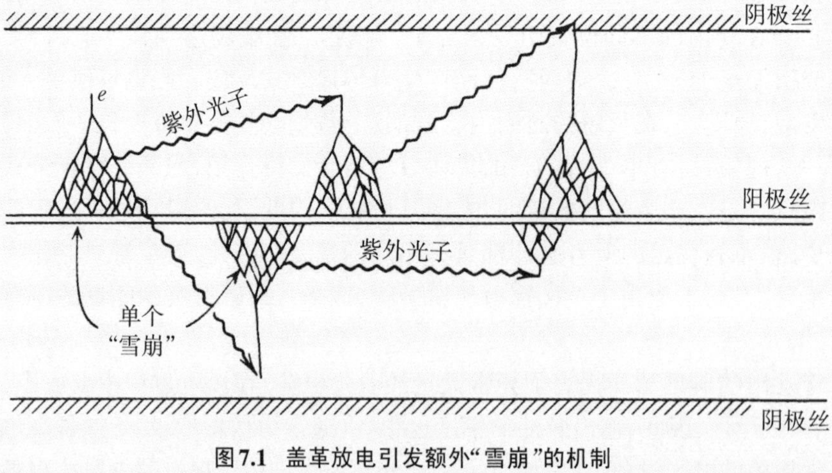

图7.1 盖革放电引发额外"雪崩"的机制

然而,在盖革放电中,单次"雪崩"所代表的倍增效应要高得多(10^6~10^8),因此n_0'也要大得多。现在可以达到"临界"条件

$$n_0' p \geq 1$$

在整个管子中，可能会产生越来越多的“雪崩”。这些“雪崩”扩散所需的时间相对较短。由于只有当自由电子漂移到阳极线的几个平均自由路径范围内时，“雪崩”才会开始，因此在给定“雪崩”中产生所有离子对和激发分子所需的时间仅为亚微秒。光子会优先产生靠近原始“雪崩”的自由电子，这些电子必须漂移到阳极附近的高场区才能产生更多“雪崩”。最终结果是，盖革放电以通常为2～4 cm/μs的传播速度[8]沿导线的两个方向增长（具有化学火焰的某些特性），直到导线的整个长度都受到影响。对于通常尺寸的计数管，所有电荷都是在起始事件发生后的几微秒内产生的，并与测得的脉冲幅度结合在一起。

在正比计数器中，每个“雪崩”都是在管子的一个轴向位置形成的，该位置与入射辐射产生的原始自由电子的位置相对应。此外，自由电子从一个径向方向接近阳极线，二次离子优先在阳极线的那一侧形成。[9,10]然而，在盖革放电中，链式反应的快速传播会导致许多“雪崩”，这些“雪崩”在导线的随机径向位置发生。因此，二次离子在环绕阳极的整个圆柱倍增区域内形成。因此，盖革放电会逐渐扩大到整个阳极线，而与原发事件发生的位置无关。

导致盖革放电终止的过程源自“雪崩”中与每个电子同时产生的正离子。这些正离子的流动性远远小于自由电子的流动性，因此在从倍增区域收集所有自由电子所需的时间内，它们基本上是静止不动的。当这些正离子的浓度足够高时，它们的存在就会开始减弱阳极线附近的电场强度。由于离子代表正空间电荷，离子和正阳极之间区域的电场将低于没有空间电荷时式(6.3)所预测的电场。由于进一步的气体倍增需要维持一个高于某个最小值的电场，正离子空间电荷的积累最终会终止盖革放电。了解终止机制的另一种方法是认识到正离子浓云的积累与暂时增大阳极线直径的效果相同。然后，正离子云外表面的电场会下降到进一步形成“雪崩”的临界值以下。

在给计数管施加固定电压的情况下，终止盖革放电的点总是相同的，即需要一定密度的正离子才能将电场降低到进一步倍增所需的最小值以下。因此，无论入射辐射产生了多少原始离子对，每次盖革放电都会在产生大致相同的总电荷后终止。因此，所有输出脉冲的大小大致相同，其幅度无法提供有关入射辐射特性的信息。

如图7.2所示，随着盖革管中高压升高，盖革放电的幅度会增大，输出脉冲的幅度也会增大。电压越高，意味着放电前的初始电场越大，这就需要在电场降低到临界值以下之前积累更多的空间电荷。脉冲幅度的增加大致与过电压成正比，过电压的定义是施加电压与启动盖革放电所需的最小电压之间的差值。

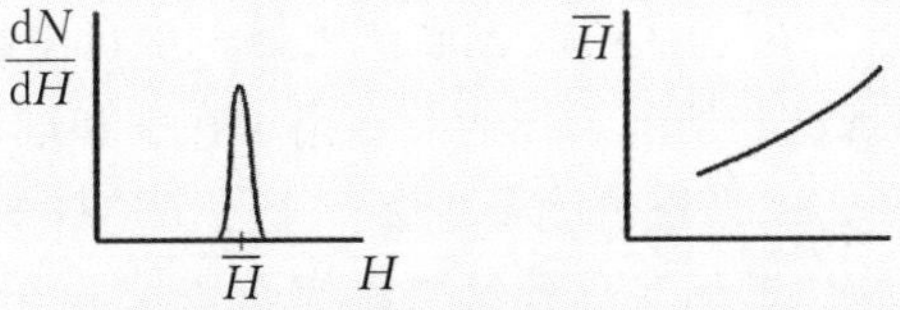

(a) 固定电压　(b) 电压

图7.2　盖革管输出脉冲的幅度与电压关系示意图

7.2 填充气体

盖革管中使用的气体必须符合第6章中讨论的正比计数器的一些相同要求。由于这两类探测器都是以气体倍增为基础的,因此在任何一种情况下都必须避免使用哪怕是微量的会形成负离子的气体(如氧气)。惰性气体被广泛用作G-M管中填充气体的主要成分,其中氦和氩是最常用的选择。为了淬灭的目的,大多数盖革管气体中通常会添加第二种成分,这将在下一节中讨论。

自由电子在与气体分子碰撞时获得的平均能量取决于电场大小与气体压力之比$\mathscr{E}/p$(式(5.3))。由于受激分子的数量n_0'也会随这一参数的增加而增加,因此完全盖革放电需要一定的$\mathscr{E}/p$最小值,这取决于G-M管中使用的特定气体混合物。通常的做法是在设计密封管时将填充气体的压力保持在低于大气压的水平,以尽量减小达到必要的$\mathscr{E}/p$比值所需的$\mathscr{E}$值。对于压力为十分之几大气压的普通气体,使用直径约为0.1 mm的阳极线时,需要约500~2 000 V的工作电压才能达到所需的场强(式(6.3))。

盖革管也可以设计成在大气压力下工作。在这种情况下,机械设计可以简化(尤其是大型盖革管),因为无需在管壁或管窗上支撑压力差。与正比计数器一样,可以将气体永久密封在管内,也可以安排气体流经计数器容积,以不断补充气体并冲掉杂质。

7.3 淬灭

如果盖革管内充满氩气等单一气体,那么形成的所有正离子都是该种气体的离子。在一次盖革放电结束后,正离子缓慢地漂移离开阳极线,最终到达阴极或计数器的外壁。在这里,它们与来自阴极表面的电子结合而被中和。在此过程中,会释放出相当于气体电离能减去从阴极表面提取电子所需能量(功函数)的能量。如果释放出的能量也超过了阴极功函数,那么从能量上讲,就有可能从阴极表面产生另一个自由电子。如果气体电离能超过功函数值的两倍,就会出现这种情况。任何给定离子在中和过程中释放出电子的概率总是很小,但如果离子总数足够多,则很可能至少会产生一个这样的自由电子。然后,这个电子将漂向阳极,并引发另一次"雪崩",导致第二次完全盖革放电。在这种情况下,G-M计数器一旦被触发,就会产生连续的多脉冲输出。

与正比计数器相比,盖革管的多重脉冲问题可能要严重得多。在前一种情况下,每个事件中的正离子数量很少,因此只会偶尔产生一个杂散脉冲。杂散脉冲的幅度只相当于一次“雪崩”，通常比初始事件产生的幅度小得多。在盖革管中，到达阴极的正离子数量的增加大大提高了自由电子发射的概率。此外，二次放电即使仅由一个电子引起，也会产生与一次放电相同的幅度。由于这些原因，盖革计数器必须采取特别的预防措施，以防止出现过度的多重脉冲。外部淬灭[11]包括采用某种方法，在每次脉冲后的固定时间内，将施加在管子上的高电压降至很低的值，以防止进一步的气体倍增。这样就无法形成二次“雪崩”，即使在阴极释放出自由电子，也无法引起另一次盖革放电。电压被抑制的时间必须大于正离子从其形成位置到阴极的传输时间（一般为几百微秒），再加上自由电子的传输时间（一般约为一微秒）。

外部淬灭的一种方法是在图7.3中选择足够大的R值（通常为$10^8\ \Omega$），使电荷收集电路的时间常数达到毫秒量级。这种“外部电阻”淬灭方法的缺点是阳极需要几毫秒的时间才能恢复到接近正常电压的状态，因此只有在极低的计数率下才能产生每个事件的完全盖革放电。

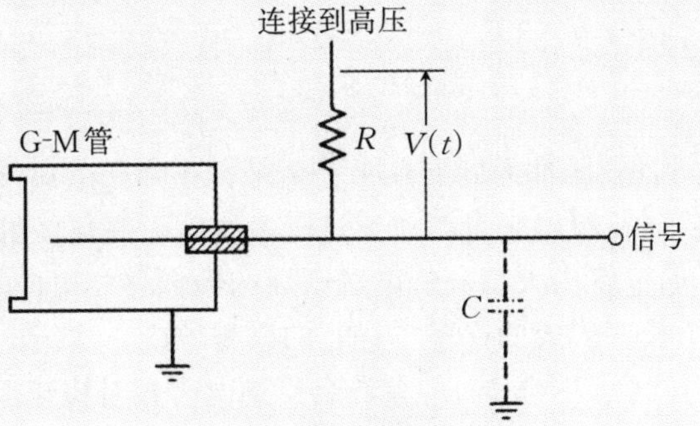

图7.3 G-M管的等效计数电路

电阻R和电容C（通常只有计数管和电子元件的固有电容）的乘积决定了盖革放电后恢复高压的时间常数。

更常见的做法是通过内部淬灭来防止出现多重脉冲，具体做法是在主填充气体中加入第二种称为淬灭气体的成分。与主气体成分相比，淬灭气体的电离电位更低，分子结构更复杂，通常浓度为5%～10%。虽然它与添加到正比计数器气体中用于吸收紫外线光子的成分同名，但盖革计数器中的淬灭气体具有不同的功能。它通过电荷转移碰撞机制防止多重脉冲。入射辐射形成的正离子大部分是原生离子，它们在向阴极漂移的过程中会与中性气体分子发生多次碰撞。其中一些碰撞是与淬灭气体分子发生的，由于电离能的不同，正电荷有向淬灭气体分子转移的趋势。这样，原来的正离子通过电子转移而被中和，淬灭气体中的正离子开始漂移取而代之。如果淬灭气体的浓度足够高，这些电荷转移碰撞将确保最终到达阴极的所有离子都是淬灭气体中的离子。当它们被中和时，多余的能量可能会用于解离更复杂的分子，而不是从阴极表面释放出自由电子。如果淬灭气体选择得当，解离的概率会远远大于电子发射的概率，因此管子内不会形成额外的“雪崩”。

许多有机分子都具有作为淬灭气体的适当特性。其中，乙醇和甲酸乙酯已被证明是最受欢迎的，并广泛应用于许多商用G-M管中。由于淬灭气体在执行其功能时会发生解离，因此会在试管的使用寿命内逐渐消耗掉。一个有机淬灭管在其有效寿命内通常会有大约

10^9个计数的极限，然后由于淬灭气体耗尽而无法再防止多重脉冲。

为了避免寿命有限的问题，有些管子使用卤素(氯或溴)作为淬灭气体。虽然卤素分子在执行淬灭功能时也会解离，但它们可以在以后通过自发重组得到补充。因此，理论上卤素淬灭管的寿命是无限的，在需要以高计数率长时间使用的情况下，卤素淬灭管是首选。然而，除了淬灭气体的消耗外，还有其他机制限制了盖革管的使用寿命。其中两个比较重要的机制似乎是放电过程中产生的反应产物对气体的污染以及聚合反应产物沉积在阳极表面引起的变化。[12,13]

7.4 时间行为

7.4.1 脉冲曲线

在第6章中，单个"雪崩"脉冲的发展几乎完全来自正离子远离阳极线的运动。最初的快速分量(上升时间小于一微秒)来自离子通过阳极线附近高场区的运动。随后的上升时间要慢得多，这与离子通过管内大部分低电场区域的慢漂移相对应。在盖革放电中，脉冲相当于沿着阳极线整个长度形成的许多"雪崩"的累积效应。次级电子到达倍增区触发这些多重"雪崩"所需的时间会有所不同，但差异会受到电子相对快速运动的限制。初始脉冲上升的速度会比单个"雪崩"的速度慢一些，但其发展时间通常仍会少于几微秒。此外，放电终点附近空间电荷的积累所产生的电场畸变也会使情况变得复杂。

最终的结果是，G-M管的输出脉冲仍然会呈现一微秒或更短时间内的快速上升，随后由于离子的缓慢漂移，上升速度会慢得多。如果收集电路的时间常数为无限大，则输出脉冲需要全部离子收集时间才能达到理论上的最大值。出于对最大计数率的考虑，时间常数通常选择远小于100 μs，这在很大程度上消除了脉冲的缓慢上升部分，只留下快速前沿，如图7.4所示。尽管可能会损失很大一部分潜在的输出脉冲幅度，但盖革放电中产生的大量电荷会产生如此大的脉冲，以至于可以很容易地容忍一些幅度损失。此外，由于所有盖革放电的大小和时间轮廓大致相同，所有脉冲在成形过程中都会衰减相同的部分，输出脉冲几乎保持一个幅度。

与正比计数器一样，从气体中第一个离子对的形成到第一次"雪崩"的发生会有一个延迟时间。这一延迟相当于电子从其原点到倍增区域的漂移时间，在大型管子中可能长达一微秒或更长。因此，在使用G-M管进行计时时，如果辐射相互作用在整个管内随机发生，就会出现这种程度的时间不确定性。

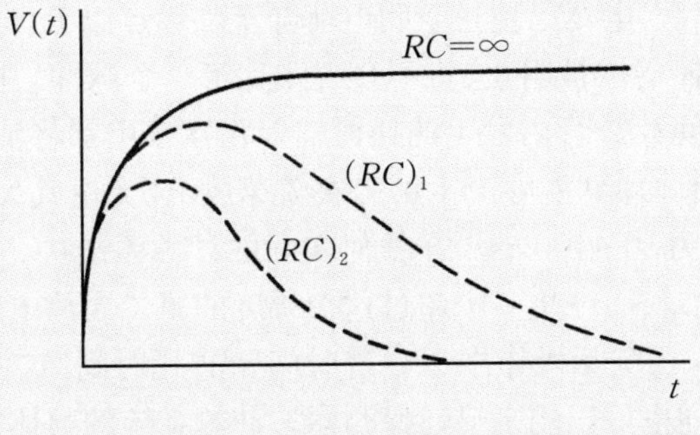

图 7.4　计数电路不同时间常数 *RC* 的 G-M 管输出脉冲的形状

此处 $(RC)_2<(RC)_1<$ 无限时间常数，假设信号电压 $V(t)$ 的测量值如图 7.3 所示，为正极性。更传统的做法是，在放大器内测量相对于地的脉冲，从而产生反相或负极性。

7.4.2　死时间

终止盖革放电的正离子空间电荷的积累也确保了在管内产生第二次盖革放电之前必须经过相当长的时间。随着正离子径向向外漂移，空间电荷变得更加分散，倍增区域的电场开始恢复到原来的值。正离子漂移一段距离后，电场将恢复到足以允许再次盖革放电的程度。但是，如果电场没有完全恢复，放电的强度就会低于原来的强度，因为需要较少的正离子来关闭放电，使电场再次降低到临界点以下。因此，与原始脉冲相比，最初出现的脉冲幅度会减小，计数系统可能会记录下来，也可能记录不下来，这取决于系统的灵敏度。当正离子最终漂移到阴极时，电场完全恢复，另一个电离事件将触发全幅度的第二次盖革放电。图 7.5 所示是这种行为的简图，它类似于在高计数率下从盖革管中实验观察到的示波器轨迹。

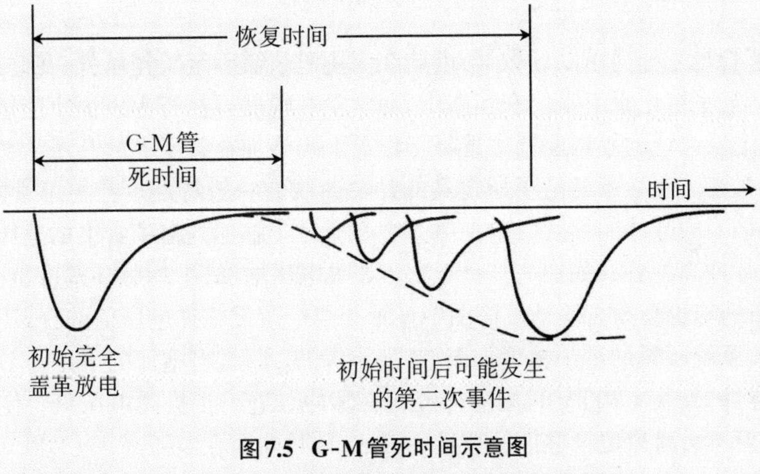

图 7.5　G-M 管死时间示意图

图中显示的是探测器通常观测到的负极性脉冲

紧接着盖革放电之后，电场已被正空间电荷降至临界点以下。如果在此条件下发生另一次电离事件，由于气体倍增被阻止，将不会观测到第二个脉冲。因此，在这段时间内，管子处于"死时间"，此期间计数管内发生的任何辐射相互作用都将消失。从技术上讲，盖革管的死时间是指从初始脉冲到能够产生第二次盖革放电（无论其大小）的时间段。在大多数盖革管中，这段时间为50~100 μs。在任何实际的计数系统中，第二个脉冲必须达到一定的脉冲幅度才能被记录，而产生一个超过这个幅度的第二次放电所需的时间间隔有时被称为系统的分辨时间。在实际操作中，"分辨时间"和"死时间"这两个术语经常被互换使用，而且"死时间"这个词也可以用来描述探测器–计数系统的整体行为。恢复时间是指管子恢复到其原始状态并能够产生第二个全幅度脉冲所需的时间间隔。

我们之所以推迟到现在才讨论探测器的具体死时间行为，是因为G-M管是辐射探测器中的一个罕见例子，它表现出的固有死时间较长是由探测器本身的机制引起的。在大多数其他情况下，探测器的内部过程不会抑制探测器输出信号的产生，即使是两个时间间隔极小的事件。例如，如果两个粒子在脉冲式离子室中的相互作用时间间隔很近，则来自两个轨道的电荷将独立漂移，所观测到的感应信号将是两个粒子各自预期信号的叠加。如果这两个分量充分重叠，则可能只记录到一个脉冲，并会出现损失，损失一般也归因于系统的死时间。这些损失的细节取决于探测器的脉冲是如何形成、处理或计数的，因此大多数测量系统的死时间行为关键取决于脉冲处理电子设备以及探测器信号的时间特性。同样的一般性评论也适用于本文后面将介绍的闪烁和半导体探测器。由于这些探测器的大多数应用都涉及能谱学，而不是G-M管所局限的简单计数操作，因此对这些损失的进一步讨论将推迟到与脉冲堆积密切相关的《核辐射探测与测量（下册）》第17章。

7.5 盖革计数坪区

由于盖革管是一种简单的计数器，因此在应用时只需确定工作条件，在此条件下，每个脉冲都会被计数系统记录下来。在实践中，通常是在辐射源在管内以恒定速率产生事件的条件下，通过记录系统的坪区曲线来选择工作点。当施加在管子上的高压从初始低值升高时，记录下计数率。第4章讨论了所得到的计数曲线的一般特性。在盖革管的情况下，其结果尤其简单，因为脉冲的幅度以单一值为中心。对于施加到盖革管上的电压值固定不变的情况，微分脉冲高度分布如图7.6(a)所示。如果电压增加，平均脉冲幅度也会增加，微分脉冲高度分布的峰也会向右移动。简图中显示了两个假设施加电压值的分布。

如果计数系统所需的最小幅度如图7.6所示为H_d，那么当施加的电压为1 000 V时，不应计数任何脉冲，而在1 200 V时则应计数所有脉冲。进一步提高电压只会使峰在微分分布中更靠右，但不会增加记录事件的数量。因此，计数曲线在电压高于1 200 V时显示出平坦的坪区，原则上，任何高于该值的工作电压选择都能确保稳定运行。计数系统首次记录脉冲的最低电压通常称为起始电压，而曲线快速上升与坪区之间的过渡则为其膝部。

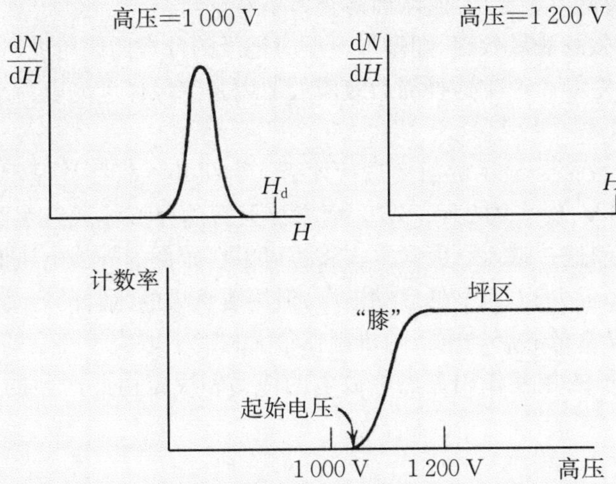

(a) G-M管计数坪区建立的原理示意图

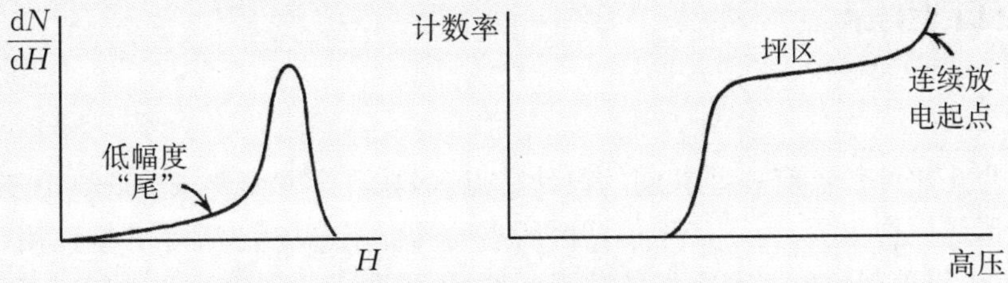

(b) G-M管计数坪区有限斜率的原理示意图

图7.6 G-M管计数坪区示意图

如果电压升得足够高，坪区就会突然结束，因为管子内开始出现连续放电机制。这可能是阳极线上任何尖锐的不规则部分引发的电晕放电，也可能是淬灭机制失效导致的多脉冲放电。连续放电过程如果持续时间过长，可能会对人体造成伤害，因此当观察到坪区结束时，应立即降低所施加的电压。为了延长工作寿命，通常选择的工作点只能在坪区足够高的位置，以确保达到平坦区域。这样，盖革放电就会保持在与良好的计数稳定性相适应的最小尺寸附近，淬灭气体的消耗率也会降到最低。

在实际情况中，计数坪区总是呈现一定的有限斜率，如图7.6(b)所示。在微分脉冲高度分布中增加低幅度“尾”部的任何效应都可能是造成斜率的原因。例如，管子两端附近的某些区域的电场强度可能低于正常水平，这些区域的放电可能小于正常水平。此外，在恢复时间内发生的任何脉冲也会异常微小。为了在测量坪区特性时排除后一种影响，计数率不应超过恢复时间倒数的百分之几。对于典型的G-M管，这一限制意味着坪区测量的速率应低于每秒几百个计数。

造成许多G-M管子坪区倾斜的另一个原因是淬灭机制偶尔失灵，这可能会在主盖革放电之外导致卫星脉冲或杂散脉冲。这种情况发生的概率通常很低，但随着最终到达阴极的正离子数量增加,发生的概率也会增加。随着电压的增加,计数管的有效容积也会略有增加,因为管子四角附近的极低电场会增加,从而防止离子对重组。

坪区曲线还可能出现轻微的滞后效应,即增加电压时记录的计数曲线可能与减少电压时记录的计数曲线存在一定差异。产生这种滞后效应的原因是绝缘体上的电荷平衡较慢,会影响管内的电场配置。

盖革管通常根据坪区线性部分显示的斜率进行评级。有机淬灭管往往显示出最平坦的坪区,外加电压每变化100 V,斜率为2%～3%。卤素淬灭管的典型坪区斜率更大,但其较长的使用寿命有时可以抵消这一缺点。卤素淬灭管也可以在较低的外加电压值下工作。例如,氩—醇计数器通常需要至少1 000 V的启动电压,但用溴淬灭的氖管的启动电压可低至200～300 V。[14]导致这种异常低的启动电压的机制在很大程度上取决于卤素的分压和管内的ε/p值。溴原子与氖原子的相互作用显然在放电的传播和决定由此产生的计数管特性方面起着重要作用。[15]

7.6 设计特点

盖革管与正比计数器有一些共同的设计特点,但在许多方面要求较低。由于气体倍增和"雪崩"的形成同样重要,为了产生倍增区所需的局部高电场值,几乎普遍使用细阳极丝。在盖革管中,由于盖革放电遍及阳极的整个长度,不需要太注意导线的均匀性,因此非均匀性会被平均掉。由于脉冲幅度不携带定量信息,响应的均匀性就不那么重要了,因此在正比计数器中用于形成电场的场管很少出现在盖革管中。有些设计可作为正比管或盖革管互换使用,但通常建议更换填充气体以获得最佳性能。

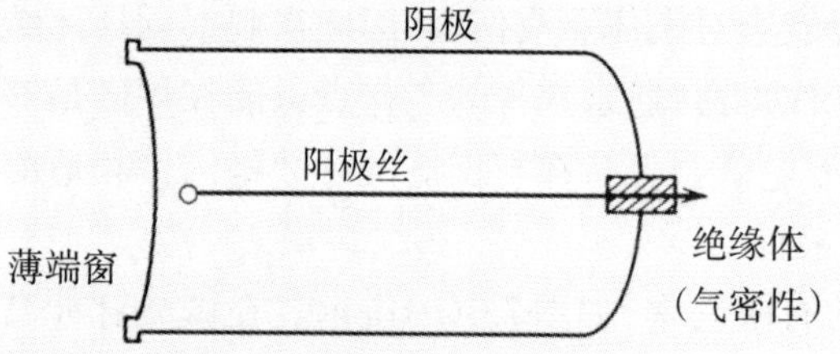

图7.7 典型端窗盖革管的横截面

盖革管的典型设计是端窗式,如图7.7所示。阳极丝只在一端支撑,并沿着金属或玻璃制成的圆柱形阴极的轴线分布,阴极内有金属涂层。辐射从入口窗进入盖革管,窗口可以由云母或其他在薄截面上能保持强度的材料制成。由于大多数盖革管是在低于大气压的情况下工作的,因此窗口可能需要承受很大的压差。在对短程粒子(如α粒子)进行计数时,窗口应尽可能薄,但在对β粒子或伽马射线进行计数时,窗口应更加坚固。

盖革管还可以制造成许多其他形状和结构。将一个简单的线环阳极插入一个由导电阴极围成的任意容积中,通常就可以作为盖革计数器使用,但必须注意避免在角落里出现低场区域,因为在那里可能会出现丢失事件。盖革计数器也可以采用"针式计数器"的形式,在这种计数器中,阳极由一根尖锐的针组成,针支撑在阴极所包围的气体中。该点附近的场变化为$1/r^2$,而不是常见的圆柱形几何中的$1/r$。使用针形几何结构可以方便地制造出具有较小有效体积的计数器,具有代表性的设计在参考文献[16]和[17]中有所描述。

对于涉及非常软的辐射(如低能量重带电粒子或软β粒子)的应用,最好将辐射源直接引入计数体积中。连续流盖革计数器在设计上与第6章中讨论的气流正比计数器类似,通常用于此目的。通过使计数气体持续流过腔体,尽管在更换样品时会引入少量空气,但气体纯度仍能保持不变。

通过直接与计数气体混合的气体形式引入源,可以获得对某些软辐射的极高计数效率。例如,检测低浓度的^{14}C可以通过将碳转化为CO_2,然后与传统的氩-醇填充气体混合。只要CO_2的浓度不太高,就能保持盖革气体的合理特性。使用由氢气组成的填充气体,并在其中加入少量氚化水蒸气,也可以有效地对氚产生的软β粒子进行计数。

由于通常不需要前置放大器,因此涉及盖革管的计数系统可以如图7.8所示的那样简单。高压电源和盖革管阳极之间的串联电阻R是负载电阻,信号电压就是通过它产生的。R与计数管及相关线路的电容(如图7.8所示C_s)的并联组合决定了电荷收集电路的时间常数。如时间响应部分所述,该时间常数通常选择为几微秒,以便只保留脉冲的快速上升成分。图7.8中还显示了耦合电容器C_c,它需要阻断计数管高压,但将信号脉冲以接地电位传输到后续电路。为了在不衰减脉冲幅度的情况下实现这一功能,其值必须足够大,以便RC_c比脉冲持续时间大。

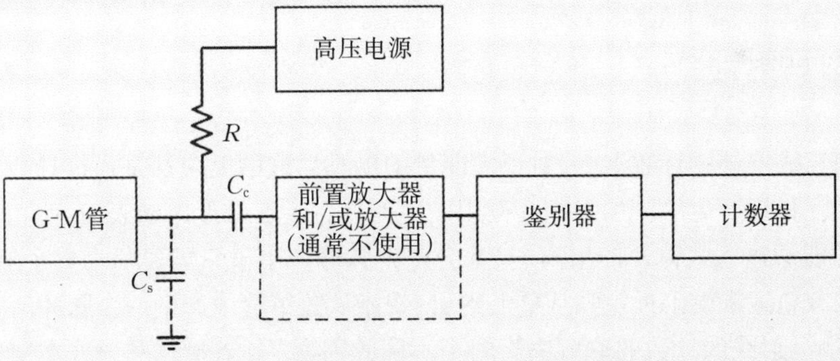

图7.8 与G-M管相关的一般计数电路框图

7.7 计数效率

7.7.1 带电粒子

由于在盖革管填充气体中形成的单个离子对就能引发盖革管的完全放电,所以进入盖革管有效容积[①]的任何带电粒子的计数效率基本上都是100%。因此,在大多数实际情况下,有效计数效率取决于入射辐射在没有吸收或反向散射的情况下穿透盖革管窗口的概率。对于α粒子,窗口内的吸收是主要问题,目前市场上有厚度小至1.5 mg/cm^2的窗口。较厚的窗口一般可用于计数β粒子,但如果窗口的厚度占据了电子射程的相当大部分,则有些β粒子会从窗口反向散射而不会穿透窗口。

7.7.2 中子

盖革管很少用于中子计数有几个原因。对于热中子而言,传统的盖革气体俘获截面小,因此计数效率低得令人无法接受。虽然可以用俘获截面大的气体(如^3He)代替,但这样一来探测器在正比区的运行比在盖革区的运行要合理得多。在正比计数器中,中子诱发事件的幅度要比伽马射线本底产生的脉冲大得多,因此很容易区分(见《核辐射探测与测量(下册)》第14章)。在盖革区域,所有脉冲的幅度都相同,因此无法分辨伽马射线。

快中子可以在盖革气体中产生反冲核(见《核辐射探测与测量(下册)》第15章),反冲核会产生离子对并随之放电。因此,盖革管在一定程度上会对快中子通量做出反应,特别是那些充氦的盖革管。不过,充气式快中子探测器通常作为正比计数器而不是盖革管运行,以利用仅在正比区域提供的能谱信息(见《核辐射探测与测量(下册)》第15章)。

7.7.3 伽马射线

在任何充满气体的计数器中,对正常能量的伽马射线的反应都是通过计数器实体壁与伽马射线相互作用产生的。如果相互作用发生的位置足够靠近内壁表面,使相互作用产生的次级电子能够进入气体并产生离子,就会产生脉冲。由于只需要一个离子对,所以次级电子只需在其轨道末端附近勉强从壁上露出,就能从盖革管中产生一个脉冲。

因此,伽马射线的计数效率取决于两个不同的因素:① 入射伽马射线在壁内发生相互作用并产生次级电子的概率;② 次级电子在其轨迹结束之前到达填充气体的概率。如图7.9所示,只有靠近气体的壁最内层可能产生次级电子。该区域的厚度等于形成的次级电子的最大射程,通常为一两毫米。使壁厚超过这个值,对效率没有任何帮助,因为在离气体较远的壁区域形成的电子在被阻止之前没有机会到达气体。

在这一临界层内发生伽马射线相互作用的概率通常会随着管壁材料原子序数的增加而增加。因此,高Z材料阴极的计数管伽马射线效率最高。过去,采用铋($Z=83$)阴极的盖革管被广泛用于伽马射线探测。但如图7.10所示,即使是高Z材料,敏感层内的相互作用概率仍然很小,典型的伽马射线计数效率很少超过百分之几。

① 在端窗设计中,入口窗口后面通常会有一个小的死区,在这个死区中,局部电场可能太小,无法防止重组或电子损失。

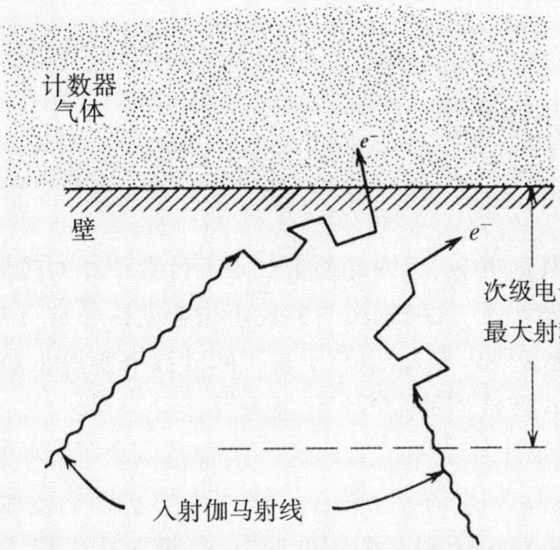

图7.9 充气计数器对伽马射线敏感的主要机制是在计数器壁上产生次级电子

只有在壁内表面电子射程内发生的相互作用才会产生脉冲。

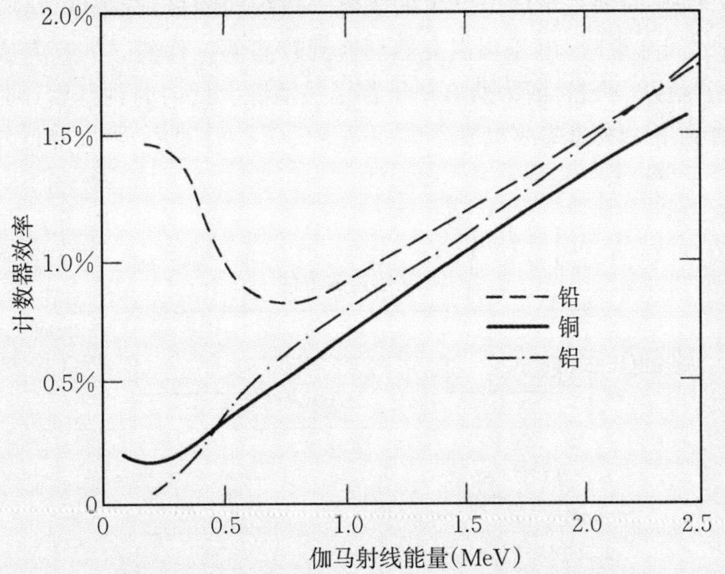

图7.10 G-M管对通常入射到阴极的伽马射线的效率

(摘自 W. K. Sinclair,《辐射剂量学》第5章,G. J. Hine 和 G. L. Brownell 编。1956年出版,Academic Press 版权所有。经许可使用)

如果光子的能量足够低,那么伽马射线在计数管填充气体中的直接相互作用可能不再可以忽略。因此,可以通过在尽可能高的压力下使用高原子序数的气体来提高低能量伽马射线和X射线的计数效率。氙气和氪气是这些应用中的常见选择,对于低于约10 keV的光子能量,计数效率可接近100%(见图6.20)。

7.8 首次计数时间法

由于盖革管的固有死时间较长,因此通常仅限于计数率相对较低的应用场合。即使在计数率为每秒几百次的情况下,死时间损失的校正也会变得非常重要。当速率超过每秒几千次时,这些修正通常会变得非常大,以至于真正的计数率变得非常不确定,并且对用于表示这些损失的死时间假设或模型的微小变化极为敏感。

为了将盖革管的有效计数范围扩大到这一正常范围之外,我们引入了一种创新的运行模式,即首次计数时间法。如图7.11所示,该方法的基础是施加到盖革管上的高压在两个值之间切换:正常工作电压和一个较低的电压,该电压设置为低于填充气体中形成“雪崩”所需的最低电压。在盖革放电后,电压会突然降到较低值,并保持一段固定的“等待时间”(通常为1~2 ms)。这段等待时间要长于计数管在降低的外加电压下的恢复时间。在等待时间内,前面盖革放电产生的正离子被扫向阴极,管子恢复到正常或“带电”状态。在这段时间结束时,电压再次突然切换到较高的工作值。一旦完成切换,根据定义,管子就处于“活跃”状态,因为所有离子都已被清除。此时时钟开始计时,并记录下所经过的时间,直到下一次盖革放电发生。在固定的等待时间内,再次降低外加电压,如此循环多次。

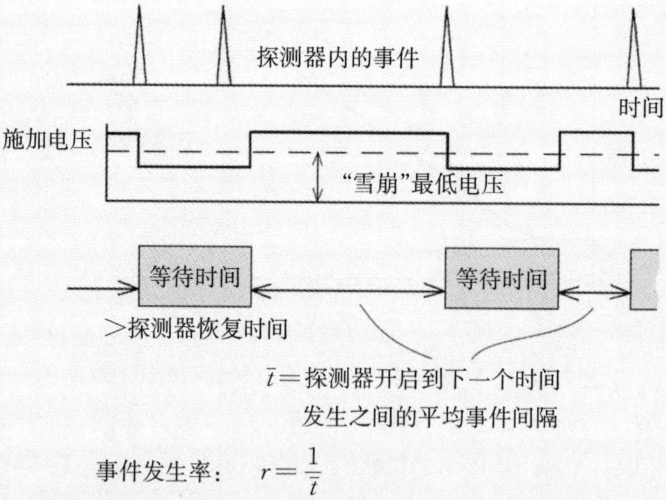

图7.11 确定G-M管事件发生率的首次计数时间法示意图

通过这个过程,可以对等待时间结束到计数管内下一个真实事件发生之间的时间进行一系列测量。将这些时间间隔平均后,就可以测量出从时间刻度上的任意点到下一个真实事件发生之间的平均时间。第3.7.1节的讨论表明,这些时间间隔的平均长度为$1/r$,其中r

为真实事件发生率。因此,只需取测量到的平均时间间隔的倒数,即可确定该速率。

请注意,这种技术完全不受探测器死时间的影响。每个时间测量周期从探测器处于带电状态开始,到下一个真实事件发生时结束。测量的精确度只受到高压开关的突然性和盖革放电开始时间的不确定性的限制。这些不确定性可短至十分之一微秒,因此几微秒或更长的平均时间间隔都能以合理的精度进行测量。这个平均时间间隔相当于将测得的计数率提高到每秒 10^5 以上,比传统的计数管工作所允许的计数率高出两个数量级。

这种测量还存在统计不确定性。一般来说,测量的时间间隔数量的作用与在固定时间段内进行传统计数测量时记录的计数值相同。在这种情况下,在总的实时时间内记录的计数值等于测量的时间间隔数,而总的实时时间等于时间间隔数乘以其平均长度的乘积。因此,为了达到1%的统计精度,至少需要测量 10^4 个时间间隔。不过,由于该方法通常适用于高计数率的情况,因此可以确保在相当短的总测量时间内记录大量的时间间隔。在真实计数率非常高的情况下,测量的时间间隔率会接近所选固定等待时间的倒数。如果该值为2 ms,则数据采集速率接近500/s。

7.9 G-M测量仪

伽马射线监测常用的测量仪由便携式盖革管、高压电源和脉冲计数率计组成。脉冲计数率可显示伽马射线照射的强度。计数率仪的刻度通常以照射率为单位进行校准,但在某些情况下,这些读数的误差可达2～3倍或更多。

困难在于,盖革管的计数率与离子室的测量电流不同,与伽马射线照射率没有根本的关系。对于给定的伽马射线能量,计数率显然与强度成线性关系,但在应用中可能会涉及多种不同能量的伽马射线:在任何固定的伽马射线能量下,都可以对照射率刻度进行精确的校准,但如果测量仪应用于其他伽马射线能量的测量,就必须考虑计数器效率随能量的变化。图7.10给出了不同阴极材料的此类曲线图。理想的情况是,效率与能量的关系曲线与每伽马射线光子照射量与能量的关系曲线完全吻合。如果能完全吻合,那么G-M测量仪一般就可以应用于所有能量,因为每个光子的重要性都会根据探测器的本征效率正确加权。为了使两者尽可能接近,可以在计数管外部覆盖一层薄薄的金属(如铅和/或锡)[19],这就是通常所说的计数管能量补偿。与高能量相比,裸G-M管在低能量下的效率往往过高,无法很好地匹配照射与能量的关系曲线,而金属滤光片在低能量下的优先吸收则提供了某种经验补偿。在任何给定的能量下,两条曲线的比值是测量校正系数的一个尺度,校正系数应适用于测量仪的读数。图7.12是两个商用测量仪的校正系数与伽马射线能量的关系图。

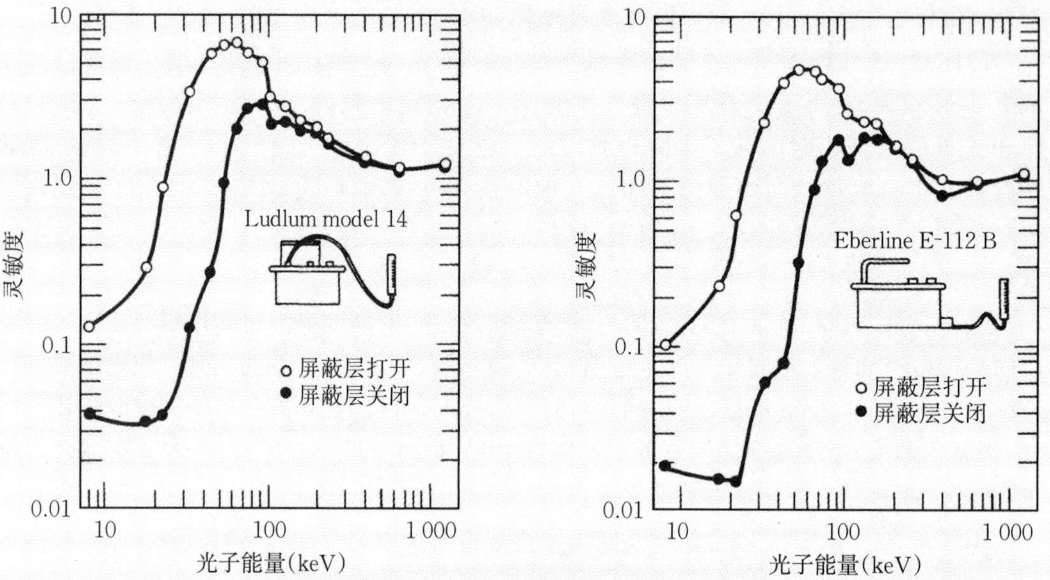

图7.12 两种商用盖革测量仪的灵敏度与能量的关系

灵敏度的定义是指示照射率除以真实照射率。

(摘自Storm等[20])

习题

7.1 为什么盖革-米勒管中的淬灭气体的电离势必须低于主要填充气体的电离势?

7.2 在其他参数不变的情况下,预测以下每种变化对盖革-米勒管观测到的起始电压的影响:

(a) 阳极金属丝直径增加一倍;

(b) 填充气体压力增加一倍;

(c) 淬灭气体的微量浓度增加一倍。

7.3 为什么即使在盖革管完全放电后,其脉冲高度仍会随施加电压的增加而增加?

7.4 估计习题6.3中的计数器进入盖革工作区的电压。假设在典型的“雪崩”中,每个离子对会形成3个激发原子,随后的去激发光子产生额外“雪崩”的概率为10^{-5}。

7.5 正比计数器和盖革管都以内部气体倍增为基础。请分别对它们进行评论,并对比它们在以下方面的行为:

(a) 脉冲高度随外加电压的变化;

(b) 对淬灭气体的需求及其功能;

(c) 区分重粒子和电子辐射的能力;

(d) 记录高计数率的能力;

(e) 1 MeV伽马射线的典型计数效率。

7.6 气体填充计数器(正比计数器或G-M管)在使用中等能量的伽马射线(如1 MeV)

时，其内在探测效率取决于计数器壁的厚度，情况如图7.13所示：

(a) 解释这条曲线的一般形状；

(b) 估算最佳壁厚t_m的数量级，并将其与基本物理特性联系起来。

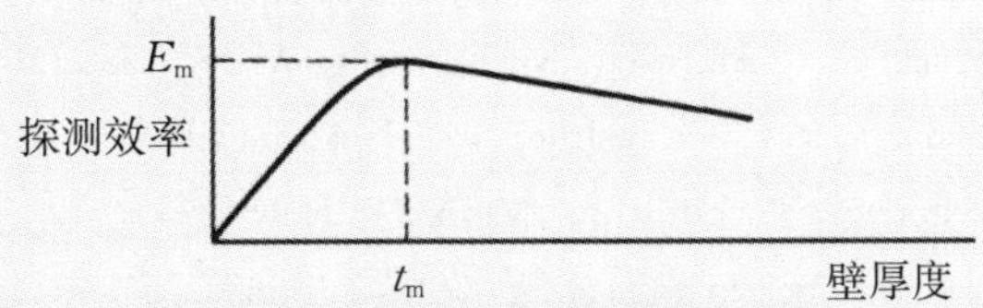

图7.13　中等能量伽马射线的探测效率与壁厚关系曲线

7.7　一个G-M管工作需要一个计数系统，该系统的阈值要求必须完全盖革放电才能记录一个计数。用可瘫痪模型还是不可瘫痪模型来描述其死时间行为可能更好？

7.8　在压强为0.5 atm的特定计数气体中，自由电子的迁移率为0.05 (m/s)·(m/V)·atm。“雪崩”形成的阈值电场为2×10^6 V/m。如果在阳极半径为0.005 cm、阴极半径为2 cm的圆柱形管子中使用这种气体，请计算在施加1 500 V电压时电子从阴极到倍增区的漂移时间。

7.9　盖革-米勒计数系统的分辨时间为350 μs，求由于这个死时间造成的损失达到所有真实事件一半的真实速率(可以说这个速率大致是管子能给出合理可靠结果的最大速率)。使用可瘫痪模型和不可瘫痪模型得出两个不同的预测值，它们可能与实际值相差无几。

7.10　习题7.9中的G-M管以“首次计数时间”模式运行，以延长其计数率上限。在每次记录计数后，管子的电压会被抑制900 μs以使其完全恢复，假设接通高压所需的时间为0.3 μs，而测量盖革放电开始的时间不确定性要小得多：

(a) 当开关时间内发生真实事件的概率不再很小时，就达到了现在的计数率极限，计算该概率达到5%时的真实速率；

(b) 在此极限速率下，电压切换后首次计数的平均时间是多少？

(c) 一台测量仪器以这种模式运行2 s来测量真实速率，在相同的极限速率下，计数统计导致的测量不确定性百分比是多少？

参考文献

[1]　D. H. Wilkinson, “Ionization Chambers and Counters,” Cambridge University Press, London, 1950.

[2]　W. J. Price, “Nuclear Radiation Detection,” 2nd ed., Chap. 5, McGraw-Hill, New York, 1964.

[3]　J. Sharpe, “Nuclear Radiation Detectors,” 2nd ed., Methuen and Co., London, 1964.

[4]　E. W. Emery, “Geiger-Mueller and Proportional Counters,” in “Radiation Dosimetry,” Vol. II, F. H. Attix and W. C. Roesch (eds.) Academic Press, New York, 1966.

[5]　D. H. Wilkinson, Nucl. Instrum. Meth. A321, 195 (1992).

[6]　D. H. Wilkinson, Nucl. Instrum. Meth. A383, 516 (1996).

[7] D. H. Wilkinson, Nucl. Instrum. Meth. A383, 523 (1996).
[8] K. Matsuda and J. Sanada, Nucl. Instrum. Meth. A294, 268 (1990).
[9] J. Fischer, H. Okuno, and A.H. Walenta, IEEE Trans. Nucl. Sci. NS−25(1), 794 (1978).
[10] E. Mathieson, T. J. Harris, and G. C. Smith, Nature 272, 709 (1978).
[11] O. Vagle, Φ. Olsen, and G. A. Johansen, Nucl. Instrum. Meth. A580, 358 (2007).
[12] F. E. Lox and Z. Eeckhaut, Rev. Sci. Instrum. 40(9), 1206 (1969).
[13] A. Peeva and T. Karatoteva, Nucl. Instrum. Meth. 118, 49 (1974).
[14] S. Usacev and M. Seman, Nucl. Instrum. Meth. 73, 41 (1969).
[15] D. Srdoc, Nucl. Instrum. Meth. 99, 321 (1972).
[16] Y. Fujita et al., Nucl. Instrum. Meth. US, 523 (1975).
[17] T. Aoyama and T. Watanabe, Nucl. Instrum. Meth. 197, 357 (1982).
[18] E. J. Dilanni et al. "Radiation Measuring Apparatus," U.S. Patent 4,605,859 issued Aug. 12, 1986.
[19] D. Barclay, IEEE Trans. Nucl. Sci. 33(1), 613 (1986).
[20] E. Storm, D. W. Lier, and H. Israel, Health Phys. 26, 179 (1974).

第8章 闪烁探测器原理

利用某些材料中产生的闪烁光检测电离辐射是核辐射探测有史以来最古老的技术之一。闪烁过程仍然是检测和能谱分析各种辐射的最有用方法之一。在本章中,我们将讨论现有的各类闪烁体以及有效收集闪烁光的重要注意事项。接下来将介绍现代光传感器——光电倍增管和光电二极管——将光转换成电脉冲所需的传感器以及闪烁探测器在辐射能谱学中的应用。

理想的闪烁材料应具备以下特性:

① 它应能将带电粒子的动能转化为可探测的光,并具有较高的闪烁效率;

② 这种转换应是线性的——在尽可能宽的范围内,光产额应与沉积能量成正比;

③ 介质对其自身发射的波长应是透明的,以获得良好的光收集效果;

④ 诱导发光的衰减时间应较短,以便产生快速信号脉冲;

⑤ 材料应具有良好的光学质量,并能制造出足够大的尺寸,以便作为实用探测器;

⑥ 其折射率应接近玻璃的折射率(约1.5),以便将闪烁光有效地耦合到光电倍增管或其他光传感器上。

没有一种材料能同时满足所有这些标准,因此在选择特定的闪烁体时总是要在这些因素和其他因素之间做出平衡。应用最广泛的闪烁体包括无机碱卤化物晶体(碘化钠是最受欢迎的一种)以及有机液体和塑料。无机闪烁体往往具有最佳的光输出和线性度,但除个别情形外,其响应时间相对较慢。有机闪烁体通常速度较快,但光产额较少。预期应用对闪烁体的选择也有很大影响。无机闪烁体成分的高Z值和高密度有利于伽马射线能谱分析,而有机闪烁体通常是β能谱分析和快中子探测的首选(因为它们含有氢)。

荧光过程是指物质在受到某种方式的激发后迅速发出可见辐射。传统上,还有其他几种过程也会导致可见光的发射。磷光比荧光发射的波长更长,其特征时间一般要长得多。延迟荧光的发射光谱与瞬时荧光相同,但同样具有激发后发射时间更长的特点。要成为一种好的闪烁体,材料应尽可能多地将入射辐射能量转化为瞬时荧光,同时最大限度地减少磷光和延迟荧光的不良贡献。本章的重点是闪烁体的脉冲模式运行。在这种情况下,能够为输出脉冲作出贡献的光通常仅限于瞬时荧光,这是由于测量电路的脉冲成形时间比典型的磷光和延迟荧光衰减时间要小得多。这种长寿命光会在信号脉冲之间或多或少地随机散布，并以单个光子的形式到达光传感器，这些光子通常无法与随机噪声区分开来。相反，闪烁体在恒定光照下以电流模式运行时，会产生与总光产额成正比的稳态信号电流，所有衰变成分的贡献与其绝对强度成正比。因此，从以脉冲模式运行的闪烁体测出的光产额可能会低于从同一闪烁体记录的稳态电流推断出的光产额。在辐射强度快速变化的条件下运行的电流模式闪烁探测器，如果长寿命衰变成分很重要，则会出现记忆或"余辉"效应。

关于闪烁体的基本理论和应用，已经出版了许多综述，其中Birks的综述[1]就是一个杰出的例子。关于闪烁体的基础论文集[2]非常有用，涵盖了从早期对许多闪烁材料的研究到近期对闪烁机制的回顾。在本章中，我们的讨论仅限于那些理解各类闪烁体行为差异所必需的过程以及它们作为实用辐射探测器的一些重要特性。

8.1 有机闪烁剂

8.1.1 有机物的闪烁机制

有机物质中的荧光过程源于单个分子能级结构中的跃迁，因此可以从给定的分子种类中观察到，与其物理状态无关。例如，无论作为固态的多晶材料、蒸气，还是作为多组分溶液的一部分，蒽都能被观察到发出荧光。这种行为与如碘化钠这样的晶体无机闪烁体形成鲜明对比，因为后者需要一个规则的晶体格点作为闪烁过程的基础。

一大类实用有机闪烁体是基于具有一定对称性的有机分子，这种分子具有所谓的"π-电子结构"，这种分子的π电子能级如图8.1所示。能量可以通过激发电子构型进入一系列激发态中的任意一种来吸收。一系列单态(自旋为0)被标记为S_0,S_1,S_2等。一组类似的三重态(自旋1)电子能级也显示为T_1,T_2,T_3等。对于作为有机闪烁体的分子来说，S_0和S_1之间的能级间隔为3 eV或4 eV，而高能级之间的间隔通常要小一些。这些电子构型中的每一种都被进一步细分为一系列间距更小的能级，这些能级与分子的各种振动状态相对应，这些能级的典型间距为0.15 eV。通常会添加第二个下标来区分这些振动态，符号S_{00}代表基态电子的最低振动态。

与平均热能(0.025 eV)相比，振动态之间的间距很大，因此室温下几乎所有分子都处于S_{00}态。图8.1中向上的箭头表示分子对能量的吸收。就闪烁体而言，这些过程代表了从附近经过的带电粒子吸收动能的过程。被激发的高单重电子态会通过无辐射内部转换迅速(皮秒级)去激发为S_1电子态。此外，任何振动能量过剩的状态(如S_{11}或S_{12})都无法与其相邻状态达到热平衡，并很快失去振动能量。因此，在简单的有机晶体中，激发过程的净效应就是在极短的时间内产生大量处于S_{10}状态的受激分子。

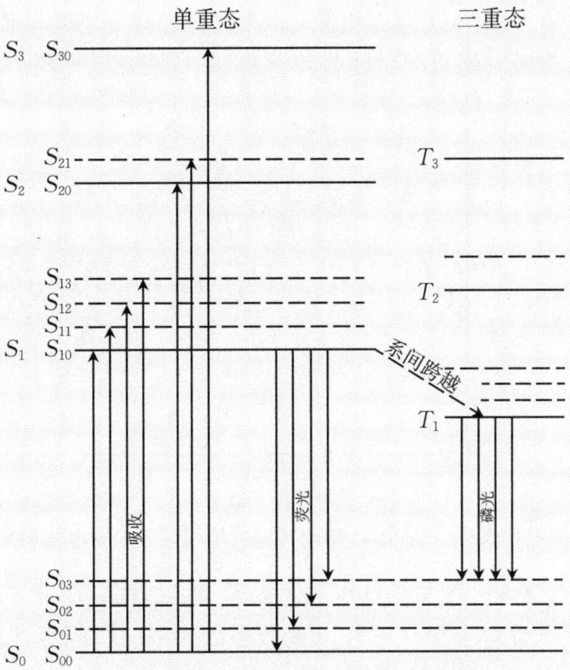

图8.1 具有π-电子结构的有机分子的能级

（摘自J.B. Birks,《闪烁计数的理论与实践》,Pergamon Press, Ltd.版权所有,1964年出版,经许可使用）

主要的闪烁光(瞬时荧光)是在这种S_{10}状态与基态电子状态的一种振动状态之间的跃迁中发出的。图8.1中的向下箭头表示这些跃迁。如果τ表示S_{10}水平的荧光衰减时间,那么激发后t时刻的瞬时荧光强度应为

$$I = I_0 e^{-t/\tau} \tag{8.1}$$

在大多数有机闪烁体中,τ为几纳秒,因此瞬时闪烁成分相对较快。

第一个三重态T_1的寿命通常比单重态S_1的寿命长得多。通过一种称为"系间跨越"的转变,一些激发的单重态可以转化为三重态。T_1的寿命可能长达10^{-3}s,因此从T_1到S_0的去激发过程中发出的辐射是一种延迟光发射,称为磷光。由于T_1位于S_1的下方,这种磷光光谱的波长会比荧光光谱的波长长。当处于T_1状态时,一些分子可能会被热激发回S_1状态,随后通过正常荧光衰减。这一过程就是有时在有机物中观察到的延迟荧光的起源。

图8.1也可以用来解释为什么有机闪烁体对其自身的荧光发射是透明的。向上箭头的长度与材料会强烈吸收的光子能量相对应。由于向下箭头所代表的所有荧光转变(S_{10}~S_{00}除外)的能量都低于激发所需的最低能量,因此光学吸收光谱和发射光谱之间的重叠非常少(通常称为斯托克斯偏移,Stokes偏移),因此荧光的自吸收也非常少。图8.2给出了一个典型有机闪烁体的光谱示例。

任何闪烁体的闪烁效率都被定义为所有入射粒子能量中转化为可见光的部分。我们总是希望闪烁效率越高越好,但遗憾的是,受激分子还有其他的去激发模式,这些模式并不涉及光的发射,而且在这些模式中,受激分子主要降解为热量。所有这些无辐射的去激发

过程都归类为淬灭。在制造和使用有机闪烁体时，通常需要剔除杂质（如液体闪烁体中的溶解氧），因为杂质会为激发能量提供替代淬灭机制，从而降低光输出。

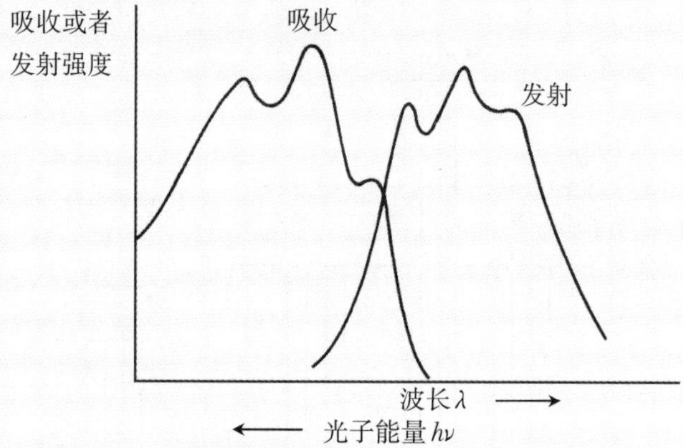

图8.2 具有图8.1所示能态结构的典型有机闪烁体的光吸收和发射光谱

在几乎所有有机材料中，激发能量在发生去激发之前都会在分子与分子之间发生大量转移。这种能量转移过程对于涉及一种以上分子的大型有机闪烁体来说尤为重要。如果将小浓度的高效闪烁体添加到大体积溶剂中，主要被溶剂吸收的能量最终会进入其中一个高效闪烁分子，并在该点发光。这些"二元"有机闪烁体以液体和塑料溶液的形式被广泛使用，其中包含各种溶剂和溶解的有机闪烁体。

有时会在这些混合物中加入第三种成分作为"移波剂"。它的作用是吸收主闪烁体产生的光，并以更长的波长重新辐射。发射光谱的这种偏移有助于更接近光电倍增管的光谱灵敏度，或最大限度地减少大型液体或塑料闪烁体的大量自吸收。Birks 和 Pringle[3] 回顾了二元和三元有机混合物中的能量传递机制及其对闪烁效率和脉冲定时特性的影响。

8.1.2 有机闪烁体的类型

1. 纯有机晶体

作为纯有机晶体闪烁体，只有两种材料广受欢迎。蒽是最早用于闪烁目的的有机材料，在所有有机闪烁体中具有最高的闪烁效率（单位能量的最大光输出）。二苯乙烯的闪烁效率较低，但在需要使用脉冲形状鉴别来区分带电粒子和电子所引起的闪烁时，其是首选材料（见后面有关该技术的讨论）。这两种材料都比较脆弱，难以获得大尺寸。此外，众所周知，闪烁效率取决于电离粒子相对于晶体轴的取向。[4-7]如果入射辐射会在晶体内的不同方向产生轨迹，那么这种高达20%～30%的方向性变化就会破坏这些晶体所能获得的能量分辨率。这些单晶体的最大直径和厚度均不超过10 cm；通过对材料的小晶粒进行热压或冷压，在开发多晶苯乙烯方面取得了一些进展[8]，从而生产出直径更大（最多25 cm）但厚度更有限的探测器。

2. 液态有机溶液

一类有用的闪烁体是通过将有机闪烁体溶解在适当的溶剂中制成的。液体闪烁体可以仅由溶质和溶剂组成，有时也会添加第三种成分作为波长转换器，以调整发射光谱，使其更符合普通光电倍增管的光谱响应。

液体闪烁体通常装在密封的玻璃容器中进行商业销售，处理方式与固体闪烁体相同。在某些应用中，可能需要尺寸达数米的大容量探测器。在这种情况下，从成本角度考虑，液体闪烁体往往是唯一可行的选择。在许多液体中，溶解氧可作为一种强淬灭剂，导致荧光效率大大降低。因此，有必要将溶液密封在一个封闭的容器中，其中的大部分氧气已被清除。

由于液态闪烁体缺少在强辐射照射下可能会受到损坏的固体结构，因此预计液态闪烁体比晶体或塑料闪烁体更能抵抗辐射损伤效应。测量结果证明了这一预期[9]，一些液体闪烁体在高达10^5 Gy的辐照下仍具有合理的抗性。

液体闪烁体也广泛应用于对放射性物质进行计数，这种物质可以溶解在闪烁体溶液中。在这种情况下，放射源发出的所有辐射都会立即穿过闪烁体的某些部分，计数效率几乎可以达到100%。这种技术被广泛用于计数低水平的贝塔活度，如来自碳十四或氚的活度。第10章将进一步介绍液体闪烁计数的这一重要领域。

3. 塑料闪烁体

如果将有机闪烁体溶解在随后可聚合的溶剂中，就能产生相当于固体溶液的物质。一个常见的例子是用苯乙烯单体组成的溶剂溶解适当的有机闪烁体。苯乙烯随后聚合形成固体塑料，其他塑料基质包括聚乙烯醇或聚甲基丙烯酸甲酯。由于塑料易于成型和制造，因此已成为一种极为有用的有机闪烁体。

塑料闪烁体在市场上有多种标准尺寸的棒状、圆柱状和平板状可供选择。由于材料相对便宜，如果需要大容量固体闪烁体，塑料通常是唯一的实用选择。在这种情况下，闪烁体光的自吸收可能不再可以忽略不计，因此应注意材料的衰减特性。光强衰减2倍的距离可达数米，但某些塑料的衰减长度要小得多。[10]

此外，还有多种小直径塑料闪烁体可供选择。这些闪烁体既可作为单根纤维使用，也可组合成束或带状，适用于必须以良好的空间分辨率来感测粒子相互作用位置的应用。第8.3.3节将详细讨论光纤闪烁体的原理和特性。

塑料闪烁体在粒子物理测量中应用广泛，它们可能会持续暴露在高水平辐射下，因此人们对塑料闪烁体因辐射损伤而导致的闪烁输出衰减问题给予了极大的关注。[11-15]这一过程非常复杂，许多变量，如剂量率、有无氧气以及辐射的性质都起着重要作用。此外，在照射后的数小时或数天内，往往还能观察到一些损伤恢复或退火现象。在典型的塑料闪烁体中，累积伽马射线照射量达到10^3 Gy或10^4 Gy时，光产额会明显降低，而其他抗辐射制剂[16]在照射剂量高达10^5 Gy时，光输出几乎没有减少。测量到的光变化可能是荧光成分受损导致光输出减少，也可能是光吸收中心的产生导致透光率下降。

4. 薄膜闪烁体

塑料闪烁体的极薄薄膜在辐射探测器领域发挥着独特的作用。由于可以制造出厚度低至20 μg/cm^{2}的超薄薄膜，因此可以提供一个对于即使是弱穿透粒子（如重离子）的射程来说也很薄的探测器。因此，这些薄膜可用作透射探测器，只对粒子通过探测器时损失的那部分能量做出反应。其厚度可以比其他探测器配置（如完全耗尽硅表面屏障）所能达到的最小厚度小一到两个数量级。市场上有厚度低至约10 μm的薄膜出售。[17]用户可通过塑料闪烁体溶液蒸发[18-21]或旋涂工艺[22,23]等技术制作更薄的薄膜。薄膜可直接沉积在光电倍增管的表面[19,24]，或通过与薄膜边缘接触的透明光管间接收集光线[25-26]，或者，也可以将薄膜置于反射腔内。[25,27-30]这些薄膜的响应并不直接来自探测器中预期的离子能量损失，而是离子速度和原子序数的一个更复杂的函数。[21,24,31-34]单位能量损失的光产额随离子原子序数的减少而增加，因此，即使沉积的能量相对较小，薄膜也能成为质子或α粒子的有用透射探测器。[20-27]与其他有机闪烁体一样，薄膜探测器的闪烁衰减时间只有几纳秒，在快速定时测量中非常有用。[35]

5. 装载有机闪烁体

有机闪烁体作为一个类别，通常可用于直接探测β粒子（快电子）或α粒子（正离子）。它们也很容易通过质子反冲过程来探测快中子（见《核辐射探测与测量（下册）》第15章）。然而，由于其成分（氢、碳和氧）的Z值较低，因此对于典型能量的伽马射线几乎没有光电截面。因此，典型的有机闪烁体不会显示光电峰，在伽马射线脉冲高度谱中只会产生康普顿连续谱。

为了对伽马射线进行一定程度的光电转换，人们尝试在有机闪烁体中添加高Z元素。最常见的形式是在普通塑料闪烁体中添加铅或锡，添加浓度可达10%（按质量计）。研究还表明[36-37]，在液态有机闪烁体溶液中添加锡的浓度可高达54%（按质量计），但闪烁光输出仅略有减弱。在低伽马射线能量下，这些材料的光电峰效率相对较高[38]，与传统的伽马射线闪烁器相比，它们还具有反应快、成本低的优点。[39-40]遗憾的是，添加这些高Z值元素不可避免地会导致光输出的减少，因此所能达到的能量分辨率大大低于无机闪烁体。

装载有机闪烁体的其他例子与中子探测有关。可以在液体或塑料闪烁体中加入硼、锂或钆等中子高截面元素。中子诱导反应产生的次级带电粒子和/或伽马射线可直接在闪烁体中进行检测，从而提供输出信号。《核辐射探测与测量（下册）》第14章将进一步详细讨论这类闪烁体。

8.1.3 有机闪烁体的响应

表8.1是有机闪烁体特性的总体汇编。

表8.1　部分市售有机闪烁体的特性

NE公司	Eljen公司	St. Gobain公司	相对蒽光输出*	发射峰值波长(nm)	衰减时间常数(ns)	衰减长度(cm)	折射率	H/C	密度	添加元素的质量百分比或特性	软化点或闪点(℃)	用　途
	晶体											
	蒽		100%	447	30		1.62	0.715	1.25		217	
	二苯乙烯		50%	410	4.5		1.626	0.858	1.16		125	
	塑料											
NE-102A	EJ-212	BC-400	65%	423	2.4	250	1.581	1.103	1.032		70	通用
NE-104	EJ-204	BC-404	68%	408	1.8	160	1.58	1.107	1.032	1.8 ns时间常数	70	快计数
Pilot F	EJ-200	BC-408	64%	425	2.1	380	1.58	1.104	1.032		70	飞行时间计数器，大面积
NE-110	EJ-208	BC-412	60%	434	3.3	400	1.58	1.104	1.032	衰减长度最长	70	通用、大面积、长条形
		BC-420	64%	391	1.5	110	1.58	1.100	1.032	1.5ns时间常数	70	超快定时、薄板
NE-111A	EJ-232	BC-422	55%	370	1.4	8	1.58	1.102	1.032	1.4ns时间常数	70	计时非常快，尺寸小
		BC-422Q	11%	370	0.7	<8	1.58	1.102	1.032	苯佐卡因(Benzephenone)，1%	70	超快计时、超快计数
NE-103	EJ-260	BC-428	36%	480	12.5	150	1.58	1.103	1.032	发射绿光	70	光电二极管、CCD、磷光探测器
NE-108		BC-430	45%	580	16.8	NA	1.58	1.108	1.032	发射红光	70	硅光电二极管和红光增强光电倍增管
		BC-436	52%	425	2.2	NA	1.61	0.960D:C	1.130	氘13.8%	90	薄盘
NE-115	EJ-240	BC-444	41%	428	285	180	1.58	1.109	1.032		70	磷光探测器用于dE/dx研究
NE-142	EJ-256	BC-452	32%	424	2.1	150	158	1.134	1.080	铅，5%	60	X-ray剂量测量(小于100 keV)
		BC-454	48%	425	2.2	120	1.58	1.169	1.026	硼，5%	60	中子谱仪，热中子

续表

NE公司	Eljen公司	St. Gobain公司	相对蒽光输出*	发射峰值波长(nm)	衰减时间常数(ns)	衰减长度(cm)	折射率	H/C	密度	添加元素的质量百分比或特性	软化点或闪点(℃)	用　途
NE-105	EJ-252	BC-470	46%	423	2.4	200	1.58	1.098	1.037	空气等效	65	剂量测量
		BC-490	55%	425	2.3		1.58	1.107	1.030	铸造树脂	70	通用
		BC-498	65%	423	2.4		1.58	1.103	1.032	可像油漆一样使用	70	β,γ探测
	液体											
NE-213	EJ-301	BC-501A	78%	425	3.2		1.51	1.212	0.874	脉冲形状甄别	26	γ大于100 keV,快中子能谱
NE-224	EJ-305	BC-505	80%	425	2.5		1.50	1.331	0.877	光产额高	47	γ,快中子,大体积
	EJ-309		75%	425	3.5		1.57	1.25	0.964	高闪点	144	脉冲形状甄别
NE-226	EJ-313	BC-509	20%	425	3.1		1.38	0.003 5	1.61	F	10	γ,快中子
	EJ-321H	BC-517H	52%	425	2.0			1.89	0.86	基于矿物油	81	γ,快中子,计量测量,带电粒子
		BC-517P	28%	425	2.2			2.05	0.85	基于矿物油	115	γ,快中子,计量测量,带电粒子
NE-235C	EJ-325	BC519	60%	425	4.0			1.73	0.875	脉冲形状甄别	74	γ,快中子,n-γ甄别
NE-323	EJ-331	BC-521	60%	425	4.0			1.31	0.89	钆(to 1%)	44	中子能谱、中微子研究
NE-321A	EJ-339	BC-523A	65%	425	3.7			1.67	0.93	富集 ^{10}B	1	全吸收中子能谱仪
	EJ-335	BC-525	56%	425	3.8			1.57	0.88	钆(to 1%)	64	中子能谱、中微子研究
		BC-533	51%	425	3.0			1.96	0.8	低温工作	65	γ,快中子,剂量测量
NE-230		BC-537	61%	425	2.8		1.50	.99(D/C)	0.954	氘	−11	快中子,脉冲形状甄别
NE-314A		BC-551	40%	425	2.2			1.31	0.902	铅(5%重量)	44	γ,X射线<200 keV
		BC-553	34%	425	3.8			1.47	0.951	锡(10%重量)	42	γ,X射线

* 按照这个算法,NaI(Tl)为230%。

1. 光输出

带电粒子在闪烁体中损失的一小部分动能会转化为荧光能,其余部分则以非辐射形式耗散,主要是以晶格振动即热量的形式耗散。粒子能量转换的比例(闪烁效率)取决于粒子的类型和能量。在某些情况下,闪烁效率可能与能量无关,从而导致光产额与初始能量呈线性关系。

对于有机闪烁体(如蒽、二苯乙烯以及许多市售的液体和塑料闪烁体)来说,当粒子能量超过约125 keV时,对电子的响应是线性的。[41]对重型带电粒子(如质子或α粒子)的响应在同等能量下总是较小,而在初始能量高得多的情况下则是非线性的。例如,图8.3显示了典型塑料闪烁体的闪烁响应。在几百千电子伏特的能量下,质子的响应只有等能量电子的光产额的十分之一。能量越高,差异越小,但质子响应始终低于电子响应。

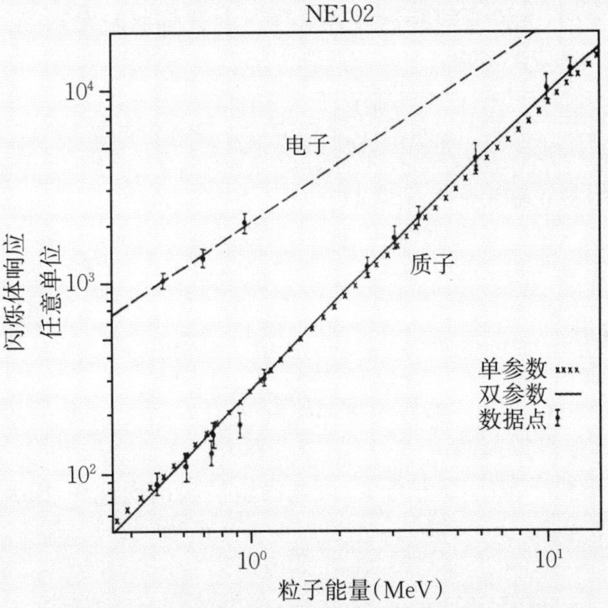

图8.3 普通塑料闪烁体(NE102)受电子和质子激发时的闪烁光产额

数据由式(8.3)(单参数)和式(8.9)(双参数)的曲线拟合。

(摘自Craun和Smith[42])

由于有机物的光产额取决于粒子的类型,因此有时使用一种特殊的术语来描述绝对光产额。引入兆电子伏特电子当量(MeVee)一词是为了将光产额置于绝对的基础上。根据定义,产生1 MeV光所需的粒子能量对于快电子来说是1 MeV,但对于重带电粒子来说是几兆电子伏特,因为它们的单位能量光产额降低了。

有机闪烁体对带电粒子的反应可以用$\mathrm{d}L/\mathrm{d}x$(单位路径长度发射的荧光能量)和$\mathrm{d}E/\mathrm{d}x$(带电粒子的比能量损失)之间的关系来描述。Birks[1]最早提出的一种广泛使用的关系式是基于这样一种假设,即粒子轨道上的高电离密度会导致受损分子淬灭和闪烁效率降低。如果我们假定沿粒子轨迹的受损分子密度与电离密度成正比,我们可以用$B(\mathrm{d}E/\mathrm{d}x)$来表示它们的密度，其中$B$是比例常数。Birks假设其中的一部分$k$会导致淬灭。另一个假设是，在没有淬灭的情况下，光产额与能量损失成正比：

$$\frac{\mathrm{d}L}{\mathrm{d}x}=S\frac{\mathrm{d}E}{\mathrm{d}x} \tag{8.2}$$

其中，S是正常闪烁效率。为了计算淬灭概率，Birks导出

$$\frac{\mathrm{d}L}{\mathrm{d}x}=\frac{S\dfrac{\mathrm{d}E}{\mathrm{d}x}}{1+kB\dfrac{\mathrm{d}E}{\mathrm{d}x}} \tag{8.3}$$

式(8.3)通常称为Birks公式。在实际应用中，乘积kB被视为一个可调参数，用于拟合特定闪烁体的实验数据。[43]在许多情况下，这个单一的可调参数可以很好地拟合实验数据的形状，而S值则提供了绝对归一化。

当被快电子激发时(无论是直接激发还是伽马射线辐照激发)，$\mathrm{d}E/\mathrm{d}x$在E值足够大的情况下很小，因此Birks公式预言

$$\left.\frac{\mathrm{d}L}{\mathrm{d}x}\right|_{\mathrm{e}}=S\frac{\mathrm{d}E}{\mathrm{d}x} \tag{8.4}$$

或单位能量损失的增量光输出是一个常数

$$\left.\frac{\mathrm{d}L}{\mathrm{d}E}\right|_{\mathrm{e}}=S \tag{8.5}$$

在这种情况下，光输出

$$L\equiv\int_0^E\frac{\mathrm{d}L}{\mathrm{d}E}\mathrm{d}E=SE \tag{8.6}$$

与粒子的初始能量E呈线性关系。

另一方面，对于α粒子，$\mathrm{d}E/\mathrm{d}x$非常大，因此沿轨道会出现饱和，Birks公式变为

$$\left.\frac{\mathrm{d}L}{\mathrm{d}x}\right|_{\alpha}=\frac{S}{kB} \tag{8.7}$$

因此，kB的适当值可以通过计算这两个响应的比值来确定：

$$kB=\frac{\left.\dfrac{\mathrm{d}L}{\mathrm{d}E}\right|_{\mathrm{e}}}{\left.\dfrac{\mathrm{d}L}{\mathrm{d}x}\right|_{\alpha}} \tag{8.8}$$

为了更贴近实验数据，一些学者提出了其他的$\mathrm{d}L/\mathrm{d}x$公式。这些公式实际上是半经验公式，引入了一个或多个额外的拟合参数。Craun和Smith对一些有机闪烁体的响应进行了广泛的分析。[42]他们的分析主要基于Smith等人[44]的数据，并使用了Birks公式的扩展版本

$$\frac{dL}{dx}=\frac{S\frac{dE}{dx}}{1+kB\frac{dE}{dx}+C\left(\frac{dE}{dx}\right)^2} \tag{8.9}$$

其中,C再次作为经验拟合参数。对于较小的dE/dx值,该表达式接近于简单的Birks公式(8.3)。参考文献[42]中给出式(8.9)的参数。该文献也列出了各种有机闪烁体和激发粒子的参数。此外,还提供了不同成分的有机闪烁体对质子和氘核的dE/dx值的有用表格。

α和β之比是一个广泛使用的参数,用来描述有机闪烁体对相同能量的带电粒子和电子的光输出差异。电子的出光率总是高于相同动能的带电粒子,因此α和β比值总是小于1。该比率取决于进行比较的能量,没有一个固定值适用于整个能量范围。Czirr[45]报告了对各种有机闪烁体的测量结果。

NE213液体闪烁体的光输出如图8.4所示。与许多有机闪烁体一样,质子的光输出在能量低于约5 MeV时与$E^{3/2}$成正比,在能量较高时近似线性。

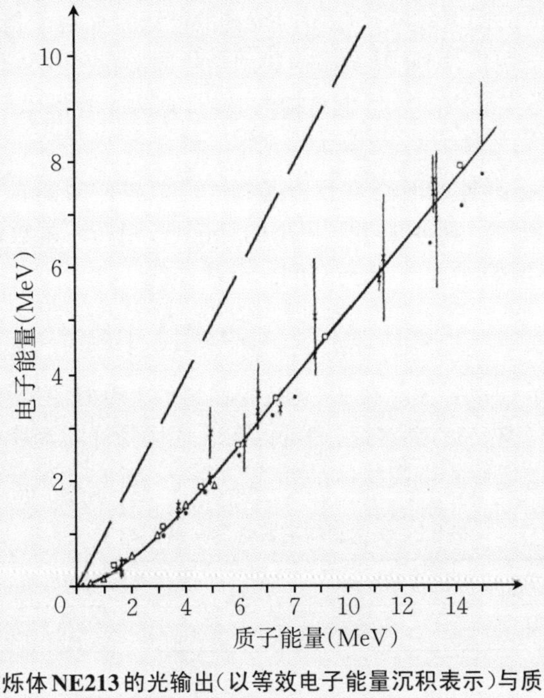

图8.4 液体闪烁体NE213的光输出(以等效电子能量沉积表示)与质子能量的关系

虚线表示对快电子的响应。

(改编自Maier和Nitschke[46])

参考文献[47]汇编了一组关于伽马射线激发下塑料闪烁体绝对闪烁效率(式(8.5)的S)的数据。这些数据是对参考文献[1]中旧版表格的有益补充。不同的测量方法在试图确定绝对效率时存在很大的差异,在某些情况下,差异可达2倍之多。造成这种差异的部分原因是闪烁材料的纯度和过往历史不同,因此在使用绝对值时一定要谨慎。在某些有机物中，发射和吸收光谱的部分重叠导致闪烁的表观效率与大小有关。此外，蒽和二苯乙烯的各向异性反应也使效率测量变得更加复杂。

长期暴露在电离辐射下会导致大多数有机闪烁体的性能普遍下降(例如，见第8.1.2节)。塑料闪烁体暴露在光和氧气中，也会因聚合物降解而发生长期劣化[48]，除了内部效应外，塑料表面在暴露于极端环境时常常会开裂，这种表面开裂会导致大型闪烁体的观测光输出显著下降，因为内部光反射的效率降低了。

2. 时间响应

如果可以假设有机分子中的发光态是瞬间形成的，并且只观察到瞬时荧光，那么光脉冲的时间曲线应该是一个非常快的前沿，然后是一个简单的指数衰减(式(8.1))。许多已发表的文献都引用了一个衰减时间来描述各种有机材料的瞬时闪烁产额。虽然这种简单的表示方法通常足以描述闪烁体的许多行为，但闪烁产额随时间变化的更详细模型必须考虑到另外两种效应：填充发光状态所需的有限时间以及闪烁中与延迟荧光和磷光相对应的较慢成分。

需要大约半纳秒的时间来填充产生瞬时荧光的能级。而对于极快闪烁体来说，这些能级的衰减时间仅为其三四倍，因此要全面描述预期脉冲形状，还必须考虑有限的上升时间。有一种方法[49,50]假设光学能级的数量也是指数级的，光脉冲的整体形状为

$$I = I_0(e^{-t/\tau} - e^{-t/\tau_1}) \tag{8.10}$$

其中，τ_1是描述光学能级群体的时间常数，τ是描述其衰减的时间常数。表8.2列出了几种塑料闪烁体的这些参数值。其他观察[51]得出的结论是，用高斯函数$f(t)$来表示群体阶跃更好，该函数的特点是标准偏差σ_{ET}。光与时间的总体曲线可用以下等式描述

$$\frac{I}{I_0} = f(t)e^{-t/\tau} \tag{8.11}$$

表8.2还显示了σ_{ET}的最佳拟合值。在实验中，光输出的上升和下降可以用所产生的光与时间曲线的半最大全宽(FWHM)来表征，这可以用非常快的计时程序来测量。以FWHM时间而非衰减时间来指定超快有机闪烁体的性能已成为一种普遍做法。

表8.2 快速塑料闪烁体的一些定时特性

	式(8.10)的参数(ns)		式(8.11)的参数(ns)		测量的FWHM
	τ_1(上升)	τ(衰减)	σ_{ET}	τ	(ns)
NE111	0.2	1.7	0.2	1.7	1.54
Naton136	0.4	1.6	0.5	1.87	2.3
NE102A	0.6	2.4	0.7	2.4	3.3

数据来自Bengtson和Moszynski[51]。

参考文献[52]~[55]报道了对有机闪烁体时间响应的研究。在这些测量中，重点是传统的塑料闪烁体，据报道NE111的最小FWHM为1.3 ns。参考文献[50]介绍了各种液体闪烁体的光输出和时间响应结果。一些研究[56-58]主要集中在特意添加了淬灭剂的塑料上。

虽然光输出减少了一个数量级或更多,但FWHM可以小到几百皮秒。对于这些速度极快的闪烁体,闪烁机制以外的其他效应有时也会影响观测到的时间响应,其中包括光子从闪烁点到光电倍增管的有限飞行时间。特别是在大型闪烁体中,闪烁体表面的多次光反射造成的传输时间波动会导致光到达光电倍增管光电阴极的时间出现相当大的偏差。[59-62]此外,有证据[63-64]表明,随着闪烁体尺寸的增加,荧光的自吸收和再发射在导致时间分辨率明显降低方面起着重要作用。

虽然在闪烁体的几乎所有应用中,快速衰减时间都是一个优势,但至少有一种应用需要慢速衰减。在磷光(phoswich)检测器(见第10.7.1节)中使用了两种不同的闪烁材料,其中一种材料的衰减时间必须明显慢于另一种材料。针对这种应用,已经开发出一种塑料闪烁体[65],其衰变时间长达225 ns,是较慢的无机材料的典型特征。

3. 脉冲形状甄别

对于绝大多数有机闪烁体来说,瞬时荧光代表了大部分观测到的闪烁光。不过,在许多情况下还能观察到一种寿命更长的成分,即延迟荧光。复合产额曲线通常可以用两个指数衰减的总和(即闪烁的快慢分量)来充分表示。与几纳秒的快速衰减时间相比,慢速分量通常具有几百纳秒的特征衰减时间。由于大部分光产额都出现在快速分量中,因此除了一个非常有用的特性外,"长寿命尾巴"并不会产生很大影响:出现在慢分量中的光量通常取决于激发粒子的性质。因此,我们可以利用这种依赖性来区分探测器中沉积相同能量的不同种类粒子。这一过程通常被称为脉冲形状甄别,当有机闪烁体用作中子探测器时,它被广泛用于消除伽马射线诱发的事件。

有确凿证据表明,慢闪烁成分源于沿电离粒子轨迹激发的长寿命三重态(图8.1中标注为T_1)。两个此类激发态分子之间的双分子相互作用会产生产物分子,其中一个处于最低的单重态(S_1),另一个处于基态。然后,单线态分子会以正常方式去激发,从而产生延迟荧光。由于双分子反应率应取决于三重态浓度的平方,因此慢分量产额的变化可以部分地用粒子轨道上三重态密度的预期差异来解释。因此,慢分量部分应主要取决于激发粒子的能量损耗率$\mathrm{d}E/\mathrm{d}x$,对于$\mathrm{d}E/\mathrm{d}x$较大的粒子,慢分量部分应最大。对各种有机物闪烁脉冲形状的测量结果普遍证实了这些预测。

某些有机闪烁体,包括二苯乙烯晶体[66]和一些商用液体闪烁体,由于不同辐射诱导的相对慢分量差异很大,因此特别适合用于脉冲形状甄别。图8.5显示了在二苯乙烯中观察到的α粒子、快中子(反冲质子)和伽马射线(快电子)的差异。在这种闪烁体中,不仅可以区分具有较大$\mathrm{d}E/\mathrm{d}x$差异的辐射(如中子和伽马射线),还可以区分由各种重带电粒子引起的事件。参考文献[68]～[74]对不同类型有机闪烁体的脉冲形状甄别特性和应用实例进行了综述。进行脉冲形状甄别的电子技术越来越多地以脉冲波形数字化为基础,《核辐射探测与测量(下册)》第17章对此进行了更详细的描述。

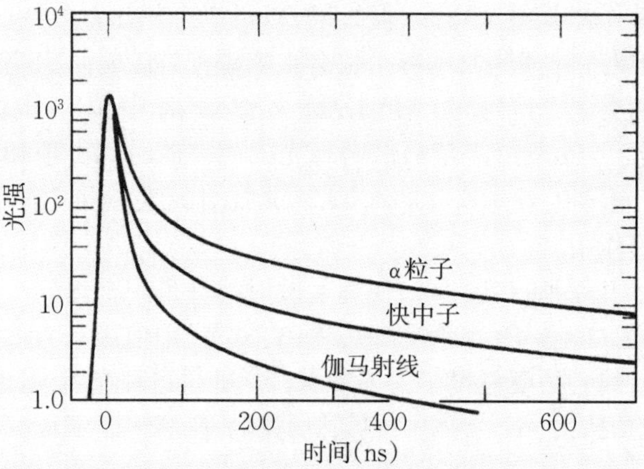

图 8.5 在不同类型的辐射激发下，二苯乙烯(零时强度相等)中的闪烁脉冲随时间变化的情况

(摘自 Bollinger 和 Thomas[67])

8.2 无机闪烁体

无机闪烁体的世界经历了从20世纪80年代中期相对缓慢的发展到现在的大发展。在一些新材料的刺激下，大量潜在的闪烁材料最近在世界各地的实验室中进行了测试和评估，这些材料具有出色的光产额和/或快速衰变时间。在接下来的章节中，我们将集中讨论其中少数几种目前显示出最有吸引力特性的材料以及自20世纪50年代以来一直存在的一些主流材料。有关闪烁体特性的全面列表，包括更多已经测试或正在开发的材料，可在网站 http://scintillator.lbl.gov 上找到。参考文献[75]和[76]是涵盖无机闪烁体特性和光发射过程模型等主题的综合性书籍，其详细程度远远超过下文的有限讨论。由于新型无机闪烁体的研究仍然相当活跃，因此应在现有文献中搜索最新进展。

8.2.1 带有活化剂的无机晶体的闪烁机制

无机材料的闪烁机制取决于材料晶格所决定的能态。如图8.6所示，在被归类为绝缘体或半导体的材料中，电子只能获得离散的能带。较低的能带称为价带，代表那些基本上束缚在晶格位点上的电子，而导带则代表那些有足够能量在整个晶体中自由移动的电子。纯净晶体中存在一个中间能带，称为禁带，在禁带中永远找不到电子。吸收能量会导致电子从价带的正常位置越过间隙升入导带，从而在正常填充的价带中留下一个空穴。在纯净的晶体中，电子通过发射光子返回价带是一个低效的过程。此外，典型的间隙宽度会导致产生的光子能量过高，无法进入可见光范围。

为了在去激发过程中提高可见光子发射的概率，通常会在无机闪烁体中添加少量杂质。这种特意添加的杂质被称为活化剂，可在晶格中形成特殊点位，从而改变纯晶体的正常能带结构。因此，在禁带间隙内会产生一些能态，电子可以通过这些能态去激发回到价带。由于能量小于全禁带间隙的能量，这种转变现在可以产生可见光子，因此成为闪烁过程的基础。这些去激发点被称为发光中心或重组中心。它们在主晶格中的能量结构决定了闪烁体的发射光谱。

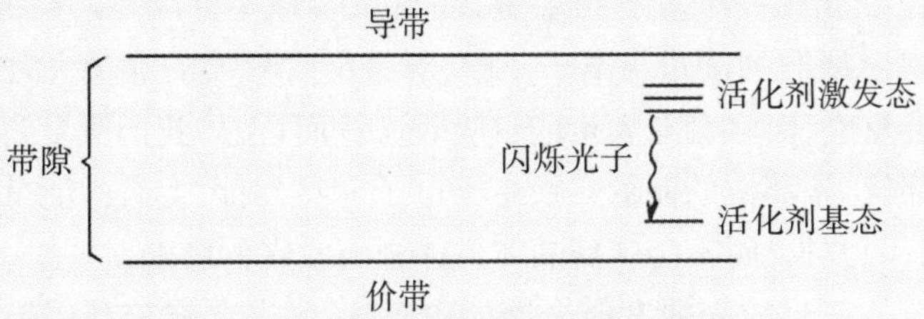

图8.6　活化的晶体闪烁体的能带结构

带电粒子通过探测介质时，电子从价带上升到导带，形成大量电子-空穴对。由于杂质的电离能小于典型晶格点位的电离能，正空穴会迅速漂移到活化剂点位并使其电离。与此同时，电子可以在晶体中自由迁移，直到遇到电离的活化剂。此时，电子会落入活化剂点位，形成中性构型，从而产生自己的激发能态。这些状态在图8.6中以禁止间隙内的水平线表示。如果所形成的活化剂态是一种允许过渡到基态的激发构型，那么它的去激发将非常迅速地发生，并极有可能发射出相应的光子。如果活化剂选择得当，这种转变可以在可见光能量范围内进行。这种激发态的典型寿命为30～500 ns。由于电子的迁移时间要短得多，所有激发的杂质构型基本上都是一次性形成的，随后会以激发态特有的半衰期去激发。因此，正是这些状态的衰减时间决定了闪烁光发射的时间特性。一些无机闪烁体可以用单一衰减时间即简单的指数来充分描述，但通常也会观察到更复杂的时间行为。

有一些过程与上述过程存在竞争。例如，电子到达杂质位置后会产生一种激发构型，这种构型向基态的转变是被禁止的。这样的状态需要额外的能量增量来将其提升到一个更高的基态，从这个状态中去激发到基态是可能的。热激发就是这种能量的来源之一，由此产生的慢速光分量被称为磷光。它通常是闪烁体中本底光或“余辉”的重要来源。

第三种可能是电子在活化剂点位被俘获。电子俘获形成的某些激发态与基态之间可能会发生某些无辐射跃迁，在这种情况下不会产生可见光子。这种过程被称为“淬灭”，是粒子能量转换为闪烁光的损耗机制。

除了上述电子和空穴的独立迁移之外，这对电子和空穴还可以以一种松散的关联构型(即激子)一起迁移。在这种情况下，电子和空穴仍然相互关联，但可以在晶体中自由漂移，直至到达活化原子的位置。类似的激发活化剂构型会再次形成，并在去激发到基态时产生闪烁光。

通过简单的能量计算，就可以衡量闪烁过程的效率。对于各种材料来说，产生一个电子-空穴对需要带隙能量的3倍左右。在碘化钠中，这意味着必须损失约20 eV的带电粒子能量才能产生一个电子-空穴对。在闪烁体中沉积1 MeV的粒子能量，可产生约5×10^4个电子-空穴对。各种实验测定结果表明，铊活化碘化钠的绝对闪烁效率约为12%。因此，吸收1 MeV能量应产生约1.2×10^5 eV的总光能，即4×10^4个平均能量为3 eV的光子。因此，最初形成的每个电子-空穴对产生的光子量非常接近于1个光子，而且向活化剂点位的能量转移必须非常有效。碱卤化物闪烁体中的能量转移过程已在参考文献[77]和[78]中进行了综述。

通过活化点位发光的一个重要结果是，晶体对闪烁光可以是透明的。在纯净的晶体中，激发电子-空穴对所需的能量与电子-空穴对重组时释放的能量大致相同。因此，发射光谱和吸收光谱会重叠，而且会有大量的自吸收。然而，正如我们所看到的，活化晶体的发射发生在活化剂部位，该部位的能量转换小于电子-空穴对产生时的能量转换。因此，发射光谱会偏移到更长的波长，而不会受到晶体主体光吸收带的影响。

一些无机闪烁体产生的光的发射光谱如图8.7所示。要充分利用闪烁光，光谱应落在用于探测光的设备最大灵敏度波长区域附近。图8.7还绘制了几种常见光电阴极的响应(其他光电阴极的响应绘制于图9.2，典型硅光电二极管的响应绘制于图9.16)，以供参考。

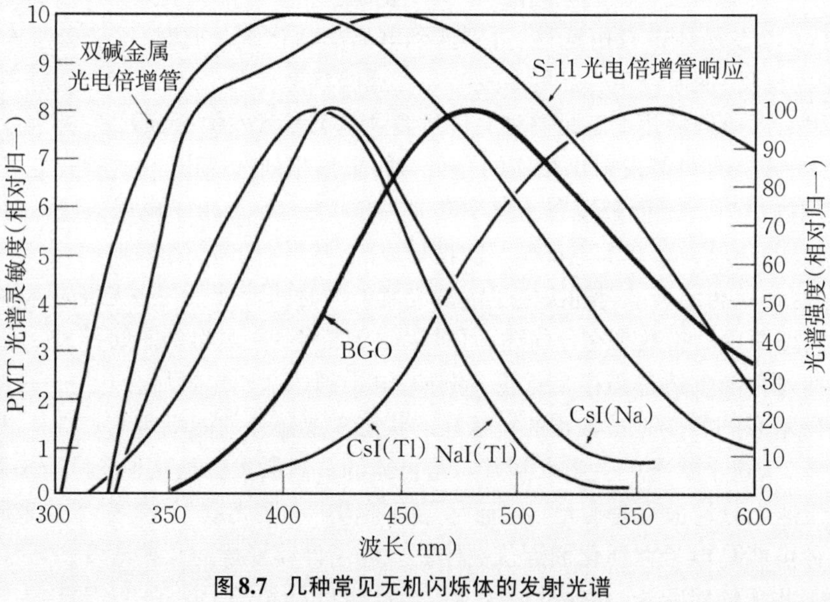

图8.7 几种常见无机闪烁体的发射光谱

显示了广泛应用的两个光阴极的响应曲线。

(主要是Harshaw化学公司的闪烁荧光粉目录，BGO的发射光谱来自文献[79])

表8.3汇总了一系列无机闪烁体在室温下的闪烁特性。第四栏中显示的衰变时间只是近似值，因为在大多数情况下它们只代表主要的衰变成分。许多(如果不是大多数)无机闪烁体显示出不止一种衰变成分，表中还列出了第二种衰变成分很重要的例子。在列出百分比的地方，它们代表了所显示成分的相对产额。第五栏是快电子沉积1 MeV能量在整个发射光谱中产生的闪烁光子总数的估计值。这些值通常是通过测量得到的，在测量中，用于测量光的光电倍增管或光电二极管(见第9章)的量子效率是波长的函数。对于特定材

料，已公布的数值存在很大差异，这很可能是由于杂质含量不同或样品的光学质量不同造成的。第六栏比较了闪烁体被快电子(或伽马射线)激发并耦合到玻璃端窗光电倍增管(对紫外线不敏感)和双碱金属光电阴极时的相对脉冲幅度。光电阴极光谱响应的变化也会对这些数值产生额外的影响。

表8.3　常见无机闪烁体的性能

	密度 (g/cm^3)	主峰波长 (nm)	折射率	衰变时间 (μs)	绝对光产额 (光子/MeV)	相对脉冲高度 (使用双碱金属光电倍增管)	参考文献
碱金属卤化物							
NaI(Tl)	3.67	415	1.85	0.23	38 000	1.00	
CsI(Tl)	4.51	540	1.80	0.68(64%)，3.34(36%)	65 000	0.49	[85],[105],[106]
CsI(Na)	4.51	420	1.84	0.46,4.18	39 000	1.10	[112]
LiI(Eu)	4.08	470	1.96	1.4	11 000	0.23	
其他慢无机物							
BGO	7.13	480	2.15	0.30	8 200	0.13	
$CdWO_4$	7.90	470	2.3	1.1(40%)，14.5(60%)	15 000	0.4	[119]~[121]
$CaWO_4$	6.1	420	1.94	8	15 000		[123]
SrI_2(Eu)	4.6	435		1.2	85 000		[125]
ZnS(Ag)(多晶)	4.09	450	2.36	0.2		1.3*	
CaF_2(Eu)	3.19	435	1.47	0.9	24 000	0.5	
未活化的快速无机物							
BaF_2(快组分)	4.89	220		0.000 6	1 400		[133]~[135]
BaF_2(慢组分)	4.89	310	1.56	0.63	9 500	0.2	[133]~[135]
CsI(快组分)	4.51	305		0.002(35%)，0.02(65%)	2 000	0.05	[140]~[142]
CsI(慢组分)	4.51	450	1.80	多个，最多几μs	变化	变化	[141],[142]
CeF_3	6.16	310,340	1.68	0.005,0.027	4 400	0.04~0.05	[83],[146],[147]
铈活化快无机物							
GSO	6.71	440	1.85	0.056(90%)，0.4(10%)	9 000	0.2	[156]~[160]
YAP	5.37	370	1.95	0.027	18 000	0.45	[85],[165]

续表

	密度 (g/cm³)	主峰波长 (nm)	折射率	衰变时间 (μs)	绝对光产额 (光子/MeV)	相对脉冲高度 (使用双碱金属光电倍增管)	参考文献
YAG	4.56	550	1.82	0.088(72%), 0.302(28%)	17 000	0.5	[85],[167]
LSO	7.4	420	1.82	0.047	25 000	0.75	[170],[171]
YSO	4.54	420		0.070	24 000		[152],[153], [155]
LuAP	8.4	365	1.94	0.017	17 000	0.3	[178],[180], [183]
$LaCl_3$(Ce)	3.79	350		0.028	46 000		[212]
$LaBr_3$(Ce)	5.29	380	2.05～2.10	0.026	63 000		[212],[218]
玻璃闪烁体							
Ce活化Li玻璃**	2.64	400	1.59	0.05～0.1	3 500	0.09	[84],[241]
Tb活化玻璃**	3.03	550	1.5	～3 000～5 000	～50 000		[241]
用于比较的典型的有机(塑料)闪烁体							
NE102A	1.03	423	1.58	0.002	10 000	0.25	

* 对于α粒子；

** 性质随确切配方而变化，另请参见《核辐射探测与测量(下册)》表15.1。

数据主要来自参考文献[81]和[82]，除非另有说明。

对于常见的无机闪烁体来说，与在有机闪烁体中通常观察到的相比，光产额与沉积的辐射能量更接近于线性。存在的淬灭过程仍会导致一些非线性现象，但程度往往比有机闪烁体要小得多。此外，还可以观察到能量相同的不同类型粒子的光产额差异。与有机闪烁体一样，重带电粒子单位能量产生的光较少。α/β的比值(见第8.1.3节)可能比典型的有机物更接近于1(例如，NaI(Tl)和CsI(Tl)闪烁体的α/β的比值为0.66～0.67)，但本章稍后介绍的BGO和GSO等氧化物基材料的α/β的比值则低至0.20。[80]

8.2.2 碱卤化物闪烁体的特性

1. NaI(Tl)

1948年，罗伯特-霍夫斯塔德(Robert Hofstadter)[86]首次证明，与以前主要关注的有机材料相比，融熔状态下添加了微量碘化铊的结晶碘化钠能产生特别大的闪烁光输出。这一发现开创了伽马射线闪烁能谱分析的新纪元。值得注意的是，尽管随后几十年对其他闪烁材料进行了研究，但这种材料仍然在该领域占据主导地位。尽管本章稍后讨论的一些新型无机闪烁体具有更高的光输出、更好的能量分辨率或更快的定时能力，但由于NaI(Tl)以相对较低的成本大量供应，因此在广泛的应用中一直很受欢迎。高纯度碘化钠中加入约10^{-3}摩尔分量的铊作为活化剂，就能制造出大型闪烁体。通过将小晶体压在一起，还可以制造出不同尺寸或形状的闪烁体。NaI(Tl)具有吸湿性，如果长时间暴露在大气中，就会因吸水而变质。因此，晶体必须“罐装”在密闭容器中才能正常使用。

NaI(Tl)在快电子(或伽马射线)激发下的光产额约为每兆电子伏特能量沉积38 000光子。多年来，这一数值一直使这种材料成为最亮的常见闪烁体，历史上许多其他材料的光产额测量都是以NaI(Tl)为标准进行的。与其他典型的无机闪烁体一样，NaI(Tl)的闪烁响应与沉积的电子能量明显不成正比(图8.8)。在低能量时，正比偏离最为明显，第10章将讨论闪烁体性能的一些实际影响。它已被公认为常规伽马射线能谱分析的标准闪烁材料，并可加工成各种尺寸和形状。这种晶体比较脆弱，很容易因机械或热冲击而损坏。

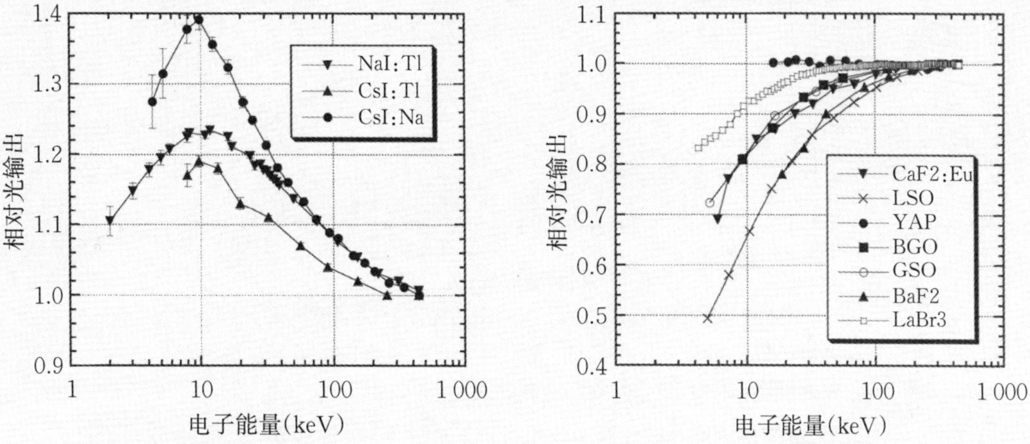

(a) 部分中的碱卤化物在10 keV左右显示出一个响应峰

(b) 部分中的闪烁体随着能量的降低显示出单调递减的产额

图8.8 快电子沉积单位能量的相对闪烁响应与能量的函数关系曲线

响应在445 keV时归一化为1。在垂直刻度上，完全成比例的行为是一条通过1的水平线。(本图由劳伦斯伯克利国家实验室的W. Moses提供。数据来源于参考文献[87]，并补充了利用劳伦斯-伯克利国家实验室的SLYNCI设备获得的预出版数据)

闪烁脉冲的主要衰减时间为230 ns，对于某些快速定时或高计数率应用来说，时间太长会令人不舒服。除了这种快速光产额外，还测量到了一种衰减时间为0.15 s的磷光[88]，它对总体光产额的贡献率约为9%。还测量了其他寿命更长的磷光成分。[89]由于脉冲处理电子设备中的成形时间通常设置得比这些衰减时间短得多，因此与每个磷光相关的光电子通常都是单独分辨的。在计数率较低的情况下，结果是在主闪烁脉冲之后出现一系列单电子脉冲，这些单电子脉冲的幅度通常远小于测量所需的幅度。然而，在一些需要单电子灵敏度的应用中，这些磷光脉冲的影响可能会很大。在高计数率条件下，磷光会因之前多个脉冲的多重重叠而逐渐增强。这种余辉通常是高计数率应用中碘化钠的不良特性。

以上概述的是在室温下工作的铊活化碘化钠的特性。在某些应用中，闪烁体必须在较低或较高的环境温度下工作。图8.9显示了铊活化碘化钠的总光产额与温度的函数关系。随着温度的升高,闪烁率会下降,这是大多数闪烁材料的典型特点,当必须在高温下使用闪烁体时,能量分辨率通常较低。NaI(Tl)的闪烁衰减时间也是温度的函数(见图8.10),温度越高,反应速度越快。

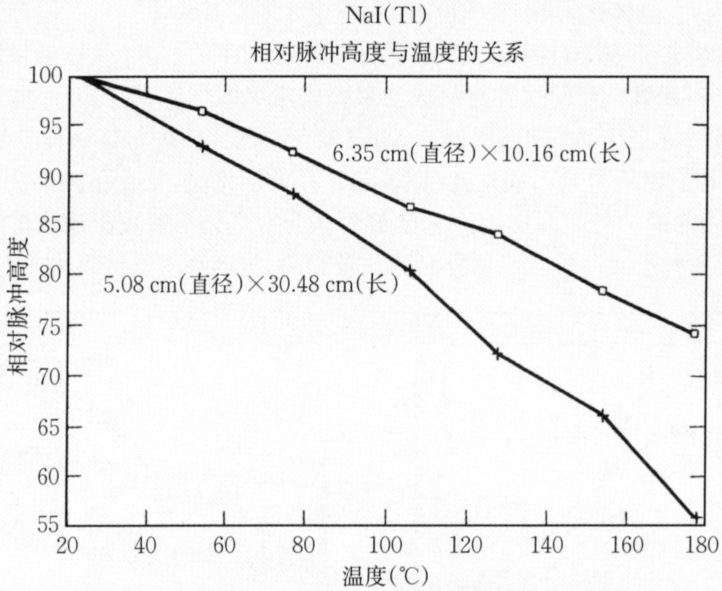

图8.9　从两块NaI(Tl)晶体测得的光产额随温度的变化

测量是在装有光导管的烘箱中进行的,光电倍增管的温度保持不变。两种晶体之间的行为差异可能是由于表面反射率的变化造成的。

(数据由俄亥俄州Newbury Bicron公司R. Dayton提供)

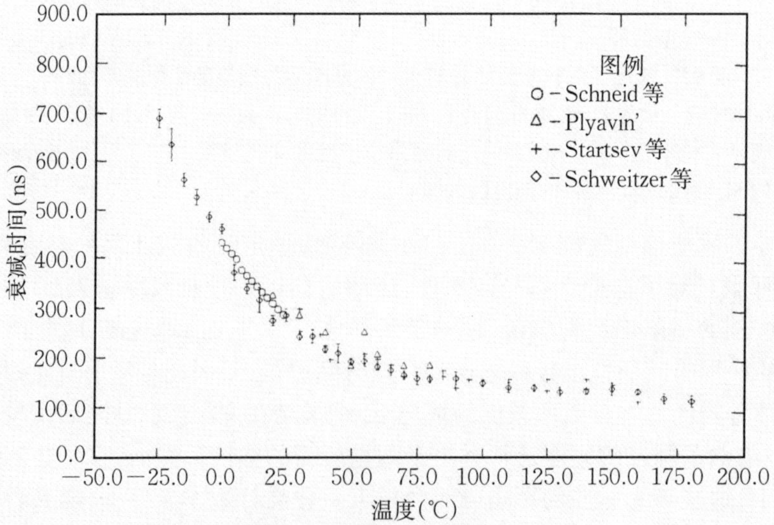

图8.10　NaI(Tl)闪烁衰减时间与温度的关系

(摘自Schweitzer和Ziehl[95])

对NaI(Tl)衰减时间的仔细测量[90]表明，有几种成分与电荷传输到活化剂点位的竞争机制有关。[91]这些机制对温度的依赖性并不相同，因此观察到的有效衰减时间对温度的依赖性有些是由于这些传输机制相对重要性的变化造成的。重要的是要认识到，在选择不同的脉冲成形时间时，观察到的脉冲幅度随温度变化的情况可能不同。[92]选择较长的成形时间将最接近于完整的总光产额，并将观测到的温度变化降至最低。

纯碘化钠(不含通常的铊活化剂)在室温下是一种快速但微弱的闪烁剂。然而，当它冷却到液氮温度(77 K)时，观察到的光产额[93]为44 000光子/MeV，超过了室温下的NaI(Tl)。光的主要成分的衰减时间常数低于100 ns。在如此低的温度下工作显然存在困难(包括缺乏合适的光耦合材料)，但事实证明[94]，“雪崩”光电二极管(见第9章)非常适合这种应用。

2. CsI(Tl)和CsI(Na)

碘化铯是另一种作为闪烁材料而大受欢迎的碱卤化物。在市场上，碘化铯可以用铊或钠作为活化剂元素，两种情况下产生的闪烁体特性截然不同。与碘化钠相比，碘化铯的单位尺寸伽马射线吸收系数更大。这一优势对于空间仪器等对尺寸和重量要求极高的应用来说至关重要。由于碘化铯的脆性比碘化钠小，因此可以承受更剧烈的冲击和振动。当碘化铯被切割成薄片时，它可以弯曲成各种形状而不会断裂，而且具有一定的柔软性和延展性。有关碘化铯(钠活化和铊活化)特性的详尽文献资料，请参阅参考文献。[96]

CsI(Tl)的一个有用特性是它对各种激发粒子的衰减时间可变。因此，脉冲形状鉴别技术可用于区分不同类型的辐射。[97-102]带电粒子(如质子或α粒子)和电子事件之间可以实现特别干净的分离。该材料的吸湿性比NaI(Tl)小，但如果暴露在水或高湿度下会变质。

在专门制备的图案基底上薄层生长的CsI(Tl)也具有有用的特性。这种材料的微观结构[103]由垂直于层表面的柱状结构组成。每个柱的直径可小至5 μm，并在一定程度上起到光学隔离闪烁体的作用。为了获得良好的X射线成像探测效率，通常需要厚度达数百微米的层。柱状微结构抑制了闪烁光的横向扩散，而如果该层是作为单晶生长的话，闪烁光就会发生横向扩散，因此，在同等厚度的情况下，可以获得更好的空间分辨率。[104]

与NaI(Tl)相比，CsI(Tl)的发射光谱在更长的波长上达到峰值(图8.7)，与带有S-11或双碱金属光电阴极的光电倍增管的响应不匹配。由于这个原因，通常引用的光输出在CsI(Tl)中要低得多。然而，当使用光电二极管对光谱的红色区域做出扩展响应进行测量时，闪烁光产额实际上高于NaI(Tl)。[82]根据测量[105]，室温下的绝对光产额约为65 000光子/MeV，在−35 ℃时的最大值比室温时高出约6%。光产额随温度变化在最大值两侧下降，−100 ℃时为室温值的64%，+50 ℃时为95%。

CsI(Tl)中的发光态是通过一个指数过程被激发的，这导致最初出现光的上升时间异常之长，达到20 ns。在常用的闪烁材料中，这些态随后的衰减速度是最慢的。伽马射线激发的光辐射显示出两个主要成分[106]，在室温下的衰减时间和相对强度分别为0.68 μs(64%)和3.34 μs(36%)。通过选择较长的成形时间(如参考文献[107]中的12 μs)来完全整合所有的瞬时闪烁光，从而获得最佳的能量分辨率。衰变还有其他成分，包括长而持久的余辉[108-109]，这可能会影响其在某些高计数率或电流模式应用中的使用。除了作为伽马射线探测器的主要用途外，CsI(Tl)还证明了其在重离子能谱学方面的用途。[110-111]

CsI(Na)的发射光谱与NaI(Tl)相似，光产额也不相上下，但缺点是衰减相对较慢。据报道，衰减由两个部分组成，其平均寿命分别为0.46 μs和4.18 μs，而且对于不同的激发粒子，慢速部分与快速部分的比率也有不同。[112]碘化铯中的长寿命磷光成分也有报道。[113] CsI(Na)具有吸湿性，必须密封以防暴露于环境空气中。

3. LiI(Eu)

碘化锂(铕活化)是一种在中子探测方面具有特殊意义的碱卤化物。正如《核辐射探测与测量(下册)》第14章所述，利用富含^{6}Li的锂制备的晶体可以通过^{6}Li(n,α)反应有效地探测低能中子。表8.3列出了这种材料的闪烁特性。

8.2.3 其他慢速(>200 ns)无机晶体

1. 锗酸铋(BGO)

另一种闪烁材料$Bi_4Ge_3O_{12}$(通常缩写为BGO)在市场上可以买到大小适中的晶体。与许多其他闪烁体相比，它的主要优点是密度高(7.13 g/cm^3)，铋成分的原子序数大(83)。这些特性使其在单位体积内对伽马射线的光电吸收概率成为所有常见闪烁材料中最大的。它的机械和化学特性使其易于处理和使用，使用BGO的探测器比使用更易碎和更吸湿性的碘化钠探测器更加坚固耐用。遗憾的是，BGO的光产额相对较低，据不同报道，只有NaI(Tl)的10%～20%。此外，BGO的折射率(2.15)相对较高，与折射率较低的闪烁体相比，更难以有效地收集光。因此，当对高伽马射线计数效率的需求超过了对能量分辨率的考虑时，这种闪烁体就会引起人们的极大兴趣。BGO和NaI(Tl)的伽马射线能谱对比见第10章。

图8.11显示了闪烁事件在BGO和NaI(Tl)中发出的光的时间曲线。在BGO中，主要衰减时间为300 ns，在此之前是一个衰减时间为60 ns的较快光分量，约占总光量的10%。另一方面，NaI(Tl)光脉冲的初始衰减时间略慢于230 ns的主衰减时间。这些差异，再加上BGO的光产额要低得多，导致BGO的整体时间分辨率是NaI(Tl)的大约2倍。[114]在BGO中，几乎不存在导致碘化钠和其他一些闪烁体产生余辉的长衰变成分。因此，BGO很早就被应用于X射线计算机断层扫描仪中，在这种扫描仪中，以电流模式运行的闪烁体必须准确跟踪X射线强度的快速变化。

BGO是“纯”无机闪烁体的一个例子，它不需要痕量活化剂元素来促进闪烁过程。相反，发光与作为晶体主要成分的Bi^{3+}离子的光学转变有关。[115] Bi^{3+}态的光吸收和发射光谱之间存在相对较大的偏移。因此，闪烁光的自吸收相对较少，晶体在数厘米的范围内对其自身的发射保持透明。闪烁效率在很大程度上取决于晶体的纯度，过去报告的BGO光产额的一些变化可归因于使用了具有不同杂质残留水平的晶体。[116]这种晶体通常采用柴可拉斯基(Czochralski)法生长,即以每小时几毫米的速度从氧化铋和氧化锗的熔融混合物中拉出晶体块。然后用传统方法切割和抛光晶体块。BGO的成本仍然比NaI(Tl)高出两到三倍,而且目前只能提供有限的尺寸。

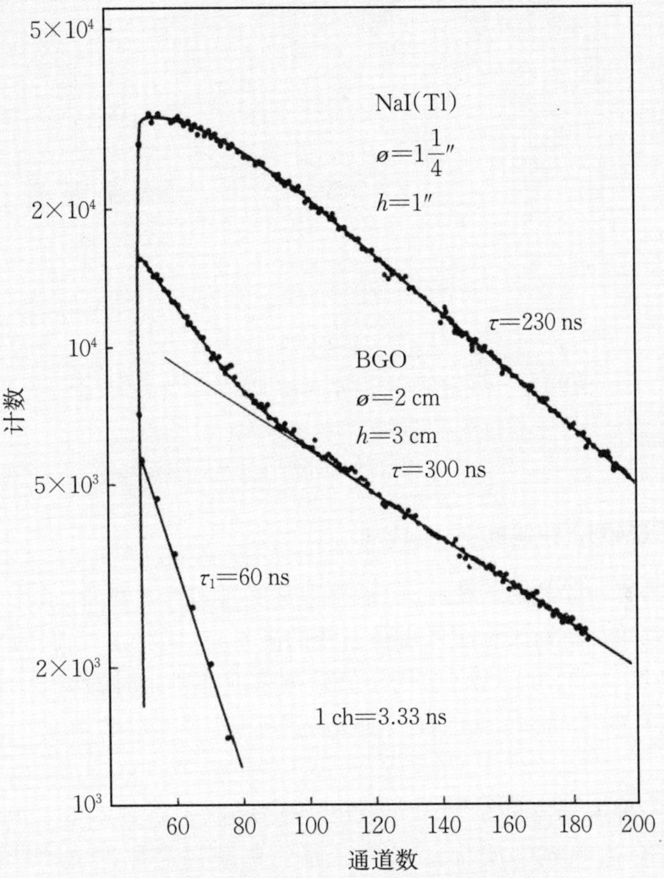

图8.11 BGO和NaI(Tl)光脉冲形状的测量结果

横坐标代表时间,纵坐标代表相对光输出。BGO产额表示为衰变时间分别为60 ns和300 ns的衰变成分之和。

(摘自Moszynski等[114])

与许多其他闪烁体一样,BGO的光输出随着温度的升高而减弱。图8.12显示了BGO和其他几种闪烁体的相对光输出与温度的函数关系。由于BGO在室温下的光产额已经很低,因此它的快速衰减严重限制了其在高温应用中的实用性。另一方面,当冷却到液氮温度时,BGO是一种高效闪烁体。[117]

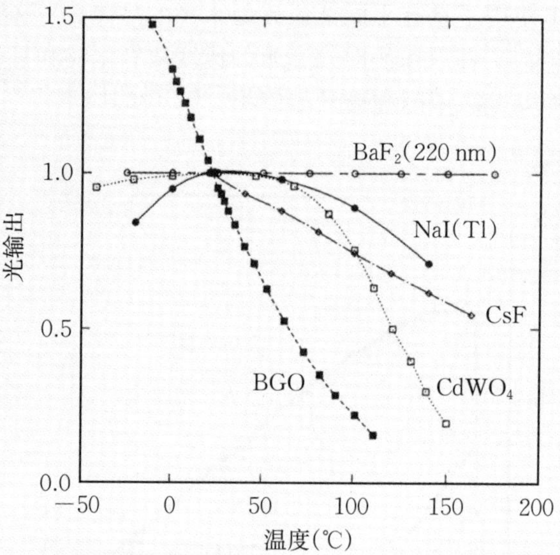

图8.12　一些常见闪烁体的光输出与温度的函数关系

仅包括来自BaF_2的快速(220 nm)分量。

(摘自Melcher[118])

2. 钨酸镉($CdWO_4$)和钨酸钙($CaWO_4$)

这两种材料具有一些共同的特性,包括物理密度大和折射率高。它们含有高原子序数(Z=74)的钨元素,可促进对X射线和伽马射线的高效光电吸收。它们的光输出适中,但衰减时间极长,可达数微秒,因此无法应用于高计数率或快速定时的场合。它们可以生长成典型尺寸为几厘米的单晶体,但也有人研究过它们以多晶层的形式在X射线成像中的应用。

钨酸镉作为一种闪烁体早在1950年就已为人所知,但直到20世纪90年代,人们才开始广泛研究尺寸合适和光学质量良好的晶体。钨酸镉晶体的光产额约为NaI(Tl)的40%[119-120],具有较高的密度和有效原子序数,因此是伽马射线测量的理想选择。它的主要缺点是衰变时间相对较长,是伽马射线激发的是两种成分的混合物,分别为1.1 μs(40%)和14.5 μs(60%)。[120]对于不同类型的粒子,这些成分的相对强度会发生变化[121],因此可以利用脉冲形状甄别技术对它们进行单独识别。

由于衰变时间相对较长,脉冲模式的应用仅限于计数率不高的情况。在一个小晶体(1 cm^3)中,662 keV的伽马射线能量分辨率为6.8%。[120]在大尺寸晶体中接近10%~12%的分辨率更为典型。[122]高折射率(2.3)在一定程度上阻碍了光的收集,使得与光电倍增管或光电二极管的有效耦合变得更加困难。

这种材料的主要应用是作为以电流模式运行的X射线探测器,在这种模式下,长衰变时间不是问题。它明显不含长寿命磷光,因此特别适合X射线计算机断层扫描应用,在这种应用中,"余辉"在快速变化的X射线通量中是非常不可取的。

钨酸钙是钨酸镉的替代品，可用于衰变时间较长的领域，如放射摄影。虽然与钨酸镉相比，钨酸钙的密度和光产额较低，但其衰减时间稍短，发射波长与普通光电阴极更匹配。[123,124]

3. 硫化锌ZnS(Ag)

银活化硫化锌是较早的无机闪烁体之一。它的闪烁效率非常高，可与NaI(Tl)媲美，但只能以多晶粉末的形态获得。因此，其用途仅限于主要用于α粒子或其他重离子探测的薄屏。由于多晶层对自身发光不透明，厚度超过25 mg/cm^{2}的屏就无法使用。这些闪烁屏在卢瑟福的早期实验中发挥了关键作用，在这些实验中，α粒子的相互作用是通过低倍显微镜目视观察到的。

4. 氟化钙CaF_2(Eu)

铕活化氟化钙是一种不吸湿、惰性的无机闪烁体，在恶劣的环境条件下通常可以使用。它相对抗断裂，无反应，蒸气压很低，可在真空条件下使用。其闪烁特性见表8.3。尽管它的光产额是NaI(Tl)的50%，但由于900 ns的衰变时间相对较长，因此无法作为普通闪烁体广泛使用。

5. 碘化锶SrI_2(Eu)

最近，掺铕的碘化锶SrI_2(Eu)被认为是一种极有前途的闪烁体，它可以挑战其他闪烁体在伽马射线能谱应用中的高分辨率性能。[125-126]最初于1968年开始对SrI_2(Eu)进行研究[127]，但当时显然已被排除在进一步开发之外。现在，SrI_2(Eu)已被证明具有非常高的光产额（每兆电子伏特超过100 000光子），而且早期晶体的能量分辨率已被证明为3%或更高。此外，它不具有本征放射性，与$LaBr_3$(Ce)相比似乎更容易生长，而$LaBr_3$(Ce)是最近开发的闪烁体之一，受到了广泛关注（见第8.2.5节）。SrI_2(Eu)的主要缺点是衰变时间相对较慢，为1.2 μs，这也是掺铕材料的典型特点。虽然这种衰减时间会限制它在高计数率应用中的使用，但对于许多其他应用来说，它的衰减速度已经足够快了。早期的测量结果表明，闪烁产额的非线性很小，这是在晶体生长技术进一步发展时决定提高能量分辨率潜力的一个重要因素。

8.2.4 低光产的未活化快速无机物

1. 氟化钡BaF_2

氟化钡是第一个被发现在闪烁衰变中具有极快成分的无机晶体。[128-131]它是目前已知的唯一具有高原子序数（钡的$Z=56$）成分且衰变时间小于1 ns的闪烁体。因此，这种材料的综合特性使其成为既需要单位体积高探测效率又需要快速响应的闪烁探测器的理想材料。

自20世纪70年代初以来，人们就知道未活化的BaF_2是一种闪烁材料。[132]然而，直到1983年才有研究表明[128]，闪烁光实际上由两部分组成：在光谱的短波长区域发射的衰减时间为0.6 ns的快速部分以及在稍长波长区域发射的衰减时间为630 ns的慢速部分。从图8.13所示的发射光谱中可以看出这两种成分。由于大多数光电倍增管对光谱的这一短波长区域不敏感，因此快速成分多年来一直未被观测到。不过，如果使用对紫外线敏感的石英端窗管或其他光传感器，则室温下闪烁总产额的大约20%是在快速分量中测量到的。这是由于离子晶体的外核带中产生了一个空穴，然后由价带的电子填充了这个空穴。这一过程的特点是跃迁时间非常短，所产生的发射通常在光谱的紫外区。如果晶体的主带隙大于紫外光子的能量，那么闪烁光就可以摆脱重吸收而被光电倍增管收集。

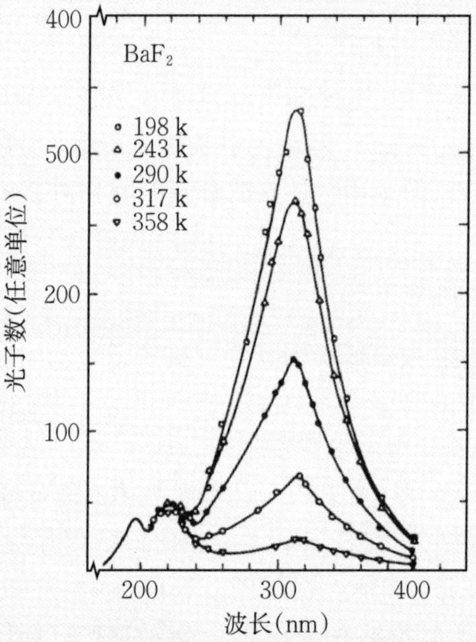

图8.13　在不同温度下测量的BaF_2闪烁发射光谱

快速分量(对应于左侧的两个小峰)并不像慢速分量那样与温度密切相关。

(摘自Schotanus等[133-134])

BaF_2中的总光产额仅为NaI(Tl)中观察到的光产额的20%左右，因此可达到的能量分辨率要低得多。快速分量的光产额非常小，每兆电子伏特只有大约1 400个光子。[135]然而，在许多应用中，这种材料的快速定时能力、高密度和原子序数使其成为闪烁材料的首选。[136-138]

在定时应用中，BaF_2闪烁的慢分量可能会造成问题。在高计数率下，慢分量强度的积累会产生一个持续的信号，从而干扰快速分量的干净检测。因此，开发抑制慢分量的方案受到了一定的鼓励。其中之一[139]就是提高闪烁体的温度。如图8.13所示，慢速光的强度随温度升高而迅速下降，而快速光的强度则与温度无关。当温度高于200 ℃时，慢速成分几乎消失。由于通常最好将光电倍增管保持在较低的温度下，因此必须对探测器整体的热设计[139]给予一定的关注。

2. 纯碘化铯 CsI

用铊活化后，碘化铯的闪烁光产额非常高。在纯净状态下，它也是一种弱得多的闪烁体（使用光电倍增管测量时，其输出为NaI(Tl)的5%～8%）。然而，这些光中有许多是快速成分的混合物，其有效衰减时间约为10 ns，在光谱的紫外区305 nm左右出现一个峰。在350～600 nm的可见光范围内，还经常可以观察到一个更宽的发射带，其衰减时间更长，可达几微秒。在文献[140]和[141]中报道的不同材料样品的测量结果中，这些成分的相对强度往往各不相同，但在一项关于商用晶体的研究中，它们的产额大致相当。[142]在其他高度纯化材料的测量中不存在慢速成分[141]，这表明其来源可能与某些晶体中的残留杂质有关。

与纯净的NaI一样，未活化的CsI在冷却到液氮温度时也显示出卓越的闪烁特性。光产额约为50 000光子/MeV，衰减时间约为1 μs。[143]

3. 卤化铈

由于铈元素在其他晶体基质中被广泛用作活化剂，并在其中充当发光中心，因此人们对研究铈化合物作为闪烁体的潜力产生浓厚兴趣也就不足为奇了。铈的原子序数相对较高（$Z=58$），这使得此类化合物在X射线和伽马射线能谱学中颇受关注。这类铈自活化闪烁体中有一类是卤化铈：CeF_3（参考文献[146]和[147]）、$CeC1_3$（参考文献[144]）、CeI_3和$CeBr_3$（参考文献[145]）。在这些材料中，$CeBr_3$最有前途，其特性有利于某些应用。它的上升时间短（约100 ps），衰减时间快（约17 ns），光产额高（约68 000光子/MeV）。这种组合产生了约200 ps的出色定时分辨率，略优于BaF_2，后者通常被认为是无机闪烁体定时分辨率的黄金标准。$CeBr_3$的密度为5.2 g/cm^3，在662 keV时的能量分辨率为3.6%，因此可以在要求苛刻的高计数率符合测量中使用。[145]

4. 钨酸铅 $PbWO_4$

高能物理界对$PbWO_4$（铅钨酸盐）的开发给予了极大关注，特别是设计了用于紧凑μ子螺线管（Compact Muon Solenoid，简称CMS）设施的电磁量热计，其约6 ns的快速衰减时间是一个极为优秀的特点，但由于$PbWO_4$的光产额非常低，仅为200光子/MeV，因此其一般用途有限。值得一提的是，因为它是通过实验室间的合作努力在新材料开发方面取得成果的范例。电磁热量计需要77 000块尺寸为2.5 cm×2.5 cm×23 cm的晶体，在尺寸、杂质浓度、光学透明度和闪烁光产额方面都需要严格控制公差。文献[148]对$PbWO_4$的闪烁特性进行了很好的总结，而文献[149]则对材料的整体发展进行了审视。

值得注意的是，$PbWO_4$晶体中产生的部分光是由《核辐射探测与测量（下册）》第19章所述的切连科夫过程引起的。虽然原则上所有闪烁体都会产生一些切连科夫光，但其强度与闪烁光相比通常可以忽略不计。在$PbWO_4$的情况下，闪烁光足够微弱，因此在某些情况下[150]，切连科夫光的分量可高达总信号的15%。

8.2.5 铈活化的“快速”无机物

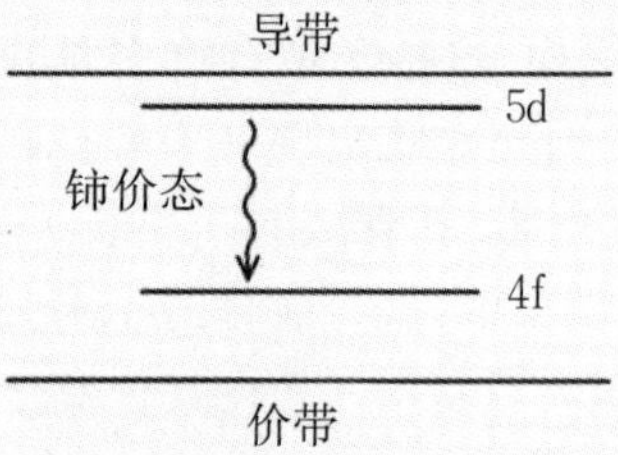

图8.14 晶体中铈活化剂能量转移示意图

从20世纪80年代末开始，人们意识到可以将铈活化剂加入到新类别的晶体中，从而制造出具有相当好甚至卓越光产额的闪烁体。如图8.14所示，当沉积在晶体中的能量转移到铈活化剂点位时，铈活化剂点位发生了从5d态到4f态的转变，从而产生闪烁光。

铈发光的主要衰减时间为20～80 ns，具体取决于主晶体。[151]因此，这些闪烁体的时间特性介于衰减时间为几纳秒的有机物和衰减时间为几百纳秒的老式无机物之间。经过约二十年的发展，人们发现稀土卤化物和一系列稀土氧化物显然是铈活化的最佳闪烁体主晶体。在这里，被证明有用的不是整个稀土元素群，而是有限的钇、镧、钆和镥。由于化学性质相似（铈本身就是一种稀土元素），这些稀土元素与铈的相容性并不令人惊讶。类镧系闪烁体（即含La、Gd或Lu的闪烁体）的一个普遍特点是原子序数高，且密度相对较高。正如第10章所述，这些特性有利于伽马射线的光电吸收，因此非常适合伽马射线能谱分析。此外，^{157}Gd（天然含量为15.65%）具有已知最高的中子吸收截面，因此Gd基闪烁体有望成为高效的中子探测器（有关^{157}Gd基中子探测器的更多讨论，请参见《核辐射探测与测量（下册）》第14章）。下文介绍了这些闪烁体的不同类别和代表性闪烁体。

1. 稀土氧硅酸盐

稀土氧正硅酸盐Ln_2SiO_5或$Ln(SiO_4)O$（其中Ln为Y、Gd或Lu）是一种有用的闪烁体。在文献中，这些材料通常缩写为YSO、GSO和LSO。最近，人们开发了混合成分$Ln1_xLn2_{2-x}SiO_5$，LGSO和LYSO，试图充分利用标准材料的最佳特性。YSO、GSO、LSO和LYSO可在市场上买到，并被用于各种适合其特性的应用中，包括医学成像中的正电子发射断层扫描。

众所周知，YSO是一种商用荧光粉（包括Ce和Tb活性荧光粉），由于20世纪90年代人们对LSO的关注，YSO作为一种单晶闪烁体又被重新审视[152]，它的光产额适中，约为24 000光子/MeV[153]，在662 keV时的能量分辨率高达7.5%。光产额不成正比[154]表明其行为与其他氧硅酸盐类似，能量分辨率可能最终将限制在目前报告的中等数值范围内。YSO的峰发射波长为420 nm，通常被认为具有约70 ns的快速衰减时间。[152]作为伽马射线能谱闪烁体，YSO的主要缺点是密度不够大，仅为4.54 g/cm^3（参考文献[155]），有效原子序数较低，Z=39的钇是其Z值最高的成分。

GSO可以生长成相当大尺寸的单晶体[156,157]，而且钆的原子序数为64，这为伽马射线能谱分析提供了极具吸引力的特性。当掺铈浓度约为0.5%摩尔比时，可观察到最大光产额。闪烁衰减时间取决于铈的掺杂水平，但在这种铈掺杂浓度下，衰减时间以约56 ns的快速成分为主；在强度比为10%的情况下，还存在一个400 ns的较长衰减时间分量。[158]光输出的上升时间也异常之长，为10～20 ns（这取决于铈的浓度），这是由荧光状态的缓慢填充过程造成的。总光产额约为NaI(Tl)的27%。[159]据报道，662 keV伽马射线的能量分辨率约为9%，这是其典型性能。[157,160]

1991年，LSO首次被描述为一种闪烁体。[169]它具有一些非常有趣的特性，包括光产额约为NaI(Tl)的75%，47 ns的快速衰减时间[170]以及可以在420 nm处达到峰值的发射光谱。镥是一种稀土元素，71的高原子序数使其成为伽马射线能谱闪烁体中的一种有潜力的成分。然而，这种天然元素含有同位素^{176}Lu（含量为2.59%），具有放射性，会增加每立方厘米LSO约250计数/s的本底。需要注意的是，晶体生长过程中使用的Lu_2O_3给料通常含有其他痕量放射性污染物，因此测得的LSO本征活度要比仅根据^{176}Lu计算得出的本征活度高一些。据报道，662 keV伽马射线的最佳能量分辨率为7.5%，这是只在小型晶体中才能获得的数据，而在大型晶体中只能观测到10%或更高的典型能量分辨率。众所周知，闪烁响应[171]是非正比性的（图8.8），因此能量分辨率的降低可能是受此影响所致。光发射似乎完全由单一的47 ns分量组成，基本上不含有时困扰其他无机闪烁体的较慢分量。[172]不过，LSO具有不可忽略的余辉，可持续数秒。[173-174]从不同的LSO晶体样品中观察到的光输出变化程度不同寻常[175]，这可能是由不同含量的痕量杂质造成的，这些杂质可以在电子或空穴扩散到铈荧光点之前成为它们的陷阱。

为了将LSO有利的闪烁和阻止本领特性与YSO有利的生长和成本特性结合起来，开发出了混合LYSO。[188]据文献报道，钇的馏分范围很广（5%～70%），因此密度差别很大（7.1～5.4 g/cm^3）。[173,189-190]据报道，在所有情况下，衰变时间均约为50 ns，发射光谱在420 nm处达到峰，光产额与LSO相似，约为32 000光子/MeV。虽然在662 keV时观测到了8.2%的能量分辨率[189]，但LYSO具有很大的非正比性[173]，与LSO相似。

2. 镧系焦硅酸盐

稀土焦硅酸盐的化学成分为$Ln_2Si_2O_7$，其中Ln表示镧系元素。迄今为止，只有钆基和镥基焦硅酸盐被确定为良好的闪烁计数器——它们在文献中被缩写为GPS和LPS。

尽管GPS存在不一致熔化现象，但有迹象表明，高浓度铈（约10%）可能会改变相图，从而产生有利的生长特性。[191]根据早期的样本，GPS的密度为5.5 g/cm^3，其发射光谱在372 nm和394 nm处有较宽的峰，衰减时间约为40 ns。在伽马射线方面，它的光产额约为GSO的2.5倍（即约19 000光子/MeV），在662 keV的能量分辨率为6%。

LPS也表现出良好的特性[192]，它的密度为6.2 g/cm^3，没有余辉的衰减时间为38 ns，发射光谱的峰为385 nm，时间分辨率为250 ns。[192]此外，LPS的光产额约为26 000光子/MeV，在200～450 K的范围内相对稳定；它还具有中等的能量分辨率，在662 keV时约为10%，这与光产额的巨大非正比性一致。[193]

3. 稀土铝酸盐

与上文描述的硅酸盐类似，稀土元素铝酸盐$YAlO_3$(或称为YAP)和$LuAlO_3$(或称为LuAP)展现出了非常良好的闪烁特性。此外，二元化合物LuYAP也受到了相当的关注。一般来说，铝酸盐的密度更高、折射率更高、衰减时间更短、峰发射波长更短，光产额也比直接氧硅酸盐的同类产品低。最近的一项研究[194]描述了一些YAP和LuYAP样品的特征，并对这一类闪烁体进行了很好的总结。

掺入钕元素后，YAP作为激光材料的作用早已为人所知。然而，当掺入铈时，它作为闪烁体显示出一些吸引人的特性。据报道，它的总光输出为NaI(Tl)的40%～60%，主成分衰减时间为27 ns，异常快速。它的硬度、强度和惰性等物理特性极佳，便于制造和处理。例如，与许多其他吸湿或易碎的闪烁材料相比，YAP可以切割成薄片，组装成阵列，用作位置感应闪烁体。它的闪烁特性[163-165]显示了小尺寸晶体的最佳性能，有证据表明，当晶体尺寸超过几厘米时，光产额和能量分辨率都会受到影响。[166,194]小尺寸晶体显示出极佳的能量分辨率，例如，在662 keV时为4.4%[195]，同时还具有出色的时间分辨率，最低可达160 ps。时间常数约为10 μs的较慢衰减分量只占总强度的不到10%。YAP的光输出与能量成正比(图8.8)，即使伽马射线在探测器中发生多次相互作用，也能保持良好的能量分辨率(见第10章)。[164]

在YAP的有利特性的推动下，人们对探索其化学类似物LuAP作为铈活化剂的宿主产生了兴趣。由于YAP的密度不大($\rho=5.37\ g/cm^3$)，而且钇的原子序数相对较低($Z=39$)，因此在伽马射线能谱学中的应用受到了一定的限制。如果用$Z=71$，$\rho=8.34\ g/cm^3$的镥代替LuAP，就会有较好的适用性。事实上，在所有闪烁体中，LuAP对常见伽马射线能量的线性衰减系数最高，甚至超过了BGO。此外，其约80%的闪烁光以17 ns[178]的极端衰减常数出现，光输出相对较高，可能超过NaI(Tl)的50%。这些特性的结合将使这种材料在许多伽马射线应用中变得无与伦比。因此，人们对利用这种材料开发实用闪烁体产生了浓厚的兴趣。[178-184]测量结果表明，其光产额与沉积能量的关系几乎成正比[185]，从而最大限度地减少了第10章中讨论的由于不成正比而可能造成的能量分辨率损失。在同一项研究中，与光电倍增管耦合的3 mm厚晶体在662 keV时获得了4.38%的出色伽马射线能量分辨率。然而，在目前的开发阶段，由于闪烁光的强烈自吸收[175]，有用的晶体厚度仅限于1 cm以下。还有人认为，带隙中的电子陷阱会降低LuAP的光产额[196]，从而导致部分光的发射衰减时间过长。[200]通过在LuAP中掺杂其他活化剂[197-199]来消除自吸收和电子陷阱的尝试在很大程度上只是在名义上有些改进。还应提及的是，上述出色的能量分辨率仅在极少数情况下才能观察到，LuAP晶体在662 keV时的能量分辨率通常为10%～15%[200-201]，其中许多挑战可能是由于生长LuAP晶体时遇到困难，而这些困难与其相图中的包晶相行为有关。此外，LuAP与LSO同样具有由^{176}Lu成分的放射性引起潜在麻烦的天然本底。

沿着混合氧基硅酸盐的发展道路，我们尝试捕捉YAP和LuAP的互补特性，即混合包晶$Lu_xY_{1-x}AlO_3$。钇的加入似乎稳定了生长过程，使晶体更容易制造。尽管随着x值的减小，LuAP的出色伽马射线吸收特性也会降低，但我们还是对x值的整个范围进行了研究，结果表明$x=0.5$的光产额最高。[201]据报道，$x=0.7$时，662 keV的能量分辨率高达7.3%[202]，但在生产中更常见的是10%～12%，光产额约为NaI(Tl)的40%。[203]在LuYAP的情况下，光线在25 ns和250 ns两个主要分量中以大致相同的强度发射。[204]遗憾的是，LuYAP对闪烁光的自吸收比LuAP更明显，因此目前只有小晶体才能提供良好的性能特性。

4. 稀土铝石榴石

另一类前景看好的氧化物闪烁体是稀土铝石榴石。钇铝石榴石$Y_3Al_5O_{12}$（又称YAG）和镥铝石榴石$Lu_3Al_5O_{12}$（又称LuAG）可作为单晶闪烁体生长，并将铈作为活化剂。掺杂钕的YAG作为激光材料已有悠久的历史，但掺杂铈的YAG也具有有趣的闪烁特性。单位能量的光产额约为NaI(Tl)的一半，但它的光谱有些不同寻常，与许多其他闪烁体相比，它偏向于长波长。发射光谱的峰出现在550 nm处，不再与许多光电倍增管的光谱响应相匹配。相反，这些较长的波长更适合使用半导体光电二极管进行读出。衰变显示了几个主要衰变时间为88 ns和302 ns的分量。[167,168]在伽马射线激发下，这两个分量的相对强度分别为72%和28%。当使用α粒子照射时，这一比例会逆转为34%和66%，从而可以在应用中使用脉冲形状甄别来分离不同的粒子类型。[167]LuAG具有长波长发射和多次衰减的类似特性。[205-206]据报道，LuAG在662 keV时的能量分辨率为8.6%。[207]这些材料的立方结构适合加工成透明陶瓷，从而提高可用尺寸。

5. 卤化镧

随着$LaCl_3$(Ce)和$LaBr_3$(Ce)的发现，基于闪烁体的伽马射线能谱学出现了NaI(Tl)之外最引人瞩目的新选择。[208-209]这两种材料都具有出色的闪烁体特性，包括有效Z值和密度高、衰变时间快、发射波长与普通光电阴极非常匹配以及出色的能量分辨率（662 keV时分别约为4%和3%），并已实现商业化。[212]特别是$LaBr_3$(Ce)，由于其能量分辨率优于其他替代品（图8.15），因此在一系列应用中需求量很大。在涉及高计数率或快速计时的应用中，其快速衰减时间也是相对于较慢无机物的一大优势。研究表明[210-211]，随着铈掺杂浓度的增加，计时性能也会提高。这些闪烁体有两个主要缺点。首先，来自^{138}La（天然含量为0.09%）和^{227}Ac（锕是镧的化学类似物）的本征放射性导致1～2计数/(cm^3·s)的本征本底。值得注意的是，随着卤化镧生产经验的不断丰富，杂质中的^{227}Ac已大幅减少。其次，由于这些晶体的六角形晶体结构，各向异性的热膨胀会在晶体生长后冷却时产生内应力，因此需要采取谨慎的程序来防止大晶体开裂。还应注意的是，$LaBr_3$(Ce)比NaI(Tl)更具吸湿性，因此必须特别注意确保生产过程中没有湿气进入。生长过程中的这些困难造成的一个后果是，卤化镧的成本仍然比NaI(Tl)高得多。

在2000年左右发现这些材料后，大约过了5年才有直径7.62 cm、高7.62 cm的晶体在市场上销售，而且这种尺寸或更大的晶体至今仍未得到广泛应用。不过，$LaBr_3$(Ce)的生产已取得稳步进展，据报道，能量分辨率已低至2.6%[212]，这种出色的能量分辨率接近闪烁体的泊松统计极限,并与其他闪烁体相比,这些材料的光输出非正比性对分辨率的影响很小。事实上,对$LaCl_3$(Ce)的测量证实,在10~450 keV的范围内,其单位电子能量损失的光输出偏离均匀性的程度不到5%。[213]

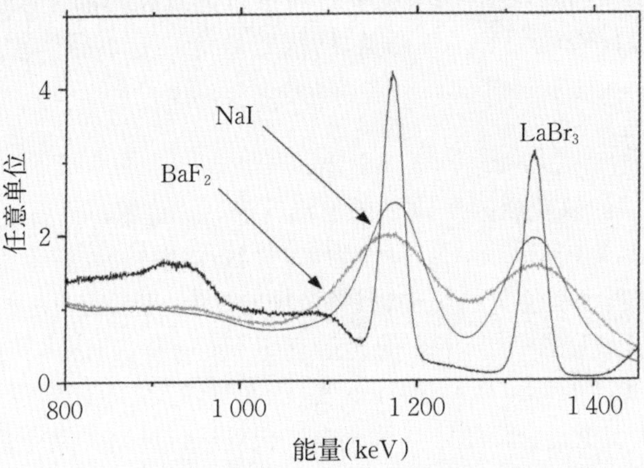

图8.15 用2.54 cm×2.54 cm $LaBr_3$、NaI和BaF_2测得的^{60}Co脉冲高度谱比较

(摘自Nicolini等[215])

通过对卤化镧晶体的本征活度进行了详细的研究[214-219],图8.16提供了一个本征活度脉冲高度谱的例子。该能谱的特征显示了^{138}La和^{227}Ac两种主要成分。^{138}La有两种主要衰变模式:电子俘获^{138}Ba(66.4%)发出1 436 keV伽马射线,同时Ba级联发射32 keV的X射

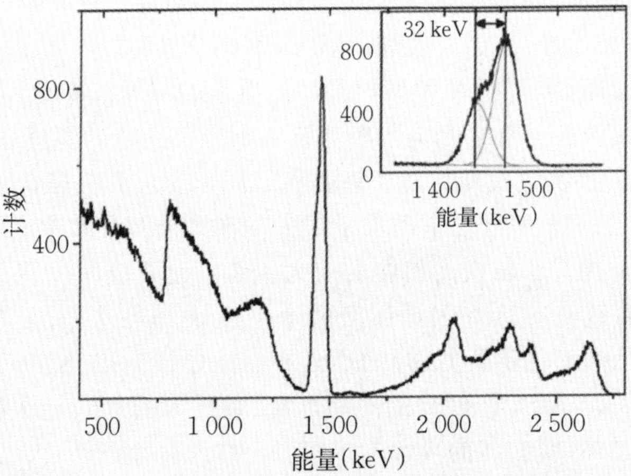

图8.16 $LaBr_3$的本征活度

1.5 MeV以下的结构主要与^{138}La的衰变有关,而1.5 MeV以上的结构则由^{227}Ac的衰变链产生。图显示了1 450 keV附近的峰结构,包括本征发射和来自^{40}K的1 461 keV自然外部本底。本征结构与1 436 keV伽马射线和^{138}Ba X射线(约32 keV)的级联发射有关;1 436 keV峰的存在表明有相当一部分X射线逃逸而未被探测到。随着$LaBr_3$晶体的增大,这一特征将被抑制,而约1 468 keV的峰将更加突出。

(摘自Nicolini等[215])

线;β衰变(33.6%),端点能量为255 keV,与789 keV伽马射线同时发出。从750 keV以上到1 000 keV以上的梯形连续谱代表^{138}La的β衰变的总和,而1 468 keV的峰值代表电子俘获发射的总和。1 750~3 500 keV的结构来自与^{227}Ac衰变链相关的衰变链。由于几乎所有闪烁体的α/β的值都小于1,因此当根据伽马射线(或快电子)能量校准刻度时,这些α峰会出现在其实际能量的左侧位置。这种本征活度脉冲高度结构应被证明有助于基于卤化镧的现场系统的自我校准和增益稳定。虽然在许多应用中,本征放射性只是一个小问题,但当使用低计数率能谱来检测略高于本底的辐射时,本征放射性就会成为一个重大障碍。研究表明,与NaI(Tl)相比,卤化镧的性能有所提高。[220-221]据观察,在为特定能谱分析软件包识别一系列同位素时,$LaBr_3(Ce)$所需的计数时间仅有NaI(Tl)的$\frac{1}{3}\sim\frac{1}{2}$。[221]

卤化镧还被证明具有其他有利特性。例如,已经证明它们在很宽的温度范围内具有相对稳定的光产额和能量分辨率。[222]此外,在暴露于高剂量的伽马射线和质子后,它们还能很好地抵抗辐射损伤。[223-224]另外值得注意的是,卤化镧没有显示出特别好的脉冲形状辨别特性,因此降低了它们在混合辐射场应用中的实用性。[225]

在这一部分,卤化镧一词被用来表示$LaCl_3(Ce)$和$LaBr_3(Ce)$。$LaF_3(Ce)$和$LaI_3(Ce)$作为闪烁体也得到了研究[226-227],后两种卤化物不具备$LaCl_3(Ce)$和$LaBr_3(Ce)$所显示的各种有利的闪烁特性。$LaF_3(Ce)$的带隙最大,导致空穴向Ce发光点的传输效率低下;另一方面,$LaI_3(Ce)$在所有La卤化物中具有最小的带隙,这表明它将显示出最佳的闪烁特性。然而,参考文献[227]得出的结论是,Ce点位太浅,无法在室温下有效捕获电子。因此,辐射重组在室温下受到抑制,$LaI_3(Ce)$因此不是一种好的闪烁体。

6. 卤化镥

由于镥卤化物与镧卤化物关系密切,人们还研究了镥卤化物$LuCl_3(Ce)$、$LuI_3(Ce)$和$LuBr_3(Ce)$作为潜在闪烁体的可能性。[228-229]在这些候选物质中,$LuI_3(Ce)$和$LuBr_3(Ce)$都具有潜力,而$LuCl_3(Ce)$每兆电子伏特只产生几百个光子。$LuI_3(Ce)$的光产额最大,达到了令人印象深刻的98 000光子/MeV,大部分光的衰变时间为31 ns,峰波长为475 nm,伽马能谱测量的能量分辨率高达3.5%。[230-231]利用$LuI_3(Ce)$的主要障碍似乎是很难生产出质量足够高的大晶体。$LuBr_3(Ce)$在662 keV时的能量分辨率为6%,光产额仅为29 000光子/MeV,而且它的大部分光是在衰变时间较长(4 μs左右)的情况下发射的。如前所述,由于^{167}Lu的天然丰度为2.6%,因此镥基材料具有相对较高的本征活度。这些材料都尚未达到商业可用的程度,但人们对其未来发展的兴趣仍在继续。

7. 其他卤化物

除了$LaI_3(Ce)$和$LuI_3(Ce)$之外,还发现了另外两种明亮的铈活化碘化物:$GdI_3(Ce)$[228]和$YI_3(Ce)$。[231]这两种材料都能发出10 000光子/MeV,衰变时间为30~35 ns,而且没有本征活度。尽管光产额很高,但这些闪烁体的能量分辨率仅在5%左右。不过,光子响应测量结果表明其线性优于$LaBr_3(Ce)$,因此预计能量分辨率可随着晶体质量的提高而提高。

8. 埃尔帕索莱特(ELPASOLITES)

最近发现一类被称为埃尔帕索莱特(Elpasolite)的材料,其中包括一些很有前途的闪烁体。该名称源于在科罗拉多州埃尔帕索首次发现的一种天然矿物,它们由化学式为A_2DEX_6的化合物组成,其中A是Cs、Rb或K;D是Li、Na或它们的混合物;E是La、Ce、Gd、Y、Lu或它们的混合物;X是Cl、Br、I或它们的混合物。许多埃尔帕索莱特具有立方晶体结构,通常有利于晶体生长,而且通常结构坚固;它们大多具有吸湿性,必须进行封装以防止吸收水蒸气。为了发挥高效闪烁体的作用,它们通常用铈活化或自活化,许多闪烁体具有很高的光产额。它们的闪烁衰减时间通常由多个部分组成;其中一些部分可能相对较快。如上述的成分清单所示,其中一些材料有可能通过其正常铈成分中的Ce^{3+}自活化;其他材料则可能成为以Li和/或Gd为成分的良好中子探测器。埃尔帕索莱特的元素构成有许多可能的排列组合,因此各种具体成分仍在探索之中。

埃尔帕索莱特的潜力已通过初步关注那些与镧系卤化物关系密切的材料得到了证明[232],与$LaBr_3$(Ce)相似,两种铈活化的埃尔帕索莱特——$Cs_2LiLaBr_6$(Ce)和Cs_2NaLaI_6(Ce)——在662 keV时表现出了3%的出色能量分辨率。虽然光产额只有中等水平(55 000~60 000光子/MeV),但这些材料显然具有达到这种能量分辨率所需的良好光产额比例。

Cs_2LiYCl_6(Ce)是为中子探测而开发的埃尔帕索莱特的早期实例[233],它首次证明了中子和伽马射线产生的光具有不同的时间谱这一有用特性,因此通过电子脉冲形状甄别可以有效地将它们区分开来。另一种成分是Rb_2LiYBr_6(Ce),它具有通过《核辐射探测与测量(下册)》第14章中讨论的^{6}Li(n,α)反应产生83 000光子/热中子的良好光产额,而伽马射线则产生23 000光子/MeV,因此可以根据脉冲幅度显示出出色的γ/n分辨能力。[234]

8.2.6 透明陶瓷闪烁体

陶瓷材料的生产包括将纳米晶体烧结成多晶固体。这种工艺的优点是无须培育大型单晶体,而对于许多可能成为闪烁体候选材料的材料来说,这一步骤往往被证明是困难或不可能的。几十年来,以电流模式工作的透明陶瓷闪烁体已在X射线计算机断层扫描设备中得到应用。这些陶瓷闪烁体主要是由这些设备的制造商开发的,由混合物(有时是专有成分)制成,这些混合物因其良好的光输出、在毫秒级时间尺度上没有长余辉以及在长期使用中抗辐射损伤而被选中。参考文献[242]和[235]描述了一些例子,它们的主衰减时间通常为数百微秒,因此速度太慢,在脉冲模式应用中没有太大意义。

最近,人们对开发生产衰减时间更短的陶瓷闪烁体的兴趣日益浓厚,这种闪烁体在辐射能谱学中将发挥更大的作用。本节前面提到的一些作为单晶闪烁体引入的材料也正在被研究作为陶瓷的候选材料。YAG(Ce)和LuAG(Ce)首次证明了通常作为单晶生长的陶瓷闪烁体的可行性,陶瓷YAG(Ce)的光产额和能量分辨率均优于单晶体[236],陶瓷形式的衰减时间大致相同。为了提高有效Z值和密度,人们加入了钆来生产$(Y,Gd)_3Al_5O_{12}$(Ce)

(即GYAG)[237],就LuAG(Ce)而言,陶瓷的与单晶的相比也具有更高的光产额。[238]光产额提高的部分原因是陶瓷中的铈浓度较高(0.25%摩尔比,而晶体的铈浓度上限为0.025%摩尔比)。

陶瓷加工为许多材料和活化剂的组合打开了大门,而这些材料和活化剂的组合对于单晶体生长来说是最具挑战性的。例如,高熔点化合物更适合烧结,而不是从熔融状态生长。此外,高浓度活化剂、两种或两种以上活化剂的共同掺杂以及对化学计量的精确控制在陶瓷中更为可行。此外,一旦开发出配方,陶瓷加工比熔融生长更适应规模化和批量化生产。因此,可以探索复杂的化合物,以便根据手头的应用定制闪烁特性。与陶瓷闪烁体相关的一个限制是,制造非立方体结构具有挑战性。因为多晶晶粒相对于彼此的随机取向,所以任何双折射都会导致闪烁光子在传输通过陶瓷的过程产生多重散射。这种额外的散射会降低透明度,实际上限制了材料的适用性,只适用于具有立方结构且因此没有双折射的材料。

世界各地的许多实验室正在迅速积累对各种候选材料进行陶瓷加工的经验,新材料未来可期。

8.2.7 玻璃闪烁体

含锂并以铈活化的硅酸盐玻璃被广泛用作中子探测器,其物理和闪烁特性集合见《核辐射探测与测量(下册)》表15.1。参考文献[186]介绍了作为闪烁材料的各种锂玻璃和硼玻璃的特性,在锂制剂中观察到的光输出平均比含硼玻璃大10倍,因此,锂制剂占主导地位。在硅酸盐玻璃中,铈是唯一能产生用于脉冲模式操作的快速闪烁光的活化剂,其发射光谱在蓝色区域达到峰,这与玻璃中的Ce^{3+}点位有关。现代闪烁玻璃[187]由SiO_2、LiO_2、AlO_3、MgO和Ce_2O_3的各种混合物制成,有时还加入BaO以增加玻璃密度。

据测量[239],将快电子能量转化为光的绝对闪烁效率为1%~2%,一般与玻璃配方中的锂浓度成反比变化;其对带电粒子的响应是非线性的,总是大大低于对相同能量的电子的响应。例如,1 MeV质子、氘核和α粒子的光输出分别只有1 MeV电子光输出的$\frac{1}{2.1}$,$\frac{1}{2.8}$和$\frac{1}{9.5}$。[240]

尽管玻璃闪烁体的相对光输出很低(通常最高为3 500光子/MeV),但在恶劣的环境条件下无法使用更传统的闪烁体时,玻璃闪烁体仍可用于β或伽马射线计数。例如,闪烁体必须暴露在腐蚀性化学环境中或在高温下工作。玻璃闪烁体的衰变时间(通常为50~75 ns)介于速度较快的有机物和速度较慢的晶体无机物之间。由于玻璃闪烁体的制造方法与其他玻璃大致相同,因此除了常见的圆柱形之外,玻璃闪烁体的其他物理形态也很常见。例如,玻璃闪烁体可以作为小直径纤维在市场上销售,本章稍后将介绍其特性。这种材料还可以作为粉末或小直径球体用于流动池中,在流动池中,放射性物质可以通过充满多孔闪烁体的腔室。

由于玻璃中可能含有天然放射性钍或钾，因此如果要将闪烁体用于要求最低本底的低本底计数系统，则必须采取预防措施。普通玻璃闪烁体的自发本底率约为每100 g材料每分钟100～200次衰变。市面上有使用低钍材料制造的玻璃闪烁体，这些玻璃闪烁体经过加工处理，可将任何其他α活度材料的污染降至最低。这些低本底玻璃的本底活度为每100 g材料每分钟少于20次衰变。

当用作中子计数器时，玻璃中的^{6}Li含量通常会富集到95%或更高。如果用作贝塔或伽马计数器，则不需要这种富集，如果探测器在运行时有明显的中子本底，这种富集实际上会成为一种障碍。因此，在这些应用中，通常会选择使用天然锂或^{6}Li贫化锂制造的一种商用形式。

另一种用铽而不是铈活化的玻璃闪烁体在成像应用中也有一些用途。现在，闪烁衰减时间要长得多(3～5 ms)，因此这些制剂在脉冲模式应用中不再有用。不过，总光产额比铈活化玻璃高出许多倍，高达50 000光子/MeV。[241]光线发射在光谱的绿色部分，在550 nm左右达到峰值。这些玻璃的密度可高达3.5 g/cm^3，从而提高了X射线或伽马射线的相互作用概率。这些激活铽玻璃在X射线成像方面具有一定的吸引力，其发射的光线通过位置敏感探测器记录下来，该探测器对曝光期间的光量进行积分。

8.2.8 惰性气体闪烁体

某些高纯度气体可以作为有用的闪烁探测介质。研究者们在惰性气体方面已经积累了大量经验，其中氙和氦最受关注。闪烁光子的产生机制相对简单：入射辐射或带电粒子通过闪烁体时，会产生大量受激气体分子。当这些受激分子通过各种不同的机制返回基态时，就会发射出光子。发射光谱与稀有气体火花放电中观察到的第二连续谱相对应。光子是从两个最低分子激发态过渡到基态的过程中发射的，大部分闪烁发射位于光谱的紫外区而不是可见光区；其中许多转变发生的时间很短，通常只有几纳秒或更短，气体闪烁体可以跻身于所有辐射探测器中速度最快的探测器之列。由于发射光子的波长较短，如果要直接检测闪烁，必须使用对近紫外线敏感的光电倍增管或光电二极管。另外，还可以加入少量浓度的第二种气体(如氮气)，通过吸收紫外线并以较长的波长重新辐射能量来改变发射光谱。另一种方法是在气体容器内表面沉积一层固体波长转换材料，将紫外线转换为可见光。紫外线光子的闪烁效率很高，但在转换为可见光的过程中会产生损耗，从而降低了可见光的实际产额。

除了响应速度快之外，气体闪烁体还具有尺寸、形状和对入射辐射的阻止本领易于改变的相对优势。在粒子能量和$\mathrm{d}E/\mathrm{d}x$的大范围内，它们的响应也往往接近线性。气体闪烁体被广泛应用于重离子能谱分析，通常要加压使用。表8.4列出了几种惰性气体的一些闪烁特性。有关气体闪烁体的详细综述见参考文献[1]和[245]，有关具体特性的一些测量结果见参考文献[246]～[249]。

表8.4　气体闪烁体在常压下的特性

气　　体	发射光谱平均波长(nm)	每4.7 MeV的α粒子产生 $\lambda>200$ nm的光子数
氙气	325	3 700
氪气	318	2 100
氩气	250	1 100
氦气	390	1 100
氮气	390	800
NaI(Tl)(用于对比)	415	41 000

数据来自J.B. Birks,《闪烁计数的理论与实践》,Pergamon Press, Ltd.版权所有1964年出版,经许可使用。

据观察[243,250,251],Ne、Ar、Kr和Xe也会在光谱的近红外区域发射出大量闪烁成分。感应这种发射需要光电倍增管或具有扩展长波长响应的光电二极管。虽然这种红外发射在大多数使用较短波长闪烁的应用中并没有被利用,但已经证明[244]它可以被转换成足够大的脉冲,以5.1%的能量分辨率进行α粒子能谱分析。

如果在这些气体的体积中施加足够大的电场,那么高能带电粒子产生的电离电子就会在与中性气体分子碰撞时加速,从而产生额外的闪烁光。这种所谓的“二次闪烁”光可能比一次闪烁光亮许多倍,这也是第6章前面介绍的气体正比闪烁计数器的运行基础。

8.2.9　低温液体和固体闪烁体

一些惰性气体在凝结成低温液体或固体时(见《核辐射探测与测量(下册)》表19.1中的密度和沸点),也被观察到是相当有效的闪烁体。有关液态和固态氩、氪、氙[252-258]以及液态氦[259]的研究结果已被报道,发射光谱在150 nm左右的紫外区达到峰。对液态氩或液态氙中的绝对光产额进行的实验测量显示出相当大的差异,但显而易见的是,这两种液体的闪烁效率都相对较高。典型结果[260]显示,光产额约为40 000光子/MeV,与室温下的NaI(Tl)相当。据观察,闪烁光在这两种液体中的衰减长度[261]在0.5～1.0 m之间。当冷凝气体保持在低温状态时,要有效地收集闪烁光显然是困难的,而且收集效率可能会受到光传感器或室壁附近温度梯度引起的液体密度变化所产生的光散射的影响。[262]闪烁光最有效的读出方式通常是将光电倍增管浸入液体或液体上的蒸汽中。无论哪种情况,光电倍增管都必须在低温下工作。传统的光电倍增管一般都有光电阴极,其电阻率会随着这种冷却而剧增,从而导致电压梯度,使其无法在极冷的温度下稳定应用。不过,有几家生产商提供了用于低温应用的大面积灯管,其中的双碱金属光电阴极沉积在非常薄的铂透明层上,提供了必要的导电性。[264-265]

液态或固态氙的原子序数高达54,因此最有可能成为伽马射线探测器。参考文献[256]提供了对这些冷凝气体衰减时间特性的测量结果,所有气体都显示出快衰减和慢衰减，其相对强度取决于激发粒子的类型。主要衰减分量的数值从冷凝氩气的6 ns到冷凝氙气的约30 ns不等。液氩是大容量低温闪烁体的常见选择，因为它比氙具有成本优势，而且净化要求更简单。重带电粒子和快电子的发射衰减时间分别为微秒和纳秒，两者相差很大，因此可以对粒子类型进行非常有效的脉冲形状区分。

8.2.10 无机闪烁体的辐射损伤效应

所有闪烁材料在长期暴露于高通量辐射时都会受到辐射损伤的影响。这种损害最有可能表现为闪烁体的透明度降低，原因是产生了吸收闪烁光的色心。此外，闪烁光本身的发射过程也可能受到干扰。辐射照射也会诱发磷光形式的长寿命光发射，这在某些测量中可能会造成麻烦。通常观察到的破坏效应与速率有关，并随照射中涉及的辐射类型而有很大不同。这种效应通常至少具有部分可逆性，即使在室温下，也会在照射后数小时或数天内发生退火。

关于辐射损伤对一些常见无机闪烁体的影响的全面综述[266]已经出版。研究发现，在所研究的所有闪烁体（NaI(Tl)、CsI(Tl)、CsI、BaF_2、BGO和$PbWO_4$）中，色心的产生比闪烁机制的破坏更为重要。据观察，碱卤化物的损坏与氧污染导致形成羟基基团密切相关。另一方面，研究发现在氧化物闪烁体中，损坏与结构缺陷有关，如晶格中的氧空位。

由于存在许多变量，如剂量率、粒子类型和能量以及是否存在氧气或其他杂质，因此很难量化在特定情况下产生可测量损害的确切辐射剂量。不过，已经引用了一些粗略的数据和相对敏感度。[267]在本章讨论的闪烁材料中，最敏感的似乎是铊活化的碱卤化物，对它们来说，10 Gy的照射剂量就可能很高。在另一个极端，有证据表明GSO只有在剂量高达10^6 Gy时才开始产生影响。在这两个极端之间，大致按抗辐照能力递增的顺序排列为CsF、BGO、YAP、CeF_3和BaF_2。据观察，铈活化$LaBr_3$的光输出和能量分辨率[268]在暴露于10^3 Gy的伽马射线剂量后会恶化。本章前面讨论了塑料闪烁体的辐射损伤。

8.3 光收集和闪烁体安装

8.3.1 光收集的均匀性

在任何闪烁探测器中，人们都希望尽可能收集电离粒子轨道上各向同性发射的光的最大部分。在实际情况中，有两种效应会导致光收集不够完美：闪烁体内部的光学自吸收和闪烁体表面的损耗。除了非常大的闪烁体（尺寸达数厘米）或极少使用的闪烁材料（如ZnS）外，自吸收通常不是一个重要的损耗机制。因此，光收集的均匀性通常主要取决于闪烁体与安装闪烁体的容器之间的界面条件。

光收集条件以两种不同的方式影响闪烁体的能量分辨率。首先，第10章中讨论的响应函数的统计展宽会随着有助于测量脉冲的闪烁光子数量的减少而恶化。因此，只有尽可能收集闪烁事件中发射的所有光子的最大部分，才能获得最佳分辨率；其次，光收集的均匀性将决定信号脉冲幅度的变化，因为辐射相互作用的位置在整个闪烁体中是变化的。完美的均匀性可以确保所有沉积相同能量的事件，无论它们出现在闪烁体的哪个位置，都会产生相同的平均脉冲幅度。对于几厘米大小的普通闪烁体，光收集的均匀性很少会对整体能量分辨率产生重大影响。而对于较大的闪烁体，尤其是沿细边观察的闪烁体，光收集效率的变化往往会影响能量分辨率。

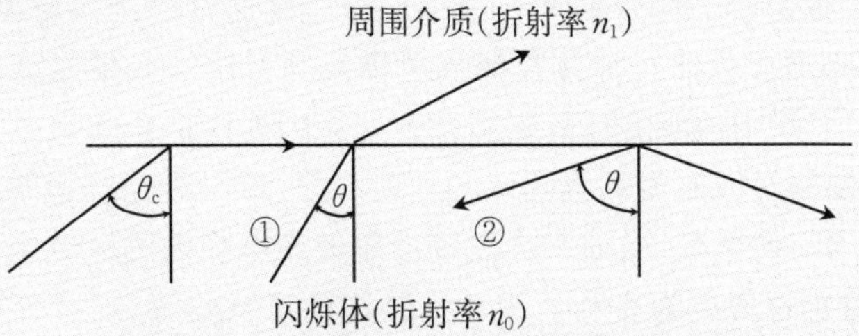

图8.17　不同光学介质界面的情况（$n_0>n_1$）

光线①可能会逃逸，但光线②会在表面发生内部反射。

由于闪烁光是向各个方向发射的，因此只有有限的部分可以直接到达光电倍增管或其他传感器所在的表面。如果要收集剩余部分，则必须在闪烁体表面进行一次或多次反射。如图8.17所示，光子到达表面时可能会出现两种情况。如果入射角θ大于临界角θ_c，则会发生全内反射。如果θ小于θ_c，则会发生部分反射（称为菲涅尔反射）和部分透过表面。当入射角接近零时，反射光的比例会下降到只有百分之几。临界角θ_c由闪烁介质n_0和周围介质（通常为空气）n_1的折射率决定：

$$\theta_c = \sin^{-1}\frac{n_1}{n_0} \tag{8.12}$$

为了捕捉从表面逃逸的光，闪烁体的所有表面通常都有一个反射器，但安装光电倍增管的表面除外。反射器可以是镜面反射器，也可以是漫反射器。抛光的金属表面可作为镜面反射器，其反射角等于入射角。不过，使用氧化镁或氧化铝等漫反射器通常能获得更好的效果。在这种情况下，反射角大致与入射角无关，并遵循朗伯定律给出的分布：

$$\frac{dI(\psi)}{dI_0} = \cos\psi \tag{8.13}$$

其中，ψ是相对于垂直于表面方向的反射角。商业制备的碘化钠晶体通常是用氧化镁干粉围绕着晶体表面进行反射，而晶体表面则用研磨剂稍加粗糙化。塑料闪烁体的表面通常是抛光的，尤其是当光线必须在涉及多重反射的大范围内收集时。白色反射涂料很容易涂在闪烁体上，但反射效果不如干粉。在定制闪烁体中，通常在表面上喷洒氧化镁水溶液并让其干燥，效果会更好。在其他情况下，用白色聚四氟乙烯胶带、毫微孔滤纸[269]或多层塑料薄膜[263]包扎也会很有效。

虽然在反射面上全内反射是可取的，但在从观察闪烁体的表面上全内反射必须降到最低，以防止光的内部捕获。理想情况下，闪烁体通过与闪烁体折射率相同的透明介质与光电倍增管的光电阴极进行光学耦合。这样，式(8.12)就不会产生内部反射，所有入射到闪烁体表面的光线都会传导到光电倍增管的玻璃端窗，而光电阴极就沉积在玻璃端窗上。塑料、液体和玻璃闪烁体的折射率与玻璃端窗的折射率相当接近（约1.5）。在这种情况下，如果在闪烁体和光电倍增管之间的界面上填充与二者折射率相同的光学耦合液，就能实现近乎完美的耦合。折射率较高的闪烁体（如NaI或BGO）不可避免地会发生一些内部反射，如果入射角过大，光子就会反射回闪烁体。折射率极高的闪烁体由于闪烁光的内部捕获过多，其实用性受到严重影响。闪烁体和光电倍增管之间通常使用高黏度硅油作为耦合剂。闪烁探测器的设计必须提供防止液体长期流出界面的方法。如果探测器将经受剧烈的温度循环或振动，有时最好用透明的环氧树脂粘合剂将闪烁体耦合起来。

让一束窄准直伽马射线照射闪烁晶体的选定部分，可以对光收集的均匀性进行简单的测试。在表面处理均匀的情况下，通常会发现最靠近光电阴极的区域会产生较大的脉冲高度，因为这些区域的光收集更为有利。为了弥补这种自然趋势，通常会对晶体表面进行特殊处理，以增强晶体中离光电阴极最远的点的光收集。

此外，还可以通过蒙特卡罗计算来模拟闪烁体的光学行为和光收集效率。[270-274]这些代码基于所研究闪烁体的几何形状和光学特性的计算机建模。模拟的基础是在闪烁体中产生单个闪烁光子，并跟踪它们在闪烁体中传播并与表面相互作用的过程。必须对闪烁体的光学吸收和散射特性、表面的反射和/或吸收特性以及闪烁光子通过的所有光学介质的折射率做出假设。事实证明，这些代码不仅能准确预测收集到的光产额，还能研究收集到的光的均匀性和时间特性。对于光发射速度极快、尺寸较大的闪烁体，光子路径长度随位置变化而产生的时间差会影响可实现的时间分辨率。[275]

要在闪烁体中实现良好的光收集效果，还必须使用单个晶体或单块塑料作为闪烁介质，或者在将不同的部件粘合在一起时使用特殊的预防技术。如果使用分块，额外的表面通常会带来额外的反射，严重影响光收集的整体均匀性。对于难以长成大型单晶体的材料，另一种方法是将材料颗粒悬浮在透明基质中。例如，将硫化锌粉末混入透明环氧树脂[276]或将氟化钡粉末悬浮在液体中。[277]在理想情况下，两种材料的折射率会完全匹配，这样混合物就会保持光学上的清澈，使闪烁光能够传播很远距离。但在实际应用中，很难做到完全匹配，混合物通常仅限于相对较薄的层。任何材料的折射率都是光波长的函数，即使在某一特定波长上实现了完美匹配，也不可能在闪烁材料的整个发射光谱上都保持完美。此外，还必须注意避免加入微小气泡，因为气泡代表折射率的局部大变化。

任何闪烁计数器都必须屏蔽室内光线。对于不涉及吸湿晶体的临时布置，通常只需用黑纸将反射闪烁体和光电倍增管包裹起来，再贴上一层到处可见的黑胶带即可。商用碘化钠闪烁晶体或其他吸湿材料通常装在金属容器中，必须密封。收集光线的表面有一个玻璃或石英窗口。反面覆盖着一层不透明的薄金属片，为软辐射提供入口窗口。如果闪烁计数器必须用于低本底计数，则必须特别注意正确选择与晶体接触的材料。例如，某些类型的玻璃钾含量很高，因此会产生大量来自天然 ^{40}K 放射性活度的本底辐射。

使用一个以上的光电倍增管通常可以增强大型闪烁体的光收集能力。虽然由于增加了复杂性，这通常不是一个有吸引力的常规使用方案，但在某些情况下，可以获得很大的收益。如果提供多个逃逸面，典型事件到达光电倍增管所需的平均反射次数显然会减少。反射次数越少，光收集效率就越高，脉冲高度响应的均匀性也就越高。由于自吸收在大型闪烁体中的重要性，在这种情况下往往无法用多个光电倍增管来替代。

Birks[1]和Bell[278]对闪烁体的安装和反射进行了更全面的讨论。关于光收集方法和表面特性的有用综述也发表在文献[279]中。

8.3.2 光导管

将光电倍增管直接连接到闪烁体的一个面上通常是不可取的，甚至是不可能的。例如，闪烁体的尺寸或形状可能无法方便地与市售光电倍增管的圆形光电阴极区域相匹配。一种解决方案是将未反射的闪烁体放置在一个大盒子的中心附近，盒子的内表面涂有漫反射涂层。这样，一个或多个光电倍增管就能观察到盒子的内部，记录下最终从闪烁体逸出的部分光线。如果被光电倍增管取代的盒子表面部分较小，涂层的反射率较高[280]，则光在被检测到之前会被彻底随机化。因此，即使闪烁体形状复杂或不规则，也能实现非常均匀的光收集。不过，由于不可避免的光损耗，收集到的光总量通常很小。通常可以通过使用透明固体（称为光导管）将闪烁体与光电倍增管物理耦合，并充当闪烁光的导向器，来获得更高的光收集效率。

光导管在其他情况下也很有用。如果要在强磁场中进行闪烁测量，光电倍增管必须屏蔽磁场，这通常意味着要将其移至离闪烁体有一定距离的位置。极薄的闪烁体不应直接安装在光电倍增管端窗上，以避免光电阴极不均匀性可能导致的脉冲高度变化。在薄闪烁体和光电倍增管之间安装一个光导管，可将每次闪烁产生的光传播到整个光电阴极，从而消除这些不均匀性，提高脉冲高度分辨率。

光导管的工作原理与上一节所述的全内反射原理相同。光导管通常是光学透明的固体，具有相对较高的折射率，以尽量减小全内反射的临界角。表面经过高度抛光，周围通常有一层反射膜，将小于临界角的部分光线引导回来。折射率为1.49~1.51的琉璃是使用最广泛的材料，其可以很容易地加工成复杂的形状。Kilvington等人报告了对琉璃光导管的各种表面和外部反射器排列效果的研究[281]，数据汇总于图8.18。

对于位于透明圆柱棒轴线附近的各向同性光源，可以使用以下方法来估算通过连续内部反射沿圆柱棒长度方向传导的光线比例。每条反射光线都会从圆柱轴线附近穿过，在本章稍后关于闪烁纤维的讨论中，这些光线被称为子午光线。在图8.19中，只有在锥角 ϕ_c 范围内发射的光线才会以临界角 θ_c 或更大的角度入射到棒表面，因此会发生全内反射。由于反射角等于入射角，随后到达棒表面的反射光也会大于临界角，因此这些光会像光纤一样

沿着棒的长度“管道”传输。该角度θ_c所占的分数立体角计算式为

$$F=\frac{\Omega}{4\pi}=\frac{1}{4\pi}\int_{\phi=0}^{\phi=\phi_c}\mathrm{d}\Omega=\frac{1}{4\pi}\int_0^{\phi_c}2\pi\sin\phi\mathrm{d}\phi$$
$$=\frac{1}{2}(1-\cos\phi_c)=\frac{1}{2}(1-\sin\theta_c)=\frac{1}{2}\left(1-\frac{n_1}{n_0}\right) \tag{8.14}$$

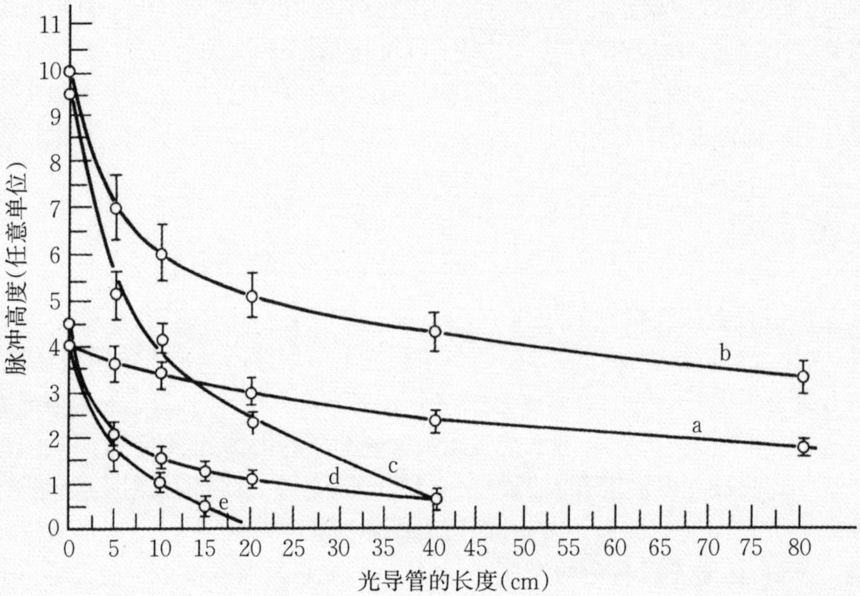

图8.18 不同反射包层下脉冲高度随光导长度的变化

(a) 仅内部全反射;(b) 带反射包层的内部全反射;(c) 涂有NE560反光涂料的光导;
(d) 不带光导的镜面反射器;(e) 不带光导的漫反射器。

(摘自Kilvington等[281])

在折射率n_0=1.5的圆柱形棒中,周围是空气($n_1\approx1$),根据式(8.14)预测,16.7%的各向同性产生的光会向一个方向传播。另外16.7%的光会向相反方向传播,并根据圆柱体末端的表面条件反射回来。

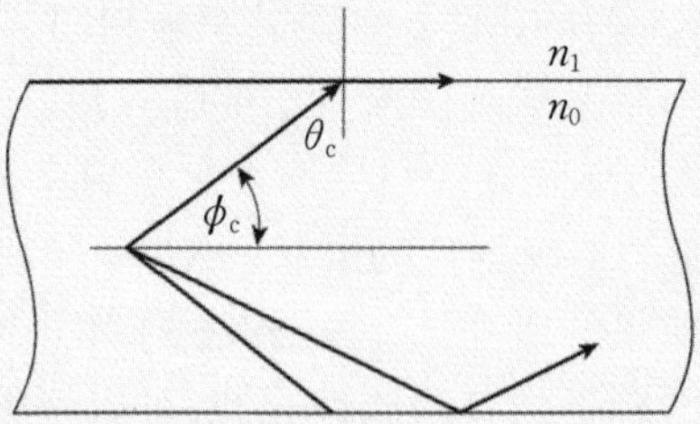

图8.19 圆柱形光导管光线传输示意图

在板状几何中,到达入射角θ大于临界角θ_c的表面的光线会被截留,并通过全内反射传导到板的边缘。对于$\theta<\theta_c$的光线,菲涅尔反射可能会阻止其在第一个表面逃逸。然而,光线会以与其入射角相等的角度反射回板坯,并以$\theta<\theta_c$的角度再次到达对面表面。即使

发生多次菲涅尔反射，光线最终也会逃逸。因此，所有逃离板面的光线都会被限制在一个双端锥体中，该锥体的顶点位于光线的原点，轴线垂直于板面，顶角为θ_c。因此，光线的总逃逸部分由以下等式给出

$$E=2\cdot\frac{\Omega}{4\pi}=\frac{1}{2\pi}\int_{\theta=0}^{\theta=\theta_c}\mathrm{d}\Omega=\frac{1}{2\pi}\int_{0}^{\theta_c}2\pi\sin\theta\mathrm{d}\theta$$

$$=1-\cos\theta_c=1-\sqrt{1-\left(\frac{n_1}{n_0}\right)^2}$$

因此，被截留在板中的光的分数为

$$F=1-E=\sqrt{1-\left(\frac{n_1}{n_0}\right)^2} \tag{8.15}$$

对于折射率为1.5，周围为空气的平板，根据这一结果预测，75%的光线会流向边缘。

无论是哪种几何形状，要想最大限度地提高通过光导管收集到的光的比例，我们都希望光导管的折射率n_0越大越好。但实际上，光是在闪烁体内部产生的，而不是光导管，通常是闪烁体的折射率决定了收集到的光的比例。尤其当闪烁体在垂直于观察表面的方向上较长时，典型的闪烁光子在收集前会发生多次反射。闪烁体在闪烁点和出口表面之间充当自己的光导管。

在圆柱形闪烁晶体和管子直径相等的简单情况下，光导管可以是直径相同的简单圆柱体。但更常见的情况是，光导管的横截面形状必须沿其长度方向变化，以便在闪烁体出口表面和光电倍增管端窗之间起到平滑过渡的作用。无论传统光导管的形状多么复杂，在光导管内部任何一点，单位面积单位固角的光子通量都不可能大于其输入端的光子通量。因此，任何光导管，如果从闪烁体到永磁管的横截面积不断减小，都会造成一定的光损失。但是，如果横截面积保持恒定并避免急剧弯曲，理论上光导管可以传输输入端接受角内进入的所有光线。具有这种特性的光导管称为绝热管[282]，显然需要使用光电阴极面积至少与闪烁体出口表面一样大的光电倍增管。

在需要观察薄而大面积闪烁体边缘的情况下，一种被称为条形光导的独特布置方式得到了广泛应用。如图8.20所示，耦合是通过一些扭曲的条带来实现的，这些条带在闪烁体边缘对齐，但在光电倍增管端汇聚成一个更紧凑的图案。这种装置可以很容易地用塑料条制成，然后在加热后将其弯曲并形成所需的形状。参考文献[283]和[284]提供了这些步骤的实用指南。

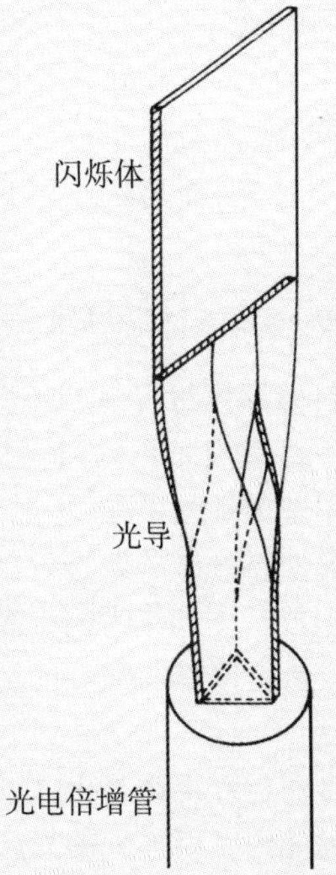

图8.20 可以使用条形光导将大型扁平闪烁体的边缘与光电倍增管连接起来

8.3.3 纤维闪烁体

1. 一般特性

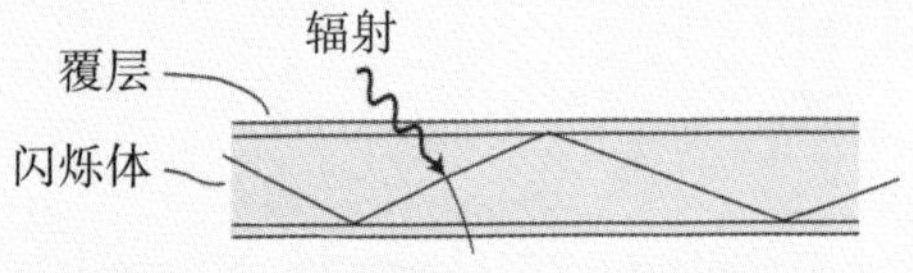

图8.21 典型光纤闪烁体的横截面

部分发射光被纤芯-包层界面的全内反射捕获。

有些闪烁材料还可以制成小直径纤维，其中一部分闪烁光通过全内反射传导到相当长的距离。参考文献[285]～[287]对这类闪烁光纤进行了综述。如图8.21所示，常见的配置包括一个纤芯，在其中通过入射辐射的相互作用产生闪烁光，该纤芯被一层薄的包层材料所包围。纤芯和包层都是透明材料，纤芯的折射率高于包层。到达纤芯-包层界面的光线入射角大于全内反射临界角，这些光线会沿着光纤的长度"管道"向下传输。在某些情况下，可在包层外表面使用光吸收"外吸收体"，以提供光学隔离。

对于折射率为1.58并被空气包围的典型材料来说，折射率的变化足以将超过三分之一的光线导向一端或另一端。但是，如果添加了包层材料，以保护纤芯表面免受磨损或异物堆积，从而抑制光的管道效应，那么折射率的变化就不那么明显，只有5%～10%的光被捕获。逸入包层的部分光线会被截留在包层-空气界面上，但外表面不可避免的划痕或处理过程中的污染导致光学质量较差，因此这部分光线通常只占很小的比例。多层包层光纤由一个纤芯和两层包层组成，内外包层材料的折射率依次降低。它们提供了两个受保护的反射面，与同类单层包层光纤相比，往往能多捕捉约40%的光线。[288]光电倍增管可用于光纤的两端，通过粒子或光子的相互作用产生几乎重合的脉冲。或者，也可以只在光纤的一端测量光，而另一端则采用镜面反射，以尽可能多地反射回最初被截留在相反方向的光。

2. 塑料和液体芯纤维

塑料闪烁体很容易制成圆形、方形或其他截面形状的纤维(如参考文献[289])。最常见的配方是以聚苯乙烯(折射率$n=1.58$)为核心，加入百分之几的有机氟。常见的包层材料是聚甲基丙烯酸甲酯(折射率$n=1.49$)和含氟聚甲基丙烯酸酯(折射率$n=1.42$)。

普通塑料纤维的典型直径从十分之几毫米到几毫米不等。对于直径较小的塑料纤维，由于从塑料基体到作为闪烁光实际来源的有机氟分子之间的能量传递受到抑制，因此观察到的光产额会降低。典型的塑料闪烁体，发射光谱通常在蓝色区域达到峰，衰减时间为2～4 ns。

许多塑料纤维都是由这种双组分溶液制成的，其中有机氟分布在固体基质中。为了在较小的尺寸内获得最大的光产额，通常会使用相对较高的氟浓度(百分之几)。其他塑料光纤由三组分系统组成，其中波长转换器作为附加成分。波长转换器通常是另一种有机分子，其功能是吸收主闪烁荧光并以更长的波长重新发射。这种光谱移动可以减少光线沿光纤长度传播时产生的自吸收量。

如果从液体到玻璃的折射率显著降低，则装有液态有机闪烁体的玻璃毛细管也能以与纤维闪烁体大致相同的方式发挥作用。[290-293]这种方法利用了液体闪烁体的良好光产额[294]和快速衰减时间(与塑料闪烁体类似)，同时与塑料闪烁体相比，液体闪烁体不易受辐射损伤的影响。[295]液体玻璃界面的出色光学质量可使每次反射的光损耗[296]低至10^{-6}，而内径小至20 μm的毛细管的衰减长度(定义见下文)可达3 m。[297]

闪烁纤维有时被组合在一起，形成带状或束状[298]，以适应各种应用。图8.22显示了一个带状阵列，其中有两层交错排列的纤维，这样入射的带电粒子几乎总能穿过其中一根纤维的较大弦长。如图8.23所示，玻璃毛细管也可以很容易地融合成束。

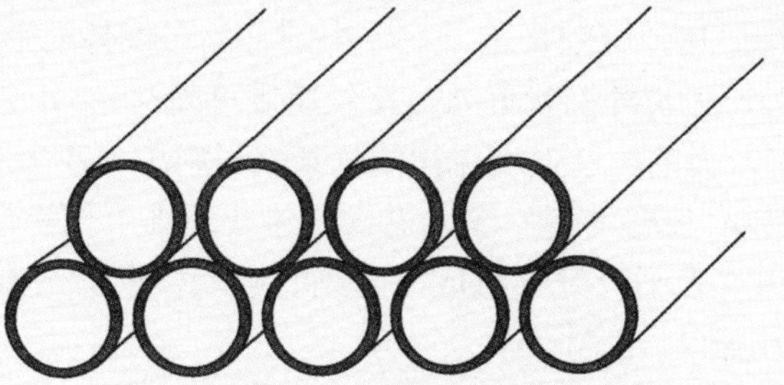

图8.22 由光纤闪烁体组成的双层带

(摘自Baumbaugh等[299])

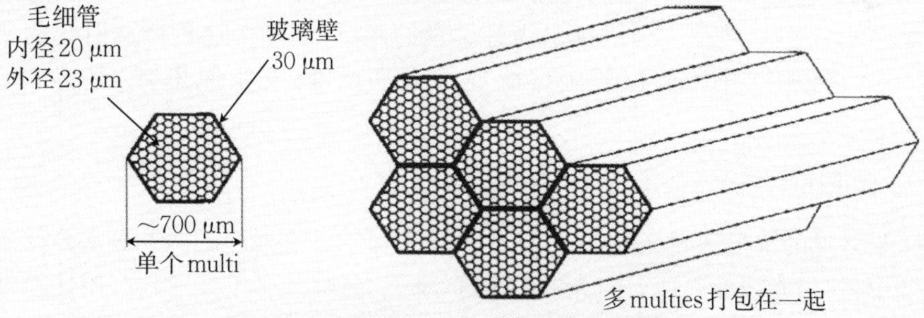

图8.23 玻璃毛细管熔融成束(或"multies")

工作时管内充满液体闪烁体。

(摘自Ferroni和Martellotti[300])

3. 玻璃纤维

通常用作闪烁体的玻璃材料很容易制成小直径纤维。典型的铈活化玻璃闪烁体的折射率约为1.59。然后选择折射率较低的包层玻璃，通常约为1.51。如果应用需要外部吸收器，则可以是黑色玻璃或聚合物材料涂层。

玻璃纤维的直径可小至10 μm，而闪烁效率不会明显下降。与塑料相比，从玻璃基质到激活点位所需的能量传递距离要小得多，因此在玻璃中不会出现小直径塑料纤维闪烁效率下降的情况。与塑料相比，玻璃的绝对闪烁效率较低，因此光产额较低，50~80 ns的衰减时间也更长。事实证明，以^{6}Li为成分的玻璃纤维在一些特殊的中子探测应用中非常有用。

玻璃纤维也可以熔融成束或大直径板，其光学特性与相同外径的块状闪烁体截然不同。由于闪烁光被限制在其发源的单根光纤中，因此避免了因块状闪烁体中的光扩散而造成的空间分辨率损失。这种特性已被玻璃纤维板用于X射线成像[301-303]、粒子跟踪[304]和中子成像[305]。

4. 用“微下拉”技术生产的无机闪烁体

一种新颖的晶体生长方法[306-308]被称为“微下拉法”(micro pulling-down，有时缩写为μPD)，可以用本章前面讨论过的一些无机闪烁体制造纤维。铂或铱坩埚底部装有毛细管模具，用于将相关材料加热到熔融状态。一个小的籽晶与模具处形成的熔滴接触，然后以恒定的速度向下拉动，产生长纤维状单晶。拉丝速度可高达0.5 mm/min，与传统的熔融生长相比速度非常快，但较慢的拉丝速度往往能从某些材料中生产出更高质量的纤维。典型直径范围为0.5～2.5 mm，长度可达一米或更长。这些纤维可作为带有定制包层的单根纤维使用，也可组装成由许多平行纤维组成的阵列，典型长度为一厘米或更短，用于制作成像板。

通过这种工艺制成纤维的一些材料，包括BGO、YAP、YAG、LSO、LYSO和LuAG，有的已在市场上销售①，有的正在开发中。[309]由于大多数此类材料的光发射远高于塑料闪烁体，因此这些无机纤维产生的光信号可达到同等塑料纤维的5倍。不过，光衰减随光纤长度的变化会更加严重。通过读出光纤两端的光，可以利用这种衰减引起的两个信号的不同比率，将相互作用的位置定位到典型光纤长度（几十厘米）的10%以内（见第10.7.3节）。

5. 光捕获比率

对于最常见的圆形截面光纤，图8.24中的草图显示了发射光的两种极端几何条件。在一个极端中，如果光线准确地射向光纤的轴线，那么光线由“子午线”组成，即使经过多次反射，光线也始终穿过光纤的中心轴线。根据简单的光学定律(式(8.14))，我们可以写出这些光线在一个方向上被全内反射捕获的部分的精确表达式为

$$F=\frac{1}{2}\left(1-\frac{n_1}{n_0}\right)$$

其中，n_1和n_0分别是包层和纤芯的折射率。对于各向同性的光发射，两个方向的捕获量相等，因此总的光捕获分数是上述表达式的2倍。在另一个极端，纤芯外径附近发射的光在沿光纤长度方向传播时，通常会沿着螺旋路径传播。这些“倾斜光线”理论上具有更高的捕获率，但实际上必须在纤芯-包层界面上经历更多的反射，而这些反射往往会高度衰减它们的传播。最终结果是，圆形截面光纤中均匀分布的光源点的实际捕获率要比上述子午线光线的表达式所给出的捕获率高10%～30%。

① www.fibercryst.com

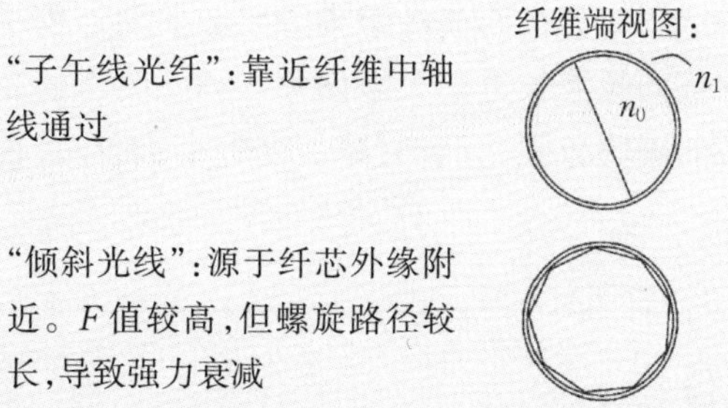

图8.24　起源于光纤轴线附近的“子午线光纤”与代表光纤中更长传输路径的“倾斜光线”之间的区别

光纤内有限的捕获角也会影响光纤端检测到的光信号的时间特性。一般来说，在2 m的距离内，路径长度的分散度会小于相同长度的块状闪烁体，差值高达1.8倍。[310]由于光路长度的变化可能是大型闪烁体定时分辨率的限制因素，因此在某些条件下，光纤可以显示出更优越的定时特性。

6. 光产额和传播

影响塑料、液体和玻璃闪烁体闪烁光产额的因素将在本章其他部分讨论。表8.5列出了光纤制造中常用闪烁材料的一些典型值。这些值是针对低$\mathrm{d}E/\mathrm{d}x$粒子（如快电子）的，而对于重电离粒子（如反冲核）则较低。与普通闪烁体一样，这种光会向各个方向发射，只有前面讨论过的部分光会通过全内反射被捕获。

表8.5　光纤闪烁体的典型光产额（低$\mathrm{d}E/\mathrm{d}x$粒子，所有方向，光捕获率低于此值）

芯 材 料	光产额（光子/keV）	峰波长（nm）
玻璃闪烁体	3～5	400
塑料闪烁体	8～10	420
液体闪烁体	11～113	420
NaI(Tl)（仅供参考比较）	38	415

沿光纤长度传播的闪烁光的强度会因几种效应而衰减：

① 纤芯-包层界面上的任何瑕疵都可能干扰全内反射；

② 由于荧光物种的发射带和吸收带重叠，部分闪烁光可能会在光纤中被重新吸收；

③ 纤芯中微小密度波动产生的瑞利散射会使光线偏转，从而使其不再完全内部反射。

这些衰减过程的累积效应通常用光纤的衰减长度来表示。如果每个路径长度的衰减概率是恒定的，那么在距离原始闪烁点x处的光强I将以指数形式下降，即

$$\frac{I}{I_0}=\mathrm{e}^{-x/L}$$

其中，I_0是靠近源点的强度，L是衰减长度。光纤L的典型值从几十厘米到几米不等。

在光纤中实际观察到的行为往往偏离这种简单的指数行为。造成这种偏差的一个重要原因是，发射光谱中的短波长往往比长波长更容易被重吸收。图8.25举例说明了这种效

应,图中显示了测量到的透射光光谱与光纤距离的函数关系。由于对短波长成分的优先吸收,大距离处的光谱平均值向长波长方向大幅偏移。因此测得的光强更有可能如图8.26所示。在短距离内,短波长的吸收较强,导致衰减长度较小,而在较长距离内持续存在的光衰减较小,衰减长度较大。

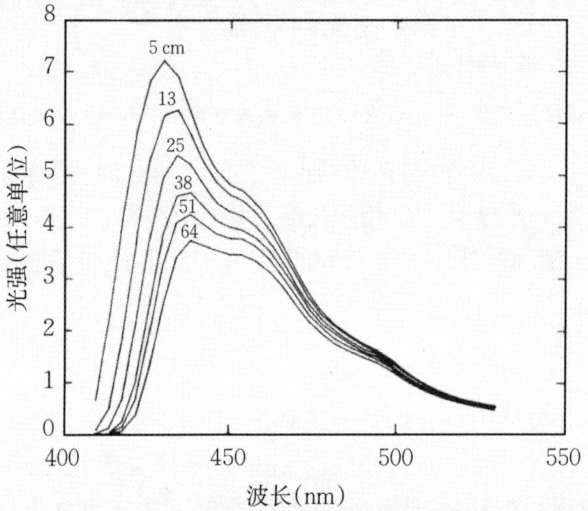

图8.25 闪烁光通过不同长度的光纤闪烁体后的光谱,显示出对较短波长的优先吸收

(摘自Davis等[311])

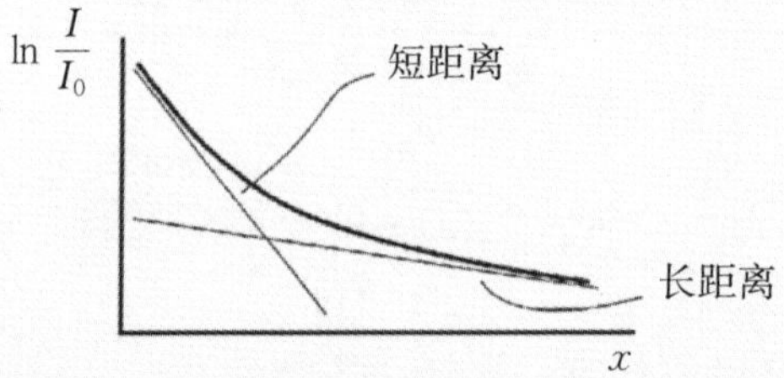

图8.26 光纤传输的总光量与其长度的函数关系

衰减长度与该图的斜率有关,短波优先吸收导致短纤维的衰减长度小于长纤维

由于带电粒子在小直径纤维中的能量损失有限,而且有机闪烁体和玻璃闪烁体的闪烁效率相对较低,因此在纤维中的典型条件下产生的闪烁光非常小。此外,只有一小部分光能被捕获并成功输送到光纤末端。因此,在典型情况下,闪烁脉冲可能只有几十个光子或更少。因此,这些脉冲通常接近测量系统的噪声水平,并且由于检测到的光子数量存在基本的统计波动,因此会出现相对较大的事件间波动。因此,许多应用都将这些脉冲作为带电粒子通过的简单指示,而不是试图精确测量沉积能量。要想在这些苛刻的条件下清晰地分辨信号脉冲,噪声尽可能低的光传感器就显得尤为重要。成功的光纤读出传感器包括光电倍增管(通常为位置敏感型[312])、雪崩光电二极管(见第9章)和由CCD观察的图像增强管。

7. 辐射损伤

高剂量辐射会对光纤闪烁体造成多种损害。辐射造成的材料损坏会降低闪烁光产额，并影响光纤长度方向的光吸收。辐射引起的吸收中心往往会对光谱的蓝端造成最严重的衰减。据观察[313,314]暴露于10^3～10^4 Gy的伽马射线或10^{12} n/cm^{2}的快中子束流可导致塑料光纤的衰减长度显著降低。有迹象表明，液芯玻璃毛细管可以承受数量级或更高的剂量，然后才会出现同样的效应。[315]

与前面讨论的传统塑料闪烁体的损坏情况一样，塑料纤维的影响程度受辐射性质、辐照速率[313]以及辐照过程中有无氧气的影响很大。[316]通常会观察到照射后闪烁率的部分恢复，这是由于损伤在室温下经过一个月或更长时间的缓慢退火造成的。

8.3.4 波长转换器

从大型闪烁体或复杂的几何结构中收集光线，有时可以采用波长转换技术的光学元件来实现。许多液体或塑料闪烁体通常都含有一种有机添加剂，其作用是吸收主闪烁光，并以更长的波长重新辐射能量。在这种情况下，目的是使发射光谱与光电倍增管的响应峰值更加匹配。利用再辐射光是各向同性发射，因此其方向与吸收光的方向无关这一事实，同样的过程也可用于帮助光收集。这一特性使光线能够"转弯"，否则这是不可能的。

举例说明，假设主闪烁光产生于图8.27所示的大型板状闪烁体中。在某些情况下，与其从闪烁板的边缘收集光线，不如将光线耦合到一根或多根垂直于闪烁板表面的圆柱形棒或光纤上。（例如，如果涉及大量板坯，而在棒的两端使用一些光电倍增管来记录来自所有板坯的光线，就会出现这种情况）。棒由光学透明材料制成，充当光导管。如果闪烁体和棒具有相似的折射率，则很难将光从板上有效地耦合到光接触的垂直棒上。通过全内反射沿闪烁板传导的光到达闪烁棒时的角度不利于随后在闪烁棒内发生内部反射。另外，如果其他板与棒有光学接触，棒的光导特性也将不再保留。

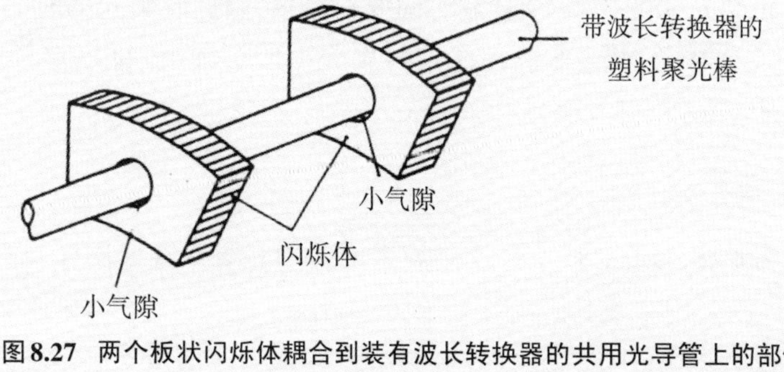

图8.27 两个板状闪烁体耦合到装有波长转换器的共用光导管上的部件

穿过空气间隙并进入光导管的光可以被吸收、重新辐射并被引导到棒的两端。

（摘自Eckardt等[317]）

如果在棒中掺入波长转换器[318-321]，并在直径稍大的充气孔中穿过板坯，就可以解决这两个难题(图8.27)。现在,折射率的变化在棒的整个表面都得到了保留,因此它将作为一个近似理想的光导管。从板射入孔中的部分光线可能会穿过空气间隙进入棒中。调整波长转换器的掺杂水平,使主光很有可能在棒内被吸收。重新辐射的光现在是各向同性的,通常有三分之一或更多的光会沿着棒的长度传播。现在,偏移的波长远离掺杂剂的强吸收带,因此可以在很大程度上避免沿棒长度方向的进一步损耗。

由于在这个例子中存在几个效率不高的步骤,因此这种方案的总体光收集效率无法与光电倍增管与闪烁体的更直接耦合相比。不过,在某些应用中,每个事件的闪烁光产额可能很大,足以让人容忍收集过程中的大量损耗。在这种情况下,波长偏移技术所带来的更大灵活性使其成功应用于复杂的探测器几何结构[322,323]或大面积闪烁体的紧凑型读出。[324]

同样的光收集原理也可应用于纤芯含有波长偏移荧光体的塑料光纤。这些光纤可以是单层或双层铠装光纤,其结构与前面讨论的闪烁光纤非常相似。为了使光沿光纤传播的效果最佳,我们希望荧光体的光吸收带和发射带之间有较大的偏移,以便将自吸收降至最低。最常见的情况是,荧光体在光谱的蓝色部分(大多数闪烁材料在该部分有显著的发射)有强烈的吸收,并重新发射绿光或黄光。在良好的条件下,偏移光可以在一米或更长的光纤中传输,而不会产生过多的损耗。如果光必须从探测器传输到光传感器的距离较长,则可以在主光纤上匹配传导性更好的透明光纤。[325]在某些设计中[326-328]波长转换光纤位于主闪烁探测器表面加工的凹槽中。波长变换光纤还可用于收集其他类型探测器发出的光,例如,高压气体正比闪烁室[329-330]或低温液化气体[331],在这些地方用光传感器直接观察可能不太方便。

其中一个重要特性是波长转换器的量子效率,即每吸收一个光子就能发射出一个波长转换光子的概率。某些有机荧光体的量子效率可高达90%,但通常在70%~80%之间。[332-334]要保存原始光子数量所携带的统计信息,显然需要较高的量子效率。

另一个重要特性是波长转换器分子的衰减时间。如果波长转换激发态的寿命与主荧光体的寿命相当或更长,那么主闪烁光的被吸收和再辐射就会大大减缓光的发射。例如,在名为K27的波长转换器(一种绿色发光荧光体)中,衰减时间为12 ns。由于这一衰减时间比典型有机荧光体的2~4 ns衰减时间要长得多,因此收集光的时间特性现在是由波长转换器而不是主闪烁体所主导。在计时更关键的情况下,可以选择更快的波长转换器。

习题

8.1 如果蒽闪烁体1 MeV粒子能量损失产生20 300个平均波长为447 nm的光子,计算蒽的闪烁效率。

8.2 假设衰减常数为230 ns,NaI(Tl)闪烁事件需要多少时间才能发出总光量的99%?

8.3 假定每种情况下的闪烁光脉冲都是纯指数型,求NaI(Tl)和蒽中等电子能量沉积产生的脉冲的最大亮度(光子发射率)之比。

8.4 根据以下特性在典型的无机闪烁体(如NaI(Tl))和典型的有机闪烁体(如塑料闪

烁体)之间做出选择:

(a) 反应速度;

(b) 光输出;

(c) 光与沉积能量的线性关系;

(d) 高能伽马射线的探测效率;

(e) 成本。

8.5 解释在许多无机闪烁体中添加的微量激活的作用,为什么有机闪烁体不需要活化剂?

8.6 哪种闪烁材料能最有效地将2 MeV电子的能量转化为光?

8.7 解释以下说法:有机结晶闪烁体溶解在溶剂中时仍是良好的能量-光转换器,而无机物溶解后则不再具有闪烁体的功能。

8.8 闪烁光在塑料闪烁体板块内各向同性发射(见表8.1)。如果假定板的其他尺寸为无限大,请计算从任一板面逸出的光的分量。

8.9 适应暗色环境的人眼可能只能探测到10个可见光子的单次闪光。一个瞳孔直径为3 mm的观察者在观察10 cm远处闪烁体表面时,能否看到NaI(Tl)中1 MeV的β粒子引起的单个闪烁事件?

8.10 (a) 一个1 MeV的快电子穿过直径为0.3 mm的塑料光纤闪烁体,根据第2章提供的数据,估算沉积能量;

(b) 假设闪烁效率合理,计算沿轨道产生的相应闪烁光子数;

(c) 纤芯和包层的折射率分别为1.58和1.49,光纤的衰减长度为2 m,估算到达距相互作用点1 m的光纤一端的闪烁光子数。

参考文献

[1] J.B. Birks, The Theory and Practice of Scintillation Counting, Pergamon Press, Oxford, 1964.

[2] Selected Papers on Phosphors, LEDs, and Scintillators, M. J. Weber (ed.), SPIE Optical Engineering Press, Bellingham, Washington, 1998.

[3] J. B. Birks and R. W. Pringle, Proc. R. Soc. Edinburgh Sect. A 70, 233 (1972).

[4] D. B. Oliver and G. F. Knoll, IEEE Trans. Nucl. Sci. NS-15(3), 122 (1968).

[5] W. Hansen and D. Richter, Nucl. Instrum. Meth. A476, 195 (2002).

[6] F. Cvachovec, J. Cvachovec, and P. Tajovsky, Nucl. Instrum. Meth. A476, 200 (2002).

[7] F. D. Brooks and D. T. L. Jones, Nucl. Instrum. Meth. 121, 69 (1974).

[8] S. V. Budakovsky et al., IEEE Trans. Nucl. Sci. 54(6), 2734 (2007).

[9] C. Zorn et al., IEEE Trans. Nucl. Sci. 37(2), 487 (1990).

[10] J. K. Walker, Nucl. Instrum. Meth. 68, 131 (1969).

[11] A. D. Bross and A. Pia-Dalmau, IEEE Trans. Nucl. Sci. 39(5), 1199 (1992).

[12] E. Biagtan, E. Goldberg, J. Harmon, and R. Stephens, Nucl. Instrum. Meth. 893, 296 (1994).

[13] V. G. Vasil'chanko et al., Nucl. Instrum. Meth. A369, 55 (1996).
[14] E. Biagtan et al., Nucl. Instrum. Meth. 8108, 125 (1996).
[15] Z. Li et al., Nucl. Instrum. Meth. A552, 449 (2005).
[16] V. G. Senchishin et al., Nucl. Instrum. Meth. A364, 253 (1995).
[17] G. Bendiscioli et al., Nucl. Instrum. Meth. 206, 471 (1983).
[18] M. L. Muga, D. J. Burnsed, and W. E. Steeger, Nucl. Instrum. Meth. 104, 605 (1972).
[19] N. N. Ajitanand and K. N. Iyengar, Nucl. Instrum. Meth. 133, 71 (1976).
[20] H. Geissel et al., Nucl. Instrum. Meth. 144, 465 (1977).
[21] C. Manduchi, M. T. Russo-Manduchi, and G. F. Segato, Nucl. Instrum. Meth. A243, 453 (1986).
[22] E. Norbeck, T. P. Dubbs, and L. G. Sobotka, Nucl. Instrum. Meth. A262, 546 (1987).
[23.] L. W. Weathers and M. B. Tsang, Nucl. Instrum. Meth. A381, 567 (1996).
[24] F. D. Brooks, W. A. Cilliers, and M. S. Allie, Nucl. Instrum. Meth. A240, 338 (1985).
[25] T. Batsch and M. Moszyiiski, Nucl. Instrum. Meth. 125, 231 (1975).
[26] J. W. Kohl, Nucl. Instrum. Meth. 125, 413 (1975).
[27] K. Ettling and W.Von Witsch, Nucl. Instrum. Meth. 148, 299 (1978).
[28] G. Bendiscioli, V. Filippini, C. Marciano, A. Rotondi, and A. Zenoni, Nucl. Instrum. Meth. 227, 478 (1984).
[29] A. Galindo-Uribarri et al., Nucl. Instrum. Meth. A301, 457 (1991).
[30] Z. Youxiong et al., Nucl. Instrum. Meth. A355, 464 (1995).
[31] L. Muga, Nucl. Instrum. Meth. 124, 541 (1975).
[32] M. L. Muga and J. D. Bridges, Nucl. Instrum. Meth. 134, 143 (1976).
[33] I. Kanno and T. Nakagome, Nucl. Instrum. Meth. A251, 108 (1986).
[34] I. Kanno and T. Nakagome, Nucl. Instrum. Meth. A244, 551 (1986).
[35] T. Batsch and M. Moszyiiski, Nucl. Instrum. Meth. 123, 341 (1975).
[36] C. B. Ashford, I. B. Berlman, J. M. Flournoy, L. A. Franks, S. G. Iversen, and S. S. Lutz, Nucl. Instrum. Meth. Phys. Res. A243, 131 (1986).
[37] M. J. Hwang et al., Nucl. Instrum. Meth. A570, 454 (2007).
[38] Z. H. Cho, I. Ahn, and C. M. Tsai, IEEE Trans. Nucl. Sci. NS-21 (1), 218 (1974).
[39] L. A. Eriksson, C. M. Tsai, Z. H. Cho, and C. R. Hurlbut, Nucl. Instrum. Meth. 122, 373 (1974).
[40] Z. H. Cho, C. M. Tsai, and L. A. Eriksson, IEEE Trans. Nucl. Sci. NS-22(1), 72 (1975).
[41] E. Brannon and G. L. Olde, Radiat. Res. 16, 1 (1962).
[42] R. L. Craun and D. L. Smith, Nucl. Instrum. Meth. 80, 239 (1970).
[43] M. Hirschberg et al., IEEE Trans. Nucl. Sci. 39(4), 511 (1992).
[44] D. L. Smith, R. G. Polk, and T. G. Miller, Nucl. Instrum. Meth. 64, 157 (1968).
[45] J. B. Czirr, Nucl. Instrum. Meth. 25, 106 (1963).
[46] K. H. Maier and J. Nitschke, Nucl. Instrum. Meth. 59, 227 (1968).
[47] D. Clark, Nucl. Instrum. Meth. 117, 295 (1974).

[48] N. A. Weir, Int. J. Appl. Radiat. Isotopes, 23, 371 (1972).
[49] A. Raviart and V. Koechlin, Nucl. Instrum. Meth. 29, 45 (1964).
[50] F. J. Lynch, IEEE Trans. Nucl. Sci. NS-15(3), 102 (1968).
[51] B. Bengtson and M. Moszynski, Nucl. Instrum. Meth. 117, 227 (1974).
[52] T. M. Kelly, J. A. Merrigan, and R. M. Lambrecht, Nucl. Instrum. Meth. 109, 233 (1973).
[53] P. B. Lyons and J. Stevens, Nucl. Instrum Meth 114, 313 (1974).
[54] F. J. Lynch, IEEE Trans. Nucl. Sci. NS-22(1), 58 (1975).
[55] S. Sanyal, S. C. Pancholi, and S. L. Gupta, Nucl. Instrum. Meth. 136, 157 (1976).
[56] P. B. Lyons et al., IEEE Trans. Nucl. Sci. NS-24(1), 177 (1977).
[57] K. G. Tirsell et al., IEEE Trans. Nucl. Sci. NS-24(1), 250 (1977).
[58] J. B. Chen et al., Nucl. Instrum. Meth. A491, 474 (2002).
[59] M. Kurata et al., Nucl. Instrum. Meth. A349, 447 (1994).
[60] S. Albergo et al., Nucl. Instrum. Meth. A362, 423 (1995).
[61] X. H. Yang et al., Nucl. Instrum. Meth. A354, 270 (1995).
[62] C. Wu et al., Nucl. Instrum. Meth. A555, 142 (2005).
[63] M. Moszynski and B. Bengtson, Nucl. Instrum. Meth. 142, 417 (1977).
[64] B. Sipp and J. A. Miehe, Nucl. Instrum. Meth. 114, 255 (1974).
[65] M. Bantel et al., Nucl. Instrum. Meth. 226, 394 (1984).
[66] P. Harihar et al., Nucl. Instrum. Meth. A336, 176 (1993).
[67] L. M. Bollinger and G. E. Thomas, Rev. Sci. Instrum. 32, 1044 (1961).
[68] M. Moszynski et al., Nucl. Instrum. Meth. A317, 262 (1992).
[69] M. Moszynski et al., Nucl. Instrum. Meth. A350, 226 (1994).
[70] G. Ranucci, A. Goretti, and P. Lombardi, Nucl. Instrum. Meth. A412, 374 (1998).
[71] Y. Kaschuck and B. Esposito, Nucl. Instrum. Meth. A551, 420 (2005).
[72] M. Flaska and S. A. Pozzi, Nucl. Instrum. Meth. A577, 654 (2007).
[73] B. D'Mellow et al., Nucl. Instrum. Meth. A578, 191 (2007).
[74] H. O. Back et al., Nucl. Instrum. Meth. A584, 98 (2008).
[75] P. A. Rodnyi, Physical Processes in Inorganic Scintillators, CRC Press LLC, 1997.
[76] P. Lecoq et al., Inorganic Scintillators for Detector Systems, Springer, 2006.
[77] R. B. Murray, IEEE Trans. Nucl. Sci. NS-22(1), 54 (1975).
[78] R. G. Kaufman, W. B. Hadley, and H. N. Hersh, IEEE Trans. Nucl. Sci. 17(3), 82 (1970).
[79] C. L. Melcher et al., IEEE Trans. Nucl. Sci. 32(1), 529 (1985).
[80] E. V. Sysoeva, V. A. Tarasov, O. V. Zelenskaya, and V. A. Sulga, Nucl. Instrum. Meth. A414, 274 (1998).
[81] E. Sakai, IEEE Trans. Nucl. Sci. NS-34(1), 418 (1987).
[82] I. Holl, E. Lorenz, and G. Mageras, IEEE Trans. Nucl. Sci. 35(1), 105 (1988).
[83] W. W. Moses and S. E. Derenzo, IEEE Trans. Nucl. Sci. 36(1), 173 (1989).

[84] S. Brollo, G. Zanella, and R. Zannoni, Nucl. Instrum. Meth. A293, 601 (1990).
[85] M. Moszynski et al., IEEE Trans. Nucl. Sci. 44(3), 1052 (1997).
[86] R. Hofstadter, Phys. Rev. 74, 100 (1948).
[87] W. Mengesha, T. D. Taulbee, B. D. Rooney, and J. D. Valentine, IEEE Trans. Nucl. Sci. 45(3), 456 (1998).
[88] S. Koicki, A. Koicki, and V. Ajdacic, Nucl. Instrum. Meth. 108, 297 (1973).
[89] C. F. G. Delaney and A. M. Lamki, Int. J. Appl. Radiat. Isotopes 19, 169 (1968).
[90] K. D. Ianakiev et al., Nucl. Instrum. Meth. A579, 34 (2007).
[91] B. S. Alexandrov, K. D. Ianakiev, and P. B. Littlewood, Nucl. Instrum. Meth. A586, 432 (2008).
[92] L. Swiderski et al., IEEE Trans. Nucl. Sci. NS-54(4), 1372 (2007).
[93] M. Moszynski et al., Nucl. Instrum. Meth. A486, 13 (2002).
[94] M. Moszynski et al., Nucl. Instrum. Meth. A505, 63 (2003).
[95] J. S. Schweitzer and W. Ziehl, IEEE Trans. Nucl. Sci. NS-30(1), 380 (1983).
[96] C. J. Crannell, R. J. Kurz, and W. Viehmann, Nucl. Instrum. Meth. 115, 253 (1974).
[97] S. Usuda, A. Mihara, and H. Abe, Nucl. Instrum. Meth. A321, 247 (1992).
[98] M. Moszynski et al., Nucl. Instrum. Meth. A336, 587 (1993).
[99] B. Ye et al., Nucl. Instrum. Meth. A345, 115 (1994).
[100] W. Skulski and M. Momayezi, Nucl. Instrum. Meth. A458, 759 (2001).
[101] L. E. Dinca et al., Nucl. Instrum. Meth. A486, 141 (2002).
[102] S. C. Wu et al., Nucl. Instrum. Meth. A523, 116 (2004).
[103] V. V. Nagarkar et al., IEEE Trans. Nucl. Sci. 45(3), 492 (1998).
[104] T. Jing et al., IEEE Trans. Nucl. Sci. 39(5), 1195 (1992).
[105] J. D. Valentine, D. K. Wehe, G. F. Knoll, and C. E. Moss, IEEE Trans. Nucl. Sci. 40(4), 1267 (1993).
[106] J. D. Valentine et al., Nucl. Instrum. Meth. A325, 147 (1993).
[107] A. Syntfeld-Kazuch, IEEE Trans. Nucl. Sci. 54(5), 1836 (2007).
[108] C. Brecher et al., Nucl. Instrum. Meth. A537, 117 (2005).
[109] S. C. Thacker et al., Nucl. Instrum. Meth. A604, 89 (2009).
[110] M. Parlog et al., Nucl. Instrum. Meth. A482, 674 (2002).
[111] M. Parlog et al., Nucl. Instrum. Meth. A482, 693 (2002).
[112] S. Keszthelyi-Landori and G. Hrehuss, Nucl. Instrum. Meth. 68, 9 (1969).
[113] P. E. Francois and D. T. Martin, Int. J. Appl. Radiat. Isotopes 21, 687 (1970).
[114] M. Moszynski et al., Nucl. Instrum. Meth. 188, 403 (1981).
[115] M. J. Weber and R. R. Monchamp, J. Appl. Phys. 44, 5495 (1973).
[116] R. G. L. Barnes et al., IEEE Trans. Nucl. Sci. NS-31(1), 249 (1984).
[117] M. Moszynski et al., IEEE Trans. Nucl. Sci. NS-51(3), 1074 (2004).
[118] C. L. Melcher, Nucl. Instrum. Meth. B40/41, 1214 (1989).

[119] M. Kobayashi, M. Ishii, Y. Usuki, and H. Yahagi, Nucl. Instrum. Meth. A349, 407 (1994).
[120] D. R. Kinloch, W. Novak, P. Raby, and I. Toepke, IEEE Trans. Nucl. Sci. 41(4), 752 (1994).
[121] D.R. Kinloch, W. Novak, P. Raby, and I. Toepke, IEEE Trans. Nucl. Sci. 41(4), 752 (1994).
[122] T. Fazzini et al., Nucl. Instrum. Meth. A410, 213 (1998).
[123] S. Ph. Burachas et al., Nucl. Instrum. Meth. A369, 164 (1996).
[124] Y. G. Zdesenko et al., Nucl. Instrum. Meth., A538, 657 (2005).
[125] N. J. Cherepy et al., Appl. Phys. Lett. 92, 083508 (2008).
[126] E. V. van Loef et al., IEEE. Trans. Nucl. Sci. 56(3), 869 (2009).
[127] R. Hofstadter, U.S. Patent No. 3,373,279, 1968.
[128] M. Laval et al., Nucl. Instrum. Meth. 206, 169 (1983).
[129] K. Wisshak and F. Kaeppeler, Nucl. Instrum. Meth. 227, 91 (1984).
[130] Y. C. Zhu et al., Nucl. Instrum. Meth. A244, 577 (1986).
[131] H. J. Karwowski et al., Nucl. Instrum. Meth. A245, 207 (1986).
[132] M. R. Farukhi and C. F. Swinehart, IEEE Trans. Nucl. Sci. NS-18(1), 200 (1971).
[133] P. Schotanus et al., Nucl. Instrum. Meth. A238, 564 (1985).
[134] P. Schotanus et al., Nucl. Instrum. Meth. A259, 586 (1987).
[135] P. Dorenbos et al., IEEE Trans. Nucl. Sci. 40(4), 424 (1993).
[136] M. Moszynski et al., Nucl. Instrum. Meth. 226, 534 (1984).
[137] H. Mach, R. L. Gill, and M. Moszynski, Nucl. Instrum. Meth. A280, 49 (1989).
[138] R. Novotny, IEEE Trans. Nucl. Sci. 38(2), 379 (1991).
[139] M. Biasini et al., Nucl. Instrum. Meth. A553, 550 (2005).
[140] S. Kubota, S. Sakuragi, S. Hashimoto, and J. Ruan (Gen), Nucl. Instrum. Meth. A268, 275 (1988).
[141] S. Keszthelyi-Landori et al., Nucl. Instrum. Meth. A303, 374 (1991).
[142] P. Schotanus, R. Kamermans, and P. Dorenbos, IEEE Trans. Nucl. Sci. 37(2), 177 (1990).
[143] C. Amsler et al., Nucl. Instrum. Meth. A480, 494 (2002).
[144] E. V. D. van Loef et al., IEEE Trans. Nucl. Sci. 48(3), 341 (2001).
[145] K. S. Shah et al., IEEE Trans. Nucl. Sci. 52(6), 3157 (2005).
[146] D. F. Anderson, Nucl. Instrum. Meth. A287, 606 (1990).
[147] E. Auffray et al., Nucl. Instrum. Meth. A383, 367 (1996).
[148] A. A. Annenkov, M. B. Korzhik, and P. Lecoq, Nucl. Instrum. Meth. A490, 30 (2002).
[149] P. Lecoq, Nucl. Instrum. Meth. A537, 15 (2005).
[150] N. Akchurin et al., Nucl. Instrum. Meth. A582, 474 (2007).
[151] C. W. E. van Eijk, Nucl. Instrum. Meth. A392, 285 (1997).
[152] M. Dahlbom et al., IEEE Trans. Nucl. Sci. 44(3), 1114 (1997).
[153] M. Moszynski et al., IEEE Trans. Nucl. Sci. 47(4), 1324 (2000).
[154] M. Balcerzyk et al., IEEE Trans. Nucl. Sci. 47(4), 1319 (2000).

[155] R. Lecomte et al., IEEE Trans. Nucl. Sci. 45(3), 478 (1998).
[156] H. Ishibashi et al., IEEE Trans. Nucl. Sci. 45(3), 518 (1998).
[157] K. Kurashige et al., IEEE Trans. Nucl. Sci. 50(3), 742 (2004).
[158] M. Tanaka et al., Nucl. Instrum. Meth. A404, 283 (1998).
[159] T. Kamae et al., Nucl. Instrum. Meth. A490, 456 (2002).
[160] S. Nakayama et al., Nucl. Instrum. Meth. A404, 34 (1998).
[161] M. Kobayashi and M. Ishii, Nucl. Instrum. Meth. B61, 491 (1991).
[162] N. Shimura et al., IEEE Trans. Nucl. Sci. 53(5), 2519 (2006).
[163] S. Baccaro et al., Nucl. Instrum. Meth. A361, 209 (1995).
[164] M. Kapusta, J. Pawelke, and M. Moszynski, Nucl. Instrum. Meth. A404, 413 (1998).
[165] M. Moszynski et al., Nucl. Instrum. Meth. A404, 157 (1998).
[166] A. Del Guerra, G. Di Domenico, R. Pani, and G. Zavattini, IEEE Trans. Nucl. Sci. 44(6), 2415 (1997).
[167] M. Moszynski et al., Nucl. Instrum. Meth. A345, 461 (1994).
[168] T. Ludziejewski et al., Nucl. Instrum. Meth. A398, 287 (1997).
[169] C. L. Melcher and J. S. Schweitzer, Nucl. Instrum. Meth. A314, 212 (1992).
[170] T. Ludziejewski et al., IEEE Trans. Nucl. Sci. 42(4), 328 (1995).
[171] A. Nassalski et al., IEEE Trans. Nucl. Sci. 54(1), 3 (2007).
[172] P. Szupyczynski et al., IEEE Trans. Nucl. Sci. 51(3), 1103 (2004).
[173] A. Lempicki and J. Glodo, Nucl. Instrum. Meth. A416, 333 (1998).
[174] S. Yamamoto, Nucl. Instrum. Meth. A587, 319 (2008).
[175] S. Shimizu et al., IEEE Trans. Nucl. Sci. 53(1), 14 (2006).
[176] M. Moszynski et al., Nucl. Instrum. Meth. A385, 123 (1997).
[177] W. W. Moses et al., IEEE Trans. Nucl. Sci. 42(4), 275 (1995).
[178] A. Lempicki et al., IEEE Trans. Nucl. Sci. 42(4), 280 (1995).
[179] T. Usui et al., IEEE Trans. Nucl. Sci. 54(1), 19 (2007).
[180] A. Lempicki et al., IEEE Trans. Nucl. Sci. 43(3), 1316 (1996).
[181] K. S. Shah, P. Bennett, and M. R. Squillante, IEEE Trans. Nucl. Sci. 43(3), 1267 (1996).
[182] C. Dujardin et al., IEEE Trans. Nucl. Sci. 45(3), 467 (1998).
[183] M. Kapusta, M. Balcerzyk, M. Moszynski, and J. Pawelke, Nucl. Instrum. Meth. A421, 610 (1999).
[184] C. Kuntner et al., Nucl. Instrum. Meth. A493, 131 (2002).
[185] A. N. Belsky et al., IEEE Trans. Nucl. Sci. 48(4), 1095 (2001).
[186] C. Kuntner et al., Nucl. Instrum. Meth. A527, 50 (2004).
[187] A. Annenkov et al., Nucl. Instrum. Meth. A537, 295 (2005).
[188] D. W. Cooke et al., J. Appl. Phys. 88(3), 7360 (2000).
[189] J. Chen, L. Zhang, and R. Zhu, Nucl. Instrum. Meth. A572, 218 (2007).

[190] C. M. Pepin et al., IEEE Trans. Nucl. Sci. 51(3), 789 (2004).
[191] S. Kawamura et al., IEEE Trans. Nucl. Sci. 54(4), 1383 (2007).
[192] L. Pidol et al., Phys. Condens. Matter 15, 2091 (2003).
[193] L. Pidol et al., IEEE Trans. Nucl. Sci. 51(3), 1084 (2004).
[194] J. A. Mares et al., Nucl. Instrum. Meth. A498, 312 (2003).
[195] M. Kapusta et al., Nucl. Instrum. Meth. A421, 610 (1999).
[196] A. J. Wojtowicz et al., Radiat. Meas. 29(3), 323 (1998).
[197] A. G. Petrosyan et al., Nucl. Instrum. Meth. A571, 325 (2007).
[198] W. Drozdowski et al., Nucl. Instrum. Meth. A562, 254 (2006).
[199] J. Trummer et al., Nucl. Instrum. Meth. A551, 339 (2005).
[200] M. Balcerzyk et al., IEEE Trans. Nucl. Sci. 52(5), 1823 (2005).
[201] A. N. Belsky et al., IEEE Trans. Nucl. Sci. 48(4), 1095 (2001).
[202] C. Kuntner et al., Nucl. Instrum. Meth. A493, 131 (2002).
[203] A. Annenkov et al., Nucl. Instrum. Meth. A527, 50 (2004).
[204] C. Kuntner et al., Nucl. Instrum. Meth. A537, 295 (2005).
[205] J. A. Mares et al., Radiat. Meas. 38, 353 (2004).
[206] C. W. E. van Eijk et al., Nucl. Instrum. Meth. A348, 546 (1994).
[207] G. Hull et al., Proc. SPIE, 6706, 670617 (2007).
[208] E. V. D. van Loef et al., Appl. Phys. Lett. 77(10) 1467 (2000).
[209] E. V. D. van Loef et al., Appl. Phys. Lett. 79(10) 1573 (2001).
[210] K. S. Shah et al., IEEE Trans. Nucl. Sci. 50(6), 2410 (2003).
[211] J. Glodo et al., IEEE Trans. Nucl. Sci. 52(2), 998 (2004).
[212] A. Iltis et al., Nucl. Instrum. Meth. A563, 359 (2006).
[213] E. V. D. van Loef et al., IEEE Trans. Nucl. Sci. 50(1), 155 (2003).
[214] B. D. Milbrath et al., Nucl. Instrum. Meth. A547, 504 (2005).
[215] R. Nicolini et al., Nucl. Instrum. Meth. A582, 554 (2007).
[216] A. Owens et al., Nucl. Instrum. Meth. A574, 110 (2007).
[217] R. Bernabei et al., Nucl. Instrum. Meth. A555, 270 (2005).
[218] P. R. Menge et al., Nucl. Instrum. Meth. A579, 6 (2007).
[219] W. J. Kernan, IEEE Trans. Nucl. Sci. 53(1), 395 (2006).
[220] M. Balcerzyk, M. Moszynski, and M. Kapusta, Nucl. Instrum. Meth. A537, 50 (2005).
[221] B. D. Milbrath et al., Nucl. Instrum. Meth. A572, 774 (2007).
[222] M. Moszyriski et al., Nucl. Instrum. Meth. A568, 739 (2006).
[223] S. Normand et al., Nucl. Instrum. Meth. AS72, 754 (2007).
[224] E.-J. Buis et al., Nucl. Instrum. Meth. AS80, 902 (2007).
[225] C. Hoel et al., Nucl. Instrum. Meth. AS40, 205 (2005).
[226] W. W. Moses and S. E. Derenzo, Nucl. Instrum. Meth. A299, 51 (1990).

[227] A. Bessiere et al., Nucl. Instrum. Meth. A537, 22 (2005).
[228] E. V. D. van Loef et al., Nucl. Instrum. Meth. A496, 138 (2003).
[229] J. Glodo et al., Nucl. Instrum. Meth. A537, 279 (2005).
[230] M. D. Birowosuto et al., J. Appl. Phys. 99, 123520 (2006).
[231] J. Glodo et al., IEEE Trans. Nucl. Sci. 55(3), 1496 (2008).
[232] J. Glodo et al., Nucl. Sci. Symp. Conf Rec. 3, 2127 (2007).
[233] E. V. D. van Loef et al., IEEE Trans. Nucl. Sci. 52(5), 1819 (2005).
[234] M. Birowosuto et al., IEEE Trans. Nucl. Sci. 55(3), 1152 (2008).
[235] S. J. Duclos et al., Nucl. Instrum. Meth. A505, 68 (2003).
[236] T. Yanagida et al., IEEE Trans. Nucl. Sci. 52(5), 1836 (2005).
[237] T. Yanagida et al., Nucl. Instrum. Meth. A579, 23 (2007).
[238] N. Cherepy et al., Nucl. Instrum. Meth. A579, 38 (2007).
[239] A. W. Dalton, Nucl. Instrum. Meth. A259, 545 (1987).
[240] A. W. Dalton, Nucl. Instrum. Meth. A254, 361 (1987).
[241] P. Pavan, G. Zanella, R. Zannoni, and P. Polato, Nucl. Instrum. Meth. B61, 487 (1991).
[242] C. Greskhovich and S. Duclos, Annu. Rev. Mater. Sci. 27, 69 (1997).
[243] P. Lindblom and O. Solin, Nucl. Instrum. Meth. A268, 204 (1988).
[244] P. Lindblom and O. Solin, Nucl. Instrum. Meth. A268, 212 (1988).
[245] M. Mutterer, Nucl. Instrum. Meth. 196, 73 (1982).
[246] M. Mutterer, J. Pannicke, K. Scheele, W. Spreng, J. P. Theobald, and P. Wastyn, IEEE Trans. Nucl. Sci. NS-27(1), 184 (1980).
[247] M. Suzuki, J. Ruangen, and S. Kubota, Nucl. Instrum. Meth. 192, 565 (1982).
[248] M. Suzuki, Nucl. Instrum. Meth. 215, 345 (1983).
[249] P. Grimm, F.-J. Harnbsch, M. Mutterer, J. P. Theobald, and S. Kubota, Nucl. Instrum. Meth. A262, 394 (1987).
[250] S. Belogurov, Nucl. Instrum. Meth. A452, 167 (2000).
[251] G. Bressi, Nucl. Instrum. Meth. A461, 378 (2001).
[252] P. Belli et al., Nucl. Instrum. Meth. A310, 150 (1991).
[253] M. Miyajima, S. Sasaki, H. Tawara, and E. Shibamura, IEEE Trans. Nucl. Sci. 39(4), 536 (1992).
[254] R. van Sonsbeck, C. W. E. van Eijk, and R. W. Hollander, Nucl. Instrum. Meth. A367, 362 (1995).
[255] J. Seguinot, J. Tischhauser, and T. Ypsilantis, Nucl. Instrum. Meth. A354, 280 (1995).
[256] S. Kubota et al., Nucl. Instrum. Meth. 196, 101 (1982).
[257] W. Baum, S. Gotz, H. Heckwolf, P. Heeg, M. Mutterer, and J. P. Theobald, IEEE Trans. Nucl. Sci. 35(1), 102 (1988).
[258] T. Doke and K. Masuda, Nucl. Instrum. Meth. A420, 62 (1999).

[259] A. Helaly et al., Nucl. Instrum. Meth. A241, 169 (1985).
[260] T. Doke, K. Masuda, and E. Shibamura, Nucl. Instrum. Meth. A291, 617 (1990).
[261] N. Ishida et al., Nucl. Instrum. Meth. A384, 380 (1997).
[262] N. Ishida et al., Nucl. Instrum. Meth. A327, 152 (1993).
[263] S. Scheu et al., Nucl. Instrum. Meth. A567, 345 (2006).
[264] M. Prata et al., Nucl. Instrum. Meth. A567, 222 (2006).
[265] A. Menegolli et al., Nucl. Instrum. Meth. A572, 446 (2007).
[266] R. Zhu, Nucl. Instrum. Meth. A413, 297 (1998).
[267] M. Ishii and M. Kobayashi, Prog. in Crystal Growth and Char. of Mat. 23(1-4), 245 (1992).
[268] W. Drozdowski et al., IEEE Trans. Nucl. Sci. 54(4), 1387 (2007).
[269] F. Tonetto et al., Nucl. Instrum. Meth. A420, 181 (1999).
[270] J. Bea et al., Nucl. Instrum. Meth. A350, 184 (1994).
[271] V. A. Baranov, V. V. Filchenkov, A. D. Konin, and V. V. Zhuk, Nucl. Instrum. Meth. A374, 335 (1996).
[272] C. E. Ordonez, W. Chang, J. Liu, and D. Gunter, IEEE Trans. Nucl. Sci. 44(3), 1237 (1997).
[273] D. Vozza, C. Moisan, and S. Paquet, IEEE Trans. Nucl. Sci. 44(2), 179 (1997).
[274] G. Hull et al., Nucl. Instrum. Meth. A588, 384 (2008).
[275] P. Achenbach et al., Nucl. Instrum. Meth. A578, 253 (2007).
[276] S. A. McElhaney, J. A. Ramsey, M. L. Bauer, and M. M. Chiles, Nucl. Instrum. Meth. A299, 111 (1990).
[277] D. R. Winn and M. Whitmore, IEEE Trans. Nucl. Sci. 36(1), 256 (1989).
[278] P. R. Bell, "The Scintillation Method," in Beta- and Gamma-Ray Spectroscopy (K. Siegbahn, ed.), Elsevier-North Holland, Amsterdam, 1955.
[279] G. Keil, Nucl. Instrum. Meth. 87, 111 (1970).
[280] S. P. Ahlen, B. G. Cartwright, and G. Tarle, Nucl. Instrum. Meth. 143, 513 (1977).
[281] A. I. Kilvington, C. A. Baker, and P. Illinesi, Nucl. Instrum. Meth. 80, 177 (1970).
[282] R. L. Garwin, Rev. Sci. Instrum. 23, 755 (1952).
[283] P. Dougan, T. Kivikas, K. Lugner, W. Ramsay, and W. Stiefler, Nucl. Instrum. Meth. 78, 317 (1970).
[284] P. A. Piroue, Conference on Instrumentation Techniques in Nuclear Pulse Analysis, National Academy of Sciences, National Research Council Publication 1184 (Nuclear Science Series Report #40) 1964.
[285] T. O. White, Nucl. Instrum. Meth. A273, 820 (1988).
[286] R. Ruchti, Nuclear Physics B. (Proc. Suppl.) 44, 308 (1995).
[287] H. Leutz, Nucl. Instrum. Meth. A364, 422 (1995).
[288] A. P. Ivashkin, Yu. G. Kudenko, O. V. Mineev, and J. Imazato, Nucl. Instrum. Meth. A394, 321 (1997).

[289] Ph. Rebourgeard et al., Nucl. Instrum. Meth. A427, 543 (1999).
[290] S. V. Golovkin et al., Nucl. Instrum. Meth. A305, 385 (1991).
[291] M. Adinolfi et al., Nucl. Instrum. Meth. A315, 177 (1992).
[292] P. Annis et al., Nucl. Instrum. Meth. A367, 377 (1995).
[293] P. Annis et al., Nucl. Instrum. Meth. A449, 60 (2000).
[294] A. Cardini et al., Nucl. Instrum. Meth. A361, 129 (1995).
[295] S. V. Golovkin et al., Nucl. Instrum. Meth. A362, 283 (1995).
[296] P. Annis et al., Nucl. Instrum. Meth. A386, 72 (1997).
[297] S. Buontempo et al., Nucl. Instrum. Meth. A360, 7 (1995).
[298] P. Achenbach et al., Nucl. Instrum. Meth. A593, 353 (2008).
[299] B. Baumbaugh et al., Nucl. Instrum. Meth. A345, 271 (1994).
[300] F. Ferroni and G. Martellotti, Nucl. Instrum. Meth. A368, 224 (1995).
[301] H. Shao, D. W. Miller, and C. R. Pearsall, IEEE Trans. Nucl. Sci. 38(2), 845 (1991).
[302] P. Ottonello, G. A. Rottigni, G. Zanella, and R. Zannoni, Nucl. Instrum. Meth. A323, 485 (1992).
[303] G. Gennaro, M. Malvestio, G. Zanella, and R. Zannoni, Nucl. Instrum. Meth. A382, 567 (1996).
[304] C. D'Ambrosio, H. Leutz, T. Shimizu, and O. Shinji, Nucl. Instrum. Meth. A325, 161 (1993).
[305] P. L. Reeder et al., Nucl. Instrum. Meth. A402, 155 (1998).
[306] M. Nikl et al., J. Crystal Growth, 292, 416 (2006).
[307] M. Ashourbagy et al., J. Crystal Growth 303, 500 (2007).
[308] P. Anfre et al., IEEE Trans. Nucl. Sci. 54(2), 391 (2007).
[309] P. Lecoq, Nucl. Instrum. Meth. A581, 1 (2007).
[310] M. Kuhlen et al., Nucl. Instrum. Meth. A301, 223 (1991).
[311] A. J. Davis et al., Nucl. Instrum. Meth. A276, 347 (1989).
[312] V. Agoritsas et al., Nucl. Instrum. Meth. A357, 78 (1995).
[313] K. Wick et al., Nucl. Instrum. Meth. B61, 472 (1991).
[314] A. Murakami, H. Yoshinaka, and M. Goto, IEEE Trans. Nucl. Sci. 40(4), 495 (1993).
[315] A. Cardini et al., Nucl. Instrum. Meth. A346, 163 (1994).
[316] K. G. Young et al., IEEE Trans. Nucl. Sci. 40(4), 461 (1993).
[317] V. Eckardt et al., Nucl. Instrum. Meth. 155, 389 (1978).
[318] W. Selove, W. Kononenko, and B. Wilsker, Nucl. Instrum. Meth. 161, 233 (1979).
[319] W. Viehmann and R. L. Frost, Nucl. Instrum. Meth. 167, 405 (1979).
[320] W. Kononenko, W. Selove, and G. E. Theodosiou, Nucl. Instrum. Meth. 206, 91 (1983).
[321] C. Aurouet et al., Nucl. Instrum. Meth. 211, 309 (1983).
[322] A. Braem et al., Nucl. Instrum. Meth. A580, 1513 (2007).
[323] A. A. Moiseev et al., Nucl. Instrum. Meth. A583, 372 (2007).
[324] G. Keil, Nucl. Instrum. Meth. 83, 145 (1970).
[325] T. Asakawa et al., Nucl. Instrum. Meth. A340, 458 (1994).

[326] K. Hara et al., Nucl. Instrum. Meth. A365, 370 (1995).
[327] D. V. H. Bengis and R. M. Sealock, IEEE Trans. Nucl. Sci. 42(4), 374 (1995).
[328] Y. K. Lee et al., Nucl. Instrum. Meth. A516, 281 (2004).
[329] A. Parsons et al., IEEE Trans. Nucl. Sci. 36(1), 931 (1989).
[330] T. K. Edberg et al., Nucl. Instrum. Meth. A316, 38 (1992).
[331] D. N. McKinsey et al., Nucl. Instrum. Meth. A516, 475 (2004).
[332] P. L. Hink et al., SPIE Proceedings 1549, 193 (1991).
[333] A. Pia-Dalmau, G. W. Foster, and G. Zhang, Nucl. Instrum. Meth. A361, 192 (1995).
[334] C. H. Lally, G. J. Davies, W. G. Jones, and N. J. T. Smith, Nucl. Instrum. Meth. B117, 421 (1996).

第9章　光电倍增管和光电二极管

9.1　引言

如果没有将闪烁脉冲的极微弱光输出转换成相应电信号的装置，闪烁计数就不可能在辐射探测和能谱学中得到广泛应用。光电倍增管出色地完成了这一任务，它能将通常不超过几百个光子的光信号转换成可用的电流脉冲，而不会给信号增加大量随机噪声。尽管与闪烁体一起使用的半导体光电二极管的开发取得了一些进展（本章稍后介绍），但光电倍增管仍然是最广泛使用的设备。市售的各种光电倍增管对电磁波谱中紫外线、可见光和近红外区域的辐射能量都很敏感。它们在光谱学、激光测量和天文学方面有许多应用。有关光电倍增管性能和设计特点的有用评论，可参阅参考文献[1]。在本章中，讨论仅限于那些主要用于闪烁计数的设计。莫顿（Morton）出版了[2]一部非常具有可读性的历史资料，介绍了用于这一目的光电倍增管的发展情况。作为电气和电子工程师学会（IEEE）出版的一系列此类标准[3]的一部分，已经制定了用于闪烁计数的光电倍增管测试的有用指南和标准。

典型光电倍增管的简化结构如图9.1所示。外层（通常是玻璃）作为压力边界，以维持电子管内部所需的真空条件，从而使低能电子能在内部电场的作用下有效加速。管内部的两个主要部件是光敏层（称为光电阴极）和电子倍增器结构。光电阴极的作用是将尽可能多的入射光光子转化为低能电子。如果光是来自闪烁晶体的脉冲，那么产生的光电子也将是一个持续时间相近的脉冲。由于一个典型脉冲中可能只有几百个光电子，因此此时它们的电荷量太小，无法作为方便的电信号。光电倍增管中的电子倍增器部分为光电子提供了一个有效的收集几何结构，同时也是一个近乎理想的放大器，可以大大增加光电子的数量。通过倍增器结构放大后，一个典型的闪烁脉冲将产生 $10^7 \sim 10^{10}$ 个电子，足以作为原始闪烁事件的电荷信号。这种电荷通常在倍增器结构的阳极或输出级收集。

大多数光电倍增管以非常线性的方式进行电荷放大，在阳极产生的输出脉冲在很宽的幅度范围内与原始光电子的数量成正比。原始光脉冲的大部分定时信息也被保留下来。

典型的管子在受到持续时间很短的光脉冲照射时，会在20～50 ns的延迟时间后产生一个时间宽度为几纳秒的电子脉冲。

在市场上有多种尺寸和性能的光电倍增管可供选择。我们首先讨论光电倍增管设计的重要因素及其对整体性能的影响。

9.2 光电阴极

9.2.1 光辐射过程

光电倍增管需要执行的第一步是将入射的光子转换成电子。这个过程的光电发射可以被分为3个连续的阶段：① 入射光子的吸收以及将能量传递给光电发射材料内的电子；② 该电子向表面的迁移；③ 电子从光阴极表面的逸出。

在第一个阶段中，从光子转移到电子的能量由光子的量子能 $h\nu$ 给出。对于许多闪烁体发出的典型蓝光，量子能量约为3 eV；在第二阶段中，部分能量将在迁移过程中通过电子-电子碰撞而损失；最后，在第三阶段中，电子必须有足够的能量来克服材料与真空界面之间始终存在的固有势垒。对于大多数金属来说，这种势垒（通常称为功函数）通常大于3 eV或4 eV，但对于适当制备的半导体来说，可以低至1.5～2 eV。

从这些能量考虑因素中，我们可以得出一些有关光电阴极的一般性意见。首先，即使所有其他能量损失为零，第三阶段中的有限势垒也会对进入的光子施加最小能量。因此，所有光电阴极都有一个长波长（小 ν）截止点，通常位于光谱的红色或近红外部分。[①]即使对于能量较高的光子，表面势垒也应尽可能低，以最大限度地增加逃逸电子的数量。电子迁移到表面时的能量损耗率应保持在较小的范围内，以便最大限度地增加电子在材料中的深度（称为逸出深度），使电子在到达表面时仍有足够的能量克服势垒。金属中的能量损耗率相对较高，电子的能量在下降到势垒以下之前只能移动几纳米的距离。因此，只有位于表面几纳米范围内的极薄材料层才会产生来自普通金属的光电子。在半导体中，能量损失率要低得多，逸出深度可达到约25 nm。然而，即使对于阻止可见光而言，这仍然是一个非常小的厚度。这种厚度的光电阴极是半透明的，只有不到一半的可见光会在光敏层内发生作用。因此，无论势垒有多低，这种光电阴极都无法将所有可见光光子转化为电子。

入射光子要被半导体吸收，其能量必须超过带隙能量 E_g（有关半导体带结构的讨论，请参见《核辐射探测与测量（下册）》第11章）。吸收过程仅仅是将一个电子从正常存在的价带提升到导带。在大约一皮秒的时间内，这些电子通过与晶体的声子相互作用迅速失去能

① 某些光电阴极材料中存在低浓度的杂质态，会导致其灵敏度超出正常截止波长，进入光谱的红外区域，灵敏度虽低，但可测量。

量，直到其能量处于导带的底部。在正常半导体中，电子的表面势能比导带底部高出一定量，这个量被称为电子亲和力。如果电子要逸出，它必须在声子相互作用将其能量降低到导带底部之前的短时间内到达表面。然而，电子将在导带底部再停留 100 ps，然后与空穴重新结合，掉入价带。本章稍后将详细讨论负电子亲和性材料的使用，这种材料可使已降至导带底部的电子在到达表面时也能逃逸，从而使逃逸深度大大增加(见图9.4)。

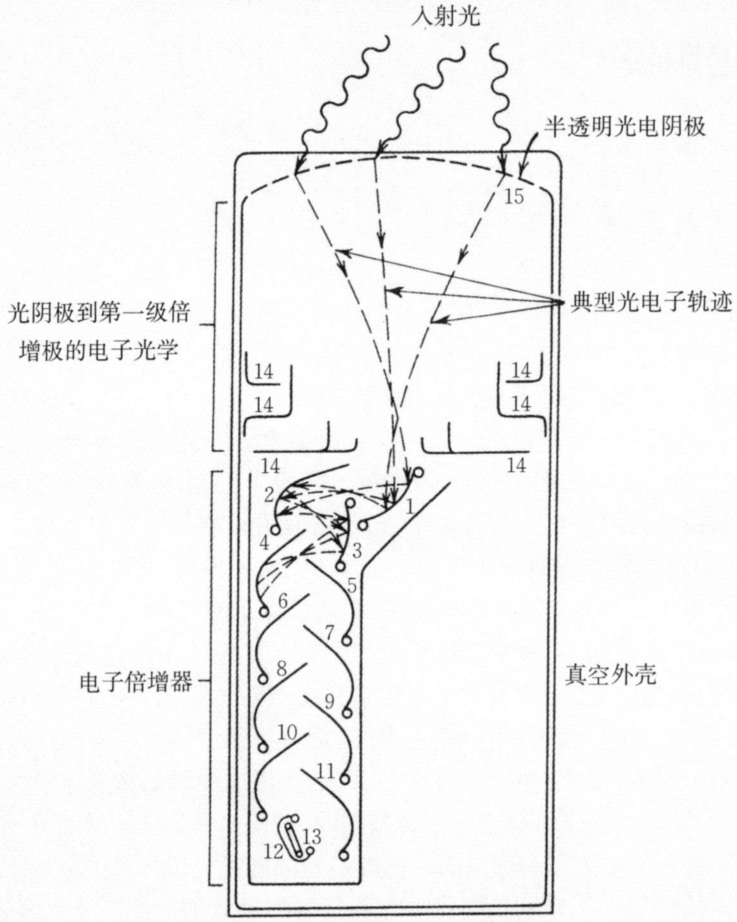

1～12：倍增极　14：聚焦电极

13：阳极　15：光电阴极

图9.1　光电倍增管的基本要素

(摘自《电子光学与器件》[1])

9.2.2 自发电子发射

表面势垒影响光电阴极的另一个重要特性：热离子噪声。光电阴极材料中的正常传导电子总是具有一定的热动能，在室温下，平均动能约为0.025 eV。不过，这种分布存在一定的差值，处于分布极高端的电子偶尔会具有超过势垒的能量。如果该电子足够接近表面，它就可能逃逸并产生自发的热诱导信号。在金属中，由于势垒相对较高，热发射率较低（$100/(m^2 \cdot s)$）。在半导体中，较低的势垒可导致高达$10^6 \sim 10^8/(m^2 \cdot s)$的热发射率。因此，只有以较高的热激发电子发射噪声率为代价，才能实现其卓越的光敏性。

从理论上讲，热电子发射率应随光电阴极温度的升高而呈指数增长。观测到的自发电子发射率确实随温度升高而增加，但其依赖性通常比这一预测要温和得多，这表明非热效应在决定总体发射率方面的影响。

9.2.3 制作光电阴极

光电阴极可分为不透明层和半透明层。每种类型都有不同的几何排列。不透明光电阴极的厚度通常略大于最大逸散深度，并由厚厚的背衬材料支撑。光电子从光入射的同一表面收集。半透明光电阴极的厚度一般不超过逸出深度，并沉积在透明衬底上（通常是光电倍增管的玻璃端窗）。光线首先穿过透明衬底，然后进入光电阴极层，光电子则从反面收集。由于半透明光电阴极更容易适应使用平端窗的管子设计，因此在为闪烁计数器设计的光电倍增管中较为常见。

光电阴极的一个重要实用特性是其厚度在整个光电阴极区域内的均匀性。厚度的变化会导致光电阴极灵敏度的相应变化，并可能成为闪烁计数器分辨率损失的来源之一。这个问题在大直径光电倍增管中尤为严重。

9.2.4 量子效率和光谱响应

光电阴极的灵敏度可以用几种方式来表示。在进行直流光测量时，传统的做法是以光电阴极表面每单位光通量产生的电流（安培/流明）来表示光电阴极的总效率。闪烁计数中更重要的单位是光电阴极的量子效率（QE）。量子效率的简单定义是

$$QE = \frac{\text{发出的光电子数}}{\text{入射光子数}} \tag{9.1}$$

理想光电阴极的量子效率为100%。由于前面提到的限制，普通光电阴极的最大量子效率为20%～30%。

如图9.2所示，任何光电阴极的量子效率都是入射光波长即量子能量的强函数。要估算与特定闪烁体配合使用时的有效量子效率，必须对闪烁体的发射光谱求平均值。选择光电阴极的一个考虑因素是在闪烁体发射光谱集中的波长范围内寻求高量子效率。

长波长（低光子能量）一端的灵敏度主要受限于光电阴极对光的吸收减少以及光电子的低能量。在足够高的λ值下，该电子不再有足够的能量逃离光电阴极的表面，因此响应降为零。刻度另一端的响应通常不是光电阴极本身的函数，而是光线到达光敏层所必须通过的窗口的函数。对于普通玻璃来说，截止波长在350 nm左右，这对于大多数闪烁材料来

说通常是足够的。不过，对于某些闪烁体（如惰性气体）来说，发射光谱的很大一部分可能位于波长更短的紫外线区域。在此类应用中，可以使用带有熔融石英或石英入口窗的特殊光电倍增管，将灵敏度扩展到短至约160 nm的波长。

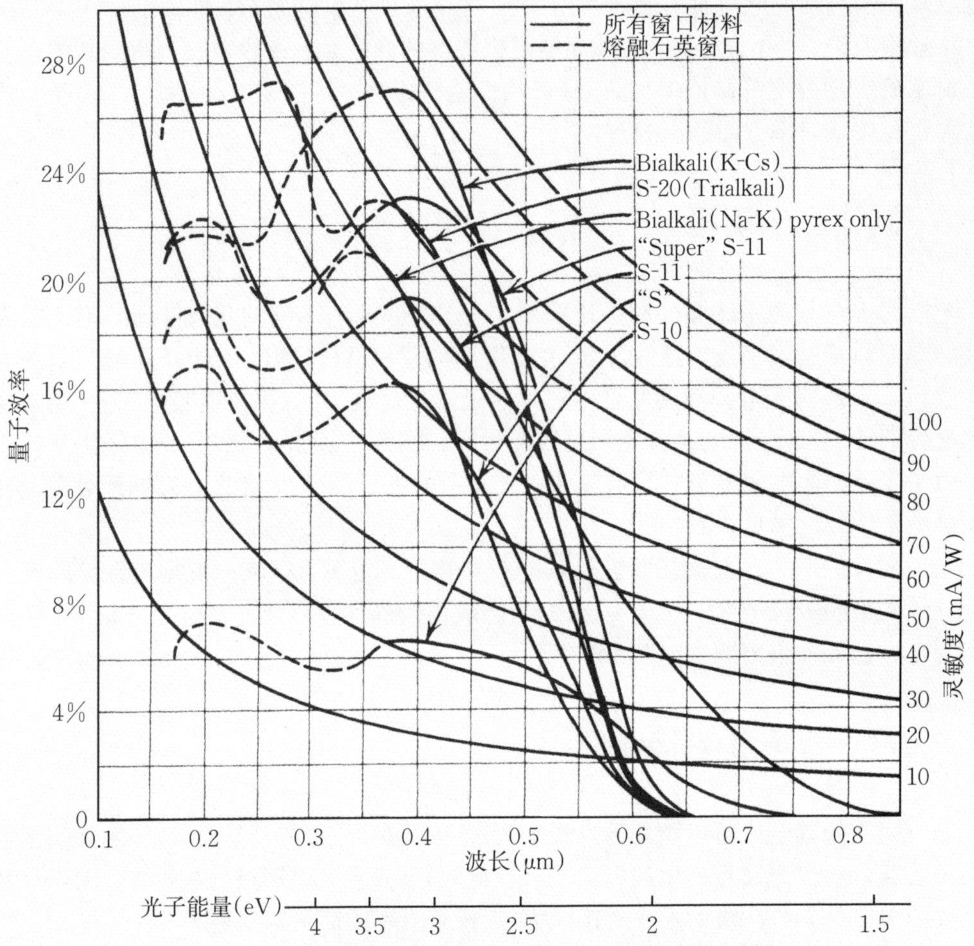

图9.2　一些光电倍增管所关注的光电阴极材料的光谱灵敏度

必须使用二氧化硅或石英窗口才能将响应扩展到紫外区。

（由纽约州Plainview的EMI GENCOM公司提供）

对于闪烁计数中使用的光电倍增管，有时会引用另一种量子效率测量方法。安装在与光电阴极紧密光学耦合的闪烁体中的每单位能量损失所产生的光电子数与闪烁体发射光谱的平均量子效率成正比。由于NaI(Tl)作为闪烁晶体的广泛使用，引用的标准是特定光电阴极产生的光电子数与几乎收集了所有光线的NaI(Tl)晶体中快电子每keV的能量损耗量成正比。对于峰量子效率为25%～30%的光电阴极，测量结果显示每keV能量损失产生8～10个光电子。[4-5]因此，该值的倒数即产生一个光电子所需的平均能量损失约为100～120 eV。正如本文其他部分所强调的，在典型的闪烁探测器中，产生一个基本信息载体所需的能量损失值要比气体填充探测器或半导体探测器中的等效值大得多。

目前可用的光电阴极材料包括一种基于Na_2KSb化合物的多碱材料。这种材料通过与少量铯活化制备而成，是第一种在光谱的蓝色区域显示出相对较高的量子效率（高达30%）的材料。后来，一种基于氧和铯活化的K_2CsSb的配方被命名为双碱金属(bialkali)，在蓝光下的效率甚至更高。此外，双碱金属光电阴极的热离子发射率往往明显低于多碱材料，因此使用这种光电阴极的管子的自发噪声率较低。

最近的发展使双碱金属光电阴极的量子效率得到了提高。在最大响应波长为350 nm时，可引用值高达45%。为提高量子效率而测试的一些技术包括：使用超纯材料[6]以避免电子陷阱；通过在光电阴极和玻璃外壳之间引入抗反射层[6]来减少光电阴极的反射以及通过使用附近的高反射结构来"回收"穿过半透明光电阴极的光子。[7-8]还可以将光电阴极塑造成具有较大表面体积比的棱柱结构[8]，以提高光电子的逸出概率。但应注意的是，某些方法（如在光电阴极前放置扩散层以增加平均光子路径长度）可能会提高特定入射角入射光的量子效率，但无助于与闪烁体的光耦合。[9]因此，了解进行测试的光学条件对理解其相关性非常重要。

9.3 电子倍增

9.3.1 次级电子发射

光电倍增管的倍增部分基于次级电子发射现象（见第2.18节）。来自光电阴极的电子被加速并撞击到一个称为倍增极(dynode)的电极表面。如果倍增极材料选择得当，入射电子沉积的能量可导致同一表面再次发射多个电子。次级电子发射过程与上一节讨论的光发射过程类似。不过，在这种情况下，电子是被最初入射到表面的高能电子激发出来的，而不是被光子激发出来的。

离开光电阴极的电子具有1 eV或更小的动能。因此，如果第一个阳极保持在几百伏的正电位，电子到达阳极时的动能几乎完全由加速电压的大小决定。要在倍增极材料中产生受激电子，需要至少等于带隙的能量，通常为2～3 eV。因此，理论上一个入射电子每100 V的加速电压可以产生大约30个激发电子。由于这些电子的运动方向基本上是随机的，因此许多电子在去激发之前不会到达表面。其他到达表面的电子将失去足够的能量，无法克服表面的势垒，因此无法逃脱。因此，只有一小部分受激电子最终会产生来自倍增极表面的次级电子。

次级电子产额是入射电子能量的一个敏感函数。如果一个能量相对较低的电子撞击到倍增极表面，则几乎没有能量可以转移到倍增极材料中的电子上，相对较少的电子会被激发穿过价带和导带之间的间隙。同时,由于穿透距离不大,这些受激电子大部分会在表面附近形成。对于能量较高的入射电子,在倍增极内部会产生更多的激发电子,但平均深度更大。由于逃逸概率会随着深度的增加而减小,因此在最佳入射电子能量下,观测到的电子产额将达到最大。

单个倍增极的总倍增因子为

$$\delta = \frac{\text{发射的次级电子数}}{\text{初始入射电子数}} \tag{9.2}$$

为了使光电倍增管的每级放大率达到最大,δ值应尽可能大。图9.3给出了几种倍增极材料的δ与入射电子能量的关系图。对于BeO,MgO和Cs_3Sb等传统的倍增极材料,当最佳入射能量接近1 keV时,最大倍增因子约为10,而在传统的几百伏阳极间电压下,倍增因子一般为4~6。

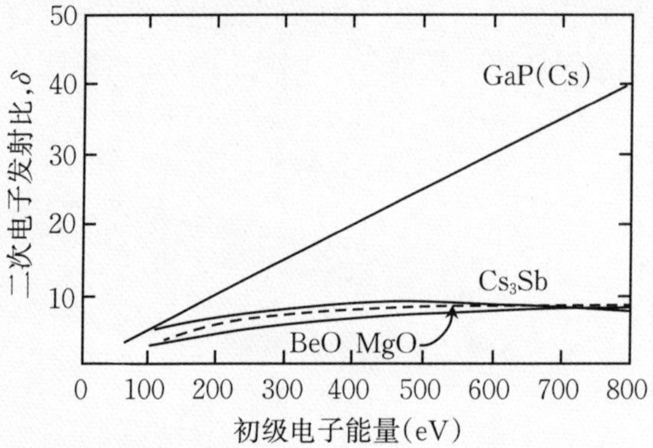

图9.3　标准倍增极材料(下方3条曲线)以及一种负电子亲和材料(GaP(Cs))的次级电子发射产额随初级电子能量变化的情况

(摘自Krall等[10])

9.3.2　负电子亲和性材料

通过使用负电子亲和性(NEA)材料,可大幅提高倍增极的二次发射率。[10-14]这些材料中最成功的是磷化镓(GaP),在浓度约为10^{19}个原子/cm^3的磷化镓中大量掺入锌等p型材料。锌在磷化镓的主体中形成了受体点位,然后在一个表面涂上一层薄薄的、几乎是单原子的正电材料,如铯。表面的受体从正电性铯中吸引一个电子,每个铯原子都会电离,并在静电力的作用下被固定在表面上。

这种表面处理的效果可以通过图9.4所示的能带结构图来最好地说明。图9.4(a)显示了未掺杂磷化镓的传统能带图,这也代表了传统倍增极材料。图9.4中的一系列箭头展示了一个不逸出的电子的典型历程。原始激发使一些电子从价带提升到导带的较高位置。当这些电子扩散时,它们主要通过声子相互作用失去能量以至于在大约一皮秒内,这些"热"电子与它们局部环境达到热平衡,能量降低到接近导带底部。如果这个电子要逸出,它必须在能量仍高于表面真空侧的势能时到达表面。一旦电子降低到导带底部，其能量通常低于真空势能，太低而无法逸出。在这种情况下，电子只有很短的时间可以逸出，且不能从其起始点远距离移动。因此，可能的逸出深度相对较小，仅有几纳米。然而，电子在重新跨越能隙回到价带之前，会倾向于扩散更长时间(通常为100 ps)。

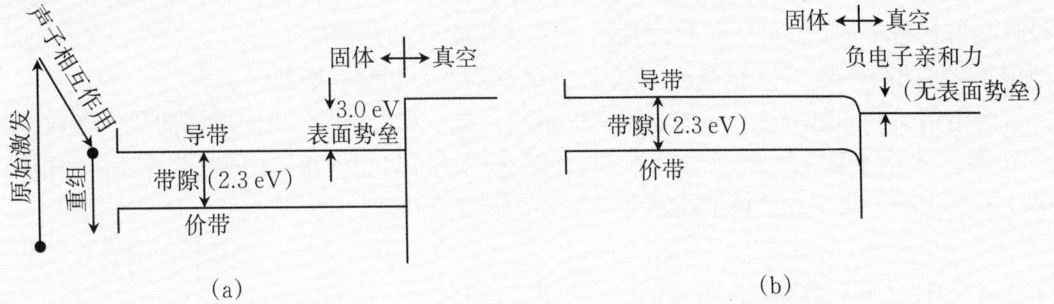

图9.4 传统半导体(a)和NEA材料(b)表面附近的带状结构

(改编自Krall等[10])

图9.4(b)显示的是由于铯薄层填充了表面的受体点位而产生的带弯曲。弯曲的作用是使真空电势低于材料内部导带底部的真空电势。因此，已经下降到导带底部的电子如果碰巧扩散到表面，仍有足够的能量逃逸。由于弯曲带区域的厚度非常小，可以小于平均自由路径，电子可以逃逸而不会在表面区域进一步损失能量。最终的结果是，已经到达传导带底部的电子仍然有可能逸出，而且逸出的时间大约是前一种情况的100倍。因此，平均逸出深度往往要大得多，可以达到数十或数百纳米。

这种变化对次级电子产额的影响是深远的。电子逸出时间的增加提高了任何典型电子的逸出概率。此外，在倍增极材料深处产生的受激电子仍有可能逸出。因此，在初级电子的穿透距离不是非常大的情况下，次级电子产额会随着初级电子能量的增加而持续增加。这些影响反映在图9.3所示的GaP(Cs)倍增极的电子产额曲线中。级间电压为1 000 V时，次级电子产额很容易达到50或60，如果光电倍增管的设计允许更大的电压，原则上可以达到更高的产额。

在用于超快定时应用的光电倍增管中，NEA材料的第二大优势显而易见。由于几乎所有逸出的电子都已降到导带底部，因此其平均能量比传统材料的次级电子能量更低，也更均匀。初始能量的变化会导致倍增部分的时差，因此较窄的分布会减少时差。此外，由于每级增益较高，可以减少给定总增益所需的级数，从而也减少了整体时间差。

9.3.3 多级倍增

为了实现10^6量级的电子增益，所有光电倍增管都采用了多级技术。离开光电阴极的电子会被吸引到第一倍增极，并为每个入射光电子产生δ电子。在第一个倍增极表面产生的次级电子能量非常低，通常只有几电子伏特。因此，它们很容易被第一个倍增极和第二个类似倍增极之间建立的另一个静电场所引导。这个过程可以重复多次,每个倍增极的低能次级电子都会被加速到下一个倍增极。如果在倍增器部分提供N级,光电倍增管的总增益应简单地由以下等式给出

$$总增益=\alpha\delta^N \tag{9.3}$$

其中,α是倍增器结构收集到的所有光电子的比例。传统倍增极材料的典型值为$\delta=5$,而设计良好的管子的α值接近于1。因此,十级将导致5^{10}的总体电子管增益,即约10^7。如果使用$\delta=55$的高产额NEA倍增极,则只需四级就能获得相同的增益。

光电倍增管的总增益是外加电压V的敏感函数。如果δ是阳极间电压的线性函数,那么10级管的总增益将随V^{10}变化。然而,如图9.3所示,对于传统倍增极,增益随倍增极间电压的变化小于1,因此整体增益通常与$V^6\sim V^9$成正比。

9.3.4 电子倍增统计

如果δ严格来说是一个常数,那么每个光电子都将受到完全相同的倍增因子的影响。在固定的工作条件下,源自单个光电子的所有输出脉冲都将具有相同的幅度。实际上,次级电子的发射是一个统计过程,因此在给定的倍增极上,δ的具体值会随着不同事件的发生而围绕其平均值波动。从实际光电倍增管观察到的单个光电子脉冲高度谱的形状可以间接衡量δ的波动程度,因此一直是广泛研究的主题。

在最简单的模型中,可以假定在一个倍增极上产生的次级电子遵循关于平均产额的泊松分布。对于入射到第一个倍增极上的单个光电子,产生的次级电子数的平均值为δ,标准偏差σ为$\sqrt{\delta}$(见第3章)。相对方差定义为$(\sigma/\delta)^2$,因此等于$1/\delta$。当这一过程在N级相同的光电倍增管上重复进行时,阳极收集到的电子的平均数量(以及脉冲幅度)为δ^N。根据泊松统计的性质可以证明,现在这个数字的相对方差是

$$\frac{1}{\delta}+\frac{1}{\delta^2}+\frac{1}{\delta^3}+\cdots+\frac{1}{\delta^N}\approx\frac{1}{\delta-1} \tag{9.4}$$

因此,如果$\delta\gg1$时,输出脉冲幅度的相对变化或扩散主要受电子绝对数量最小的第一个倍增极的产额波动影响。

在闪烁体的许多应用中,每个脉冲由数百或数千个光电子组成,因此它们比单个光电子脉冲大得多。然而,当涉及光收集不佳或低能量辐射时,可能只涉及与几个光电子相对应的信号脉冲。那么,电子倍增的波动可能会干扰对噪声事件的分辨能力,其中许多噪声事件都与单个光电子相对应。图9.5显示了第一个倍增极在受到不同数量的光电子撞击时产生的次级电子数量的预期分布。如果δ的值较小,就无法将由一个光电子引起的事件与涉及更多光电子的事件完全区分开来。然而,如果倍增极的δ值越大,分离就越明显,可以在分布中分辨出与离散的光电子数量相对应的峰,最高可达4个或5个。图9.6中的脉冲高度频谱演示了这一行为,该谱是由NEA材料制成的具有高δ第一倍增极的光电倍增管观测到的。

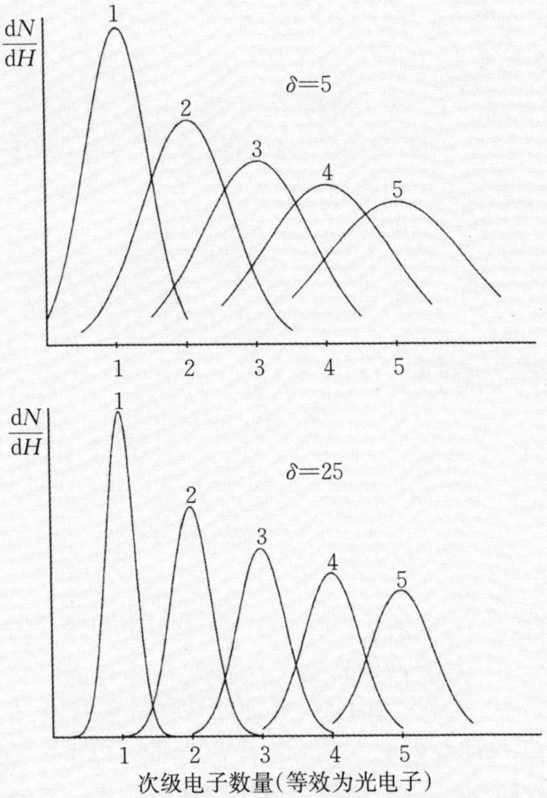

图9.5 光电倍增管第一个倍增极次级电子产额的统计展宽

数字表示入射光电子的数量,图中有两种情况,分别代表传统倍增极($\delta=5$)和NEA材料($\delta=25$)。

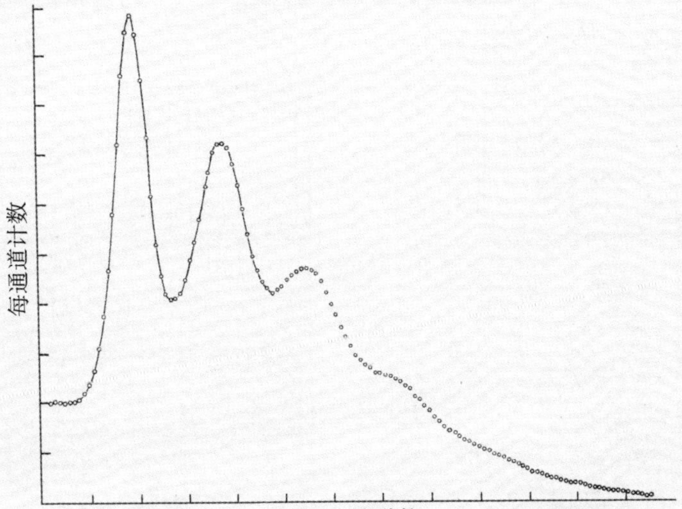

图9.6 从RCA 8850光电倍增管测量到的弱闪烁事件脉冲高度谱

高增益第一倍增极使能谱中出现了可区分的峰,分别对应于每个脉冲中的1、2和3个光电子。

(摘自Houtermans[15])

对来自光电倍增管的单个光电子脉冲高度谱的实验测量通常显示出峰分布[16,17],但相对方差比泊松模型预测的要大。事实上,在某些条件下观测到的数据根本没有峰,而是呈指数分布。[18]这些差异导致了另一种倍增统计模型的出现,即用“负二项分布”[19]或复合泊松[20,21]来替代对电子倍增的简单泊松描述。到目前为止,还没有出现能够适应所有实验测量结果的通用描述,特定电子轨迹和倍增极特性的差异有可能导致无法建立适用于所有光电倍增管的通用模型。

9.4 光电倍增管特性

9.4.1 结构差异

图9.7显示了各种设计的光电倍增管的一些代表性结构细节。它们都由一个半透明光电阴极、光电阴极和第一倍增极之间的光电子收集区、一个多级电子倍增器部分和一个用于收集放大电荷的阳极组成。这些结构封装在玻璃真空封套中,电线从封套底部穿过。带有平板端窗的倍增管是闪烁计数中唯一常用的类型,因此可以很容易地将圆柱形闪烁晶体直接安装在光电阴极附近的端窗上。市场上可买到直径从几毫米到二十多厘米不等的圆形光电阴极管。在许多闪烁应用中,标称直径为2英寸(5.08 cm)的光电倍增管是常见的选择之一,这种尺寸的光电倍增管通常具有最广泛的选择。此外,还推出了方形和六角形光电倍增管,用于必须紧密排列光电管阵列的特殊应用。

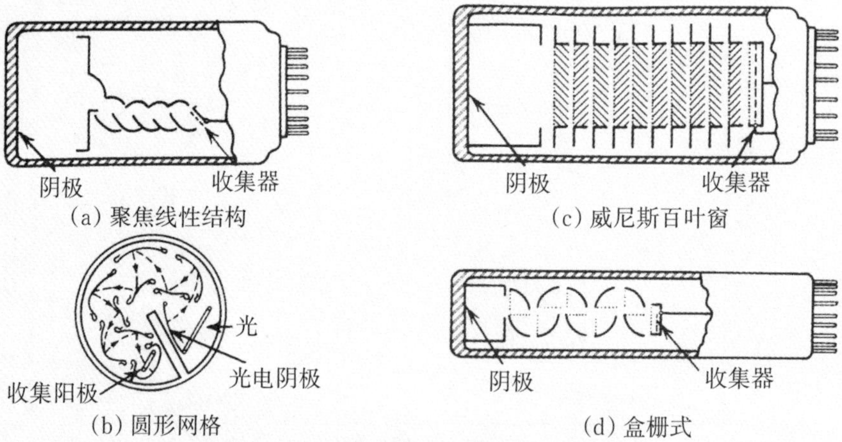

图9.7 几种常见光电倍增管的结构

(由纽约州Plainview的EMI GENCOM公司提供)。

“百叶窗”式结构是光电倍增管最古老的结构之一,现在几乎已经过时。它很容易适应不同级数的光电倍增管，但由于倍增极表面的电场较低，因此响应时间相对较慢。“盒栅”结构也是一种相对较老且响应速度较慢的设计，但它仍然是许多大直径管子的标准结构。为了加快电子通过倍增管结构的时间，人们引入了环形网格和线性倍增管结构，并将其用于那些响应速度最快的光电倍增管中。

应防止光电倍增管受到过度的机械冲击或振动，以免内部元件受到物理损坏。此外，倍增结构的振动也会引起输出信号的某些调制。大多数光电倍增管制造商都会提供一些坚固型光电倍增管(通常最初是为太空应用而设计的)。这些具有电子倍增器结构和其他内部组件，这些组件在机械设计上被安排得能够抵抗振动和冲击。对于大多数闪烁计数应用来说，标准管在这方面是足够的，坚固的版本可以帮助设计用于现场使用的计数器，在那里它们可能会受到粗暴的处理。

另一种专用电子倍增器是连续通道，如图9.8所示。这种装置非常简单，由一根空心玻璃管组成，其内表面充当次级电子发射器。在管子的整个长度上施加一个电位差，从而将电子从入口端吸引到出口端。进入管子的电子最终会撞击管壁，产生次级电子脉冲。这些电子将沿着管子的长度进一步加速，直到它们也撞击管壁，产生更多的次级电子。该装置的作用非常类似于光电倍增管，其整个长度上都有连续的倍增极。进入的电子及其随后的次级电子撞击壁面的次数是由原始的方向和各自的轨迹决定的，不同的入射电子撞击壁面的次数会有很大的不同。在高电压下运行时，电子增益可能足够大，以至于通道出口附近产生的空间电荷将每个脉冲的总电荷限制在小直径通道饱和时的10^6～10^7个电子。事实证明，这些单通道(有时称为“通道电子”)在探测高能电子[22]或重离子方面非常有用，因为它们在与通道输入端附近的内壁碰撞时会释放出次级电子。

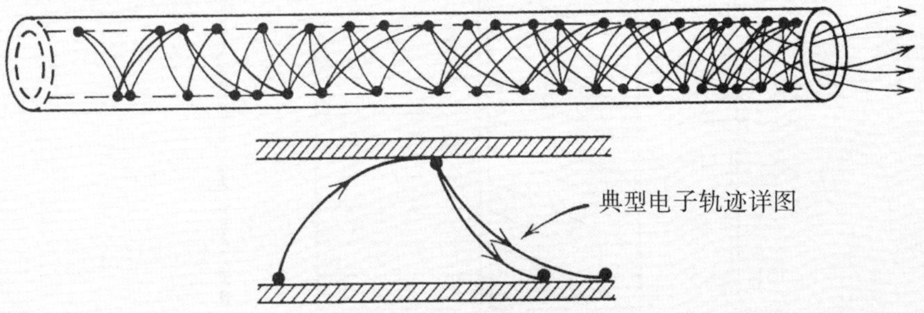

图9.8　连续通道电子倍增器

通道倍增器必须成形，以防止偶尔在通道内形成的正离子与电子反向加速时可能产生的反馈问题。通过将通道塑造成曲线或楔形，可以使这些离子在能量高到足以产生次级电子之前撞击到壁上。

成千上万的通道倍增管可以组成一个微通道板。每个通道的直径都非常小(通常为15～50 μm)，可作为独立的电子倍增器。参考文献[23]～[26]综述了它们在光电倍增管中作为倍增元件的应用。在图9.9所示的配置中，每个光电子通常进入一个单独的通道。如果所有通道都在电荷饱和状态下运行，并且完全相同，那么收集到的总电荷与原始光电子的数量成正比。

基于微通道板的光电倍增管的主要优势在于其出色的定时特性。[27-32]电子通过通道的总传输时间仅为几个纳秒,而传统倍增结构的传输时间为20~50 ns(见下节)。决定计时性能的传输时间差约为100 ps,仅为目前最快的传统光电倍增管的1/3~1/2。然而,相对较高的成本可能会限制其在某些应用中的实际使用。

9.4.2 脉冲定时特性

由于光阴极的光发射或倍增极的二次发射所需的时间非常短(0.1 ns或更短),因此光电倍增管的时间特性完全由电子轨迹决定。光电倍增管的电子传输时间定义为光子到达光电阴极与随后的电子脉冲在阳极被收集之间的平均时间差。在各种设计的光电倍增管中,电子传输时间在20~80 ns之间。不过,在大多数计时应用中,传输时间本身并不是最重要的,因为如果传输时间始终是一个常数,那么它只会在衍生信号中引入一个固定的延迟。相反,传输时间的展宽是一个更重要的量,因为它决定了到达管子阳极的电子脉冲的时间宽度。典型光电倍增管的定时响应如图9.10所示。

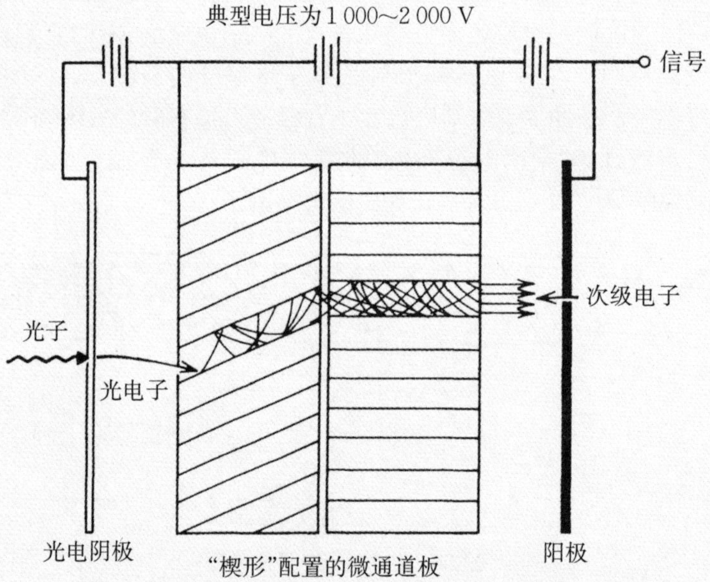

图9.9 基于微通道板电子倍增管的光电倍增管元件

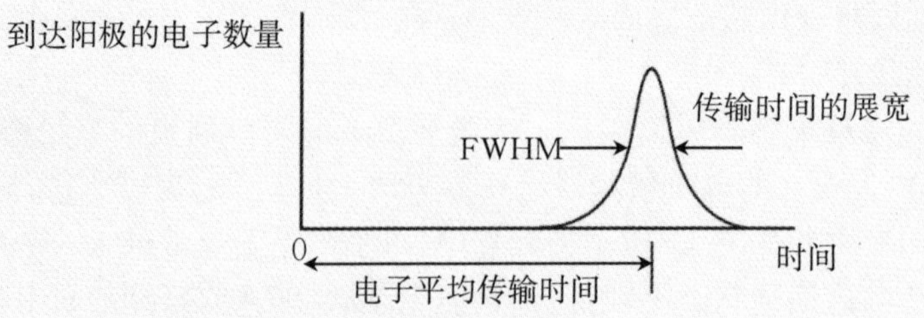

图9.10 光电倍增管对光电阴极上的短脉冲光的反应

光电阴极和第一个倍增极之间的区域对决定定时特性至关重要。为了在大型光电阴极上实现均匀的收集,这个距离要比阳极间的距离大得多(图9.11)。离开光电阴极中心的光电子与离开边缘的光电子在路径上的差异往往是造成观察到的传输时间差的主要因素。光电阴极通常是弯曲的,以尽量减少其直径上的传输时间差距。为了方便闪烁体的安装,需要有一个平坦的外表面,因此经常使用平面-凹面端窗,光电阴极沉积在弯曲的内表面上。传输时间差的第二个来源是离开光电阴极的光电子的初始速度分布。通过在光电阴极和第一倍增极之间使用较大的电压差,可以将这种影响降至最低。

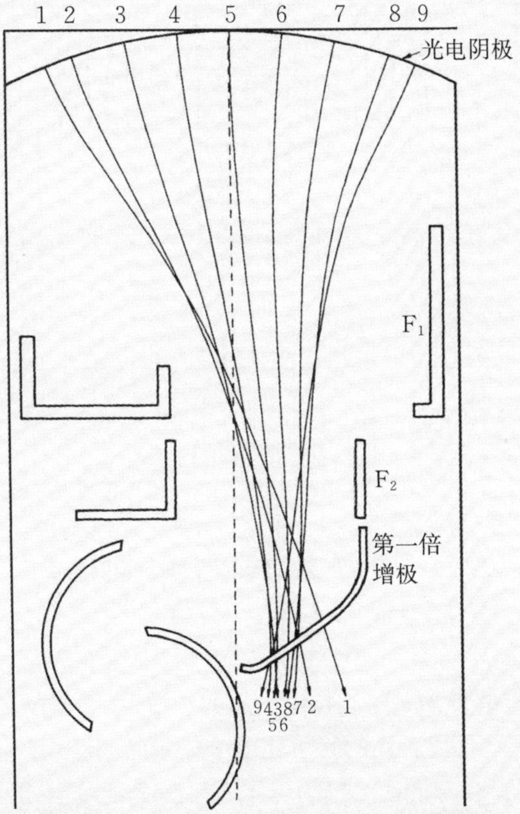

图9.11 计算机生成的电子在光电倍增管中从光电阴极加速到第一个倍增极的轨迹

在这种设计中,光电阴极是弯曲的,以尽量减少传输时间的差距。标有F_1和F_2的结构是带有可调电压的电极,可对电子进行静电聚焦,以获得最佳性能。

(摘自Kume等[33])

在特定脉冲下观察到的传输时间差也取决于每个脉冲的初始光电子数量。为了简化对不同光电倍增管的分析和比较,许多文献中报告的测量结果都集中在单个光电子引起的传输时差上。这一参数不包括阴极到第一倍增极空间的重要贡献[34-35],而且只是对第一倍增极之后引入的时差的测量。随着光电子数量的增加,对电子穿过管的各种可能轨迹进行的采样次数也随之增加。如果假定各种可能的通过时间的分布是高斯分布,那么根据统计理论的预测，通过时间的相对分布应与光电子数量的平方根成反比。图9.12验证了典型光电倍增管的这种行为。因此，闪烁体的高光产额在计时应用和脉冲高度测量中都非常重要。倍增器部分的时间差也会随着阳极间电压的增加而减小，通常情况下，在额定电压允许的最大电压下运行光电倍增管，可以获得最佳的定时性能。目前，一些专为快速响应而设计的光电倍增管还在阳极前安装了屏蔽栅。屏蔽栅的作用是防止拾取因电子在最后两个倍增极之间运动而产生的微弱寄生信号，这种运动发生在主脉冲之前。消除这一成分可缩小阳极信号的时间宽度，从而提高定时性能。[36-37]

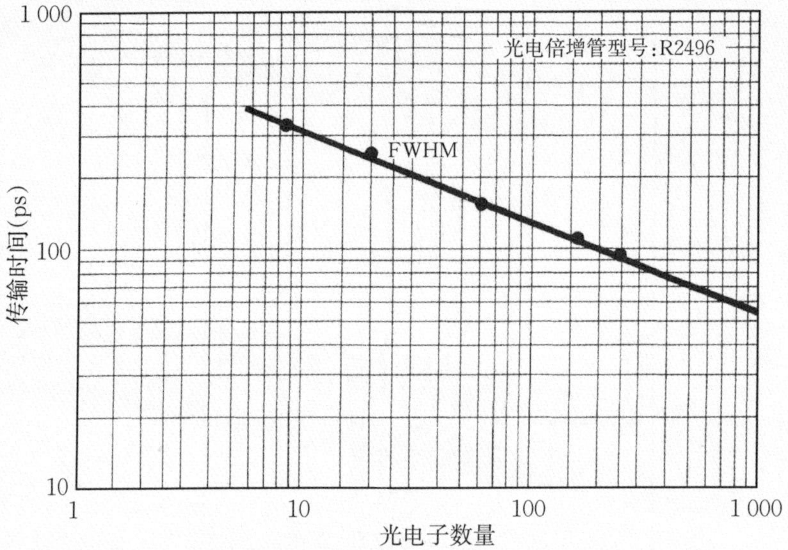

图9.12　从图9.11所示光电倍增管观察到的传输时间展宽测量值与每个脉冲产生的光电子平均数量的函数关系

（摘自Kume等[33]）

改善光电倍增管的定时性能是一个持续发展的领域，参考文献[38]综述了其中的一些趋势。表9.1列出了一些具有代表性的管子在电子传输时间和阳极上升时间（与传输时间的分布有关）方面的数据。当与慢速无机闪烁体一起使用时，光电倍增管的速度足够快，因此它们对整体时间响应的贡献通常不是一个重要因素。只有当使用衰减时间较短的闪烁体来获得快速定时信号时，光电倍增管才会成为决定定时特性的重要因素。

9.4.3　最大额定值

所有商用光电倍增管都有一组最大额定电压和电流，在日常使用中不得超过。详细的规格通常还会给出光电阴极到第一倍增极、倍增极到倍增极、最后一个倍增极到阳极以及阴极到阳极的最大电压值。这些限制由各种条件设定，包括欧姆漏电流和暗电流因素。在使用制造商推荐的分压器时，用户通常更关心最大外加电压的单一数字。由于几乎所有的光电倍增管都会随着电压的增加而显示出增益的增加,因此外加电压的最大值实际上决定了光电倍增管可获得的最大增益。

通常还会给出光电阴极电流和阳极电流的最大值。第一个限值通常是考虑到光电阴极的电阻率而设定的,因为光电阴极的电阻率会在大电流下产生扭曲的静电场,而阳极限值则是出于散热的考虑而设定的。在普通脉冲模式闪烁计数中,电流限制很少受到关注,因为堆积和脉冲分辨率所允许的最大计数率几乎总是与远小于最大额定值的平均电流相对应。

9.4.4 光电倍增管规格

制造商通常会根据一些特定的特性来引用光电倍增管的性能,这些特性在这里进行了定义。

(1) 整体光灵敏度

定义为在工作电压下测得的阳极电流与光电阴极上入射的特定温度钨光源的光通量之比。这一数值是对光电倍增管每单位宽波段光源入射预期电流的总体衡量。单位是安培/流明(A/lm)。

(2) 阴极发光灵敏度

定义同上,只是在分子中用离开光电阴极的光电子电流代替阳极电流。该数值同样以安培每流明为单位,仅为光电阴极的特性,与电子倍增器结构无关。

(3) 总体辐射灵敏度

该参数定义为阳极电流与给定波长的入射辐射功率之比。单位为安培/瓦(A/W)。

(4) 阴极辐射敏感度

定义同上,只是用光电阴极电流代替阳极电流。

(5) 暗电流

通常指当光电倍增管以提供给定的整体光敏度的条件运行时,在没有光电阴极照明的情况下测量的阳极电流,。

(6) 阳极脉冲上升时间

当光电阴极受到持续时间很短的闪光照射时,输出脉冲从峰的10%上升到90%所需的时间。

(7) 阳极脉冲宽度

通常是指以最大幅度的一半测量的输出脉冲时间宽度,同样适用于光电阴极的短时照明。

表9.1列出了一些目前在闪烁计数领域具有重要意义的商用光电倍增管的规格。由于光电倍增管的设计仍是一个快速发展的领域,潜在用户应始终直接向光电倍增管制造商寻求最新信息。

表9.1 部分市售光电倍增管的特性

制造商*	型号	直径或电子管外形尺寸**(mm)	可用光电阴极的最小尺寸(mm)	倍增极数量	光电阴极材料***	推荐工作电压下的增益(10^6)	最大响应波长(nm)	暗电流(nA)	推荐工作电压下的阳极上升时间(ns)	推荐工作电压电压下的转换时间(ns)	推荐工作电压(V)	最大管电压(V)	阴极辐射灵敏度(μA/lm)****	阴极辐射灵敏度(mA/W)*****	峰值波长时的量子效率(%)
Ham	R2059	51	46	12	BA	20	420	50	1.3	28			90	85	
Ham	R1635	10	8	8	BA	1	420	1	0.8	9	1 250		100	80	
Ham	R1527	28	8	9	BA	6.7	400	0.1	0.8	9	1 000		60	60	
Ham	R6095	28	25	11	BA	2.1	420	2	4	30	1 500		95	88	
Ham	R1450	19	15	10	BA	1.7	420	3	1.8	19	1 500		115	88	
Ham	R4125	19	15	10	BA	0.87	420	10	2.5	16	1 500		115	90	
Ham	R878	51	46	10	BA	1	420	5	7	70	1 250		100	90	
Ham	R1306	51	46	8	BA	0.27	420	2	7	60	1 000		110	95	
Ham	R7525	28	25	8	BA	0.5	420	5	1.3	14	1 750		95	88	
Ham	R6234	68h	55	8	BA	0.27	420	2	6	52	1 000		110	95	
Phot	XP2020	51		12	BA	30	420	10	1.6	28	2 000	2 600	70	80	
Phot	XP3062	40h		8	BA	0.26	420	1	3	30	1 100	1 300	90	90	
Phot	XP20D0	51		8	BA	0.24	420	1	1.5		1 000	1 200	130	100	
Phot	XP1805	230s		8	BA	1	420	15	2.7	20	1 700	1 950	60	80	
Burle	8850	51		12	BA	30	420	0.6	2.1	31	3 000		71	82	
ET	9266B	52	48	10	BA	0.6		0.3	4	40	850	1 100	70		30
ET	9924B	30	25	11	BA	2		0.2	15	85	900	1 050	95		26
ET	9813B	52	46	14	BA	70		10	2	46	2 100	2 500	70		30
ET	9807B	52	46	12	BA	7		3	2	41	1 650	2 300	70		30
ET	9214B	52	46	12	BA	7		1	2	45	1 250	1 800	70		30

注：*Ham=Hamamatsu Photonics，Phot=Photonis，ET=ET Enterprises Limited；**h为六角形，s为球形；***BA=比尔卡利；****使用2 854 K钨光源测量；*****在光电阴极峰值灵敏度波长或附近测量。

9.4.5 线性

几乎所有光电倍增管中的电子倍增因子在脉冲大小从一个光电子到数千个光电子时都保持不变。在这些条件下，阳极收集到的脉冲幅度与光电子的数量成线性关系，因此也与闪烁光的强度成线性关系。在电子数最多的最后一个倍增极和阳极之间，由于空间电荷效应，会产生非常大的脉冲非线性。空间电荷的积累会影响该区域的电子轨迹，导致一些原本可以收集到的电子丢失。与NaI(Tl)相比，新型闪烁体的光产额高、衰减时间短，最近推出的这种闪烁体对与之配合使用的光电倍增管提出了新的要求。如果闪烁体的光产额高2倍，衰减时间减少到1/10，那么在其他因素相同的情况下，光电阴极的光电子初始电流就会高出20倍。在非常适合读出NaI(Tl)光脉冲的条件下运行的光电倍增管很容易被更大的电流驱动到后级饱和。可能需要降低工作电压来降低增益，以防止光电倍增管线性失真，尽管积分脉冲幅度只增加了2倍。另一个可能导致高脉冲幅度非线性的因素是脉冲过程中倍增极电压偏离平衡值。在闪烁脉冲计数的正常情况下，如果底座设计得当(见后面的讨论)，则这些影响就比较有限，光电倍增管仍处于线性范围内。

9.4.6 噪声和杂散脉冲

通常，光电倍增管随机噪声的最主要来源是光电阴极自发发射的热电子。由这一过程产生的脉冲与单个光电子相对应，因此其幅度被限制在刻度的最低端。图9.13显示的是测量到的“暗光谱”，其中所有脉冲基本上都来自光电阴极发射的单个电子。由于大多数闪烁计数都是在一个闪烁脉冲对应多个光电子的条件下进行的，因此幅度分辨通常足以消除所有热噪声。在测量极低能辐射或检测单光子的应用中，有效信号事件也可能与单个光电子相对应，因此可能无法与热电子噪声区分开来。在这种情况下，我们别无选择，只能尽量减少噪声的影响。观测到这些脉冲的速度与光电阴极的面积成正比，因此应选择特定应用所需的最小直径的管子，以尽量减少这些暗脉冲。不同光电阴极材料的单位面积热电子发射率差别很大，而双碱金属光电阴极是最安静的。室温下的典型自发辐射率在10^2～10^4个电子/(cm^2·s)之间。表9.1中给出的暗电流规格在很大程度上反映了热电子的贡献，而噪声率最低的光电倍增管也是那些在同等光敏度下暗电流最低的管子。

闪烁器-光电倍增管组合是在脉冲模式还是电流模式下工作，光电阴极自发电子发射的意义可能大不相同。以整个光电阴极随机发射10^3个电子/s为例，在脉冲模式下工作的管子会产生小的噪声脉冲，其幅度相当于平均时间间隔为1ms的单个光电子。闪烁探测器使用的典型成形时间在微秒范围内，因此，一个这样的光电子对给定的闪烁脉冲产生影响的概率非常小。如果单个光电子脉冲比信号脉冲小得多，从而可以进行幅度分辨，那么就不会对测量的噪声特性产生明显影响。然而，在电流模式下，所有暗电流都会增加信号电流，其值的波动会极大地影响信号测量的不确定性。为了估算与上述自发辐射率相同示例

相关的稳态暗电流，我们假设光电倍增管的电子倍增部分增益为10^6，则

$$I_{\text{dark}} = 10^3\ \text{elec/s} \times 10^6 \times 1.6 \times 10^{-19}\ \text{C/elec} = 160\ \text{pA}$$

从光电倍增管阳极测量这个数量级或更小的电流会受到暗电流波动带来的噪声影响。

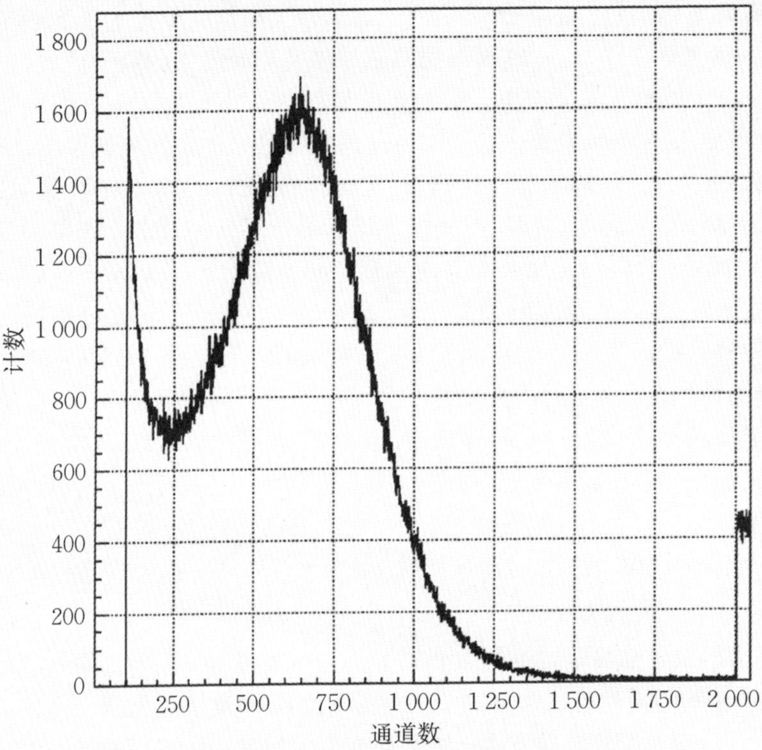

图 9.13 从 Hamamatsu R5912 光电倍增管测得的脉冲高度谱

这是无照明条件下光电阴极自发发射单个电子所致。

（摘自 Bauleo 等[39]）

对于某些光电阴极，通过冷却光电管可以大幅降低热电子的发射率。通过适当的降温，我们可以观察到发射率下降至1%甚至更低的水平。通常使用干冰或液氮进行冷却，但市场上也有用于此目的的独立制冷机。光电倍增管冷却时可能出现的问题包括水蒸气在暴露的冷表面凝结以及在较低温度下光电阴极电阻增大。光电阴极电阻过大会扭曲光电阴极和第一倍增极之间的静电场，并可能导致光电子收集效率下降。

光电倍增管不用时应存放在暗处。当光电倍增管上有电压时，暴露在室内光线下是灾难性的，因为极高的光照度会导致阳极电流大大超过最大额定值，并会迅速损坏倍增管结构。即使在光电倍增管没有电压的情况下，也要避免入射光，尤其是荧光灯管的入射光，因为这会导致暗脉冲暂时增加。在强烈的室内光照下，暗脉冲的速率会立即增加100甚至更多，这种情况并不罕见，而且这种可测量的增加会持续几个小时。这种噪声速率增加的主要原因似乎是光电倍增管玻璃包壳中磷光状态的光发射。

暗脉冲的另一个来源是光电倍增管本身结构中的天然放射性。最重要的成分通常是

玻璃罩中的^{40}K和Th。在放射性衰变中产生的β粒子会引起切连科夫辐射闪光，它可以从光电阴极释放出光电子，其方式与正常闪烁事件大致相同。在一些必须达到低本底的应用中，可以使用带有低活度玻璃的特殊管子，以尽量减少这些事件的发生。外部辐射在玻璃中产生的闪烁光或切连科夫光也可能是暗脉冲的重要来源。[40,41]其中一个来源是宇宙辐射（见《核辐射探测与测量（下册）》第20.1.3节），宇宙辐射通常会产生幅度较小的暗脉冲，这些暗脉冲来自光电倍增管薄端窗口中产生的切连科夫光。由于次级宇宙辐射的比能量损失小，而切连科夫过程产生的光产额低，相应的暗脉冲只相当于几个光电子，因此在典型的闪烁应用中通常会通过幅度甄别将其丢弃。但是，如果必须记录非常微弱的闪烁事件，这些暗脉冲可能与信号大小相同。在这种情况下，宇宙辐射的辐射率可以通过操作管子的主轴水平方向来最小化，从而使末端窗口对宇宙次级辐射的截面最小，而宇宙次级辐射的方向是垂直向下的。

后续脉冲是光电倍增管中有时会出现的另一种噪声[42]，这些是卫星脉冲，有时会在短暂的延迟后跟随真正的信号脉冲出现。产生后续脉冲的机制之一是倍增结构后级的光发射，这些光会返回光电阴极。这种后续脉冲的延迟时间与电子通过管子的时间有关，为20～50 ns。由于这些脉冲通常只对应一个光子，因此其幅度通常很小。造成后续脉冲的另一个原因可能是管子内的真空不完善。[43]电子通过倍增结构时，残留的微量气体会被电离，形成的正离子会反向漂移，其中一些可能会回到光电阴极。典型的离子在撞击光电阴极时会释放出数十或数百个光电子，由此产生的脉冲将相当大。由于正离子的速度相对较低，其漂回光电阴极所需的时间从数百纳秒到一微秒或更长，因此，主脉冲与该机制产生的后脉冲之间的时间间隔相对较大。由于设计相同的真空管之间的残余气体量可能相差很大，因此在某些应用中，只需更换真空管就可以消除后续脉冲造成的问题。在有些管子设计中，产生后续脉冲的概率随主脉冲幅度线性增加，但通常不会超过百分之十。因此，在普通闪烁能谱分析中，后续脉冲影响不大，但在定时测量中，后续脉冲可能会成为严重的扰动效应，因为在定时测量中，所关注的脉冲会紧随之前的高强度辐射脉冲。关于某些光电倍增管的后续脉冲特性以及抑制后续脉冲的电子手段的讨论，可参阅参考文献[44]～[48]。

9.4.7 光电阴极的不均匀性

直接测量（如参考文献[13]、[49]或[50]）表明，光电阴极的灵敏度，尤其是大直径光电阴极的灵敏度，在整个光电阴极区域远非一致。由于很难实现从整个光电阴极区域向第一倍增极均匀地收集光电子，这个问题变得更加复杂。这两种效应的结合会导致这样一种情况，即随着光照位置在光电阴极区域内的移动，在特定闪光下观察到的阳极脉冲可能会相差30%～40%。这种不均匀性是闪烁计数中一个潜在的严重问题，因为响应变化往往会破坏系统的能量分辨率。减少这一问题的一种方法是在闪烁体和光电倍增管的端窗之间放置一个光导管。这对薄闪烁体尤为重要，可将任何闪烁事件产生的光扩散到整个光电阴极，从而消除大部分不均匀性。

9.4.8 增益随计数率的变化

用户应了解光电倍增管的另一个非理想特性,即在测量过程中可能出现增益变化。最常见的情况是计数率变化很大。如果分压器电流过低(见下文),倍增极电位的变化,计数率的变化会导致增益变化。[51]即使这种效应被完全消除,由于通过需要倍增结构的电子流产生的热效应和空间电荷效应达到平衡,管子可能仍需要几个小时才能在恒定的计数率下稳定。[52]增益变化不完全可逆,实验中也观察到了滞后效应。[53]良好的光电倍增管结构设计可以最大限度地减少这些漂移,当计数率在10^3~10^4/s之间变化时,好的光电倍增管的增益变化不会超过1%。[3]这类规格说明常常可以在许多光电倍增管设计中找到。在管子电流或计数率发生大的变化后,管子增益常常会出现逐渐的漂移,这种现象被称为疲劳[54-55],如果测量过程中管子电流变化了几个数量级,疲劳可能会成为一个严重问题。

9.5 光电管所需的辅助设备

9.5.1 高压电源和分压器

必须将外部电压源以这样的方式连接到光电倍增管上,使得光阴极和每个后续的倍增极相对于彼此都正确地偏置。因为需要吸引电子,第一倍增极相对于光阴极必须保持正电压,并且每个后续的倍增极相对于前一个倍增极也必须保持正电压。为了有效收集光电子,光阴极和第一倍增极之间的电压通常比倍增极之间的电压差要大得多。

原则上,光电倍增管所需的级间电压可由单个电压源(如多节电池)提供。在某些计数率较低的应用中,电池供电是实用的,但光电倍增管后级的电流需求会导致放电速度过快,电池供电往往不具吸引力。光电倍增管的内部电流在最后一个倍增极和阳极之间达到最大值,因此为最后一个倍增极提供电压的电池单元必须能够承受与离开该倍增极的平均直流电流相等的电流消耗。还有一些基于Cockcroft-Walton原理[56]的设计可用于电池供电的便携式设备。

在绝大多数情况下,电压差是由一个电阻分压器和单一的高压电源来提供的。图9.14(a)展示了一个使用正极性高压的光电倍增管底座的典型接线图。在这种情况下,光电倍增管的光阴极被接地,分压器为沿着倍增串联的每个倍增极提供依次增加的正电压。

阳极处于一个等于供电电压的直流电位,因此信号脉冲必须通过电容耦合从阳极传递,以便以地电位为参考将脉冲分量传递给后续的电子设备。用户可以选择负载电阻R_L,使得由此产生的阳极电路时间常数具有适当的大小。阳极电容C_A通常不是一个物理电容器,而只是与阳极结构和连接电缆相关的寄生电容。本章后面将给出这种阳极电路预期脉冲形状的分析。

通过分压器直流电流仅由外加高压与分压器中所有电阻器的电阻之和的比值决定。为了使用最简单、最便宜的电压电源，我们希望将这一电流保持在最低水平。小电流还能最大限度地减少分压器电阻器散热造成的问题。然而，与光电倍增管的内部电流相比，分压器的电流原则上应保持在较大的范围内，内部电流由电子脉冲从一个倍增极流向另一个倍增极。如果脉冲峰值时的内部电流与分压器电流相当，则通常情况下，倍增极电压会开始偏离平衡值，从而导致光电倍增管增益漂移。对于峰值电流达到最大值的光电倍增管的最后几级，这一问题尤为严重。为了抑制这种影响，通常会在分压器靠近阳极的几级提供稳定电容(图9.14中标注为C_s)，以帮助在整个脉冲期间将后几级的倍增极电压保持在恒定值。稳定电容器瞬间提供脉冲期间从倍增极损耗的电流，并在脉冲间隔期间通过分压器电流进行充电。为防止阳极间电压变化超过1%，稳定电容器上存储的电荷(电容值与阳极间电压的乘积)必须比脉冲期间该倍增极释放的电荷大100倍。

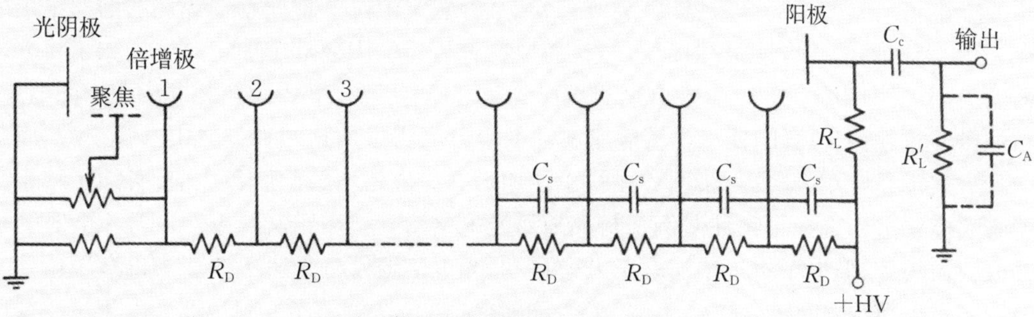

(a) 使用正高压和接地光电阴极

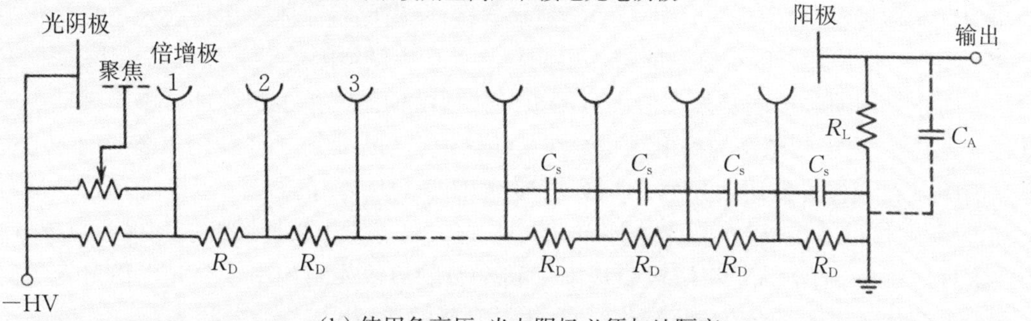

(b) 使用负高压，光电阴极必须与地隔离

图9.14　光电倍增管底座的典型接线图

分压器电阻R_D的值根据文中给出的标准进行选择。(b)图中的等效阳极负载电阻为R_L，而(a)图中的等效阳极负载电阻为R_L和R_L'的并联组合。文中还给出了其他标识。

在这一点上，一个数据示例很有启发性。假设我们从闪烁事件开始，从光电倍增管的光电阴极释放出1 000个光电子。再假设光电倍增管的总体增益为10^6，因此每个脉冲有10^9个电子离开最后一个倍增极并被阳极收集。如果这些闪烁脉冲以10^5/s个的速度发生，那么平均去阳极电流很容易计算为

$$I_{平均}=10^9\,\frac{电子}{脉冲}\times 1.6\times 10^{-19}\,\frac{库仑}{电子}\times 10^5\,\frac{脉冲}{s}=1.6\times 10^{-5}\ \mathrm{A}=0.016\,\mathrm{mA}$$

然而，由于这种电流是以离散脉冲的形式出现的，因此脉冲期间的峰值电流要大得多。一个极端的例子是，假设我们有一个非常快的有机闪烁体，其衰减时间与光电倍增管中的传输时间差相结合，产生了一个宽度为5 ns的窄电子脉冲。此时的峰值脉冲电流约为

$$I_{峰值}=10^9电子\times1.6\times10^{-19}\frac{库仑}{电子}\times\frac{1}{5\times10^{-9}\,\mathrm{s}}=0.032\,\mathrm{A}=32\,\mathrm{mA}$$

对于以电流模式或脉冲模式工作的光电倍增管，通过分压器的电流应保持在大于平均信号电流的水平。在示例中，只需十分之几毫安的电压即可轻松满足这一标准。然而，在脉冲模式下，光电倍增管最后几级的瞬时需求可能要大很多倍。在上述例子中，试图设计电流远大于最大脉冲电流的分压器是不切实际的。在这种情况下，可以使用10 mA或20 mA的分压器电流，并为脉冲峰值电流大于1～2 mA的最后几级提供稳定电容器。参考文献[57]～[59]介绍了采用齐纳二极管或有源电路来稳定倍增极电压的替代方案。

光电倍增管使用的高压极性(＋或－)在某种意义上是一种任意选择。在前面给出的例子中，分压器的光电阴极端接地，这就需要在分压器的阳极端施加正高压。如果将分压器的另一端(即阳极)接地，并在光阴极端施加负高压，则可以获得完全相同的阳极间电压。后一种安排如图9.14(b)所示。管底座电路的设计者必须从这两种方案中选择一种，而这两种方案都是常用的。因此，用户在初次使用带有光电倍增管的设备之前，必须了解自己的管底座制造商选择了哪种惯例。错误地对光电倍增管应用错误的极性通常不会对管子造成致命损害，但电子将拒绝逆电场方向移动，光电倍增管将无法工作。为正高压设计电子管底座在某些方面更为简单，因为这样可以将光电倍增管的光极阴接地。由于这一端经常与闪烁晶体接触，而闪烁晶体的盖子必须暴露在外，因此将晶体也保持在地电位是很方便的。使用负高压运行闪烁管意味着光电阴极将处于提供给闪烁管的全部高压下，因此必须注意防止高压通过玻璃管外壳泄漏到附近的接地结构而产生杂散脉冲。由于玻璃中的电致发光，横跨电子管端窗的高电场也会在某些管中引起杂散脉冲。使用负高压的一个优势是消除了在正极性使用时所需的耦合电容(如图9.14(a)中的C_c)。阳极现在处于地电位，信号脉冲可以直接耦合到后续测量电路中。这一优点对于快速脉冲应用尤为重要，因为在这种应用中，通常需要将阳极直接耦合到50 Ω的传输线结构中。当光电倍增管需要直流耦合以允许其在电流模式下工作时，它也是必要的选择。

由于光电倍增管的增益对电压变化极为敏感，因此高压源必须调节良好且无纹波，这一点非常重要。高电压的漂移会表现为光电倍增管增益的相应变化，如果幅度足够大，就会降低闪烁计数器的能量分辨率。任何纹波都有可能叠加到输出信号上，尤其是在管光阴极接地的情况下。在这种情况下，电源电压的任何波动都会直接电容耦合到信号输出上。如果电子管在负高压下工作，则管的阳极端处于地电位，高压电源的纹波只有在调节光电倍增管的整体增益时才是重要的。

光电倍增管在电压变化时，增益会发生很大的变化，这往往给建立计数系统带来很大的方便。虽然只有在接近推荐电压的情况下，电子管的定时特性才会得到优化，但其他一般特性，如线性度和相对信噪比，在较大的电压范围内不会发生严重变化。因此，光电倍增

管的工作电压通常可以远远低于其推荐电压，而不会明显影响其性能。因此，用户只需改变施加的电压，就可以方便地将光电倍增管的增益改变几个数量级，以适应信号链其余部分的需要。简单的闪烁计数器通常采用这种方法来确定计数坪区和最佳工作条件。

在管电压可能在较宽范围内变化的情况下，由于第一个关键倍增极的增益降低，性能有时会在较低电压性能下受到影响。光电倍增管的统计特性在很大程度上取决于此。在这种情况下，有时会将齐纳二极管与分压器结合使用，将光电阴极和第一倍增极之间的电压保持在一个恒定值，而分压器的其余部分则随之变化。

在通常情况下，光电倍增管的电信号来自阳极。光电倍增管最后一级的电子爆发被简单地收集起来，从而产生一个负极性的电荷Q。如9.7节所示，阳极电路的负载电阻上会产生相应的电压脉冲。在某些特殊应用中，从前面的倍增极获得替代信号可能会有一些优势。在每个倍增极级上，由于离开该级的电子数多于最初收集的电子数，因此在脉冲期间会产生净正电荷。由于每个倍增极产生的电子倍增效应，正电荷在每一级后续倍增极中逐渐变大。如果在给定的阳极和图9.14所示的分压器之间放置一个负载电阻，则可以观察到振幅小于阳极负脉冲的正电压脉冲。有研究表明[27,60-61]，比阳极信号早几级的倍增极信号在快速定时测量中具有一定的优势。然而，绝大多数闪烁脉冲都来自光电倍增管的阳极，第9.7节的脉冲形状分析同样适用于倍增极或阳极脉冲。为简单起见，本分析假设阳极脉冲也对应正电荷Q，尽管实际上阳极脉冲的极性是负的。

9.5.2 磁屏蔽

光电倍增管内的电子光学对杂散磁场特别敏感，因为电子从一级到另一级的平均能量很低(大约100 eV)。即使是地球磁场也足以对这些电子的轨迹产生明显的影响。在光电倍增管可能被物理移动或靠近具有杂散磁场的设备的情况下，必须提供磁屏蔽以防止光电倍增管的增益偏移。最常见的形式是在光电倍增管的玻璃外罩周围紧贴一个薄薄的μ金属圆柱体。对于大多数光电倍增管设计而言，这种屏蔽必须保持在光电阴极电位，以避免玻璃罩中的电致发光产生噪音。

9.6 替代光电倍增管的光电二极管

9.6.1 潜在优势

光电倍增管是闪烁体最常用的光放大器，既可用于脉冲模式，也可用于电流模式。不过，由于半导体光电二极管的发展进步，在某些应用中已经可以用固态器件取代光电倍增管。一般来说，与闪烁计数中使用的光电倍增管相比，光电二极管具有量子效率更高（因此有可能获得更高的能量分辨率）、功耗更低、体积更紧凑以及更坚固耐用等优点。光电二极管对磁场也几乎不敏感，因此在磁场妨碍使用光电倍增管的应用中，有时可以用光电二极管来代替。由于光电二极管中电荷移动的尺寸相对较小，因此其时间响应与传统的光电倍增管相当，在符合和其他定时应用中具有很好的优势。

作为光电倍增管的可能替代品，有三种通用设计受到了关注。传统的光电二极管（通常称为PIN光电二极管）没有内部增益，其工作原理是直接将闪烁探测器发出的光子转换为电子-空穴对，然后进行简单的收集。雪崩光电二极管通过使用较高的电场来增加收集到的电荷载流子数量，从而实现内部增益。第三类是在盖革模式下工作的许多小尺寸雪崩光电二极管阵列，有时也称为硅光电倍增管。

9.6.2 传统光电二极管

参考文献[62]对传统光电二极管在闪烁体读出中的应用进行了有益的回顾。当光线入射到半导体上时，会产生电子-空穴对，其方式与《核辐射探测与测量（下册）》第11章中详细介绍的入射电离辐射的方式类似。与典型闪烁光相对应的光子具有3～4 eV的能量，足以在带隙为1～2 eV的半导体中产生电子-空穴对（这种将可见光转化为电载流子的过程是普通太阳能电池的基础）。这种转换不受传统光电阴极中电荷载流子需要从表面逸出的限制，因此该过程的最大量子效率有60%～80%，是光电倍增管的数倍。这种高量子效率的波长范围也比光电倍增管中的光电阴极要宽得多，因此闪烁体发出的光通常会产生高得多的初级电荷。不过，这种电荷不会像光电倍增管那样随后被放大，因此输出信号要小几个数量级。

硅光电二极管的常见结构如图9.15所示。光入射到p层入口窗口上，该窗口要尽可能薄，以增强光对硅有效体积的传输。光产生的电子和空穴（见《核辐射探测与测量（下册）》第11章）在外加电压产生的电场驱动下聚集在中心i区的边界。相应的感应电荷在附带的前置放大器中进行处理，产生输出信号脉冲。

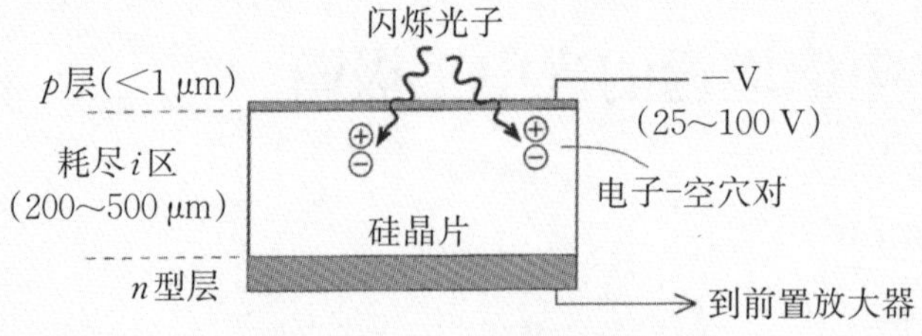

图9.15 传统光电二极管的基本结构

在一个典型的闪烁事件中，只产生几千个可见光子，因此能够产生的电荷脉冲的大小充其量只限于不超过相同数量的电子电荷。由于信号幅度较小，电子噪声是脉冲模式运行中的一个主要问题，尤其是对于大面积探测器和低能量辐射而言。在利用硅光电二极管对多种不同闪烁体的性能进行的广泛研究中，Sakai[5]测得的662 keV能量分辨率值总是比使用光电倍增管进行的等效测量结果差得多(通常差2倍)。高能量伽马射线的差异较小，但光电倍增管的性能始终更优。迄今为止，成功的应用主要局限于高能辐射[63-66]和/或小直径二极管[67,71]，其相关的暗电流和电容也很小。在电流模式下，许多闪烁事件在高频率下产生的累积效应可以盖过固有噪声，从而获得出色的工作特性。例如，光电二极管已成为用于医学成像的X射线计算机断层成像(CT)扫描仪中电流模式闪烁体的首选光探测器。[72,73]

由于光电二极管与《核辐射探测与测量(下册)》第11章讨论的硅粒子探测器相似，因此它们具有许多相同的特性。光电二极管通常被设计成全耗尽探测器，由高纯度p或者n型硅和位于相对表面的高掺杂p或n型触点组成。第11章将进一步详细讨论这种所谓的PIN配置。噪声行为也与其他半导体探测器相同，详细描述见第17章。简而言之，噪声主要来自两个不同的来源。第一种噪声一般称为串联噪声，主要来自前置放大器输入级内部。其相对重要性随探测器电容的增加而增加。面积超过约1 cm^2的光电二极管会显示出较高的噪声水平，因此没有广泛用于闪烁体的读出。第二个噪声源一般称为并联噪声，主要是由于光电二极管中的漏电流波动造成的。由于漏电流也会随着光电二极管尺寸的增大而增大，因此这第二个噪声源也阻碍了大面积光电二极管的使用。光电二极管的电容会随着厚度的增加而减小，但漏电流却会增加。闪烁体应用中常见的光电二极管是使用厚度为300～500 μm的硅晶片制造的，这是在这些相互矛盾的趋势之间的一种折中。这一厚度远远大于不透射入射光所需的厚度。

串联噪声和并联噪声的相对影响还取决于脉冲处理电子设备所选择的成形时间常数。较长的成形时间往往会降低串联噪声的相对重要性，但会增加并联噪声的重要性(见《核辐射探测与测量(下册)》图17.26)。在选择成形时间时会有一个最佳值，使噪声影响最小。不过，在选择时还需要考虑其他因素，例如，需要保持成形时间长于闪烁体衰减时间，以避免信号丢失；或者偏好短成形时间，以尽量减少高速率下的脉冲堆积。

典型硅光电二极管的光谱响应如图9.16所示，与典型的光电阴极相比，其量子效率达到的值更高，并延伸到更远的长波长区域。这种扩展的光谱响应对于闪烁体(如CsI(Tl)或BGO)尤为重要，因为它们的发射光谱在较长的波长上有很大的产额(见图8.7)。表8.3所列的各种闪烁材料的相对光产额是使用典型的光电倍增管光电阴极响应测得的，当使用光电二极管测量时，数值会发生很大变化(图9.17)。例如，使用光电倍增管测量时，CsI(Tl)的脉冲幅度小于NaI(Tl)的等效脉冲幅度，但如果使用硅光电二极管进行测量，其脉冲幅度则会变大一倍以上。

降低暗电流的另一种方法是选择带隙比硅更宽的半导体材料。例如，使用碘化汞晶体就能成功制造出光电二极管，其暗电流要低几个数量级。因此，在与小型碘化汞光电二极管耦合的闪烁体中，已经显示出极佳的能量分辨率。[76-78]由于半导体材料的高量子效率，所能达到的能量分辨率实际上比最好的光电倍增管还要高。其中一个例子[77]是直径1.27 cm的碘化汞光电二极管与CsI(Tl)闪烁体耦合,在662 keV时实现了4.58%的能量分辨率。

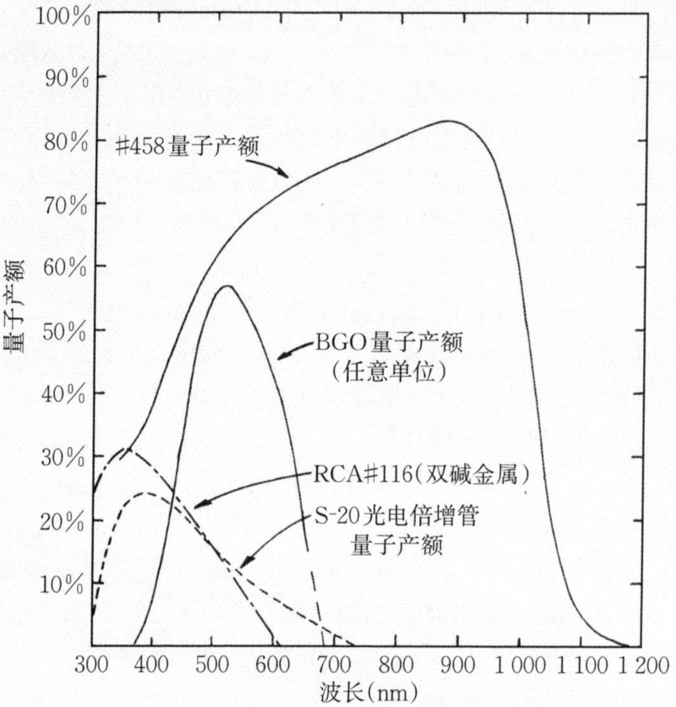

图9.16 硅光电二极管(标号458)的量子效率与具有代表性的双碱金属以及S-20光电阴极量子效率的比较

图中也画出了BGO闪烁器的发射光谱,以供参考。

(摘自Groom[74])

改善光电二极管噪声系数的另一种方法是降低其电容。一种有趣的方法是选择《核辐射探测与测量(下册)》第13章所述的硅漂移结构。这些"硅漂移光电二极管"具有有趣的特性,因为它们的电容不像其他光电二极管那样直接取决于其面积。通过片上集成JFET前置放大器级,可将其电容保持在很低的水平,从而避免与外部前置放大器连接时产生杂散电容。为进一步降低其噪声水平,可通过适度冷却至0 ℃左右来降低其与面积相关的漏电流(图9.17)。一个与直径5 mm的$LaBr_3$晶体耦合的小漂移光电二极管已经证明[79],在室温下,662 keV的能量分辨率为2.7%,基本上与光电倍增管的最佳性能相当。同样,硅的量子效率更高,也是实现这一卓越性能的关键。漂移光电二极管的单个单元尺寸通常不超过5~10 mm,但目前已开发出多达77个单元的单片阵列[80],可在单个芯片上提供超过6 cm^2的灵敏区域。

传统光电二极管脉冲的上升时间最终受限于灵敏体积的电荷收集时间,通常只有几纳秒。然而,时间分辨率通常取决于相对较高的噪声水平所带来的不确定性。由于串联噪声往往占主导地位,因此使用较长的成形时间可以获得最佳能谱性能(见《核辐射探测与测量

(下册)》第17章)。产生定时脉冲的技术通常需要较短的成形时间,因此会在信号中引入较大程度的噪声。

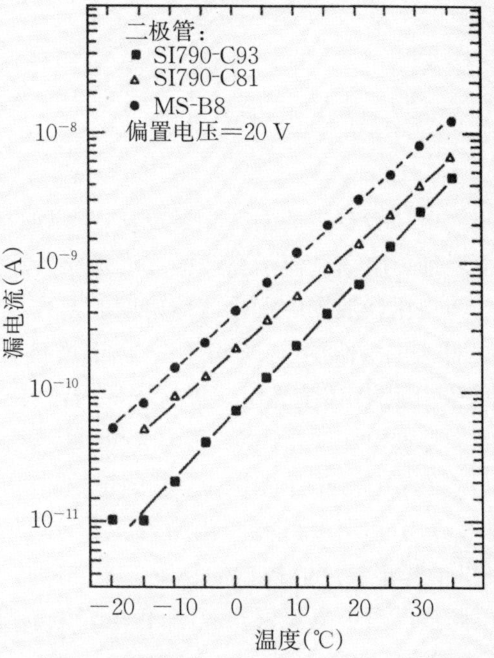

图9.17 某些典型硅光电二极管漏电流的温度依赖性

(摘自Bian等[75])

由于噪声因素的限制,光电二极管的尺寸相对较小(通常直径为1 cm或更小),因此很难从较大尺寸的闪烁体中获得良好的光收集效果,而这种闪烁体在伽马射线能谱应用中更为典型。我们很容易想到另一种方法,即,使用多个光电二极管来覆盖闪烁体出口窗口的更大部分,然后将所有光电二极管的信号相加。事实证明,这种方法并不理想,因为多个二极管不仅会产生信号叠加,还会产生噪声叠加。Groom定理[74]首次指出,光收集量和信号量的增加大致与光电二极管的总面积成正比,但噪声也会以相同的系数增加。最终结果是信噪比变化很小。

传统光电二极管和雪崩光电二极管都会直接对电离辐射做出反应,其方式与《核辐射探测与测量(下册)》第11章所述的硅结探测器类似。当用于读出闪烁体发出的光时,除了记录光脉冲外,如果入射辐射能够穿透闪烁体并到达光电二极管的有效容积,光电二极管也有可能直接做出反应。这种所谓的核计数效应可能特别麻烦,因为硅中这些直接相互作用产生的脉冲大小总是比闪烁光产生的脉冲大很多倍。硅中的直接相互作用每沉积3.6 eV就会产生一个电子-空穴对,而在良好的闪烁体中,要产生相同的电荷,需要15~20倍的能量沉积。产生这种差异的原因是闪烁体通常只能将5%~10%的粒子能量转化为光,并非所有的光都能进入光电二极管,而且将这些光转化为电子-空穴对的量子效率不到100%。为了尽量减少这种核计数效应,光电二极管应保持较薄的厚度。然而,二极管的电容会随着其厚度的减小而增大，从而增加噪声水平。因此，必须在避免这些直接相互作用和保持合理的能量分辨率之间达成某种平衡。

9.6.3 雪崩光电二极管

1. 一般特性

典型闪烁事件在传统光电二极管中产生的少量电荷，可以通过在施加高电压值的半导体中发生的“雪崩”过程而增加。电荷载流子在碰撞之间被充分加速，从而在收集路径上产生额外的电子-空穴对，这与正比计数器中发生气体倍增的方式基本相同(同样的过程在第13章的电离辐射“雪崩”二极管探测器中有所描述)。内部增益有助于将信号从电子噪声水平拉高，并允许在脉冲模式下以比传统光电二极管更低的辐射能量获得良好的能量分辨率。由于增益因子对温度和外加电压非常敏感，雪崩光电二极管需要调节良好的高压电源才能稳定工作。与光电倍增管相比，雪崩光电二极管的增益对温度的依赖性很强，每升高1℃，增益就会降低约2%。为了在温度可能变化的条件下与闪烁体一起使用时保持良好的能量分辨率，已经开发出了基于温度监控器的稳定方案，并通过改变外加电压[81]或其他电子手段对增益进行补偿调整。对于电流模式应用，传统光电二极管(无增益)的固有稳定性通常是首选。

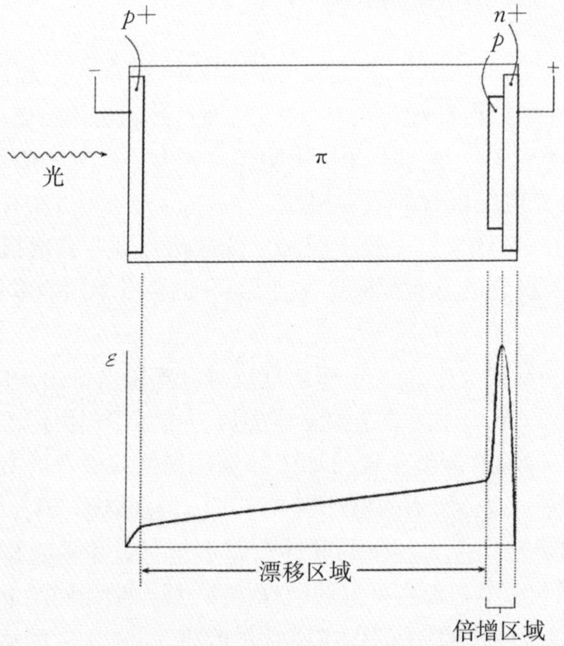

图9.18 雪崩光电二极管的直通结构示意图(上图)和施加偏置电压产生的电场(下图)

雪崩光电二极管(APD)有多种不同的制造方法，但常见的方法是直通式结构，如图

9.18所示。光通过图左侧的薄p^+层进入，并在构成二极管大部分厚度的π区域内的某处发生作用。相互作用的结果是产生电子-空穴对，电子通过漂移部分被引向右侧，进入存在高电场的倍增区。在这里会产生更多的电子-空穴对，从而增加测量信号。在正常情况下，增益系数通常为几百。信号的这种增强足以感应到低得多的光强，或在闪烁体中测量到较低的能量。通过在光电二极管外表面使用抗辐射涂层，在响应峰值波长（通常在500～600 nm内）的量子效率可高达80%。增强的短波长响应对于闪烁体非常重要，因为许多闪烁体的发射峰值都在光谱的蓝色区域。可以采取措施[82]，通过正确选择抗反射涂层和尽量减少表面死层厚度来提高光电二极管的蓝光灵敏度。

在倍增过程中，电子被吸引通过高场区，并产生额外的电子-空穴对。电子继续沿同一方向前进，但空穴则被吸引到相反的方向。在足够高的电场值下，空穴也会倍增，空穴倍增会产生额外的自由电子，因此这一过程会导致失控。这发生在击穿电压处，正常情况下的外加电压略低于这一水平。在这一区域，整体增益将是外加电压的指数函数，因此对外加电压极为敏感。增益因子也是温度的一个重要函数[83]，温度每升高一度，增益因子就会降低几个百分点。

雪崩光电二极管的定时特性非常有利。在理想情况下，限制因素是电子漂移时间随光电二极管内入射光子相互作用位置的变化。这些变化导致“雪崩”触发时间的典型变化量级为纳秒。此外，信号中存在的噪声也会导致定时不确定性，而这种不确定性往往会影响可实现的定时性能。在使用快速闪烁体的有利条件下，可以获得远低于一纳秒的时间分辨率[84]，但通常需要几纳秒或更长的时间。[85]由于增益提供了更高的信/噪比，因此雪崩光电二极管的成形时间比同等的传统光电二极管更短，从而可以实现更高速率的运行和更高的定时分辨率。

雪崩光电二极管的倍增过程涉及电子在整个“雪崩”过程中的随机位置发生碰撞。发生电离碰撞时，一个自由电子会增加到两个。增益的脉冲间波动比从典型的光电倍增管观察到的波动要大一些。我们已经从式(9.4)中看到，随着每个倍增极增益的增加，光电倍增管增益的相对波动也会减小。虽然这种类比并不精确，但“雪崩”倍增可以被认为具有2的δ值，远低于光电倍增管的典型值，因此整体波动可能会更大。当雪崩光电二极管与闪烁体一起使用时，这些波动可能是导致整体能量分辨率降低的重要原因。前面提到的标准光电二极管的电子噪声类别也仍然存在，可能会降低能量分辨率。另一方面，雪崩光电二极管与光电倍增管相比具有较高的量子效率，可以抵消这些缺点，而且在与小体积闪烁体一起使用时，已经证明了其出色的能量分辨率。[86-88]在一项实验室研究中[89]，用6个直径较小的普通闪烁体测试了直径为16 mm的雪崩光电二极管，并将662 keV的能量分辨率结果与典型光电倍增管的结果进行了比较。在6种情况中的4种（NaI(Tl)、GSO、LSO和YAP），雪崩光电二极管的能量分辨率相当或略胜一筹。对于CsI(Tl)和BGO，雪崩光电二极管的优势更为明显。大体积的雪崩光电二极管并不常见，因此闪烁体的尺寸受到很大限制，为了达到这种良好的能量分辨率，光收集仍然要有合理的效率。此外，电子噪声也是雪崩光电二极管的一个重要因素，因此在低能量时可实现的分辨率不如光电倍增管。

2. 过量噪声系数

雪崩光电二极管输出信号的统计行为与第6章概述的正比计数器非常相似。在这两种情况下,输出信号的脉冲间波动来自两个独立的统计效应:闪烁体中固定能量沉积的初始电荷(雪崩光电二极管中为电子-空穴对)数量的变化以及倍增过程中的随机差异。

以下假设闪烁体中的能量沉积是恒定的,并让n_0为产生的电子一空穴对数量(=闪烁体入射光子数量乘以雪崩光电二极管量子效率);M为雪崩光电二极管增益;N为构成输出信号的电子数,那么平均$N=n_0M$。利用与式(6.15)类似的论证,输出信号的相对波动为

$$\left(\frac{\sigma_N}{N}\right)^2=\left(\frac{\sigma_{n_0}}{n_0}\right)^2+\left(\frac{\sigma_M}{M}\right)^2$$

假设每个脉冲的倍增因子由n_0个独立"雪崩"组成,每个"雪崩"由一个电子触发

$$M=\frac{1}{n_0}\sum_{i=1}^{n_0}A_i=\overline{A}$$

并且

$$\sigma_M^2=\frac{1}{n_0}\sigma_A^2$$

其中,$\overline{A}$代表平均"雪崩"强度(等于M),σ_A^2是表征单电子"雪崩"到"雪崩"统计波动的方差。如果假设n_0的波动遵循泊松统计(闪烁光的通常假设),那么$\sigma_{n_0}^2=n_0$,并且

$$\left(\frac{\sigma_N}{N}\right)^2=\frac{1}{n_0}\left[1+\left(\frac{\sigma_A}{\overline{A}}\right)^2\right] \tag{9.5}$$

对于"雪崩"二极管,传统上将过量噪声系数定义为

$$J=1+\left(\frac{\sigma_A}{\overline{A}}\right)^2$$

则

$$\left(\frac{\sigma_N}{N}\right)^2=\frac{J}{n_0}$$

过量噪声因子J反映了组成一个脉冲的所有"雪崩"的变化程度。如果所有"雪崩"的大小完全相同,那么$\sigma_A=0$,$J=1$。那么输出信号的波动将仅仅是由于电子-空穴对原始数量n_0的泊松变化造成的。如果"雪崩"波动明显,则J值会增加到1以上。根据第6章的讨论,如果可以将这些波动模拟为式(6.17)所描述的Furry分布,则$\left(\sigma_A/\overline{A}\right)^2=1$,$J$的预测值将为2。

"雪崩"波动没有通用的模型,观察到的J值通常在1.5到3.0之间或更高。实验值取决于雪崩光电二极管的具体类型和工作时的增益值,但与温度的关系不大。[90]与气体倍增一样,在最低的应用电压和增益值下,可以观察到最低的相对波动值[90-91],但代价是牺牲了较低的信号幅度和潜在的信噪比。

3. 位置敏感雪崩光电二极管

此外,还开发了位置敏感雪崩光电二极管,用于读出小型闪烁元件阵列。[92-94]通过定位阵列中伽马射线事件的光中心点撞击雪崩光电二极管的位置,就有可能识别出阵列中拦截入射伽马射线的特定元件。读出方案通常基于在雪崩光电二极管上使用一个电阻阳极板触点,并将放大器连接到阳极板的4个角上。通过检查这些角信号之间的比率,可以进行内插法定位入射光脉冲。典型的尺寸是边长几厘米,更大的区域需要冷却到室温以下,以降低噪声水平。这些装置正在核医学正电子发射断层成像仪的新型设计中进行评估。

9.6.4 硅光电倍增管

在前面关于雪崩光电二极管的讨论中已经指出,二极管的增益会随着外加电压的增加而大幅提高。正如在气体探测器中一样,如果电压升得足够高,就会达到"雪崩"过程"逃逸"的点。当接近这个击穿电压时,来自不同光电子的倍增区开始合并在一起,形成一个单一的"雪崩"。然后,二极管进入所谓的"盖革"模式,在这种模式下,光子初始相互作用产生的电荷原则上可以无限制地倍增。正如充满气体的盖革管可以通过一个离子对产生放电一样,盖革模式雪崩光电二极管也可以通过一个入射光子产生大量输出脉冲。单个单元器件或单光子雪崩光电二极管(SPAD)经过几十年的发展[95],已广泛应用于激光测距、电信和荧光寿命测量等领域。

除非被动或主动外部电路熄灭,否则"雪崩"将持续。无源淬灭技术是在二极管上串联一个大电阻(通常为几百千欧),使"雪崩"电流产生压降。二极管中的电场因此降低,进一步的倍增停止,直到器件恢复到静态。淬灭时间约为几十纳秒,由淬灭电阻和二极管电容的乘积决定。更复杂的主动淬灭技术采用快速集成晶体管来感应"雪崩",并暂时降低施加的电压。[96]

1. 盖革模式雪崩光电二极管阵列

对于需要按比例放大电子-空穴对原始数量的普通闪烁应用来说,这种单个单元盖革模式几乎没有什么意义,因为有关原始数量的所有信息都已丢失。然而,利用许多小尺寸盖革模式光电二极管阵列的独特特性,我们开发出了一种有用的装置。[97]硅光电倍增管(SiPM)(也称为固态光电倍增管(SSPM)或多像素光子计数器(MPPC))是一种小型雪崩光电二极管单元阵列,每个单元的尺寸只有几十微米,采用CMOS工艺在硅芯片上制作而成。理想情况下,单个光电二极管单元的尺寸要足够小,这样在闪烁脉冲期间,某个单元被闪烁光子击中的概率就会很低,一个典型的单元最多只能入射到一个光子。因此,产生"雪崩"的单元数量与入射闪烁光子的数量成正比。由于正常的闪烁探测器会在其输出窗口产生成千上万的光子,因此单元的数量必须是所收集光子数量的大倍数才能达到这一条件,因此拥有10^4个或更多单元的阵列并不少见。在盖革模式下工作时,每个单元的输出都非常接近相同的幅度,这是由单元的均匀性和每个单元在硅片上安装的单独淬灭电阻器决定的。然后，只需通过并联将它们的输出相加，就能产生一个模拟脉冲，其幅度与检测到的光子数成正比。在撰写本报告时，单元阵列的总尺寸被限制在5 mm以下，但人们对生产更大面积的单元阵列有着浓厚的兴趣。

2. 暗脉冲和噪声

虽然工作在盖革模式的雪崩光电二极管对单个光电子非常敏感，但它对硅中热生成的导带电子也有同样的响应性。这些电子会导致虚假的热事件，给闪烁信号增加随机噪声成分。在室温下，从硅闪烁光源观察到的暗速率可高达每平方毫米10^6个脉冲/s。这些事件大多与单个单元的点火相对应。因此，如果测量包括寻找来自单光子的脉冲，自发暗速率将非常高。但是，如果设定一个与多个单元（例如5个）同时点火相对应的分辨水平，则暗速率将低很多个数量级（图9.19(b)）。在每个脉冲记录大量光子的闪烁读出的许多应用中，这种分辨水平都是可能的。还可以通过冷却设备来减少热电子的供应。由于许多闪烁体的光谱响应峰值在蓝色区域，而光线对硅的穿透很浅，因此电场应限制在非常靠近表面的位置，以尽量减少自发载流子收集。[98]

除热事件外，硅光电倍增管的暗噪还包括后续脉冲和光学串扰。当硅晶格中的杂质作为陷阱随时间以指数形式去激发时，就会产生后续脉冲。这些去激发陷阱产生的电子可能会在同一单元内引起后续“雪崩”，并增加每个闪烁光子的“雪崩”次数。[99]发生光学串扰的原因是“雪崩”引发的荧光，其中单元发出的光子会触发邻近单元的“雪崩”。随着填充因子的增加，这些“雪崩”光子更有可能引发后续的“雪崩”。解决这种噪声机制的一种方法是在像素之间制作不透明沟槽。但是，当反射包裹的闪烁体与硅光电倍增管配接时，“雪崩”光子可能会在闪烁体内部反射，并克服任何单元间障碍。光学串扰噪声的统计也取决于闪烁体的光学特性。总体而言，硅光电倍增管的噪声是闪烁、热、后续脉冲和光学串扰事件的复杂相互作用。

(a) 硅光电倍增管的结构[97]，由5 625个单元组成，排列成一个总尺寸为3 mm×3 mm的阵列。扩展视图显示了单个单元

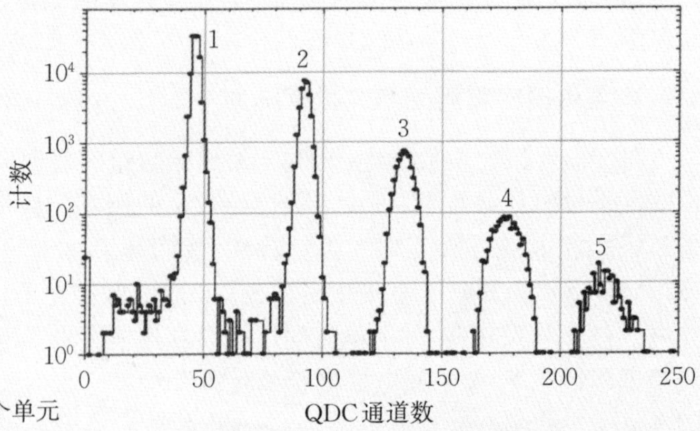

(b) 图(a)所示设备的暗噪幅度谱（水平刻度代表脉冲幅度）

图9.19 硅光电倍增管的结构和暗噪声幅度谱

左侧的峰对应于单个单元产生的脉冲，而右侧的峰对应于2至5个多个单元的同时发射。峰宽度较窄，表明所有单元在触发时产生的输出几乎相同。

3. 运行特性

硅光电倍增管的光子检测效率(PDE)是几何填充因子、量子效率和“雪崩”引发概率的乘积。由于单个电阻器比多个晶体管所需的硅空间更小,因此通常需要使用较大的填充因子来进行无源淬灭。量子效率的定义是光子进入器件并产生光电子的概率。它是闪烁光子波长的一个强函数,与半导体衬底的光吸收系数有关。光子检测效率的最后一个分量是“雪崩”引发概率,与分支过程的消亡概率有关。也就是说,一些“雪崩”可能开始形成,但未能达到形成完全放电所需的电子—空穴对临界数量。这种损失可以通过增加偏压进而增加电场来减少。目前,商用硅光电倍增管的光电检测效率远远高于传统的双碱金属光电倍增管。

由于“雪崩”产生的上升时间极快且稳定,单个单元雪崩光电二极管可实现数十皮秒的定时分辨率。单元阵列的定时分辨率通常为数百皮秒。

与光电倍增管相比,硅光电倍增管通常具有不受磁场影响、工作电压低和外形小巧等优点。如果可行的设计能在商业半导体代工厂生产,低成本设备是有可能实现的。然而,在设计方面仍存在一些挑战。首先,热噪声与探测器面积成比例关系。为了从大型闪烁体获得良好的能量分辨率,应选择硅光电倍增管的尺寸最大限度地增加探测到的光子数量,同时最大限度地降低暗噪。另一个重大挑战是硅光电倍增管的增益、噪声和光子检测效率与温度和电压密切相关。为了稳定运行,必须设计可靠的偏置电路,以测量或补偿测量期间的任何波动。[100]

硅光电倍增器对足够强烈的光脉冲具有固有的非线性响应,以至于触发一个典型单元的概率不再小。假设一束闪光均匀地照亮了硅光电倍增管表面,其持续时间与单元的恢复时间相比很短。如果任何给定单元点亮的概率是20%,那么有0.2^2即4%的概率会有两个能够触发单元的光子在其分辨时间内到达。单元输出的大小仍然与单个光子相同,因此一些光子会因这个随机过程而“丢失”,硅光电倍增管输出脉冲的幅度将低于每个光子触发一个单元时产生的幅度。部分损耗会随着闪光强度的增加而增加,因此,在测量硅光电倍增管脉冲幅度与光强的关系时,会发现随着光强变大,偏离比例性的情况也会增加。原则上,只要损耗不占所有入射光子的很大一部分,基于初始校准的简单修正就能恢复线性。[101]

目前,各研究实验室和商业供应商都在大力开发硅光电倍增管,而且该技术日新月异。读者应查阅最近的出版物,了解有关现有尺寸和工作特性的最新信息。

9.7 闪烁脉冲形状分析

闪烁事件发生后,光电倍增管阳极产生的电压脉冲的形状取决于阳极电路的时间常数。正如第4章所讨论的,可以确定两种极端情况,这两种情况通常都与闪烁计数有关。

第一种情况是选择的时间常数与闪烁体的衰减时间相比较大。如果良好的脉冲高度分辨率是主要目标,且脉冲速率不过高,通常会选择这种情况。然后,阳极电路对每个电子脉冲进行积分,产生一个电压脉冲,其幅度等于Q/C,即收集到的电子电荷与阳极电路电容之比。第二个极端是通过设置阳极电路时间常数远小于闪烁体衰减时间来实现的。正如下面的分析所显示的,脉冲速度会更快,这在快速定时应用或遇到高脉冲速率时往往是一个优势。与此同时,在脉冲幅度和分辨率方面也会有所牺牲。

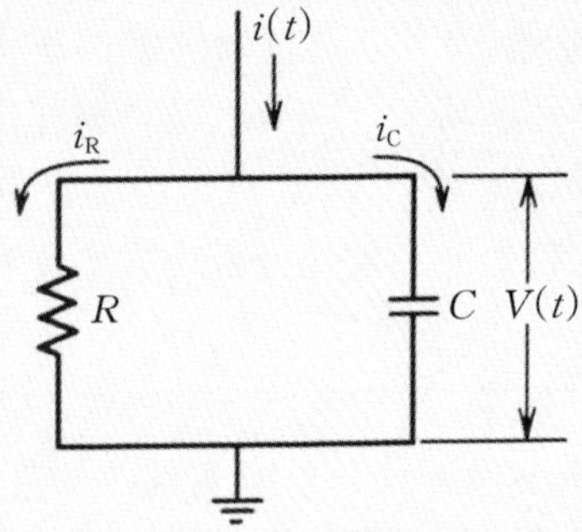

图9.20 表示光电倍增管阳极电路的简单并联RC电路

阳极电路可以理想化,如图9.20所示。C代表阳极本身的电容,加上连接电缆的电容和阳极所连接电路的输入电容。负载电阻R可以是接线到管座的物理电阻(见图9.14),如果没有,则是所连接电路的输入阻抗。流向阳极的电流$i(t)$是单个脉冲的电子流,假定从$t=0$开始。$i(t)$的形状显然会影响阳极电压脉冲的形状,我们选择闪烁事件后典型电子脉冲的简化表示来进行分析。大多数闪烁体发出的光的主成分可以用简单的指数衰减来充分表示。如果光电倍增管的传输时间差与该衰减时间相比很小,那么到达光电倍增管阳极的电子电流的现实模型就可以简单地表示为

$$i(t)=i_0\mathrm{e}^{-\lambda t} \tag{9.7}$$

其中,λ是闪烁体衰减常数。初始电流i_0可以用整个脉冲收集到的总电荷Q表示,即

$$Q=\int_0^\infty i(t)\mathrm{d}t=i_0\int_0^\infty \mathrm{e}^{-\lambda t}\mathrm{d}t=\frac{i_0}{\lambda} \tag{9.8}$$

因此

$$i_0=\lambda Q \tag{9.9}$$

得到

$$i(t)=\lambda Q\mathrm{e}^{-\lambda t} \tag{9.10}$$

要得出阳极的预期电压脉冲$V(t)$,我们首先要注意,流入并联RC电路的电流必须是流入电容i_C的电流与通过电阻i_R的电流之和。

$$i(t)=i_C+i_R \tag{9.11}$$

$$i(t)=C\frac{\mathrm{d}V(t)}{\mathrm{d}t}+\frac{V(t)}{R} \tag{9.12}$$

将式(9.10)插入$i(t)$,除以C,得出

$$\frac{\mathrm{d}V(t)}{\mathrm{d}t}+\frac{1}{RC}V(t)=\frac{\lambda Q}{C}\mathrm{e}^{-\lambda t} \tag{9.13}$$

这个初始条件为$V(0)=0$的一阶非齐次微分方程的解可以证明为

$$V(t)=\frac{1}{\lambda-\theta}\cdot\frac{\lambda Q}{C}(\mathrm{e}^{-\theta t}-\mathrm{e}^{-\lambda t}) \tag{9.14}$$

其中,$\theta\equiv 1/(RC)$是阳极时间常数的倒数。

9.7.1 情况1.大时间常数

如果阳极时间常数比闪烁体衰减时间大,则$\theta \ll \lambda$,式(9.14)可近似为

$$V(t) \approx \frac{Q}{C}(e^{-\theta t} - e^{-\lambda t}) \tag{9.15}$$

这种脉冲形式的曲线如图9.21所示。由于$\theta \ll \lambda$,式(9.15)中的第一个指数缓慢衰减,短时间行为近似于

$$V(t) \approx \frac{Q}{C}(1 - e^{-\lambda t}) \quad \left(t \ll \frac{1}{\theta}\right) \tag{9.16}$$

经过足够长的时间后,第二指数衰减为零,而长期行为则由第一指数决定:

$$V(t) \cong \frac{Q}{C}e^{-\theta t} \quad \left(t \gg \frac{1}{\lambda}\right) \tag{9.17}$$

现在可以得出以下重要意见:

① 脉冲的前沿具有$(1-e^{-\lambda t})$的时间行为,因此其上升时间由闪烁体衰减常数λ决定,快速闪烁体的λ值较大,会导致脉冲快速上升。

② 脉冲尾部的时间行为为$e^{-\theta t}$,因此其衰减速度由阳极电路时间常数$RC \equiv 1/\theta$决定。

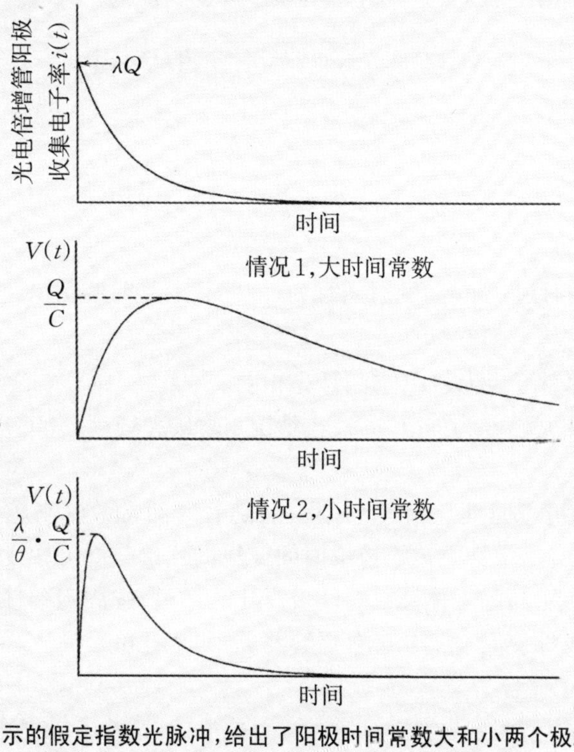

图9.21 对于顶部所示的假定指数光脉冲,给出了阳极时间常数大和小两个极端的阳极脉冲$V(t)$图
情况2的脉冲持续时间较短,但最大幅度要小得多。

③ 脉冲的幅度由Q/C简单给出，但只有当$\theta \ll \lambda$时才能达到这个值。强调一下，与闪烁体衰减时间相比，阳极电路时间常数必须很大。

大多数闪烁计数都是在这种模式下进行的，因为脉冲高度最大，随后的噪声源对脉冲高度分辨率的影响最小。此外，所获得的脉冲幅度对负载电阻的变化或电子脉冲时间特性的微小变化并不敏感。

然后，用户必须选择一个时间常数，该常数至少是闪烁体衰减时间的5～10倍，但又不能过长，以免脉冲在高速率下与前一个脉冲的尾部发生不必要的叠加。时间常数由乘积RC决定，可以通过改变阳极电容或负载电阻来改变其值。不过，在大多数应用中，必须对电阻进行调整，以获得所需的时间常数，因为电容被有意保持在最小值，以获得最大的脉冲幅度(Q/C)。

9.7.2 情况2.小时间常数

在相反的极端，阳极时间常数与闪烁体衰减时间相比设定为一个很小的值，即$\theta \gg \lambda$。现在式(9.14)变为

$$V(t) \approx \frac{\lambda}{\theta} \cdot \frac{Q}{C}\left(e^{-\lambda t} - e^{-\theta t}\right) \tag{9.15a}$$

这种脉冲形状也绘制在图9.21中。现在，当t很小时的行为是

$$V(t) = \frac{\lambda}{\theta} \cdot \frac{Q}{C}\left(1 - e^{-\theta t}\right) \quad \left(t \ll \frac{1}{\lambda}\right) \tag{9.16a}$$

而对于t取大值时，

$$V(t) = \frac{\lambda}{\theta} \cdot \frac{Q}{C} e^{-\lambda t} \quad \left(t \gg \frac{1}{\theta}\right) \tag{9.17a}$$

现在可以得出以下重要意见：

① 脉冲的前沿具有$\left(1 - e^{-\theta t}\right)$的时间行为，因此其上升时间由电路时间常数$RC \equiv 1/\theta$决定。

② 脉冲尾部的时间行为为$e^{-\lambda t}$，与闪烁光相同。

③ 现在脉冲的最大幅度为($\lambda Q/\theta C$)，比情况1的最大幅度(Q/C)小很多，因为根据情况2的定义，$\lambda \ll \theta$。

现在的电压脉冲持续时间比情况1短得多，随着时间常数越来越小，其形状也越来越接近闪烁器产生的光电倍增管电流。持续时间变短的代价是脉冲幅度大大降低，脉冲幅度与时间常数成线性关系，与闪烁体衰减时间成反比。不过，在固定条件下，脉冲幅度仍然是阳极收集电荷Q的线性测量值，尽管它更容易受到噪声和元件不稳定性的影响而发生波动。

我们使用的简化模型假定电流$i(t)$是连续而平滑的，这并不能完全代表阳极电流的离散性或“团块”性质，而这种性质最终是由离散的光电子产生的。在情况1中，电流积分过

程在很大程度上消除了离散性的影响。但在情况2中，由于没有进行积分，脉冲形式对光电子产生的统计性质所产生的波动更为敏感。对于只产生少量光电子的弱闪烁事件，脉冲形状和幅度的波动最为严重。图9.22展示了这种效果。当阳极时间常数非常小时，电流不会发生明显的积分，阳极电压信号再现了图中间所示的电流时间相关性。只有那些光电子才对输出脉冲的幅度有贡献，当这些光电子被光电倍增管的传输时差展宽时，就会在闪烁事件的早期阶段堆积起来。因此，闪烁体衰变后期产生的光不会影响脉冲幅度。与此相反，图中底部显示的脉冲具有足够大的阳极时间常数，可以完全整合闪烁体发出的所有光，其幅度的统计波动也会降到最低。

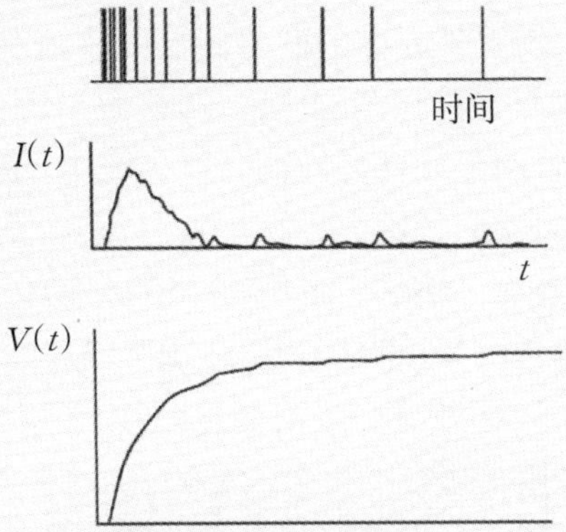

图9.22　顶部的草图表示闪烁事件发生后电子从光电阴极发射的时间函数
中间的曲线图显示了到达阳极的电流，而底部的曲线则是在阳极电路上以较长的时间常数积分该电流后产生的电压脉冲的前沿。

即使选择了较长的阳极时间常数，在随后的脉冲处理电子装置中进行的脉冲成形步骤中，典型脉冲的有效光电子数也可能会减少。为避免影响测量的能量分辨率，必须选择比闪烁体衰减时间长数倍的成形时间，以确保大部分幅度信息在成形过程中得以保留。为了使95%的闪烁光产生脉冲幅度，需要3倍于衰减常数的有效积分时间。即使使用脉冲成形方法，如延迟线削波或门控积分(见《核辐射探测与测量(下册)》第16章)来获得最小宽度的积分脉冲，这一要求也为脉冲宽度设定了下限，进而决定了可容忍的最大计数率。从根本上说，是闪烁体中连续事件产生的光本身的重叠设定了这一限制。例如，NaI(Tl)的衰减时间为230 ns，因此需要690 ns的最小脉冲宽度才能实现近乎完全的光积分。为了避免因堆积而损失10%以上的脉冲(见《核辐射探测与测量(下册)》第17章)，计数率必须保持在74 000/s以下。要将闪烁能谱扩展到更高的速率，必须采用复杂的脉冲形状分析方案[102]来分离相互靠近的脉冲(目前还不是常规做法)，或者使用衰减时间更快的闪烁材料。

9.8 混合光电倍增管

传统光电倍增管设计的一个有趣变体通常被称为混合光电倍增管，或者混合光电二极管。如图9.23所示，其基本原理是用一种根本不同的方法来倍增入射光在光电阴极中产生的电荷。与传统的光电倍增管一样，光在光电阴极中按波长的量子效率转化为电子。现在，传统的电子倍增器结构被放置在同一真空外壳中的硅探测器（《核辐射探测与测量（下册）》第11章所述类型）所取代。在光电阴极和硅探测器之间施加一个较大的电压差，通常在10～15 kV之间，以加速电子通过真空管两个元件之间的真空。光电子从光电阴极出来时能量很小，通常为1 eV或更小。然而，当它们被吸入硅探测器时，会在真空中不断加速，并以高能电子的形式撞击硅探测器的前表面。例如，如果施加10 kV的电压，那么电子到达时的动能为10 keV。正如《核辐射探测与测量（下册）》第11章所详述的，这种类型的高能电子将通过产生多个电子-空穴对而在硅探测器中失去能量。如果一个10 keV电子的全部能量都沉积在探测器的有效容积中，那么它将产生大约2 800个这样的电子对。由于每个电子对都带有电子电荷，因此上述过程实际上是将每个光电子的单位电荷乘以2 800倍。虽然这种放大水平远低于光电倍增管的典型放大水平（10^6～10^7），但它仍能产生足够大的信号，并在后续电子元件中成功放大。

9.8.1 混合光电倍增管设计

混合光电倍增管的制造需要克服在同一高真空环境中各组件兼容性的潜在困难。光电阴极很容易被痕量残留气体杂质"毒害"或变得效率低下，如果表面污染物产生过量漏电流，硅探测器就会产生高噪声。克服这些困难后，从20世纪90年代开始，混合光电倍增管开始广泛应用。虽然市面上的混合光电倍增管直径往往局限于1 cm或更小，但开发设计中的直径已达到30 cm。[104]

如图9.23所示，混合光电倍增管通常有两种类型：一种是静电聚焦型；另一种是近距离聚焦型。第一种类型是利用聚焦电极形成电子光学，将电子从大面积光电阴极引导到小面积硅探测器。这种设计的优点是，小面积硅二极管的电容和漏电流较小，因此工作噪声相对较低；第二种类型（近焦式）使用一个较大的硅探测器，其直径与光电阴极大致相同，两者之间的间隙要小得多。在这种情况下，电子从光电阴极沿着与管子轴线基本平行的电场线被引向探测器。近距离聚焦管的间隙可能只有几毫米，因此可以非常紧凑，总长度不超过3 cm。与静电聚焦设计相比，这种类型的电子路径短且平行，受外部磁场的干扰要小得多，尤其是在磁场方向与管轴平行的情况下。

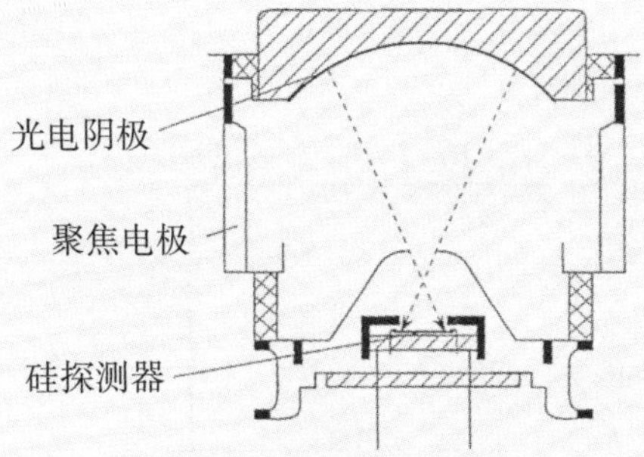

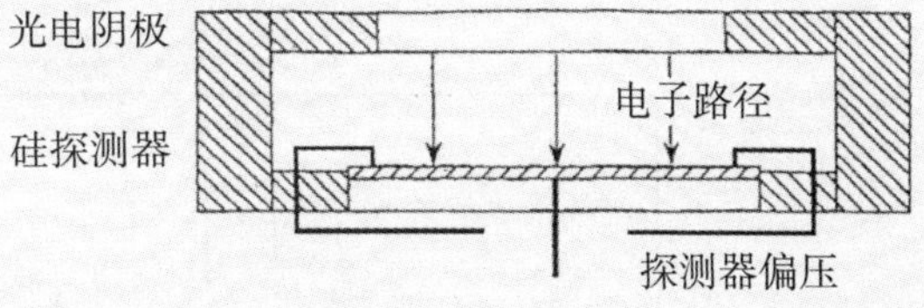

图9.23 混合光电倍增管的元件

(摘自Basa等[103])

9.8.2 运行特点

已成功证明混合光电倍增管可以读出典型闪烁伽马能谱仪的光[105],并经常应用于检测到的光水平非常低的情况。与传统光电倍增管相比,混合光电倍增管最显著的优点是输出脉冲幅度的统计差值要小得多。如图9.5所示,这种统计展宽几乎完全由放大第一阶段中每个入射电子产生的电荷载流子数量决定。这个数字越大,相对的统计展宽就越小。在普通的光电倍增管中,第一级倍增的典型数字可能是5,而在高增益NEA倍增极材料中,这个数字可能达到25。混合光电倍增管中的相应数字通常为2 500～3 500。因此,如果重复发生从光电阴极释放出固定数量光电子的事件,那么光电倍增管记录到的脉冲高度谱将比混合光电倍增管宽得多。说明统计效应的一种方法是,用弱光源照射光电管,产生一系列光电子平均数量相对较少的脉冲时,记录脉冲高度谱。图9.6给出了一个NEA倍增极光电倍增管的能谱示例。在完美的光传感器中,记录的能谱将由一系列分别解析的峰组成,每个脉冲对应1,2,3…个光电子。由于统计扩散的原因,能谱只能分辨出前三个峰。这种情况与图9.24所示的能谱(取自HPMT)形成鲜明对比。这里的峰可以分别解析到14个光电子。可以看到,这些峰叠加在一个宽广的连续谱上,这主要是因为一些入射电子在沉积其全部能量之前从硅探测器中反向散射出来。对于入射的13 keV电子,约有18%的电子被反向散射。[106]

放大的出色统计性能带来的主要好处之一,是能够更好地将单个光电子事件与多个光电子事件区分开来。例如,热电子噪声来自光电阴极在时间上随机发射的单个光电子,因此这类噪声脉冲会出现在单个光电子峰中。如果该峰能与对应于多个光电子的峰完全分离,那么通过简单的脉冲高度甄别就能消除热电子噪声,而无需牺牲超过必要的信号事件。在许多应用中,信号本身仅由光电阴极释放的单个光电子组成,因此也可以利用单光子事件从电子噪声中分离出来。如果只有统计意义上的展宽效应,那么图9.24所示的单个光电子峰的预测脉冲高度分辨率应低于1%(参见《核辐射探测与测量(下册)》第11章中关于能量分辨率的讨论)。实际观测到的宽度要比这宽得多,这是因为处理这些低电平信号所需的放大元件中增加了电子噪声。

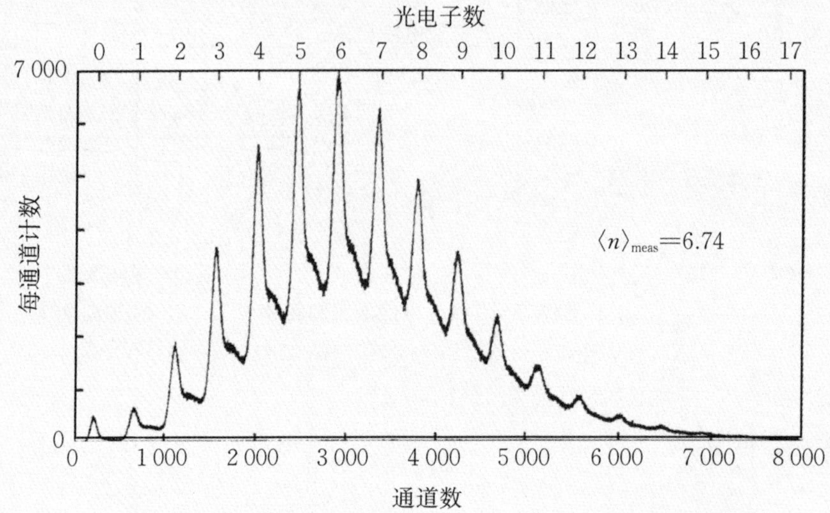

图9.24 混合光电倍增管在低强度光脉冲照射下的脉冲高度谱

图中顶部显示的离散数量的光电子产生的事件可以区分出不同的峰。

(摘自D'Ambrosio等[106])

混合光电倍增管还具有许多其他操作优势。由于增益因子只取决于沉积在硅探测器中的能量,因此它应该随施加的高压值呈线性变化。如果考虑到探测器入口窗口中电子的能量损失(通常为几百到一千电子伏特),就能在实验中观察到这种行为。相比之下,对于传统的光电倍增管,增益通常会随着电压升高到7次幂或8次幂而变化(式(9.3))。因此,对电压电源的不稳定性或漂移的敏感性要低得多。此外,从高压电源汲取的唯一电流就是光电子流所代表的内部电流。这一电流比光电倍增管的电阻分压器中稳定节点间电压通常所需的电流要小很多数量级。因此,尽管所需的电压值稍高,但混合光电倍增管可以使用更简单、更紧凑的高压电源。单级倍增的简单性通常也会使增益的温度敏感性大大低于传统光电倍增管。

混合光电倍增管的定时特性也非常有利。在静电聚焦管或近距离聚焦管中,与传统的光电倍增管相比,传输时间的差值很小。加速的光电子在硅探测器入口附近停止,形成电子-空穴对。硅探测器的厚度通常为300 μm,通常偏置为前表面收集正电荷(空穴),后表面收集负电荷(电子)。因此空穴很快就会被收集起来,电子流通过耗尽区的大部分厚度就会产生观测到的信号电流(见《核辐射探测与测量(下册)》第11章的讨论)。小直径(低电容)硅探测器的相应电流脉冲持续时间为几纳秒,上升和下降时间小于1 ns。定时分辨率可达100 ps或更高[107-108],尤其适用于电容较小的小尺寸和大光脉冲,可最大限度地降低电子噪声对定时精度的影响。最佳定时性能可与最快的竞争对手——微通道板式光电倍增管相媲美。

9.8.3 混合光电倍增管的变体

还研究了其他几种采用不同类型硅探测器的混合光电倍增管。由于传统硅探测器的增益只有几千,因此设计人员采用了雪崩硅探测器,以提供额外的内部增益系数。小直径雪崩光电二极管能够提供几百个内部增益,从而将管的整体增益提高到10^5以上。这种放大方式在传统的光电倍增管中更为常见,并克服了低幅度脉冲的许多问题。但是,由衰减引起的增益倍增统计会使输出脉冲大幅展宽,图9.24中所示的单个光电子峰就无法再观察到了。另一种变化是用位置敏感硅探测器代替。这种方法将混合光电倍增管转换为下一节讨论的位置敏感型光电倍增管。这类设计正在不断发展[109-112],利用多通道专用集成电路的功能读出多达2 048个像素。参考文献[113]对截至发表之日(2003年)的混合光子探测器的设计和使用所涉及的问题进行了详尽的回顾,但也应关注当前的文献,以了解这一快速发展的技术领域的最新进展。

9.9 位置感应光电倍增管

在普通闪烁计数中,典型闪烁事件产生的光会散布在整个光电倍增管的光电阴极上,因此光电阴极内的相互作用点并不特别重要。不过,在粒子物理学或核医学等一些特殊应用中,到达的光子在光电阴极上的位置会带来一些信息。在使用单个光电倍增管读出多束闪烁光纤时,获得位置信息可以识别出产生光的特定光纤。由于这些应用,人们对开发能够提供入射光的某些位置信息的光电倍增管很感兴趣。

任何此类设计的首要要求是使用一种电子倍增结构,这种结构能够保持来自光电阴极上不同位置产生的光电子的倍增电子云之间的空间隔离。这一要求排除了常见的倍增器结构,如图9.7所示,在这种结构中,来自光电阴极所有区域的电子都集中到一个共同的倍增极上。不过,我们已经讨论过的几种电子倍增器结构都能满足将倍增电子限制在局部位置的要求。其中包括微通道板倍增器(每个倍增电子云被限制在一个小通道内)和混合光电倍增管(电子从光电阴极加速到硅探测器上的相应位置)。基于这些倍增器配置的光电倍增管可在市场上买到,并可用于位置传感或成像应用。

为生产位置敏感型光电倍增管,还开发了其他专门的倍增极结构。如图9.25所示,第一种是一种细网结构,通过分层叠加穿有许多小孔的金属倍增极来产生多达16~20级的倍增。当对倍增极结构进行适当的表面处理,并在层间以最佳电位运行时,每级可产生约3个次级电子。因此,使用多达20级可以实现10^6~10^9的总体增益。[114]在这种布置下,随着逐级倍增的进行,电荷自然会出现扩散的趋势。

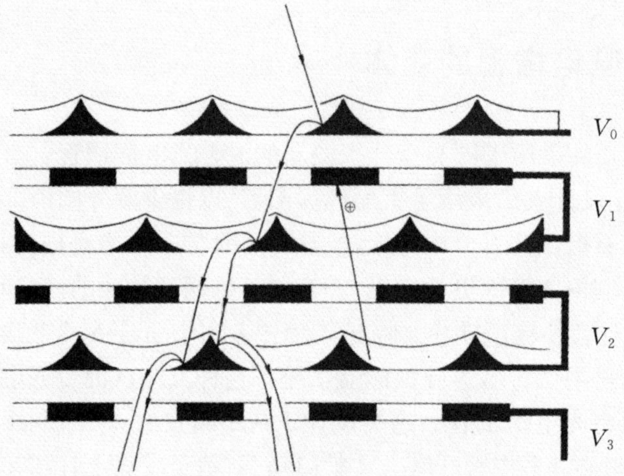

图 9.25　聚焦网格电子倍增器的横截面

每个尖顶形倍增极层都有一个相关的护板，护板上的孔与尖顶的点对齐。护板有助于将发射的次级电子聚焦到下一个倍增极层，同时还能阻止任何次级离子（如图中所示的向上箭头）引起离子反馈。（摘自 Vallerga 等[114]）

如果需要极高的空间分辨率，这种扩散显然是不可取的。因此，其他的倍增极设计都采用了细网[115-116]或金属通道式倍增极结构（图 9.26），能更好地将倍增电荷限制在一个狭窄的点上。设计这类位置敏感型光电倍增管时需要考虑的一个问题是光电阴极入口区域对光线的均匀性。在某些类型的管子中，可以观察到增益的两倍偏差。[121]这些变化不仅包括光电阴极的不均匀性，还包括收集光电子的概率随其发射位置的变化。

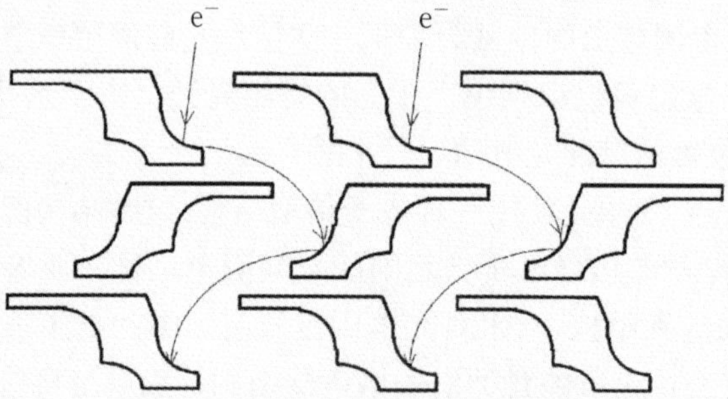

图 9.26　金属通道倍增极结构的横截面

（摘自 Yoshizawa 和 Takeuchi[117]）

在倍增管的阳极端或输出端，有几种方案可用于保留位置信息。最直接的方法是简单地将阳极划分为独立的离散阳极或像素，每个阳极或像素都有自己独立的读出连接。只要电子扩散引起的串扰保持在较小范围内，8×8 个阳极的阵列就相当于将 64 个独立的光电倍增管封装在一个普通的真空外壳中。[118]这种倍增管已经可以在市场上买到，其脉冲高度分辨率足以区分能谱中的峰和单光子检测。[119,120]另一种方法是提供两层阳极线，每层由多根平行线组成。这两层阳极线的方向与另一层的阳极线垂直，从而产生独立的 x 和 y 位置编码。这种“交叉阳极线”读出方式被广泛用于位置敏感型光电倍增管，这是因为图9.27所示的电荷划分方案可用于将读出通道数量减少到4个。另外，每条独立的阳极线都可以用自己的前置放大器[121]来读出，这样就可以更灵活地利用电荷共享技术来校正空间信号中不可避免的非线性。多阳极读出越来越多地以专用集成电路的形式实现，以适中的成本提供多个并行读出通道。

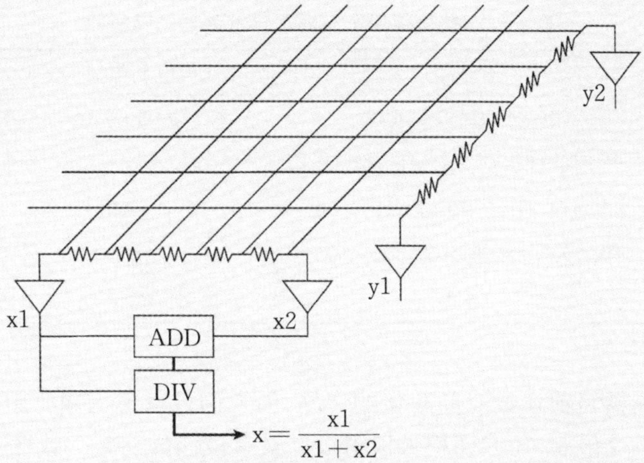

图9.27　位置传感光电倍增管读出的交叉导线方案示意图

一个电阻器链将一个维度上的所有导线相互连接起来，电阻器链的两端装有前置放大器，执行图中的操作可产生一个脉冲，该脉冲理想情况只与该维度的事件坐标成正比。

传统的光电倍增管是真空装置。另一种形式的位置感应光电倍增管是基于多个气体电子倍增箔(图6.32)进行电子倍增的充气装置。由于气体电子倍增箔可以保留空间信息，因此使用同样具有位置感应功能的阳极结构可以产生具有有趣特性的光电倍增管。其潜在优势之一是，大面积光电倍增管的设计无须承受真空替代品带来的压差。

9.10　光离子化探测器

光电倍增管的另一种替代品已被用于检测光谱中紫外线部分的光。气相中的某些有机化合物可以被紫外线光子电离，形成离子对。如果将有机蒸气作为对电离敏感的传统探测器(如正比计数器)的填充气体成分，那么信号脉冲的幅度将反映出已转化为离子的入射光子的数量。此外，如果使用位置敏感探测器(如多线正比计数器)，还可以确定转换点的空间位置。

表9.2列出了一些可用作光离子化的有机化合物，其中，TMAE和TEA最受关注。[123]研究表明，这两种化合物都可以成功地加入到标准正比气体中，浓度一般可达3%。就

TMAE而言,它在20 ℃时的蒸气压为0.35 Torr(参考文献[124]),这限制了它在气相中的室温绝对浓度。在该分压下,BaF_2发射光谱快速分量(见图8.13)的量子效率约为每毫米路径长度的2%(参考文献[125])。这种蒸气会与氧气和有机材料(如真空脂和O形圈)发生反应,因此在真空室设计和气体处理过程中需要小心谨慎。TEA更容易处理,蒸气压力更高,但其较高的光离子化电位限制了其仅对较短波长响应。

表9.2　一些可能用于光离子化探测器的有机物

缩　写	化　学　品　名	气相电离电位(eV)	长波长截止(nm)
TMAE	四(二甲基氨基)乙烯	5.36	231
TMBI	1,1′,3,3′-四甲基-2,2′双咪唑烷亚基	5.41	229
TMAB	1,1,4,4-四(二甲基氨基)丁二烯	5.60	221
TMPD	N,N,N′,N′-四甲基对苯二胺	6.20	200
TEA	三乙胺	7.5	165

数据由Policarpo编制[122]。

光离子化探测器目前还没有商业化的产品,但它们可以为特殊应用提供有趣的特性。它们的尺寸几乎不受限制,在大面积入口窗口上具有极佳的响应一致性。通过结合第5章中讨论的大面积正比探测器的位置感应技术,还可以实现良好的空间分辨率(在成像应用中很有意义)。它们在闪烁体[125-127]、切连科夫探测器[128-130]和气体正比闪烁计数器[122,128]的紫外辐射检测中得到了有用的应用。

习题

9.1　计算功函数为1.5 eV的光电阴极层灵敏度的长波极限。

9.2　如果光电倍增管中的典型倍增极之间的间距为12 mm,每级电位差为150 V,请计算电子在倍增极之间的传输时间(为简单起见,假设电场均匀)。

9.3　利用图9.3所示数据,求使用GaP(Cs)倍增极的6级倍增管达到10^6电子增益因子所需的总外加电压。

9.4　测得电子增益为10^6的光电倍增管的暗电流为2 nA,光电阴极相应的电子发射率是多少?

9.5　10级光电倍增管的每个倍增极δ的增益变化为$V^{0.6}$,其中V为倍增极间电压。如果电子管在1 000 V的总电压下工作,要使增益变化不超过1%,可以允许多大的电压波动?

9.6　NaI(Tl)闪烁的衰减时间(衰减常数的倒数)为230 ns。忽略光电倍增管引入的任何时间差,求阳极电路时间常数为10 ns,100 ns和1 000 ns时电压脉冲振幅的最大值。将答案表示为与无限时间常数下观察到的幅度之比。如果该比值至少为0.9,时间常数的最小值是多少?

9.7　下列形状的电流脉冲流入并联RC电路:

① $i(t)=I(0\leqslant t<T)$；

② $i(t)=0(T\leqslant t)$。

假设 $V(0)=0$，求电路两端电压的通解 $V(t)$，绘制两个极限的解的草图：

(a) $RC\gg T$；

(b) $RC\ll T$。

9.8 计算在下列情况下，NaI(Tl)－光电倍增管组合预期产生的信号脉冲的幅度：

辐射能量损失：1.2 MeV；

光收集效率：70%；

光电阴极量子效率：20%；

光电倍增管电子增益：100 000；

阳极电容：100 pF；

阳极负载电阻：10^5 Ω。

您可能需要的任何其他物理参数都可以在本章中找到。

9.9 与更传统的设计相比，微通道板式光电倍增管的主要优势是什么？

9.10 室温下硅的带隙能为1.11 eV，计算在光电二极管中能激发电子穿过此带隙产生电子-空穴对的最长光波长。

9.11 某闪烁体吸收入射的5 MeV α粒子，粒子总数为10^6个/s。这些粒子的闪烁效率为3%，发射光的平均波长为420 nm。如果闪烁器与光电二极管耦合，闪烁光的平均量子效率为75%，光收集效率为80%，请估算光电二极管在电流模式下工作时的预期信号。

9.12 估计使用硅二极管的混合光电倍增管的电荷增益为5 000时所需的加速电压。

参考文献

[1] RCA Photomultiplier Manual. Technical Series PT-61, RCA Solid State Division, Electro Optics and Devices, Lancaster, PA, 1970. (See also other manufacturer's publications such as Photomultiplier Tubes, Principles and Applications, Philips Photonics, Philips Export B. V., 1994; Photomultiplier Tube, Principle to Application, Hamamatsu Photonics K. K., 1994).

[2] G. A. Morton, IEEE Trans. Nucl. Sci. NS-22(1), 26 (1975).

[3] "Test Procedures for Photomultipliers for Scintillation Counting and Glossary for Scintillation Counting Field," IEEE Standard 398-1990, (1990).

[4] M. Miyajima, S. Sasaki, and E. Shibamura, Nucl. Instrum. Meth. 224, 331 (1984).

[5] E. Sakai, IEEE Trans. Nucl. Sci. NS-34(1), 418 (1987).

[6] R. Mirzoyan et al., Nucl. Instrum. Meth. A572, 449 (2007).

[7] R. Mirzoyan, M. Laatiaoui, and M. Teshima, Nucl. Instrum. Meth. A567, 230 (2006).

[8] M. Itaya et al., Nucl. Instrum. Meth. A522, 477 (2004).

[9] D. Paneque et al., Nucl. Instrum. Meth. A518, 619 (2004).

[10] H. R. Krall, F. A. Helvy, and D. E. Persyk, IEEE Trans. Nucl. Sci. NS-17(3), 71 (1970).

[11] R. E. Simon and B. F. Williams, IEEE Trans. Nucl. Sci. NS-15(3), 167 (1968).

[12] G. A. Morton, H. M. Smith, Jr., and H. R. Krall, IEEE Trans. Nucl. Sci. NS-16(1), 92 (1969).
[13] B. Leskovar and C. C. Lo, IEEE Trans. Nucl. Sci. NS-19(3), 50 (1972).
[14] H. R. Krall and D. E. Persyk, IEEE Trans. Nucl. Sci. NS-19(3), 45 (1972).
[15] H. Houtermans, Nucl. Instrum. Meth. 112, 121 (1973).
[16] T. Sandor, Nucl. Instrum. Meth. 78, 8 (1970).
[17] R. Bosshard et al., IEEE Trans. Nucl. Sci. NS-19(3), 107 (1972).
[18] F. W. Inman and J. J. Muray, IEEE Trans. Nucl. Sci. NS-16(2), 62 (1969).
[19] J. R. Prescott, Nucl. Instrum. Meth. 39, 173 (1966).
[20] J. P. Ballini, Nucl. Instrum. Meth. 116, 109 (1974).
[21] J. Ballini, P. Cazes, and P. Turpin, Nucl. Instrum. Meth.134, 319 (1976).
[22] K. Rossnagel et al., Nucl. Instrum. Meth. A467-468, 1485 (2001).
[23] B. Leskovar, Phys. Today 30(11), 42 (1977).
[24] G. Pietri, IEEE Trans. Nucl. Sci. NS-22(5), 2084 (1975).
[25] S. Dhawan and R. Majka, IEEE Trans. Nucl. Sci. NS-24(1), 270 (1977).
[26] C. C. Lo, P. Lecomte, and B. Leskovar, IEEE Trans. Nucl. Sci. NS-24(1), 302 (1977).
[27] B. Leskovar and C. C. Lo, IEEE Trans. Nucl. Sci. NS-25(1), 582 (1978).
[28] M. Moszyriski, J. Vacher, and R. Odru, Nucl. Instrum. Meth. 204, 141 (1982).
[29] M. Moszyriski, J. Vacher, and R. Odru, Nucl. Instrum. Meth. 204, 471 (1983).
[30] J. De Vries and C. W. E. van Eijk, Nucl. Instrum. Meth. A239, 243 (1985).
[31] B. Leskovar and T. T. Shimizu, IEEE Trans. Nucl. Sci. NS-34(1), 427 (1987).
[32] V. V. Anashin et al., Nucl. Instrum. Meth. A357, 103 (1995).
[33] H. Kume et al., IEEE Trans. Nucl. Sci. NS-33(1), 364 (1986).
[34] F. de la Barre, Nucl. Instrum. Meth. 102, 77 (1972).
[35] B. Sipp and J. A. Miehe, Nucl. Instrum. Meth. 114, 249 (1974).
[36] T. Szczśniak et al., IEEE. Trans. Nucl. Sci. 53(3), 1540 (2006).
[37] F. Bauer et al., IEEE. Trans. Nucl. Sci. 54(3), 422 (2007).
[38] M. Moszyriski, Nucl. Instrum. Meth. A337, 154 (1993).
[39] P. Bauleo et al., Nucl. Instrum. Meth. A516, 414 (2004).
[40] F. A. Johnson, Nucl. Instrum. Meth. 87, 215 (1970).
[41] A. Morton, H. M. Smith, and R. Wasserman, IEEE Trans. Nucl. Sci. NS-14(1), 443 (1967).
[42] N. Akchurin and H. Kim, Nucl. Instrum. Meth. A574, 121 (2007).
[43] S. J. Hall and J. McKeown, Nucl. Instrum. Meth. 112, 545 (1973).
[44] R. Staubert et al., Nucl. Instrum. Meth. 84, 297 (1970).
[45] S. S. Stevens and J. W. Longworth, IEEE Trans. Nucl. Sci. NS-19(1), 356 (1972).
[46] G. P. Lamaze, J. K. Whittaker, R. A. Schrack, and O. A. Wasson, Nucl. Instrum. Meth. 123, 403 (1975).
[47] R. Mirzoyan et al., Nucl. Instrum. Meth. A387, 74 (1997).
[48] J. M. Paul, Nucl. Instrum. Meth. 89, 285 (1970).

[49] H. J. Kellermann et al., Nucl. Instrum. Meth. 115, 301 (1974).
[50] A. K. Gupta and N. Nath, Nucl. Instrum. Meth. 53, 352 (1967).
[51] C. Weitkamp et al., Nucl. Instrum. Meth. 61, 122 (1968).
[52] M. Yamashita, Nucl. Instrum. Meth. 142, 435 (1977).
[53] L. Cathy, "Control of Fatigue in Photomultipliers," DP-642 (1961).
[54] R. D. Conner and M. K. Husain, Nucl. Instrum. Meth. 6, 337 (1960).
[55] R. D. Spencer, R. Aryaeinejad, and E. L. Reber, IEEE Trans. Nucl. Sci. 49(3), 1152 (2002).
[56] Y. A. Murin et al., Nucl. Instrum. Meth. A533, 361 (2004).
[57] R. D. Hiebert, H. A. Thiessen, and A. W. Obst, Nucl. Instrum. Meth. 142, 467 (1977).
[58] C. R. Kerns, IEEE Trans. Nucl. Sci. NS-24(1), 353 (1977).
[59] D. Spencer, R. Aryaeinejad, and E. L. Reber, IEEE Trans. Nucl. Sci. 49(3), 1152 (2002). [Note: This reference appears to be a duplicate of #55.]
[60] J. De Vries and F. E. T. Kelling, Nucl. Instrum. Meth. A262, 385 (1987).
[61] B. Bengtson and M. Moszyriski, Nucl. Instrum. Meth. 204, 129 (1982).
[62] M. Suffert, Nucl. Instrum. Meth. A322, 523 (1992).
[63] R. Glasow et al., Nucl. Instrum. Meth. 228, 354 (1985).
[64] G. Hall et al., IEEE Trans. Nucl. Sci. NS-33(1), 310 (1986).
[65] W. G. Gong et al., Nucl. Instrum. Meth. A268, 190 (1988).
[66] V. Prat et al., Nucl. Instrum. Meth. A380, 209 (1996).
[67] S. E. Derenzo, Nucl. Instrum. Meth. 219, 117 (1984).
[68] H. Grassmann et al., Nucl. Instrum. Meth. A234, 122 (1985).
[69] E. Gramsch et al., Nucl. Instrum. Meth. A311, 529 (1992).
[70] A. J. Bird et al., IEEE Trans. Nucl. Sci. 40(4), 395 (1993).
[71] V. Prat, H. Simon, and A. Kazandjian, Nucl. Instrum. Meth. A369, 617 (1996).
[72] D. P. Boyd, IEEE Trans. Nucl. Sci. NS-26(2), 2836 (1979).
[73] T. Takahashi, H. Itoh, T. Shimada, and H. Takeuchi, IEEE Trans. Nucl. Sci. 37(3), 1478 (1990).
[74] D. E. Groom, Nucl. Instrum. Meth. 219, 141 (1984).
[75] Z. Bian, J. Dobbins, and N. Mistry, Nucl. Instrum. Meth. A239, 518 (1985).
[76] J. Markakis, IEEE Trans. Nucl. Sci. NS-35(1), 356 (1988).
[77] Y. J. Wang et al., IEEE Trans. Nucl. Sci. 43(3), 1277 (1996).
[78] M. P. Tornai et al., IEEE Trans. Nucl. Sci. 44(3), 1127 (1997).
[79] C. Fiorini et al., IEEE Trans. Nucl. Sci. 53(4), 2392 (2006).
[80] C. Fiorini et al., Nucl. Instrum. Meth. A571, 126 (2007).
[81] J. Kataoka et al., Nucl. Instrum. Meth. A564, 300 (2006).
[82] E. Gramsch and R. E. Avila, Nucl. Instrum. Meth. A414, 299 (1998).
[83] S. Kobayashi, K. Yamaoka, M. Amami, and M. Kobayashi, Nucl. Instrum. Meth. A364, 95 (1995).

[84] M. Moszyriski et al., Nucl. Instrum. Meth. A497, 226 (2003).
[85] C. Carrier and R. Lecomte, Nucl. Instrum. Meth. A299, 115 (1990).
[86] K. M. James and M. J. Masterson, Nucl. Instrum. Meth. A313, 196 (1992).
[87] A. Ochi, Y. Nishi, and T. Tanimori, Nucl. Instrum. Meth. A378, 267 (1996).
[88] M. Moszynski et al., IEEE Trans. Nucl. Sci. 45(3), 472 (1998).
[89] M. Moszynski et al., Nucl. Instrum. Meth. A485, 504 (2002).
[90] L. M. P. Fernandes, J. A M. Lopes, and J. M. F. dos Santos, Nucl. Instrum. Meth. A531, 566 (2004).
[91] Y. Yatsu et al., Nucl. Instrum. Meth. A564, 134 (2006).
[92] K. C. Burr et al., IEEE Trans. Nucl. Sci. 50(4), 792 (2003).
[93] K. S. Shah et al., IEEE Trans. Nucl. Sci. 51(1), 91 (2004).
[94] M. McClish et al., Nucl. Instrum. Meth. A567, 36 (2006).
[95] A. Spinelli and A. L. Lacaita, IEEE Trans. Elec. Dev. 44(11), 1931 (1997).
[96] S. Cova et al., Applied Optics, 35, 1956 (1996).
[97] B. Dolgoshein et al., Nucl. Instrum. Meth. A563, 368 (2006).
[98] C. Piemonte, Nucl. Instrum. Meth. A568, 224 (2006).
[99] S. Cova, A. Lacaita, and G. Ripamonti, IEEE Elec. Dev. Let. 12, 685 (1981).
[100] P. S. Marrocchesi et al., Nucl. Instrum. Meth. A602, 391 (2009).
[101] E. B. Johnson et al., IEEE Trans. Nucl. Sci. 56(3), 1024 (2009).
[102] W.-H. Wong and H. Li, IEEE Trans. Nucl. Sci. 45(3), 838 (1998).
[103] S. Basa et al., Nucl. Instrum. Meth. A330, 93 (1993).
[104] Y. Kawai et al., Nucl. Instrum. Meth. A579, 42 (2007).
[105] G. Bellia et al., Nucl. Instrum. Meth. A385, 116 (1997).
[106] C. D'Ambrosio et al., Nucl. Instrum. Meth. A345, 279 (1994).
[107] P. Benetti et al., Nucl. Instrum. Meth. A367, 384 (1995).
[108] A. Fukasawa et al., IEEE Trans. Nucl. Sci. 55(2), 758 (2008).
[109] T. Gys et al., Nucl. Instrum. Meth. A387, 131 (1997).
[110] A. Braem et al., Nucl. Instrum. Meth. A518, 574 (2004).
[111] M. Suyama et al., Nucl. Instrum. Meth. A523, 147 (2004).
[112] A. Braem et al., Nucl. Instrum. Meth. A571, 134 (2007).
[113] C. D'Ambrosio and H. Leutz, Nucl. Instrum. Meth. A501, 463 (2003).
[114] J. Vallerga, J. Hull, and M. Lampton, IEEE Trans. Nucl. Sci. 35(1), 539 (1988).
[115] S. Suzuki et al., IEEE Trans. Nucl. Sci. 40(4), 431 (1993).
[116] D. Grigoriev et al., IEEE Trans. Nucl. Sci. 44(3), 990 (1997).
[117] Y. Yoshizawa and J. Takeuchi, Nucl. Instrum. Meth. A387, 33 (1997).
[118] N. Tagg et al., Nucl. Instrum. Meth. A539, 668 (2005).
[119] Y. Kawasaki et al., Nucl. Instrum. Meth. A564, 378 (2006).
[120] T. Toizumi et al., Nucl. Instrum. Meth. A604, 168 (2009).

[121] R. A Kroeger et al., IEEE Trans. Nucl. Sci. 44(3), 881 (1997).
[122] A. J. P. L. Policarpo, Nucl. Instrum. Meth. 196, 53 (1982).
[123] T. Francke and V. Peskov, Nucl. Instrum. Meth. A525, 1 (2004).
[124] D. F. Anderson, IEEE Trans. Nucl. Sci. NS-28(1), 842 (1981).
[125] C. L. Woody, C. I. Petridou, and G. C. Smith, IEEE Trans. Nucl. Sci. NS-33(1), 136 (1986).
[126] D. F. Anderson et al., Nucl. Instrum. Meth. 225, 8 (1984).
[127] D. Visvikis et al., Nucl. Instrum. Meth. A392, 414 (1997).
[128] D. F. Anderson, IEEE Trans. Nucl. Sci. NS-32(1), 495 (1985).
[129] P. Krizan et al., Nucl. Instrum. Meth. A367, 257 (1995).
[130] J. Vavra et al., Nucl. Instrum. Meth. A370, 352 (1996).

第10章　闪烁体辐射能谱学

20世纪50年代初，铊活化碘化钠闪烁探测器的普及，使伽马射线的能谱分析首次可以在小型便携式仪器上进行。随着这项技术的发展，一种实用的探测器问世了，它既能高效率地探测伽马射线，又有足够好的能量分辨率，可用于分离多能量伽马射线源的贡献。自那时起，基于闪烁体进行伽马射线能谱分析技术已经发展成为一门成熟的科学，在一系列技术领域都有应用。

尽管NaI(Tl)实际上是第一种用于伽马射线能谱分析的实用固体探测器介质，但直到现在，它仍然是探测器材料的常见选择。商业生产的探测器成本相对较低，尺寸也比许多替代品大得多。碘的原子序数(Z=53)提供了良好的光电截面，因此全能量峰效率是合理的。然而，NaI(Tl)并非没有缺点。第8章中讨论的一些新型闪烁体具有更高的光产额和更低的光产额随能量变化的非线性，因此其能量分辨性能可提高2倍或更多。此外，NaI(Tl)的衰变时间为230 ns，与现有的许多替代材料相比速度较慢。尽管如此，它仍然是许多应用中的热门选择，因为在这些应用中，对能量分辨率或时间特性的要求可能并不高。在接下来的章节中，我们将集中讨论NaI(Tl)。但考虑到其伽马射线相互作用概率和闪烁特性的差异，大部分讨论和一般性结论都可以扩展到其他闪烁材料。

Birks[1]，Shafroth[2]和Siegbahn[3]出版了有关伽马射线闪烁能谱学的实用教科书。

10.1　伽马射线能谱学的一般考虑因素

X射线或伽马射线光子不带电，不会直接电离或激发穿过的物质。因此，探测伽马射线的关键在于使伽马射线光子发生相互作用，将全部或部分光子能量转移到吸收材料中的电子上。第2章详细介绍了这些相互作用过程，它们代表了光子特性的突然和重大改变，而不是重带电粒子或电子通过许多同时发生的相互作用而持续减速。

由于探测器"看不见"原初伽马射线光子，因此只有在伽马射线相互作用中产生的快电子才能提供有关入射伽马射线性质的线索。这些电子的最大能量与入射伽马射线光子的能量相等,它们会像其他快电子(如β粒子)一样减速并失去能量。因此,能量损失是通过吸收材料内原子的电离和激发以及轫致辐射实现的(见第2章)。

要使探测器成为伽马射线能谱仪,它必须具有两种不同的功能。首先,它必须充当一种转换介质,入射的伽马射线在其中有合理的概率发生相互作用,产生一个或多个快电子;其次,它必须充当这些次级电子的常规探测器。在接下来的讨论中,我们首先假定探测器足够大,因此次级电子的逸出(以及沿其轨道产生的任何轫致辐射)并不显著。

对于几兆电子伏特的入射伽马射线,穿透力最强的次级电子也会产生几兆电子伏特的动能。在典型的固体探测器介质中,相应的射程是几毫米(沿着电子轨道产生的大多数轫致辐射光子的穿透力要小得多)。因此,假设电子被完全吸收,就意味着探测器的最小尺寸至少为1 cm。这样,在探测器的整个体积内近似随机产生的次级电子中,只有一小部分位于表面的一个射程值内,有可能逃逸。本章后面我们将讨论在小探测器中由于电子逃逸和轫致辐射逃逸引起的复杂效应,这些效应被认为是对接下来介绍的更简单模型的扰动。

下面的讨论相对笼统,因此不仅适用于其他闪烁材料,也适用于伽马射线能谱学中使用的其他固体或液体探测介质。《核辐射探测与测量(下册)》第12章和第13章讨论了也被广泛应用于伽马射线能谱学的半导体探测器。由于所有类型探测器的伽马射线相互作用的基本模式都是相同的,因此下一节也可作为这些章节的一般介绍。

由于气体的阻止本领较低,因此为了全部能量吸收次级电子的要求,通常排除了将充气探测器用于伽马射线能谱分析的可能性。只有当气体的压力非常高(见《核辐射探测与测量(下册)》第19章中关于高压氙室的讨论)或入射光子的能量非常低时,才有可能出现例外情况。在标况下,一个1 MeV电子的穿透距离为数米,因此实用尺寸的普通气体填充探测器根本无法吸收所有的次级电子能量。使情况更加复杂的是,充满气体的计数器所产生的大多数伽马射线脉冲都是由伽马射线在固体计数器壁上的相互作用引起的,随后次级电子进入气体。在这种情况下,电子在壁中损失的能量是不固定的,不会对探测器的输出脉冲产生影响,实际上也就失去了将电子与入射伽马射线能量联系起来的所有希望。

10.2 伽马射线的相互作用

伽马射线在物质中的相互作用方式多种多样,但在伽马射线能谱学中真正有意义的只有三种:光电吸收、康普顿散射和电子对产生。正如第2章所详述的,光电吸收在低能伽马射线(最高可达几百千电子伏特)中占主导地位,电子对产生在高能伽马射线(高于5~10 MeV)中占主导地位,而康普顿散射则是介于这两种极端能量之间的最可能的过程。相互作用介质的原子序数对这三种相互作用的相对概率有很大影响,这一点可以从第2章中给出的等式和图表中看出。这些变化中最显著的是光电吸收截面,其变化约为$Z^{4.5}$。我们将从下面的讨论中看到,由于光电吸收是首选的相互作用模式,因此伽马射线能谱仪的探测器最好选择含有高原子序数元素的材料。

10.2.1 光电吸收

光电吸收是入射伽马射线光子消失的一种相互作用。取而代之的是从吸收体原子的一个电子层中产生的光电子，其动能为入射光子能量 $h\nu$ 减去电子在其原始电子层中的结合能(E_b)，这一过程如图 10.1 所示。在典型的伽马射线能量下，光电子最有可能从 K 层出现，K 层的典型结合能从低 Z 材料的几千电子伏特到原子序数较高材料的几十千电子伏特不等。动量守恒要求原子在这一过程中发生反冲，但其反冲能量非常小，通常可以忽略不计。

由于光电子发射而在电子壳层中产生的空位很快被电子重排填补。在此过程中，结合能以特征 X 射线或俄歇电子的形式释放出来。在碘中，约 88% 的情况下会发射出特征 X 射线。[4]由于能量较低，俄歇电子的射程极短。特征 X 射线可能会传播一段距离(通常为一毫米或更短)，然后通过与吸收体原子结合不那么紧密的电子层的光电相互作用而被重新吸收。虽然这些 X 射线有时会大量逃逸，但目前我们假定它们也会被完全吸收，以符合我们的简化模型。

因此，光电吸收的效果是释放出一个光电子，它带走了大部分伽马射线能量，同时还释放出一个或多个低能电子，这与吸收光电子的原始结合能是相对应的。如果没有任何电子从探测器中逸出，那么产生的电子的动能总和必须等于伽马射线光子的原始能量。

因此，如果想测量原始伽马射线的能量，光电吸收是一个理想的过程。电子的总动能等于入射伽马射线的能量，如果是单能量的伽马射线，电子的总动能总是相同的。在这种情况下，一系列光电吸收事件的电子动能的微分分布将是一个简单的 δ 函数，如图 10.2 所示。单个峰出现在与入射伽马射线能量相对应的电子总能量处。

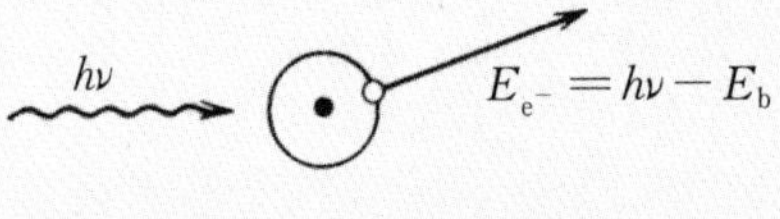

图 10.1 光电吸收模型

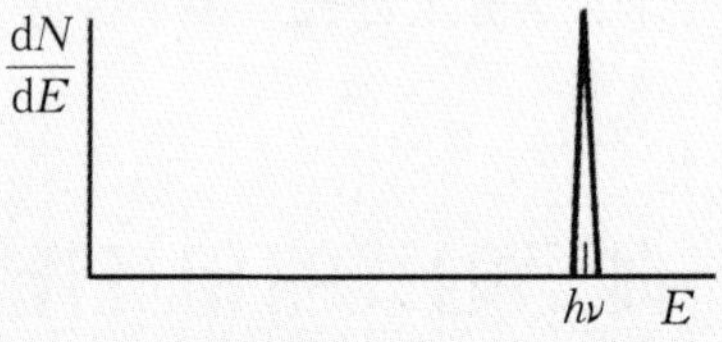

图 10.2 光电吸收事件的电子动能的微分分布

10.2.2 康普顿散射

康普顿散射相互作用的结果是产生一个反冲电子和散射伽马射线光子，两者之间的能量分配取决于散射角。相互作用的简图如图 10.3 所示。

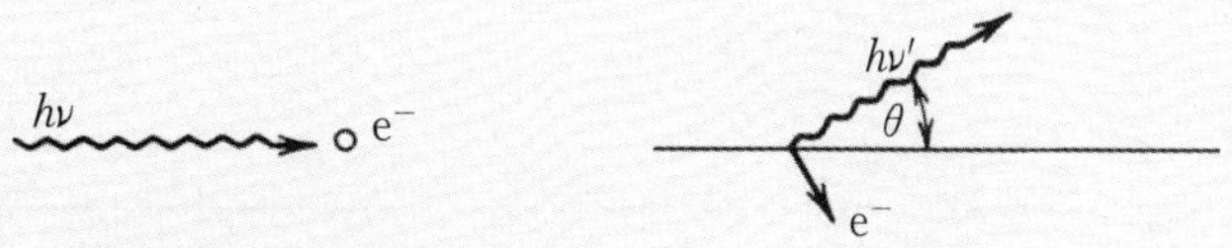

图10.3　康普顿散射模型

散射伽马射线$h\nu'$的能量与散射角θ的关系式为

$$h\nu' = \frac{h\nu}{1 + \dfrac{h\nu}{m_0c^2}(1-\cos\theta)} \tag{10.1}$$

其中m_0c^2是电子的静止质量能(0.511 MeV)。因此,反冲电子的动能为

$$E_{e^-} = h\nu - h\nu' = h\nu\left[\frac{\dfrac{h\nu}{m_0c^2}(1-\cos\theta)}{1+\dfrac{h\nu}{m_0c^2}(1-\cos\theta)}\right] \tag{10.2}$$

可以找出两种极端情况:

① 掠角散射即$\theta\approx 0$在这种情况下,式(10.1)和式(10.2)预测$h\nu'\approx h\nu$和$E_{e^-}\approx 0$。在这种极端情况下,反冲康普顿电子的能量很小,散射伽马射线的能量几乎与入射伽马射线的能量相同。

② $\theta=\pi$的正面碰撞。在这一极端情况下,入射伽马射线向其起源方向反向散射,而电子则沿入射方向反冲。这种极端情况代表了在一次康普顿相互作用中能转移到电子上的最大能量。在这种情况下,式(10.1)和式(10.2)得出

$$h\nu'|_{\theta=\pi} = \frac{h\nu}{1+\dfrac{2h\nu}{m_0c^2}} \tag{10.3}$$

$$E_{e^-}|_{\theta=\pi} = h\nu\left(\frac{\dfrac{2h\nu}{m_0c^2}}{1+\dfrac{2h\nu}{m_0c^2}}\right) \tag{10.4}$$

在正常情况下,所有的散射角都会在探测器中发生。因此,从零到式(10.4)预测的最大值,电子可以获得连续的能量转移。图10.4显示了Klein-Nishina截面(第2章)预测的康普顿反冲电子的分布形状,适用于几种不同的入射伽马射线能量值。对于任何一种特定的伽马射线能量,电子能量分布的大致形状如图10.5所示。

康普顿反冲电子的最大能量与入射伽马射线能量之间的差距为

$$E_C \equiv h\nu - E_{e^-}|_{\theta=\pi} = \frac{h\nu}{1+2\dfrac{h\nu}{m_0c^2}} \tag{10.5}$$

在入射伽马射线能量很大,即$h\nu \gg m_0c^2/2$的情况下,这一能量差会趋向于一个恒定值,即

$$E_C \approx \frac{m_0c^2}{2}\ (=0.256\,\text{MeV}) \tag{10.6}$$

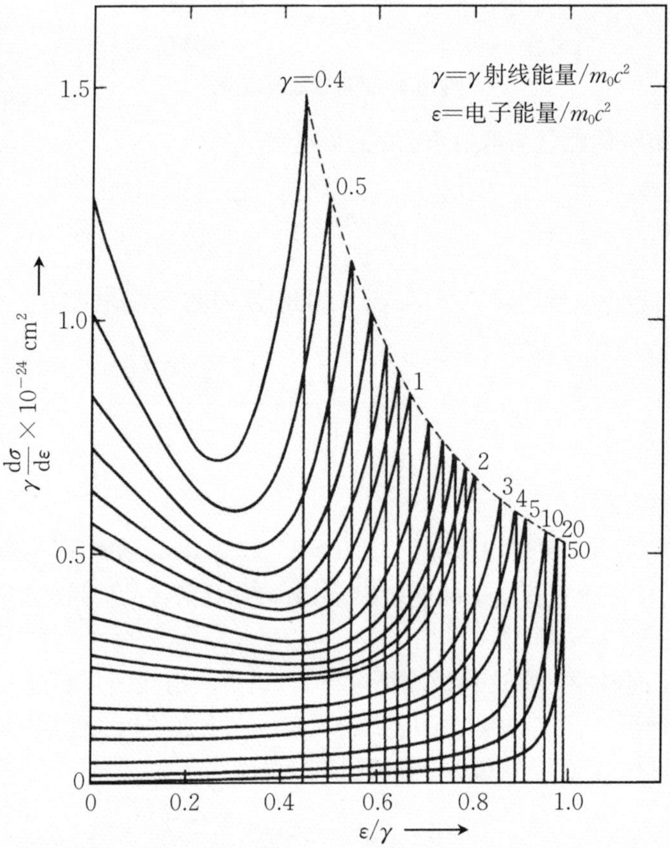

图 10.4 不同伽马射线能量下康普顿连续谱的形状

（摘自 S. M. Shafroth《伽马射线闪烁能谱学》，戈登与布雷克公司 1964 年版权所有。经出版商许可）。

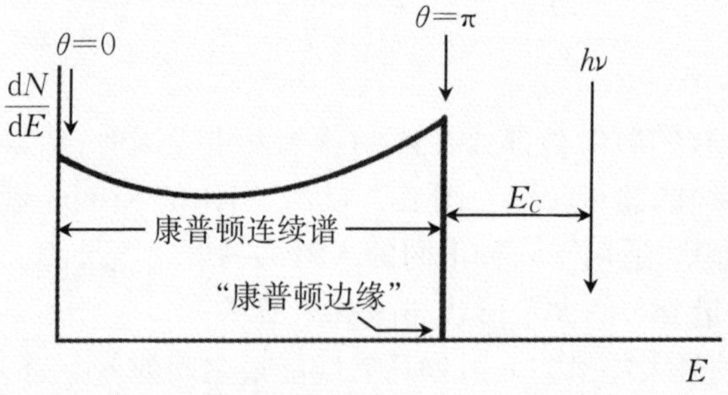

图 10.5 Klein-Nishina 截面预测的康普顿反冲电子的分布形状

前面的分析基于这样一个假设，即康普顿散射涉及的电子最初是自由的或未被束缚的。在实际探测器材料中，电子在散射过程之前的结合能会对康普顿连续谱的形状产生可测量的影响。这些影响在入射伽马射线能量较低时尤为明显。它们会使连续谱在其上端附近的上升趋于平缓,并为康普顿边缘的突然下降引入一个有限的斜率。这些效应通常会被探测器有限的能量分辨率所掩盖,但在具有高固有分辨率的探测器的能谱中却很明显。轨道电子的有限动量也会导致从单能源散射出的伽马射线光子在固定角度下具有有限的能量分布(即"多普勒展宽"),与式(10.1)预测的单一能量形成鲜明对比。

10.2.3 电子对产生

第三种重要的伽马射线相互作用是电子对的产生。这个过程发生在吸收物质原子核中质子附近的强电场中,相当于在入射伽马射线光子完全消失时产生了电子-正电子对。由于产生电子-正电子对所需的能量为$2m_0c^2$,因此要使这一过程在能量上成为可能,伽马射线的最低能量必须达到1.02 MeV。如果入射伽马射线的能量超过这个值,多余的能量就会以电子-正电子对共享动能的形式出现。因此,这一过程包括将入射伽马射线光子的能量转化为电子和正电子的动能,总计为

$$E_{e^-}+E_{e^+}=h\nu-2m_0c^2 \tag{10.7}$$

在典型能量下,电子和正电子在吸收介质中最多移动几毫米就会失去所有动能。如图10.6所示,入射伽马射线产生的带电粒子总动能(电子+正电子)也是一个简单的δ函数,但它现在位于入射伽马射线能量的左方$2m_0c^2$处。在我们的简单模型中,每当探测器内发生一次电子对生成相互作用时,就会沉积下这一能量。正如下一节所介绍的,这个能量相当于实际伽马射线脉冲高度谱中双逸峰的位置。

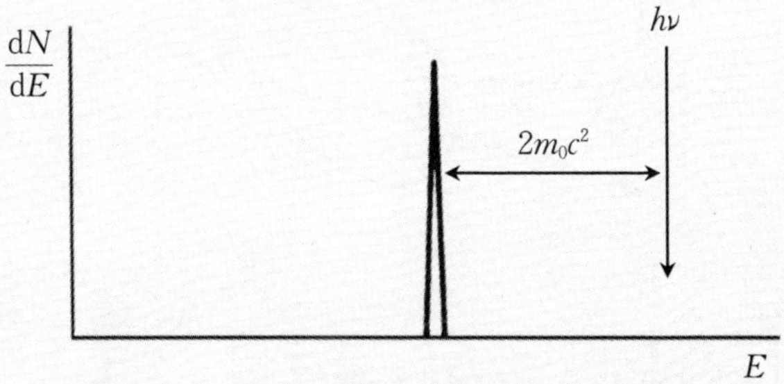

图10.6 入射伽马射线产生的电子对总动能

由于正电子并不是一种稳定粒子,因此产生电子对的过程比较复杂。一旦正电子的动能变得非常低(与吸收物质中普通电子的热能相当),它就会与吸收介质中的普通电子湮灭或结合。此时,正负电子都会消失,取而代之的是两个能量各为m_0c^2(0.511 MeV)的湮灭光子。正电子减速和湮灭所需的时间很短,因此湮灭辐射的出现与最初的电子对产生相互作用实际上是重合的。

10.3 预测响应函数

10.3.1 “小型”探测器

作为伽马射线探测器行为的一个极端例子，我们首先研究探测器的预期响应，与原始伽马射线相互作用时产生的次级伽马射线的平均自由路径相比，探测器的尺寸很小。这些次级辐射包括康普顿散射的伽马射线以及电子对产生的正电子轨迹末端形成的湮灭光子。由于次级伽马射线的平均自由路径通常在几厘米，如果探测器的尺寸不超过1～2 cm，就满足了“小”的条件。同时，我们保留了原来的简化假设，即所有带电粒子能量（光电子、康普顿电子、电子对产生的电子和正电子）都在探测器体积内被完全吸收。

图10.7展示了在这些条件下预测的电子能量沉积能谱。如果入射伽马射线的能量低

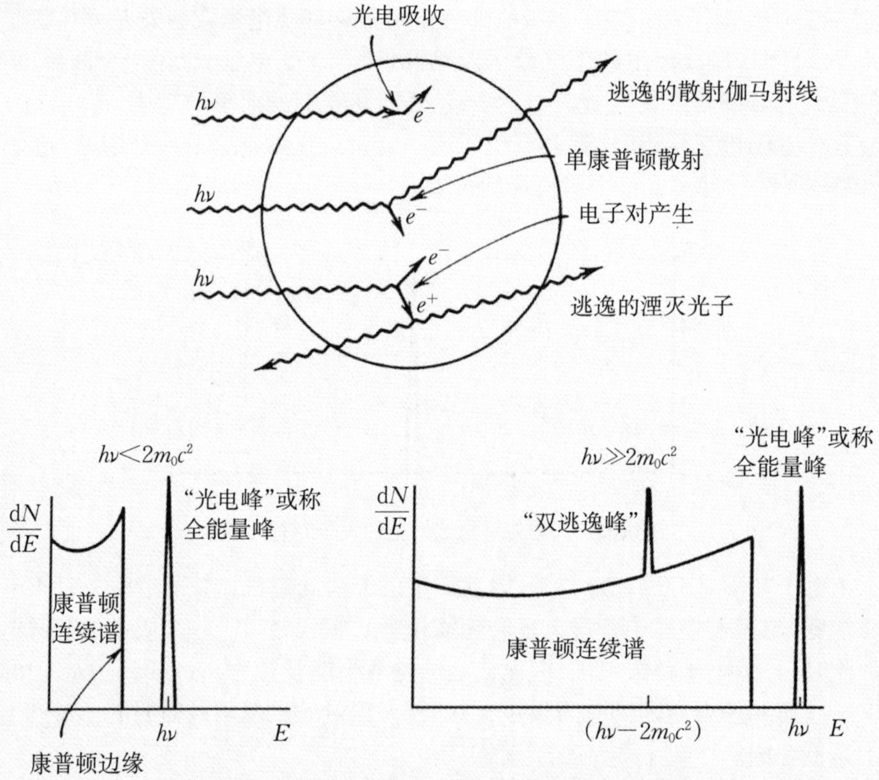

图10.7 伽马射线能谱学中的“小型探测器”极端

光电吸收和单康普顿散射过程产生了左边的低能能谱。在较高能量下，成对产生过程会增加一个双逸散峰，如右图能谱所示。

于电子对产生所需的能量值，则能谱仅由康普顿散射和光电吸收共同作用产生。与康普顿散射电子相对应的能量连续分布称为康普顿连续谱，而与光电子相对应的窄峰称为光电峰。对于“小”探测器来说，只发生单次相互作用，光电峰下的面积与康普顿连续面下的面积之比，与探测器材料中光电截面与康普顿截面之比相同。

如果入射伽马射线的能量足够高(几兆电子伏特)，电子能谱中也能明显看到电子对产生的结果。对于小型探测器来说，只有电子和正电子的动能被沉积下来，湮灭辐射则会逃逸。其净效果是在能谱中增加了一个双逸峰，位于光电峰下 $2m_0c^2$(约 1.02 MeV)的能量处。所谓双逸峰，是指两个湮灭光子在没有进一步相互作用的情况下都从探测器中逸出。

10.3.2 超大型探测器

作为一个相反的极端情况，可以设想在一个非常大的探测器的中心附近引入伽马射线，其布置可能与图 10.8 相似。现在假定探测器的尺寸足够大，这样所有的二次辐射，包括

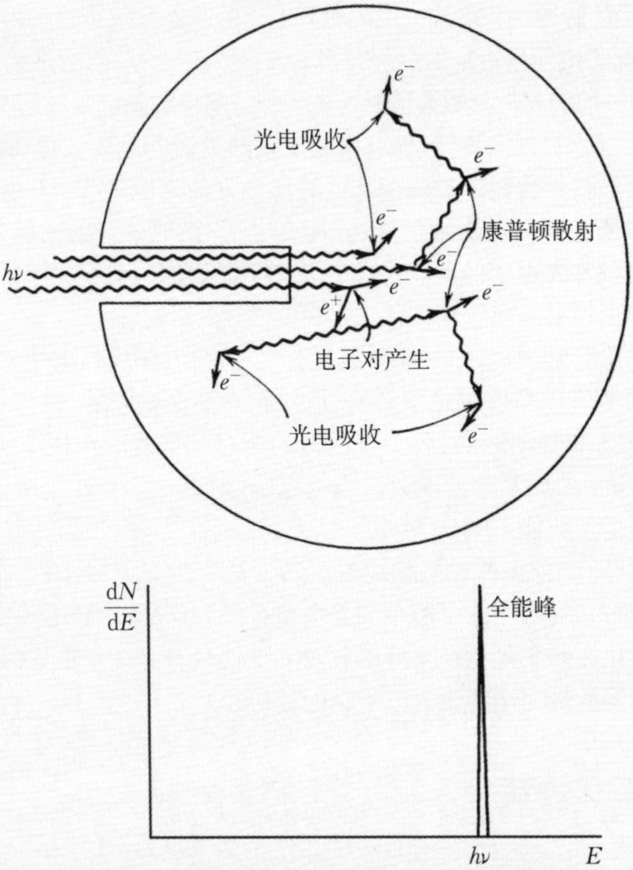

图 10.8 伽马射线能谱学中的“大探测器”极端

所有伽马射线光子，无论其相互作用模式多么复杂，最终都会把能量全部沉积在探测器中；顶部显示了一些有代表性的过程。

康普顿散射的伽马射线和湮灭光子,都会在探测器的有效容积内发生作用,而不会从表面逃逸。对于典型的伽马射线能量来说,这一条件意味着探测器需要几十厘米的尺寸,这对于大多数实际情况来说是不现实的。

尽管如此,了解探测器尺寸的增大如何大大简化其响应函数还是很有帮助的。图10.8简要说明了通过跟踪特定源伽马射线和所有后续二次辐射得到的一些典型过程。如果最初的相互作用是康普顿散射事件,散射的伽马射线随后会在探测器内的其他位置发生相互作用。第二次相互作用也可能是康普顿散射事件,在这种情况下会产生能量更低的散射光子。最终,光电吸收将发生,过程就此结束。

重要的是要明白,整个过程的发生只需要很短的时间。一次伽马射线和二次伽马射线以光速传播。如果次级伽马射线的平均移动距离约为10 cm,那么整个过程从开始到结束的总时间将小于1 ns。这个时间远远小于伽马射线能谱学中几乎所有实用探测器的固有响应时间。因此,净效果是在每个散射点产生康普顿电子,并在时间上重合产生最终的光电子。因此,探测器产生的脉冲将是每个电子的响应之和。如果探测器对电子能量的反应是线性的,那么产生的脉冲就与沿线产生的所有电子的总能量成正比。由于没有任何电子从探测器中逸出,因此无论任何特定的过程有多么复杂,电子的总能量都必须是伽马射线光子的原始能量。探测器的响应与原始伽马射线光子经过简单的光电吸收后的单步响应相同。

如果过程涉及电子对产生事件,也可以使用相同类型的论证。现在假定正电子停止时形成的湮灭光子会通过康普顿散射或探测器其他地方的光电吸收发生相互作用。同样,如果探测器足够大以防止任何二次辐射逃逸,那么电子-正电子对的动能与随后湮灭辐射相互作用产生的康普顿和光电子的动能之和必须等于原始伽马射线光子的能量。因此,探测器的响应又与原始伽马射线能量成正比。

因此得出的结论非常简单:如果探测器足够大,并且其响应与电子动能呈线性关系,那么对于相同能量的所有伽马射线光子来说,信号脉冲都是相同的,而与每个单独历史的细节无关。这种情况是非常幸运的,因为探测器的响应函数现在由图10.8所示的单一峰组成,而不是图10.7所示的更复杂的函数。当响应函数只有一个峰时,解读涉及多种不同能量的复杂伽马射线谱图的能力明显增强。

按照通常的用法,响应函数中的相应峰值通常被称为光电峰,就像小型探测器的情况一样。然而,我们应该意识到,除了简单的光电事件外,涉及多次康普顿散射或电子对产生的更为复杂的历程也会产生属于这个峰的脉冲。全能量峰是一个更好的名称,因为它代表了所有原始伽马射线能量完全转化为电子动能的历程。

10.3.3 “中型”探测器

按照上述标准,常用于伽马射线能谱分析的探测器既不算小,也不算大。对于伽马射线从外部入射到探测器表面的通常几何形状来说,即使是大体积探测器也会显得有限,因为在入口表面附近会发生一些相互作用。因此,正常探测器响应函数结合了前面两种情况的一些属性，并且还增加了与次级伽马射线能量的部分回收相关的其他特征。图10.9中展示了这些新增可能性的一些代表性过程以及相应的响应函数特征。

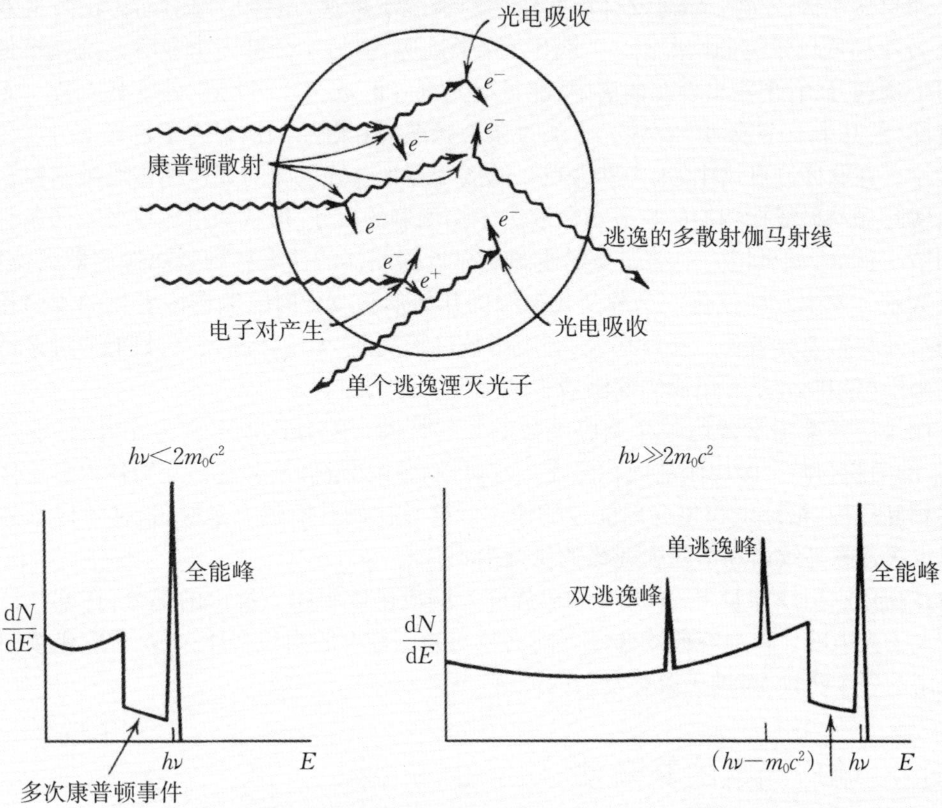

图10.9　伽马谱射线能谱学中的“中型”探测器

除了来自单次康普顿散射的连续体和全能峰之外，左侧的能谱还显示了光子逃逸之后的多次康普顿事件的影响。全能量峰也包含了一些始于康普顿散射的历史。右侧的单逃逸峰对应于最初的电子对生成相互作用，其中只有一个湮灭光子离开探测器，而没有进一步的相互作用。如图10.7所示，双逃逸散峰也会出现，因为在这些电子对生成事件中，两个湮灭光子都可能逃逸。

中低伽马射线能量的能谱(在这种情况下，电子对的产生并不重要)也是由康普顿连续谱和光电峰组成的。不过，现在由于光电峰中增加了多事件的结果，光电峰下的面积与康普顿连续面下的面积之比，比非常小的探测器要大得多。入射伽马射线的能量越低，康普顿散射光子的平均能量和相应的平均迁移距离就越小。因此，即使是中等大小的探测器也会显得很大，而且光电峰下的相对面积会随着入射光子能量的降低而增大。在非常低的能量下(例如，小于100 keV)，康普顿连续谱可能会消失。

在中等能量下，可能会发生多次康普顿散射，然后最终散射光子逃逸，导致总能量沉积大于式(10.4)预测的单次散射的最大值。因此，这些多重事件会部分填补康普顿边缘和光电峰之间的空隙，并扭曲单散射预测的连续谱形状。

如果伽马射线的能量足够高，电子对产生的影响巨大，情况就会变得更加复杂。湮灭光子现在可能会逃逸或在探测器内发生进一步的相互作用。这些额外的相互作用可能会导致一个或两个湮灭光子的部分或全部能量被吸收。

如果两个湮灭光子都在没有相互作用的情况下逃逸，就会出现前面讨论过的双逃逸峰。另一种比较常见的情况是，一个湮灭光子逃逸，但另一个被完全吸收。这些事件会产生单个逃逸峰，它现在出现在能谱中，能量比光电峰低 m_0c^2(0.511 MeV)。还存在一系列其他可能性，其中一个或两个湮灭光子通过康普顿散射和随后的散射光子逃逸部分转化为电子能量。在脉冲高度谱中，这些事件在双逸散峰和光电峰之间的宽连续谱段中累积。

实际伽马射线探测器的响应函数取决于探测器的尺寸、形状和组成以及辐照条件的几何细节。例如，如果把一个点伽马射线源从靠近探测器的位置移到远离探测器的位置，响应函数就会发生一些变化。这种变化与源的几何形状改变时探测器内发生的主要相互作用的空间分布差异有关。一般来说，响应函数过于复杂，无法详细预测，只能通过蒙特卡罗计算来模拟相同大小和组成的探测器中实际发生的过程。

伽马射线能谱学普遍关注响应函数的某些特性。峰总比被定义为光电峰(即全能量峰)下的面积与整个响应函数面积之比。它可以直接测量伽马射线在探测器内发生任何形式的相互作用，最终沉积出全部能量的概率。峰总比的数值越大越好，这样可以最大限度地减少康普顿连续谱和谱线逃逸峰的复杂影响。

在高伽马射线能量下，单逸峰和双逸峰是响应函数中相当突出的部分，在某些情况下可能大于光电峰。单逸峰或双逸峰下的面积与光电峰下的面积之比，也是响应函数中被广泛引用的一个特性，有助于解释复杂的能谱。

10.3.4 响应函数的复杂性

1. 次级电子逃逸

如果探测器的尺寸与典型的次级电子逃逸范围相比并不大，那么相当一部分电子可能会从探测器表面泄漏，其能量将无法被完全收集。如果伽马射线能量较高，次级电子的平均能量也较高，这种效应就会增强。电子泄漏往往会扭曲响应函数，使某些事件的幅度低于收集到全部电子能量时的幅度。因此，康普顿连续谱的形状会发生一定程度的改变，从而偏向于较低的幅度。由于一些事件会从光电峰中消失，与电子泄漏相比，更重要的是峰总比会降低。

2. 韧致辐射逃逸

韧致辐射光子是次级电子损失能量的机制之一。韧致辐射的产生大约与吸收器的 Z^2 成正比(式(2.11))，因此在原子序数较高的探测器中韧致辐射的重要性最大。即使电子本身在探测器内完全停止，仍有可能有部分韧致辐射光子逃逸而未被重新吸收。对响应函数的影响与上一段所述的电子逸散类似，同样在入射伽马射线能量较大时最为重要。对于次级电子逸出或韧致辐射逸出，其影响都会在一定程度上改变响应函数的形状，但不会引入额外的峰或尖锐特征。

3. 特征X射线逃逸

在光电吸收过程中,吸收原子往往会发射出一种特征X射线。在大多数情况下,这种X射线能量会在原始相互作用点附近被重新吸收。但是,如果光电吸收发生在探测器的表面附近,则X射线光子可能会逃逸,如图10.10所示。

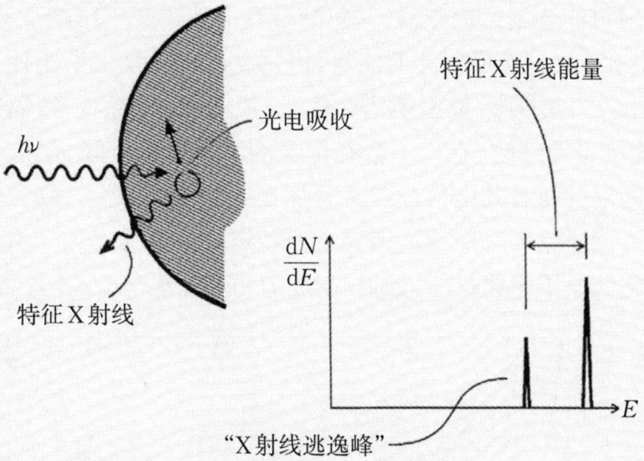

图10.10 特征X射线逃逸

在这种情况下,探测器中沉积的能量会减少,减少的量等于X射线光子的能量。如果没有X射线逸出,原始伽马射线就会被完全吸收,由此产生的脉冲也会造成光电峰。有了逸出,就产生了一类新的事件,在这类事件中,探测器中沉积了相当于原始伽马射线能量减去特征X射线能量的能量。因此,响应函数中会出现一个新的峰,到光电峰的距离等于特征X射线的能量。这些峰通常被称为"X射线逃逸峰",往往在入射伽马射线能量较低时以及探测器的表面体积比较大时最为突出。图10.16和《核辐射探测与测量(下册)》图13.7的能谱中显示了一些例子。

对于能量高于吸收体K层结合能的伽马射线,大多数光电吸收都涉及原子中结合最紧密的电子。因此,主要特征X射线逸出峰位于全能量峰的下方,其大小由K层结合能决定。由于弱结合电子层的相互作用和跃迁,原则上也存在更精细的效应,但由于涉及的X射线能量低得多,相应的逸出峰通常难以从全能峰中分辨出来。

4. 辐射源附近产生的二次辐射

(1) 湮灭辐射

如果伽马射线源是由正电子发射衰变的同位素组成的,那么正电子被阻止时产生的湮灭光子就会在0.511 MeV处产生一个额外的能谱峰。大多数标准伽马射线源都封装在一个足够厚的覆盖物中,足以阻止所有的正电子,因此它们会在紧靠源周围的区域发生湮灭。因此,这个区域就成了0.511 MeV湮灭辐射源,它与辐射源本身衰变产生的伽马射线频谱相叠加。如果探测器可以同时探测到来自1次衰变的2个湮灭光子(如在井式计数器中),那么在记录的能谱中也可以观察到1.022 MeV的峰。

(2) 韧致辐射

大多数常见的伽马射线源是以β发射衰变的,而伽马射线源的封装厚度通常也足以阻挡这些β粒子。在其他情况下,可以使用外部吸收器来防止β粒子到达探测器,因为β粒子的能量沉积会使伽马射线频谱复杂化。不过,在吸收过程中,会产生一些韧致辐射形式的二次辐射,这些辐射可能会到达探测器,并对测量到的能谱产生影响。原则上,韧致辐射频谱可以延伸到与最大β粒子能量相等的能量,但主要的辐射量仅限于比这一数值低得多的能量。图10.11给出了一些韧致辐射能谱的例子,说明了低能量韧致辐射光子发射的能谱形状。由于这些能谱是连续的,它们不会在记录的能谱中产生峰,而是会增加一个重要的连续谱,伽马射线能谱的所有其他特征都会叠加在这个连续谱上。韧致辐射不能作为本底被简单地消去,它可能导致伽马射线能谱峰下面积定量测量的误差。为了尽量减少韧致辐射的产生,通常使用低原子序数材料(如铍)制成的β吸收体。

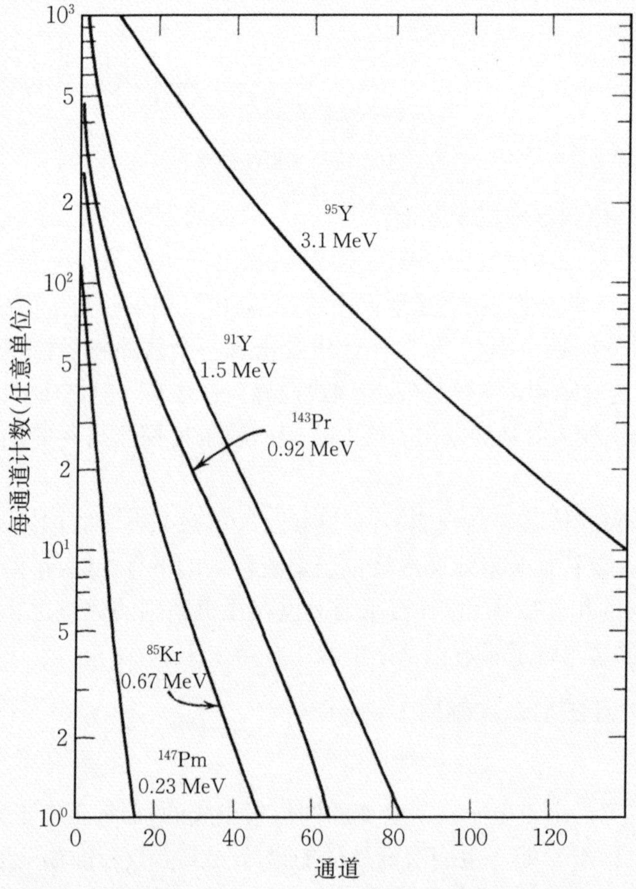

图10.11 不同端点能量的β粒子源产生的韧致辐射能谱的形状

(摘自Heath[5])

5. 周围材料的影响

在任何实际应用中,用于伽马射线能谱分析的探测器都会被其他材料包围,这些材料会对探测器的响应产生可测量的影响。最起码,探测器是封装起来的,以提供防潮和防光的屏障,或者安装在真空罩内。为了减少自然本底,大多数伽马射线探测器也在屏蔽罩内工作。伽马射线源本身通常是较大材料样品的一部分,或者装在某种封装内。所有这些材料都是伽马射线源发射的一次伽马射线相互作用而产生的二次辐射的潜在来源。如果二次辐射到达探测器,就会对记录的能谱形状产生明显的影响。图10.12举例说明了一些可能性。

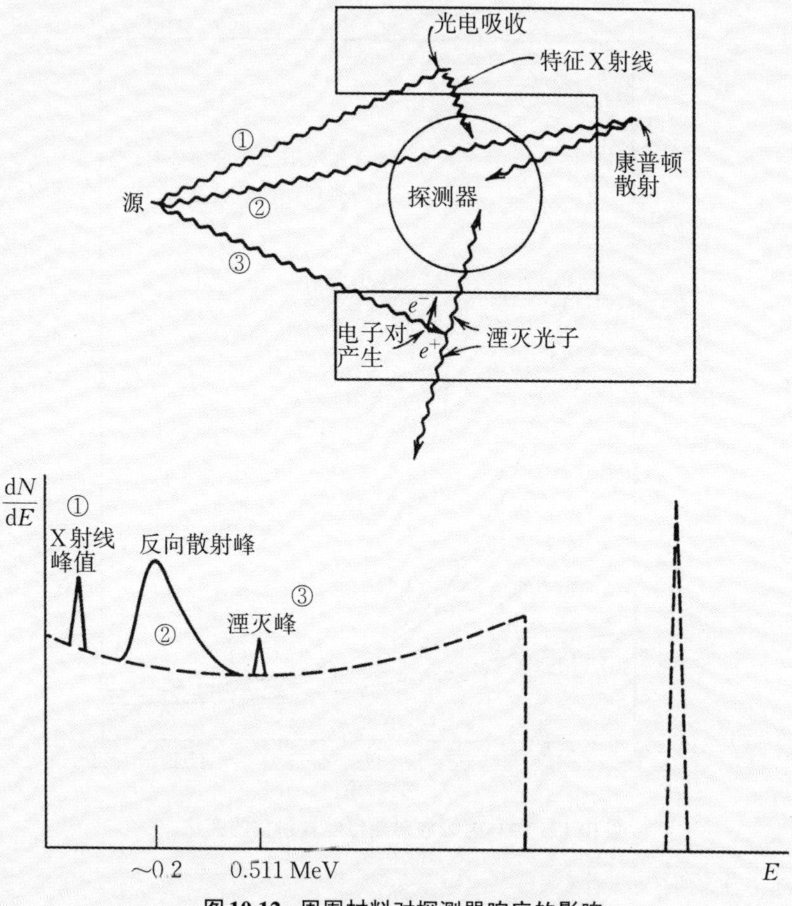

图10.12 周围材料对探测器响应的影响

除了预期能谱(如虚线所示)外,顶部显示的代表性历史记录也会导致响应函数中出现相应的特征。

(1) 反向散射伽马射线

伽马射线探测器的脉冲高度谱通常会在0.2~0.25 MeV附近出现一个峰,称为反向散射峰。这个峰是由伽马射线源发出的,伽马射线首先在探测器周围的一种材料中发生康普顿散射而产生的。图10.13显示了这些散射伽马射线的能量与散射角的函数关系。从这些曲线的形状可以看出，任何大于110°～120°的散射角都会产生能量几乎相同的散射光子。因此，单能量源会产生许多散射的伽马射线，其能量接近这个最小值，记录的能谱中就会出现一个峰。反向散射峰的能量与式(10.3)一致：

$$h\nu'|_{\theta=\pi}=\frac{h\nu}{1+\dfrac{2h\nu}{m_0c^2}}$$

在初始伽马射线能量很大($h\nu \gg m_0c^2/2$)的情况下，该表达式简化为

$$h\nu'|_{\theta=\pi}\approx\frac{m_0c^2}{2} \tag{10.8}$$

因此，反向散射峰总是出现在0.25 MeV或更低的能量处。

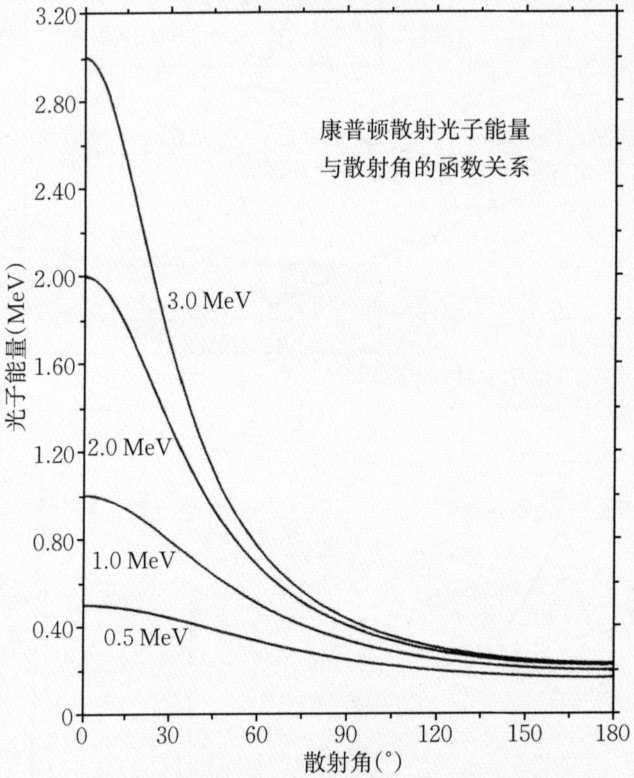

图10.13　伽马射线散射能量随散射角的变化。

(2) 其他二次辐射

除了康普顿散射外，初始伽马射线与周围物质的其他相互作用也会在记录的能谱中产生明显的峰。例如，探测器周围材料的光电吸收会产生一种特征X射线，这种X射线可能会到达探测器。如果材料的原子序数较高，则X射线光子的能量相对较高，可以穿透相当厚的中间材料。因此，应避免在探测器附近使用高Z材料。另一方面，最有效的屏蔽材料是高原子序数的材料，如铅。分级屏蔽是指屏蔽体的主体由高Z材料制成，但内表面衬有原子序数较低的材料。这种内衬的作用是吸收屏蔽体发出的特征X射线，同时自身只发出

低能量或穿透力弱的X射线。

如果初始伽马射线的能量很高,那么在高Z周围物质中的电子对产生就会产生大量的湮灭辐射。因此,通过探测这些次级光子,能谱中会出现一个0.511 MeV的峰。这个峰有可能与正电子放射源产生的湮灭辐射峰相混淆,因此在确定这些湮灭光子的来源时必须小心谨慎。

10.3.5 总和效应

由于同时探测到两个(或更多)伽马射线光子而产生的附加峰值也可能出现在记录的脉冲高度谱中。如图10.14所示,最常见的情况是同位素在衰变过程中发射多条级联伽马射线。如果我们假定不涉及同核异能态,那么中间态的寿命一般都很短,实际上两束伽马射线是同时发射的。与探测器的响应时间或后续电子设备的分辨时间相比,这段时间很短。如果这些符合事件的数量足够多,我们将能够在能谱上观察到一个总和符合峰,其脉冲高度相当于两个单独伽马射线能量的总和。由于部分能量损失相互作用的叠加,也会在较低幅度上产生一个总和事件的连续谱。

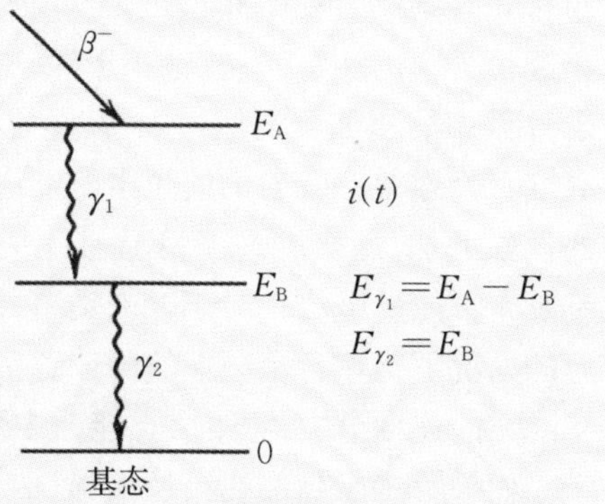

图10.14 可导致伽马能谱总和效应的简化核衰变纲图

只要中间态(在E_B处)的寿命较短,γ_1和γ_2就会以虚拟重合的方式发射出来。

总和峰中预期出现的事件的相对数量取决于两种伽马射线的分支比、它们之间可能存在的角度相关性以及探测器对应的立体角。完整的分析通常相当复杂,但下面的简化推导说明了可以采用的一般方法。

设ϵ_1为探测器对伽马射线①的本征峰效率,Ω为探测器所占的立体角比率(球面度/4π)。那么,在没有相加效应的情况下,伽马射线①的全能量峰面积为

$$N_1=\epsilon_1\Omega S y_1 \tag{10.9}$$

其中S是观测期间源衰变的次数,y_1是每次衰变伽马射线①的产额。将同样的定义应用于伽马射线②,我们可以得到

$$N_2=\epsilon_2\Omega S y_2 \tag{10.10}$$

同时探测到两条伽马射线的概率是两条单独探测概率的乘积,再乘以系数$W(0^\circ)$,以考虑伽马射线光子之间的角度相关性。$W(0^\circ)$的定义是:在γ_1沿同一方向发射的情况下,γ_2绕探测器位置确定的0°方向每单位立体角的相对产率。那么总和峰面积应为

$$N_{12}=S(\epsilon_1\Omega y_1)(\epsilon_2\Omega y_2)W(0^\circ)=S\epsilon_1\epsilon_2 y_1 y_2\Omega^2 W(0^\circ) \tag{10.11}$$

求和过程不仅产生了总和峰,而且还去除了原本属于单个伽马射线全能量峰的事件。根据式(10.9)和(10.11),γ_1的剩余全能量事件数为

$$N_1|_{有求和过程} = N_1 - N_{12} = \epsilon_1 \Omega S y_1 [1 - \epsilon_2 \Omega y_2 W(0°)] \tag{10.12}$$

由于来自γ_2的任何类型的符合事件(不仅仅是光电峰事件)都会从N_1中移除一个计数,因此现在应将探测效率ϵ_2解释为内在总效率。为使这些损耗保持较小,通常会将分立体角Ω的比例限制在较小值,以使上式中的第二项远小于第一项。如果立体角过大,除非对第二项进行计算,否则基于全能量峰下面积的定量测量可能会出现误差。[6]使用蒙特卡罗建模可以将探测器的详细几何结构和发射的伽马射线的角度相关性考虑在内,从而为这些校正提供便利。[7]

上述求和过程涉及来自同一核衰变事件的多个辐射,因此根据《核辐射探测与测量(下册)》第17章中给出的定义,被归类为真正的符合。由于时间上间隔很近的两个独立衰变事件意外地结合在一起,另一个过程也可能导致脉冲相加。由于相邻事件之间的时间间隔是随机分布的,其中一些会小于探测器或脉冲处理系统的固有分辨时间。这些偶然符合随着计数率的增加而迅速增加,甚至在没有真正符合事件的情况下也会发生。因此,在每次衰变只发射单一辐射的同位素的能谱中,可能会出现相应的总和峰。对于真正的符合事件的偶然叠加,还会有许多情况,其中第二次相互作用在探测器中涉及的是部分能量吸收而不是全部能量吸收。对于这一类事件,第一个事件(这里假设是全能量吸收)在没有叠加效应的情况下仍然会从预期的峰位置丢失。然而现在,叠加后的脉冲被存储在一个位于预期峰上方的连续谱中,它不会在能谱中形成一个总和峰。

如果第二个脉冲在典型信号脉冲之后的分辨时间t_r内到达,就会出现偶然符合。对于随机脉冲速率r_s,并且$r_s t_r \ll 1$的,符合事件发生的速率应该是所有位于前一个脉冲之后t_r时间内的时间分数(由$r_s t_r$给出)乘以脉冲到达率r_s,即

$$r_{ch} = r_s^2 t_r \tag{10.13}$$

因此,偶然总和峰的强度与计数率的平方成正比,而真实总和峰即正常光电峰的强度与计数率成线性关系。当涉及多种辐射时,偶然总和峰有可能出现在任意两种单一能量的所有可能组合中。然而,在正常速率和典型探测器立体角条件下,总和峰通常会被连续谱的波动和其他能量的本底所掩盖,但在能谱的高能极端,这种本底较低。

实际上,分辨时间t_r通常是由探测器脉冲处理链中所用线性放大器的成形时间常数设定的。因此,偶然巧合会在放大器中以脉冲堆积的形式出现,《核辐射探测与测量(下册)》第17章的讨论将对此做进一步详述。

10.3.6 伽马射线能谱仪中的符合方法

1. 降低连续谱

对于一个理想的伽马射线探测器来说,其响应函数只是一个分辨力很强的峰,没有相关的连续分布。这样就可以最容易地解释复杂伽马射线源的脉冲高度谱,而且高能伽马射线的存在也不会妨碍对低能微弱辐射的探测。

即使伽马射线探测器的响应函数本身就比较复杂,也可以采取一些措施,以增加复杂

性为代价，更接近这一理想状态。这些方法包括在主探测器周围放置其他探测器，并采用符合或反符合技术来优先选择那些最有可能与全能量吸收相对应的事件。就碘化钠能谱仪而言，最常见的方法是在主晶体周围使用环形探测器，通过反符合进行康普顿抑制，或者在符合模式下使用两个或多个相邻晶体。参考文献[8]～[12]提供了闪烁能谱仪的代表性描述，其中应用了一种或两种连续光抑制方法。

对这些技术的解释将放在到《核辐射探测与测量（下册）》第12章，该章将详细介绍它们在锗探测器中的应用。尽管将这些方法应用于闪烁能谱仪可以大大提高峰与连续谱的比例，但目前的注意力主要集中在将它们应用于锗系统上，因为锗系统的连续谱更为突出，通过抑制连续谱可以获得更大的收益。

2. 康普顿能谱仪

如图10.15所示，两个分离的伽马射线探测器同时工作是另一种布置，它可以简化响应函数，但会降低探测效率。一束经过准直处理的伽马射线射向第一个探测器，在这个探测器中，伽马射线的作用模式现在是康普顿散射。散射的伽马射线中会有一部分进入第二个探测器，在那里也可能发生相互作用，产生第二个脉冲。由于相隔距离通常不超过几十厘米，因此脉冲基本上在时间上是重合的。通过选择性地只记录来自第一个晶体的脉冲与来自第二个晶体的脉冲重合的情况，所记录的能谱在很大程度上只反映了单康普顿散射事件。由于散射角是固定的，每次涉及单能量入射伽马射线的散射作用都会沉积一定量的能量。光电吸收和所有其他不会导致两个探测器重合的事件都被排除在外。因此，响应函数

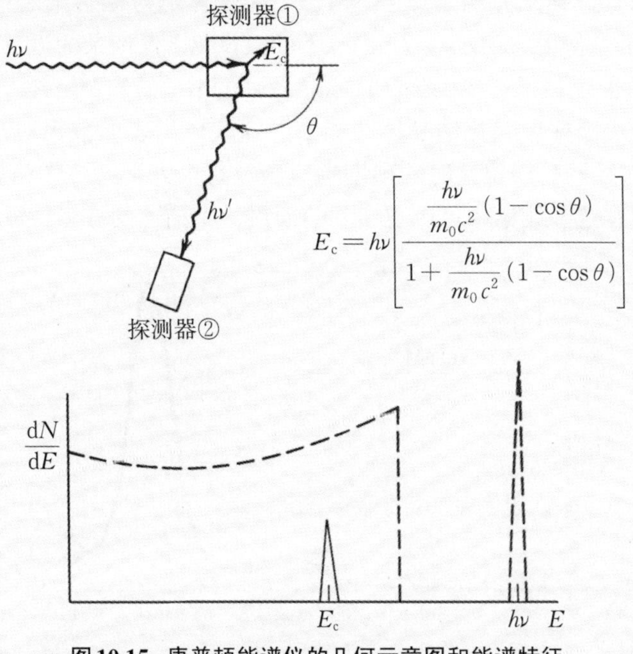

图10.15 康普顿能谱仪的几何示意图和能谱特征

顶部为几何示意图。来自探测器①的事件频谱与来自探测器②的脉冲重合，显示为底部的实心峰。来自探测器①的正常能谱以虚线表示。

被简化为一个峰，该峰出现在原始康普顿连续谱中由散射角决定的位置上。对于典型的伽马射线能量，散射光子能量的多普勒展宽（见第10.2.2节）与探测器的有限尺寸所带来的散射角变化的展宽效应相比通常很小。

10.4 闪烁伽马射线能谱仪的特性

10.4.1 响应函数

碘化钠之所以在早期受到广泛欢迎，是因为其碘成分的原子序数相对较高（$Z=53$），这确保了光电吸收将是一个相对重要的过程。碘化钠闪烁能谱仪的成功也得益于其相应的高固有探测效率和大峰总比。其他材料，如碘化铯或BGO，具有更高的密度或有效原子序数，因此这些材料的响应函数显示出更高的探测效率和峰总比。较新应用的闪烁体，如$LaBr_3$(Ce)，具有更高的光产额和更好的能量分辨率，比旧的产品至少提高了2倍。尽管如此，NaI(Tl)仍然是许多伽马射线能谱应用中的重要成分，因为它兼顾了低成本、广泛可用性和合理的性能。

Mueller和Maeder详细介绍了影响NaI(Tl)闪烁体响应函数形状的许多因素的重要性。[13]Heath出版了一份由7.62 cm×7.62 cm NaI(Tl)能谱仪记录的近300种放射性核素的伽马射线实验测量能谱目录。[5]Adams和Dams后来汇编的资料[6]包含7.62 cm×7.62 cm和10.16 cm×10.16 cm圆柱形碘化钠晶体的能谱。这些已发表的数据对于预测闪烁体能谱仪在应用于伽马射线发射同位素时的预期响应函数有很大帮助。伽马射线能谱示例见图10.16至图10.20。在这些能谱中可以观察到前面讨论中描述的许多特征。

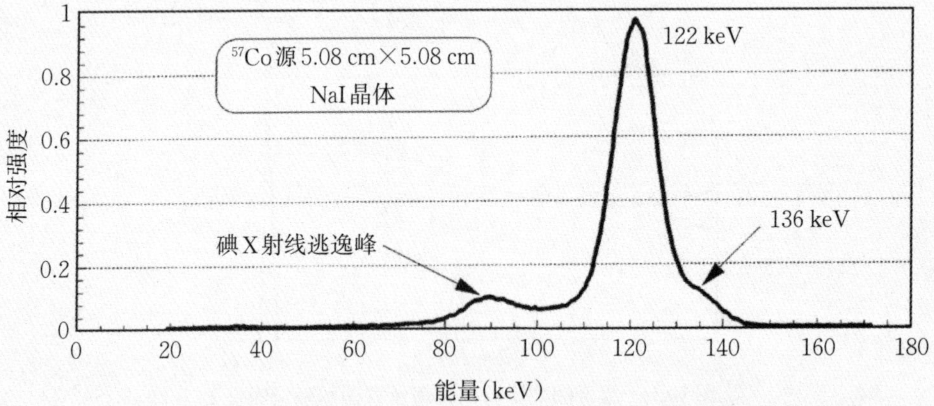

图10.16 ^{57}Co发射的122 keV和136 keV伽马射线的NaI(Tl)闪烁体脉冲高度谱

碘X射线逃逸峰比相应的全能量峰低28 keV，只有在强度较高的122 keV伽马射线中才明显出现。

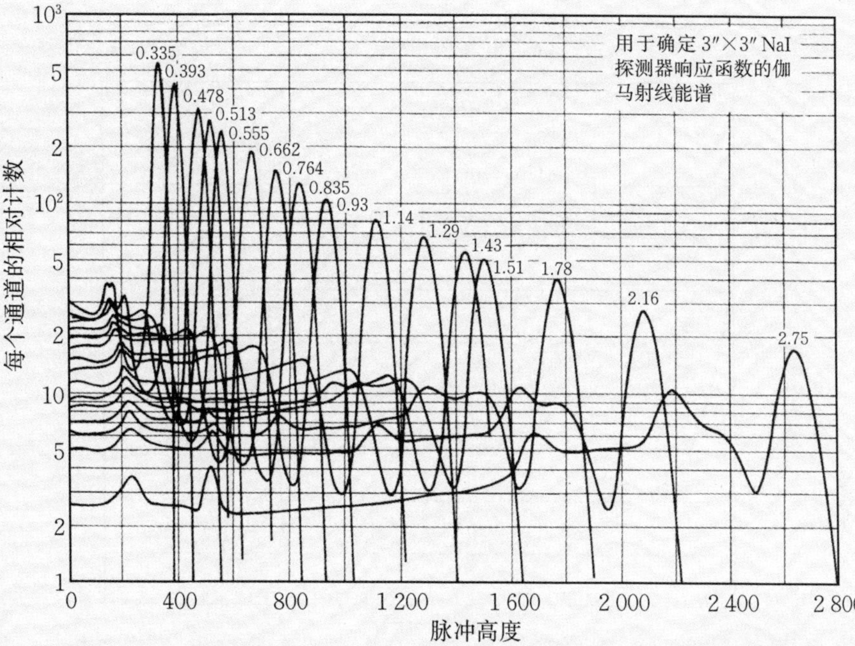

图10.17　7.62 cm ×7.62 cm圆柱形NaI(Tl)闪烁体对0.335至2.75 MeV伽马射线的响应函数

(摘自Heath[5])

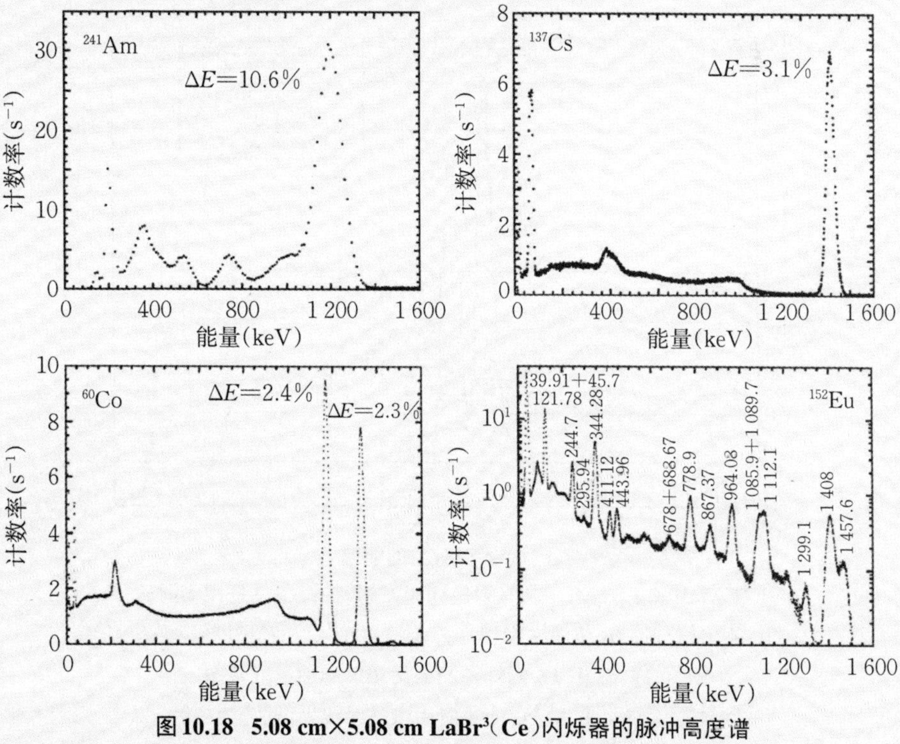

图10.18　5.08 cm×5.08 cm LaBr³(Ce)闪烁器的脉冲高度谱

与图10.19(b)中^{60}Co的NaI(Tl)示例相比,能量分辨率明显更高。

(摘自Quarati等[16])

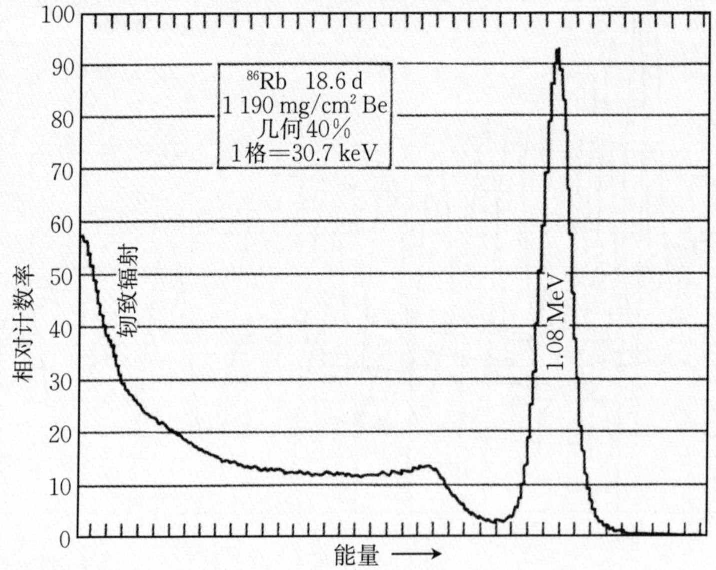

(a) ^{86}Rb 辐射源(1.08 MeV 伽马射线)的能谱

显示了在阻止辐射源发射的β粒子时产生的轫致辐射在能谱低端的贡献。

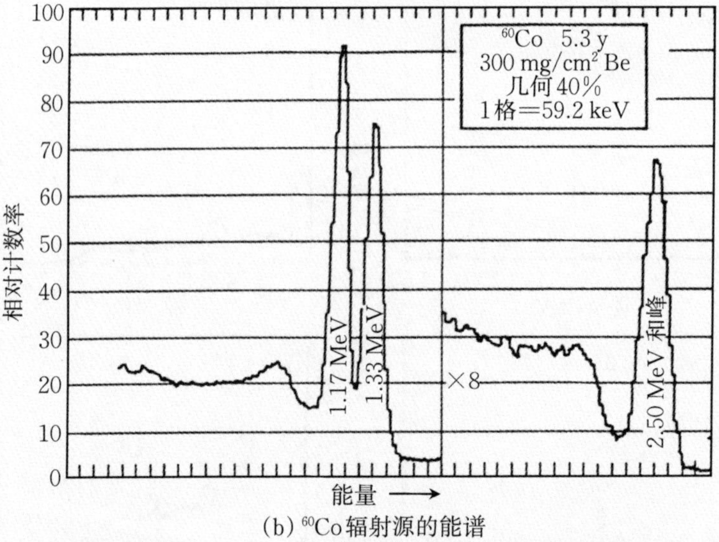

(b) ^{60}Co 辐射源的能谱

1.17 MeV 和 1.33 MeV 伽马射线同时发射,拍摄条件是探测器的立体角相对较大,从而增强了 2.50 MeV 处的总和峰强度。

图 10.19 NaI(Tl)闪烁探测器记录的脉冲高度谱图

(摘自 F. Adams 和 R. Dams,《应用伽马射线光谱法》第二版,Pergamon 出版社版权所有,1970 年出版。经许可使用)。

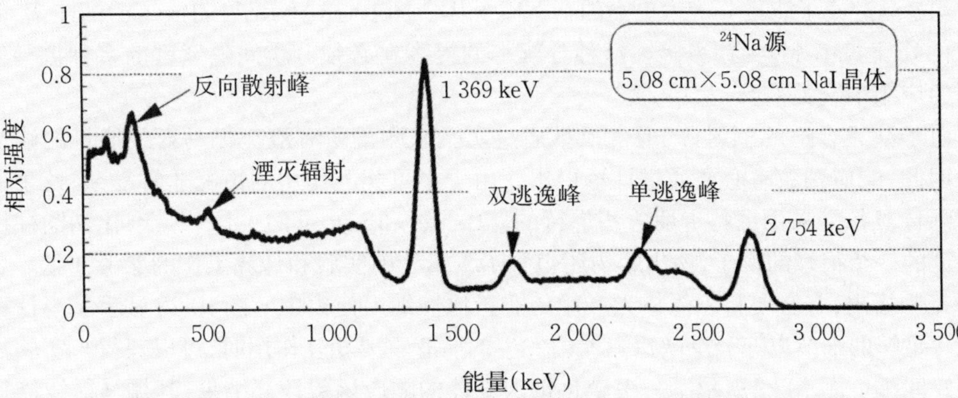

图10.20　NaI(Tl)闪烁体获得的1 369 keV和2 754 keV伽马射线的脉冲高度谱

与高能量伽马射线的电子对产生相互作用相对应的单逃逸峰和双逃逸峰非常明显，在511 keV的湮灭辐射峰也是由周围材料的电子对产生相互作用引起的。

图10.21显示了在类似条件下同等大小的碘化钠晶体和BGO中观测到的伽马射线能谱的直接比较。碘化钠的能量分辨率要高得多，这可以从右图能谱中较小的峰宽得到证明。从图10.21左边能谱中光电峰下的较大面积可以看出，BGO的效率更高，特别是在较高能量下。BGO的光峰总比大，因此康普顿连续谱和湮灭逃逸峰不太突出。可以在参考文献[15]中找到使用2.54 cm×2.54 cm和7.62 cm×7.62 cm的BGO探测器获得的涵盖124 keV～11.67 MeV的伽马射线能谱集。

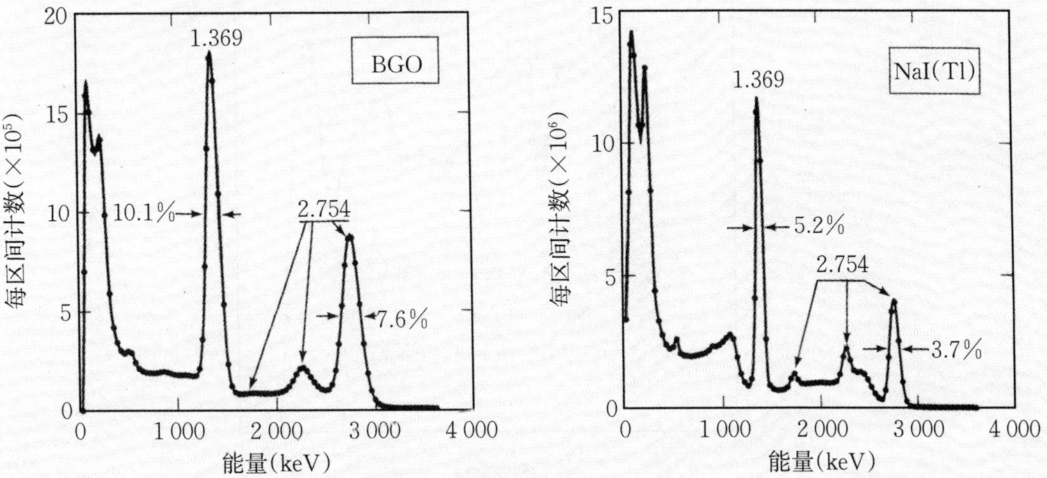

图10.21　均为7.62 cm ×7.62 cm的BGO(左)和NaI(Tl)(右)闪烁体测量到的来自^{24}Na的伽马射线的脉冲高度谱比较

(摘自Moss等[14])

第8章讨论了能量分辨率更高的新型闪烁体。图10.18显示了$LaBr_3$(Ce)的能谱,其中记录的峰比NaI(Tl)尖锐得多。这种分辨率的提高在必须分辨间隔紧密的多种伽马射线能量的应用中至关重要。

由于缺乏合适的辐射源,通常很难通过实验来测量所有潜在伽马射线能量的响应函数。因此,响应函数有必要通过计算得出。由于多重相互作用的情况非常复杂,几乎所有的实际计算都是采用蒙特卡罗方法进行的。Berger和Seltzer的工作[17]是碘化钠圆柱探测器计算的一个很好的例子,该出版物还包含了大量先前实验和计算工作的参考文献。最近的研究[19]指出,有必要将闪烁体光产额的非正比性纳入建模中。图10.22显示了当计算模型包含足够的细节以充分反映探测器内发生的所有重要相互作用时,可以获得与实验数据的良好匹配。图10.23展示了一组碘化钠闪烁体的响应函数计算结果,其伽马射线能量相对较高。这一系列图清楚地表明,随着伽马射线能量增加,光电峰逐渐消失,逃逸峰逐渐变宽。光电峰消失的原因是电子对产生成为主要的相互作用模式,而产生的高能电子对由于韧致辐射的损耗和晶体表面的泄漏而难以被完全吸收。逃逸峰的展宽是由于随着光电子数量的增加,产生的光电子数量会出现额外的统计波动(见B.2节)。从图10.24中可以明显看出$LaBr_3$(Ce)卓越的能量分辨率,在图中,两种高能伽马射线的全能量峰、单逃逸峰和双逃逸峰都被清晰地分辨出来。

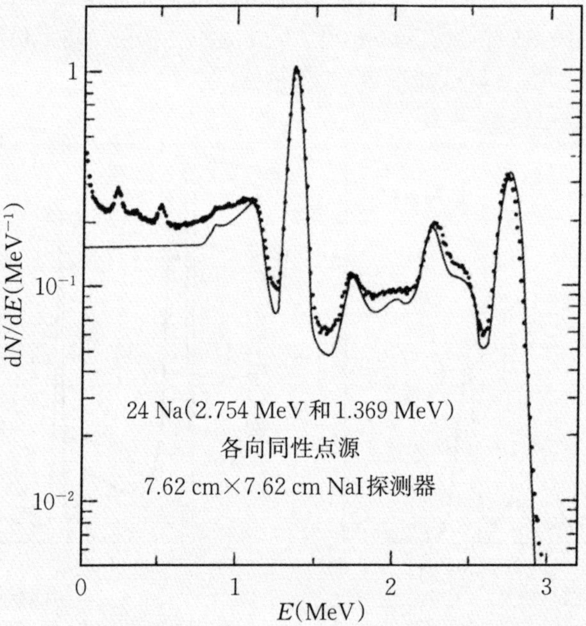

图10.22　测量的脉冲高度谱(点)与蒙特卡罗方法计算的理论谱的比较

(摘自Berger和Seltzer[17])

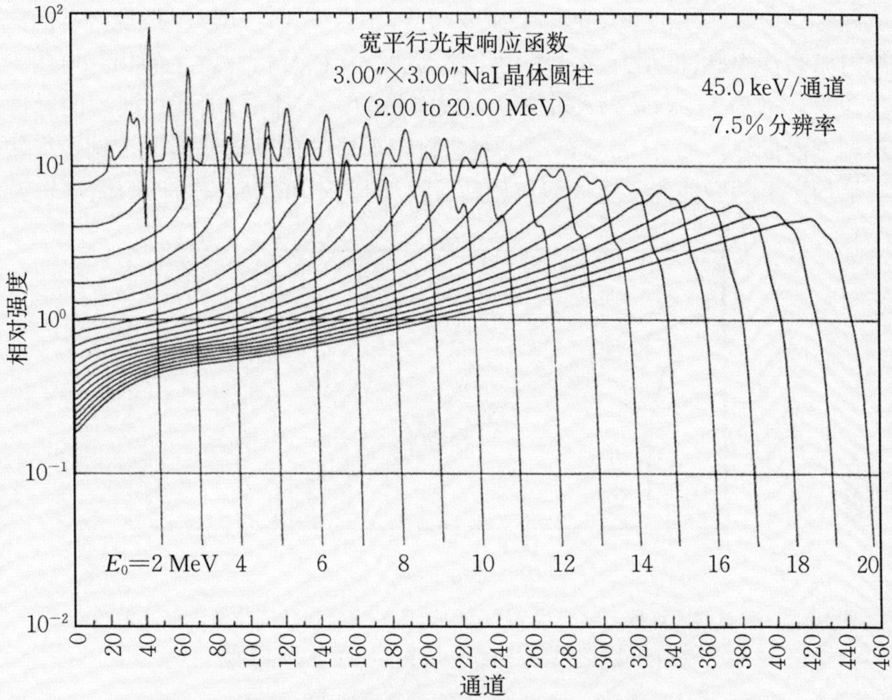

图 10.23 NaI(Tl)闪烁探测器扩展到 20 MeV 的计算响应函数

(摘自 Berger 和 Seltzer[17])

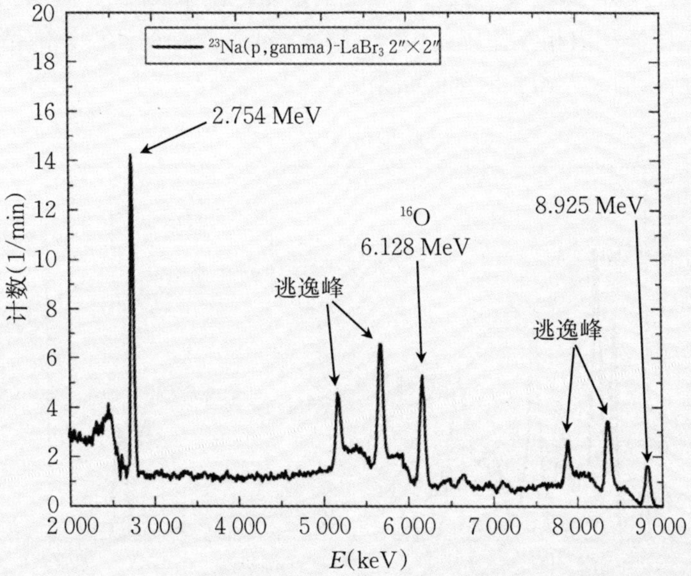

图 10.24 来自 5.08 cm×5.08 cm 的 $LaBr_3$(Ce)晶体的脉冲高度谱的高能量部分

伽马射线源是质子诱导的核反应,在 6.128 和 8.925 MeV 处发射出显著的伽马射线能量。可以清楚地看到全能量峰、单逃逸峰和双逃逸峰。

(摘自 Ciemala 等[18])

有机闪烁体由于其组成元素的原子序数较低，光电相互作用概率极低。它们在受到伽马射线照射时会产生脉冲，但几乎从未用于伽马射线能谱分析。发生的相互作用主要是单次或多次康普顿散射，只能沉积入射伽马射线能量的一小部分，因此在典型的脉冲高度谱中观测不到全能量峰。图10.25显示了一些塑料闪烁体的伽马射线能谱示例。虽然高能量伽马射线平均产生的脉冲确实比低能量伽马射线大，但不可能完全按照源能量来区分。

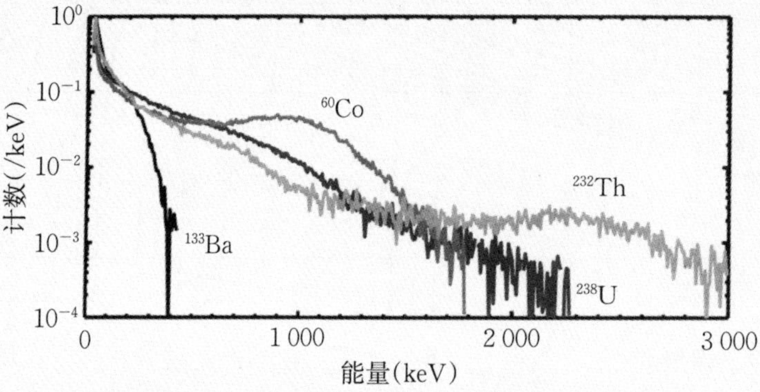

图10.25 用塑料闪烁探测器记录到的4种伽马射线放射性同位素的伽马射线能谱

(西北太平洋国家实验室的Robert Runkle提供)

最近的研究表明，在某些情况下，《核辐射探测与测量(下册)》第18章讨论的解卷积技术可以有效地应用于这类能谱，从这些连续谱中产生峰。这一过程要求探测器的响应函数是准确已知的，可以通过测量或模拟整个有关的能量范围来实现，并且与未测量的变量(如伽马射线在探测器体积内相互作用的位置)无关。通过对探测器设计的精心控制，已经取得了如图10.26所示的令人印象深刻的结果。

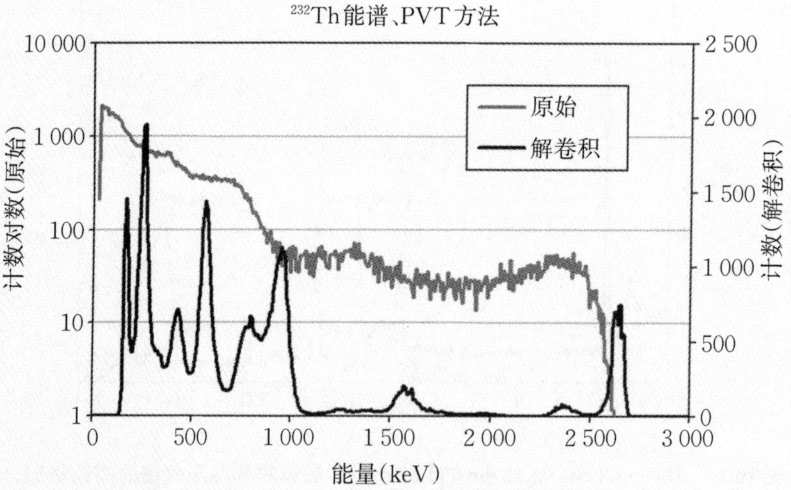

图10.26 对来自塑料闪烁体的直接脉冲高度谱(上图，对数刻度)进行解卷积的例子

底部的解卷积能谱(线性刻度)显示了一些离散的伽马射线峰。

(摘自Burt和Ramsden[20])

10.4.2 能源分辨率

与图10.7至图10.9所示的理论能量沉积能谱相比，上图所示的测量响应函数包含了探测器有限能量分辨率造成的"模糊"效应。最显著的区别是，所有峰都有一定的宽度，而不是呈现为尖锐的窄线。

如第4章所述，能量分辨率R的定义为

$$R = \frac{\mathrm{FWHM}}{H_0} \tag{10.14}$$

其中，FWHM为全能量峰的半最大全宽；H_0为与同一峰相对应的平均脉冲高度；闪烁体的能量分辨率是所有常用探测器中最差的，因此能谱的峰相对较宽。

1. 分辨率损失的根源

根据第4章的论点，任何探测器的有限能量分辨率都可能包含电荷收集统计、电子噪声、探测器在其有效容积内的响应变化以及测量过程中运行参数漂移的单独影响。对于闪烁探测器来说，光电倍增管在各次测量中的增益波动也会增加测量分辨率。此外，在某些闪烁体中，吸收粒子能量与光产额之间的比例偏差也会严重影响伽马射线测量的能量分辨率(见第10.4.2节)。对于闪烁体在伽马射线能谱分析中的大多数应用来说，第一个来源通常是最重要的。电子噪声的影响通常可以忽略不计，因此与闪烁体一起使用的前置放大器和其他电子元件无须采用复杂的降噪方案。从闪烁事件中收集到的光在晶体体积上的变化可能是一个重大问题，因此第8章中讨论的促进均匀光收集的技术非常重要。在商业制备的典型尺寸晶体中，这些不均匀性通常只占总峰宽度的一小部分。工作参数的漂移通常与光电倍增管有关，如果探测器的计数率或温度发生较大变化，漂移可能会很严重。在这种情况下，可以使用《核辐射探测与测量(下册)》第18章中讨论的一些能谱稳定方法，但通常只有在温度发生重大变化或测量时间较长时才有必要使用。

2. 光电子统计

统计波动是闪烁体峰展宽的最重要原因。在信息载体数量最少的信号链中，统计波动最为显著。对于闪烁计数器来说，在闪烁光被光电倍增管的光电阴极转换为电子之后，就达到了这一点。

一个有代表性的数值例子有助于说明这一点。在图10.27所示的信号链中，假定伽马光子在闪烁晶体中沉积了0.5 MeV的电子能量。在铊活化的碘化钠中，闪烁效率约为12%。因此，在这个例子中，闪烁体将60 keV的光转换成平均光子能量约为3 eV的可见光。因此，每个脉冲会产生约20 000个闪烁光子。考虑到晶体表面和晶体光导管界面的一些光损失，这些光子中可能有15 000个最终到达光电阴极。如果我们假设光电阴极在闪烁光谱中的平均量子效率为20%，那么就会产生3 000个光电子。这个数值现在是信号链中的最小值，因为光电倍增管的后续级数会使电子数倍增。

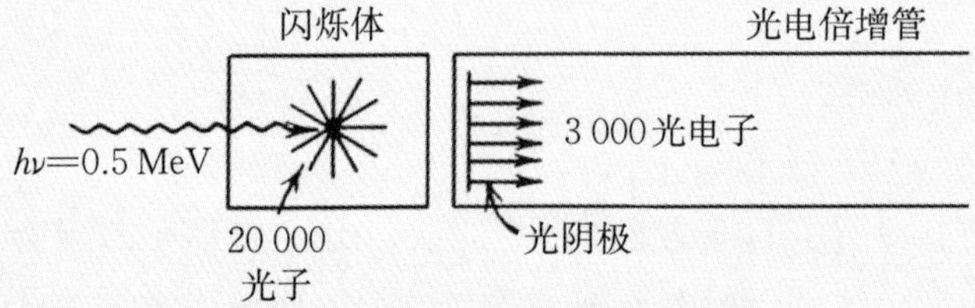

图 10.27 伽马射线入射NaI(Tl)闪烁体并在光电倍增管中产生光电子的示例

光电倍增管产生的信号幅度与光电子数成正比。对于在晶体中沉积了完全相同能量的重复事件，脉冲幅度会因每次收集到的光电子数的固有统计变化而波动。如果我们假设泊松统计成立，那么光电子数量的标准偏差应该是产生的平均数量的平方根。因此，在我们的例子中，标准偏差为$3\,000^{0.5}$，即平均值的1.8%。能量分辨率的正式定义是峰的半最大全宽，而不是其标准偏差。对于假定的高斯形状，FWHM是标准偏差的2.35值，因此本例中能量分辨率的统计贡献率应为4.3%。

在许多实际情况下，峰的统计展宽比分辨率损失的其他潜在来源更为重要。在这种情况下，只要注意到峰的半高全宽与伽马射线光子能量的平方根成正比，就可以预测分辨率随伽马射线能量的变化。产生的平均脉冲高度与伽马射线能量成正比。因此，根据能量分辨率的定义

$$R \equiv \frac{\text{FWHM}}{H_0} = K\frac{\sqrt{E}}{E} = \frac{K}{\sqrt{E}} \tag{10.15}$$

其中，K是比例常数。因此，能量分辨率应该与伽马射线能量的平方根成反比。如果对式(10.15)两边取对数，我们可以得出

$$\ln R = \ln K - \frac{1}{2}\ln E \tag{10.16}$$

因此，$\ln R$与$\ln E$的关系图应该是一条斜率为$-1/2$的直线。

图10.28是实验确定的碘化钠闪烁体的分辨率值与其测量时的伽马射线能量的函数曲线图。数据相当接近于直线，但斜率并不像预测的那样陡峭，表明了峰展宽的非统计来源的影响。测量数据的更充分表示可以采用以下形式

$$R = \frac{(\alpha + \beta E)^{1/2}}{E} \tag{10.17}$$

其中，α和β是特定于任何特定闪烁体光电倍增管组合的常数。

由于能量分辨率随能量的变化而变化，为了便于比较，通常以固定的伽马射线能量来确定数值。通常以^{137}Cs(0.662 MeV)的伽马射线能量分辨率为标准。其他伽马射线能量的能量分辨率可以通过式(10.15)进行估算。

图10.29是一些闪烁材料的能量分辨率与其光度(以光电倍增管光电阴极产生的光电子为单位)的对比图。我们可以预期，如果光电子数量的统计变化是导致峰变宽的唯一原因，那么峰宽度的标准偏差将简单地由光电子数量的平方根给出。这种情况在图中显示为标有“计数统计”的连续曲线。显示观测到的能量分辨率的点都位于这条曲线的上方，表明其他因素也会增加峰展宽。下文将讨论其中一些额外因素。

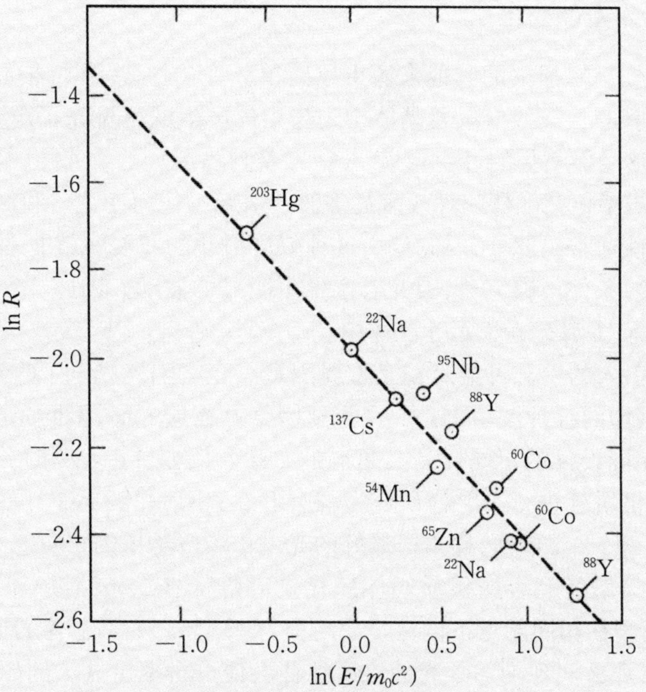

图 10.28 NaI(Tl)闪烁探测器在不同伽马射线能量 E 下的实验测量分辨率 R

(摘自 Beattie 和 Byrne[21])

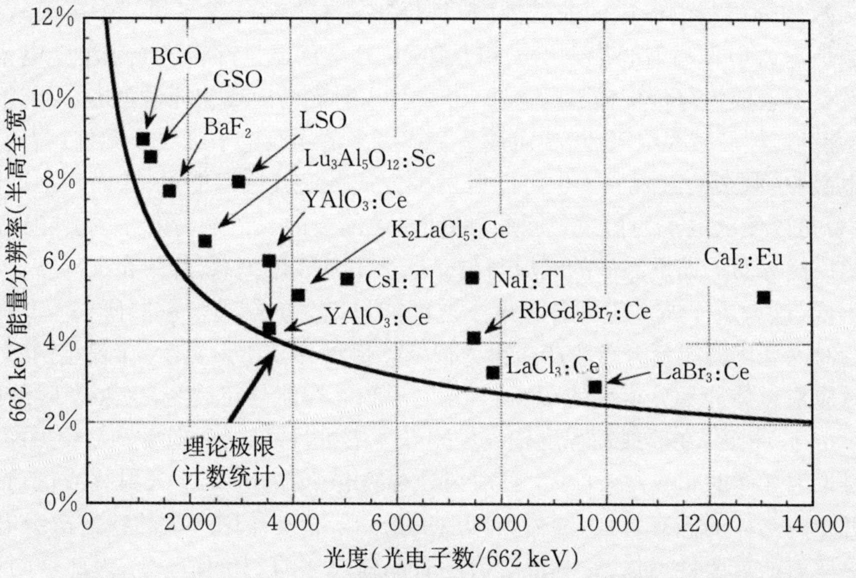

图 10.29 从各种闪烁体观察到的能量分辨率(662 keV)与其光度的对比图

(原图来自参考文献[22],修订版由劳伦斯伯克利国家实验室的 William Moses 提供)

3. 光产生和测量的变化

闪烁能谱仪分辨率损失的其他来源可以简单分为3类：晶体本身的特征（晶体固有分辨率）、光电倍增管的特征效应以及晶体中闪烁事件产生的可见光子产生光电子并被光电倍增管的第一个倍增极收集的可变概率（转移方差）。

晶体固有分辨率包括晶体闪烁效率局部波动引起的任何变化。利用现代制造技术，碘化钠晶体的均匀性通常足够好，因此仅由这种效应引起的线展宽就非常小（小于2%）。由于晶体表面的反射条件不够完美，因此会产生更明显的波动。因此，不均匀的光收集效率会导致明显的线宽，尤其是在大尺寸晶体中。

光电倍增管引入的差异可能是一个重要因素。光电阴极光电子收集的均匀性是一个重要因素，电子倍增的统计波动也是一个重要因素。在这方面，不同光电倍增管的性能差异很大，即使是相同设计的不同样品之间也是如此。例如，Persyk 和 Moi[23]对几种标准类型的几百支光电倍增管进行了取样研究，观察到^{57}Co辐射（122 keV）的平均NaI闪烁体能量分辨率为10%～11%。然而，样本中最好的光电倍增管给出的相应值为8.5%。

与现代光电倍增管耦合的优质固体碘化钠闪烁体在0.662 MeV时的能量分辨率为6%～7%，而溴化镧在相同能量下的分辨率可略好于3%。如果晶体的形状比简单的直角圆柱体更为复杂，那么实现均匀集光的难度往往会使分辨率更低。例如，有中心孔的晶体的能量分辨率通常比等效的实心圆柱体大1%～3%。

4. 光产额的非比例性

大多数闪烁材料响应中的非线性（图8.8）是晶体固有分辨率的一个更微妙的组成部分。如果所有入射伽马射线都发生了相互作用，其全部能量都转换成了单个电子，那么这种非线性就不会成为分辨率损失的来源。但是，入射伽马射线的能量可能会通过单个或多个康普顿散射，然后被光电吸收，从而被两个或更多的次级电子细分。此外，即使发生了简单的光电吸收，剩余的激发原子也可能以多种方式转换其激发能量，从而产生不同的电子能谱，主要是以俄歇电子的形式。因此，即使是单能量的入射伽马射线也会导致晶体内电子能量的广泛分布。如果晶体的响应与电子能量不呈线性关系，总的光产额就会因事件的不同而不同，这取决于所产生的各种电子之间能量细分的细节。一些研究[24,25]认为，非线性效应会对闪烁体的能量分辨率产生重大影响。例如，图10.30显示，在碘化钠中计算出的非比例效应对总体能量分辨率的影响，与光电子统计在能量超过约300 keV时的影响一样大。与NaI(Tl)相比，在非线性程度较高的闪烁体中，这种峰展宽现象显然会更加严重。

在讨论闪烁体的非线性效应时，必须区分对快电子的响应与对X射线或伽马射线的响应。前者是闪烁体的固有特性，而后者则取决于光子相互作用产生的特定次级电子组合。由于多重散射的重要性增加，这种混合会随着晶体尺寸的变化而改变，因此这两种行为不会完全相同。[26]还应注意区分非线性和非比例性这两个术语。[26]光输出与沉积能量之间的线性关系只要求能对数据进行直线拟合，而比例关系则要求最佳拟合线通过原点。在一定的能量范围内，闪烁体的响应可能是完全线性的，但除非响应也与能量成正比，否则仍会对伽马射线峰展宽产生一定的影响。非线性和非比例性这两个术语在文献中经常交替使用[27](因此在本文中有时也会交替使用),因此必须认识到,非比例性是导致能量分辨率受限的更准确的问题。

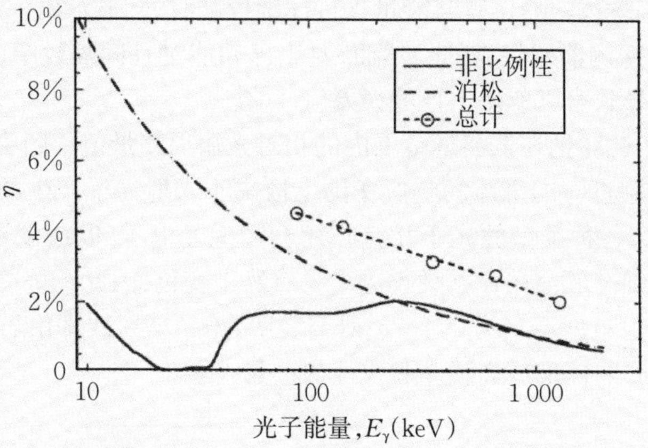

图 10.30 闪烁器非比例性和泊松光电子统计对 2.54 cm×2.54 cm 的 NaI(Tl) 闪烁器能量分辨率的预测贡献比较

标有“总计”的点为测量的分辨率值。

(摘自 Valentine 等[25])

5. 长期漂移

在必须持续多小时或多天的闪烁体测量中,由于光电倍增管和其他电路元件的增益漂移,可能会造成一些分辨率损失。《核辐射探测与测量(下册)》第 18 章概述了一些可用于尽量减少或完全消除这些影响的电子方法。当频谱中存在单个孤立峰时,这些技术效果最佳,可以从中得出误差信号来调整信号链中的可变增益组件。如果测量频谱中不存在较强的孤立峰,或者计数率较低,这些方法可能不切实际。

对于闪烁计数器,可以使用另一种方法,即在闪烁封装内提供一个参考光源,在能谱中产生一个人造峰。如果光脉冲的强度恒定,则可产生反馈信号来调整系统增益,从而将产生的峰保持在测量能谱中的恒定位置。用于此目的的光源一般分为两类:一类是由放射性同位素与适当的荧光粉组合而成;另一类基本上是电子器件。一个共同的要求是,光源的亮度在长时间内必须非常稳定,因为光输出的任何变化都会被解释为计数系统增益的漂移。参考文献[28]~[33]对用于此目的的光源设计进行了讨论。

10.4.3 能量校准

如果闪烁体的光输出与沉积的能量完全成正比,那么全能量峰的脉冲高度(即多通道分析仪中的中心通道数)与伽马射线能量的校准将是完全线性的。前面的讨论已经指出,所有闪烁体对快电子的反应都有一定程度的非比例性,因此这种校准会显示出一定的非线性。由于即使是被完全吸收的单能伽马射线也会产生不同组合的次级电子,因此电子的某些非线性特性会在脉冲与脉冲之间被平均化,伽马射线的线性偏离也会较小。这种平均化在一定程度上取决于探测器的具体尺寸和形状,因为相互作用概率的混合取决于这些因素。因此,对典型闪烁体的峰位置与能量进行仔细校准时,会显示出一定程度的曲率,而这种曲率原则上是该探测器所特有的。然而,对于已知能量且间隔较窄的峰之间的插值,通常假设线性关系会导致可以忽略不计的误差。

图10.31显示了碘化钠在低能量范围内的相对光输出测量值。图中明显的凹陷出现在碘的K层吸收边缘附近。闪烁体的响应实际上取决于入射光子产生的次级电子沉积的能量,如图10.32所示,各种类型的光子相互作用会产生光电子和/或俄歇电子的复杂混合。这些次级电子的详细产额会在K层吸收边缘突然发生变化,因此在该能量附近出现观测到的光输出不连续现象也就不足为奇了。[36]研究表明,德尔塔射线即沿着高能电子轨道产生的轻微高能电子的影响也是造成整体非线性的重要因素。[37]

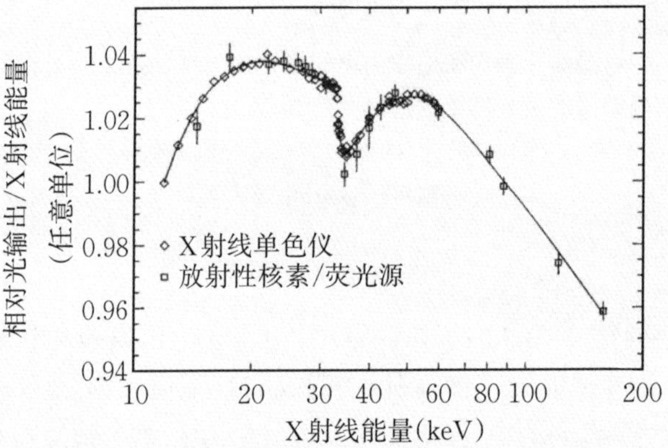

图10.31 NaI(Tl)单位沉积能量的光输出测量值(对88 keV的结果归一)

(摘自Wayne等[34])

10.4.4 探测效率

使用闪烁晶体进行伽马射线测量的一个明显优势是,可以大量生产许多标准尺寸的探测器,其特性几乎完全相同。由于这些晶体的物理尺寸可以控制在非常小的公差范围内,因此所有尺寸和形状相同的晶体对伽马射线的相互作用概率都是相同的。

碘化钠闪烁体的常见应用之一是测量特定伽马射线源的绝对强度。从第4章的讨论来看,这种基于简单计数数据的测量需要事先了解辐射探测器的效率。毫无疑问,关于碘化钠闪烁体对伽马射线的探测效率的公开数据要比任何其他探测器类型或应用的数据都要多。常规使用的不同尺寸和形状的NaI(Tl)晶体数量相对有限,因此可以汇编有关每种常见配置的相当完整的数据。有关新型闪烁材料的数据则较为稀少,但在目前的文献中已逐渐增多。

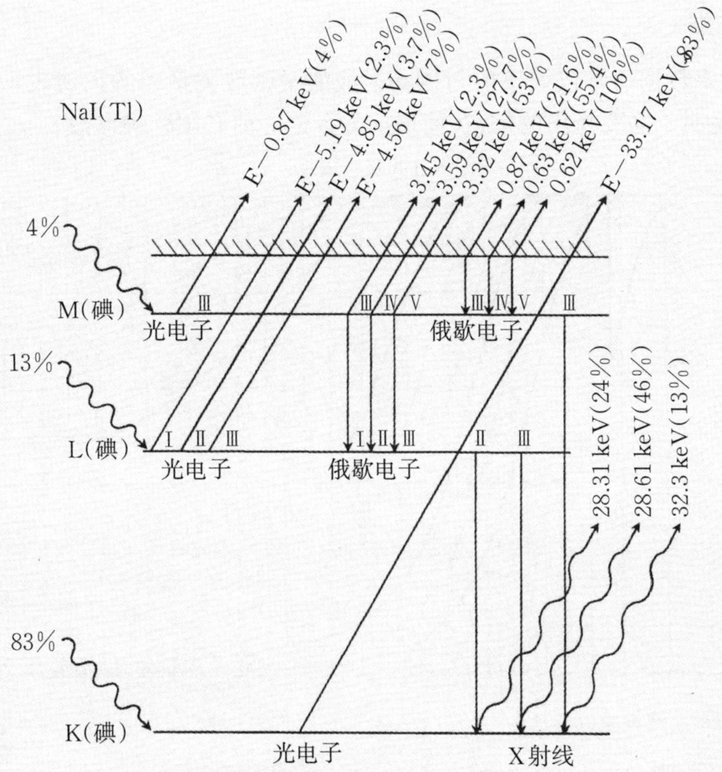

图10.32　入射X射线或伽马射线被光电吸收后电子和光子的可能来源示意图，其能量*E*高于*K*层结合能33.17 keV

(摘自Rooney和Valentine[35])

1. 晶体形状

在伽马射线探测应用中，有两种通用的晶体形状被广泛使用。实心的完整圆柱体制造和封装都很简单，可以直接安装在大多数光电倍增管的圆形面板上。如果圆柱体的高径比不超过1，这种几何形状的集光性能就会非常好。如果高径比远小于1，则通常可以通过在晶体和光电倍增管之间插入光导管来提高脉冲高度分辨率，从而将每次闪烁事件产生的光更均匀地传播到整个光电阴极，平均消除其量子效率的空间变化。

井式晶体是一个直角圆柱体，通常沿圆柱轴线在圆柱体上加工出一个圆柱形井。这种几何形状的一个显著优点是把要计数的样品放在井的底部，可以获得非常高的计数效率。在这个位置，几乎所有从放射源等向发射的伽马射线都至少会被一部分晶体截获。因此，对于低能量的伽马射线，这种几何形状的计数效率接近100%。在能量较高的情况下，由于穿过晶体的平均路径长度比从外部入射到固体晶体上的伽马射线要短一些，因此会失去一些优势。由于靠近井底的放射源的效率对位置并不敏感，因此井式计数器还可以简化对具有不同物理特性的多个样品的计数，同时提供几乎相同的计数效率。

2. 效率数据

探测器效率数据通常以效率值与伽马射线能量函数关系图的形式表示，由图10.33和图10.34举例说明。需要指出的是，在使用这类数据之前必须明确参数：

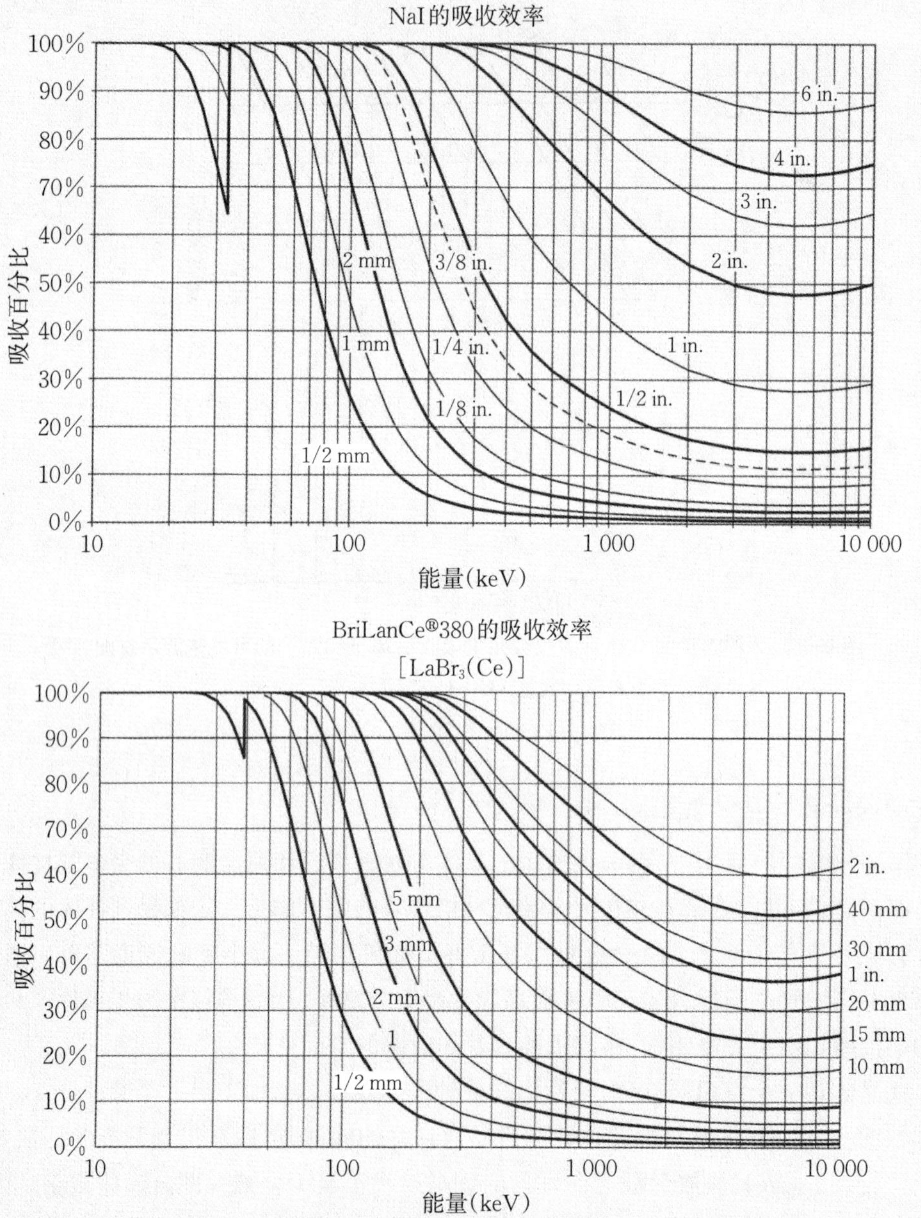

图10.33　不同厚度的碘化钠和溴化镧闪烁体的固有总效率图

假定伽马射线正常入射表面。

（摘自《精选闪烁体的效率计算》，圣戈班陶瓷和塑料公司版权所有）。

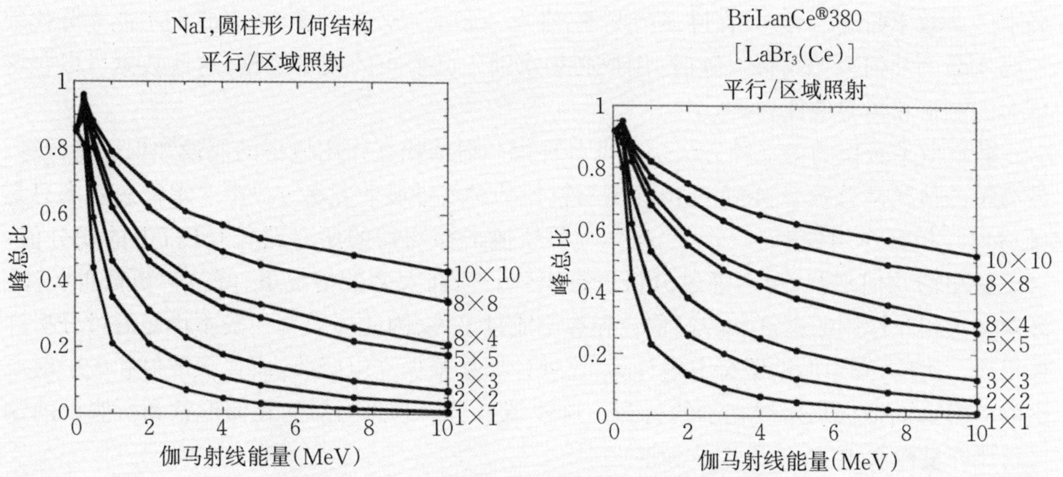

图10.34　碘化钠和溴化镧闪烁体的峰总比曲线图

每条曲线都标明了圆柱形探测器的尺寸(直径和高度,以英寸(1 in=2.54 cm)为单位)。在生成这些数据的蒙特卡罗代码中,假定伽马射线入射到圆柱体的整个圆形区域,并与轴平行。

(摘自《精选闪烁体的效率计算》,圣戈班陶瓷和塑料公司版权所有)

(1) 必须明确列出效率的具体类别

正如第4章所定义的,探测器效率分为绝对效率和本征效率,后者是更常见的选择。此外,还必须对计数系统接受的事件类型做出规定。在这里,最常见的选择是峰效率或总效率,区别在于只接受全能量事件还是所有事件(见第4章)。

(2) 闪烁晶体的尺寸和形状对计数效率有很大影响

虽然晶体在伽马射线入射方向上的厚度是影响本征效率的主要因素,但探测器的其他尺寸也会产生轻微的变化。

(3) 伽马射线源的大小和物理特性也会影响计数效率

对于各向同性的点伽马射线源,沿其轴线与探测器面保持一定距离这一相对简单的情况,我们可以获得大量数据。虽然绝对效率对源与探测器之间的间距相当敏感,但对于本征效率来说,这种依赖性要温和得多,而且如果源离探测器足够远,这种依赖性就会完全消失。可以找到数据的其他常见源条件包括:一束平行伽马射线均匀照射探测器的一个表面(相当于无限距离的点源)以及一束窄准直光束("铅笔束")入射到探测器表面的一个指定点。在特定的源-探测器几何结构下,由圆盘或体积源组成的分布式源的数据也很有限。

(4) 伽马射线发射点和闪烁晶体之间的吸收也会影响探测效率

已公布的数据通常忽略了晶体外壳和源与探测器之间其他材料的影响,但也有一些数据考虑了大体积伽马射线源的自吸收。

产生效率数据的一般方法有两种。最直接的方法是测量已知活度的伽马射线源引起的适当计数率。可以购买一套"标准"伽马射线源,其绝对活度可以精确到大约1%。如果用户有一套覆盖所关心的能量范围的此类源,那么就可以通过实验为所使用的特定探测器确定一条效率曲线。然而,在许多情况下,没有一套绝对校准的源,或者它们不能充分代表实际实验的几何辐照条件。这时,用户必须求助于已公布的效率数据,这些数据可以包含更多的能量和实验条件。

获取效率数据的第二种方法是根据各种伽马射线相互作用概率的假设知识进行计算。最简单的情况是总效率,它完全由探测器材料的总线性吸收系数μ决定。本征总效率只是伽马射线相互作用概率$(1-e^{-\mu l})$在伽马射线撞击探测器的所有路径长度l上的积分值。对于简单的几何形状,可以通过分析进行积分。但在大多数情况下,峰效率更值得关注。涉及多重相互作用的更复杂的过程会导致全能量事件,因此峰效率一般不再能通过分析计算得出。相反,必须借助蒙特卡洛计算,这种计算是根据光电吸收、康普顿散射和电子对产生的概率来模拟伽马射线光子的行为。这些结果是针对探测器的几何形状和所假设的伽马射线能量而得出的,无法进一步推广。

有关碘化钠探测器效率的大量表格和图表可参见参考文献[5]、[6]、[38]和[39]。Grosswendt和Waibel发表了一篇关于固体圆柱形碘化钠晶体的实验测定和计算效率的综述。[40]关于井型晶体效率的计算和测量,参考文献[41]和[42]还列出了大量参考文献,参考文献[43]中列出了其他晶体形状的效率。

当发射伽马射线的样品并非小得可以忽略不计时,自吸收效应会大大降低点源的效率。通常的做法是对标准效率采用乘法修正系数,以考虑样品本身的吸收。[44]这种方法可以充分反映各种物理情况。[45]参考文献[46]和[47]对吸收盘状源的闪烁体效率进行了评述。

现有的大多数效率数据都涉及沿探测器对称轴的源,只有有限的数据涉及闪烁晶体对轴外源的定向响应。参考文献[48]提供了对圆柱形闪烁体的此类分析,其中还引用了以前公布的有关定向特性的其他数据。

还可以找到碘化钠以外的闪烁材料的效率数据。①图10.35和10.36显示了碘化铯与碘化钠的一些比较测量结果。CsI(Tl)具有更高的效率和更大的峰总比,但其光输出较低(使用标准光电倍增管测量),导致能量分辨率较低。相应的差异在BGO的情况下甚至更为极端。图10.37显示,在高伽马射线能量下,同等大小的BGO晶体的本征峰效率比碘化钠高出近10倍,但能量分辨率比碘化铯还要低。NE-213有机液体闪烁体的伽马射线探测效率见参考文献[51]和[52],塑料闪烁体的伽马射线探测效率见参考文献[53],掺铅塑料闪烁体的伽马射线探测效率见参考文献[54]。

3. 峰面积测定

要应用任何探测器的峰效率数据,必须确定其能谱中出现的全能量峰下的面积。即使在减去正常本底之后,几乎所有这些峰都会叠加在本章前面所述的许多复杂效应所造成的连续谱上。因此,要确定产生特定全能谱峰的事件数量并不总是一件简单的工作。

---

① 在作者撰写本书时,图10.33和图10.34所示类型的曲线图可以在http://www.detectors.saint-gobain.com找到。

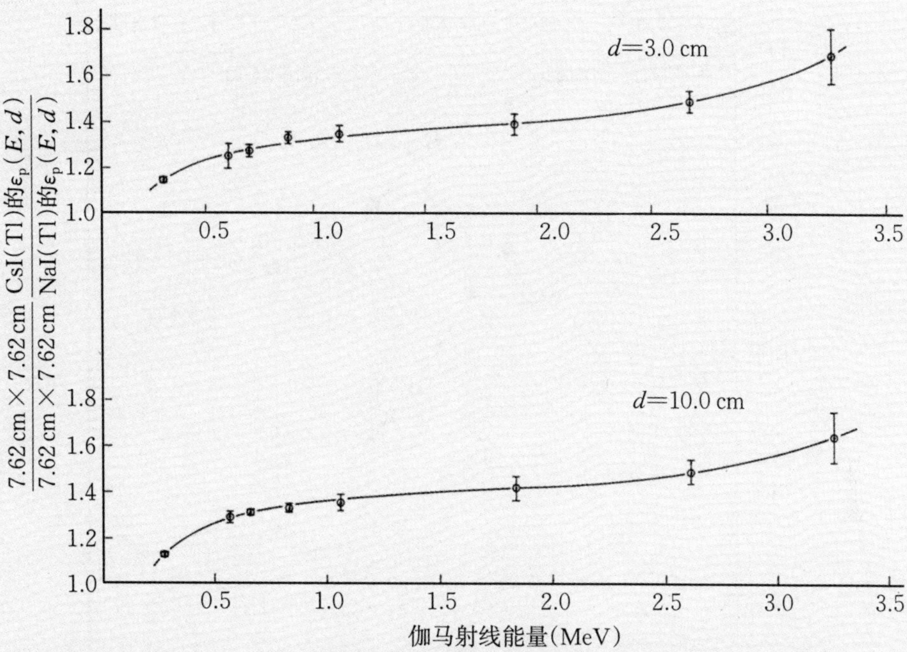

图 10.35 7.62 cm×7.62 cm 圆柱形晶体 CsI(Tl)和 NaI(Tl)的相对本征峰值效率

其随晶源距离变化而变化。

(摘自 Irfan 和 Prasad[49])

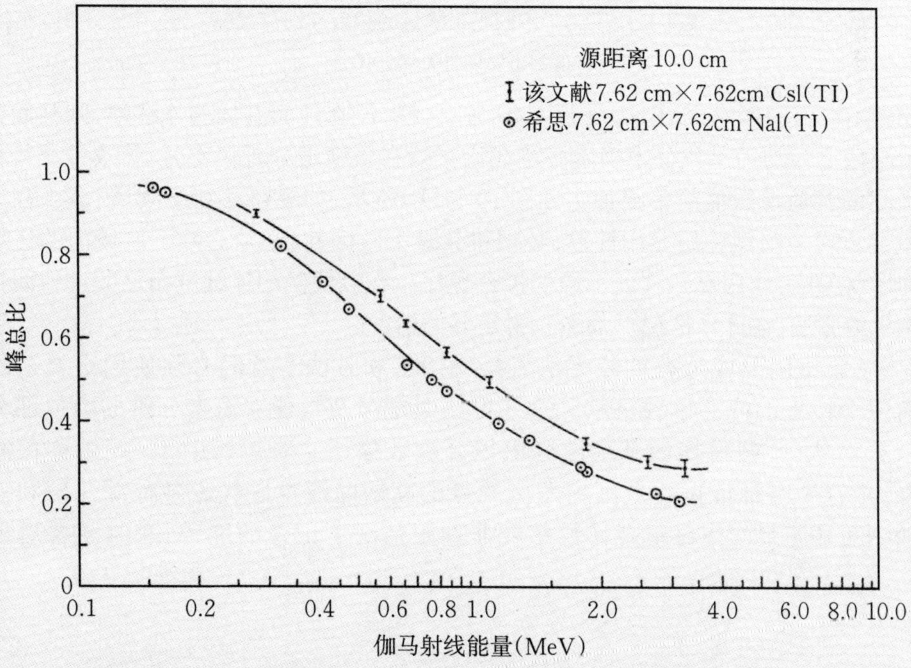

图 10.36 7.62 cm×7.62 cm 圆柱形 CsI(Tl)和 NaI(Tl)晶体的实验峰总比

(摘自 Irfan 和 Prasad[49])

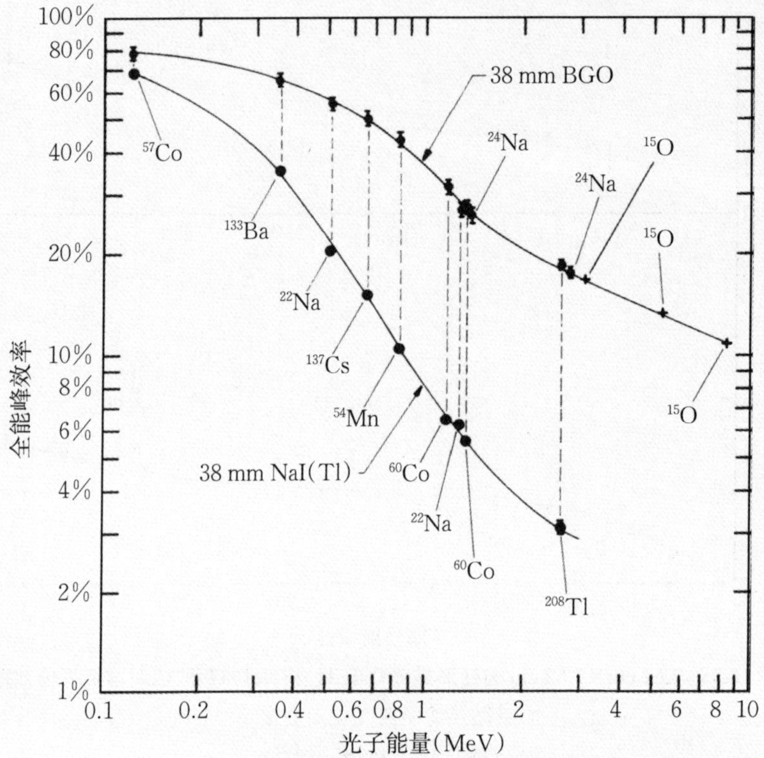

图10.37　尺寸为38 mm×38 mm的BGO和NaI(Tl)闪烁体的本征峰效率

图中标出了用于不同光子能量的放射性同位素源。

(摘自Evans和Orndoff[50])

如图10.38(a)所示,如果是一个简单的孤立峰,没有任何叠加的连续谱,则其面积可通过图示限值之间的简单积分来确定。当频谱记录在多通道分析仪中时,等效过程是将所示限值之间的各通道数值简单相加。如图10.38(b)所示,如果还存在连续谱,那么在这一过程中还会出现一些额外的无用计数,必须将其减去。因此,必须为峰下区域内的连续谱假定某种形状,并可应用复杂程度不同的拟合程序。在峰两侧的连续分布之间进行线性插值是最简单的方法,在许多情况下都能获得足够的精度。

有时,紧密间隔或重叠的峰无法直接应用求和方法。这时必须使用更复杂的方法来分离每个接近的峰的单独贡献。这些方法通常涉及将能够清晰分辨的峰值部分拟合一个解析形状,并假设峰的其余部分由拟合函数描述。对于NaI(Tl)闪烁体探测器测量的峰,拟合一个标准偏差范围内两侧的点的高斯曲线足以代表各种源几何和计数条件下的测量峰形状。[55]对于高计数率或非理想情况下记录的能谱,有时需要更复杂的形状。

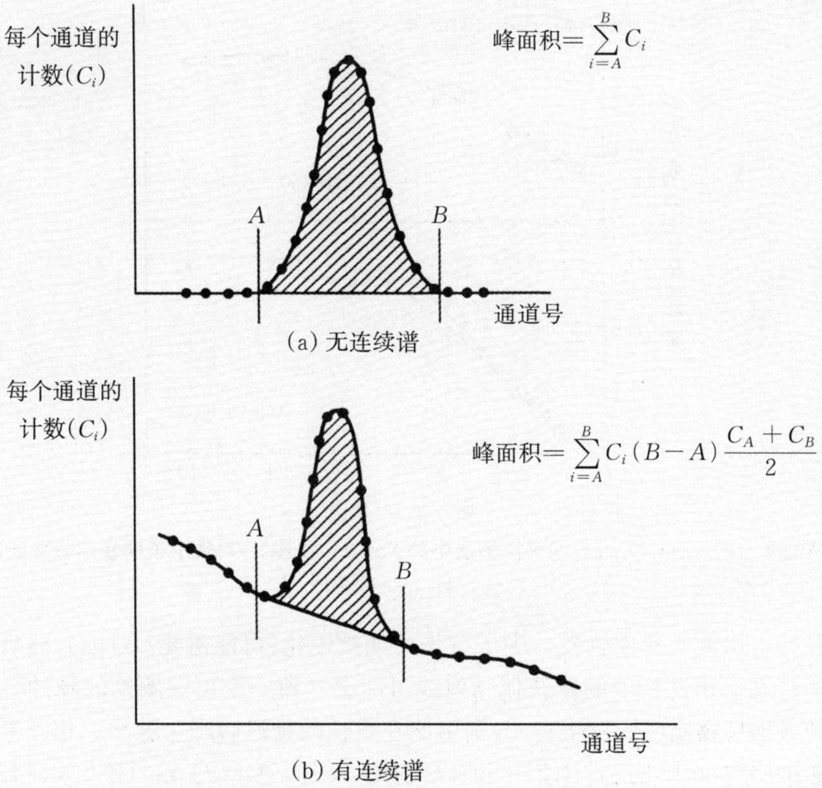

图 10.38　从多通道能谱中获取峰面积的方法

在(a)部分中,(b)部分出现的峰下的连续谱可以忽略不计。

10.5　闪烁探测器对中子的响应

《核辐射探测与测量(下册)》第 14 章和第 15 章介绍了一些专门设计用作中子探测器的闪烁体类型。不过,几乎任何闪烁材料在暴露于中子通量时都会产生一定程度的反应。在加速器或反应堆周围进行的伽马射线测量中,有时不可避免地会出现快中子,它们产生的脉冲可能是一种不良本底。这些脉冲一般分为两类:一类是在中子进入闪烁体后几纳秒内产生的脉冲;另一类是经过一定延迟后产生的脉冲。

在 NaI(Tl)和 BGO 中,快速脉冲主要是通过探测中子与闪烁体的非弹性散射相互作用产生的伽马射线而产生的。[56]图 10.39 显示了与这两种材料的瞬时脉冲相对应的探测效率。与 NaI(Tl)相比,BGO 对伽马射线和中子的灵敏度更高。

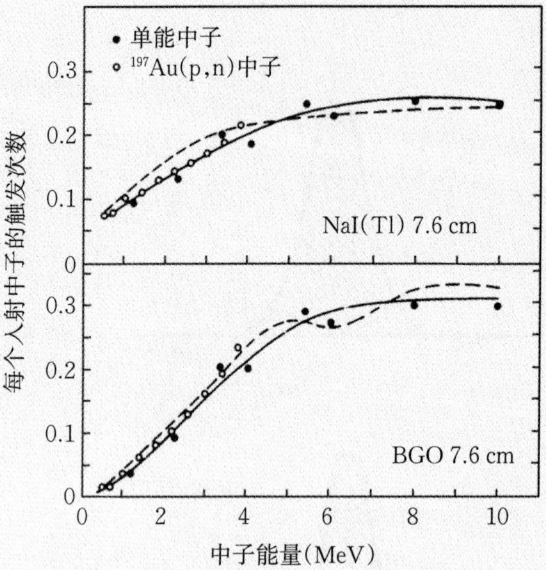

图 10.39 在 7.6 cm×7.6 cm 闪烁探测器中的 NaI(Tl)和 BGO 对快中子的快速脉冲响应

(摘自 Hausser 等[56])

延迟脉冲可由两类事件触发。中子首先可能被慢化(可能需要 100 μs),然后作为热中子被探测器俘获。由此产生的俘获伽马射线可能会导致一个可探测到的脉冲。如果中子俘获产生的放射性物质随后发生衰变,则可能在更长的延迟后产生脉冲。相应半衰期的例子有碘化钠中的 ^{24}Na(15 h)和 ^{128}I(25 min)以及 BGO 中的 ^{75}Ge(83 min)和 ^{77}Ge(11.3 h)。

10.6 闪烁体电子能谱

闪烁体还可用于测量入射到晶体一个表面的快电子(如β粒子)。尽管为此目的使用锂漂移硅探测器已变得越来越普遍(见《核辐射探测与测量(下册)》第 13 章),但有时也会出现硅探测器的尺寸限制或其他考虑因素决定使用闪烁体的应用。

电子响应函数的性质取决于闪烁材料、其物理厚度以及电子的入射角度。来自外部源的电子在到达闪烁体本身的表面之前,通常必须通过一些保护层和/或光反射器。在后续的讨论中,并没有特别考虑在这些介入材料中可能发生的能量损失,但如果电子的能量较小,这可能是一个重要因素。我们还假定所讨论的闪烁体厚度超过了入射电子的最大射程。即便如此,探测器也可能无法完全阻挡沿电子路径产生的次级轫致辐射光子。

一般来说,响应函数显示出一个明显的全能量峰,相当于入射电子能量的全部吸收,同时还有一个延伸到较低能量的尾部。造成这种部分能量吸收的主要原因是反向散射,在这种情况下,电子只经历了部分能量损失就从其进入的表面出射。造成尾部的其他事件包括那些在闪烁体内完全停止但产生韧致辐射光子的电子,这些光子从探测器的前表面或后表面逃逸。

随着闪烁体原子序数的增加,反向散射概率和韧致辐射造成的电子能量损失都会显著增加。由于这两个过程都会减弱全能量峰,并在响应函数中增加不需要的尾部,因此在电子能谱分析中通常首选低原子序数的闪烁体(与伽马射线能谱分析所需的标准正好相反)。

因此,蒽等有机或塑料闪烁体最常用于电子测量。表10.1列出了一些常见闪烁体材料对正常入射电子的反向散射概率。低Z材料的反向散射概率明显要低得多。

表10.1 各种探测器表面垂直入射电子的反向散射比例

闪烁体	电子能量(MeV)				
	0.25	0.50	0.75	1.0	1.25
塑料	0.08±0.02	0.053±0.010	0.040±0.007	0.032±0.003	0.030±0.005
蒽	0.09±0.02	0.051±0.010	0.038±0.004	0.029±0.003	0.026±0.004
NaI(Tl)	0.450±0.045	0.410±0.010	0.391±0.014	0.375±0.008	0.364±0.007
CsI(Tl)	0.49±0.06	0.455±0.023	0.430±0.013	0.419±0.018	0.404±0.016

来源:Titus[57]。

图10.40显示了在碘化铯和塑料闪烁体中测量到的正常入射1 MeV电子的脉冲高度谱。由于碘化铯的原子序数较高,其低能尾部更为明显。参考文献[57]提供了其他闪烁材料、电子能量和不同入射角的其他数据。

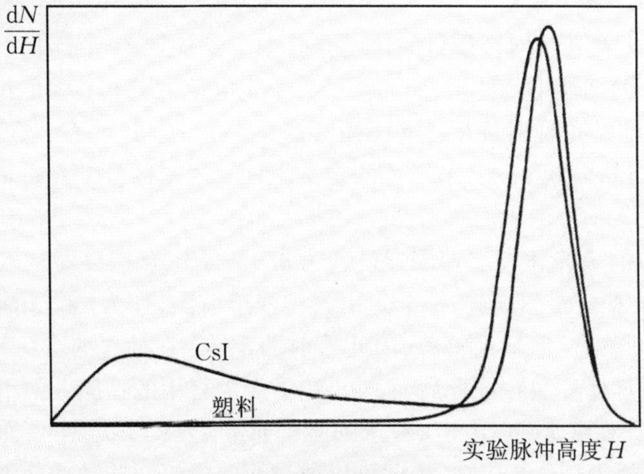

图10.40 CsI(Tl)和塑料闪烁体在正常入射情况下1.0 MeV电子的实验脉冲高度谱

谱归一化为相同的最大脉冲高度。

(摘自Titus[57])

10.7 基于闪烁的专用探测器配置

10.7.1 磷光体夹层探测器

将两个不同的闪烁体光学耦合到一个光电倍增管上的组合通常被称为磷光体夹层(或磷光体三明治)探测器。闪烁体的衰减时间不同,因此光电倍增管输出脉冲的形状取决于两个闪烁体闪烁光的相对贡献。大多数应用都需要利用这种脉冲形状差异来区分只在一个闪烁体中发生的事件和在两个闪烁体中发生的事件。例如,穿透力较弱的辐射可以在第一个闪烁体中完全停止,但穿透力较强的粒子可能会在两个闪烁体中都产生光。碘化钠和碘化铯通常被选为这两种材料,因为它们的衰变时间相差很大(0.23 对 0.68+3.34 μs),使用《核辐射探测与测量(下册)》第 17 章中的脉冲形状甄别方法,很容易将仅由一种衰变产生的脉冲与由两种衰变产生的脉冲区分开来。其他常见的闪烁体组合包括BGO和碘化铯[58-59],或两种不同的塑料闪烁体[60-61],其中一种衰变时间快,另一种衰变时间慢。已使用的其他组合包括:CsI(Na)与GSO[62],BGO与GSO[63],塑料闪烁体与 BaF_2[64-66]以及YSO与LSO。[67]事实证明,采用脉冲形状辨别技术的磷光体夹层探测器在抑制X射线和β粒子计数本底方面非常有用。[68-71]

另外,也可以从光电倍增管信号的快慢分量中分别提取电子脉冲。[61,72]这样就可以独立测量沉积在每个闪烁体中的能量,而无需第二个光电倍增管。在厚的慢闪烁体前面使用薄的快速闪烁体,可以同时测量穿透薄探测器的粒子的 dE/dx 和 E。然后就可以使用《核辐射探测与测量(下册)》第 11.6.4 节所述的粒子识别技术来区分一种重带电粒子和另一种重带电粒子。

有一种更简单的磷光体夹层探测器已作为α/β粒子组合探测器投入商业使用。它由一个薄 ZnS(Ag)屏幕组成,安装在一个薄铝入口窗口后面,作为α粒子探测器。这种屏幕足够厚,可以阻挡α粒子,但又足够薄,因此入射的β粒子在通过时会沉积极小量的能量。几毫米厚的塑料闪烁体安装在屏幕后面,对β粒子产生有用的响应。两个闪烁体在光学上接触,由一个光电倍增管观察。由于α粒子的能量通常比β粒子大得多,而且 ZnS(Ag)闪烁体的闪烁效率比塑料闪烁体高得多,因此可以通过简单的幅度选择来分离α粒子和β粒子。

10.7.2 液体闪烁计数器

第 8 章讨论的液体闪烁剂可以用于解决使用传统方法测量低能β粒子或α粒子时遇到的一些困难。这种方法有时被称为内源液体闪烁计数法,包括将要计数的样品直接溶解到液体闪烁体中。在这种条件下，完全避免了样品自吸收、探测器窗口对粒子的衰减以及探测器的β反向散射等问题。这些优势对于低能量辐射(如氚和^{14}C发射的β粒子)尤为重要。这些β能谱的端点能量分别为18 keV和160 keV，平均β能量约为上述数值的三分之一。由于这些同位素在化学和生物医学应用中尤为重要，因此液体闪烁技术的大部分发展都与这些学科有关。目前已经出版了几本全面回顾液体闪烁计数基本原理的书籍。[73-75]

该技术的第一步是将样品放入适当的液体闪烁溶液中。由于大多数液体闪烁溶液都是以甲苯或其他有机溶剂为基础的，而许多样品通常在水溶液中制备更为方便，因此在这一步骤中经常会出现问题。参考文献[76]和[77]详细讨论了通过使用增溶剂或络合剂获得稳定溶液的各种方法。一个常见的问题是，与纯闪烁体相比，样品的引入往往会降低闪烁光的输出。这种现象通常称为“猝灭”，通常会限制闪烁体溶液中可有效加入的样品材料数量。猝灭的原因可能是样品改变了溶液的光学特性(色猝)，也可能是闪烁体本身的能量转移过程受到了干扰。不溶性物质有时可以细颗粒悬浮液的形式引入。悬浮液的快速沉降是个问题，在这种情况下，已开发了一些方法，在制备这些悬浮液后立即将溶液转化为凝胶。

样品制备完成后，通常会将溶液装入一个玻璃瓶中，然后放入由一个或多个光电倍增管观察的密闭容器中。由于猝灭的影响以及典型应用涉及低能量辐射的事实，光电倍增管中产生的脉冲通常不超过几个光电子。在这种情况下，测量可能会对噪声源非常敏感，这些噪声源可能会干扰样品的精确和可重复计数。重要的噪声源有：光电倍增管光电阴极热产生的电子、闪烁体中的长寿命磷光以及化学发光(样品-闪烁体溶液中的化学反应产生的光)。实际上，几乎所有这些噪声源都对应于每个脉冲只生成单个电子，因此通常可以通过在信号链中设置一个甄别电平来消除那些幅度与单个光电子相对应的脉冲。不过，由于信号也仅由几个光电子组成，因此这一鉴别过程也有可能消除部分信号。

由于样品发射的所有β粒子都会穿过闪烁体的某些部分，而绝大多数都会被完全阻挡在溶液中，因此计数效率有可能接近100%。少数光电子信号与单电子噪声的区分程度决定了实际的计数效率。值得注意的是，作为该技术发展的一个标尺，随着光电倍增管设计和其他技术的改进，氚的计数效率也在提高。1960年的计数效率约为20%；到1970年，通过使用低噪声的双碱金属光电倍增管，计数效率提高到约60%；而通过应用带有磷化镓高增益倍增极管的光电倍增管，计数效率提高到约90%。[78]

消除光电倍增管噪声的一种方法是使用两个光电倍增管从相对的两侧观察闪烁器。只有在两个管子之间观测到的重合脉冲才会被计数。由于每个管子中产生的噪声互不相关，因此无法观测到这些事件的真正重合，记录的计数将仅与液体闪烁体内部产生的事件相对应。两个光电倍增管的输出总和可用于记录样品的脉冲高度谱。

虽然液体闪烁计数法最常用于发射β粒子或转换电子的样品，但也可用于对具有α活度的样品进行计数。[79-81]虽然报告的最佳能量分辨率[80]为5%~8%，远不如半导体二极管探测器，但其计数效率高和计数几何形状均匀的优点对低浓度环境样品计数等应用具有一定的吸引力。[81]由于α粒子的典型能量为几兆电子伏特，光输出比低能β粒子计数大得多，因此计数效率相对容易达到100%。脉冲形状甄别可用于消除β粒子或伽马射线诱发事件造成的本底。[82]据报道,通过使用这些技术,其本底水平非常低,仅为0.01计数/min[80],同时对样品中的α粒子基本上保持100%的计数效率。为了更有效地分离α粒子事件和本底事件,使用带有双参数多通道分析仪[83-85]的系统非常有效。通过在二维存储器中定义感兴趣的区域,可同时测量脉冲幅度和上升时间,从而实现更清晰的分离,其本底可低至0.001计数/min。《核辐射探测与测量(下册)》图18.11举例说明了这一技术的原理。

10.7.3 位置敏感闪烁体

1. 一维位置感应

由于闪烁体发出的光是沿着电离粒子的轨迹产生的,因此可以通过定位闪烁光源来感知相互作用的位置。为了在一维范围内感测位置,可以使用闪烁材料的长杆或棒,两端安装光电倍增管或光电二极管,如图10.41所示。

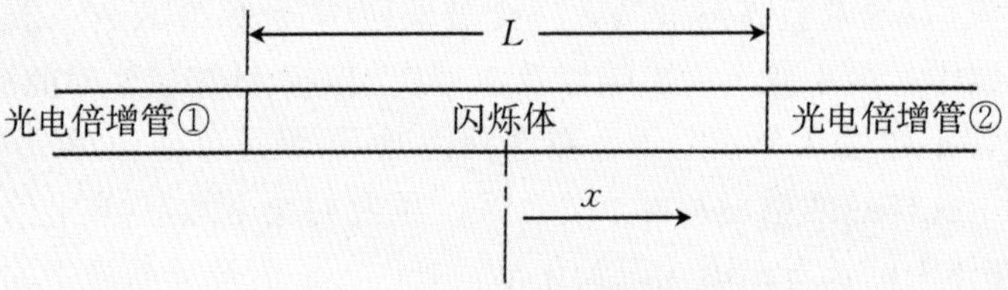

图10.41 一维位置感应探测器结构

在这种几何结构中,通常可以观察到,在棒的一端测量到的光强度会随着闪烁光产生的距离呈指数下降。因此,我们可以把光电倍增管①的信号写成

$$E_1 = \frac{E_\gamma P}{E_0} \exp\left[-\alpha\left(\frac{L}{2} + x\right)\right] \tag{10.18}$$

其中,E_γ为伽马射线沉积的能量;P为一端产生的光量子在连接的倍增管中产生光电子的概率;E_0为闪烁器中产生的每个光子沉积的能量;α为光衰减系数。

同样,对于光电倍增管②

$$E_2 = \frac{E_\gamma P}{E_0} \exp\left[-\alpha\left(\frac{L}{2} - x\right)\right] \tag{10.19}$$

将一个信号除以另一个信号,我们得到

$$\frac{E_2}{E_1} = \frac{\exp\left[-\alpha\left(\frac{L}{2} - x\right)\right]}{\exp\left[-\alpha\left(\frac{L}{2} + x\right)\right]} = \exp(+2\alpha x)$$

$$\ln \frac{E_2}{E_1} = 2\alpha x$$

$$x=\frac{1}{2\alpha}\ln\frac{E_2}{E_1} \tag{10.20}$$

因此,通过电子方式求出两个光电倍增管信号比值的对数,我们就可以得到闪烁发生位置的线性指示。

将式(10.18)和式(10.19)相乘,我们得到

$$E_\gamma^2=E_1E_2\left(\frac{E_0}{P}\right)^2\mathrm{e}^{\alpha L}$$

现将两边取平方根,得出

$$E_\gamma=\sqrt{E_1E_2}\,\frac{E_0}{P}\mathrm{e}^{\alpha L/2} \tag{10.21}$$

因此,两个光电倍增管信号乘积的平方根可作为闪烁光总量的测量值,与长杆中的位置无关。

为了获得最佳的空间分辨率[86],上述表达式中的光衰减系数α的最佳值应为$2.9/L$。这种光衰减可以通过调整闪烁体表面的反射条件或允许闪烁体的主体对光进行一定的吸收来实现。在这项技术的典型应用中[86],使用662 keV的伽马射线,在一根500 mm长的碘化钠棒中获得了10 mm的空间分辨率。

在一个维度上感测闪烁位置的另一种方法是使用上述相同的几何形状,但要利用闪烁光到达条形棒两端的时间略有不同这一事实。当事件发生在棒的两端时,这种时间差最大,而当事件发生在棒的中心时,这种时间差会线性地减小到零。时间差很小,因为直接从闪烁部位发出的光的传播速度为c/n,其中c是光速,n是闪烁介质的折射率。对于典型的闪烁体,这相当于约5 ps/mm的飞行时间。然而,大部分光线在沿闪烁条的长度方向传播时会从闪烁体表面多次反射,因此实际飞行路径和传播时间会大大延长。在使用250 mm长塑料闪烁棒[87]的一次应用中,511 keV伽马射线的空间分辨率为17～23 mm。

2. 二维位置感应(成像探测器)

在核医学中,经常需要对分布在病人体内的伽马射线发射同位素的分布情况进行成像。伽马射线照相机是一种设备,它能感知伽马射线光子在大面积探测器中相互作用时的二维坐标,并通过在曝光时间内多次此类事件的累积形成图像。使用铅针孔或平行孔准直器来限制撞击探测器的伽马射线,从而可以直接将图像解读为发射同位素的空间分布。

最常见的伽马射线照相机是根据Anger[88]的原创设计制造的,其基本要素如图10.42所示。探测介质包括一个扁平的单闪烁晶体(一般为碘化钠),长宽可达50 cm,厚约1 cm。该晶体中伽马射线相互作用产生的光由完全覆盖其一个平面的光电倍增管阵列感应。根据这些管子产生的信号的相对大小,可以推断出每个事件在晶体区域内的二维位置。

每次闪烁事件都会从相互作用位置附近的所有光电倍增管产生幅度较大的输出脉冲。最大的信号通常来自距离位置最近的管子,而距离较远的管子则会产生较小的脉冲。光的“重心”可以通过模拟电荷分配过程(其中每个信号的一部分与X和Y输出线耦合),或者通过使用基于位置延迟线编码的读出方案,从这些信号中推算出来。[89]由此产生的模拟X和

Y位置信号可以使用快速模数转换器进行数字化处理，并累积到二维数字存储器中形成图像。大多数应用于核医学的商用伽马相机都会为每个光电倍增管提供一个单独的模数转换器，然后使用数字加权算法处理其输出，得出事件的数字X和Y坐标。所有发射管的输出总和可以很好地衡量沉积在晶体中的总能量，通常会通过一个单通道分析仪，有选择地只记录与全部源能量相对应的事件。这种选择消除了伽马射线在到达照相机之前在病人体内或其他地方散射所造成的图像对比度损失，从而避免了错误的位置显示。

图10.43举例说明了典型伽马射线照相机的图像。在记录由^{99m}Tc(140 keV)产生的最常见类型的图像时，照相机的固有空间分辨率被限制在约3 mm FWHM。在实际应用中，当放射源距离准直器表面一定距离时，由于放射源位置的几何不确定性，通常会造成额外的空间分辨率损失。

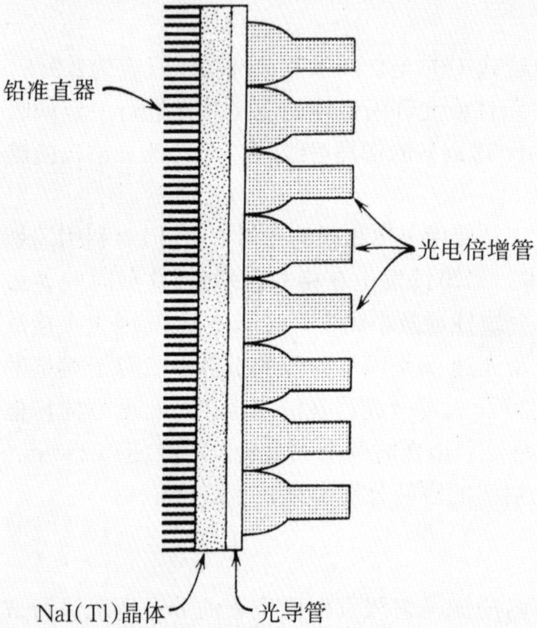

图10.42 二维位置敏感闪烁探测器(通常称为伽马相机)的组成部件

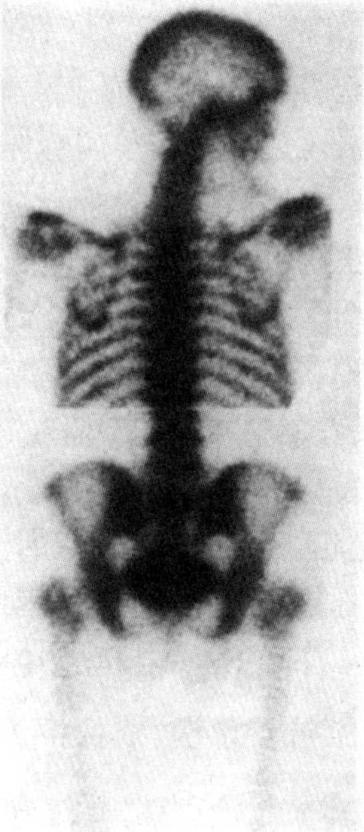

图10.43 使用伽马相机对标记有^{99m}Tc的亚甲基二膦酸盐的分布进行成像而产生的人体骨扫描示例

图像的上半部分和下半部分都是在3 min内记录了约10^6个计数而产生的。

(密歇根大学医学中心W.L.罗杰斯提供)

习题

10.1 一个伽马射线光子经过90°角的康普顿散射后，能量为0.5 MeV，求散射前的能量。

10.2 一个2 MeV的伽马射线光子入射到探测器上，先后经过两次康普顿散射，然后逃逸。如果散射角分别为30°和60°，探测器中沉积的反冲电子总能量是多少？如果将散射角的顺序颠倒过来,答案是否会改变?

10.3 如果一个1 MeV伽马射线光子连续经历两次康普顿散射事件,然后逃出探测器,请找出它所能沉积的最大能量。

10.4 估算碘化钠中相距3 cm的两次连续伽马射线散射作用的间隔时间,与在相同材料中产生的光的特征衰减时间进行比较。

10.5 在2 MeV的碘化钠中,光电、康普顿和电子对产生相互作用的截面之比为1:20:2。碘化钠闪烁体上入射的2 MeV伽马射线的脉冲高度谱的峰总比会小于、大于或约等于1/23吗?

10.6 如果某一NaI(Tl)闪烁探测器对^{137}Cs伽马射线(0.662 MeV)的能量分辨率为7%,请估计它对来自^{22}Na的1.28 MeV伽马射线的能量分辨率。

10.7 NaI在0.5 MeV的质量衰减系数为0.955 cm^2/g。求0.50 cm厚的板状探测器在此能量下的本征总效率;如果在相同能量下峰总比为40%,本征峰效率是多少?

10.8 (a) 求来自^{60}Co的1.17 MeV伽马射线的康普顿边缘能量;

(b) 计算与1 MeV,2 MeV和3 MeV入射伽马射线相对应的反向散射峰能量。

10.9 在使用闪烁探测器进行伽马射线能谱分析时,需要注意以下一些参数:

(a) 探测器介质的密度;

(b) 在晶体中产生闪烁光子所需的动能;

(c) 探测器介质的平均原子序数(Z值);

(d) 源-探测器系统的几何形状;

(e) 光电倍增管的增益;

(f) 光电倍增管中光电阴极的量子效率;

(g) 探测器和脉冲分析系统之间使用的放大器的增益;

(h) 晶体中产生的光到达光电倍增管光电阴极的比例(集光效率)。

从中找出对探测器本征峰效率有重大影响的参数。重复上述步骤,但现在要找出对能量分辨率有重大影响的参数。

10.10 计算在下列条件下与NaI(Tl)闪烁器一起使用的光电倍增管阳极的脉冲幅度:一个1 MeV电子在闪烁体中失去所有能量,到光电阴极的光收集效率为50%,光电阴极的平均量子效率为20%,80%的光电子在第一倍增极收集(假设光电倍增管有10级,每级倍增因子$\delta=2.5$,阳极负载电阻为100 kΩ,阳极电容为100 pF)。

10.11 某放射性同位素发射两条重合的伽马射线,每次衰变产生的伽马射线量均为100%,光子方向之间没有角度相关性。将一个样品沿5 cm半径的圆柱形探测器的轴线放置在距其表面10 cm处。探测器对γ_1的固有峰效率为50%,对γ_2的固有峰效率为30%,要求:

(a) 如果样品活度足够低,偶然符合可以忽略不计,则计算记录的脉冲高度谱中总和峰下的计数与γ_1全能量峰下的计数之比;

(b) 如果源放射性活度为100 kBq,计算在总和峰下记录事件的速率;在探测器分辨时间为3 μs的情况下,γ_1和γ_2之间的偶然符合预期会产生多少额外速率?

10.12 根据图2.17,估计碘化钠中1 MeV电子的射程。根据您的答案,计算5.08 cm ×5.08 cm圆柱形晶体的总体积中,靠近表面以便电子逸出的体积所占的百分比。

10.13 已知一个放射性同位素源不会发射任何能量为511 keV的伽马射线光子,但在记录的伽马射线频谱中,在这个位置观察到一个峰。请给出该峰的两种可能来源。

10.14 如果闪烁体在662 keV时的能量分辨率为8.5%,请找出拟合该能量下光电峰的高斯曲线的标准偏差(以能量单位表示)。

10.15 为什么低原子序数的材料通常是电子能谱闪烁体的首选,而伽马射线能谱闪烁体却恰恰相反?

10.16 解释与传统的固体闪烁探测器相比,液体闪烁计数在应用于低能量β发射体时的主要优势。

参考文献

[1] L J. B. Birks, The Theory and Practice of Scintillation Counting, Pergamon Press, Oxford, 1964.

[2] S. M. Shafroth (ed.), Scintillation Spectroscopy of Gamma Radiation, Gordon & Breach, London, 1967.

[3] K. Siegbahn (ed.), Alpha-, Beta-, and Gamma-Ray Spectroscopy, North Holland, Amsterdam, 1968.

[4] C. D. Broyles, D. A. Thomas, and S. K. Haynes, Phys. Rev. 89, 715 (1953).

[5] R. L. Heath, Scintillation Spectrometry Gamma-Ray Spectrum Catalogue, ID0-16880, Vols. 1 and 2, 1964.

[6] F. Adams and R. Dams, Applied Gamma-Ray Spectrometry, 2nd ed. and revision of original publication by C. E. Crouthamel, Pergamon Press, Oxford, 1970.

[7] S. H. Byun et al., Nucl. Instrum. Meth. A535, 674 (2004).

[8] N. A. Wogman, R. W. Perkins, and J. H. Kaye, Nucl. Instrum. Meth. 74, 197 (1969).

[9] B. A. Euler, D. F. Covell, and S. Yamamoto, Nucl. Instrum. Meth. 72, 143 (1969).

[10] B. Bengtson and M. Moszynski, Nucl. Instrum. Meth. 85, 133 (1970).

[11] M. D. Hasinoff et al., Nucl. Instrum. Meth. 117, 375 (1974).

[12] W. Scates et al., Nucl. Instrum. Meth. A556, 498 (2006).

[13] R. Mueller and D. Maeder, "Single Crystal Spectroscopy," Chap. VII in Scintillation Spectroscopy of Gamma Radiation, S. M. Shafroth (ed.), Gordon & Breach, New York, 1967.

[14] C. E. Moss et al., Nucl. Instrum. Meth. 219, 558 (1984).

[15] R. R. Kiziah and J. R. Lowell, Nucl. Instrum. Meth. A305, 129 (1991).

[16] F. Quarati et al., Nucl. Instrum. Meth. A574, 115 (2007).

[17] M. J. Berger and S. M. Seltzer, Nucl. Instrum. Meth. 104, 317 (1972).

[18] M. Ciemala et al., Nucl. Instrum. Meth. A608, 76 (2009).

[19] R. P. Gardner and A. Sood, Nucl Instrum. Meth. B213, 87 (2004).

[20] C. Burt and D. Ramsden, IEEE. Nucl. Sci. Symp. N02-369, 1186 (2008).

[21] R. J. D. Beattie and J. Byrne, Nucl. Instrum. Meth. 104, 163 (1972).

[22] P. Dorenbos, Nucl. Instrum. Meth. A486, 208 (2002).
[23] D. E. Persyk and T. E. Moi, IEEE Trans. Nucl. Sci. NS-25(1), 615 (1978).
[24] P. Dorenbos, J. T. M. de Haas, and C. W. E. van Eijk, IEEE Trans. Nucl. Sci. 42(6), 2190 (1995).
[25] J. D. Valentine, B. D. Rooney, and J. Li, IEEE Trans. Nucl. Sci. 45(3), 512 (1998).
[26] J. D. Valentine, B. D. Rooney, and P. Dorenbos, IEEE Trans. Nucl. Sci. 45(3), 1750 (1998).
[27] J. E. Jaffe, D. V. Jordan, and A. J. Peurrung, Nucl. Instrum. Meth. A570, 72 (2007).
[28] J. Zabierowski, Nucl. Instrum. Meth. A338, 577 (1994).
[29] M. Kobayashi et al., Nucl. Instrum. Meth. A337, 355 (1994).
[30] D. Autiero et al., Nucl. Instrum. Meth. A372, 556 (1996).
[31] A. Fyodorov, M. Korzhik, A. Lopatik, and O. Missevitch, Nucl. Instrum. Meth. A413, 352 (1998).
[32] P. Adamson et al., Nucl. Instrum. Meth. A492, 325 (2002).
[33] P. Harriet et al., Nucl. Instrum. Meth. A521, 343 (2004).
[34] L. R. Wayne et al., Nucl. Instrum. Meth. A411, 351 (1998).
[35] B. D. Rooney and J. D. Valentine, IEEE Trans. Nucl. Sci. 44(3), 509 (1997).
[36] L. F. Requicha Ferreira et al., Nucl. Instrum. Meth. A516, 486 (2004).
[37] M. Moszyriski et al., Nucl. Instrum. Meth. A484, 259 (2002).
[38] B. J. Snyder, "Calculation of Gamma Ray Scintillation Detector Efficiencies and Photofraction by Monte Carlo Methods," Ph.D. Dissertation, The University of Michigan, 1965.
[39] C. C. Grosjean and W. Bossaert, Table of Absolute Detection Efficiencies of Cylindrical Scintillation Gamma-Ray Detectors, Computing Laboratory, University of Ghent, 1965.
[40] B. Grosswendt and E. Waibel, Nucl. Instrum. Meth. 133, 25 (1976).
[41] P. Holmberg and R. Rieppo, Int. J. Appl. Radiat. Isotopes 24, 99 (1973).
[42] R. Rieppo, Int. J. Appl. Radiat. Isotopes 27, 453 (1976).
[43] R. Rieppo, Nucl. Instrum. Meth. 115, 541 (1974).
[44] R. B. Galloway, Nucl. Instrum. Meth. A300, 367 (1991).
[45] Y. S. Horowitz, S. Mordechai, and A. Dubi, Nucl. Instrum. Meth. 122, 399 (1974).
[46] T. Nakamura, Nucl. Instrum. Meth. 105, 77 (1972).
[47] M. Belluscio et al., Nucl. Instrum. Meth. 118, 553 (1974).
[48] I. Petr, A. Adams, and J. B. Birks, Nucl. Instrum. Meth. 95, 253 (1971).
[49] M. Irfan and R. D. G. Prasad, Nucl. Instrum. Meth. 107, 583 (1973).
[50] A. E. Evans and J. D. Orndoff, NUREG/CR-1398 (LA-8301), 1980.
[51] N. A. Lurie, L. Harris, Jr., and J. P. Wondra, Nucl. Instrum. Meth. 129, 619 (1975).
[52] R. De Leo, G. D'Erasmo, and A. Pantaleo, Nucl. Instrum. Meth. 129, 501 (1975).
[53] E. V. Bonzi and R. T. Mainardi, Nucl. Instrum. Meth. B72, 477 (1992).
[54] A. Schaarschmidt and H. Durner, Nucl. Instrum. Meth. 105, 504 (1972).
[55] T. S. Mudhole and N. Umakantha, Nucl. Instrum. Meth. 116, 401 (1974).

[56] O. Hausser et al., Nucl. Instrum. Meth. 213, 301 (1983).
[57] F. Titus, Nucl. Instrum. Meth. 89, 93 (1970).
[58] E. Costa, E. Massaro, and L. Piro, Nucl. Instrum. Meth. A243, 572 (1986).
[59] L. Piro et al., Nucl. Instrum. Meth. A257, 429 (1987).
[60] M. Bantel et al., Nucl. Instrum. Meth. 226, 394 (1984).
[61] F. Liden, J. Nyberg, A. Johnson, and A. Kerek, Nucl. Instrum. Meth. A253, 305 (1987).
[62] Z. He and D. Ramsden, Nucl. Instrum. Meth. A336, 330 (1993).
[63] T. Kamae et al., IEEE Trans. Nucl. Sci. 40(2), 204 (1993).
[64] G. Lanzano et al., Nucl. Instrum. Meth. A323, 694 (1992).
[65] Y. Futami et al., Nucl. Instrum. Meth. A326, 513 (1993).
[66] R. Novotny et al., IEEE Trans. Nucl. Sci. 43(3), 1260 (1996).
[67] M. Dahlbom et al., IEEE Trans. Nucl. Sci. 44(3), 1114 (1997).
[68] B. H. Erkkila et al., IEEE Trans. Nucl. Sci. NS-32(1), 969 (1985).
[69] A. T. Farsoni and D. M. Hamby, Nucl. Instrum. Meth. A578, 528 (2007).
[70] W. Hennig et al., Nucl. Instrum. Meth. A579, 431 (2007).
[71] B. de Celis et al., Nucl. Instrum. Meth. A580, 206 (2007).
[72] J. Pouliot et al., Lawrence Berkeley Laboratory Report LBL 24396, Dec. 1987.
[73] Y. Kobayashi and D. V. Maudsley, Biological Applications of Liquid Scintillation Counting, Academic Press, New York, 1974.
[74] D. L. Horrocks, Applications of Liquid Scintillation Counting, Academic Press, New York, 1974.
[75] M. Crook and P. Johnson (eds.), Liquid Scintillation Counting Vol. 4, Heyden and Son, London, 1977.
[76] J. H. Parmentier and F. E. L. Ten Haaf, Int. J. Appl. Radiat. Isotopes 20, 305 (1969).
[77] B. W. Fox, Techniques of Sample Preparation for Liquid Scintillation Counting, North-Holland, Amsterdam, 1976.
[78] R. Vaninbroukx and I. Stanef, Nucl. Instrum. Meth. 112, 111 (1973).
[79] J. W. McKlveen, H. W. Berk, and W. R. Johnson, Int. J. Appl. Radiat. Isotopes 23, 337 (1972).
[80] J. W. McKlveen and W. J. McDowell, Trans. Am. Nuc. Soc. 22, 149 (1975).
[81] W. J. McDowell, IEEE Trans. Nucl. Sci. NS-22(1), 649 (1975).
[82] P. Cross and G. W. McBeth, Health Phys. 30, 303 (1976).
[83] W. J. McDowell, Radioactivity & Radiochemistry 3(2), 26 (1992).
[84] J. R. Cadieux et al., Nucl. Instrum. Meth. A353, 534 (1994).
[85] S. Hamanaka et al., Nucl. Instrum. Meth. A410, 314 (1998).
[86] J. N. Carter et al., Nucl. Instrum. Meth. 196, 477 (1982).
[87] R. Myllyla, H. Heusala, and M. Karras, IEEE Trans. Nucl. Sci. NS-28(1), 167 (1981).
[88] H. O. Anger, Rev. Sci. Instrum. 29, 27 (1958).
[89] T. Hiramoto, E. Tanaka, and N. Nohara, J. Nucl. Med. 12, 160 (1971).